Hi-Pass

최신판

화공안전 기술사

KB091155

Professional Engineer Chemical Safety

| 기술사 · 공학박사 **김순채, END 연구소** 지음 |

BM (주)도서출판 **성안당**

■ 도서 A/S 안내

성안당에서 발행하는 모든 도서는 저자와 출판사, 그리고 독자가 함께 만들어 나갑니다.

좋은 책을 펴내기 위해 많은 노력을 기울이고 있습니다. 혹시라도 내용상의 오류나 오탈자 등이 발견되면 "좋은 책은 나라의 보배"로서 우리 모두가 함께 만들어 간다는 마음으로 연락주시기 바랍니다. 수정 보완하여 더 나은 책이 되도록 최선을 다하겠습니다.

성안당은 늘 독자 여러분들의 소중한 의견을 기다리고 있습니다. 좋은 의견을 보내주시는 분께는 성안당 쇼핑몰의 포인트(3,000포인트)를 적립해 드립니다.

잘못 만들어진 책이나 부록 등이 파손된 경우에는 교환해 드립니다.

저자 문의 e-mail : edn@engineerdata.net(김순채)

본서 기획자 e-mail : coh@cyber.co.kr(최옥현)

홈페이지 : http://www.cyber.co.kr   전화 : 031) 950-6300

21세기를 살아가는 우리는 글로벌시대에 편리성을 추구하며 관련된 산업은 비약적으로 발전하고 있다. 화공안전기술사는 석유화학분야에서 취급하는 모든 화학물질에 대한 안전사고를 예방하기 위해 산업안전관리, 산업심리 및 교육, 산업안전관계법규, 화학공업의 안전운영에 관한 지식을 충분히 습득하여 현장에서 안전관리에 대한 업무를 수행하는 역할을 한다. 또한 화학물질을 활용하는 분야는 지속적으로 증가하고 있으며, 그로 인한 안전사고도 많이 발생하고 있다. 이러한 이유로 화공안전에 대한 전문적인 기술자가 현장에서 업무를 수행하며, 안전사고 발생 시 대처하는 능력을 배양해야 회사의 이익창출과 안전관리를 통하여 인간의 생명과 사고를 예방할 수가 있다.

또한 국가는 선진국으로 진입할수록 지속적인 경제발전과 국민의 수준이 향상되므로 생명의 소중함이 강화되어 관련 법규는 더욱 체계적으로 개정이 될 것이며 화공안전기술사의 필요성이 지속적으로 증가할 것이다.

이 책은 20년 동안 출제된 문제를 체계적으로 분석하여 기술사를 준비하는 엔지니어를 위한 길잡이로 현대를 살아가는 바쁜 여러분에게 희망과 용기를 주기 위한 수험서로 활용되기를 바라며, 여러분의 요구조건을 충족하고자 다음과 같이 구성하였다.

첫째, 20년간 출제된 문제에 대한 각 분야별 풀이 중심
둘째, 풍부한 그림과 도표를 통해 쉽게 이해하도록 구성
셋째, 주관식 답안 작성을 위한 개요, 본론 순인 논술형식으로 구성
넷째, 새롭게 출제되는 문제에 대한 대응능력 부여
다섯째, 엔지니어데이터넷과 연계해 매 회 필요한 자료 수시 업데이트

이 책이 출판되기까지 준비하는 과정 중에 어려울 때나 나약할 때 항상 기도에 응답하시는 주님께 영광을 돌린다. 또한 항상 나의 곁에서 같은 인생을 체험하며 위로하는 가족에게 영광을 돌리며 지금도 나를 위해 기도하시는 모든 성도님께도 주님의 축복하심이 함께하며 은혜가 충만하시기를 기도한다.

끝으로 이 책을 구입한 수험생과 엔지니어들이 자신의 목표가 성취되시기를 간절히 소망하며 여러분의 앞날에 무궁한 발전이 있기를 기원합니다.

감사합니다.

공학박사·기술사 **김순채**

기술사를 응시하는 여러분은 다음 사항을 검토해 보시고 자신의 부족한 부분을 채워 나간다면 여러분의 목표를 성취할 것이라 확신한다.

1. 체계적인 계획을 설정하라.

대부분 기술사를 준비하는 연령층은 30대 초반부터 60대 후반까지 분포되어 있다. 또한 대부분 직장을 다니면서 준비를 해야 하며, 회사일로 인한 업무도 최근에는 많이 증가하는 추세에 있기 때문에 기술사를 준비하기 위해서는 효율적인 계획에 의해서 준비를 하는 것이 좋을 것으로 판단이 된다.

2. 최대한 기간을 짧게 설정하라.

시험을 준비하는 대부분의 엔지니어는 여러 가지 상황으로 너무 바쁘게 살아가고 있다. 그로 인하여 학창시절의 암기력, 이해력보다는 효율적인 면에서 차이가 많을 것으로 판단이 된다. 따라서 기간을 길게 설정하는 것보다는 짧게 설정하여 도전하는 것이 유리하다고 판단이 된다.

3. 출제빈도가 높은 분야부터 공부해 나가라.

기술사에 출제된 문제를 모두 자기 것으로 암기하고 이해하는 것은 대단히 어렵다. 그러므로 출제빈도가 높은 분야부터 공부를 하고, 그 다음에는 빈도순서에 따라 행하는 것이 좋을 것으로 판단이 된다. 여기서 출제빈도는 분야에서 업무에 중요성이 큰 이론이 여러 번 출제된 경우, 최근에 개정된 관련 법규, 최근에 이슈화된 사건이나 관련 이론 등이다. 단, 매년 개정된 관련 법규는 해가 지나면 다시 출제되는 경우는 거의 없다.

4. 답안지 연습 전 제3자로부터 답안지 검증을 받아라.

기술사에 도전하는 대부분 엔지니어들은 자신의 분야에 자부심과 능력을 가지고 있다. 그로 인하여 교만한 마음을 가질 수도 있기 때문에 본격적으로 답안지 작성에 대한 연습을 진행하기 전에는 제3자(기술사, 학자 등)에게 문장의 구성체계를 충분히 조언을 받고 잘못된 습관을 개선한 다음에 진행을 해야 한다. 왜냐하면 채점은 제3자가 하기 때문이다. 만약 검수자가 없으면 관련 논문을 참고하는 것도 답안지 문장의 체계를 이해하는 데 도움이 된다.

5. 실전처럼 연습하고 종료 10분 전 답안지를 확인하라.

시험 준비를 할 때는 그냥 눈으로 보고 공부를 하는 것보다는 문제에서 제시한 내용을 간단한 논문형식, 즉 서론, 본론, 결론의 문장형식으로 연습하는 것이 실제 시험에 응시할 때 많은 도움이 된다. 단, 답안지 작성연습은 모든 내용을 어느 정도 파악한 다음 진행을 하며, 막상 시험을 치르게 되면 머릿속에서 정리가 되면서 연속적으로 작성을 해야 합격의 가능성이 있다. 각 교시 종료 10분 전에는 반드시 답안이 작성된 모든 문장을 검토하여 문장의 흐름을 매끄럽게 하는 것이 좋다(수정은 두 줄 긋고 상단에 추가함).

6. 채점자를 감동시키는 답안 작성을 하라.

공부를 하면서 책에 있는 내용을 완벽하게 답안지에 표현한다는 것은 매우 어렵다. 때문에 전체적인 내용의 흐름과 그 내용의 핵심단어를 항상 주의 깊게 살펴서 그런 문제에 접하게 되면 문장에 적절하게 활용하여 전개하면 된다. 또한 모든 문제의 답안 작성을 할 때는 문장을 쉽고 명료하게 작성하는 것이 좋다. 그리고 문장으로 표현이 부족할 때는 그림이나 그래프를 간단히 작성하여 설명하면 채점자가 쉽게 이해할 수 있을 것으로 사료된다.

또한 기술사란 책에 있는 내용을 완벽하게 복사해내는 능력으로 판단하기보다는 현장에서 엔지니어로서의 역할을 충분히 할 수 있는가를 보기 때문에 출제된 문제에 관해 포괄적인 방법으로 답안을 작성해도 좋은 결과를 얻을 수 있다.

7. 자신감과 인내심을 가져라.

나이가 들어 공부를 한다는 것은 대단히 어려운 일이다. 어려운 일을 이겨내기 위해서는 늘 간직하고 있는 자신감과 인내력이 중요하다. 물론 세상을 살면서 많은 것을 경험해 보았겠지만 "난 뭐든지 할 수 있다"라는 자신감과 답안 작성을 할 때 예상하지 못한 문제로 인해 답안 작성이 미비하더라도 다른 문제에서 그 점수를 회복할 수 있다는 마음으로 꾸준히 공부하는 인내심이 필요하다.

8. 2005년부터 답안지가 12페이지에서 14페이지로 추가되었다.

기술사의 답안 작성은 책에 있는 내용을 간단하고 정확하게 작성하는 것이 중요한 것은 아니다. 주어진 문제에 대해서 체계적인 전개와 적절한 이론을 첨부하여 전개를 하는 것이 효과적인 답안 작성이 될 것이다. 따라서 매 교시마다 배부되는 답안 작성분량은 최소한 8페이지 이상은 작성을 해야 될 것으로 판단이 되며, 준비를 하면서 자신이 공부한 내용을 머릿속에서 생각하며 작성하는 기교를 연습장에 수없이 많이 연습하는 것이 최선의 방법이다.

예를 들면, 대학에서 강의하는 교수들이 쉽게 합격하는 것은 연구논문을 많이 작성·발표하고 논리적인 사고력이 풍부하여 상당히 유리하기 때문이다. 또한 2015년 107회부터 답안지 묶음형식이 상단에서 왼쪽에서 묶음하는 형식으로 변경되었으니 참고하길 바란다.

9. 1~2교시에서 지금까지 준비한 능력이 발휘된다.

지금까지 준비한 노력과 정열을 통해 1교시 문제를 받아보면서 자신감과 희망을 가질 수가 있다. 1교시 시험을 잘 보면 자신감이 배가 되고 더욱 의욕이 생기게 되며 정신적으로 피곤함을 이겨낼 수 있는 능력이 배가된다. 따라서 1~2교시 시험에서 획득할 수 있는 점수를 가장 많이 확보하는 것이 유리한다.

10. 3~4교시는 자신이 경험한 엔지니어의 능력이 효과를 발휘한다.

오전에 실시하는 1~2교시는 자신이 준비한 내용에 대해서 많은 효과를 발휘할 수가 있다. 그렇지만 오후에 실시하는 3~4교시는 오전에 치른 200분의 시간이 자신의 머릿속에서 많은 혼돈을 유발할 가능성이 있다. 그러므로 오후에 실시하는 시험에 대해서는 침착하면서 논리적인 문장전개로 답안지 작성의 효과를 주어야 한다. 신문이나 매스컴, 자신이 경험한 내용을 토대로 긴장하지 말고 채점자가 이해하기 쉽도록 작성하는 것이 좋을 것으로 판단된다. 즉 문장표현에 자신이 있으면 문장으로 완성을 하지만, 자신이 없으면 많은 그림과 도표를 삽입하여 전개를 하는 것이 훨씬 유리하다.

11. 암기 위주의 공부보다는 연습장에 답안을 쓰는 연습을 반복하여 준비하라.

단답형 문제를 대비하는 수험생은 유리할지도 모르지만 기술사는 산업분야에서 기술적인 논리전개로 문제를 해결하는 능력이 중요하다. 따라서 정확한 답을 간단하게 작성하기보다는 문제에서 언급한 내용을 논리적인 방법으로 제시하는 것이 더 중요하다. 그러므로 연습장에 답안 작성을 여러 번 반복하는 연습을 해야 한다. 요즈음은 컴퓨터로 인해 손으로 글씨를 쓰는 경우가 그리 많지 않기 때문에 답안 작성에 있어 정확한 글자와 문장을 완성해 가는 속도가 매우 중요하다.

12. 면접 준비 및 대처방법

어렵게 필기를 합격하고 면접에서 좋은 결과를 얻지 못하면 여러 가지로 정신적인 부담이 되는 것이 사실이다. 하지만 본인의 마음을 차분하게 다스리고 면접에 대비를 한다면 좋은 결과를 얻을 수 있다. 각 분야의 면접관은 대부분 대학교수와 실무에 종사하고 있는 분들이 보게 되므로 면접 시 질문은 이론적인 내용과 현장의 실무적인 내용, 최근의 동향, 분야에서 이슈화되었던 부분에 대해서 질문을 할 것으로 판단된다. 이런 경우 이론적인 부분에 대해서는 정확하게 답변을 하면 되지만, 분야에서 이슈화되었던 문제에 대해서는 본인의 주장을 내세우면서도 여러 의견이 있을 수 있는 부분은 유연한 자세를 취하는 것이 좋을 것으로 판단이 된다. 이때 질문에 대해서 너무 자기주장을 관철하려고 하는 것은 면접관에 따라 본인의 점수가 낮게 평가될 수도 있으니 유념하길 바란다.

□ 필기시험

직무 분야	안전관리	중직무 분야	안전관리	자격 종목	화공안전기술사	적용 기간	2019.1.1.~2022.12.31.

O직무내용 : 산업현장의 화학물질 취급, 제조에 따른 사고위험성을 사전예측하고, 화재폭발 및 독성 물질 누출 방지를 위한 화학물질의 성상, 특징을 이해하여 화학물질로 인한 산업재해를 예방하고, 화공안전분야에 관한 고도의 전문지식과 실무경험에 입각한 계획, 연구, 설계, 분석, 시험, 운영, 시공, 평가 또는 이에 관한 지도, 감리 등의 기술업무 수행

검정방법	단답형/주관식 논문형	시험시간	4교시, 400분(1교시당 100분)

시험과목	주요 항목	세부항목
산업안전관리론(사고원인분석 및 대책, 방호장치 및 보호구, 안전점검요령), 산업심리 및 교육(인간공학), 산업안전관계법규, 화학공업의 안전운영에 관한 계획, 관리, 조사, 그 밖의 화공안전에 관한 사항	1. 산업안전관리론	1. 사고조사. 분석 및 대책 수립 2. 산업심리, 안전교육 3. 방호장치 및 보호구 4. 안전점검요령 5. 안전문화, 안전경영시스템
	2. 산업안전관계법규	1. 산업안전 관련 법규사항 • 산업안전보건법 • 고압가스안전관리법 • 위험물안전관리법 • 화학물질관리법 등
	3. 화학공업의 안전운영에 관한 계획, 관리, 조사	1. 화학물질안전 • 물질의 종류 및 특성(MSDS, GHS) • 수송, 운반, 저장, 취급 안전 • 반응위험성(반응속도 및 이상반응) • 기타 화학물질안전사항 2. 화학설비안전 • 화학설비의 안전장치, 안전운전 • 계측, 제어장치, 경보설비 • 공정제어시스템안전 • 화학공장안전설계 • 화학공장안전기술기준 • 기타 화학설비안전 관련 사항 3. 방화, 방폭 • 화재 및 폭발이론 • 가스, 증기, 분진 등 폭발예방 및 안전대책 • 기타 방화, 방폭 관련 사항 4. 위험성평가 • 위험성평가의 목적과 기준 • 정성적 위험성평가기법 및 적용 • 정량적 위험성평가기법 및 적용

시험과목	주요 항목	세부항목

		• 장외영향평가
		• 기타 위험성평가 관련 사항
		5. 화학설비관리
		  • 화학설비의 부식 방지 등 설비관리
		  • 화학설비의 재질 선정
		  • 화학설비의 비파괴검사
		  • 화학설비의 검사 및 진단

	4. 기타 화공안전에 관한 사항	1. 화학공장의 소방시설, 감지시설, 내화조치 등의 안전 및 대응시설 2. 비상조치 대비·대응 3. 폭발위험지역구분 및 전기방폭 관련 사항 4. 접지 및 피뢰시스템 5. 정전기안전 6. 화공안전 관련 국제적 추세, 제도변화 7. 기타 화공안전 관련 시사성

□ 면접시험

직무 분야	안전관리	중직무 분야	안전관리	자격 종목	화공안전기술사	적용 기간	2019.1.1.~2022.12.31.

○ 직무내용 : 산업현장의 화학물질 취급, 제조에 따른 사고위험성을 사전예측하고, 화재폭발 및 독성 물질 누출 방지를 위한 화학물질의 성상, 특징을 이해하여 화학물질로 인한 산업재해를 예방하고, 화공안전분야에 관한 고도의 전문지식과 실무경험에 입각한 계획, 연구, 설계, 분석, 시험, 운영, 시공, 평가 또는 이에 관한 지도, 감리 등의 기술업무 수행

검정방법	구술형/주관식 논문형	시험시간	15~30분 내외

면접항목	주요 항목	세부항목
산업안전관리론(사고원인분석 및 대책, 방호장치 및 보호구, 안전점검요령), 산업심리 및 교육(인간공학), 산업안전관계법규, 화학공업의 안전운영에 관한 계획, 관리, 조사, 그 밖의 화공안전에 관한 사항	1. 산업안전관리론	1. 사고조사. 분석 및 대책 수립 2. 산업심리, 안전교육 3. 방호장치 및 보호구 4. 안전점검요령 5. 안전문화, 안전경영시스템
	2. 산업안전관계법규	1. 산업안전 관련 법규사항 • 산업안전보건법 • 고압가스안전관리법 • 위험물안전관리법 • 화학물질관리법 등
	3. 화학공업의 안전운영에 관한 계획, 관리, 조사	1. 화학물질안전 • 물질의 종류 및 특성(MSDS, GHS) • 수송, 운반, 저장, 취급 안전 • 반응위험성(반응속도 및 이상반응) • 기타 화학물질안전사항 2. 화학설비안전 • 화학설비의 안전장치, 안전운전 • 계측, 제어장치, 경보설비 • 공정제어시스템안전 • 화학공장안전설계 • 화학공장안전기술기준 • 기타 화학설비안전 관련 사항 3. 방화, 방폭 • 화재 및 폭발이론 • 가스, 증기, 분진 등 폭발예방 및 안전대책 • 기타 방화, 방폭 관련 사항 4. 위험성평가 • 위험성평가의 목적과 기준 • 정성적 위험성평가기법 및 적용 • 정량적 위험성평가기법 및 적용 • 장외영향평가 • 기타 위험성평가 관련 사항

면접항목	주요 항목	세부항목
		5. 화학설비관리 • 화학설비의 부식 방지 등 설비관리 • 화학설비의 재질 선정 • 화학설비의 비파괴검사 • 화학설비의 검사 및 진단
	4. 기타 화공안전에 관한 사항	1. 화학공장의 소방시설, 감지시설, 내화조치 등의 안전 및 대응시설 2. 비상조치 대비·대응 3. 폭발위험지역구분 및 전기방폭 관련 사항 4. 접지 및 피뢰시스템 5. 정전기안전 6. 화공안전 관련 국제적 추세, 제도변화 7. 기타 화공안전 관련 시사성
품위/자질	5. 기술자로서 품위 및 자질	1. 기술자가 갖추어야 할 주된 자질, 사명감, 인성 2. 기술자 자기개발과제

chapter 1 산업안전관리론

chapter 2 산업안전관계법규

chapter 4 기타 화공안전에 관한 사항

chapter 부록 **과년도 출제문제**

산업안전관리론

화공안전기술사

Section 1 간결성의 원리

1. 개요

간결성의 원리는 인간의 인식체계를 설명하는 데에도 적용되는데, 일반적으로 인간은 어떤 상황을 인식, 판단하는 과정에서 가정을 적게 해 문제를 단순화시키는 경향을 갖는다. 산업현장에서 이루어지는 작업에서도 작업자가 수많은 반대의 증거들은 무시한 채 지나친 단순화 과정을 거쳐 잘못된 판단을 내리기 쉬운데, 이는 사고자재해의 원인이 될 수 있다.

2. 지배인자

이 원리에 기인하여 착각, 오해, 생략, 단락(短絡) 등으로 불리는 사고의 심리적 요인이 만들어지게 된다. 이와 같은 간결화의 욕망이 지배적으로 되는 것은 피로, 조심, 질병, 초조, 명정(酩酊) 등 심신이 이상할 때, 감정이 흥분하고 있을 때, 과거의 추측으로부터 지배되고 있을 때에 나타난다.

Section 2 도수율과 강도율의 공식

1. 재해도수율

재해도수율이란 어느 일정기간(연간 근로시간 100만시간) 동안에 발생한 재해의 빈도수를 나타낸 것으로 다음과 같다.

$$재해도수율 = \frac{재해\ 발생건수}{연간\ 근로시간\ 수} \times 1,000,000$$

① 연간 근로시간 수＝8시간×25일×12개월＝2,400시간

② $재해강도율 = \frac{근로손실일수}{연간\ 근로시간\ 수} \times 1,000$

③ $근로손실일수 = 휴업\ 총일수 \times \frac{연간\ 근로일수}{365}$

예제 1

50명의 근로자가 작업하는 공장에서 1년 동안에 3건의 재해가 발생했을 때 도수율은 얼마인가?

풀이 1

$$도수율=\frac{3}{120,000}\times1,000,000=25$$

1일 8시간, 연간 평균근로일수를 300일이라고 하면 근로자의 수가 50명이므로 연간 근로시간 수는 12만시간이 되며, 천인율과 재해도수율로 각기 표시된 산업 간에 비교할 때에는 서로 환산하여 비교한다. 이때 환산법은 근로자 1인당 1일 8시간, 연간 근로일수 300일, 연간 근로시간 수는 2,400시간이다.

2. 재해강도율

재해강도율이란 근로시간 1,000시간당 발생한 재해에 의하여 손실된 총근로손실일수를 나타낸 것이다. 재해강도율은 재해자의 수나 재해발생빈도에 관계없이 그 재해의 내용을 측정하는 하나의 척도로 쓰이며 다음과 같다.

$$재해강도율=\frac{근로손실일수}{연간\ 근로시간\ 수}\times1,000$$

① $근로손실일수=휴업\ 총일수\times\dfrac{연간\ 근로일수}{365}$

② $천인율=재해도수율\times2.4$

③ $재해도수율=\dfrac{천인율}{2.4}$

예제 2

50명의 근로자가 작업하는 공장에서 1년 동안에 3명의 부상자가 발생했고, 이들의 총휴업일수가 219일이라 하면 근로손실일수와 강도율은 얼마인가?

풀이 2

$$근로손실일수=219\times\frac{300}{365}=180일$$

$$재해강도율=\frac{180}{120,000}\times1,000=1.5일$$

위의 결과는 이 사업장에서 근로시간 1,000시간 동안에 산업재해에 의하여 하루 반의 근로손실이 있었음을 나타낸 것이며, 1일 8시간, 연간 평균근로일수를 300일이라고 하면 근로자의 수가 50명이므로 연간 근로시간 수는 12만시간이 된다.

Section 3 동기부여에 관한 Mcgregor의 X·Y이론과 Maslow의 욕구의 수직구조론

1. 개요

동기유발은 개인의 욕구(needs)를 만족시키는 조건하에 조직의 목표(organizational goal)를 위해 노력(effort)하는 자발적 의지를 이끌어내는 것이다. 사람은 다양한 욕구를 갖고 있다. 충족되지 못한 욕구는 긴장(tension)을 야기하고 긴장 해소를 위한 노력을 하게 만든다. 조직행동론에서의 동기화란 개인적 욕구 충족을 위한 노력을 어떻게 조직의 목표로 이어나갈 것인가를 뜻하며 needs→effort→organizational goals이다. 인간의 동기유발과 관련해서 가장 널리 알려지고 큰 영향을 미친 이론은 심리학자 매슬로(Abraham Maslow)의 욕구단계이론(Hierarchy of Needs theory;욕구계층이론)이다.

2. 맥그리거(McGregor)의 X·Y이론(Douglas McGregor's theory X and theory Y)

맥그리거는 매니저들이 직원들에 대해 어떤 생각을 갖고 있는지를 조사한 결과, 인간성에 대해 긍정적으로 보는 측과 부정적으로 보는 측의 두 부분으로 나뉜다는 것을 발견했다. 부정적인 시각을 X이론, 긍정적인 시각을 Y이론이라 하며, X이론을 믿는 매니저는 다음과 같은 생각을 하고 있다.

① 직원들은 원래 일을 하기 싫어한다. 항상 게으름을 피울 기회만 찾는다.
② 그러므로 목표 달성을 위해서는 계속 감시하고 통제해야 한다.
③ 직원들은 책임을 맡는 것을 꺼리며 지침을 받아 일을 하는 것을 선호한다.
④ 대부분의 직원들은 야심찬 계획보다는 안전에 우선순위를 둔다.

반면 Y이론 쪽에 속하는 매니저는 다음과 같은 가정을 하고 있다.
① 직원들은 일을 휴식처럼 자연스러운 것으로 받아들인다.
② 목표를 공유하기만 한다면 스스로 방향을 잡아서 스스로 열심히 한다.
③ 보통의 직원도 책임을 맡아 일을 하는 것을 배울 수 있으며, 그것을 추구하기도 한다.
④ 보통의 직원도 얼마든지 혁신적 결정을 내릴 수 있다.

맥그리거의 조사에 따르면 대부분의 매니저는 X이론 아니면 Y이론 중 한 편에 속한다고 말하며, 맥그리거는 Y이론이 옳다고 하였지만 X이론이나 Y이론 모두 어느 쪽이 옳은지에 대해 실증적 증거는 없다. 상황에 따라 다르다는 게 설득력이 있다.

3. 매슬로(Maslow)의 인간욕구단계설(Hierarchy of human needs)

동기이론의 개척자인 매슬로는 인간의 욕구(needs)에 다섯 단계의 계층이 있다고 주장했다.

① 생리적 욕구(physiological) : 배고픔, 갈증, 성욕

② 안전의 욕구(safety) : 육체적, 심리적으로 상처받지 않기를 바라는 욕구

③ 사회적 욕구(social) : 애정, 소속감, 우정, 수용되기를 바라는 욕구

④ 존경(esteem)의 욕구 : 자기존중, 자율성(autonomy), 성취감 같은 내적인(상위의) 존경과 사회적 지위, 타인의 인정과 관심에 대한 욕구 등의 외적인(하위의) 존경

⑤ 자아실현의 욕구(self-actualization) : 존재의 가능성을 완전히 구현하고자 하는 욕구. 잠재력의 완전한 활용, 자기 충족적 상태에 이르고자 하는 욕구

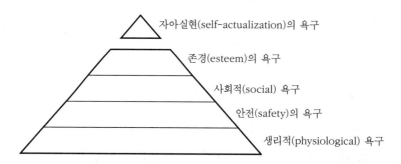

[그림 1-1] 매슬로의 인간욕구단계설(Hierarchy of human needs)

physiologic, safety는 외부적 요인에 따라 욕구 충족이 이뤄진다는 측면에서 하위욕구(low-order needs)라 했고, social, esteem, self-actualization은 개인 내부적으로 욕구 충족이 이뤄지는 것으로 상위욕구(high-order needs)라 했다. "hierarchy"라는 표현처럼 위의 다섯 단계는 전 단계가 충족되고 나서 다음 단계에 대한 욕구가 생기며, 이미 만족된 욕구는 동기유발에 아무런 영향을 주지 않는다는 것이다. 밑의 네 단계는 Deficit Needs(D-Needs)이며, 결핍되면 이를 해소하고자 하는 동기유발이 되고 일단 충족되면 더 이상 동기유발이 되지 않는 욕구이다.

이와 달리 자아실현욕구는 Being Needs(B-Needs)로 지속적이다. [그림 1-1]에서 자아실현단계가 아래쪽 욕구와 분리되게 그려진 것은 밑의 네 단계는 계층적으로 충족되며 연속적으로 진행될 수 있지만, 자아실현욕구는 일부만이 도약할 수 있다는 것을 나타내기 위해서이다. 또한 네 번째 단계인 존중(esteem)의 욕구 중 특히 내적 존중이 충족되지 못하는 경우에는 알프레드 아들러가 말한 열등콤플렉스(inferiority complex)로 발전할 수 있다.

Section 4 릴리프 시나리오

1. 개요

릴리프(relief) 시나리오는 어떤 하나의 특정 방출사고(event)를 기술한 것이며, 보통 각 릴리프는 하나 이상의 릴리프사고를 가지는데, 그중 가장 최악의 시나리오는 가장 큰 방출면적을 요구한다.

2. 릴리프사고의 예

릴리프사고의 예는 다음과 같다.
① 펌프가 배출되지 않는다.
② 동일한 펌프릴리프가 질소압력조정기(regulator)가 달린 배관에 있다.
③ 동일한 펌프가 살아있는 스팀으로 운전되는 열교환기와 연결되어 있다.

릴리프의 방출면적은 각 사건시나리오에 대해 계산하고, 최악의 사고시나리오는 각 릴리프에 대하여 작성한 전체 시나리오의 일부분이다.

Section 5 불안전행동의 배후요인(인적요인, 외적 요인)

1. 불안전행동의 종류

불안전행동은 통계를 위한 형태적 분류와 안전관리를 위한 분류방법이 있다. 안전관리를 위한 불안전행동은 다음과 같다.
① 작업상의 위험에 대한 지식 부족으로 인한 불안전행동
② 안전하게 작업을 수행할 수 있는 기능 미숙으로 인한 불안전행동
③ 안전에 대한 인식 부족으로 인한 불안전행동

즉 모른다(지식 부족), 할 수 없다(기능 미숙), 하지 않는다(인식 부족), 인간의 실수 등 4종류로 나누어지는데 이것이 불안전행동의 직접적인 원인이며, 통계를 위한 형태적인 분류는 산업재해방지를 위한 연결과 파악을 위해 불안전행동을 다음과 같이 구분한다
① 위험한 장소 접근:추락할 위험이 있는 장소 접근, 전도위험장소 접근, 협착할 장소 접근, 압력, 매몰, 위험한 장소 접근, 비래위험장소 접근, 폐쇄물 내부 접근, 위험물취급장소 접

근, 기타 경계표시가 있는 지역의 접근 등

② 안전장치 기능 제거 : 동작 정지 시 잘못 사용을 방지하기 위해 안전장치의 기능 제거

③ 보호구의 오남용 : 복장과 보호구의 미착용과 오남용 미준수 등

④ 기계기구의 부적정 : 작업 시에 용도에 맞는 기계기구를 사용하지 않거나 미비된 기구의 사용 등

⑤ 작동 중에 장치 손질 : 작동하는 기계, 충전 중인 전기장치, 가압가열 위험물의 주유, 수리, 용접, 점검, 청소 등

⑥ 불안전 속도조작 : 기계장치의 과속. 저속, 기타 불필요한 조작 등

⑦ 위험물 취급 부주의 : 화기, 가연물, 폭발물, 압력용기, 중량물 등 취급 시 안전조치 미흡, 기타

⑧ 불안전상태 방치 : 기계장치 등의 운전 중 방치, 불안전상태 방치, 적재, 청소 등 정리 정돈의 불량, 기타

⑨ 불안전한 자세동작 : 무리한 힘으로 중량물을 운반하므로 불안전한 자세 유발

⑩ 감독 및 연락 불충분 : 감독 없음, 작업지시 불철저, 경보오인, 연락미비, 기타

⑪ 기타 : ①~⑩항목 분류불능 시

위와 같이 하나의 항목을 선정해가면 재해의 기본적 사실이 확실하게 기록되며 재해원인 (불안전행동)의 정확한 분석이 되어 불안전행동요소와 그 속박관계를 분명히 하여 재해예방 대책을 강구할 수 있다.

2. 불안전행동의 배후요인

불안전행동의 직접원인은 지식, 기능, 태도(의욕), 인간의 실수로 분류하였으나, 이것을 가져 오게 한 배후요인은 대단히 다양하며 그 가운데 몇 가지를 종합하여 기본적인 원인을 구성 하게 된다. 이러한 배후요인은 완전히 개인적인 인자도 있고, 외적으로 나타나는 조건으로서 의 인자도 있다. 이것을 이해하고 통제, 억제, 조절하는 것이 근로자의 불안전행동을 방지하는 불가결한 대책이다. 불안전행동의 배후요인에 대해서는 여러 가지의 분류방법이 있으나 레윈 (Lewin)의 행동식은 다음과 같다.

$$B = f(P \cdot E)$$

레윈의 행동식으로 기술한 것을 인적요인과 외적 요인으로 분류한다. Behavior(행동)은 Person(사람)과 Environment(환경)의 Function(함수)라는 것을 의미한다.

(1) 인적요인

① 심리적 요인 : 망각, 소질적 결함이 있을 때, 주변적 동작, 의식의 우회, 걱정거리, 무의식동작, 위험감각, 지름길반응, 생략행위, 억측판단, 착오, 성격 등
② 생리적 요인 : 피로(작업내용, 작업환경조건, 근로에 대한 적응능력 습숙), 영양과 에너지대사, 적성과 작업의 종류 등

(2) 외적(환경적) 요인

① 인간관계요인
② 물적 요인
③ 작업적 요인 : 작업자세, 작업속도, 작업강도, 근로시간, 휴식시간, 작업공간, 조명, 색채, 소음, 온열조건 등이 있다.
④ 관리적 요인 : 교육훈련의 부족, 감독지도 불충분, 작성배치 불충분, 영양과 에너지대사로 인간은 외계로부터 식물을 섭취하여 체내에서 분해하거나 합성을 함으로써 화학에너지를 비축하고 그것을 열에너지나 기계에너지로 생명을 유지하거나 근로 등에 전환시킨다. 에너지대사의 단위는 kcal를 사용한다. 그러나 근로현장에서 kcal은 개인차, 성차, 계절차 등이 있으므로 노동강도로서 에너지대사율(RMR : Relative Metabolic Rate)을 사용하고 있는데 작업에 소요된 에너지량, 즉 작업기간 중에 소비한 에너지의 총량에서 기초대사량을 뺀 수를 기초대사량으로 나눈 값이다.

$$\text{에너지대사율} = \frac{\text{작업에만 필요로 하는 에너지량}}{\text{기초대사량}} = \frac{\text{작업 시 소비칼로리} - \text{안정 시 소비칼로리}}{\text{기초대사량}}$$

에너지대사율은 개인차를 제외한 작업에 특유한 값이므로 작업의 강도를 나타내는 데 편리하다. 작업의 강도를 에너지대사율로 구분하면 최경작업 0~1, 경작업 1~2, 중(中)작업 2~4, 중(重)작업 4~7, 초중작업 시에는 7 이상이다. 인간은 에너지대사율에 적합한 에너지의 보급이 이루어지지 않으면 작업 때문에 체내에 축적된 에너지가 차차로 소모되어 심신의 부조화를 가져오게 된다.

Section 6 사고결과의 영향(consequence analysis)

1. 개요

사고의 피해영향분석은 그 사건에 대한 시나리오가 일어났을 때 미치는 영향, 즉 사고의 피해가 어떻게, 어디까지 미칠 것인가를 분석하는 것이다. 사고는 시설의 특성별로 진행과정이

다양하게 전개되며, 대부분의 사고는 폭발로 인한 과압(Over pressure), 열(Heat Radiation), 파편(Missile) 및 독성가스로 인한 독성효과(Toxic Effect)에 의하여 사람에 영향을 미친다. 이들에 의하여 사람의 치사확률(Fatality Probability)을 Probit를 이용하여 치명자 수를 구한다. 이러한 치명도는 시설 주위에 상주하는 인구밀도와 관련이 있으며 연구가 거듭됨에 따라 정확히, 보다 실제와 비슷한 상황하에서 적용할 수 있도록 모델들이 개발되고 있으나, 외국의 지형, 기후조건 및 배경으로부터 제작된 모델들이므로 보다 정확한 결과예측을 위해서는 유명도가 있는 단일 모델에 의존하지 않고 여러 가지 모델을 비교하여 실제의 환경에 가장 만족하는 모델을 사용하는 것이 바람직하다.

2. 누출(release)

모든 사고의 시작은 누출로부터 시작된다고 할 수 있다. 기기장치의 고장이나 운전조건의 이탈로 발생하는 공정의 Up-Set은 압력 증가로 이어지고, 관련 공정 중 가장 취약한 부분에서 누출이 시작된다. 정상운전 중에 기기장치의 부식(Corrosion/Errosion)이나 충격(Impact)에 의해서 발생되는 구멍(Hole)으로 유체의 누출도 있을 수 있다. 그러므로 누출원의 해석이 사고영향의 평가의 시작이다. 누출은 다음과 같이 3가지 형태로 나누어 누출률(Release Rate)이 계산된다.

(1) 액체풀(Pool)의 형성

점화원이 없는 상태에서 액상의 물질이 계속 누출되고 있다면 액체풀을 형성하며, 크기는 누출속도, 증발속도 및 누출된 지점의 토양에 의하여 영향을 받는다.

(2) Pool Fire

액체풀이 형성된 후 점화원에 의해 화염이 형성된 상태를 Pool Fire라 하며, 실제로 점화는 가장 큰 액체풀이 형성되기 전에 일어날 수도 있지만 점화되는 시기를 추정할 수 없으므로 최악의 경우까지 산정해보는 것이 바람직하다. Pool Fire은 바람에 의해 기울기 및 복사열의 영향을 받는 것을 알아야 한다. Pool의 화염영역에 다른 가연성 물질을 저장한 시설이 있으면 BLEVE(Boling Liquid Expanding Vapor Explosion)를 일으킬 수 있으므로 설계 시 Pool Fire의 영역에 위험시설을 배치하지 않는 것이 또 다른 사고의 전파를 막을 수 있다.

(3) Jet Fire

압력이 걸려있는 시설로부터 누출된 가연성 물질이 즉시 점화되어 불기둥을 이루어 연소하는 것을 Jet Fire라 하며 아주 큰 운동량(Momentum)을 가지고 있어 화염의 복사에너지가 Pool Fire보다 크므로, 인근 시설의 피해 및 BLEVE와 같은 대형사고의 요인이 될 수 있다.

3. 증기운 확산(Vapour Cloud Dispersion)

확산가스의 농도가 폭발하한(LFL)에 포함되는 영역은 점화원에 의한 폭발로 이어질 가능성이 있으며, 폭발로 인한 과압, 열방출 등의 영향으로 인명사고의 확률을 계산한다.

(1) 위해물질의 이동예측모델

1) 주요 인자
① 바람의 방향과 속도(Wind direction and speed)
② 기압의 안전성(Atmospheric stability)
③ 기상조건(건물, 물, 나무)(Ground conditions, building, water, tree)
④ 관련된 높이(Height of the release point)
⑤ 모멘텀과 부양성(Momentum and buoyancy)

2) 누출형태
연속누출(Plume)과 동시누출(Puff)이 있다.

3) 누출물질
① Light(Passive) Gas와 Heavy(Dense) Gas
② 가벼운 가스의 분산은 중력의 효과를 무시하며 대기의 흐름에 크게 영향을 받고 가스운 근방에서 풍속과 풍향에 영향을 주지 않는다.
③ 무거운 가스의 분산은 중력의 영향을 크게 받고 가스운 근방에서 풍속과 풍향에 크게 영향을 주며 누출 후 원거리에서는 가벼운 가스의 거동을 보인다.
④ 두 가스의 분류는 Richardson No.에 의해 결정되며 다음과 같다.
  ㉠ 연속누출 : $R_{io} \geq 0.0003$(Heavy)
  ㉡ 순간누출 : $R_{io} \geq 0.04$(Heavy)

4. 피해영향

사고 발생 시 인적, 물적 피해예측은 Over pressure Effect, Thermal Effect, Toxic Effect가 있으며 다음과 같다.
① 과압영향(Over pressure Effect) : VCE, UVCE, Physical Explosion
② 열적영향(Thermal Effect) : BLEVE, Flash Fire, Pool Fire, Jet Fire
③ 중독성영향(Toxic Effect) : 정량적 위험평가의 해석(F-N Curve)

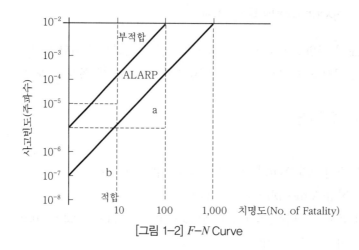

[그림 1-2] *F-N* Curve

[그림 1-2]의 가로축에 사고의 연간 발생확률(Fr/yr)을, 세로축에 사고영향의 치명도(No. of Fatality)를 표시하면 점 a에 해당하는 시설은 사고빈도가 1/yr가 되고, 사고 시 치명도는 100명이 된다. 다른 점 b에 해당하는 시설은 빈도 및 치명도가 점 a보다 낮은 것을 알 수 있다. 그러므로 우선 위험관리대상시설은 점 a에 해당하는 시설이 된다. *F-N* Curve상에 진하게 표시된 2개의 사선은 안전규제기관의 위험판단기준을 나타낸다.

두 사선의 가운데 부분은 ALARP(As Low As Reasonably Practicable : 합리적으로 실행 가능한 수치)로서 시설의 위험성이 이 구역 안에 들어오게 되면 시설의 설치는 가능하나, 위험을 아래 사선 아래로 낮추기 위해 합리적인 방법으로 안전조치를 강구하여 규제기관과 협의하여야 한다. 그러므로 점 a에 해당하는 시설은 위험성이 기준보다 높기 때문에 안전조치를 강화해야 함을 알 수 있다.

안전조치로서는 Safety Valve, Deluge시스템 및 Redundancy시스템 등을 이용하여 사고빈도를 낮출 수 있고, 치명도를 줄이기 위해 사고의 영향이 멀리 미치지 못하도록 방호벽, 차단막 및 궁극적인 경우에는 위험시설 주변에 상주하는 인구밀도를 줄이는 방법도 있을 수 있다.

Section 7 산업재해의 위험관리전략

1. 개요

리스크 관리는 리스크 관리절차와 관련된 활동을 통하여 특정 조직 또는 단체의 리스크를 총괄적으로 관리하는 것으로, 리스크 관리절차(risk management process)는 환경조건 설정, 리스크 평가, 리스크 처리, 리스크 모니터링 및 검토, 리스크 정보교환 및 상담 등의 세부

절차로 이루어진다.

2. 환경조건(Context) 설정

리스크 관리절차는 리스크 관리대상이 되는 특정 조직 또는 단체에 대한 환경조건 설정으로 시작되며, 환경조건에는 관리대상의 목적, 내부 및 외부변수 정의, 리스크 관리활동의 범위와 리스크 기준 등을 포함한다.

(1) 외부 환경조건(External context)의 설정

외부 환경조건은 특정 조직 또는 단체가 목적을 달성하기 위해 추구하는 대외적인 환경조건으로 다음과 같은 사항을 포함할 수 있다.
① 국외, 국내, 지방 또는 지역의 문화, 사회, 정치, 법률, 규정, 재정, 기술, 경제 및 경쟁환경조건
② 조직의 목적에 영향을 미치는 핵심 원동력
③ 외부 관계자의 평가와 인식 및 외부 관계자와의 관계

(2) 내부 환경조건(Internal context)의 설정

내부 환경조건은 특정 조직 또는 단체가 목적을 달성하기 위해 추구하는 대내적인 환경조건으로 다음과 같은 사항을 포함할 수 있다.
① 조직의 지배구조, 조직구성, 규칙 및 책임
② 목적 달성을 위한 정책, 전략
③ 조직의 자원 및 역량(자본, 시간, 인력, 공정, 시스템 및 기술)
④ 정보시스템, 정보흐름 및 의사결정과정(공식 및 비공식 포함)
⑤ 내부 관계자의 평가와 인식 및 내부 관계자와의 관계
⑥ 조직문화
⑦ 조직에서 채택한 규칙, 지침과 모델
⑧ 계약관계의 형태와 범위

(3) 특정 리스크에 대한 환경조건 설정

① 리스크 관리절차는 광범위한 수준에서 수행되며, 특정한 리스크에 대한 관리가 필요한 경우에는 그 리스크가 무엇이고, 어떻게 발생하는지를 파악하기 위해 특정 리스크에 대한 리스크 관리절차를 적용한다.
② 특정 리스크에 대한 리스크 관리절차를 적용할 때에는 특정 조직의 활동목적, 전략, 범위 및 변수를 설정해야 한다.

③ 리스크 관리를 수행하는 데 사용된 자원에 대한 타당성을 부여하기 위해서는 그 필요성에 대해 충분히 고려하여 리스크 관리를 착수해야 하며 요구된 자원, 책임 및 권한, 기록을 상세히 기술해야 한다.

④ 특정한 리스크에 대한 리스크 관리과정의 환경조건은 조직 또는 단체의 필요성에 따라 매우 다양하며 환경조건에 다음과 같은 사항을 포함할 수 있다.
　　㉠ 리스크 관리활동의 목표 및 목적규정
　　㉡ 리스크 관리과정에 대한 관리책임규정
　　㉢ 수행되어야 하는 리스크 관리활동에 대한 세부적 사항 및 제외범위규정
　　㉣ 시간과 장소에 따른 활동, 역할, 프로젝트, 제품, 서비스 또는 자산규정
　　㉤ 조직의 특정 프로젝트, 과정 또는 활동과 그 밖의 프로젝트, 과정 또는 활동 사이의 관계규정
　　㉥ 리스크 평가방법론규정
　　㉦ 리스크 관리실행과 유효성에 대한 평가방법규정
　　㉧ 의사결정사항 목록화 및 확인

(4) 리스크 기준(Risk criteria)규정

① 조직은 리스크의 유의성(Significance)을 평가하기 위해 조직의 가치, 목적 및 자원을 고려하여 사용될 수 있는 리스크 기준을 규정해야 한다. 리스크 기준 중 일부는 규정 또는 조직이 승인한 사항일 수 있다.

② 리스크 기준은 조직의 리스크 관리정책과 부합되어야 하며, 리스크 관리과정의 착수단계에서 확인하여 지속적으로 검토해야 한다.

③ 리스크 기준을 정의할 때에는 다음과 같은 사항을 고려하여야 한다.
　　㉠ 발생할 수 있는 사상 또는 사건의 원인과 결과의 특성 및 유형, 측정방법
　　㉡ 발생 가능성에 대한 정의방법　　㉢ 가능성 그리고/또는 결과의 기간
　　㉣ 리스크 수준결정방법　　㉤ 관계자의 견해
　　㉥ 리스크 수준(수용할 만한)　　㉦ 다양한 리스크에 대한 조합

3. 리스크평가(Risk assessment)

리스크 평가는 리스크 확인, 리스크 분석 및 리스크 수준판정에 대한 전체적인 과정이다.

(1) 리스크 확인(Risk identification)

① 리스크 확인단계의 목적은 조직의 목적 달성에 지연, 촉진, 저하, 방해, 증대를 야기할

수 있는 사상을 바탕으로 리스크에 대한 포괄적인 목록을 작성하는 것이다. 이 단계에서 조직은 리스크의 근원, 영향범위, 사상(상황의 변화 포함), 사상의 원인 및 잠재적인 결과를 확인해야 한다.

② 리스크 근원에 대한 조직의 통제 여부에 관계없이 리스크의 근원 또는 원인이 명확하지 않은 리스크도 포함하며 모든 중대원인과 결과를 고려하여야 한다.

③ 리스크 확인에서 조직은 조직의 목적과 역량, 그리고 리스크에 대한 적합한 리스크 확인방법 또는 기술을 적용하며, 정보에 대한 적절한 지식을 가진 사람을 리스크 확인단계에 포함시켜야 한다.

(2) 리스크 분석(Risk analysis)

① 리스크 수준판정과 리스크 처리의 필요 여부 및 가장 적합한 리스크 처리전략 및 방법은 리스크 분석을 바탕으로 한다.

② 리스크 분석에는 리스크의 근원 및 원인, 긍정 또는 부정적인 결과, 가능성을 포함하며, 이 단계에서 결과와 가능성에 영향을 미치는 요소를 확인하여야 한다.

③ 리스크 수준을 결정하기 위한 결과와 가능성조합방법은 리스크의 유형, 이용 가능한 정보 등을 반영하여 리스크 기준과 모두 부합하여야 한다.

④ 리스크 수준판정에 대한 신뢰성과 전제조건 및 가정에 대한 민감도를 고려하여 의사결정자와 다른 관계자에게 효과적으로 전달하여야 한다.

⑤ 리스크 분석은 리스크, 분석목적, 이용 가능한 정보, 데이터 및 자원에 의존하여 다양하면서 상세한 수준으로 착수될 수 있으며, 상황에 따라 정성적, 반정성적, 정량적 또는 이를 조합하여 수행될 수 있다.

(3) 리스크 수준판정(Risk evaluation)

① 리스크 분석의 결과를 바탕으로 우선순위를 결정하는 데 필요한 절차이다.

② 관리대상에 대한 환경조건을 설정할 때 규정된 리스크 기준과 리스크 분석과정 동안에 확인된 리스크 수준을 비교하는 것을 포함한다.

③ 리스크 수준판정단계를 통한 리스크 수용 여부 결정은 리스크에 대한 광범위한 환경조건, 리스크로부터 이익을 얻는 조직 이외의 조직에서 그 리스크를 허용할 수 있는지를 고려하여야 한다.

④ 리스크에 대한 조직의 태도와 설정된 리스크 기준은 리스크 수준판정에 대한 결정에 영향을 준다.

4. 리스크 처리(Risk treatment)

리스크 처리는 리스크를 변화시키기 위하여 단일 또는 다수의 처리방안을 선택하고 집행하는 절차를 포함하며, 리스크 처리절차는 [그림 1-3]과 같다.

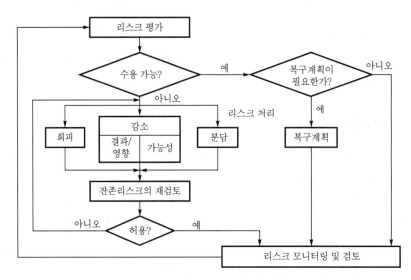

[그림 1-3] 리스크 처리절차

Section 8 **작업 중 인간에게 나타나는 행동특성**

1. 불안전한 행동의 유발요인

불안전한 행동의 원인은 다음과 같이 네 가지로 분류하는 것이 일반적이다.
① 작업상의 위험에 대해 알지 못하였다는 지식 부족
② 알고 있어서 안전하게 하려고 하였지만 할 수 없었다는 기능 미숙
③ 알고는 있었지만(태만하여, 무의식 중에) 하지 않았다는 태도 불량
④ 인간특성으로서의 인간 과오

그러나 이 분류는 지식의 부족과 기능 미숙의 관리적 요인, 태도 불량이라는 심리적 요인, 인간특성 및 과오라는 인간공학적 요인으로 생각해 볼 수 있다. 불안전한 행동의 직접요인은 작업자 자신의 내적 요인으로 작업자의 능력, 성격 등 개인심리적인 요인이고, 그 배후에는 사회적 규범 등의 집단심리적 요인이 여기에 해당된다. 그보다 더 기본적으로는 작업자가 겪어야 하는 작업환경, 기계설비, 작업설계 등의 인간공학적 요인이 불안전한 행동을 불가피하게

만드는 경우가 많다.

2. 심리적 요인

[표 1-1]은 재해 발생시점에서 인간이 느끼는 심리를 정리한 것인데, 표에서 보듯 이때 감각기관에 주어지는 실제의 외적인 자극은 많은 경우 인간에 의해 인지되는 심적현상과 일치하지는 않는다.

[표 1-1] 재해 발생시점에서의 인간심리

대분류	소분류
자기는 경험이 있기 때문에 절대로 안전하다고 생각하고 작업을 한다.	• 점검이 불충분하여 기계설비의 돌발사태에 대처할 수가 없었다. • 작업방법이 잘못이 있다고 느끼지 못했다. • 이상한 상태에 정신을 차리지 못했다. • 이상한 상태를 느꼈으나 적절한 방법을 취하지 않았다.
다소 위험을 느꼈으나 염려 없다고 생각하여 작업을 하였다.	• (규정대로 하게 되면) 작업에 까다롭다. • (규정대로 하게 되면) 작업이 귀찮다. • 자기의 기능을 믿는다.
실제로 위험하였으나 그때는 위험하다고 느끼지 못했다.	• 경험이 없으므로 위험을 느끼지 못했다. • 언제나 하던 작업이고, 익숙하기 때문에 그다지 위험하다고 느끼지 못했다. • 이제까지 몇 번이나 작업을 하였으나 아무 일도 없었다.
위험을 의식하지 않는다. 또는 예상하지 않고 작업을 하였다.	• 특히 즐거운 것, 염려가 있었기 때문에 • 외적 조건으로 이득을 빼앗겼기 때문에
너무나 단순한 작업이므로 반사적으로 작업을 하였다. 자기의 작업방법은 옳았으나 제3자의 과오 때문에 일어났다.	• 작업을 서둘러 하였기 때문에 • 작업을 쫓겨서 하였기 때문에 • 바른 방법이었으나 실수를 하였다. • 단순 작업 등에 제3자에 의해서 • 자기의 작업방법과 관계없는 기계설비에 의해서

(1) 주의와 부주의

일반적으로 주의력에는 선택성, 방향성, 지속성, 범위 등의 특성이 있다. 부주의란 목적 수행을 위해 일련의 행동을 수행해 나가는 과정에서 이상과 같은 주의의 특성으로 말미암아 행동목적에서 벗어나는 심리적, 신체적 변화현상을 말한다.

(2) 의식수준의 전철(轉轍)

인간에게는 의식행동을 수행하는 기준이 정해져 있어 외부 자극의 중요도에 따라 처리수준을 변경함으로써 적절히 대응한다는 이론이다. 외부자극의 요구수준과 인간의 대응수준이 합치할 때만 정상적인 작업수행이 가능하며, 그 대응수준이 서로 맞지 않거나 의식수준의 전철에 시간지연이 과다할 경우에는 불안전한 행동이 발생한다.

(3) 행동특성

작업 중인 인간에게 나타나는 여러 가지 행동특성, 즉 본능적 행동, 동조행동, 습관적 행동, 위험감수(risk taking) 등이 있다.

(4) 소질

재해경향자에 관해서 지적 측면, 성격적 측면, 감각·운동적 측면 등의 심리적 특성이 있다.

(5) 동기 및 의욕

동기(motive)란 학습자로 하여금 효과적인 학습행동을 이룩하기 위한 조건으로써 생리적, 심리적, 물리적, 사회적 요인들에 의해 원하는 행동을 이끌어 낼 수 있는 어떤 자극을 말한다. 작업동기가 유발되지 않은 사람은 의욕이 없으므로 근무태만이나 부주의로 이어져 사고요인으로 작용한다.

(6) 적성

작업자의 적성이 작업의 요구사항에 적합하지 않으면 아무리 안전교육을 하여도 재해위험은 없어지지 않는다. 신경, 정신질환자, 뇌순환장애자, 정신박약자, 만성 알레르기, 약물중독자, 신체장애자, 고령자 등은 특히 적성을 고려하여야 할 대상이다.

(7) 번민

작업 중의 번민은 작업에 대한 주의력의 작용을 약화시킨다. 가장 많은 것으로는 가족의 질병, 금전문제, 인간관계, 이성문제 등이다.

(8) 착각과 착시

육체적 활동 중의 서두름이나 생략행위에 해당하는 심리적 활동으로 최소에너지에 의해 어느 목적에 도달하는 간결성의 원리로 나타나는 심리적 현상이다.

3. 인간공학적 요인

상황에 따라서는 인간이 아무리 주의를 집중한다 하더라도 불안전행동을 할 수밖에 없는 경우가 엄연히 존재한다. 인간공학적인 견지에서 말하자면 인간의 능력이나 특성과 합치하지 않는 주변 작업환경이 불안전행동을 유발시키는 것이다.

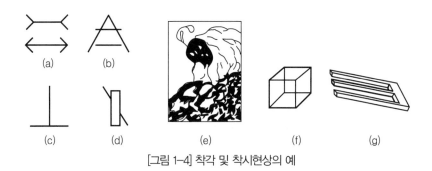

[그림 1-4] 착각 및 착시현상의 예

(1) 정보처리량의 과다

인간의 기본기능의 한계는 우선 정보처리기능에 있다. 입력정보량이 지나치게 많으면 그것을 충분히 수용할 수도 없고, 처리한다 하더라도 처리시간이 지연되므로 불안전행동을 유발하는 것이다.

(2) 인간 과오

인간 과오의 발생기전(mechanism)에 관해서는 명확하지 않으나, 인간공학적으로 말하자면 인간과 기계의 부적합으로부터 재해나 사고가 발생한다고 할 수 있다.

[표 1-2] 인간 과오의 원인

외적 요인	내적 요인
부적절한 작업공간, 작업장 배치	훈련, 경험직무에 대한 지식
불량한 환경조건	기술수준, 사회적 요인
부적절한 인간공학적 설계	지능, 신체적 조건
부적절한 훈련, 작업보조절차	작업동기, 의욕, 태도, 성별
불량한 관리감독	감정상태, 근력 및 지구력, 인식능력, 스트레스수준

(3) 생체리듬

인간의 대뇌기능은 항상 일정수준에 머물러 있는 것이 아니라 주간과 야간이 다르며 상황이나 시간에 따라서도 변화하는데, 야간과 새벽녘에는 대뇌의 활동수준이 낮고, 날이 밝으면 증가하여 12시 전후에 최고조에 이른다.

(4) 피로

피로는 대뇌의 중추가 침해되어 의식활동의 수준이 저하되는 현상인데, 결국에는 인간의 신체기능이나 정신작용을 저하시켜 불안전한 행동이나 인간 과오를 유발하며 세 가지 공통적인 증상을 수반한다.

① 자각적 피로감
② 작업능률의 저하 및 혼란
③ 생리적·심리적 기능의 저하

(5) 의식수준

인간은 그 의식수준에 따라 뇌파의 형태가 다르며, 이에 따라 불안전행동과 과오를 일으킬 가능성도 달라진다.

4. 관리적 요인

(1) 지식 부족

'몰라서' 불안전행동을 했다는 것은 대표적인 관리적 요인으로 신입사원의 입사교육으로부터 중견사원의 보수교육에 이르기까지 교육을 하며, '모르고' 하는 불안전행동이 만의 하나라도 없도록 만전을 기해야 한다.

(2) 기능 미숙

'알기는 알았지만 제대로 할 수 없어서' 저지르는 불안전행동도 관리직 사원들의 책임이며안전은 생활이기 때문에 단순히 교육을 받았다고 그것이 몸에 붙는 것은 아니다.

(3) 태도 불량

'알고는 있었지만 하지 않았다'는 태도 불량은 가장 많이 지적되는 불안전행동이다. 이것은 심리적 현상이라고 말할 수도 있으나 '안전행동만을 하겠다'는 의식이 확립되지 않고, 사업장 분위기가 이를 뒷받침하지 못한다면 이는 명백히 관리상의 문제이다.

5. 불안전한 행동의 예방대책

(1) 심리적 요인의 대책

1) 적성배치

인간-기계체계 및 환경조건이 올바로 설계되어 대다수의 사람들은 불안전한 행동을 하지 않지만, 어떤 특정의 사람은 곧잘 불안전한 행동을 하며 이것은 적성과 작업의 부적합에 연유한다.

2) 동기유발

작업자 개개인이 안전하게 행동하겠다는 의욕이나 동기를 갖도록 하는 과정을 안전동기유발(safety motivation)이라 하는데, 동기유발의 방법에는 두 가지가 있다. 첫째는 안전에의 흥미, 호기심, 안전행동의 목적 및 가치 등을 중심으로 작업자 자신의 내적 요인을 이용하는 방법이고, 둘째는 행동결과나 진행 정도의 확인, 성공에 따른 자신감, 상벌, 경쟁심이나 협동심 등 관리적 측면에서의 외적 요인을 이용하는 방법인데, 내적 요인에 의한 동기유발이 그 효과가 크다.

3) 주의집중훈련

지나치게 산만하여 집중되지 않는 경우에는 작업수행에 관한 기술이나 지식만을 교육시킬 것이 아니라 긴급상황을 대비해 놓고 심리적 훈련과정을 거듭하는 것이 효과적이다.

4) 카운슬링

살면서 누구나 겪는 인생의 고민은 전문가에 의한 심리상담, 즉 카운슬링(counselling)이 효과적이다. 누군가의 조언에 따라 생활의 중심을 찾고 안정된 마음으로 작업에 임하는 것은 작업자 자신을 위해서나 사업장 전체를 위해서나 바람직한 일이다.

5) 배경음악

배경음악(background music) 혹은 BGM이라 하는 이 방법은 대형서점이나 백화점에서 판매촉진활동의 일환으로 많이 활용하고 있다. 차분한 음악이 흐르는 서점에서는 인간을 사색적인 분위기로 이끌거나, 경쾌하고 발랄한 음악이 흐르는 백화점에서는 고객을 심리적으로 들뜨게 만들어 충동구매의 가능성을 높이는 것이다.

6) 색채조절

색채조절(color dynamics)은 작업장의 기계·기구나 배경색을 조화 있게 배색하여 작업자의 심리상태를 안정시키고 안전작업을 수행토록 하자는 데 그 의의가 있다. 인간은 원래 시간적 동물인 만큼 그 효과는 의외로 크며, 병원이나 요양소의 병실과 같은 경우에는 필수적인 고려사항이다.

(2) 인간공학적 요인의 대책

1) 인간공학적 작업설계

인간공학적 안전작업을 확보하기 위해서는 실수를 해도 안전한 체계의 설계(fail safe, fool proof), 인간공학적 설계원칙이 해당 설비나 작업환경을 설계할 때부터 준수되어야 하며 다음과 같다.

① 사용기계 및 공구 등의 구조 ② 작업방법 및 작업자세
③ 작업시간 ④ 근무양식
⑤ 작업환경 ⑥ 기능훈련

한편 동일한 작업을 계속하는 경우 저하되는 주의력을 예방하기 위하여 인간공학이 응용되기도 하며, 필요에 따라서는 적당한 간격을 두고 인위적인 근육자극이나 감각적 자극을 줌으로써 작업자의 의식수준을 적정하게 유지시키는 방법도 이용된다.

2) 피드백 정보의 활용

불안전작업요소의 예측 또는 예기수준이 높으면 높을수록 불안전행동을 현저히 줄일 수 있으므로 작업수행결과 등의 피드백정보나 정보체계를 잘 활용하여야 한다. 이러한 점은 교육이나 훈련 시 특히 중요하다.

(3) 생리적 요인의 대책

인간의 피로는 기계 등의 피로와 달리 인간의 생활기능에서 생기는 현상이므로 시간적, 공간적인 변동을 포함한 인간의 생활기능에 대한 충분한 이해가 선행되어야 비로소 피로의 대책을 강구할 수 있다. 작업이 주는 생체부담으로 인해 과로하지 않도록 휴식을 설계, 삽입하는 것이다.

전신적 육체피로는 다음과 같은 방법으로 휴식시간을 설정한다. 하루 8시간 작업을 기준으로 할 때 보통 사람이 작업에 소모할 수 있는 에너지는 기초대사량을 포함, 분당 약 5kcal라고 한다. 작업의 평균소요에너지가 E[kcal/분]이고, 휴식시간 중의 평균소비에너지가 1.5kcal/분이라면

$$E \times 작업시간 + 1.5 \times 휴식시간 = 5 \times 총작업시간$$

즉 $E(60-R)+1.5R=5 \times 60$이어야 하므로 60분 중에 휴식시간은 최소한 $R(분)=\dfrac{60(E-5)}{E-1.5}$ 이상이 되어야 한다. 그러나 이 공식은 단지 작업의 육체적 부하로 인한 생리적 부담만을 다루고 있는 것이므로 정신적인 측면도 추가로 고려할 때 휴식이 충분해야 작업을 지속할 수 있으며, 작업방법을 약간 변경함으로써 피로나 단조로움을 감소시키는 방법도 있다.

(4) 관리적 요인의 대책

1) 교육 및 훈련

'몰라서(지식 부족)' 혹은 '알았지만 제대로 할 수 없어서(기능 미숙)' 발생하는 불안전행동은 전적으로 관리부서의 책임이다. 교육, 경험, 훈련 등을 통해서 작업준비의 부족, 작업방법의 부적절한 행동을 자제하는 것이 가장 중요한 과제이다. 항공기조종사, 원자력발전소에서 실시하는 OJT(On the Job Training)나 작업모의실험(work simulation) 등을 통한 실무훈련으로 작업의 난이도가 높을수록 효과를 발휘한다.

2) 안전분위기 조성

사업장 전체가 '안전제일'을 구호로 무재해운동에 참여하고, 작업집단이 안전에 관심을 갖도록 사업장분위기를 이끌어가는 것도 관리적 대책 중의 하나이다. 하인리히는 작업자의 동기유발요인 중 가장 중요한 것이 분위기(climate) 조성이라고 지적한 바도 있다.

3) 소집단활동의 활용

작업반이나 작업부서를 단위로 위험예지훈련 등 소집단활동을 늘려나가는 것도 좋은 방법이다. 따라서 집단의 의사소통(communication)이나 팀워크(team work)를 공고히 하는 것이 필요하다.

4) 관리기법의 적용

시각과 청각, 그리고 행동을 동시에 요구하는 지적 확인제도나 망각을 방지하기 위한 점검표(check list)기법 등 좋은 관리기법을 응용하는 것도 불안전행동을 예방하기 위해 바람직하다.

Section 9 · 최악의 누출시나리오에서 끝점과 누출시나리오

1. 누출시나리오 선정

본 설비는 주로 독성가스(CDC, 염소, CO) 제조·취급시설로서, 가연성 가스 및 인화성 물질은 거의 소량 취급되는 관계로, 누출시나리오는 다음과 같은 기준으로 선정하여 사고피해를 예측하고 검토한다.

① 독성가스 누출 : 최악의 누출시나리오와 임의누출시나리오로 접근한다.
② 가연성 가스 및 인화성 물질 누출

2. 최악의 누출시나리오에서 끝점(End Point)

사업장 밖에서의 사고 시 누출시나리오를 분석하기 위해서는 다음의 기준에 의하여 끝점을 결정해야 한다.

(1) 독성물질인 경우

농도가 규정한 끝점농도(mg/ 또는 ppm)에 도달하는 지점

(2) 인화성 가스 및 인화성 액체인 경우(가연성 물질 포함)

① 폭발인 경우 : 0.07kgf/cm²의 과압이 걸리는 지점
② 화재인 경우 : 40초 동안 5kW/m²의 복사열에 노출되는 지점
③ 누출인 경우 : 누출된 물질의 폭발하한농도의 100%인 지점

3. 독성가스 최악의 누출시나리오(대상 : CDC Buffer Tank(3T-250)의 하부 Drain Valve의 파손)

(1) 누출량 산정기준(Calculation Basis)

누출량은 용기 내의 최대저장, 취급량기준으로 하며, 조건은 건물 내부에 설치되는 기준, 온도는 대기의 온도 근처에서 누출되는 기준, 성상은 액체상태로 누출되는 기준, 누출시간 10분, 누출률은 55%를 기준한다.

(2) 운전조건(Operation Condition)

온도는 5℃이며, 압력은 2.2kgf/cm²이다.

(3) 계산식

$$RR = \frac{QR}{10} \times 0.55$$

여기서, RR : 누출확산속도(kg/min), QR : 최대누출량

Section 10 질식유동

1. 정의

임계압력이란 압축성 유체의 유동에서 발생하는 현상으로 유로 내의 유속이 음속과 동일해지는 압력을 의미하며, 유로를 지나는 압축성 유체의 유동에서 하류측의 압력이 임계압력에 도달하기 전까지는 하류측 압력을 낮추면 낮출수록 유량이 증가한다. 하지만 일단 하류측 압력이 임계압력에 도달하면 더 이상 하류측 압력을 낮추어도 유량은 증가하지 않으며, 이 상태에서의 유동을 질식유동(Choked Flow)이라고 한다.

2. 특징

질식유동에서 노즐이나 배관의 출구압력(P_2)은 하류측 압력(P_3)보다 높게 유지되는데, 이러한 압력차에 따른 에너지차이는 충격파(Shock Wave)나 난류유동(Turbulent Flow)에 의해 소멸된다. 노즐에서의 예를 들어 압축성 유체유동의 압력, 유량 및 유속의 상관관계를 표시하면 [표 1-3]과 같다.

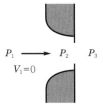

[그림 1-5] 축소노즐

[표 1-3] 압축성 유체유동의 압력, 유량 및 유속의 상관관계

유동	압력	유량	유속
아임계유동(Sub-critical Flow)	$P_2 = P_3 > P_c$	$F < F_c$	$V_2 < V_c$
임계유동(Critical Flow)	$P_2 = P_3 = P_c$	$F = F_c$	$V_2 = V_c$
질식유동(Choked Flow)	$P_2 = P_c > P_3$	$F = F_c$	$V_2 = V_c$

주) P_c : 임계압력(Critical Pressure)
F_c : 임계유량(Critical Flow Rate)
V_c : 임계유속＝음속(Critical Velocity=Sonic Velocity)

노즐의 경우 질식유동상태에서 일반 축소노즐 대신에 축소-확대노즐(de Laval Nozzle)을 사용하면 초음속유동(Super critical Flow)을 얻을 수 있다. 하지만 이러한 초음속유동은 발전소 설계에서는 일반적으로 사용하지 않는다. 노즐이나 배관의 압축성 유체유동을 해석하는 경우에는 임계압력(P_c)을 계산하여 하류측 압력(P_3)이 임계압력보다 큰지, 작은지를 판단해야 한다.

그리고 하류측 압력이 임계압력보다 큰 경우($P_3 > P_c$)에는 우리가 일반적으로 생각하는 유동과 같이 노즐이나 배관의 출구압력을 하류측 압력과 동일하게 놓고($P_2 = P_3$) 계산하며, 만일 하류측 압력이 임계압력보다 작은 경우, 즉 질식유동의 경우($P_3 < P_c$)에는 하류측 압력에 관계없이 노즐이나 배관의 출구압력을 임계압력으로 놓고($P_2 = P_c$) 계산해야 한다.

Section **11** **근골격계 질환의 유해요인 중에서 접촉스트레스**

1. 개요

근골격계 질환이란 무리한 힘의 사용, 반복적인 동작, 부적절한 작업자세, 날카로운 면과의 신체접촉, 진동 및 온도 등의 요인으로 인해 근육과 신경, 힘줄, 인대, 관절 등의 조직이 손상되어 신체에 나타나는 건강장해를 총칭한다. 근골격계 질환은 요통(Low Back Pain), 수근관증후군(Carpal Tunnel Syndrome), 건염(Tendonitis), 흉곽출구증후군(Thoracic Outlet

Syndrome), 경추자세증후군(Tension Neck Syndrome) 등으로 표현되기도 한다.

2. 근골격계 질환의 유해요인 중에서 접촉스트레스

작업대 모서리, 키보드, 작업공구, 가위사용 등으로 인해 손목, 손바닥, 팔 등이 지속적으로 눌리거나 손바닥 또는 무릎 등을 사용하여 반복적으로 물체에 압력을 가함으로써 해당 신체 부위가 충격을 받게 되는 것을 의미한다.

Section 12 산업재해의 직접원인인 인적원인(불안전한 행동)과 물적원인 (불안전한 상태)

1. 산업재해의 발생원인

산업재해를 직접원인과 간접원인으로 구분하면 다음과 같다.

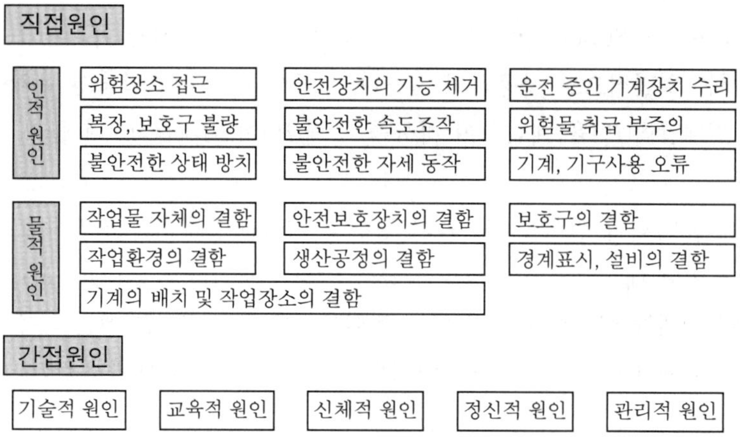

[그림 1-6] 산업재해 발생원인에 따른 분류

(1) 직접원인

① 불안전한 행동 : 지식이나 기능의 미숙, 태도 불량, 실수 등과 같은 안전하지 못한 모든 행위를 말한다.

② 불안전한 상태 : 기계, 기구 등의 물적 결함에 의한 위험을 말한다.

(2) 간접원인(기본적 원인)

① 기술적 원인 : 건물·기계장치의 설계 불량, 구조·재료의 부적합, 생산공정의 부적당, 점검

및 정비보존의 불량 등이다.

② 교육적 원인 : 안전지식의 부족, 안전수칙의 오해, 경험과 훈련의 미숙, 작업방법의 교육 불충분, 유해위험작업의 교육 불충분 등이다.

③ 작업관리상 원인 : 안전관리조직 결함, 안전수칙 미제정, 작업준비 불충분, 인원배치 부적당, 작업지시 부적당 등이다.

Section 13 적응과 부적응(K. Lewin의 3가지 갈등형)

1. 적응

적응(Adjustment)이란 개인이 자신이나 환경에 대해서 만족한 관계를 갖는 것을 말하며, 개인의 소질이 그 환경에 조화되고 있느냐, 그렇지 않느냐로 설명할 수 있는데, 그 조건은 다음과 같다.

① 개인의 능력을 발휘할 수 있을 것

② 직무 그 자체에서 어느 정도의 만족을 얻을 수 있을 것

③ 직무가 당사자의 소속 사회를 위하여 유익한 것이라는 자각이 있을 것

2. 부적응

부적응(Malajustment)이란 욕구불만이나 갈등상태에 놓이는 것을 말하며, 작업능률과 생산성에 관계되는데, 그 요인은 다음과 같다.

① 욕구불만(욕구좌절) : 어떤 장애 때문에 욕구가 충족되지 않는 데서 일어나는 정서적 긴장상태

② 갈등 : 서로 대립되는 2개 이상의 욕구가 동시에 만족될 수 없는 심리적 상태

3. K. Lewin에 의한 3가지 갈등형

(1) 접근-접근 갈등형(+, +유의성)

2개의 긍정적 욕구가 동시에 나타나서 어느 것을 선택해야 될지 곤란한 상태의 갈등으로, 실례는 집에서 공부도 하고 싶고, 영화구경도 가고 싶을 때 경험하는 갈등이다.

(2) 회피-회피 갈등형(−, −유의성)

2개의 부정적 유의성이 동시에 일어날 때 생기는 심리적 갈등인 진퇴양난의 상태로, 실례는

몸도 불편하고 학교 가지 않으면 꾸지람을 들어야 할 때 경험하는 갈등이다.

(3) 접근-회피 갈등형(+, −유의성)

긍정적 욕구와 부정적 욕구가 동시에 생겨 경험하는 심리적 갈등으로, 실례는 대학은 가고 싶은데 공부는 하기 싫은 경우의 갈등이다.

[그림 1-7] K. Lewin에 의한 3가지 갈등형

Section 14 · 밀폐공간 내 작업 시 사전안전조치사항 및 재해예방대책

1. 관련 용어정의

(1) 밀폐공간

밀폐공간이란 근로자가 작업을 수행할 수 있는 공간으로 환기가 불충분한 상태에서 산소결핍, 유해가스로 인한 건강장해와 인화성 물질에 의한 화재·폭발 등의 위험이 있는 장소를 말한다. 밀폐공간작업장소는 우물·수직갱·터널·잠함·핏트·암거·맨홀·탱크·반응탑·정화·침전조·집수조 등을 말한다.

(2) 산소결핍

산소결핍이란 공기 중의 산소농도가 18% 미만인 상태이고, 산소결핍증이란 산소가 결핍된 공기를 들이마심으로써 생기는 증상을 말한다.

(3) 유해가스

밀폐공간에서 메탄, 탄산가스, 황화수소 등의 유해물질이 가스상태로 공기 중에 발생되는 것으로 다음과 같다.
① 메탄, 에탄, 부탄
② 헬륨, 아르곤, 질소, 프레온, 탄산가스 등의 불활성 기체
③ 일산화탄소

④ 황화수소

⑤ 기타 반응기, 탱크 등의 내부 화학물질

(4) 밀폐공간 내 적정 공기

산소농도의 범위가 18% 이상 23.5% 미만, 탄산가스의 농도 1.5% 미만, 황화수소의 농도 10ppm 미만 수준의 공기가 적정하다.

2. 밀폐공간작업에 따른 질식재해예방대책

(1) 밀폐공간보건작업프로그램 수립·시행

사업장에서 밀폐공간을 보유하여 밀폐공간에 근로자를 종사하도록 하는 때에는 다음의 내용이 포함된 밀폐공간보건작업프로그램을 수립 및 시행하도록 한다.

① 작업시작 전 적정한 공기상태 여부의 확인을 위한 측정·평가

② 응급조치 등 안전보건교육 및 훈련

③ 공기호흡기 또는 송기마스크 등의 착용 및 관리

④ 그 밖의 밀폐공간작업근로자의 건강장해예방에 관한 사항

(2) 밀폐공간작업절차

1) 밀폐공간 기본작업절차

밀폐공간에서 작업이 있을 경우 사전에 다음 사항을 조사, 점검, 준비하여 작업에 임하여야 한다.

① 밀폐공간의 작업여건 등 사전조사(도면검토 및 현장조사)

② 유해가스 및 산소농도측정기 등 측정장비 및 개인보호구 준비

③ 출입조건 설정

④ 밀폐공간작업허가서 작성 및 허가자 결재

⑤ 화기작업 시 화기작업허가 취득

⑥ 감시인 상주 및 모니터링 실시

⑦ 통신수단 구비

⑧ 관계자 외 출입금지표지판 게시

⑨ 사고 발생 시 대응조치체제 구축

2) 밀폐공간 안전보건작업허가서 작성 및 교육

밀폐공간에서 작업을 행할 경우에는 작업에 관계된 작업감독자, 감시인 등은 밀폐공간(시설)을 보유한 책임자로부터 밀폐공간안전보건작업허가서를 발급받은 후 작업을 하며,

작업관리감독자는 사전에 작업자에게 작업위험요인과 이에 대한 대응·방법에 대하여 교육을 실시한다.

3) 출입금지와 인원의 점검

밀폐공간에는 관계자 외 출입을 금지시키고, "밀폐공간 출입금지" 표지를 보기 쉬운 장소에 게시하며, 밀폐공간작업 시에는 투입인원 및 퇴장인원을 반드시 점검한다.

(3) 유해공기농도측정

밀폐공간에 근로자를 종사하도록 하는 때에는 관리감독자, 안전관리자 및 보건관리자, 지정측정기관 등으로 하여금 산소농도 등을 측정하고 적정한 공기가 유지되고 있는지 여부를 평가 한다.

1) 유해공기 판정기준

유해공기의 측정 후 판정기준은 각각의 측정위치에서 측정된 최고농도로 적용한다.

2) 유해공기를 반드시 측정해야 하는 경우

① 당일의 작업을 개시하기 전
② 교대자가 최초로 작업을 시작하기 전
③ 작업에 종사하는 전체 근로자가 작업을 하고 있던 장소를 떠났다가 돌아와 작업을 재개하기 전
④ 근로자의 신체, 환기장치 등에 이상이 있을 때

3) 측정장소

밀폐공간 내에서는 비교적 공기의 흐름이 일어나지 않아 같은 장소에서도 위치에 따라 현저한 차이가 나므로 측정은 다음의 장소에서 실시한다.

① 작업장소에 대해서 수직방향 및 수평방향으로 각각 3개소 이상
② 근로자가 출입하는 장소로서 작업 시 근로자의 호흡위치 중심
③ 휴대용 유해공기농도측정기(또는 산소농도측정기) 등을 이용하여 측정
④ 탱크 등 깊은 장소의 농도를 측정 시에는 고무호스나 PVC로 된 채기관(채기관은 1m마다 작은 눈금으로, 5m마다 큰 눈금으로 표시하여 동시에 깊이를 측정함)
⑤ 유해공기측정 시에는 면적 및 깊이를 고려하여 밀폐공간 내부를 골고루 측정

(4) 밀폐공간에서의 환기

밀폐공간에서의 환기는 적절하게 실시한다. 만일 작업장소에서 메탄가스, 황화수소 등의 가스가 지속적으로 발생할 때는 계속적으로 환기를 실시한다. 또한 가연성 가스 등이 존재하였

을 때 팬의 가동 시 전기스파크에 의한 화재 및 폭발이 있을 수 있으므로 방폭형 모터 및 팬을 사용한다.

(5) 보호구의 사용과 구조장비

1) 공기호흡기

산소결핍의 우려가 있는 장소에 출입하여 작업을 하고자 할 경우에는 먼저 해당 장소의 산소농도를 측정하고 환기시켜 작업환경의 산소농도를 18% 이상으로 유지한다. 환기를 할 수 없거나 환기만으로 불충분한 경우에는 공기호흡기 등의 호흡용 보호구를 반드시 착용하고 출입한다.

2) 송기마스크

송기마스크는 활동범위에 제한을 받고 있지만, 가볍고 유효사용기간이 길어지므로 일정한 장소에서의 장시간 작업에 주로 이용해야 한다. 대기를 공기원으로 하는 호스마스크와 압축공기를 공기원으로 하는 에어라인마스크가 있다.

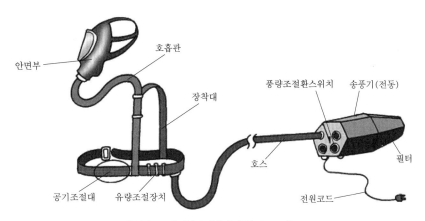

[그림 1-8] 송풍기형 (전동) 호스마스크

3) 안전보호구

탱크나 맨홀과 같이 사다리를 사용하여 내부로 내려가야 하는 경우에는 안전대나 기타 구명밧줄 등을 사용하여 안전을 확보한다. 비상시에 작업자를 피난시키거나 구출하기 위하여 안전대, 사다리, 구명밧줄 등 필요한 용구를 준비하고, 이것의 사용방법을 작업자에게 숙지하도록 해야 한다.

(6) 작업관리

1) 감시인의 배치

상시 작업상황을 감시할 수 있는 감시인을 지정하여 밀폐공간 외부에 배치한다.

2) 인원의 점검과 출입금지

밀폐공간(산소결핍)위험작업의 종사 근로자에 대하여는 출입 시 인원을 점검하고 관계자 외의 출입을 금지시키며 금지표지판을 보기 쉬운 장소에 게시한다.

3) 연락체계 구축

밀폐공간(산소결핍)위험작업장과 외부 관리감독자 사이에 상시 연락할 수 있는 장비 및 설비를 갖추어야 한다.

4) 안전한 작업방법 등의 주지

밀폐공간에 근로자를 종사하도록 하는 때에는 비상시 구출에 관한 사항에 대하여 작업 근로자에게 알려야 한다.

5) 대피용 기구의 비치 및 긴급구조훈련

비상시 피난시키거나 구출하기 위한 필요기구를 비치하고 비상연락체계운영, 구조용 장비의 사용, 송기마스크 등의 착용, 응급처치에 관하여 6개월에 1회 이상 주기적으로 훈련을 실시하며 그 결과를 기록·보존을 한다.

Section 15 · 하인리히의 사고예방대책 기본원리와 단계별(5단계) 조치사항

1. 하인리히(Heinrich)의 사고예방대책 기본원리

하인리히는 사고 발생 및 방지과정을 도미노 조각을 이용하여 설명하고 있다. 도미노 조각을 나란히 세워놓고 맨 앞의 것을 넘어뜨리면 차례로 다음 것이 넘어져서 최종의 것이 넘어지듯이 재해도 다섯 가지 요인이 순차적으로 발생하여 일어난다는 것이다. 재해는 사고의 결과로 나타나는 현상이고, 사고는 불안전한 상태에 의해 이루어지며, 이는 개인적인 결함 때문에 발생하게 된다는 것이다. 이 이론에 따르면 사고는 인간의 불안전행동이나 또는 기계설비의 불안전한 상태에서 기인하고 있다는 것이다.

따라서 재해를 방지하려면 이러한 요인들을 제거해야 하는데, 유전적 사회적인 환경과 개인(인간)의 근본적인 결함은 그 다소와 경중의 차이는 가감할 수 있겠으나 근본적인 치유와 제거는 불가능하므로, 재해 방지목표의 중심은 연쇄의 중앙, 즉 인간의 힘으로 치유나 제거가 가능한 불안전행동이나 불안전상태를 제거할 수 있다면 사고나 재해로 연결되지 않는다는 것이다. [그림 1-9]는 하인리히의 이론에 의한 사고 발생과정과 이를 예방하기 위한 절차를 나타낸 것이다.

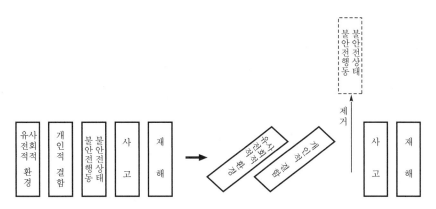

[그림 1-9] 하인리히의 사고 발생과정과 예방

이와 같이 하인리히의 사고 발생이론에 의하면 사고의 발생 가능성은 개인적인 건강, 기능 수준 및 정서상태의 불안정 등 개인적인 요소에 의해서 일어나는 경향이 크므로 개인적인 위험요인을 미리 예방하거나 제거하면 사고를 효율적으로 예방할 수 있음을 나타내고 있다.

그러므로 지속적이고 체계적인 안전교육이 이루어지고, 안전교육과 관련된 행사를 활성화하여 안전의식을 고취시킨다면 안전을 생활화 또는 습관화시킬 수 있음으로써 큰 사고나 재해를 사전에 예방할 수 있음을 말해주고 있다.

2. 하인리히(Heinrich)의 단계별(5단계) 조치사항

하인리히(H. W. Heinrich)는 그의 저서 「Industrial Accident Prevention」에서 재해를 일으키는 다섯 가지 요인을 유전적·사회적 환경, 개인적 결함, 불안전한 행동 및 불안전한 상태, 사고, 재해라고 규정하고 있으며, 이 다섯 가지 요인 중에서 불안전한 행동과 불안전한 상태만 제거된다면 사고는 발생하지 않고 재해도 발생하지 않는다고 하였다. 재해가 발생하는 데에는 직접원인과 간접원인이 있는데, 직접원인은 사고를 발생시키는 직접원인으로써 인간의 불안전한 행동과 장비·시설상의 불안전한 상태 및 주변 환경이 겹치기 때문이며, 간접원인은 개인적인 결함과 유전적·사회적인 환경결함 때문이라고 주장하고 있다.

Section 16 산업안전보건법의 산업재해와 중대재해의 의미, 법에서 규정하는 산업재해보고

1. 중대재해의 의미(산업안전보건법 시행규칙 제2조, [시행 2021.1.19.])

산업안전보건법상 "중대재해"란 사망자가 1명 이상 발생한 재해, 3개월 이상의 요양이 필요

한 부상자가 동시에 2명 이상 발생한 재해, 부상자 또는 직업성 질병자가 동시에 10명 이상 발생한 재해를 말한다. 작업현장에서 발생되는 많은 산업재해 중 재해원인분석 등을 통하여 그 책임의 소재를 명확하게 하며 추가적인 재해 발생을 방지하여 산업안전보건법의 목적대로 근로자의 안전과 보건을 유지·증진할 수 있기 위한 규정이라 할 수 있다.

2. 산업재해 발생보고 등(산업안전보건법 시행규칙 제73조, [시행 2021.1.19])

① 사업주는 산업재해로 사망자가 발생하거나 3일 이상의 휴업이 필요한 부상을 입거나 질병에 걸린 사람이 발생한 경우에는 법 제57조 제3항에 따라 해당 산업재해가 발생한 날부터 1개월 이내에 별지 제30호 서식의 산업재해조사표를 작성하여 관할 지방고용노동관서의 장에게 제출(전자문서로 제출하는 것을 포함한다)해야 한다.

② 제1항에도 불구하고 다음 각 호의 모두에 해당하지 않는 사업주가 법률 제11882호 산업안전보건법 일부 개정법률 제10조 제2항의 개정규정의 시행일인 2014년 7월 1일 이후 해당 사업장에서 처음 발생한 산업재해에 대하여 지방고용노동관서의 장으로부터 별지 제30호 서식의 산업재해조사표를 작성하여 제출하도록 명령을 받은 경우 그 명령을 받은 날부터 15일 이내에 이를 이행한 때에는 제1항에 따른 보고를 한 것으로 본다. 제1항에 따른 보고기한이 지난 후에 자진하여 별지 제30호 서식의 산업재해조사표를 작성·제출한 경우에도 또한 같다.

  1. 안전관리자 또는 보건관리자를 두어야 하는 사업주
  2. 법 제62조 제1항에 따라 안전보건총괄책임자를 지정해야 하는 도급인
  3. 법 제73조 제1항에 따라 건설재해예방전문지도기관의 지도를 받아야 하는 사업주
  4. 산업재해 발생사실을 은폐하려고 한 사업주

③ 사업주는 제1항에 따른 산업재해조사표에 근로자대표의 확인을 받아야 하며, 그 기재내용에 대하여 근로자대표의 이견이 있는 경우에는 그 내용을 첨부해야 한다. 다만, 근로자대표가 없는 경우에는 재해자 본인의 확인을 받아 산업재해조사표를 제출할 수 있다.

④ 제1항부터 제3항까지의 규정에서 정한 사항 외에 산업재해 발생보고에 필요한 사항은 고용노동부장관이 정한다.

⑤ 산업재해보상보험법 제41조에 따라 요양급여의 신청을 받은 근로복지공단은 지방고용노동관서의 장 또는 공단으로부터 요양신청서 사본, 요양업무 관련 전산입력자료, 그 밖에 산업재해예방업무수행을 위하여 필요한 자료의 송부를 요청받은 경우에는 이에 협조해야 한다.

Section 17 *F-N* Curve

1. 개요

F-N(Frequency-Number) Curve는 원자력산업에서 개발되어 주로 이용되어 온 사회적 위험성의 통상적인 형태이다. 위험사고에 의하여 영향을 받을 수 있는 사람의 숫자를 예측하여 사회적 위험성을 나타내며, 사고의 기여도를 볼 수 있는 *F-N* Curve는 누적된 빈도 대 사상자의 숫자로 표현되는 결과의 도표로, [그림 1-10]은 액화가연성 가스설비의 *F-N* Curve의 일례이다.

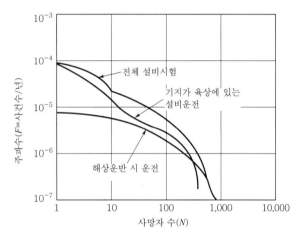

[그림 1-10] 사회적 위험성 *F-N* Curve의 예

2. 특징

F-N Curve는 사회적 위험성의 정도를 3단계로 분류하는 곡선의 형태로 그려진다. 3단계는 다음과 같다.
  ① 1단계 : 위험이 기준값 이상인 경우
  ② 2단계 : 무시할 만한 경우
  ③ 3단계 : 더 깊은 검증을 요하는 경우

F-N Curve의 특징은 *F-N*직선의 두 가지 요소인 단일 중대사고 발생도와 직선의 기울기를 고려하면 쉽게 이해할 수 있다.

Section 18 재해 발생빈도(하인리히, 버드, 콘패스)이론

1. 하인리히의 재해 발생빈도

하인리히는 약 5,000건의 사고를 분석한 결과 330건의 사고가 발생할 때 무상해 300건, 경상해 29건, 사망 또는 중상해 1건의 비율로 재해가 발생된다는 이론을 발표하였다. 이를 하인리히의 1:29:300의 법칙이라 한다. 여기서 재해의 발생은

① 물적 불안전상태+인적 불안전행위+α

② 설비적 결함+관리적 결함+α

로 표시되며 $\alpha = \dfrac{30}{1+29+300}$는 숨은 위험의 상태, 즉 재해를 나타낸다.

2. 버드의 재해 발생비율

버드는 제어 부족, 기본원인관리에 대한 경영자의 책임을 강조하여 사고예방을 위해서는 특히 기본원인 제거가 중요하다고 하였다. 산업현장에 직접 적용하기에 어려움이 있는 하인리히의 이론을 발전시킨 이론이다. 1:10:30:600의 법칙은 중상 또는 폐질 1, 경상(물적 및 인적 상해) 10, 무상해사고(물적 손실) 30, 무상해 및 무사고고장(위험한 순간) 600건을 적용하였다. 버드의 이론은 하인리히의 이론과 재해의 분류 및 수량적(빈도율) 차이는 있으나 근본적으로 그 맥락은 같이 한다.

3. 콘패스의 이론

콘패스의 이론은 재해사고의 크기와 빈도에 관한 이론이다. 콘패스이론에서는 상해사고의 비율이 하인리히의 이론과 같으나, 손해(물적)사고에 대해서는 다른 점이 있다. 즉 1명의 상해사고가 없는데도 수십억 원의 경제적 손실이 발생할 수도 있다는 이론이다.

Section 19 인간 과오율예측법(THERP)에 대한 내용과 장단점

1. 개요

제어실 운전원을 대상으로 사고를 유발할 수 있는 직무연쇄를 도출하고, 휴먼에러확률을 추정하는 휴먼에러확률예측기법(THERP : Technique for Human Error Rate Prediction)에 관

한 기술적 사항을 정함을 목적으로 하며, 적용 범위는 화학플랜트, 가스기지, 발전소, 기타 대형 제조사업장 등 제어실 운전원의 휴먼에러가 시스템의 사고 발생에 중대한 영향을 미치는 감시 및 대응작업에 적용한다.

2. 휴먼에러

휴먼에러(Human error)라 함은 인간이 수행하는 일련의 행동이나 행동군 중에서 수용한계를 벗어난 행동, 즉 시스템의 정상적 기능을 위하여 정의된 인간의 행동한계를 넘은 감내할 수 없는 행동을 말한다. 휴먼에러는 인지기능에 따라 다음 세 가지로 나뉜다.

① 행동에러(slip) : 자신이 의도한 대로 동작이나 행위가 이루어지지 않아 발생한 휴먼에러를 말한다.
② 기억검색에러(lapse) : 자신의 기억 속에서 특정 정보를 끄집어내지 못하여 발생한 휴먼에러를 말한다.
③ 의사결정에러(mistake) : 상황에 맞는 판단을 하지 못하여 발생한 휴먼에러를 말한다.

3. 장단점

(1) 장점

① 광범위한 분야에서 활용될 수 있으며 실질적인 유효성도 높아 실제로 많이 활용되고 있다.
② 감사도 가능한 강력한 방법론이다.
③ 디자인의 모든 단계에서 활용할 수 있다. 더욱이 이미 시행된 디자인의 평가에 한정되지 않으며 분석수준의 상세수준에 따라 이 기법은 특정 대상평가의 요구사항에 구체적으로 맞추어 조정될 수 있다.
④ 투명하고 구조적이며 리스크평가에서 고려되는 인적요인들에 논리적 견해를 제공한다. 그러므로 이 기법의 결과들은 직선적으로 검토될 수 있으며 가정사항들도 수정될 수 있다.
⑤ 이 기법은 휴먼에러 회복을 강조하며 다양한 행동 사이의 의존성을 정량적으로 모델링할 수 있는 독특한 방법론이다.

(2) 단점

① 많은 경우 요구되는 분석수준의 상세함이 지나치다고 할 수 있다.
② 많은 자원을 필요로 하며 많은 시간이 요구된다.
③ 시나리오모델링이나 성능에 대한 행동형성요인의 영향에 대하여 기법이 충분한 지침을 제공하지 않는다.
④ 개발 당시로부터 시간이 많이 지나서 사회적, 기술적 요인의 반영에 차이가 많다.

⑤ 개발 이후 수행된 여러 가지 수정 및 보완에도 불구하고 분석내용이 특히 행동에러(slip), 기억검색에러(lapse), 의사결정에러(mistake) 등 인지행동수준에서의 생략에러와 실행에러에만 초점을 맞추고 있어서 휴먼에러확률에 대한 의문은 여전히 잔존한다.

⑥ 분석모델이 여전히 자극-개체-반응개념에 기반하고 있으나, 이 개념은 이미 심리학적으로 용인되지 않고 있다.

⑦ 이 기법은 사업장의 조직적 요인을 포함하여 작업자에게 휴먼에러를 유발시킬 수 있는 사업장의 전후상황과 관련된 요인들을 고려하는 데 미흡하다.

⑧ 기법 자체가 시스템 개선에 도움이 되지는 않는다. 다른 기법들에 비하여 상대적으로 정교한 기법이 아니므로 고려되는 행동형성요인의 범위가 일반적으로 좁으며 휴먼에러의 잠재적인 원인들이 확인되어 있지 않다.

⑨ 각 하위직무들은 다른 모든 사상들로부터 독립이라고 가정한다. 이것은 사상수목 내에 성공경로대안을 개입함으로써 회복된다기보다는, 휴먼에러로부터 회복되는 우연성에 의하여 휴먼에러확률이 저감될 수 있다는 것을 의미한다.

⑩ 이 기법은 인간신뢰도의 시간적 변화는 고려하지 않는다.

Section 20 | 앨더퍼(Alderfer)의 ERG욕구이론

1. 개요

앨더퍼(Alderfer)의 ERG이론은 매슬로우의 욕구계층이론이 직면했던 문제점들을 극복하고 보다 실증조사에 부합되게 수정한 이론이라고 할 수 있다. 앨더퍼는 매슬로우의 5단계 범주를 세 범주로 구분하면서 인간의 욕구를 존재욕구(E : existence), 관계욕구(R : relatedness), 성장욕구(G : growth)로 명명했다.

2. 앨더퍼의 ERG욕구이론

이 이론의 주요 내용은 다음과 같다.

(1) 존재의 욕구(existence needs)

배고픔, 갈증, 안식처 등과 같은 생리적, 물질적 욕망으로서 봉급과 쾌적한 물리적 작업조건과 같은 물질적 욕구가 이 범주에 속한다. 이 존재욕구는 매슬로우의 생리적 욕구와 물리적 측면의 안전욕구에 해당한다고 할 수 있다.

(2) 관계의 욕구(relatedness needs)

직장에서 타인과의 대인관계, 가족, 친구 등과의 관계와 관련되는 모든 요구를 포괄한다. 관계 욕구는 매슬로우의 안전욕구와 사회적 욕구, 그리고 존경욕구의 일부를 포함한다고 볼 수 있다.

(3) 성장의 욕구(growth needs)

개인의 창조적 성장, 잠재력의 극대화 등과 관련된 모든 욕구를 가리킨다. 이러한 욕구는 한 개인이 자기능력을 극대화할 뿐만 아니라 능력개발을 필요로 하는 일에 종사함으로써 욕구충족이 가능한 것이다. 이 성장욕구는 매슬로우의 자아실현욕구와 존경욕구에 해당한다고 할 수 있다. 이와 같이 ERG이론은 인간의 행위를 설명함에 있어 매슬로우의 이론보다 탄력적이며 욕구구조에 있어 개인적인 차이가 많을 수 있다는 것을 인정하고 있으나 관계욕구의 충족이 성장욕구의 증대를, 성장욕구의 좌절이 관계욕구의 증대를 가져온다는 주장에 대해서는 연구에 따라 결과가 다르게 나타나고 있기도 하다. 그러나 조직행위론연구자들은 ERG이론이 욕구개념에 근거를 둔 동기부여이론으로서는 가장 타당성 있는 이론이라는 평가를 내리고 있으며, 매슬로우이론은 물론 허즈버그의 이론보다 훨씬 효과적인 방안이라고 인정하고 있다.

Section 21 산업심리에서 인간의 일반적 특성내용인 군화의 법칙

1. 개요

군화의 법칙을 게슈탈트의 법칙(Gestalt Laws)이라고도 하며, 사람이 형태를 지각할 때, 각 물체들이 공통적인 속성을 갖고 있는 경우에 유사한 시각요소가 있는 것끼리 묶어서 보려는 경향, 또는 조금 더 가까이 있는 것들을 하나로 묶어 보려고 하는 경향으로, 게슈탈트법칙은 디자인의 모든 분야에서 빠질 수 없는 매우 중요한 원리이자 활용범위가 넓은 조형이론이다.

2. 산업심리에서 인간의 일반적 특성내용인 군화의 법칙

게슈탈트법칙의 원리는 근접성, 유사성, 연속성, 폐쇄성으로 크게 4가지 원리로 나누며, 그 특징은 다음과 같다.

(1) 근접성의 원리

근접성의 원리는 서로 가까이 있는 것들은 하나로 묶어서 인식하게 된다는 원리로 [그림 1-11]에서 수직선 6개가 아니라 3개의 두 줄로 된 선으로 인식하게 된다.

[그림 1-11] 근접성의 원리

(2) 유사성의 원리

유사성의 원리는 비슷한 성질의 것들은 떨어져 있더라도 같은 집단으로 느껴진다는 원리이다.

[그림 1-12] 유사성의 원리

(3) 연속성의 원리

연속성의 원리는 물체가 부드러운 연속을 따라 함께 인식된다는 원리로서 공동운명의 법칙이라고 한다.

[그림 1-13] 연속성의 원리

(4) 폐쇄성의 원리

이 원리는 불완전한 형태를 완전한 형태로 인지하려는 심리를 말한다.

[그림 1-14] 폐쇄성의 원리

Section 22 학습이론에서 S-R이론과 형태설(Gestalt Theory)

1. S-R이론과 인지이론의 차이점

구분	S-R이론(행동주의)	인지이론(형태이론)
학습원리	자극과 반응의 연합과정에 의해 학습이 이뤄지며, 유기체는 단순히 자극에 반응하는 존재일 뿐이다.	학습이란 인지구조의 변화. 즉 재구조화 또는 재체계화이며, 유기체는 인지구조를 재구성하는 능동적 위치에 서게 된다.
문제해결과정	주로 시행착오설에 의한다.	통찰(insight)에 의한다.
동기관	학습은 강화에 의한 S와 R의 연합을 통해서 이뤄지므로 내적 동기는 필요치 않다.	내적 동기를 중시한다.
의식관	인간의 의식은 분절(分節)된 요소로 이루어져 있다. 따라서 전체는 부분의 합과 같다.	인간의 의식은 통합된 전체이기 때문에 전체를 파악하기 위해서는 부분 부분을 따로 파악해서는 안 되며, 전체는 부분의 합과 같다.
기본학파	연합주의, 행동주의	형태주의, Gestalt학파
종류	시행착오설, 조건반사설, 작동적 조건화설	기호형태설, 장이론, 통찰설
대표자	Pavlov, Thorndike, Skinner	Köhler, Lewin, Tolman
기타	선구자 : Watson, 대표자 : Thorndike	선구자 : Wertheimer, 대표자 : Köhler

Section 23 산소농도 17% 이하인 지하맨홀작업장에서 전동송풍기식 호스마스크 사용 시 주의사항

1. 개요

밀폐공간이란 환기가 불충분한 상태에서 산소결핍이나 유해가스로 인한 건강장해 또는 인화성 물질에 의한 화재·폭발 등의 위험이 있는 장소를 말하며, 산소결핍이란 산소농도가 18% 미만인 상태이다. 밀폐공간은 반드시 현재 상태가 산소결핍상태이거나 유해가스로 차 있는 장소만을 의미하지 않으나 작업과정 중 산소결핍환경이 조성될 수 있는 공간도 밀폐공간으로 분류하고 관리해야 한다.

2. 전동송풍기식 호스마스크 사용 시 주의사항

① 송풍기는 유해공기, 악취 및 먼지가 없는 장소에 설치

② 전동송풍기는 장시간 운전하면 필터에 먼지가 축적되므로 정기적 점검 실시

③ 전동송풍기를 사용할 때에는 접속전원이 단절되지 않도록 코드플러그에 반드시 "송기마스크 사용 중"이란 표지 부착

④ 전동송풍기는 통상적으로 방폭구조가 아니므로 폭발하한을 초과할 우려가 있는 장소에서는 사용금지

⑤ 정전 등으로 인해 공기공급이 중단되는 경우에 대비

Section 24 사고예방대책 5단계

1. 개요

안전사고는 불안전한 행동과 조건이 선행되어 필연적으로 일어난다는 과학적 법칙에서 대책선정이 가능하다. 즉 불안전한 행동과 조건을 통제함으로써 예방이 가능하다는 이론이다. 산업재해 방지 5단계에 대하여 하인리히의 사고예방대책을 기준으로 분석하면 다음과 같다.

2. 단계별 사고예방대책 기본원리

(1) 제1단계 조직(Organization)

안전관리에서 가장 기본적인 활동은 안전기구의 조직이다. 경영주는 조직을 통하여 안전방침을 하달하고, 안전책임자는 전문기술을 갖춘 안전조직을 통하여 부여받은 임무를 수행토록 한다.

(2) 제2단계 사실의 발견(Fact Finding)

안전점검, 사고조사, 관찰 및 보고, 안전회의, 각종 안전사고 및 안전활동에 대한 기록과 작업현장을 분석하여 불안전요소를 발견한다.

(3) 제3단계 분석(Analysis)

현장조사결과의 분석, 사고보고, 사고기록, 환경조건의 분석 및 작업공정의 분석, 교육훈련과정의 분석 등을 통하여 불안전요소를 토대로 사고를 발생시킨 직간접 원인을 찾아내는 것이다.

(4) 제4단계 대책의 선정(Selection of Remedy)

분석을 통하여 색출된 원인을 토대로 효과적인 개선방법을 선정해야 한다. 개선방안에는 기

술적, 교육적, 제도적 방안이 각각 원인에 대응되어 강구되어야 한다.

(5) 제5단계 대책의 적용(Adaption of Remedy)

안전대책의 3E가 완성되면 개선책에 따라 철저한 이행이 강조되어야 한다. 이행의 효과적인 방법으로는 각종 목표의 설정 및 평가, 정기점검 등이 필요하다.

Section 25 선행지표와 후행지표

1. 선행지표(Leading Indicator)

미래성과에 영향을 미치는 현재과정에 투입되는 조치를 측정할 수 있는 위험기계의 유지관리수준, 변경관리수준과 같은 지표를 말한다.

2. 후행지표(Lagging Indicator)

과거 조치들에 기인된 결과를 측정할 수 있는 재해율, 강도율과 같은 지표를 말한다.

Section 26 인간적 측면에서 사고 발생의 공통적인 배경

1. 인간적·사회적 측면

① 생명·건강을 잃으면 모든 것을 잃는다.
② 가정의 붕괴를 가져온다.
③ 사회 전체적으로 영원한 사회불만세력 및 낙오자를 양산하여 사회불안을 야기한다.

2. 재해유형의 분류

① 불안전한 행동 : 88%
② 불안전한 상태 : 10%
③ 천재지변 : 2%

Section 27 인간 과오의 심리적 요인(내적 요인) 및 물리적 요인(외적 요인)

1. 인간 과오의 개요

시스템의 임무를 수행하는 도중 미리 정해진 인간의 기능을 완수하지 못하기 때문에 발생하는 시스템의 기능을 열화시킬 가능성이 있는 작업요소를 의미하며 인간 과오의 종류는 다음과 같다.

① 생략적 과오 : 공정을 빠뜨려서 발생하는 과오
② 수행적 과오 : 행동의 판단에러에 의한 과오
③ 시간적 과오 : 시간 지체에 따른 과오
④ 불필요 과오 : 미리 정해놓은 행동 외의 불필요한 행동으로 인한 과오

2. 인간 과오의 발생요인

인간 과오의 진정한 원인은 부주의(인간공학이나 심리학적 측면에서 사고의 진정한 원인은 될 수 없음)를 야기시키는 요인이다.

(1) 행동형성요인(수행도형성요인)

인간의 행동에 직간접적으로 영향을 미치는 요인은 다음과 같다.

1) 내적 요인

경험 및 훈련, 능력 및 기술, 개성 및 지능, 작업의욕 및 태도, 감정적 상태, 스트레스수준, 지식, 성별, 건강상태 등이 포함되며 작업자 특성을 반영한다.

2) 외적 요인

환경적인 특성, 작업시간 및 휴식주기, 인원배치 및 관리, 보수 및 복지지원, 작업 및 직무의 특성, 관련 설비 및 작업도구 등이 포함되며 작업자 주위의 특성을 반영한다.

① 인간유발과오(Human Induced Error) : 내적 행동형성요인(PSF)에 의한 실패
② 상황유발과오(Situation Induced Error) : 외적 행동형성요인(PSF)에 의한 실패

Section 28 인간의 의식수준에서 주의와 부주의

1. 주의

(1) 특징

① 선택성 : 여러 종류의 자극을 자각할 때 소수의 특정한 것에 한하여 선택하는 기능이다.
② 방향성 : 주시점만 인지하는 기능이다.
③ 변동성 : 주의에는 주기적으로 부주의의 리듬이 존재한다.

(2) 특성

① 주의력의 중복집중이 곤란하여 주의는 동시에 2개 방향에 집중하지 못한다(선택성).
② 주의력의 단속성으로 고도의 주의는 장시간 지속할 수 없다(변동성).
③ 한 지점에 주의를 집중하면 다른 데 주의는 약해진다(방향성).

2. 부주의

(1) 부주의현상

1) 의식의 단절

지속적인 의식의 흐름에 단절이 생기고 공백의 상태가 나타나는 것으로서 특수한 질병이 있는 경우에 나타난다(의식수준 : phase 0상태).

2) 의식의 우회

의식의 흐름이 옆으로 빗나가 발생하는 경우로서 작업 도중의 걱정, 고뇌, 욕구불만 등에 의해 다른 것에 주의하는 것이 이에 속한다(의식수준 : phase 0상태).

3) 의식수준의 저하

혼미한 정신상태에서 심신이 피로할 경우나 단조로운 작업 등의 경우에 일어나기 쉽다(의식수준 : phase I 이하 상태).

4) 의식의 과잉

지나친 의욕에 의해서 생기는 부주의현상으로서 돌발사태 및 긴급이상사태 시 순간적으로 긴장되고 의식이 한 방향으로만 쏠리게 되는 경우가 이에 해당된다(의식수준 : phase IV상태, 주의의 일점 집중현상).

5) 의식의 혼란

외부자극이 너무 약하거나 너무 강할 때 또는 외적 자극에 문제가 있을 때, 의식이 혼란스럽고 외적 자극의식이 분산되어 작업이 잠재되어 있는 위험요인에 대응할 수 없게 된다(의식수준 : Phase Ⅱ상태).

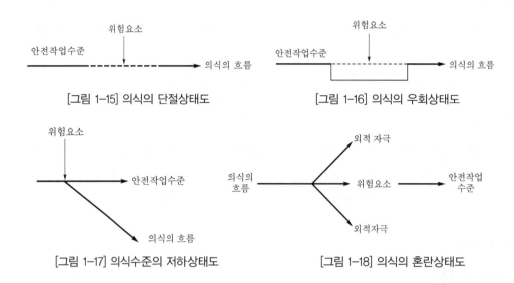

[그림 1-15] 의식의 단절상태도   [그림 1-16] 의식의 우회상태도

[그림 1-17] 의식수준의 저하상태도   [그림 1-18] 의식의 혼란상태도

(2) 부주의 발생원인 및 대책

1) 외적 원인 및 대책

① 작업, 환경조건 불량 : 환경정비

② 작업순서의 부적당 : 작업순서의 정비

2) 내적 조건 및 대책

① 소질적 조건 : 적성배치

② 의식의 우회 : 상담(counseling)

③ 경험, 미경험 : 교육

Section 29 작업환경요소의 복합지수 중 열스트레스지수

1. 열스트레스지수

열스트레스지수(HSI : Heat Stress Index)는 열평형식을 근거로 하여 Eelding과 Hatch(1955)가 제창한 지수로서, 어떤 임의의 환경조건 아래에서 기대할 수 있는 최대증산량에 대하여 신

체를 열평형상태로 유지하기 위한 필요증산량의 백분율로 나타내어 고온작업환경의 평가나 내열한계의 예측에 사용한다.

2. 관련 식

HSI는 다음 식으로 구할 수 있다.

$$HSI = \frac{E_{req}}{E_{max}} \times 100 = \frac{22 + 28\,v \times 0.5(T_g - 35) + 4M}{40\,v \times 0.4(42 - e)} \times 100$$

여기서, E_{req} : 필요증산량, E_{max} : 최대증산량, v : 풍속(m/s), T_g : 흑구온도(℃)
e : 환경의 수증기압(mmHg), M : 작업강도(kcal·m/s²·h)

이 식에 의해 구한 HSI의 값에 따라 [표 1-4]와 같이 고열환경의 정도를 구분한다.

[표 1-4] 유효온도(ET)로 본 쾌감대(℃)

HSI	고열부하	작업능의 변화
10~39	가볍거나 중정도	저하 없음
40~69	높음	다소 저하
70~100	매우 높음	크게 저하(충분한 검사와 감시 필요)

Section 30 재해 발생의 메커니즘에 대한 발생과정을 도식화하고, 불안전한 상태와 불안전한 행동별 원인 설명

1. 개요

산업재해란 일정한 원인에 의해 발생되는 것이므로 같은 종류의 재해가 반복되지 않도록 하기 위해 산재 발생원인을 규명하고 과학적인 방법으로 조사, 분석하여 적정한 대책을 강구함으로써 재해 없는 사업장을 조성하도록 노력한다. 안전사고는 불안전행동과 불안전상태가 접촉되어 발생하는 것으로서, 그 원인은 크게 직접원인과 간접원인으로 구분할 수 있다. 직접원인은 미시적 방법으로 예방할 수 있으며, 간접원인은 거시적 방법으로 예방이 가능하므로 사고예방의 기술적 측면과 사회환경적 측면을 동시에 개선해야 할 것이다.

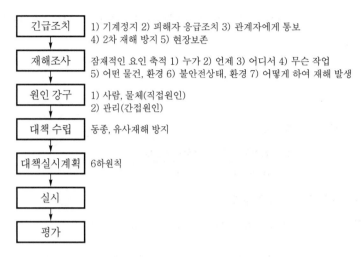

[그림 1-19] 재해 발생 시 조치흐름도

2. 재해 발생Mechanism(연쇄관계)

재해 발생결함구조는 등차성원리로 집중형, 연쇄형(단순, 복잡), 복합형이 있다.

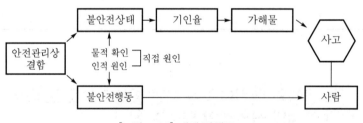

[그림 1-20] 재해 발생구조

3. 재해 발생의 원인

(1) 직접원인

1) 불안전상태(물적 원인)

① 물건 자체 결함 　　　　　② 안전방호장치 결함

③ 복장, 보호구 결함 　　　　④ 물건배치 및 작업장소 결함

⑤ 작업환경 결함 　　　　　　⑥ 생산공정 결함

⑦ 경계표지, 설비 결함 　　　⑧ 기타

2) 불안전행동(인적 원인)

① 위험장소 접근 　　　　　　② 안전장치기능 제거

③ 복장, 보호구 잘못 사용 　　④ 기계·기구 잘못 사용

⑤ 운전 중 기계장치에 접근 ⑥ 불안전속도 조작

⑦ 위험물 취급부주의 ⑧ 불안전상태 방치

⑨ 감독, 연락 불충분

(2) 간접원인(관리적 원인)

1) 기술적 원인

① 건물, 기계장치 설계 불량 ② 구조, 재료 부적합

③ 생산공정 부적당 ④ 점검 및 보존 불량

2) 교육적 원인

① 안전지식 부족 ② 안전수칙 오해

③ 경험, 훈련 미숙 ④ 작업방법 교육 불충분

3) 관리상 원인

① 안전관리조직 결함 ② 안전수칙 미제정

③ 작업준비 불충분 ④ 인원배치 부적당

4. 사고예방의 대책

① 제1단계 안전조직 ② 제2단계 사실의 발견

③ 제3단계 분석 ④ 제4단계 시정방법의 선정

⑤ 제5단계 시정책의 적용

Section 31 작업안전분석기법(JSA)

1. 정의

JSA(Job Safety Analysis)는 작업에 대한 안전분석으로 단계적으로 관찰하고 분석하여 각 단계에 연루된 위험을 식별하고, 위험을 제거하거나 감소시키는 예비조치로 단계적인 분석이다. 즉 이러한 위험성에 대해 분석하고 대안을 제시하는 과정이다.

2. JSA단계

① 경험이 많은 현장직원이 초안 작성(또는 팀 리더가 작업자와 함께)

② 부서장 1차 검토

③ 필요시 타 부서의 관계자에게 회람(안전, 공무, 기술 등)

④ 회람결과 도출된 의견을 팀 회의에서 검토 및 반영

⑤ 공장장(또는 부서장) 승인

⑥ 문서화

⑦ 교육

⑧ 실행(실행상태감사)

⑨ 필요시 또는 2년마다 재검토

Section 32 풀 프루프(fool proof)와 페일 세이프(fail safe)를 정의하고 각각의 예 2가지씩 제시

1. 차이점

Fail safe system은 시스템에서 고장이 발생하여도 시스템 전체에 미치는 영향이 적고, 어느 기간 시스템의 기능을 계속하는 것이 가능한 상태로서 재해로까지 진행되지 않도록 하는 시스템이다. Fool proof system은 어떠한 운전미숙이나 잘못으로도 고장이 아예 발생되지 않도록 하는 시스템으로 인간의 과오를 예방하기 위한 시스템이다. 또한 두 시스템을 실제로 현장에 사용하기 위해 복합적으로 적용하는 것이 대부분으로, 두 시스템의 차이점은 동작실패가 발생하여도 하인리히의 도미노(Domino)이론 중 사고 발생의 5단계에서 각각의 적용하는 단계가 다르다는 것이다. 즉 재해의 연쇄과정 중 3단계와 4단계를 각각 보증하는 시스템으로 차이를 나타낼 수 있다.

사고 발생의 5단계 중 적용 차이는 다음과 같다.

① 제1단계 사회적 환경과 유전적 요소(선천적 결함)

② 제2단계 개인적인 결함

③ 제3단계 불안전한 행동과 불안전한 상태로 Fool proof system 적용

④ 제4단계 사고 발생으로 Fail-safe system 적용

⑤ 제5단계 재해

2. Fool proof

(1) 특징

인간이 기계가 동작하는 위험구역에 접근하지 못하게 하거나 정해진 공구나 기능, 절차 이

외에는 작동이 되지 않도록 설계하는 것을 말한다. 즉 작업자의 과오나 조작실수의 경우 아예 동작을 하지 않도록 하여 타 작업자에게 피해를 주지 않도록 설계하는 것으로 초보자나 사용 미숙련자가 잘 모르고 제품을 사용하더라도 안전 확보가 가능하다.

(2) 적용 예

예를 들면 극성이 정해져 있는 전원커넥터를 사용하여야 하는 경우에는 극성이 바뀌어 삽입되는 것을 방지하기 위하여 커넥터의 모양을 비대칭적으로 설계하거나 위험기계나 환경의 완전격리, 오각볼트-너트의 특수모양, 특수시건장치 등을 들 수 있다.

110V용   220V용

[그림 1-21] 220V 플러그와 110V 플러그의 칼날형상 예

3. Fail safe

(1) 특징

인간의 과오나 기계의 동작상 실패가 있어도 안전사고를 발생시키지 않도록 2중 또는 3중으로 통제를 가하거나, 기계 내부에 고장이 발생한 경우 피해가 확대되지 않고 단순고장이나 한시적으로 운영이 지속되도록 하여 안전을 확보하는 설계개념이다.

(2) 적용 예

Fail safe의 종류로는 다경로 하중구조, 하중 경감구조, 교대구조, 중복구조 등이 있다. 예를 들면 원자로 다중방호, 보호계전기 back-up시스템 등이다.

Section 33

A사업장의 정보를 분석하여 이 사업장이 유해·위험설비를 보유하여 중대산업사고예방이 요구되는 사업장에 해당하는지를 판단하고, 이유 설명

1. 중대산업사고에 대한 판단 등(중대산업사고예방센터 운영규정 제9조, [시행 2020.4.1.])

① 지방관서의 장은 관할 사업장에서 발생한 화학사고에 대해서는 [표 1-5]의 판단기준에 따라 사고의 종류를 중방센터의 장과 협의를 거쳐 판단하여야 한다. 다만, 공정안전보고서 대상사업장의 중대산업사고 및 중대한 결함에 대한 최종 판단은 중방센터의 장이 한다.

[표 1-5] 중대산업사고 등 판단기준

사고의 종류		판단기준	
중대산업사고	• 대상설비, 대상물질, 사고유형, 피해 정도 등이 모두 판단기준에 해당된 사고로 공정안전관리사업장에서 발생한 사고	대상설비	• 영 제43조에 따른 원유정제처리업 등 7개 업종 사업장 : 해당 업종과 관련된 주제품을 생산하는 설비 및 그 설비의 운영과 관련된 설비에서의 사고 • 규정량 적용 사업장 : 영 [별표 13]에 따른 유해·위험물질을 제조·취급·저장하는 설비 및 그 설비의 운영과 관련된 모든 공정설비에서의 사고
중대한 결함	• 근로자 또는 인근 주민의 피해가 없을 뿐 그 밖의 사고 발생대상설비, 사고물질, 사고유형이 중대산업사고에 해당하는 사고	대상물질	• 영 제43조에 따른 원유정제처리업 등 7개 업종 사업장 : 안전보건규칙 [별표 1]에 따른 위험물질(170여종) • 규정량 적용 사업장 : 영 [별표 13]에 따른 유해·위험물질
그 밖의 화학사고	• 중대산업사고 또는 중대한 결함이 아닌 모든 화학사고	사고유형	• 화학물질에 의한 화재, 폭발, 누출사고
		피해 정도	• 근로자 : 1명 이상이 사망하거나 부상한 경우 • 인근 지역주민 : 피해가 사업장을 넘어서 인근 지역까지 확산될 가능성이 높은 경우

② 지방관서의 장과 중방센터의 장은 제1항에 따른 사고의 종류별로 [표 1-6]의 기준에 따라 해당되는 조치를 하여야 한다.

[표 1-6] 화학사고 종류별 조치기준

구분	지방관서	중방센터
중대산업사고	• 중대산업사고 보고(본부) • 지역사고수습지원본부 설치(해당 시) • 지역산업재해수습지원본부 설치(해당 시) • 동향 파악	• 사고의 조사 및 조치(근로감독관집무규정(산업안전보건) 제3장에 의한 재해조사 및 조치기준 준용) • 중대산업사고 등에 대한 파정결과 통보(지방관서) • 정기감독대상으로 선정 • PSM등급을 기존 등급 대비 1등급 강등하되 제3조에 따른 중대재해(근로자가 아닌 자를 포함)가 발생한 경우에는 최하등급(M⁻)으로 강등 • 사업주에게 사고 발생 1개월 이내에 '확인'을 요청토록 통보하고, 기술지원팀은 사업주의 요청에 따른 '확인' 실시(규칙 제53조 제1항 단서에 따른 자체 감사를 하고, 그 결과를 공단에 제출한 경우에는 확인생략 가능) • 안전보건진단·안전보건개선계획 수립의 명령 등 재발 빙지에 필요한 추가직인 조치('확인'을 받은 경우에는 안전보건진단생략 가능)

구분	지방관서	중방센터
중대한 결함	• 지역사고수습지원본부 설치(해당 시) • 지역산업재해수습지원본부 설치(해당 시) • 동향 파악	• 사고의 조사 및 조치(근로감독관집무규정(산업안전보건) 제3장에 의한 재해조사 및 조치기준 준용) • 사업주에게 사고 발생 1개월 이내에 '확인'을 요청토록 통보하고, 기술지원팀은 사업주의 요청에 따른 '확인' 실시 • 그 밖에 사고의 정도가 크다고 판단되는 사업장은 위 '중대산업사고'조치기준에 준해서 필요한 조치
그 밖의 화학사고	• 제8조에 해당하는 사고의 조사 및 조치(근로감독관집무규정(산업안전보건) 제3장에 의한 재해조사 및 조치기준 준용) • 그 밖에 사고의 정도에 따라 필요한 조치	• 사고의 정도에 따라 필요한 조치

Section 34 허즈버그(Herzberg)의 동기-위생이론

1. 개요

이 이론은 다음과 같은 예리한 질문에서 출발했다. '만족'의 반대는 '불만족'인가? 허즈버그에 따르면 'satisfaction'의 반대는 'dissatisfaction'이 아니라 'no satisfaction'이다. 마찬가지로 'dissatisfaction'의 반대는 'satisfaction'이 아니라 'no dissatisfaction'이다. 즉 만족-불만족은 연속적인 것이 아니고 만족은 만족대로, 불만족은 불만족대로 별개의 차원이 있다. 이때 만족을 좌우하는 요소를 동기유발자(motivator)라고 하며, 불만족을 좌우하는 요소를 위생요소(hygienic factor)라 한다. 동기유발은 동기유발자가 제공되어야 일어난다. 불만족을 야기하는 위생요소를 좋게 하는 것은 '불만족스럽지는 않은' 상태를 만들 뿐, 직접적 동기유발과는 관계가 없다고 생각했다.

2. 허즈버그(Herzberg)의 동기-위생이론(Motivation-Hygien Theory)

동기유발자에는 성취(achievement), 인정(recognition), 일 자체(work itself), 책임감(responsibility), 발전(advancement), 성장(growth)이 있다. 이들은 동기유발에 직접적으로 영향을 미친다. 앞의 것일수록 영향력이 크다. 위생요소에는 회사규칙과 관리(company policy and administration), 감독(supervision), 상사와의 관계(relationship with supervisor), 작업조건(work conditions), 급여(salary), 동료와의 관계(relationship with peers), 개인생활(personal life), 부하직원과의 관계(relationship with subordinates), 지위(status), 안전(security)이 있다. 먼저 나온 것이 영향력이 크다. 이들은 불만족을 야기하느냐 아니냐에만 관계할 뿐 만족과는 상관이 없다.

급여와 승진이 위생요소라는 점이 이채롭다. 정말로 급여와 승진은 동기유발과 직접적으로 관계가 없을까? 불만족을 야기하지 않을 정도로만 제공되면 되는 것일까? 동기-위생이론에 의하면 급여를 올려주는 것으로는 어떤 일에 대한 진정한 동기유발을 할 수 없다.

허즈버그의 동기-위생이론 역시 비판적인 후속 연구가 많이 나왔지만, 매슬로의 욕구단계설처럼 기업현장에까지 널리 퍼져서 광범위하게 인용되고 있다. 단지 직업만족도만을 설명하고 있을 뿐 동기유발이론은 아니라는 비판이나 상황요소를 무시하고 있다는 점 등에서 비판을 받았지만 이해하기 쉽고 직관적으로 와 닿기 때문에 자주 언급된다.

Section 35 최악의 사고시나리오와 대안의 사고시나리오

1. 정의

최악의 사고시나리오란 유해화학물질을 최대량 보유한 저장용기 또는 배관 등에서 화재·폭발 및 유출·누출되어 사람 및 환경에 미치는 영향범위가 최대인 경우의 사고시나리오를 말하고, 대안의 사고시나리오란 최악의 사고시나리오보다 현실적으로 발생 가능성이 높고 사람이나 환경에 미치는 영향이 사업장 밖까지 미치는 경우의 사고시나리오 중에서 영향범위가 최대인 경우의 시나리오를 말한다.

2. 최악의 사고시나리오와 대안의 사고시나리오

(1) 최악의 시나리오

1) 최악의 사고시나리오 선정

① 유해화학물질이 최대로 저장된 단일 저장용기 또는 배관 등에서 화재폭발 및 유출·누출되어 사람 및 환경에 미치는 영향범위가 최대인 사고시나리오를 선정한다.

② 단위공장별로 모든 독성물질의 누출사고를 대표할 수 있는 사고시나리오와 모든 인화성 물질의 화재·폭발사고를 대표할 수 있는 사고시나리오를 각각 하나씩 선정하여야 한다.

③ 이때 사고시나리오는 사업장 외부의 주민이나 환경에 미치는 영향 정도가 큰 경우로 선정한다.

2) 최악의 누출량 산정

최악의 누출량은 다음 수치 중 큰 것으로 산정한다.

① 단일 용기에 저장되는 최대량

② 단일 배관계에 보유하고 있는 최대량

(2) 대안의 사고시나리오

1) 대안의 사고시나리오 선정

대안의 사고시나리오는 영향범위가 사업장 외부로 미치는 경우에 한정하여 단위공장별로 각 독성물질에 대하여 최소 하나 이상, 인화성 물질은 화재폭발사고를 대표할 수 있는 시나리오를 선정하여야 하며, 다음의 사항들이 있는 경우에는 시나리오 선정 시 고려할 수 있다.

① 과거 5년간의 사고이력 : 사고 시의 영향범위, 빈도, 피해현황

② 공정위험성분석결과

③ 수동적 완화장치, 능동적 완화장치

2) 대안의 사고시나리오 분석

누출공크기는 다음에 따라 산정한다.

① 용기에 결속된 배관 단면적의 최소 20%를 누출공의 크기로 산정한다.

② 고온, 고압의 운전조건이나 배관의 파손확률이 높을 경우 배관 단면적을 누출공의 크기로 산정한다.

③ ①항과 ②항의 방법을 적용하지 않을 경우에는 다음 각 호의 산출방법을 참고하여 사업장에서 스스로 결정할 수 있으며 산정근거를 제시한다.

　㉠ KOSHA GUIDE(P-92-2012) 누출원모델링에 관한 지침

　㉡ KOSHA GUIDE(P-110-2012) 화학공장의 피해최소화대책 수립에 관한 기술지침

　㉢ 미국석유화학협회의 위험기반검사기준(API 581)에 따른 누출공 산출방법

④ 누출시간은 현실적으로 발생 가능성이 있는 누출시간을 적용하되 산정근거를 제시한다.

Section 36 안전작업허가서에서 화기작업 안전작업허가서 발급 시에 사전안전조치확인항목

1. 개요

화기작업 안전허가서에서 화기작업이라 함은 용접, 용단, 연마, 드릴 등 화염 또는 스파크를 발생시키는 작업 또는 가연성 물질의 점화원이 될 수 있는 모든 기기를 사용하는 작업을 말하며, 화기작업허가서 발급은 위험지역으로 구분되는 장소에서 화기작업을 하고자 할 때에는 화기작업허가서를 발급받아야 한다.

2. 화기작업 안전작업허가서 발급 시에 사전안전조치확인항목

화기작업 시 취하여야 할 최소한의 안전조치사항은 다음과 같다.

(1) 작업구역의 설정

화기작업을 수행할 때 발생하는 화염 또는 스파크 등이 인근 공정설비에 영향이 있다고 판단되는 범위의 지역은 작업구역으로 표시하고 통행 및 출입을 제한한다.

(2) 가연성 물질 및 독성물질의 가스농도측정

화기작업을 하기 전에 작업대상기기 및 작업구역 내에서 가연성 물질 및 독성물질의 가스농도를 측정하여 허가서에 기록한다.

(3) 차량 등의 출입제한

불꽃을 발생하는 내연설비의 장비나 차량 등은 작업구역 내의 출입을 통제한다.

(4) 밸브차단표지 부착

화기작업을 수행하기 위하여 밸브를 차단하거나 맹판을 설치할 때에는 차단하는 밸브에 밸브잠금표지 및 맹판설치표지를 부착하여 실수로 작동시키거나 제거하는 일이 없도록 한다.

(5) 위험물질의 방출 및 처리

배관 또는 용기 등에 인접하여 화기작업을 수행할 때에는 배관 및 용기 내의 위험물질을 완전히 비우고 세정한 후 가스농도를 측정한다.

(6) 환기

밀폐공간에서의 직업을 수행할 때에는 작업 전에 밀폐공간 내의 공기를 외부의 신선한 공기로 충분히 치환하는 등의 조치(강제환기 등)를 하여야 한다.

(7) 비산불티차단막 등의 설치

화기작업 중 용접불티 등이 인접 인화성 물질에 비산되어 화재가 발생하지 않도록 비산불티차단막 또는 불받이포를 설치하고 개방된 맨홀과 하수구(Sewer) 등을 밀폐한다.

(8) 화기작업의 입회

화기작업 시 입회자로 선임된 자는 화기작업을 시작하기 전 및 작업 도중 현장에 입회하여 안전상태를 확인하여야 하며, 작업 중 주기적인 가스농도의 측정 등 안전에 필요한 조치를 취하여야 한다.

(9) 소화장비의 비치

화기작업 전에 불받이포, 이동식 소화기 등을 비치하고 필요한 경우 화기작업 현장에 화재진압을 위한 소방차를 대기시켜야 한다.

Section 37 산업재해의 원인분석방법 중 통계적 원인분석방법 4가지

1. 개요

산업재해란 근로자가 업무에 관계 되는 건설물, 설비, 원자재, 가스, 증기, 분진 등에 의하거나 작업 또는 그 밖의 업무로 인하여 사망 또는 부상하거나 질병에 걸리는 것으로, 재해 발생의 형태는 다음과 같다.

① 집중형 : 사고원인이 독립적으로 재해 발생장소에 일시적으로 집중되는 형태이다.
② 연쇄형 : 사고원인이 되는 요소가 연쇄적으로 반응하는 것이다.
③ 혼합형 : 재해에 해당된다.

2. 산업재해의 원인분석방법 중 통계적 원인분석방법 4가지

산업재해의 원인분석방법 중 통계적 원인분석방법은 다음과 같다.

(1) 특성요인도(C & E Diagram)

결과(특성, Effect)에 원인(요인, Causes)이 어떻게 관계되며 영향을 미치고 있는가를 나타낸 그림으로 어골도(Fish-Bone Diagram)라고도 하며 이시카와 가오루가 제철회사의 품질관리를 위해 도입되었다.

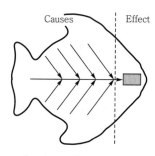

[그림 1-22] 어골도

(2) 파레토도(Pareto Diagram)

중요인자별 서열화로 목적은 문제점을 발견하고 문제점의 원인을 조사하거나 개선과 대책의 효과를 알고자 할 때 적용하며, 작성순서는 다음과 같다.

① 단계 1 : 조사사항을 결정하고 분류항목을 선정한다.
② 단계 2 : 선정된 항목에 대한 데이터를 수집하고 정리한다.
③ 단계 3 : 수집된 데이터를 이용하여 막대그래프를 그린다.
④ 단계 4 : 누적곡선을 그린다.

따라서 데이터분석은 요인 중 전체 특정 인자에 의한 영향 정도를 확인할 수 있다.

(3) 클로즈분석

2개 이상의 문제관계를 분석하는 데 사용하며 요인별 결과내역을 교차한 클로즈도를 작성한다. [그림 1-23]에서 T는 전재해건수, A는 불안전한 상태에 의한 재해건수, B는 불안전한 행동에 의한 재해건수, C는 불안전한 상태와 불안전한 행동이 겹쳐서 발생한 건수, D는 불안전한 상태 및 불안전한 행동에 아무런 관계없이 발생한 재해건수이다.

C의 재해가 A와 B에 의해 발생할 확률은 다음과 같다.

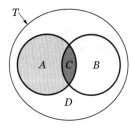

[그림 1-23] 클로즈도

$$P_c = \frac{A}{T} \times \frac{B}{T} = \frac{AB}{T^2}$$

(4) 관리도분석

목표관리를 행하기 위해 월별의 발생수를 그래프화하여 관리선을 설정하여 관리하는 방법으로, 재해의 경우 UCL을 벗어나는 경우 중심선의 한쪽에서 연속해서 발생하는 경우이다.

$$UCL = P_n + 3\sqrt{\frac{P_n(1-P_n)}{n}}$$

$$LCL = P_n - 3\sqrt{\frac{P_n(1-P_n)}{n}}$$

여기서, P_n : 평균재해율

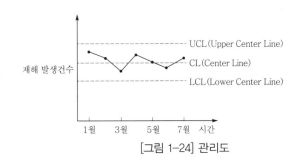

[그림 1-24] 관리도

Section 38 안전보건경영시스템(KOSHA-MS) 인증심사결과내용 중 부적합, 관찰사항, 권고사항

1. 개요

안전보건경영시스템(KOSHA-MS)은 사업주가 자율경영방침에 안전보건정책을 반영하고, 이에 대한 세부 실행지침과 기준을 규정화하여 주기적으로 안전보건계획에 대한 실행결과를 자체 평가 후 개선토록 하는 등 재해예방과 기업손실 감소활동을 체계적으로 추진토록 하기 위한 자율안전보건체계를 말한다.

2. 안전보건경영시스템 인증심사결과 내용 중 부적합, 관찰사항, 권고사항

안전보건경영시스템 인증심사결과내용은 다음과 같다.

① 부적합(Nonconformity) : 사업장 또는 조직의 안전보건활동이 안전보건경영시스템상의 기준이나 작업표준, 지침, 절차, 규정 등으로부터 벗어난 상태를 말한다.

② 관찰사항(Observation) : 사업장 또는 조직의 안전보건활동이 현재 안전보건경영시스템의 기준이나 작업표준, 지침, 절차, 규정 등으로부터 벗어난 상태는 아니지만 향후에 벗어날 가능성이 있는 경우를 말한다.

③ 권고사항(Recommendation) : 안전보건경영시스템 운영의 효율성을 높이기 위해 개선의 여지가 있는 경우 또는 사내규정(표준)대로 시행되고 있으나 업무의 목적상 비효율적이거나 불합리하다고 판단되는 경우를 말한다.

Section 38 산업재해 발생형태 4가지를 사람과 에너지관계로 분류

1. 개요

공학적인 개념의 산업재해란 외부 에너지가 신체에 충돌하여 근로자의 생명 또는 노동능력을 상실시키는 현상이라고 할 수 있으며, 이와 같은 개념에서 산업재해를 사람과 에너지의 관계로 분류하면 4개의 유형으로 분류할 수 있다.

2. 산업재해 발생형태 4가지를 사람과 에너지관계로 분류

산업재해 발생형태 4가지를 사람과 에너지(Energy)관계로 분류하면 다음과 같다.

① 제1형 : 폭발, 파열, 낙하 비래 등 에너지가 폭주하여 일어나는 재해이다.

② 제2형 : 에너지활동구역에 사람이 침입하여 발생하며 감전화상이 좋은 예이다.

③ 제3형 : 인체가 에너지 자체로서 다른 곳에 충돌하여 발생하는 것으로 사람의 추락, 격돌 등이 좋은 예이다.

④ 제4형 : 작업환경 속에 유해한 물질이 있고, 이것의 작용을 받아 발생하며 산소결핍증, 질식 등이 좋은 예이다.

CHAPTER 02

산업안전관계법규

— 화공안전기술사 —

Section 1 　방유제 설치기준

1. 개요

　방유제라 함은 저장탱크에서 위험물질이 누출될 경우에 외부로 확산되지 못하게 함으로써 주변의 건축물, 기계·기구 및 설비 등을 보호하기 위하여 위험물질저장탱크 주위에 설치하는 지상방벽구조물(Dike)을 말한다.

2. 방유제 설치기준(방유제 설치에 관한 기술지침, 한국산업안전보건공단)

(1) 위험물질저장탱크 배치

　하나의 방유제 내부에는 상호 간 반응성이 있거나 서로 접촉해서는 안 되는 물질 또는 위험성을 유발할 수 있는 물질의 저장탱크를 혼합하여 배치해서는 아니 된다. 다만, 위험물질이 인화성이면서 급성 독성인 경우에는 하나의 방유제 내부에 동일한 물질의 저장탱크를 배치할 수 있다.

(2) 방유제의 유효용량

① 하나의 저장탱크 주위에 설치하는 방유제 내부의 유효용량은 저장탱크의 용량 이상이어야 하며, 둘 이상의 저장탱크 주위에 설치하는 방유제 내부의 유효용량은 방유제 내부에 설치된 저장탱크 중 용량이 가장 큰 저장탱크의 용량 이상(각각의 저장탱크가 서로 격리된 구조로 설치된 경우에 한한다)이어야 한다. 다만, 위험물질저장탱크 주위에 다음의 기준에 적합한 배출로 및 저조시설 등을 설치하여 누출된 위험물질을 안전한 장소로 유도할 수 있는 조치를 하였을 경우에는 그러하지 아니한다.

　㉠ 저장탱크에서 저조 등까지의 배출로는 누출된 위험물질이 자유로이 배출될 수 있도록 1% 이상 경사를 유지하도록 하는 경우

　㉡ 저조 등의 용량은 가장 큰 저장탱크에서 누출된 위험물질을 충분히 저장할 수 있도록 하는 경우

② 표준 압력(101.3kPa), 20℃에서 가스상태인 위험물질을 액체상태로 저장하는 저장탱크 주위에 설치하는 방유제는 누출된 위험물질의 기화를 억제할 수 있도록 방유제 내부의 단면적을 최소화하여야 한다.

③ [그림 2-1]과 같이 방유제 내부에 '가', '나', '다'탱크가 설치되어 있을 경우 방유제의 유효용량은 다음과 같이 계산한다.

　유효용량=(방유제의 내부체적)-(가장 큰 저장탱크 하나('가'탱크)를 제외한 저장탱크('나'

와 '다'탱크)의 방유제 높이 이하 부분의 체적)−(모든 저장탱크('가', '나', '다'탱크)의 기초 부분의 체적)−(방유제 높이 이하 부분의 배관, 지지대 등 부속설비의 체적)

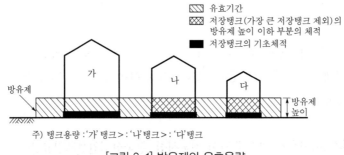

[그림 2-1] 방유제의 유효용량

(3) 방유제와 저장탱크 사이의 거리

방유제 내면과 저장탱크 외면 사이의 거리는 저장탱크의 직경과 높이를 고려하여 이격거리를 정하여야 하고, 최소 1.5m 이상을 유지하여야 한다.

(4) 방유제의 구조

① 방유제는 철근콘크리트 또는 흙담 등으로서 누출된 위험물질이 방유제 외부로 누출되지 않아야 하며 위험물질에 의한 액압(위험물질의 비중이 1 이하인 경우에는 수두압)을 충분히 견딜 수 있는 구조이어야 한다.

② 방유제 주위에는 근로자가 안전하게 방유제 내·외부에서 접근할 수 있는 계단이나 경사로 등을 설치하여야 하며, 높이 1m 이상인 계단의 개방된 측면에는 안전난간을 설치하여야 한다.

③ 방유제 내부바닥은 누출된 위험물질을 안전하게 처리할 수 있도록 저장탱크의 외면에서 방유제까지 거리 또는 15m 중 더 짧은 거리에 대해 1% 이상 경사가 유지되어야 한다.

④ 방유제의 높이는 0.5m 이상, 3m 이하로 하고, 내면 및 방유제 내부바닥의 재질은 위험물질에 대하여 내식성이 있어야 한다.

⑤ 방유제는 외부에서 방유제 내부를 볼 수 있는 구조로 설치하거나 내부를 볼 수 없는 구조인 경우에는 내부를 감시할 수 있는 감시창 또는 CCTV카메라 등을 설치하여야 한다.

산업안전보건법상 특수화학설비에 대한 범위

1. 개요

특수화학설비는 위험물질기준량 이상 제조 또는 취급하는 발열반응설비, 분리공정(증류, 정류, 증발, 추출 등)설비, 위험물질이 발화점 이상 운전되는 설비, 반응폭주 등으로 위험물질 발생 우려 설비, 온도 350℃ 이상 또는 압력이 10kgf/cm² 이상으로 운전되는 설비, 가열로 또는 가열기 등이다.

2. 산업안전보건법상 특수화학설비에 대한 범위(산업안전보건기준에 관한 규칙 [별표 7], [시행 2021.1.16.])

산업안전보건법상 특수화학설비에 대한 범위는 [표 2-1]과 같다.

[표 2-1] 화학설비 및 그 부속설비의 종류

구분	대상설비
화학설비	• 반응기, 혼합조 등 화학물질 응 또는 혼합장치 • 증류탑, 흡수탑, 추출탑, 감압탑 등 화학물질분리장치 • 저장탱크, 계량탱크, 호퍼, 사일로 등 화학물질저장설비 또는 계량설비 • 응축기, 냉각기, 가열기, 증발기 등 열교환기류 • 고로 등 점화기를 직접 사용하는 열교환기류 • 캘린더(calender), 혼합기, 발포기, 인쇄기, 압출기 등 화학제품가공설비 • 분쇄기, 분체분리기, 용융기 등 분체화학물질취급장치 • 결정조, 유동탑, 탈습기, 건조기 등 분체화학물질분리장치 • 펌프류, 압축기, 이젝터(ejector) 등의 화학물질이송 또는 압축설비
화학설비의 부속설비	• 배관, 밸브, 관, 부속류 등 화학물질이송 관련 설비 • 온도, 압력, 유량 등을 지시, 기록 등을 하는 자동제어 관련 설비 • 안전밸브, 안전판, 긴급차단 또는 방출밸브 등 비상조치 관련 설비 • 가스누출감지 및 경보 관련 설비 • 세정기, 응축기, 벤트스택(bent stack), 플레어스택(flare stack) 등 폐가스처리설비 • 사이클론, 백필터(bag filter), 전기집진기 등 분진처리설비 • 위의 설비를 운전하기 위하여 부속된 전기 관련 설비 • 정전기 제거장치, 긴급샤워설비 등 안전 관련 설비

산업안전보건법상 화학제품 관련 제조물책임(PL)규정

1. 제조물책임(PL)법의 본질과 정의

제조물책임(Product Liability)은 제조물, 즉 자동차, 가전제품, 식품, 의약품 등의 공업적인 제조·가공을 거친 제조물의 결함에 의해 소비자, 이용자 또는 제3자의 생명, 신체 또는 재산에 발생한 손해에 대하여 제조업자, 판매업자 등 그 제조물의 제조, 판매에 관여한 자가 책임지는 손해배상책임을 의미하며, 제조물책임법은 제품안전에 철저를 기하여 사고 발생을 사전에 예방하고 소비자와 기업 간의 결함제품사고로 인한 분쟁의 해결을 위한 기준이 된다.

2. 제조물책임(제조물책임법 제3조, [시행 2018.4.19.])

① 제조업자는 제조물의 결함으로 생명·신체 또는 재산에 손해(그 제조물에 대하여만 발생한 손해는 제외한다)를 입은 자에게 그 손해를 배상하여야 한다.

② 제1항에도 불구하고 제조업자가 제조물의 결함을 알면서도 그 결함에 대하여 필요한 조치를 취하지 아니한 결과로 생명 또는 신체에 중대한 손해를 입은 자가 있는 경우에는 그 자에게 발생한 손해의 3배를 넘지 아니하는 범위에서 배상책임을 진다. 이 경우 법원은 배상액을 정할 때 다음 각 호의 사항을 고려하여야 한다.
1. 고의성의 정도
2. 해당 제조물의 결함으로 인하여 발생한 손해의 정도
3. 해당 제조물의 공급으로 인하여 제조업자가 취득한 경제적 이익
4. 해당 제조물의 결함으로 인하여 제조업자가 형사처벌 또는 행정처분을 받은 경우 그 형사처벌 또는 행정처분의 정도
5. 해당 제조물의 공급이 지속된 기간 및 공급규모
6. 제조업자의 재산상태
7. 제조업자가 피해구제를 위하여 노력한 정도

③ 피해자가 제조물의 제조업자를 알 수 없는 경우에 그 제조물을 영리 목적으로 판매·대여 등의 방법으로 공급한 자는 제1항에 따른 손해를 배상하여야 한다. 다만, 피해자 또는 법정대리인의 요청을 받고 상당한 기간 내에 그 제조업자 또는 공급한 자를 그 피해자 또는 법정대리인에게 고지(告知)한 때에는 그러하지 아니하다.

Section 4 안전보건관리책임자, 안전관리자, 보건관리자, 안전보건관리 담당자, 근로자의 역할과 주요 업무

1. 안전보건관리책임자(산업안전보건법 제15조, [시행 2021.1.16.])

① 안전보건관리규정, 기준, 수칙 등의 제정 및 보완
② 연간 안전업무계획의 시행 추진
③ 무재해운동의 추진 및 목표 달성
④ 연간 안전관리중점사업 및 목표 달성
⑤ 안전보건관리 예산편성 및 집행
⑥ 안전활동의 독려
⑦ 안전보건관계직원의 교육
⑧ 안전작업표준서 작성의 독려
⑨ 기타 안전에 관한 중요사항

2. 안전관리자(산업안전보건법 제17조, [시행 2021.1.16.])

① 안전 전반에 관한 업무계획의 수립
② 안전보건관리규정, 기준, 수칙 등의 이행 여부 감독
③ 안전활동의 지도 및 감독
④ 안전사고의 조사, 원인분석, 예방책의 강구, 기록유지 및 보고
⑤ 안전관계보고서의 작성 및 보고
⑥ 안전점검, 교육계획수립 및 실시
⑦ 안전의식 고취를 위한 홍보 및 각종 행사
⑧ 사고사례집 발간
⑨ 안전관계요원의 지도 및 감독
⑩ 조직 및 안전 실시에 대한 사전승인
⑪ 기타 안전에 관한 사항

3. 보건관리자(산업안전보건법 제18조, [시행 2021.1.16.])

① 보건위생 전반에 관한 업무계획 수립
② 안전보건관리규정, 기준 및 수칙의 이행 여부 감독

③ 보건위생활동의 지도 및 감독

④ 직업병의 조사, 원인분석, 예방책의 강구, 기록유지 및 보고

⑤ 전염병 예방을 위한 방역 실시

⑥ 보건위생관계보고서의 작성 및 보고

⑦ 보건관계요원의 지도 및 독려

4. 안전보건관리담당자(산업안전보건법 제19조, [시행 2021.1.16.])

① 안전한 작업방법 지도

② 불안전한 작업방법, 불안전한 행동 지도, 개선

③ 유해·위험작업 시 특별안전보건교육 실시

④ 안전보건교육일지 작성 및 기록 유지

5. 근로자

① 안전보건관리규정 준수

② 표준 안전수칙 준수

③ 회사에서 실시하는 안전활동에 적극 협력

Section 5 안전진단대상

1. 안전점검 및 정밀안전진단의 종류

(1) 정기점검

모든 1, 2종 시설물로서 반기 1회 이상 실시한다.

(2) 정밀점검

시설물에 내재되어 있는 위험요인을 조사하는데, 초기점검은 준공 후 6개월 이내 실시하는 정밀점검수준이며, 정밀점검은 건축물은 3년에 1회 이상, 일반시설물은 2년에 1회 이상, 항만시설물로서 바닷물에 항상 잠겨있는 부분은 4년에 1회 이상 실시한다.

(3) 정밀안전진단

① 시설물의 구조적 안전성 및 결함의 원인 등을 조사, 측정, 평가하여 보수, 보강 등의 방법 제시

② 1종 시설물 중 공동주택을 제외한 10년 이상 경과한 시설물에 대하여 5년에 1회 이상 실시

③ 2종 시설물은 관리주체가 의뢰 시

④ 점검결과에 의한 중대결함이 발견되어 정밀안전진단이 필요한 시설물

(4) 건설기술관리법에 의한 정기안전점검 필요시설물

2. 대상시설물

대상시설물은 [표2-2]와 같다.

[표 2-2] 제1종 시설물 및 제2종 시설물의 종류
(시설물의 안전 및 유지관리에 관한 특별법 시행령 제4조 관련, [시행 2021.1.5.])

구분	제1종 시설물	제2종 시설물
1. 교량		
가. 도로교량	1) 상부구조형식이 현수교, 사장교, 아치교 및 트러스교인 교량 2) 최대경간장 50m 이상의 교량(한 경간교량은 제외한다) 3) 연장 500m 이상의 교량 4) 폭 12m 이상이고 연장 500m 이상인 복개구조물	1) 경간장 50m 이상인 한 경간교량 2) 제1종 시설물에 해당하지 않는 교량으로서 연장 100m 이상의 교량 3) 제1종 시설물에 해당하지 않는 복개구조물로서 폭 6m 이상이고 연장 100m 이상인 복개구조물
나. 철도교량	1) 고속철도 교량 2) 도시철도의 교량 및 고가교 3) 상부구조형식이 트러스교 및 아치교인 교량 4) 연장 500미터 이상의 교량	제1종 시설물에 해당하지 않는 교량으로서 연장 100m 이상의 교량
2. 터널		
가. 도로터널	1) 연장 1,000m 이상의 터널 2) 3차로 이상의 터널 3) 터널구간의 연장이 500m 이상인 지하차도	1) 제1종 시설물에 해당하지 않는 터널로서 고속국도, 일반국도, 특별시도 및 광역시도의 터널 2) 제1종 시설물에 해당하지 않는 터널로서 연장 300m 이상의 지방도, 시도, 군도 및 구도의 터널 3) 제1종 시설물에 해당하지 않는 지하차도로서 터널구간의 연장이 100m 이상인 지하차도
나. 철도터널	1) 고속철도 터널 2) 도시철도 터널 3) 연장 1,000m 이상의 터널	제1종 시설물에 해당하지 않는 터널로서 특별시 또는 광역시에 있는 터널
3. 항만		
가. 갑문	갑문시설	
나. 방파제, 파제제 및 호안	연장 1,000m 이상인 방파제	1) 제1종 시설물에 해당하지 않는 방파제로서 연장 500m 이상의 방파제 2) 연장 500m 이상의 파제제 3) 방파제기능을 하는 연장 500m 이상의 호안

구분	제1종 시설물	제2종 시설물
다. 계류시설	1) 20만톤급 이상 선박의 하역시설로서 원유부이(BUOY)식 계류시설(부대시설인 해저송유관을 포함한다) 2) 말뚝구조의 계류시설(5만톤급 이상의 시설만 해당한다)	1) 제1종 시설물에 해당하지 않는 원유부이식 계류시설로서 1만톤급 이상의 원유부이식 계류시설(부대시설인 해저송유관을 포함한다) 2) 제1종 시설물에 해당하지 않는 말뚝구조의 계류시설로서 1만톤급 이상의 말뚝구조의 계류시설 3) 1만톤급 이상의 중력식 계류시설
4. 댐	다목적 댐, 발전용 댐, 홍수 전용 댐 및 총저수용량 1천만톤 이상의 용수 전용 댐	제1종 시설물에 해당하지 않는 댐으로서 지방상수도 전용 댐 및 총저수용량 1백만톤 이상의 용수 전용 댐
5. 건축물		
가. 공동주택		16층 이상의 공동주택
나. 공동주택 외의 건축물	1) 21층 이상 또는 연면적 5만m² 이상의 건축물 2) 연면적 3만m² 이상의 철도역시설 및 관람장 3) 연면적 1만m² 이상의 지하도상가(지하보도면적을 포함한다)	1) 제1종 시설물에 해당하지 않는 건축물로서 16층 이상 또는 연면적 3만m² 이상의 건축물 2) 제1종 시설물에 해당하지 않는 건축물로서 연면적 5천m² 이상(각 용도별 시설의 합계를 말한다)의 문화 및 집회시설, 종교시설, 판매시설, 운수시설 중 여객용 시설, 의료시설, 노유자시설, 수련시설, 운동시설, 숙박시설 중 관광숙박시설 및 관광 휴게시설 3) 제1종 시설물에 해당하지 않는 철도역시설로서 고속철도, 도시철도 및 광역철도역시설 4) 제1종 시설물에 해당하지 않는 지하도상가로서 연면적 5천m² 이상의 지하도상가(지하보도면적을 포함한다)
6. 하천		
가. 하구둑	1) 하구둑 2) 포용조수량 8천만톤 이상의 방조제	제1종 시설물에 해당하지 않는 방조제로서 포용조수량 1천만톤 이상의 방조제
나. 수문 및 통문	특별시 및 광역시에 있는 국가하천의 수문 및 통문(通門)	1) 제1종 시설물에 해당하지 않는 수문 및 통문으로서 국가하천의 수문 및 통문 2) 특별시, 광역시, 특별자치시 및 시에 있는 지방하천의 수문 및 통문
다. 제방		국가하천의 제방(부속시설인 통관(通管) 및 호안(護岸)을 포함한다)
라. 보	국가하천에 설치된 높이 5m 이상인 다기능 보	제1종 시설물에 해당하지 않는 보로서 국가하천에 설치된 다기능 보
마. 배수펌프장	특별시 및 광역시에 있는 국가하천의 배수펌프장	1) 제1종 시설물에 해당하지 않는 배수펌프장으로서 국가하천의 배수펌프장 2) 특별시, 광역시, 특별자치시 및 시에 있는 지방하천의 배수펌프장
7. 상하수도		
가. 상수도	1) 광역상수도 2) 공업용수도 3) 1일 공급능력 3만톤 이상의 지방상수도	제1종 시설물에 해당히지 않는 지방상수도

구분	제1종 시설물	제2종 시설물
나. 하수도		공공하수처리시설(1일 최대처리용량 500톤 이상인 시설만 해당한다)
8. 옹벽 및 절토사면		1) 지면으로부터 노출된 높이가 5m 이상인 부분의 합이 100m 이상인 옹벽 2) 지면으로부터 연직(鉛直)높이(옹벽이 있는 경우 옹벽 상단으로부터의 높이) 30m 이상을 포함한 절토부(땅깎기를 한 부분을 말한다)로서 단일 수평연장 100m 이상인 절토사면
9. 공동구		공동구

Section 6

압력용기(Pressure Vessel) 설계(고압가스용 저장탱크 및 압력용기 제조의 시설·기술·검사기준)

1. 내압을 받는 원통형 동체 또는 구형 동체의 강도

내면에 압력을 받는 원통형 동체 또는 구형 동체에 대한 판의 계산두께 또는 최고허용압력은 다음 계산식에 따른다.

(1) 원통형 동체

t : 판의 계산두께(mm)　　　　　t_a : 판의 실제 두께(mm)

P : 설계압력(kgf/cm², MPa)　　　P_a : 최고허용압력(kgf/cm², MPa)

D_i : 원통형 동체의 부식 후의 안지름(mm)

D_o : 원통형 동체의 부식 후의 바깥지름(mm)

o_a : 재료의 허용인장응력(kgf/mm², N/mm²)

η : 길이이음의 용접이음효율　　　a : 부식여유(mm)

1) $t/D_i \leq 0.25$ 또는 $P \leq 100 o_a \eta / 2.6$의 경우

대상 ＼ 기준	안지름기준	바깥지름기준
판의 계산두께(mm)	$t = \dfrac{PD_i}{200 o_a \eta - 1.2P}$	$t = \dfrac{PD_o}{200 o_a \eta + 0.8P}$
최고허용압력(kgf/cm², MPa)	$P_a = \dfrac{200 o_a \eta (t_a - a)}{D_i + 1.2(t_a - a)}$	$P_a = \dfrac{200 o_a \eta (t_a - a)}{D_o - 0.8(t_a - a)}$

다만, 관인 경우 허용인장응력값에는 이미 용접효율이 삽입되어 있으므로 η을 100%로 한다.

2) $t/D_i>0.25$ 또는 $P>100\sigma_a\eta/2.6$의 경우

$$t=\frac{D_i}{2}\left(\sqrt{\frac{100\sigma_a\eta+P}{100\sigma_a\eta-P}}-1\right)$$

$$P_a=100\sigma_a\eta\left(\frac{Y-1}{Y+1}\right)$$

여기서, $Y=\left(\frac{t_a-a}{0.5D_i}+1\right)^2$

(2) 구형 동체

D_i : 구형 동체의 부식 후의 안지름(mm)

η : 구형 동체 내의 용접이음의 용접효율

1) $t/D_i\leq0.178$ 또는 $P\leq100\sigma_a\eta/1.5$의 경우

$$t=\frac{PD_i}{400\sigma_a\eta-0.4P}$$

$$P_a=\frac{400\sigma_a\eta(t_a-a)}{D_i+0.4(t_a-a)}$$

2) $t/D_i>0.178$ 또는 $P>100\sigma_a\eta/1.5$의 경우

$$t=\frac{D_i}{2}\left(\sqrt[3]{\frac{2(100\sigma_a\eta+P)}{200_a\eta-P}}-1\right)$$

$$P_a=\frac{200\sigma_a\eta(Z-a)}{Z+2}$$

여기서, $Z=\left(\frac{t_a-a}{0.5D_i}\right)+1$

2. 원통형 동체의 둘레이음

원통형 동체 내에 있는 둘레이음의 압력만에 대한 강도는 길이이음의 50% 이상이어야 한다. 다만, 양 끝의 경판이 관 또는 길이스테이로 지지되어 둘레이음에 작용하는 길이방향의 힘이 관 또는 길이스테이가 없는 경우의 50% 이하로 되는 경우에는 길이이음강도의 35% 이상이면 된다.

Section **7** 산업안전보건법상 중대재해

1. 중대재해의 범위(산업안전보건법 시행규칙 제3조, [시행 2021.1.19.])

고용노동부령으로 정하는 재해란 다음 각 호의 어느 하나에 해당하는 재해를 말한다.
1. 사망자가 1명 이상 발생한 재해
2. 3개월 이상의 요양이 필요한 부상자가 동시에 2명 이상 발생한 재해
3. 부상자 또는 직업성 질병자가 동시에 10명 이상 발생한 재해

2. 중대재해 발생 시 재해자 관련 보존자료

① 사망 또는 중대재해 시 : 현장보존(조사 시까지)
② 사고현장사진 및 약도
③ 피해자, 목격자, 가해자 인적사항 파악 및 진술서
④ 채용 관련 서류(작업일지, 근로계약서, 급여대장, 출근카드, 안전일지 등)
⑤ 사망 시 시체검안서 및 사망진단서
⑥ 주민등록등본, 호적등본(사망 시)

Section **8** 산업안전보건법에 의한 안전거리규정

1. 안전거리(산업안전보건기준에 관한 규칙 제271조, [시행 2021.1.16.])

사업주는 [별표 1] 제1호부터 제5호까지의 위험물을 저장·취급하는 화학설비 및 그 부속설비를 설치하는 경우에는 폭발이나 화재에 따른 피해를 줄일 수 있도록 [별표 8]에 따라 설비 및 시설 간에 충분한 안전거리를 유지하여야 한다. 다만, 다른 법령에 따라 안전거리 또는 보유공지를 유지하거나, 법 제44조에 따른 공정안전보고서를 제출하여 피해최소화를 위한 위험성평가를 통하여 그 안전성을 확인받은 경우에는 그러하지 아니하다.

2. 산업안전보건법에 의한 안전거리규정

산업안전보건법에 의한 안전거리규정은 [표 2-3]과 같다.

[표 2-3] 안전거리(산업안전보건기준에 관한 규칙 [별표 8], [시행 2021.1.16.])

구분	안전거리
1. 단위공정시설 및 설비로부터 다른 단위공정시설 및 설비의 사이	설비의 바깥면으로부터 10m 이상
2. 플레어스택으로부터 단위공정시설 및 설비, 위험물질저장탱크 또는 위험물질하역설비의 사이	플레어스택으로부터 반경 20m 이상. 다만, 단위공정시설 등이 불연재로 시공된 지붕 아래에 설치된 경우에는 그러하지 아니하다.
3. 위험물질저장탱크로부터 단위공정시설 및 설비, 보일러 또는 가열로의 사이	저장탱크의 바깥면으로부터 20m 이상. 다만, 저장탱크의 방호벽, 원격조종화설비 또는 살수설비를 설치한 경우에는 그러하지 아니하다.
4. 사무실·연구실·실험실·정비실 또는 식당으로부터 단위공정시설 및 설비, 위험물질저장탱크, 위험물질하역설비, 보일러 또는 가열로의 사이	사무실 등의 바깥면으로부터 20m 이상. 다만, 난방용 보일러인 경우 또는 사무실 등의 벽을 방호구조로 설치한 경우에는 그러하지 아니하다.

Section 9 산업안전보건법에서 규정하는 위험물질의 종류와 특성

1. 개요

위험물질이라 함은 물질 중에서 화재, 폭발, 급성 독성 등의 원인이 되는 위험성을 가진 물질을 말한다.

2. 산업안전보건법에서 규정하는 위험물질의 종류와 특성(산업안전보건기준에 관한 규칙 [별표 1], [시행 2021.1.16.])

(1) 폭발성 물질 및 유기과산화물

폭발성 물질은 가열, 마찰, 충격 등에 의해 산소의 공급 없이도 물질 자체의 화학반응에 의해 주위 환경에 손상을 줄 수 있는 온도, 압력 및 속도를 가진 가스를 발생시키는 물질(고체, 액체 또는 혼합물)을 말한다. 질산에스테르류, 하이드라진 및 그 유도체, 디아조화합물, 니트로화합물 등이 있다. 유기과산화물은 -O-O-구조를 가진 물질 및 그 유도체를 말하며, 그 특성상 폭발이 쉽게 일어날 수 있는 물질이다.

(2) 물반응성 물질 및 인화성 고체

물과 반응하여 인화성 가스를 방출하는 물질을 물반응성 물질이라 한다. 인화성 고체는 마찰 등에 의해 쉽게 연소되거나 화재를 일으킬 수 있는 물질을 말한다. 알칼리금속, 알칼리토금속, 유기금속화합물 등이 대표적이다.

(3) 산화성 액체 및 산화성 고체

물질 자체의 연소 여부를 떠나서 일반적으로 산소를 발생시켜 다른 물질을 연소시키거나 연소에 기여하는 물질을 말한다. 산화성을 가지는(또는 산업계에서 산화제로 주로 사용되는) 염소산류, 과산화수소 및 무기과산화물, 질산, 과망간산, 중크롬산 등이 있다.

(4) 인화성 액체

표준 압력에서 인화점이 60℃ 이하인 액체를 말하며 에틸에테르, 가솔린, 메틸알코올 등이 대표적이다.

(5) 인화성 가스

20℃, 표준 압력에서 공기와 혼합되었을 때 인화범위가 존재하는 가스를 말하며, 폭발하한이 12% 이하 또는 상한과 하한의 차이가 13% 이상인 가스를 인화성 가스로 정의한다. 수소, 아세틸렌, 에틸렌, 메탄, 에탄, 프로판 등이 대표적이다.

(6) 부식성 물질

화학적인 작용으로 금속을 부식시키는 물질로서, 부식성 산류와 부식성 염기류로 구분할 수 있다. 농도가 20% 이상인 염산, 황산, 질산, 60% 이상인 인산, 아세트산, 불화수소산, 40% 이상인 수산화나트륨, 수산화칼륨 등이 있다.

(7) 급성 독성물질

입(경구) 또는 피부(경피)를 통하여 체내에 흡수되거나 호흡기를 통하여 체내에 흡입되었을 때 유해한 영향을 일으키는 물질을 말한다. 경구독성의 경우 LD_{50} 300mg/kg 이하, 경피독성의 경우 LD_{50} 1,000mg/kg 이하, 흡입독성의 경우 LC_{50}(가스) 2,500ppm 이하, LC_{50}(증기) 10mg/L 이하, LC_{50}(분진 또는 미스트) 1mg/L 이하인 물질로 정의한다. 포스겐, 아크릴로니트릴, 일산화탄소, 염소, 시안화수소, 황화수소, 모노실란 등이 있다.

Section 10 산업안전보건법에 의한 가스누출감지경보기를 설치하여야 할 장소

1. 개요

산업안전기준에 관한 규칙(이하 "안전규칙"이라 한다)에 의하여 가연성 또는 독성물질의 가스나 증기(이하 "가스"라 한다)의 누출을 감지하기 위한 가스누출감지경보설비의 설치에 필요한 사항을 정하는 데 그 목적이 있다. 가스누출감지경보기라 함은 가연성 또는 독성물질의 가스를 감지하여 그 농도를 지시하고, 미리 설정해 놓은 가스농도에서 자동적으로 경보가 울리도록 하는 장치를 말하며, 감지기와 경보기로 구성되어야 한다. 가연성 물질이라 함은 인화성물질 중 인화점이 35℃ 이하인 물질과 가연성 가스를 말한다.

2. 산업안전보건법에 의한 가스누출감지경보기를 설치하여야 할 장소(가스누출감지경보기 설치에 관한 기술상의 지침 제4조, [시행 2020.1.16.])

가스누출감지경보기를 설치하여야 할 장소는 다음 각 호와 같다.
1. 건축물 내·외에 설치되어 있는 가연성 및 독성물질을 취급하는 압축기, 밸브, 반응기, 배관연결 부위 등 가스의 누출이 우려되는 화학설비 및 그 부속설비 주변
2. 가열로 등 발화원이 있는 제조설비 주위에 가스가 체류하기 쉬운 장소
3. 가연성 및 독성물질의 충진용 설비의 접속부의 주위
4. 방폭지역 내에 위치한 변전실, 배전반실, 제어실 등
5. 그 밖에 가스가 체류하기 쉬운 장소

Section 11 산업안전보건법에서 사업주가 행하여야 할 유해·위험예방 조치사항

1. 안전조치(산업안전보건법 제38조, [시행 2021.1.16.])

① 사업주는 다음 각 호의 어느 하나에 해당하는 위험으로 인한 산업재해를 예방하기 위하여 필요한 조치를 하여야 한다.
  1. 기계·기구, 그 밖의 설비에 의한 위험
  2. 폭발성, 발화성 및 인화성 물질 등에 의한 위험

3. 전기, 열, 그 밖의 에너지에 의한 위험

② 사업주는 굴착, 채석, 하역, 벌목, 운송, 조작, 운반, 해체, 중량물 취급, 그 밖의 작업을 할 때 불량한 작업방법 등에 의한 위험으로 인한 산업재해를 예방하기 위하여 필요한 조치를 하여야 한다.

③ 사업주는 근로자가 다음 각 호의 어느 하나에 해당하는 장소에서 작업을 할 때 발생할 수 있는 산업재해를 예방하기 위하여 필요한 조치를 하여야 한다.

1. 근로자가 추락할 위험이 있는 장소

2. 토사·구축물 등이 붕괴할 우려가 있는 장소

3. 물체가 떨어지거나 날아올 위험이 있는 장소

4. 천재지변으로 인한 위험이 발생할 우려가 있는 장소

④ 사업주가 제1항부터 제3항까지의 규정에 따라 하여야 하는 조치(이하 "안전조치"라 한다)에 관한 구체적인 사항은 고용노동부령으로 정한다.

Section 12 안전진단의 대상

1. 안전보건진단의 종류 및 내용(산업안전보건법 시행령 제46조, [시행 2021.4.1.])

① 법 제47조 제1항에 따른 안전보건진단(이하 "안전보건진단"이라 한다)의 종류 및 내용은 [별표 14]와 같다.

② 고용노동부장관은 법 제47조 제1항에 따라 안전보건진단명령을 할 경우 기계·화공·전기·건설 등 분야별로 한정하여 진단을 받을 것을 명할 수 있다.

③ 안전보건진단결과보고서에는 산업재해 또는 사고의 발생원인, 작업조건·작업방법에 대한 평가 등의 사항이 포함되어야 한다.

2. 안전진단의 대상

안전진단의 대상은 [표 2-4]와 같다.

[표 2-4] 안전보건진단의 종류 및 내용(산업안전보건법 시행령 [별표 14], [시행 2021.4.1.])

종류	진단내용
종합진단	1. 경영·관리적 사항에 대한 평가 　가. 산업재해예방계획의 적정성 　나. 안전·보건관리조직과 그 직무의 적정성 　다. 산업안전보건위원회 설치·운영, 명예산업안전감독관의 역할 등 근로자의 참여 정도 　라. 안전보건관리규정내용의 적정성 2. 산업재해 또는 사고의 발생원인(산업재해 또는 사고가 발생한 경우만 해당한다) 3. 작업조건 및 작업방법에 대한 평가 4. 유해·위험요인에 대한 측정 및 분석 　가. 기계·기구 또는 그 밖의 설비에 의한 위험성 　나. 폭발성·물반응성·자기반응성·자기발열성 물질, 자연발화성 액체·고체 및 인화성 액체 등에 의한 위험성 　다. 전기·열 또는 그 밖의 에너지에 의한 위험성 　라. 추락, 붕괴, 낙하, 비래(飛來) 등으로 인한 위험성 　마. 그 밖에 기계·기구·설비·장치·구축물·시설물·원재료 및 공정 등에 의한 위험성 　바. 법 제118조 제1항에 따른 허가대상물질, 고용노동부령으로 정하는 관리대상유해물질 및 온도·습도·환기·소음·진동·분진, 유해광선 등의 유해성 또는 위험성 5. 보호구, 안전·보건장비 및 작업환경개선시설의 적정성 6. 유해물질의 사용·보관·저장, 물질안전보건자료의 작성, 근로자 교육 및 경고표시 부착의 적정성 7. 그 밖에 작업환경 및 근로자 건강 유지·증진 등 보건관리의 개선을 위하여 필요한 사항
안전진단	종합진단내용 중 제2호·제3호, 제4호 가목부터 마목까지 및 제5호 중 안전 관련 사항
보건진단	종합진단내용 중 제2호·제3호, 제4호 바목, 제5호 중 보건 관련 사항, 제6호 및 제7호

Section 13 사업주가 안전밸브를 설치해야 하는 화학설비 및 부속설비

1. 개요

안전밸브는 압력에 관한 안전장치로서 설비나 용기 등에서 내부 압력이 이상 상승하는 경우 설비 등에 있어서는 그 압력을 허용압력 이하로 떨어뜨리고, 용기 등에서는 내부의 가스를 밖으로 방출시킴으로써 설비나 용기 등의 파손을 방지하는 안전장치를 말한다. 종류로는 스프링식 안전밸브, 파열판식 안전밸브, 용전, 릴리프밸브 및 자동압력제어장치 등이 있다. 이 중 특정 설비로서 검사를 받는 제품은 스프링식 안전밸브이다.

2. 안전밸브 등의 설치(산업안전보건기준에 관한 규칙 제261조, [시행 2021.1.16.])

① 사업주는 다음 각 호의 어느 하나에 해당하는 설비에 대해서는 과압에 따른 폭발을 방지하기 위하여 폭발 방지성능과 규격을 갖춘 안전밸브 또는 파열판(이하 "안전밸브 등"이라 한다)을 설치하여야 한다. 다만, 안전밸브 등에 상응하는 방호장치를 설치한 경우에는 그러하지 아니하다.

  1. 압력용기(안지름이 150mm 이하인 압력용기는 제외하며, 압력용기 중 관형 열교환기의 경우에는 관의 파열로 인하여 상승한 압력이 압력용기의 최고사용압력을 초과할 우려가 있는 경우만 해당한다)

  2. 정변위 압축기

  3. 정변위 펌프(토출축에 차단밸브가 설치된 것만 해당한다)

  4. 배관(2개 이상의 밸브에 의하여 차단되어 대기온도에서 액체의 열팽창에 의하여 파열될 우려가 있는 것으로 한정한다)

  5. 그 밖의 화학설비 및 그 부속설비로서 해당 설비의 최고사용압력을 초과할 우려가 있는 것

Section 14 공정안전보고서 관계법령에서 규정하는 가연성 가스와 인화성 물질의 규정수량(kg) 및 정의

1. 규정수량(위험물안전관리법 시행령 [별표 1], 〈개정 2021.1.5.〉)

위험물				지정수량
유별	성질	품명		
제4류	인화성 액체	특수인화물		50리터
		제1석유류	비수용성 액체	200리터
			수용성 액체	400리터
		알코올류		400리터
		제2석유류	비수용성 액체	1,000리터
			수용성 액체	2,000리터
		제3석유류	비수용성 액체	2,000리터
			수용성 액체	4,000리터
		제4석유류		6,000리터
		동식물유류		10,000리터

※ 비고

1. "인화성 액체"라 함은 액체(제3석유류, 제4석유류 및 동식물유류의 경우 1기압과 섭씨 20도에서 액체인 것만 해당한다)로서 인화의 위험성이 있는 것을 말한다. 다만, 다음 각 목의 어느 하나에 해당하는 것을 법 제20조 제1항의 중요기준과 세부기준에 따른 운반용기를 사용하여 운반하거나 저장(진열 및 판매를 포함한다)하는 경우는 제외한다.

   가. 화장품법 제2조 제1호에 따른 화장품 중 인화성 액체를 포함하고 있는 것

   나. 약사법 제2조 제4호에 따른 의약품 중 인화성 액체를 포함하고 있는 것

   다. 약사법 제2조 제7호에 따른 의약외품(알코올류에 해당하는 것은 제외한다) 중 수용성인 인화성 액체를 50부피퍼센트 이하로 포함하고 있는 것

   라. 의료기기법에 따른 체외진단용 의료기기 중 인화성 액체를 포함하고 있는 것

   마. 생활화학제품 및 살생물제의 안전관리에 관한 법률 제3조 제4호에 따른 안전확인대상생활화학제품(알코올류에 해당하는 것은 제외한다) 중 수용성인 인화성 액체를 50부피퍼센트 이하로 포함하고 있는 것

2. "특수인화물"이라 함은 이황화탄소, 디에틸에테르 그 밖에 1기압에서 발화점이 섭씨 100도 이하인 것 또는 인화점이 섭씨 영하 20도 이하이고 비점이 섭씨 40도 이하인 것을 말한다.

3. "제1석유류"라 함은 아세톤, 휘발유 그 밖에 1기압에서 인화점이 섭씨 21도 미만인 것을 말한다.

4. "알코올류"라 함은 1분자를 구성하는 탄소원자의 수가 1개부터 3개까지인 포화 1가 알코올(변성알코올을 포함한다)을 말한다. 다만, 다음 각 목의 1에 해당하는 것은 제외한다.

   가. 1분자를 구성하는 탄소원자의 수가 1개 내지 3개의 포화 1가 알코올의 함유량이 60중량퍼센트 미만인 수용액

   나. 가연성 액체량이 60중량퍼센트 미만이고 인화점 및 연소점(태그개방식 인화점측정기에 의한 연소점을 말한다. 이하 같다)이 에틸알코올 60중량퍼센트 수용액의 인화점 및 연소점을 초과하는 것

5. "제2석유류"라 함은 등유, 경유 그 밖에 1기압에서 인화점이 섭씨 21도 이상 70도 미만인 것을 말한다. 다만, 도료류 그 밖의 물품에 있어서 가연성 액체량이 40중량퍼센트 이하이면서 인화점이 섭씨 40도 이상인 동시에 연소점이 섭씨 60도 이상인 것은 제외한다.

6. "제3석유류"라 함은 중유, 클레오소트유 그 밖에 1기압에서 인화점이 섭씨 70도 이상 섭씨 200도 미만인 것을 말한다. 다만, 도료류 그 밖의 물품은 가연성 액체량이 40중량퍼센트 이하인 것은 제외한다.

7. "제4석유류"라 함은 기어유, 실린더유 그 밖에 1기압에서 인화점이 섭씨 200도 이상 섭씨 250도 미만의 것을 말한다. 다만, 도료류 그 밖의 물품은 가연성 액체량이 40중량퍼센트 이하인 것은 제외한다.

8. "동식물유류"라 함은 동물의 지육(枝肉 : 머리, 내장, 다리를 잘라내고 아직 부위별로 나누지 않은 고기를 말한다) 등 또는 식물의 종자나 과육으로부터 추출한 것으로서 1기압에서 인화점이 섭씨 250도 미만인 것을 말한다. 다만, 법 제20조 제1항의 규정에 의하여 행정안전부령으로 정하는 용기기준과 수납·저장기준에 따라 수납되어 저장·보관되고 용기의 외부에 물품의 통칭명, 수량 및 화기엄금(화기엄금과 동일한 의미를 갖는 표시를 포함한다)의 표시가 있는 경우를 제외한다.

9. 위 표의 지정수량란에 정하는 수량이 복수로 있는 품명에 있어서는 당해 품명이 속하는 유(類)의 품명 가운데 위험성의 정도가 가장 유사한 품명의 지정수량란에 정하는 수량과 같은 수량을 당해 품명의 지정수량으로 한다. 이 경우 위험물의 위험성을 실험·비교하기 위한 기준은 고시로 정할 수 있다.

Section 15 | 산업안전보건법에서 규정한 가스누출감지경보기 설치장소 5개소

1. 목적

이 지침은 산업안전기준에 관한 규칙(이하 "안전규칙"이라 한다) 및 산업보건기준에 관한 규칙(이하 "보건규칙"이라 한다)의 규정에 의하여 가연성 또는 독성물질의 가스나 증기(이하 "가스"라 한다)의 누출을 감지하기 위한 가스누출감지경보설비의 설치에 필요한 사항을 정하는 데 그 목적이 있다.

2. 설치장소(가스누출감지경보기 설치에 관한 기술상의 지침 제4조, [시행 2020.1.16.])

가스누출감지경보기를 설치하여야 할 장소는 다음 각 호와 같다.
1. 건축물 내·외에 설치되어 있는 가연성 및 독성물질을 취급하는 압축기, 밸브, 반응기, 배관연결 부위 등 가스의 누출이 우려되는 화학설비 및 부속설비 주변
2. 가열로 등 발화원이 있는 제조설비 주위에 가스가 체류하기 쉬운 장소
3. 가연성 및 독성물질의 충진용 설비의 접속부의 주위
4. 방폭지역 안에 위치한 변전실, 배전반실, 제어실 등
5. 그 밖에 가스가 특별히 체류하기 쉬운 장소

Section 16 | 산업안전보건법에서 정하는 화학물질의 물리적 위험성 분류기준 관련 용어(산업안전보건법 시행규칙 [별표 18], 시행 2021.1.19.])

1. 폭발성 물질

(1) 정의

자체의 화학반응에 따라 주위 환경에 손상을 줄 수 있는 온도·압력 및 속도를 가진 가스를 발생시키는 고체·액체 또는 혼합물을 말한다. 다만, 화공품은 가스를 발생시키지 않더라도 폭발성 물질에 포함된다.

(2) 분류

구분	기준
불안정한 폭발성 물질	일반적인 방법으로 취급, 운송 및 사용하기에 열역학적으로 불안정하거나 너무 민감한 폭발성 물질과 혼합물
등급 1.1	대폭발의 위험성이 있는 폭발성 물질과 혼합물
등급 1.2	대폭발의 위험성은 없으나 분출위험성이 있는 폭발성 물질
등급 1.3	대폭발의 위험성은 없으나 화재 위험성이 있고, 약한 폭풍 또는 분출의 위험성이 있는 폭발성 물질과 혼합물 • 대량의 복사열을 발산하면서 연소하거나 • 약한 폭풍 또는 분출영향을 일으키면서 순차적으로 연소
등급 1.4	심각한 위험성은 없으나 발화 또는 기폭에 의해 약간의 위험성이 있는 폭발성 물질과 혼합물 • 영향은 주로 포장품에 국한되고, 주의할 정도의 크기 또는 범위로 파편의 발사가 일어나지 않으며 • 외부 화재에 의해 포장품의 거의 모든 내용물이 실질적으로 동시에 폭발을 일으키지 않음
등급 1.5	대폭발의 위험성은 있지만 매우 둔감하여 정상적인 상태에서는 발화·기폭의 가능성이 낮거나 연소가 폭굉으로 전이될 가능성이 거의 없는 폭발성 물질과 혼합물
등급 1.6	우발적인 기폭 또는 전파의 가능성이 거의 없어 대폭발의 위험성이 없는 극히 둔감한 제품

2. 인화성 가스

(1) 정의

20℃, 표준 압력(101.3kPa)에서 공기와 혼합하여 인화되는 범위에 있는 가스와 54℃ 이하 공기 중에서 자연발화하는 가스를 말한다. 혼합물을 포함한다.

(2) 분류

구분	기준
1	20℃, 표준 압력(101.3kPa)에서 다음 어느 하나에 해당하는 가스 • 공기와 13%(용적) 이하의 혼합물일 때 연소할 수 있는 가스 • 인화하한과 관계없이 공기와 12% 이상의 인화범위를 가지는 가스
2	구분 1에 해당하지 않으면서 20℃, 표준 압력(101.3kPa)에서 공기와 혼합하여 인화범위를 가지는 가스

3. 에어로졸

(1) 정의

재충전이 불가능한 금속·유리 또는 플라스틱용기에 압축가스·액화가스 또는 용해가스를 충전하고 내용물을 가스에 현탁시킨 고체나 액상입자로, 액상 또는 가스상에서 폼·페이스트·분말상으로 배출하는 분사장치를 갖춘 것을 말한다.

(2) 분류

구분	기준
1	인화성 성분의 함량이 1%를 넘거나, 연소열이 20kJ/g 이상이면서 다음 어느 하나에 해당하는 에어로졸 • 인화성 성분의 함량이 85% 이상이며, 연소열이 30kJ/g 이상 • 스프레이에어로졸은 75cm 이상의 거리에서 점화시켰을 때 발화 • 포에어로졸은 포시험에서 불꽃의 높이가 20cm 이상이면서 지속시간이 2초 이상, 또는 불꽃의 높이가 4cm 이상이면서 불꽃지속시간이 7초 이상
2	구분 1에 해당하지 않으면서 다음 어느 하나에 해당하는 에어로졸 • 스프레이에어로졸 : 연소열이 20kJ/g 이상 혹은 연소열이 20kJ/g 미만이고 다음 어느 하나에 해당하는 경우 　- 발화거리시험에서 15cm 이상의 거리에서 발화하거나 　- 밀폐공간발화시험에서 발화시간 환산 300초/m³ 이하 또는 폭연밀도 300g/m³ 이하 • 포에어로졸 : 포시험에서 불꽃의 높이가 4cm 이상이고 불꽃지속시간이 2초 이상

4. 산화성 가스

(1) 정의

일반적으로 산소를 공급함으로써 공기보다 다른 물질의 연소를 더 잘 일으키거나 촉진하는 가스를 말한다.

(2) 분류

구분	기준
1	일반적으로 산소를 발생시켜 다른 물질의 연소가 더 잘 되도록 하거나 연소에 기여하는 가스

5. 고압가스

(1) 정의

20℃, 200kPa 이상의 압력하에서 용기에 충전되어 있는 가스 또는 냉동액화가스형태로 용기에 충전되어 있는 가스를 말한다. 압축가스, 액화가스, 냉동액화가스, 용해가스로 구분한다.

(2) 분류

구분	기준
압축가스	가압하여 용기에 충전했을 때 -50℃에서 완전히 가스상인 가스(임계온도 -50℃ 이하의 모든 가스를 포함)
액화가스	가압하여 용기에 충전했을 때 -50℃ 초과 온도에서 부분적으로 액체인 가스 • 고압액화가스 : 임계온도가 -50℃에서 65℃인 가스 • 저압액화가스 : 임계온도가 65℃를 초과하는 가스
냉동액화가스	용기에 충전한 가스가 낮은 온도 때문에 부분적으로 액체인 가스
용해가스	가압하여 용기에 충전한 가스가 액상용매에 용해된 가스

6. 인화성 액체

(1) 정의

표준 압력(101.3kPa)에서 인화점이 60℃ 이하인 액체를 말한다.

(2) 분류

구분	기준
1	인화점이 23℃ 미만이고 초기 끓는점이 35℃ 이하인 액체
2	인화점이 23℃ 미만이고 초기 끓는점이 35℃를 초과하는 액체
3	인화점이 23℃ 이상 60℃ 이하인 액체

7. 인화성 고체

(1) 정의

쉽게 연소되거나 마찰에 의하여 화재를 일으키거나 촉진할 수 있는 물체를 말한다.

(2) 분류

구분	기준
1	연소속도시험결과 다음 어느 하나에 해당하는 물질 또는 혼합물 • 금속분말 이외의 물질 또는 혼합물 : 습윤 부분이 연소를 중지시키지 못하고, 연소시간이 45초 미만이거나 연소속도가 2.2mm/s를 초과 • 금속분말 : 연소시간이 5분 이하
2	연소속도시험결과 다음 어느 하나에 해당하는 물질 또는 혼합물 • 금속분말 이외의 물질 또는 혼합물 : 습윤 부분이 4분 이상 연소를 중지시키고, 연소시간이 45초 미만이거나 연소속도가 2.2mm/s를 초과 • 금속분말 : 연소시간이 5분 초과, 10분 이하

8. 자기반응성 물질

(1) 정의

열적인 면에서 불안정하여 산소가 공급되지 않아도 강렬하게 발열·분해하기 쉬운 액체·고체 또는 그 혼합물을 말한다.

(2) 분류

구분	기준
형식 A	포장된 상태에서 폭굉하거나 폭연하는 자기반응성 물질 또는 혼합물
형식 B	폭발성을 가지며 포장된 상태에서 폭굉도 급속한 폭연도 하지 않지만 그 포장물 내에서 열폭발을 일으키는 경향을 가지는 자기반응성 물질 또는 혼합물
형식 C	폭발성을 가지며 포장된 상태에서 폭굉도, 폭연도, 열폭발도 일으키지 않는 자기반응성 물질 또는 혼합물
형식 D	실험실시험에서 다음 하나의 성질과 상태를 나타내는 자기반응성 물질 또는 혼합물 • 폭굉이 부분적이고 빨리 폭연하지 않으며 밀폐상태에서 가열하면 격렬한 반응을 일으키지 않음 • 전혀 폭굉하지 않고 완만하게 폭연하며 밀폐상태에서 가열하면 격렬한 반응을 일으키지 않음 • 전혀 폭굉 또는 폭연하지 않고 밀폐상태에서 가열하면 중간 정도의 반응을 일으킴
형식 E	실험실시험에서 전혀 폭굉도, 폭연도 하지 않고 밀폐상태에서 가열하면 반응이 약하거나 없다고 판단되는 자기반응성 물질 또는 혼합물
형식 F	실험실시험에서 공동상태(cavitated state)하에서 폭굉하지 않거나 전혀 폭연하지 않고 밀폐상태에서 가열하면 반응이 약하거나 없는 또는 폭발력이 약하거나 없다고 판단되는 자기반응성 물질 또는 혼합물
형식 G	실험실시험에서 공동상태하에서 폭굉하지 않거나 전혀 폭연하지 않고 밀폐상태에서 가열하면 반응이 없거나 폭발력이 없다고 판단되는 자기반응성 물질 또는 혼합물. 다만, 열역학적으로 안정하고(50kg의 포장물에서 자기가속분해온도(SADT)가 60℃와 75℃ 사이), 액체혼합물의 경우에는 끓는점이 150℃ 이상의 희석제로 둔화시키는 것을 조건으로 한다. 혼합물이 열역학적으로 안정하지 않거나 끓는점이 150℃ 미만의 희석제로 둔화되고 있는 경우에는 형식 F로 해야 한다.

9. 자연발화성 액체

(1) 정의

적은 양으로도 공기와 접촉하여 5분 안에 발화할 수 있는 액체를 말한다.

(2) 분류

구분	기준
1	다음 어느 하나에 해당하는 자연발화성 액체 • 액체를 불활성 담체에 가해 공기에 접촉시키면 5분 이내 발화 • 액체를 적하한 여과지를 공기에 접촉시키면 5분 이내 여과지가 발화 또는 탄화

정상적인 온도에서 공기와 접촉하여 자발적으로 인화하지 않는다는 경험이 있다면 추가시험 없이 분류하지 않을 수 있다.

10. 자연발화성 고체

(1) 정의

적은 양으로도 공기와 접촉하여 5분 안에 발화할 수 있는 고체를 말한다.

(2) 분류

구분	기준
1	공기와 접촉하면 5분 안에 발화하는 고체

경험에 의해 물질 또는 혼합물이 정상적인 온도에서 공기와 접촉하여 자발적으로 인화하지 않는다는 경험이 있다면 추가시험 없이 분류하지 않을 수 있다.

11. 자기발열성 물질

(1) 정의

주위의 에너지공급 없이 공기와 반응하여 스스로 발열하는 물질을 말한다. 자기발화성 물질을 제외한다.

(2) 분류

구분	기준
1	140℃에서 25mm 정방형 용기를 이용한 시험에서 양성인 물질 또는 혼합물
2	다음 어느 하나에 해당하는 물질 또는 혼합물 • 140℃에서 100mm 정방형 용기를 이용한 시험에서 양성이고, 140℃에서 25mm 정방형 용기를 이용한 시험에서 음성이며, 포장이 3㎥를 초과 • 140℃에서 100mm 정방형 용기를 이용한 시험에서 양성이고, 140℃에서 25mm 정방형 용기를 이용한 시험에서 음성이며, 120℃에서 100mm 정방형 용기를 이용한 시험에서 양성이고 포장이 450L를 초과 • 140℃에서 100mm 정방형 용기를 이용한 시험에서 양성이고, 140℃에서 25mm 정방형 용기를 이용한 시험에서 음성이며, 100℃에서 100mm 정방형 용기를 이용한 시험에서 양성

① 용적 27㎥의 자연연소온도가 50℃를 초과하는 물질과 혼합물은 자기발열성 물질 또는 혼합물로 분류되지 않는다.

② 용적 450L의 자기발화온도가 50℃를 초과하는 물질과 혼합물은 구분 1로 분류되지 않는다.

③ 스크리닝시험결과와 분류시험결과에 어느 정도의 상관이 인정되고 적절한 안전 여유가 적용될 수 있는 경우에는 자기발열성 물질의 분류절차를 적용할 필요는 없다.

12. 물반응성 물질

(1) 정의

물과 상호 작용을 하여 자연발화되거나 인화성 가스를 발생시키는 고체·액체 또는 그 혼합물을 말한다.

(2) 분류

구분	기준
1	• 상온에서 물과 격렬하게 반응하여 발생가스가 자연발화하는 경향이 전반적으로 인정되거나 • 대기온도에서 물과 격렬하게 반응했을 때의 인화성 가스의 발생속도가 1분간 물질 1kg당 10L 이상인 물질 또는 혼합물
2	상온에서 물과 급속히 반응하여 인화성 가스의 최대 발생속도가 1시간당 물질 1kg에 대해 20L 이상이며, 구분 1에 해당되지 않는 물질 또는 혼합물
3	상온에서는 물과 천천히 반응하여 인화성 가스의 최대 발생속도가 1시간당 물질 1kg에 대해 1L 이상이며, 구분 1과 구분 2에 해당되지 않는 물질 또는 혼합물

13. 산화성 액체

(1) 정의

그 자체로는 연소하지 않더라도 일반적으로 산소를 발생시켜 다른 물질을 연소시키거나 연소를 촉진하는 액체를 말한다.

(2) 분류

구분	기준
1	물질(또는 혼합물)과 셀룰로오스의 중량비 1:1혼합물을 시험한 경우 자연발화하거나 그 평균압력 상승시간이 50% 과염소산과 셀룰로오스의 중량비 1:1혼합물의 평균압력 상승시간 미만인 물질 또는 혼합물
2	물질(또는 혼합물)과 셀룰로오스의 중량비 1:1혼합물을 시험한 경우 그 평균압력 상승시간이 염소산나트륨 40% 수용액과 셀룰로오스의 중량비 1:1혼합물의 평균압력 상승시간 이하이며, 구분 1에 해당되지 않는 물질 또는 혼합물
3	물질(또는 혼합물)과 셀룰로오스의 중량비 1:1혼합물을 시험한 경우 그 평균압력 상승시간이 초산 65% 수용액과 셀룰로오스의 중량비 1:1혼합물의 평균압력 상승시간 이하이며, 구분 1과 구분 2에 해당되지 않는 물질 또는 혼합물

14. 산화성 고체

(1) 정의

그 자체로는 연소하지 않더라도 일반적으로 산소를 발생시켜 다른 물질을 연소시키거나 연소를 촉진하는 고체를 말한다.

(2) 분류

구분	기준
1	물질(또는 혼합물)과 셀룰로오스의 중량비 4 : 1 또는 1 : 1혼합물을 시험한 경우 그 평균연소시간이 브롬산칼륨과 셀룰로오스의 중량비 3 : 2혼합물의 평균연소시간 미만인 물질 또는 혼합물
2	물질(또는 혼합물)과 셀룰로오스의 중량비 4 : 1 또는 1 : 1혼합물을 시험한 경우 그 평균연소시간이 브롬산칼륨과 셀룰로오스의 중량비 2 : 3혼합물의 평균연소시간 이하이며, 구분 1에 해당되지 않는 물질 또는 혼합물
3	물질(또는 혼합물)과 셀룰로오스의 중량비 4 : 1 또는 1 : 1혼합물을 시험한 경우 그 평균연소시간이 브롬산칼륨과 셀룰로오스의 중량비 3 : 7혼합물의 평균연소시간 이하이며, 구분 1과 구분 2에 해당되지 않는 물질 또는 혼합물

15. 유기과산화물

(1) 정의

2가의 $-O-O-$구조를 가지고 1개 혹은 2개의 수소원자가 유기라디칼에 의하여 치환된 과산화수소의 유도체를 포함한 액체 또는 고체유기물질을 말한다.

(2) 분류

구분	기준
형식 A	포장된 상태에서 폭굉하거나 급속히 폭연하는 유기과산화물
형식 B	폭발성을 가지며 포장된 상태에서 폭굉도 급속한 폭연도 하지 않으나, 그 포장물 내에서 열폭발을 일으키는 경향을 가지는 유기과산화물
형식 C	폭발성을 가지며 포장된 상태에서 폭굉도 급속한 폭연도 열폭발도 일으키지 않는 유기과산화물
형식 D	실험실시험에서 다음 어느 하나의 성질과 상태를 나타내는 유기과산화물 • 폭굉이 부분적이고 빨리 폭연하지 않으며 밀폐상태에서 가열하면 격렬한 반응을 일으키지 않음 • 전혀 폭굉하지 않고 완만하게 폭연하며 밀폐상태에서 가열하면 격렬한 반응을 일으키지 않음 • 전혀 폭굉 또는 폭연하지 않고 밀폐상태에서 가열하면 중간 정도 반응을 일으킴

구분	기준
형식 E	실험실시험에서 전혀 폭굉도, 폭연도 하지 않고 밀폐상태에서 가열하면 반응이 약하거나 없다고 판단되는 유기과산화물
형식 F	실험실시험에서 공동상태하에서 폭굉하지 않거나 전혀 폭연하지 않고 밀폐상태에서 가열하면 반응이 약하거나 없는 또는 폭발력이 약하거나 없다고 판단되는 유기과산화물
형식 G	실험실시험에서 공동상태하에서 폭굉하지 않거나 전혀 폭연하지 않고 밀폐상태에서 가열하면 반응이 없거나 폭발력이 없다고 판단되는 유기과산화물. 다만, 열역학적으로 안정하고(자기가속분해온도(SADT)가 50kg의 포장물에서 60℃ 이상), 액체혼합물의 경우에는 끓는점이 150℃ 이상의 희석제로 둔화시키는 것을 조건으로 한다. 혼합물이 열역학적으로 안정하지 않거나 끓는점이 150℃ 미만의 희석제로 둔화되고 있는 경우에는 형식 F로 해야 한다.

16. 금속부식성 물질

(1) 정의

화학적인 작용으로 금속에 손상 또는 부식을 일으키는 물질을 말한다.

(2) 분류

구분	기준
1	강철 및 알루미늄 모두에서 시험된 경우 두 재질 중 어느 하나의 표면부식속도가 55℃에서 1년간 6.25mm를 넘는 물질 또는 혼합물

강철 또는 알루미늄에 대한 초기시험에서 시험된 물질 또는 혼합물이 부식성으로 나타나면 다른 금속에 대한 추가적인 시험 없이 부식성 물질로 분류한다.

Section 17 화학물질 또는 화학물질함유 제제를 담은 용기의 경고표지에 포함되어야 할 사항

1. 경고표지의 부착의무

① 대상화학물질의 제조업자 및 수입업자는 해당 대상화학물질의 용기 또는 포장에 한글 경고표지(동일 경고표지 내에 한글과 외국어가 함께 기재된 경우를 포함한다)를 부착하여야 한다. 다만, 실험실에서 시험·연구목적으로 사용하는 시약으로서 외국어로 작성된 경고표지가 부착되어 있거나 수출하기 위하여 저장 또는 운반 중에 있는 완제품에 대하여는 한글경고표지를 부착하지 아니할 수 있다.

② 대상화학물질을 사용·운반 또는 저장하고자 하는 사업주는 경고표지의 유무를 확인하여야 하며, 경고표지가 없는 경우에는 경고표지를 부착하여야 한다. 또한 사업주는 제조업자 또는 수입업자에게 경고표지의 부착을 요청할 수 있다.

2. 부착내용 및 방법

① 경고표지에 포함되어야 할 사항
- ㉠ 화학물질명 또는 제품명(다만, 그 명칭은 물질안전보건자료상의 명칭과 일치하여야 하며, 경고표지 내의 화학물질명 또는 제품명이 제품상표의 명칭 등과 중복될 경우에는 경고표지에 "별도표시" 또는 "앞면표기"로 기재할 수 있다)
- ㉡ 대상화학물질의 유해성에 따른 유해그림
- ㉢ 대상화학물질의 유해위험성 및 그에 대한 조치사항
- ㉣ 자세한 내용을 알기 위해서는 물질안전보건자료를 참고할 수 있다는 문구
- ㉤ 산업안전보건법 제41조 규정에 근거한다는 취지의 문구

② 경고표지는 대상화학물질 또는 대상화학물질을 함유한 제제를 직접 담은 각각의 용기 또는 포장에 인쇄물을 부착하거나 표시한다.

③ 경고표지를 부착하거나 표시하는 것이 곤란한 경우에는 꼬리표를 달 수 있다.

④ 경고표지를 작성할 경우에는 대상화학물질의 유해그림을 모두 제시하되, 3가지 이상의 유해그림에 해당될 때에는 취급근로자의 건강에 대한 유해·위험의 우선순위별로 최대 3가지의 유해그림만을 표시할 수 있다.

⑤ 대상화학물질을 해당 사업장에서 자체적으로 사용하기 위하여 담은 반제품용기에 경고표지를 부착할 경우에는 유해·위험성을 나타내는 경고문구만을 표시할 수 있다. 다만, 이 경우 보관·저장장소의 작업자가 쉽게 볼 수 있는 위치에 경고표지의 내용을 게시하여야 한다.

Section 18 산업안전보건법상 공정안전보고서 제출의무가 있는 "주요 구조 부분의 변경"에 해당하는 3가지 경우

1. 주요 구조 부분의 변경에 해당하는 3가지

고압가스안전관리법 시행령 제11조 제1항에서 "주요 구조 부분의 변경"이란 다음 각 목과 같다.

　1. 생산량의 증가, 원료 또는 제품의 변경을 위하여 반응기(관련 설비 포함)를 교체 또는 추

가로 설치하는 경우

2. 생산량의 증가, 원료 또는 제품의 변경을 위하여 플레어스택을 설치 또는 변경하는 경우

3. 설비교체 등을 위하여 변경되는 생산설비 및 부대설비의 해당 전기정격용량이 300kW 이상 증가한 경우

Section 19 긴급차단밸브의 설치가 필요한 곳

1. 개요

긴급차단밸브(ESV : Emergency Shutoff Valve)란 배관상에 설치되어 주위의 화재 또는 배관에서 위험물질 누출 시 원격조작 스위치를 누르면 공기 또는 전기 등의 구동원에 의하여 유체의 흐름을 원격으로 차단할 수 있는 밸브를 말하며, 자동긴급차단밸브(automatic emergency shutoff valve)란 배관상에 설치되어 운전조건 이상 시 자동으로 유체의 흐름을 차단하는 밸브를 말한다.

일반적으로 버터플라이밸브, 볼밸브와 같은 90도 회전형 밸브를 많이 사용하고 있으며, 액추에이터로는 공기식, 전기식, 유압식 등 다양하지만 다이어프램, 실린더형 등의 공압식 스프링 리턴액추에이터가 일반적으로 사용된다.

2. 설치대상(긴급차단밸브의 설치에 관한 기술지침, 한국산업안전보건공단)

긴급차단밸브를 설치하여야 할 대상은 다음과 같다.

① 다음 각 목의 저장탱크 인입 및 출구배관. 다만, 인입배관에 역지밸브(check valve) 등과 같이 역류 방지를 위한 조치를 하였을 경우에는 그러하지 아니하다.

㉠ 인화성 가스를 액체상태로 저장하는 설계용량 5m³ 이상의 저장탱크

㉡ 급성 독성물질 중 1기압, 35℃에서 기체로 존재하는 물질을 액체상태로 저장하는 설계용량 5m³ 이상의 저장탱크

㉢ 인화성 액체 중 인화점이 30℃ 미만인 물질을 저장하거나 사용하는 것으로 사방이 벽으로 둘러쌓여 있는 건축물 내에 설치되는 설계용량 10m³ 이상의 저장탱크 및 용기

② 다음 각 목의 탑류의 하부의 출구배관. 다만, 최대운전액면보다 높은 곳에 설치된 배관 또는 비상시에 그 배관이 차단되어서는 안 되는 특수한 경우는 예외로 한다.

㉠ 인화성 가스의 액체정체량이 10m³ 이상인 탑류

㉡ 비점(1기압하) 이상에서 운전되는 급성 독성물질의 액체정체량이 10m³ 이상인 탑류

㉢ 비점(1기압하) 이상에서 운전되는 인화성 물질의 액체정체량이 30m³ 이상인 탑류

③ 다음 각 목의 용기(탑류 및 저장탱크류 제외) 하부의 출구배관. 다만, 최대운전액면보다 높은 곳에 설치된 배관 또는 비상시에 그 배관이 차단되어서는 안 되는 특수한 경우는 예외로 한다.

㉠ 인화성 가스의 액체정체량이 10m³ 이상인 용기

㉡ 비점(1기압하) 이상에서 운전되는 급성 독성물질의 액체정체량이 10m³ 이상인 용기

㉢ 비점(1기압하) 이상에서 운전되는 인화성 액체의 액체정체량이 30m³ 이상인 용기

④ 연속으로 운전되는 발열반응기. 다만 회분식 반응기 중에서 반응에 관계되는 하나의 원료라도 한 배치(batch) 동안 연속적으로 투입되는 경우는 해당된다.

⑤ 가열로(heater)의 원료공급배관 및 연료공급배관. 원료공급배관의 파손에 의한 화재 등의 위험성이 작거나 긴급차단밸브를 설치하는 것이 다른 위험을 일으킬 우려가 있을 때에는 원료공급배관에 긴급차단밸브를 설치하지 아니할 수 있다.

⑥ 보일러, 소각로 등의 연소설비의 연료공급배관

⑦ 호스 또는 하역설비 등을 이용하여 기차, 선박, 탱크로리 등에 가연성 가스, 또는 가스상의 급성 독성물질을 하역하는 배관 및 균압(equalizing)배관. 다만, 균압배관에 역지밸브(check valve) 등과 같이 역류 방지를 위한 조치를 하였을 경우에는 그러하지 아니하다.

⑧ 호스 또는 하역설비 등을 이용하여 기차, 선박, 탱크로리 등에 인화성 액체, 액상의 유기화합물 또는 가스상 이외의 급성 독성물질을 하역하는 배관

Section 20 산업안전보건법에 명시된 안전교육의 종류와 시간

1. 개요

사업장 내에서의 안전교육의 목적은 작업자의 안전작업능력의 육성, 향상에 있다. 특히 각종 산업형태가 대규모화, 기계화, 자동화, 복잡화되고 있는 현시점에서 작업자의 사소한 무지로 인하여 중대재해와 막대한 산업손실이 발생할 소지가 있기 때문에 상시교육을 통한 작업자의 안전작업 수행능력 향상이 중요한 과제가 되고 있다.

2. 산업안전보건법에 명시된 안전교육의 종류와 시간(산업안전보건법 시행규칙 [별표 4], [시행 2021.1.19.])

안전보건교육 교육과정별 교육시간(제26조 제1항 등 관련)은 다음과 같다.

(1) 근로자 안전보건교육(제26조 제1항, 제28조 제1항 관련)

교육과정	교육대상		교육시간
가. 정기교육	사무직 종사 근로자		매 분기 3시간 이상
	사무직 종사 근로자 외의 근로자	판매업무에 직접 종사하는 근로자	매 분기 3시간 이상
		판매업무에 직접 종사하는 근로자 외의 근로자	매 분기 6시간 이상
	관리감독자의 지위에 있는 사람		연간 16시간 이상
나. 채용 시 교육	일용근로자		1시간 이상
	일용근로자를 제외한 근로자		8시간 이상
다. 작업내용변경 시 교육	일용근로자		1시간 이상
	일용근로자를 제외한 근로자		2시간 이상
라. 특별교육	[별표 5] 제1호 라목 각 호(제40호는 제외한다)의 어느 하나에 해당하는 작업에 종사하는 일용근로자		2시간 이상
	[별표 5] 제1호 라목 제40호의 타워크레인신호작업에 종사하는 일용근로자		8시간 이상
	[별표 5] 제1호 라목 각 호의 어느 하나에 해당하는 작업에 종사하는 일용근로자를 제외한 근로자		• 16시간 이상(최초 작업에 종사하기 전 4시간 이상 실시하고 12시간은 3개월 이내에서 분할하여 실시가능) • 단기간 작업 또는 간헐적 작업인 경우에는 2시간 이상
마. 건설업 기초안전·보건교육	건설 일용근로자		4시간 이상

※ 비고

① 상시근로자 50명 미만의 도매업과 숙박 및 음식점업은 위 표의 가목부터 라목까지의 규정에도 불구하고 해당 교육과정별 교육시간의 2분의 1 이상을 실시해야 한다.

② 근로자(관리감독자의 지위에 있는 사람은 제외한다)가 화학물질관리법 시행규칙 제37조 제4항에 따른 유해화학물질안전교육을 받은 경우에는 그 시간만큼 가목에 따른 해당 분기의 정기교육을 받은 것으로 본다.

③ 방사선작업종사자가 원자력안전법 시행령 제148조 제1항에 따라 방사선작업종사자 정기교육을 받은 때에는 그 해당 시간만큼 가목에 따른 해당 분기의 정기교육을 받은 것으로 본다.

④ 방사선업무에 관계되는 작업에 종사하는 근로자가 원자력안전법 시행령 제148조 제1항에 따라 방사선작업종사자 신규교육 중 직장교육을 받은 때에는 그 시간만큼 라목 중 [별표 5] 제1호 라목 33에 따른 해당 근로자에 대한 특별교육을 받은 것으로 본다.

(2) 안전보건관리책임자 등에 대한 교육(제29조 제2항 관련)

교육대상	교육시간	
	신규교육	보수교육
가. 안전보건관리책임자	6시간 이상	6시간 이상
나. 안전관리자, 안전관리전문기관의 종사자	34시간 이상	24시간 이상
다. 보건관리자, 보건관리전문기관의 종사자	34시간 이상	24시간 이상
라. 건설재해예방전문지도기관의 종사자	34시간 이상	24시간 이상
마. 석면조사기관의 종사자	34시간 이상	24시간 이상
바. 안전보건관리담당자	–	8시간 이상
사. 안전검사기관, 자율안전검사기관의 종사자	34시간 이상	24시간 이상

(3) 특수형태근로종사자에 대한 안전보건교육(제95조 제1항 관련)

교육과정	교육시간
가. 최초 노무제공 시 교육	• 2시간 이상(단기간 작업 또는 간헐적 작업에 노무를 제공하는 경우에는 1시간 이상 실시하고, 특별교육을 실시한 경우는 면제)
나. 특별교육	• 16시간 이상(최초 작업에 종사하기 전 4시간 이상 실시하고, 12시간은 3개월 이내에서 분할하여 실시가능) • 단기간 작업 또는 간헐적 작업인 경우에는 2시간 이상

(4) 검사원 성능검사교육(제131조 제2항 관련)

교육과정	교육대상	교육시간
성능검사교육	–	28시간 이상

Section 21 변경요소관리에서 변경발의부서의 장이 변경관리요구서를 제출하기 전 검토해야 할 사항

1. 제출 전 검토해야 할 사항

① 사업장에서 변경관리위원회를 구성하여 변경사항을 검토·승인하고 변경완료 내용의 확인 여부를 검토한다.
② 변경요구서에 다음 사항을 포함한 변경이 필요한 기술적 근거의 제시 여부를 검토한다.
  ㉠ 발의자의 이름, 요구일자

ⓛ 변경계획에 대한 공정 및 설계의 기술적 근거

ⓒ 변경의 개요와 의견(도면, 서류 첨부)

ⓔ 안전 확보에 관한 사항

ⓜ 운전에 필요한 사항 및 신뢰성 확보

③ 변경공정에 대하여 필요시 위험성평가의 실시 여부를 확인한다.

④ 변경 이전에 변경할 내용을 운전원, 정비원, 도급업체 등에게 정확히 알려주고, 변경 후 변경설비의 시운전 이전에 이들에게 충분한 훈련의 실시 여부를 확인한다.

⑤ 변경 시 공정안전기술자료의 변경이 수반될 경우에 이들 자료의 보완이 이행되는 여부를 확인한다.

⑥ 긴급을 요할 경우 규정된 비상변경관리절차에 따라 변경관리가 이루어지고 있는지를 확인한다.

Section 22 공정안전보고서 이행상태평가의 종류별 실시시기 및 등급부여기준

1. 이행상태평가기준(공정안전보고서의 제출·심사·확인 및 이행상태평가 등에 관한 규정 제57조, [시행 2020.1.16.])

보고서 이행상태평가의 세부평가항목 및 배점기준 등은 다음과 같다.

1. 이행상태평가표의 총배점 및 최고환산점수는 각각 1,620점 및 100점이며, 평가항목, 항목별 배점, 환산계수 및 최고환산점수 등은 [별표 3]과 같다.

2. 세부평가항목별 평가점수는 [별표 4]와 같이 우수(A, 10점), 양호(B, 8점), 보통(C, 6점), 미흡(D, 4점), 불량(E, 2점) 등 5단계로 구분하며 항목별 평가결과에 따라 해당되는 점수와 평가근거를 면담 또는 확인결과란에 기재한다.

3. 해당 사항이 없는 평가항목의 경우에는 "해당 없음"으로 표기하고, 그 항목은 점수가 없는 것으로 본다.

4. 환산점수는 항목별로 평가점수에 환산계수를 곱한 점수를 말하며, 환산점수의 총합은 항목별 환산점수를 모두 합한 점수를 말한다.

2. 평가결과(공정안전보고서의 제출·심사·확인 및 이행상태평가 등에 관한 규정 제58조, [시행 2020.1.16.])

① 지방관서의 장은 제57조에 따른 평가기준에 의해 부여한 점수에 따라 사업장 또는 단위

공장(단위공장별로 이행상태를 실시한 경우에 한정한다)별로 다음 각 호의 어느 하나에 해당하는 등급을 부여하여야 한다.

1. P등급(우수) : 환산점수의 총합이 90점 이상

2. S등급(양호) : 환산점수의 총합이 80점 이상 90점 미만

3. M$^+$등급(보통) : 환산점수의 총합이 70점 이상 80점 미만

4. M$^-$등급(불량) : 환산점수의 총합이 70점 미만

② 지방관서의 장은 제1항의 평가등급, 평가점수 등 평가결과에 대한 소견서를 첨부하여 평가를 마친 날부터 1개월 이내에 사업주에게 알려야 하며 이를 다음 반기부터 적용한다.

Section 23 폭연방출구의 종류와 설치방법에 대해서 산업안전보건기준에 관한 규칙에 의거 설명(가스폭발예방을 위한 폭연방출구 설치에 관한 기술지침)

1. 방출구의 면적 설계

① 배관 등에 설치하는 방출구는 폭연에서 폭굉으로 전이되는 것을 방지하기 위함이다.

② 배관 등에 설치하는 각 방출구는 배관의 전면적에 동등하게 설치하여야 한다.

③ 직경이 2m 이상이며, $L/D > 20$ 이상인 경우에는 방출구를 2개 이상 설치하여야 한다.

④ 설치되는 방출구 뚜껑의 무게는 12.2kg/m² 이하로 한다.

⑤ 방출구 뚜껑에 가해지는 폭발과압은 30kPa(0.3bar) 이하이어야 한다.

⑥ 방출되는 동안의 최고감쇄압력(P_{red})은 배관 등의 재질항복응력의 50% 이하가 되어야 한다.

⑦ 유속이 2m/s 이하의 프로판이나 Su가 60cm/s 이하인 인화성 가스배관 등에 방출구 설계 시 적용하는 P_{red}는 [그림 2-2]에서 찾을 수 있다.

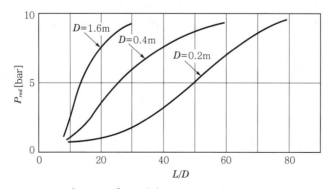

[그림 2-2] 직경(D), L/D와 P_{red}의 결정

2. 평시 개방형(Normally open)의 방출구

(1) 환기관식 개방구(Louvered opening)

① P_{red}의 압력은 환기관식 방출구는 설비의 설계에 따라 계산된다.

② 환기관식 방출구를 통한 압력 감소는 가스흐름 계산에 의하여 결정되며 P_{red}가 적용되어야 한다.

(2) 매달린 형태의 방출구(Hangar-type door)

① 폭연위험 물질을 취급하는 실이나 건물의 벽에는 매달린 형태의 방출구나 상부 방출구(Overhead door)를 설치하여야 한다.

② 폭연위험이 있는 물질을 취급하는 공정이나 설비를 운전하는 동안에는 가스가 쉽게 방출될 수 있도록 방출구는 항상 열려 있어야 한다.

③ 폭연위험이 있는 공정설비에서 공정이 운전될 때는 문이 항상 열리도록 연동장치를 설치하여야 한다.

3. 평시 폐쇄형(Normally closed)의 방출구

① 방출구 뚜껑을 설계하거나 제조하는 사람은 설치 시에 적용할 수 있도록 뚜껑의 개방압력(P_{stat})의 값과 허용오차를 기록해 두어야 한다.

② P_{stat}는 뚜껑을 조립 고정한 후 뚜껑 열림이 기계적으로 완전하게 작동하는지를 검사하여야 한다.

    ㉠ 기계적으로 열리도록 하기 위하여 잡아두는 부품(고리, 스프링, 자석, 마찰력금구, 파열기구 등)이 필요하다.

    ㉡ 방출구 뚜껑의 현장 조립을 위하여 설계자는 밀폐공간의 표면적, 방출구면적, 뚜껑재질, 재질의 무게, P_{red}, P_{stat}, 고리, 금구부품, 수량 등의 명세를 알려주어야 한다.

③ 뚜껑은 사용되는 온도 등 운전조건에 맞도록 설계되어야 한다.

4. 건물이나 작업실에 설치하는 방출구

① 힌지형(hinged) 문, 창문 및 판넬은 계산된 압력하에서 열리도록 회전금구로 고정되어 있다.

    ㉠ 산업용 오븐, 건조기, 혼합기에 설치하는 방출구 뚜껑에는 마찰식, 스프링하중식, 자석식 등이 사용된다.

    ㉡ 힌지가 회전되어 뚜껑이 열릴 때에는 압력방출에 방해되지 않아야 하며, 작업자가 뚜

껑을 여는 경우에도 안전을 위하여 힌지가 탈락되어서는 아니 된다.

② 뚜껑의 재질은 깨지기 쉽고 날카롭지 아니한 것을 사용하여야 한다.

5. 진공방출용 방출구

① 진공해지용 방출구(Vacuum breaker)는 진공설비의 변형을 방지하기 위하여 설치한다. 진공방출용 방출구는 P_{red}에 견디도록 충분히 강하게 설치하거나 안전한 곳으로 방출될 수 있도록 열려야 한다.

② 진공방출용 방출구는 규정에 따라 설계된다.

Section 24 화학설비 또는 그 부속설비의 개조, 수리, 청소 등의 작업에 대해 실시하는 점검·정비방법

1. 정비계획의 준비

정비부서에서는 정비 전에 다음 사항을 고려하여 정비계획을 준비한다.

① 각 부서로부터의 정비요구사항 취합　② 전년도 정비내용

③ 육안검사결과　④ 운전 중 사고설비리스트

2. 정비계획서의 작성

정비작업대상에 대하여 적절한 시기에 안전한 방법으로 정비를 수행하기 위한 정비계획서를 작성해야 하며, 그 내용에는 다음 사항이 포함된다.

① 정비작업요청 및 처리에 관한 절차

② 정비항목

③ 정비분류 및 시기

④ 정비작업 준비(유자격자, 기자재 및 공구)

⑤ 시스템상 타 기기에 대한 조치 및 협조사항

3. 정비절차서의 작성

정비계획서가 승인되면 정비작업절차서를 작성하여야 하며, 그 내용에는 다음 사항이 포함된다.

① 정비작업 준비(유자격자, 기자재 및 공구)　② 정비 착수 전 안전조치사항과 확인사항

③ 정비작업절차   ④ 정비완료 후 점검에 대한 사항

⑤ 정비완료 후 안전조치사항과 확인사항   ⑥ 정비 및 보수에 대한 교육

⑦ 정비결과 보고   ⑧ 정비작업 중 비상시 응급조치사항

⑨ 작업자 간의 통신연락사항

4. 특수작업허가서 및 절차서

화기작업과 같은 특수한 작업의 경우 별도의 작업허가서와 절차서를 작성하여야 하며, 그 종류에는 다음과 같은 것이 있다.

① 화기작업허가서   ② 상온작업허가서

③ 제한공간출입허가서   ④ 전기차단허가서

⑤ 굴착작업허가서   ⑥ 방사능사용허가서

⑦ 권양작업(Jack-up)절차서   ⑧ 용접작업절차서

⑨ 열처리작업절차서   ⑩ 비파괴검사절차서

5. 정비작업 수행 및 결과보고

정비작업이 완료되면 결과보고서를 작성해야 하며, 그 내용에는 다음 사항이 포함된다.

① 기기 이름 및 식별번호

② 작업자 성명 및 자격사항

③ 정비항목 및 정비내용

④ 정비 후 점검결과(허용범위 대비 적합판정)

⑤ 관리자의 점검 및 확인

Section 25 산업안전보건법에서 정하는 안전인증 및 안전검사

1. 안전인증기준(산업안전보건법 제83조, [시행 2021.1.16.])

① 고용노동부장관은 유해하거나 위험한 기계·기구·설비 및 방호장치·보호구(이하 "유해·위험기계 등"이라 한다)의 안전성을 평가하기 위하여 그 안전에 관한 성능과 제조자의 기술능력 및 생산체계 등에 관한 기준(이하 "안전인증기준"이라 한다)을 정하여 고시하여야 한다.

② 안전인증기준은 유해·위험기계 등의 종류별, 규격 및 형식별로 정할 수 있다.

2. 안전인증대상기계 등(산업안전보건법 시행규칙 제107조, [시행 2021.1.19.])

법 제84조 제1항에서 "고용노동부령으로 정하는 안전인증대상기계 등"이란 다음 각 호의 기계 및 설비를 말한다.

1. 설치·이전하는 경우 안전인증을 받아야 하는 기계
   가. 크레인　　　　　　　　　　나. 리프트
   다. 곤돌라

2. 주요 구조 부분을 변경하는 경우 안전인증을 받아야 하는 기계 및 설비
   가. 프레스　　　　　　　　　　나. 전단기 및 절곡기(折曲機)
   다. 크레인　　　　　　　　　　라. 리프트
   마. 압력용기　　　　　　　　　바. 롤러기
   사. 사출성형기(射出成形機)　　 아. 고소(高所)작업대
   자. 곤돌라

3. 안전인증심사의 종류 및 방법(산업안전보건법 시행규칙 제110조, [시행 2021.1.19.])

① 유해·위험기계 등이 안전인증기준에 적합한지를 확인하기 위하여 안전인증기관이 하는 심사는 다음 각 호와 같다.

1. 예비심사 : 기계 및 방호장치·보호구가 유해·위험기계 등 인지를 확인하는 심사(법 제84조 제3항에 따라 안전인증을 신청한 경우만 해당한다)

2. 서면심사 : 유해·위험기계 등의 종류별 또는 형식별로 설계도면 등 유해·위험기계 등의 제품기술과 관련된 문서가 안전인증기준에 적합한지에 대한 심사

3. 기술능력 및 생산체계심사 : 유해·위험기계 등의 안전성능을 지속적으로 유지·보증하기 위하여 사업장에서 갖추어야 할 기술능력과 생산체계가 안전인증기준에 적합한지에 대한 심사. 다만, 다음 각 목의 어느 하나에 해당하는 경우에는 기술능력 및 생산체계심사를 생략한다.
   가. 영 제74조 제1항 제2호 및 제3호에 따른 방호장치 및 보호구를 고용노동부장관이 정하여 고시하는 수량 이하로 수입하는 경우
   나. 제4호 가목의 개별 제품심사를 하는 경우
   다. 안전인증(제4호 나목의 형식별 제품심사를 하여 안전인증을 받은 경우로 한정한다)을 받은 후 같은 공정에서 제조되는 같은 종류의 안전인증대상기계 등에 대하여 안전인증을 하는 경우

4. 제품심사 : 유해·위험기계 등이 서면심사내용과 일치하는지와 유해·위험기계 등의 안전에 관한 성능이 안전인증기준에 적합한지에 대한 심사. 다만, 다음 각 목의 심사는

유해·위험기계 등별로 고용노동부장관이 정하여 고시하는 기준에 따라 어느 하나만을 받는다.

가. 개별 제품심사 : 서면심사결과가 안전인증기준에 적합할 경우에 유해·위험기계 등 모두에 대하여 하는 심사(안전인증을 받으려는 자가 서면심사와 개별 제품심사를 동시에 할 것을 요청하는 경우 병행할 수 있다)

나. 형식별 제품심사 : 서면심사와 기술능력 및 생산체계심사결과가 안전인증기준에 적합할 경우에 유해·위험기계 등의 형식별로 표본을 추출하여 하는 심사(안전인증을 받으려는 자가 서면심사, 기술능력 및 생산체계심사와 형식별 제품심사를 동시에 할 것을 요청하는 경우 병행할 수 있다)

Section 26 제조업 등 유해위험방지계획서 심사확인제출대상 사업장으로 전기계약용량 300kW 이상인 업종 10가지

1. 개요

전기사용설비의 전기정격용량합이 300kW 이상인 사업장을 제출대상업종으로 규정하고 있다. 여기서 '정격(定格)'은 발전기, 전동기 등 전기사용설비에 대해 제조자가 보증한 사용한도 및 전압, 전류 등의 조건을 통틀어 말하는 것으로 정격전류, 정격전압 및 정격용량 등이 있으며, 이러한 정격값은 전기사용설비에 표시하도록 하고 있다.

대체적으로 정격전압이나 전류는 정확하게 표시하나, 정격용량은 전기기기에 따라 정격사용전력, 정격출력전력 또는 사용전력으로 표시되기도 한다. 실제 현장에서 전기정격용량을 정확하게 파악하기가 어렵다.

아울러 사업장에서 예비품을 보유하고 있는 경우 전기정격용량의 포함 여부에 대해서는 명확한 기준을 마련하기 곤란한 경우가 많다. 이러한 문제점을 해결하기 위해서는 전기계약용량과 같은 명확한 기준을 적용하여 제출대상 사업장을 정하는 것이 바람직하다.

2. 전기계약용량이 300kW 이상인 10대 업종

① 제품생산공정과 직접적으로 관련된 건설물, 기계, 기구 및 설비를 설치, 이전하는 경우
② 제품생산과 직접적으로 관련된 건설물, 기계, 기구 및 설비를 개조, 교체 또는 증설하는 경우
③ 단위공장별로 제품생산과 직접적으로 관련된 기계, 기구 및 설비의 배치를 전면 조정하는 경우

④ 10대 업종 : 비금속광물제품 제조업, 금속가공제품(기계 및 가구 제외) 제조업, 기타 기계 및 장비 제조업, 자동차 및 트레일러 제조업, 식료품 제조업, 고무제품 및 플라스틱제품 제조업, 목재 및 나무제품 제조업, 기타 제품 제조업, 1차 금속 제조업, 가구 제조업

Section 27 화학물질관리법에서 장외영향평가서의 작성방법

1. 개요

장외영향평가는 유해화학물질취급시설 설계·설치단계에서부터 사업장 외부의 제3자에게 인적·물적피해를 일으키지 않도록 안전개념에 따라 설계·설치되었는지 확인하여 취급시설이 충분한 안전성을 확보하도록 유도하는 제도적 장치이다.

2. 장외영향평가서의 작성방법(화학물질관리법 시행규칙, 제19조 제2항 관련, [별표 4], [시행 2020.9.29])

(1) 기본평가정보

① 취급화학물질의 목록, 취급량 및 유해성 정보
  ㉠ 취급화학물질의 목록은 물질안전자료(MSDS), 개별시설 및 장치별 해당 유해화학물질의 최대저장량 등을 포함하여 작성한다.
  ㉡ 취급량은 그 설비에서 일시에 취급할 수 있는 최대량을 작성한다.
  ㉢ 유해성 정보는 일반정보(물질명, 화학물질식별번호(CAS No.), 조성농도), 물리·화학적 성질, 독성정보 등을 포함하여 작성한다.
② 취급시설의 목록, 명세, 공정정보, 운전절차 및 유의사항
  ㉠ 취급시설의 목록은 동력기계목록, 장치 및 설비, 배관 및 개스킷 등을 포함하여 작성한다.
  ㉡ 취급시설의 명세는 다음의 사항을 포함하여 작성한다.
    • 동력기계번호, 동력기계명, 주요 재질분류기호, 취급량 혹은 처리능력, 방호장치종류 등 동력기계정보에 관한 사항
    • 취급 혹은 저장량, 기기번호, 기기명, 사용재질분류기호, 개스킷재질, 용접 여부 등 장치 및 설비에 관한 사항
    • 배관재질 및 분류코드, 유체의 종류 또는 이름, 사용재질분류기호, 개스킷재질 등 배관 및 개스킷에 관한 사항
  ㉢ 공정정보, 운전절차 및 유의사항은 다음의 사항을 포함하여 작성한다.

- 공정개요, 운전조건 및 비정상운전조건에서의 연동시스템 등에 관한 사항
- 주요 동력기계, 장치, 설비의 표시 및 명칭, 에너지 및 물질수지(Material Balance), 운전온도 및 운전압력, 기타 단위공정을 구분하는 자료(긴급차단밸브 등) 등 주요 기기의 취급·저장량을 포함한 공정흐름도(PFD:Process Flow Diagram). 다만, 제 19조 제3항에 따라 장외영향평가서 중 일부 내용만 작성하는 경우에는 유해화학물질취급시설 및 취급설비별로 유입·유출되는 유해화학물질의 종류, 종류별 함량 및 수량을 기입한 순서도로 공정흐름도를 대체할 수 있다.
- 공정배관계장도(P&ID:Piping & Instrument Diagram). 다만, 배관설비가 없는 실내보관시설 등 공정배관계장도의 작성이 불가능한 취급시설의 경우에는 작성을 생략할 수 있고, 제19조 제3항에 따라 장외영향평가서 중 일부 내용만 작성하는 경우에는 유해화학물질취급시설·취급설비를 연결하는 배관의 재질·크기, 펌프 등 동력기계의 종류 및 위치를 표시한 도면과 설비의 배치와 간격을 표시한 도면으로 공정배관계장도를 대체할 수 있다.

③ 취급시설 및 주변지역의 입지정보

　㉠ 취급시설의 입지정보는 다음의 사항을 포함하여 작성한다.

- 건물 및 설비위치, 건물과 건물 사이의 거리, 건물과 단위설비 간의 거리 등 전체 배치도(Overall Layout)에 관한 사항
- 기기의 설치높이, 각 단위설비와 단위설비 간의 거리 등 설비배치도(Plot-Plan)에 관한 사항

　㉡ 주변지역의 입지정보는 사업장 주변지역의 주거용, 상업용, 공공건물 등 시설물의 위치도 및 명세, 주민분포, 자연보호구역 등을 포함하여 작성한다.

④ 기상정보 : 기상정보는 월별 평균 온도, 습도, 대기안정도, 풍향, 풍속과 지표면의 굴곡도 등을 포함하여 작성한다.

(2) 장외평가정보

① 공정위험성분석 : 공정위험성분석은 예비위험분석기법을 적용하여 작성하여야 한다. 다만, 공정의 특성상 예비위험분석기법을 적용하기 어려운 경우에는 유해화학물질취급시설에서 유출·누출사고 발생 시 사고유형 등을 분석할 수 있는 기법 중 적정한 기법을 선정하여 작성할 수 있다.

② 사고시나리오, 가능성 및 위험도분석

　㉠ 사고시나리오는 기본평가정보, 공정위험성분석 등을 통하여 도출된 사고 발생시나리오(안전성 확보방안을 반영한 시나리오를 포함한다)를 분석하여 작성한다.

　㉡ 사고 가능성은 동일 또는 유사시설의 국내·외사고 발생빈도 등을 분석하여 작성한다.

ⓒ 위험도는 사고시나리오에 따른 영향과 사고 가능성을 모두 고려하여 분석한다.

③ 사업장 주변지역 영향평가 : 사업장 주변지역 영향평가는 사고로 인하여 영향을 받는 구역을 설정하고, 해당 구역 내에 건축법 제2조 제2호에 해당하는 건축물, 자연환경보전법 제2조 제12호에 따른 생태·경관보호지역의 위치 여부 등을 확인한다.

④ 안전성 확보방안 : 안전성 확보방안은 ③항에 따라 예상되는 영향을 최소화할 수 있도록 잠재적 위험이 있는 공정 또는 설비의 위험을 제거하거나 감소할 수 있는 일련의 대책을 작성한다.

(3) 다른 법률과의 관계정보

유해화학물질취급시설의 입지에 영향을 미치는 신고, 등록, 허가와 관련된 타 법령 및 규제 내용을 작성한다.

Section 28 국내에서 적용되는 방폭기준(KS C IEC 60079-10)에서 환기등급과 환기유효성

1. 환기등급

(1) 고환기(VH : High Ventilation)

누출원에서의 농도를 순간적으로 감소시킬 수 있는 환기로, 결국 가스농도를 폭발하한값 이하로 낮추어 위험장소의 범위를 무시할 정도로 작게 하는 것이다.

(2) 중환기(VM : Medium Ventilation)

누출이 진행되는 동안에는 위험장소 내의 농도를 안정된 상태로 제어할 수 있고, 누출이 중단된 후에는 더 이상의 위험분위기가 지속되지 않도록 하는 환기이다.

(3) 저환기(VL : Low Ventilation)

누출이 진행되는 동안에는 누출농도를 제어할 수 없고, 누출이 중단된 이후에도 위험분위기의 지속을 억제할 수 없는 정도의 환기이다.

2. 환기유효성

① 우수(Good) : 환기가 연속적으로 이루어지는 상태이다.

② 양호(Fare) : 정상작동상태에서 이루어지는 환기상태로, 간혹 짧은 시간 동안 환기가 불

연속될 수 있다.

③ 미흡(Poor) : 환기에 의한 공기의 흐름이 우수 또는 양호에 미치지 못하는 상태로, 불연속이 장시간 지속되는 것은 이에 해당되지 않는다.

Section 29 산업안전보건법상 관리감독자의 유해·위험방지업무 중 관리대상유해물질을 취급하는 작업 시에 수행해야 할 직무내용

1. 관리감독자의 업무 등(산업안전보건법 시행령 제15조, [시행 2021.1.16.])

① 법 제16조 제1항에서 "대통령령으로 정하는 업무"란 다음 각 호의 업무를 말한다.

1. 사업장 내 법 제16조 제1항에 따른 관리감독자(이하 "관리감독자"라 한다)가 지휘·감독하는 작업(이하 이 조에서 "해당 작업"이라 한다)과 관련된 기계·기구 또는 설비의 안전·보건점검 및 이상 유무의 확인

2. 관리감독자에게 소속된 근로자의 작업복·보호구 및 방호장치의 점검과 그 착용·사용에 관한 교육·지도

3. 해당 작업에서 발생한 산업재해에 관한 보고 및 이에 대한 응급조치

4. 해당 작업의 작업장 정리·정돈 및 통로 확보에 대한 확인·감독

5. 사업장의 다음 각 목의 어느 하나에 해당하는 사람의 지도·조언에 대한 협조

가. 법 제17조 제1항에 따른 안전관리자(이하 "안전관리자"라 한다) 또는 같은 조 제4항에 따라 안전관리자의 업무를 같은 항에 따른 안전관리전문기관(이하 "안전관리전문기관"이라 한다)에 위탁한 사업장의 경우에는 그 안전관리전문기관의 해당 사업장 담당자

나. 법 제18조 제1항에 따른 보건관리자(이하 "보건관리자"라 한다) 또는 같은 조 제4항에 따라 보건관리자의 업무를 같은 항에 따른 보건관리전문기관(이하 "보건관리전문기관"이라 한다)에 위탁한 사업장의 경우에는 그 보건관리전문기관의 해당 사업장 담당자

다. 법 제19조 제1항에 따른 안전보건관리담당자(이하 "안전보건관리담당자"라 한다) 또는 같은 조 제4항에 따라 안전보건관리담당자의 업무를 안전관리전문기관 또는 보건관리전문기관에 위탁한 사업장의 경우에는 그 안전관리전문기관 또는 보건관리전문기관의 해당 사업장 담당자

라. 법 제22조 제1항에 따른 산업보건의(이하 "산업보건의"라 한다)

6. 법 제36조에 따라 실시되는 위험성평가에 관한 다음 각 목의 업무

　　　가. 유해·위험요인의 파악에 대한 참여

　　　나. 개선조치의 시행에 대한 참여

　　7. 그 밖에 해당작업의 안전 및 보건에 관한 사항으로서 고용노동부령으로 정하는 사항

　② 관리감독자에 대한 지원에 관하여는 제14조 제2항을 준용한다. 이 경우 "안전보건관리
　　책임자"는 "관리감독자"로, "법 제15조제1항"은 "제1항"으로 본다.

Section 30 │ 산업안전보건법상의 위험물질 취급에 대한 안전조치 중 공통적인 조치사항, 호스를 사용한 인화성 물질의 주입, 가솔린이 남아 있는 설비에 등유의 주입 및 저장, 산화에틸렌의 취급에 대하여 각각 구분하여 설명

1. 물과의 접촉금지(산업안전보건기준에 관한 규칙 제226조, [시행 2021.1.16.])

　사업주는 물반응성 물질·인화성 고체를 취급하는 경우에는 물과의 접촉을 방지하기 위하여 완전 밀폐된 용기에 저장 또는 취급하거나 빗물 등이 스며들지 아니하는 건축물 내에 보관 또는 취급하여야 한다.

2. 호스 등을 사용한 인화성 액체 등의 주입(산업안전보건기준에 관한 규칙 제227조, [시행 2021.1.16.])

　사업주는 위험물을 액체상태에서 호스 또는 배관 등을 사용하여 화학설비, 탱크로리, 드럼 등에 주입하는 작업을 하는 경우에는 그 호스 또는 배관 등의 결합부를 확실히 연결하고 누출이 없는지를 확인한 후에 작업을 하여야 한다.

3. 가솔린이 남아 있는 설비에 등유 등의 주입(산업안전보건기준에 관한 규칙 제228조, [시행 2021.1.16.])

　사업주는 화학설비로서 가솔린이 남아 있는 화학설비(위험물을 저장하는 것으로 한정한다), 탱크로리, 드럼 등에 등유나 경유를 주입하는 작업을 하는 경우에는 미리 그 내부를 깨끗하게 씻어내고 가솔린의 증기를 불활성 가스로 바꾸는 등 안전한 상태로 되어 있는지를 확인한 후에 그 작업을 하여야 한다. 다만, 다음 각 호의 조치를 하는 경우에는 그러하지 아니하다.

　1. 등유나 경유를 주입하기 전에 탱크·드럼 등과 주입설비 사이에 접속선이나 접지선을 연결하여 전위차를 줄이도록 할 것

　2. 등유나 경유를 주입하는 경우에는 그 액표면의 높이가 주입관의 선단의 높이를 넘을 때

까지 주입속도를 초당 1m 이하로 할 것

[표 2-5] 화학설비 및 그 부속설비의 종류(산업안전보건기준에 관한 규칙 제227조부터 제229조까지, 제243조 및 제2편 제2장 제4절 관련, [별표 7])

1. 화학설비
    가. 반응기·혼합조 등 화학물질 반응 또는 혼합장치
    나. 증류탑·흡수탑·추출탑·감압탑 등 화학물질 분리장치
    다. 저장탱크·계량탱크·호퍼·사일로 등 화학물질 저장설비 또는 계량설비
    라. 응축기·냉각기·가열기·증발기 등 열교환기류
    마. 고로 등 점화기를 직접 사용하는 열교환기류
    바. 캘린더(calender)·혼합기·발포기·인쇄기·압출기 등 화학제품 가공설비
    사. 분쇄기·분체분리기·용융기 등 분체화학물질 취급장치
    아. 결정조·유동탑·탈습기·건조기 등 분체화학물질 분리장치
    자. 펌프류·압축기·이젝터(ejector) 등의 화학물질 이송 또는 압축설비

2. 화학설비의 부속설비
    가. 배관·밸브·관·부속류 등 화학물질 이송 관련 설비
    나. 온도·압력·유량 등을 지시·기록 등을 하는 자동제어 관련 설비
    다. 안전밸브·안전판·긴급차단 또는 방출밸브 등 비상조치 관련 설비
    라. 가스누출감지 및 경보 관련 설비
    마. 세정기, 응축기, 벤트스택(bent stack), 플레어스택(flare stack) 등 폐가스처리설비
    바. 사이클론, 백필터(bag filter), 전기집진기 등 분진처리설비
    사. 가목부터 바목까지의 설비를 운전하기 위하여 부속된 전기 관련 설비
    아. 정전기 제거장치, 긴급샤워설비 등 안전 관련 설비

4. 산화에틸렌 등의 취급(산업안전보건기준에 관한 규칙 제229조, [시행 2021.1.16.])

① 사업주는 산화에틸렌, 아세트알데히드 또는 산화프로필렌을 화학설비, 탱크로리, 드럼 등에 주입하는 작업을 하는 경우에는 미리 그 내부의 불활성 가스가 아닌 가스나 증기를 불활성 가스로 바꾸는 등 안전한 상태로 되어 있는지를 확인한 후에 해당 작업을 하여야 한다.

② 사업주는 산화에틸렌, 아세트알데히드 또는 산화프로필렌을 화학설비, 탱크로리, 드럼 등에 저장하는 경우에는 항상 그 내부의 불활성 가스가 아닌 가스나 증기를 불활성 가스로 바꾸어 놓는 상태에서 저장하여야 한다.

산업안전보건법에서 규정한 방독마스크의 종류와 등급, 형태분류, 정화통의 제독능력(보호구안전인증고시 제14조 관련, [별표 5], [시행 2020.1.16.])

1. 방독마스크의 종류

방독마스크의 종류는 [표 2-6]과 같다.

[표 2-6] 방독마스크의 종류

종류	시험가스
유기화합물용	시클로헥산(C_6H_{12}), 디메틸에테르(CH_3OCH_3), 이소부탄(C_4H_{10})
할로겐용	염소가스 또는 증기(Cl_2)
황화수소용	황화수소가스(H_2S)
시안화수소용	시안화수소가스(HCN)
아황산용	아황산가스(SO_2)
암모니아용	암모니아가스(NH_3)

2. 방독마스크의 등급 및 형태분류

방독마스크의 등급 및 형태는 다음 각 목과 같이 한다.
① 방독마스크의 등급은 사용장소에 따라 [표 2-7]과 같다.

[표 2-7] 방독마스크의 등급

등급	사용장소
고농도	가스 또는 증기의 농도가 100분의 2(암모니아에 있어서는 100분의 3) 이하의 대기 중에서 사용하는 것
중농도	가스 또는 증기의 농도가 100분의 1(암모니아에 있어서는 100분의 1.5) 이하의 대기 중에서 사용하는 것
저농도 및 최저농도	가스 또는 증기의 농도가 100분의 0.1 이하의 대기 중에서 사용하는 것으로서 긴급용이 아닌 것

※ 비고 : 방독마스크는 산소농도가 18% 이상인 장소에서 사용하여야 하고, 고농도와 중농도에서 사용하는 방독마스크는 전면형(격리식, 직결식)을 사용해야 한다.

② 방독마스크의 형태 및 구조는 [표 2-8] 및 [그림 2-3]과 같다.

[표 2-8] 방독마스크의 형태 및 구조

형태		구조
격리식	전면형	정화통, 연결관, 흡기밸브, 안면부, 배기밸브 및 머리끈으로 구성되고, 정화통에 의해 가스 또는 증기를 여과한 청정공기를 연결관을 통하여 흡입하고, 배기는 배기밸브를 통하여 외기 중으로 배출하는 것으로 안면부 전체를 덮는 구조
격리식	반면형	정화통, 연결관, 흡기밸브, 안면부, 배기밸브 및 머리끈으로 구성되고, 정화통에 의해 가스 또는 증기를 여과한 청정공기를 연결관을 통하여 흡입하고, 배기는 배기밸브를 통하여 외기 중으로 배출하는 것으로 코 및 입 부분을 덮는 구조
직결식	전면형	정화통, 흡기밸브, 안면부, 배기밸브 및 머리끈으로 구성되고, 정화통에 의해 가스 또는 증기를 여과한 청정공기를 흡기밸브를 통하여 흡입하고, 배기는 배기밸브를 통하여 외기 중으로 배출하는 것으로 정화통이 직접 연결된 상태로 안면부 전체를 덮는 구조
직결식	반면형	정화통, 흡기밸브, 안면부, 배기밸브 및 머리끈으로 구성되고, 정화통에 의해 가스 또는 증기를 여과한 청정공기를 흡기밸브를 통하여 흡입하고, 배기는 배기밸브를 통하여 외기 중으로 배출하는 것으로 안면부와 정화통이 직접 연결된 상태로 코 및 입 부분을 덮는 구조

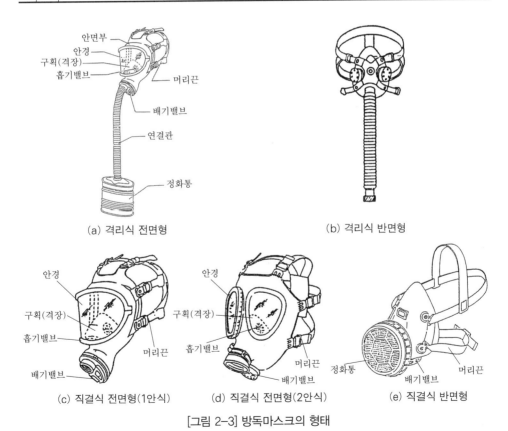

(a) 격리식 전면형   (b) 격리식 반면형

(c) 직결식 전면형(1안식)   (d) 직결식 전면형(2안식)   (e) 직결식 반면형

[그림 2-3] 방독마스크의 형태

3. 정화통의 제독능력

① 시험가스함유공기의 경우 [표 2-9]의 파과농도에 도달할 때까지의 시간이 우측의 파과
시간 이상이어야 한다.

② 복합용의 경우 해당 시험가스에 대하여 정화통 제독능력시험을 각각 측정한다.

③ 겸용의 경우 정화통이 장착된 상태에서 제독능력 및 분진포집효율을 측정한다.

[표 2-9] 시험가스의 조건 및 파과농도, 파과시간 등

종류 및 등급		시험가스의 조건		파과농도 (ppm, ±20%)	파과시간 (분)	분진포집 효율(%)
		시험가스	농도(%) (±10%)			
유기 화합물용	고농도	시클로헥산	0.8	10.0	65 이상	
	중농도	〃	0.5		35 이상	
	저농도	〃	0.1		70 이상	
	최저농도	〃	0.1		20 이상	
		디메틸에테르	0.05	5.0	50 이상	
		이소부탄	0.25		50 이상	
할로겐용	고농도	염소가스	1.0	0.5	30 이상	** 특급 : 99.95 1급 : 94.0 2급 : 80.0
	중농도	〃	0.5		20 이상	
	저농도	〃	0.1		20 이상	
황화 수소용	고농도	황화수소가스	1.0	10.0	60 이상	
	중농도	〃	0.5		40 이상	
	저농도	〃	0.1		40 이상	
시안화 수소용	고농도	시안화수소가스	1.0	10.0*	35 이상	
	중농도	〃	0.5		25 이상	
	저농도	〃	0.1		25 이상	
아황산용	고농도	아황산가스	1.0	5.0	30 이상	
	중농도	〃	0.5		20 이상	
	저농도	〃	0.1		20 이상	
암모니아용	고농도	암모니아가스	1.0	25.0	60 이상	
	중농도	〃	0.5		40 이상	
	저농도	〃	0.1		50 이상	

* 시안화수소가스에 의한 제독능력시험 시 시아노겐(C_2N_2)은 시험가스에 포함될 수 있다.
(C_2N_2+HCN)를 포함한 파과농도는 10ppm을 초과할 수 없다.

** 겸용의 경우 정화통과 여과재가 장착된 상태에서 분진포집효율시험을 하였을 때 등급에 따른 기준치 이상일 것

Section 32 고용노동부장관이 안전보건진단을 받아 안전보건개선계획을 수립·제출하도록 명할 수 있는 대상사업장

1. 안전보건개선계획

안전보건개선계획의 명령은 산업재해율 등이 높아 장기적인 관점에서 안전보건관리체제와 사업장 내 기계·기구·설비나 보호구, 작업방법 등이 불량하여 개선할 필요가 있다고 보여지는 부분들에 대하여 계획을 수립하여 개선하도록 지방고용노동관서장이 명령하는 제도를 말한다.

2. 산업안전보건개선계획 수립 제출대상

(1) 사업주 자율제출명령대상(산업안전보건법 제49조, [시행 2021.1.16.])

① 고용노동부장관은 다음 각 호의 어느 하나에 해당하는 사업장으로서 산업재해예방을 위하여 종합적인 개선조치를 할 필요가 있다고 인정되는 사업장의 사업주에게 고용노동부령으로 정하는 바에 따라 그 사업장, 시설, 그 밖의 사항에 관한 안전 및 보건에 관한 개선계획(이하 "안전보건개선계획"이라 한다)을 수립하여 시행할 것을 명할 수 있다. 이 경우 대통령령으로 정하는 사업장의 사업주에게는 제47조에 따라 안전보건진단을 받아 안전보건개선계획을 수립하여 시행할 것을 명할 수 있다.

1. 산업재해율이 같은 업종의 규모별 평균산업재해율보다 높은 사업장
2. 사업주가 필요한 안전조치 또는 보건조치를 이행하지 아니하여 중대재해가 발생한 사업장
3. 대통령령으로 정하는 수 이상의 직업성 질병자가 발생한 사업장
4. 제106조에 따른 유해인자의 노출기준을 초과한 사업장

(2) 안전보건진단 후 안전보건개선계획 제출명령대상

① 고용노동부장관은 제1항에 따른 명령을 하는 경우 필요하다고 인정할 때에는 해당 사업주에게 고용노동부령으로 정하는 바에 따라 제49조 제1항의 안전·보건진단을 받아 안전보건개선계획을 수립·제출할 것을 명할 수 있다(산업안전보건법 제50조 제2항).

② 법 제50조 제2항에 따라 안전·보건진단을 받아 안전보건개선계획을 수립·제출하도록 명할 수 있는 사업장은 다음 각 호의 어느 하나에 해당하는 사업장으로 한다(산업안전보건법 시행규칙 제131조 제7항).

1. 법 제50조 제1항 제1호에 해당하는 사업장 중 중대재해(사업주가 안전·보건조치의무를 이행하지 아니하여 발생한 중대재해만 해당한다) 발생사업장
2. 산업재해율이 같은 업종 평균산업재해율의 2배 이상인 사업장

3. 직업병에 걸린 사람이 연간 2명 이상(상시근로자 1천명 이상 사업장의 경우 3명 이상) 발생한 사업장

4. 작업환경불량, 화재·폭발 또는 누출사고 등으로 사회적 물의를 일으킨 사업장

5. 제1호부터 제4호까지의 규정에 준하는 사업장으로서 고용노동부장관이 정하는 사업장

산업안전보건법령상 위험물질의 종류 7가지

1. 폭발성 물질

가열·마찰·충격 또는 다른 화학물질과의 접촉 등으로 인하여 산소나 산화제의 공급이 없더라도 폭발 등 격렬한 반응을 일으킬 수 있는 고체나 액체에 해당하는 물질이다.

2. 발화성 물질

스스로 발화하거나 물과 접촉하여 발화하는 등 발화가 용이하고 가연성 가스가 발생할 수 있는 물질이다.

3. 산화성 물질

산화력이 강하여 열을 가하거나 충격을 줄 경우 또는 다른 화학물질과 접촉할 경우에 격렬히 분해되는 등의 반응을 일으키는 고체 및 액체에 해당하는 물질이다.

4. 인화성 물질

대기압하에서 인화점(1기압상태에서 태그 밀폐식·페스키마텐식·클리블랜드 개방식 또는 세탁식의 인화점측정기로 측정한 값을 말한다. 이하 같다)이 섭씨 65도 이하인 가연성 액체이다.

① 에틸에테르·가솔린·아세트알데히드·산화프로필렌·아황화탄소 기타 인화점이 섭씨 영하 30도 미만인 물질

② 노르말헥산·산화에틸렌·아세톤·메틸에틸케톤 기타 인화점이 섭씨 영하 30도 이상 0도 미만인 물질

③ 메틸알코올·에틸알코올·크실렌·아세트산아밀 기타 인화점이 섭씨 0도 이상 30도 미만인 물질

④ 등유·경유·테레핀유·이소펜틸알코올(이소아밀알코올)·아세트산 기타 인화점이 섭씨 30도

내지 65도 이하인 물질

5. 가연성 가스

폭발한계농도의 하한이 10% 이하 또는 상·하한의 차가 20% 이상인 가스이다(수소. 아세틸렌, 에틸렌, 메탄 등).

6. 부식성 물질

금속 등을 쉽게 부식시키고 인체에 접촉하면 심한 상해(화상)를 입히는 물질로서 다음 각 목의 1에 해당하는 물질이다.

(1) 부식성 산류

① 농도가 20% 이상인 염산, 황산, 질산, 기타 이와 동등 이상의 부식성을 가지는 물질
② 농도가 60% 이상인 인산, 아세트산, 불화수소산, 기타 이와 동등 이상의 부식성을 가지는 물질

(2) 부식성 염기류

농도가 40% 이상인 수산화나트륨·수산화칼륨 기타 이와 동등 이상의 부식성을 가지는 염기류

7. 독성 물질

다음에 해당하는 물질이다.
① 쥐에 대한 경구투입실험에 의하여 실험동물의 50%를 사망시킬 수 있는 물질의 양, 즉 LD 50(경구, 쥐)이 kg당 200mg(체중) 이하인 화학물질
② 쥐 또는 토끼에 대한 경피흡수실험에 의하여 실험동물의 50%를 사망시킬 수 있는 물질의 양, 즉 LD 50(경피, 토끼 또는 쥐)이 kg당 400mg(체중) 이하인 화학물질
③ 쥐에 대한 4시간 동안의 흡입실험에 의하여 실험동물의 50%를 사망시킬 수 있는 물질의 농도, 즉 LC 50(쥐, 4시간 흡입) DL 2,000ppm 이하인 화학물질

산업안전보건법령상 안전밸브 등의 작동요건에서 화재가 아닌 경우의 복수의 안전밸브를 설치·운영할 시 첫 번째와 두 번째(나머지) 안전밸브의 설정압력(%)과 축적압력(%)

1. 복수(Dual)의 안전밸브를 설치·운영할 시 첫 번째와 두 번째(나머지) 안전밸브의 설정압력(%)과 축적압력(%)(산업안전보건기준에 관한 규칙 제264조, [시행 2021.1.16.])

① 안전밸브 등의 설정압력은 보호하려는 용기 등의 설계압력 또는 최고허용압력 이하이어야 한다([표 2-10] 참조). 다만, 다음의 경우와 같이 배출용량이 커서 2개 이상의 안전밸브 등을 설치하는 경우에는 그러하지 아니하다.

    ㉠ 외부 화재가 아닌 다른 압력 상승요인에 대비하여 둘 이상의 안전밸브 등을 설치할 경우에는 하나의 안전밸브 등은 용기 등의 설계압력 또는 최고허용압력 이하로 설정하여야 하고, 다른 것은 용기 등의 설계압력 또는 최고허용압력의 105% 이하에 설정할 수 있다.

    ㉡ 외부 화재에 대비하여 둘 이상의 안전밸브 등을 설치할 경우에는 하나의 안전밸브 등은 용기 등의 설계압력 또는 최고허용압력 이하로 설정하여야 하고, 다른 것은 용기 등의 설계압력 또는 최고허용압력의 110% 이하로 설정할 수 있다.

② 규정에 의하여 파열판과 안전밸브를 직렬로 설치하는 경우 안전밸브의 설정압력 및 파열판의 파열압력은 다음과 같이 한다.

    ㉠ 안전밸브 전단에 파열판을 설치하는 경우 파열판의 파열압력은 안전밸브의 설정압력 이하에서 파열되도록 한다.

[표 2-10] 안전밸브의 설정압력 및 축적압력

원인	하나의 안전밸브 설치 시		여러 개의 안전밸브 설치 시	
	설정압력	축적압력	설정압력	축적압력

화재 시가 아닌 경우
  첫 번째 밸브
  나머지 밸브
	100% 이하
	–
		110% 이하
		–
			100% 이하
			105% 이하
				116% 이하
				116% 이하

화재 시의 경우
  첫 번째 밸브
  나머지 밸브
	100% 이하
	–
		121% 이하
		–
			100% 이하
			110% 이하
				121% 이하
				121% 이하

주) 모든 수치는 설계압력 또는 최고허용압력에 대한 %임

Section 35 산업안전보건법령상 화학설비 및 부속설비의 안전거리와 위험물안전관리법령상 위험물제조소 등의 안전거리기준

1. 산업안전보건법(산업안전보건기준에 관한 규칙 제271호 [별표 8], [시행 2021.1.16.])

안전거리규정은 위험물취급설비의 안전거리로서 관련 법규는 산업안전보건기준에 관한 규칙 제271조 [별표 8]에 의하여 위험물을 저장·취급하는 화학설비 및 그 부속설비는 설비 및 시설 간에 충분한 안전거리를 유지하여야 한다.

구분	안전거리
1. 단위공정시설 및 설비로부터 다른 단위공정시설 및 설비의 사이	설비의 바깥면으로부터 10m 이상
2. 플레어스택으로부터 단위공정시설 및 설비, 위험물질저장탱크 또는 위험물질하역설비의 사이	플레어스택으로부터 반경 20m 이상. 다만, 단위공정시설 등이 불연재로 시공된 지붕 아래에 설치된 경우에는 그러하지 아니하다.
3. 위험물질저장탱크로부터 단위공정시설 및 설비, 보일러 또는 가열로의 사이	저장탱크의 바깥면으로부터 20m 이상. 다만, 저장탱크의 방호벽, 원격조정소화설비 또는 살수설비를 설치한 경우는 그러하지 아니하다.
4. 사무실·연구실·실험실·정비실 또는 식당으로부터 단위공정시설 및 설비, 위험물질저장탱크, 위험물질하역설비, 보일러 또는 가열로의 사이	사무실 등의 바깥면으로부터 20m 이상. 다만, 난방용 보일러인 경우 또는 사무실 등의 벽을 방호구조로 설치한 경우는 그러하지 아니하다.

※ 단, 다른 법령에 의하여 안전거리 또는 보유공지를 유지한 때에는 이 규칙에 의한 안전거리를 유지한 것으로 본다.

2. 고압가스안전관리법(고압가스안전관리법 시행규칙 [별표 4], [시행 2021.2.26.])

안전거리규정은 설비 사이의 거리로서 관련 법규는 시행규칙 [별표 4] 1의 나이다.

구분	설비 사이의 거리
1. 안전구역 내의 고압가스설비(배관을 제외한다)와 다른 안전구역 안에 있는 고압가스설비와의 거리	바깥면으로부터 30m 이상
2. 제조설비에서 그 제조소의 경계까지 거리(제조설비와 인접한 제조소의 제조설비 사이의 거리가 40m 이상 유지되고, 그 거리 안에 다른 제조설비가 설치되지 아니하는 것이 보장되는 경우는 20m 이상을 유지하지 아니할 수 있다(특례기준))	바깥면으로부터 20m 이상
3. 가연성 가스저장탱크로부터 처리능력이 20만m³ 이상인 압축기까지의 거리	바깥면으로부터 30m 이상
4. 가연성 가스의 저장탱크(저장능력이 300m³ 또는 3톤 이상의 것에 한한다)와 다른 가연성 가스 또는 산소의 저장탱크와의 거리	두 저장탱크의 최대지름을 합산한 길이의 4분의 1 이상에 해당하는 거리(두 저장탱크의 최대지름을 합산한 길이의 4분의 1이 1m 미만인 경우에는 1m 이상의 거리)

Section 36 유해화학물질취급시설의 설치를 마친 자 및 유해화학물질취급시설을 설치 · 운영하는 자가 받아야 하는 검사 및 안전진단의 대상 및 시기(주기)

1. 개요

유해화학물질이라 함은 법 제2조의 규정에 따른 유독물질, 허가물질, 제한물질 또는 금지물질, 사고대비물질, 그 밖에 유해성 또는 위해성이 있거나 그러할 우려가 있는 화학물질을 말한다.

2. 받아야 하는 검사 및 안전진단의 대상 및 시기(주기)

(1) 검사단위의 구분(유해화학물질취급시설의 설치 · 정기 · 수시검사 및 안전진단의 방법 등에 관한 규정 제3조, [시행 2019.8.31.])

① 유해화학물질취급시설의 검사 및 안전진단단위는 유해화학물질의 취급방식에 따라 다음 각 호와 같이 구분한다.

    1. 제조 · 사용시설

    2. 실내저장 · 보관시설

    3. 실외저장 · 보관시설

    4. 지하저장시설

    5. 차량운송 · 운반시설

    6. 사업장 외 배관이송시설(이하 "배관이송시설"이라 한다.)

(2) 검사대상 등(유해화학물질취급시설의 설치 · 정기 · 수시검사 및 안전진단의 방법 등에 관한 규정 제4조, [시행 2019.8.31.])

① 법 제24조 제2항에 따른 유해화학물질취급시설의 설치를 마친 자는 설치검사를 받아야 하며, 법 제24조 제3항에 따른 유해화학물질취급시설을 설치 · 운영하는 자는 정기 · 수시검사를 받아야 한다.

② 유해화학물질취급시설이 변경되는 경우로서 규칙 제29조 제1항에 따른 변경허가대상인 제1호 가목부터 마목까지와 변경신고대상인 제2호 다목에 해당하는 경우에는 시설가동 전 설치검사를, 그 밖의 경우에는 차기 정기검사 시에 변경된 시설에 대해 설치검사를 받아야 한다.

Section 37 위험물안전관리법령상 자체 소방대를 설치하여야 하는 사업소의 종류, 화학소방자동차의 수량 및 자체 소방대원의 수, 화학소방자동차가 갖추어야 하는 소화능력

1. 자체 소방대를 설치하여야 하는 사업소(위험물안전관리법 시행령 제18조, [시행 2021.1.5.])

① 법 제19조에서 "대통령령이 정하는 제조소 등"이란 다음 각 호의 어느 하나에 해당하는 제조소 등을 말한다.

1. 제4류 위험물을 취급하는 제조소 또는 일반취급소. 다만, 보일러로 위험물을 소비하는 일반취급소 등 행정안전부령으로 정하는 일반취급소는 제외한다.
2. 제4류 위험물을 저장하는 옥외탱크저장소

② 법 제19조에서 "대통령령이 정하는 수량 이상"이란 다음 각 호의 구분에 따른 수량을 말한다.

1. 제1항 제1호에 해당하는 경우: 제조소 또는 일반취급소에서 취급하는 제4류 위험물의 최대수량의 합이 지정수량의 3천배 이상
2. 제1항 제2호에 해당하는 경우: 옥외탱크저장소에 저장하는 제4류 위험물의 최대수량이 지정수량의 50만배 이상

③ 법 제19조의 규정에 의하여 자체소방대를 설치하는 사업소의 관계인은 [별표 8]의 규정에 의하여 자체 소방대에 화학소방자동차 및 자체 소방대원을 두어야 한다. 다만, 화재 그 밖의 재난 발생 시 다른 사업소 등과 상호 응원에 관한 협정을 체결하고 있는 사업소에 있어서는 행정안전부령이 정하는 바에 따라 [별표 8]의 범위 안에서 화학소방자동차 및 인원의 수를 달리할 수 있다.

[표 2-11] 자체 소방대에 두는 화학소방자동차 및 인원(위험물안전관리법 시행령 [별표 8], [시행 2021.1.5.])

사업소의 구분	화학소방자동차	자체 소방대원의 수
1. 제조소 또는 일반취급소에서 취급하는 제4류 위험물의 최대수량의 합이 지정수량의 3천배 이상 12만배 미만인 사업소	1대	5인
2. 제조소 또는 일반취급소에서 취급하는 제4류 위험물의 최대수량의 합이 지정수량의 12만배 이상 24만배 미만인 사업소	2대	10인
3. 제조소 또는 일반취급소에서 취급하는 제4류 위험물의 최대수량의 합이 지정수량의 24만배 이상 48만배 미만인 사업소	3대	15인
4. 제조소 또는 일반취급소에서 취급하는 제4류 위험물의 최대수량의 합이 지정수량의 48만배 이상인 사업소	4대	20인
5. 옥외탱크저장소에 저장하는 제4류 위험물의 최대수량이 지정수량의 50만배 이상인 사업소	2대	10인

※ 비고 : 화학소방자동차에는 행정안전부령으로 정하는 소화능력 및 설비를 갖추어야 하고 소화활동에 필요한 소화약제 및 기구(방열복 등 개인장구를 포함한다)를 비치하여야 한다.

Section 38 산업안전보건기준에 관한 규칙에 근거하여 내화구조의 대상 및 범위, 내화성능(산업안전보건기준에 관한 규칙 제270조 근거, [시행 2021.1.16.], 내화구조에 관한 기술지침)

1. 내화구조의 대상 및 범위

이 지침이 적용되는 내화구조의 대상 및 범위는 다음과 같다. 다만, 건축물 등의 주변에 물분무시설 또는 폼헤드(Foam head)설비 등의 자동소화설비를 설치하여 건축물 화재 시 2시간 이상 그 안정성을 유지할 수 있도록 한 경우와 정량적 위험성 평가결과, 화재로 인하여 강재의 온도가 내화성능온도를 초과하지 않는 것이 기술적으로 입증된 경우에는 내화구조로 아니할 수 있다.

2. 공통사항

① 건축물의 기둥(Column)과 보(Beam)는 지상 1층(지상 1층의 높이가 6m를 초과하는 경우에는 6m)까지가 내화범위이다. 다만, 석유화학공장 등 위험물의 보유량이 많거나 공정압력이 높은 경우에는 9m 이상까지 내화구조로 하는 것을 고려하여야 하며, 지상 2층 이상인 경우에도 각 층의 바닥면이 콘크리트 등으로 막혀 있어 누출된 가연물질이 고일 수 있는 구조이거나 가연물질이 지속적으로 누출되어 화재가 지속 또는 확대될 가능성이 있는 경우에는 가장 높은 위치까지 내화구조로 하여야 한다.

② 위험물 저장, 취급용기의 지지대는 지상 또는 누출된 가연물질이 고일 수 있는 바닥으로부터 지지대의 끝부분까지 내화구조로 한다. 다만, 지지대의 높이가 300mm 이하인 것은 제외할 수 있다.

③ 배관, 전선관 등의 지지대는 지상으로부터 1단(1단의 높이가 6m를 초과하는 경우에는 6m)까지 내화대상이 된다.

3. 건축물의 기둥 및 보

① 내화대상지역 내의 모든 건축물의 주기둥과 보는 모두 내화구조로 하여야 하며, 수직하중을 받는 지지대나 기둥의 수평안정성에 기여하는 곡재(Knee)와 가새(Bracing : 대각선의 경사부재)도 내화구조로 하여야 한다. 다만, 가연성 액체를 취급하는 응축기, 열교환기 등 화재위험장치가 바닥이 막히지 않은 나층구조의 건축물에 설치된 경우는 최상층 바닥까지 내화구조로 하되, 바람과 지진을 견디게 하기 위해 사용된 곡재와 가새는 내화구조로 할 필요가 없다.

② 다층구조의 건축물이면서 가연성 액체가 고일 수 있는 바닥 위에 화재위험이 있는 장치가 설치될 경우에는 화재위험이 없는 장치가 설치된 상부층 바닥까지 내화구조로 하여야 하며, 화재위험이 없는 장치만 설치된 경우에는 1층까지 내화구조로 한다.

4. 위험물 저장, 취급용기의 지지대

① 지지대의 높이가 내화대상지역 내의 반응기, 탑조류, 열교환기 등 위험물을 저장, 취급하는 용기 중 용기가 설치된 바닥 또는 콘크리트받침대로부터 300mm를 초과하는 경우에는 바닥으로부터 지지대의 끝부분까지 지지대 전체를 내화구조로 하여야 한다.

② 탑조류와 수직용기를 지지하는 스커트(Skirt)는 다음 각 호의 기준을 따른다.

   ㉠ 탑조류와 수직용기를 지지하는 스커트에 개구부가 없는 경우에는 외부표면을 내화구조로 하여야 한다.

   ㉡ 탑조류와 수직용기를 지지하는 스커트에 밀폐되지 않은 직경 600mm 또는 동등 이상의 개구부가 있거나, 스커트 내부에 플랜지나 밸브 등 누출위험이 있는 연결 부위가 있으면 스커트의 내·외부 모두를 내화구조로 하여야 한다.

   ㉢ 스커트에 설치된 맨홀 등 개구부를 막는 경우에는 마개를 탈착이 가능한 두께 6mm 이상의 철판으로 제작하여야 한다.

③ 직경이 750mm 이상인 수평의 열교환기, 냉각기, 응축기, 드럼, 리시버 및 축적기를 지지하는 철제받침대(Steel saddles)는 내화구조로 하여야 한다.

④ 내화대상지역 내의 반응기, 탑조류 또는 이와 유사한 용기가 내화구조로 된 구조물에 설치될 때 철재브래킷(Steel brackets)과 러그(Lugs)도 지지대와 동등한 내화구조로 하여야 한다.

5. 배관, 전선관 등의 지지대

① 내화대상지역 내의 배관, 전선관 등의 지지대가 파이프랙(Pipe rack)인 경우에는 지상으로부터 1단까지 주기둥 및 보를 모두 내화구조로 하여야 한다. 다만, 1단의 높이가 6m를 초과하는 경우에는 6m까지, 파이프랙 하부에 위험물질이송펌프가 설치된 경우에는 9m 범위 내에서 최상단까지 내화구조로 하여야 한다. 다만, 배관의 고정 및 수축팽창과 관련하여 배관에 부착된 지지대는 제외한다.

② 액체상태의 탄화수소를 취급하는 공랭식 냉각기로서, 입구온도가 취급물질의 자연발화온도 또는 300℃ 이상인 인화성 또는 가연성 액체를 취급하는 공랭식 열교환기의 지지대는 최상단까지 내화구조로 하여야 하며, 공랭식 열교환기가 인화성 물질이 들어있는 용기나 장치보다 위에 위치할 때는 용기나 장치의 수평반경 6m 내지 12m 내에서 높이

와 관계없이 수직하중을 받는 모든 기둥 및 보를 내화구조로 하여야 한다.

③ 배관이 파이프랙을 벗어나 보조의 배관지지대, 즉 측면 파이프랙 또는 독립적인 기둥(개개의 T형 기둥 및 브래킷이 달린 기둥)을 필요로 하는 경우 직경 150mm 이상의 배관이나 탑류에 연결된 펌프 인입배관과 같은 중요한 배관의 지지대는 내화구조로 하여야 한다.

6. 그 밖의 설비

이 지침에서 정하지 아니한 다음의 설비에 대해서는 API PUBL 2218 또는 기타 통용되는 설계기준 등을 참고하여 적정한 내화범위를 정하여야 한다.
① 가열로(Fire heater)의 지지구조물
② 전력 및 제어용 배선 관련 설비
③ 긴급차단밸브
④ 플레어스택(Flare stack)배관의 지지구조물
⑤ 기타 내화구조로 하여야 하는 대상설비

7. 내화성능

(1) 내화재료 및 내화시간

① 내화재료는 산업표준화법에 의한 한국산업규격(KS F) 2257-1, 6, 7(건축부재의 내화시험방법) 또는 동등 이상의 시험방법에 의한 내화시간이 최소 1시간 이상이어야 하며, 건축법 제40조(건축물의 내화구조 및 방화벽)에 의한 공장건축물의 내화구조에 관한 지침과 화재지속시간, 초기 소화대책 및 소화설비의 능력 등을 고려하여 내화시간을 상향하여 적용하여야 한다.

② 정유 및 석유화학공장 등 탄화수소물질을 다량 보유하거나 취급함으로써 화재 시 건축구조물 등이 빠른 시간 내에 높은 온도에 노출될 수 있는 경우에는 내화재료에 대한 내화성능시험방법으로 UL 1709(철골에 대한 내화물질의 급속한 화재에 의한 시험방법) 또는 동등 이상의 시험방법을 적용하는 것을 고려하여야 한다.

(2) 내화구조 시공

① 내화재료로 내화콘크리트를 사용하는 경우 철골부재의 외면으로부터 내화콘크리트의 두께가 50mm 이상이어야 한다.
② 뿜칠재, 내화도료 또는 그 밖의 내화재료를 사용하는 경우에는 내화재료를 생산, 제조하는 제조업자가 내화구조의 성능을 인정받기 위하여 품질시험을 실시하는 시험기관의 장에게 제출한 내화구조 및 시공방법과 동일한 공사시방서에 의하여 시공하여야 한다.

③ 시공 중 일부 탈락이나 균열이 발생한 경우에는 표준 양생기간이 지난 후 보수작업을 하여야 한다.

④ 작업 후에는 외관검사와 피복두께, 밀도, 부착강도 등 공사품질검사를 실시하여 이상 유무를 확인하여야 한다.

⑤ 동절기에는 시공 시 난방을 하거나 보온하여 내화재료 제조업자가 요구하는 적정 온도를 유지하여야 한다.

(3) 내화구조의 성능 유지 및 보수

내화구조 부분에 대하여 정기적인 점검을 실시하고, 내화성능이 저하될 수 있는 균열, 탈락 등 손상되었을 경우에는 내화재료를 생산, 제조하는 제조업자가 제시하는 보수방법에 따라 보수하여야 한다.

Section 39 고압가스안전관리법상 단위공정별로 안전성 평가를 하고 안전성 향상계획을 작성하여 허가관청에 제출하여야 하는 '주요 구조 부분의 변경'에 해당하는 3가지 경우

1. 개요

단위공정이란 사업장 안에서 제품·중간제품 또는 다른 제품의 원료를 생산하는 데 필요한 원료처리공정에서 제품의 생산·저장(부산물을 포함한다)에 이르기까지의 전체 공정을 말한다.

2. 고압가스안전관리법상 단위공정별로 안전성 평가를 하고 안전성 향상계획을 작성하여 허가관청에 제출하여야 하는 '주요 구조 부분의 변경'에 해당하는 3가지 경우(고압가스안전관리기준통합고시, [시행 2019.11.15.])

고압가스안전관리법 시행령 제11조 제1항에서 "주요 구조 부분의 변경"이란 다음과 같다.

① 생산량의 증가, 원료 또는 제품의 변경을 위하여 반응기(관련 설비 포함)를 교체 또는 추가로 설치하는 경우

② 생산량의 증가, 원료 또는 제품의 변경을 위하여 플레어스택을 설치 또는 변경하는 경우

③ 설비교체 등을 위하여 변경되는 생산설비 및 부대설비의 당해 전기정격용량이 300kW 이상 증가한 경우

Section 40 화학물질관리법에 의한 화학사고영향조사 실시사항

1. 개요

화학사고영향조사(이하 "영향조사"라 한다)란 사고물질이 사람이나 환경에 미칠 수 있는 영향을 과학적인 방법으로 규명함을 말한다.

2. 영향조사 실시기준(화학사고조사단 구성·운영 및 영향조사에 관한 지침 제4조, [시행 2018.2.12.])

① 현장수습조정관은 화학사고로 인한 피해가 사업장 밖에 영향을 미친 경우로서 다음 각 호에 해당하면 화학물질안전원장의 의견을 수렴하여 영향조사 실시 여부를 결정하여야 한다. 다만, 사고물질 노출로 인한 인명피해 외의 단순 안전사고는 제외하며, 제5호에 따라 지방자치단체의 장이 요청한 경우에는 7일 이내에 영향조사 실시 여부를 결정하여야 한다.

   1. 재난 및 안전관리 기본법 제14조 및 같은 법 시행령 제13조의 규정에 따른 대규모 재난이 발생한 경우

   2. 사망 또는 입원환자 등의 인명피해가 발생한 경우

   3. 어류 폐사 또는 농작물 고사 등 환경피해가 발생한 경우

   4. 사업장 밖에서 측정한 대기 중 사고물질농도가 급성 노출지표의 기준치(자극증상 이상)를 초과한 경우

   5. 화학사고로 인하여 주민의 건강 또는 환경에 직접적인 피해를 주었다고 화학사고 발생지역 관할 지방자치단체의 장이 판단하여 현장수습조정관에게 영향조사를 요청할 경우

② 환경부장관은 영향조사가 필요하다고 인정하는 경우 현장수습조정관에게 명하여 영향조사를 실시할 수 있다.

Section 41 화학물질관리법에서 규정하고 있는 유독물질, 허가물질, 제한물질, 금지물질, 사고대비물질

1. 화학물질

원소·화합물 및 그에 인위적인 반응을 일으켜 얻어진 물질과 자연상태에서 존재하는 물질을 화학적으로 변형시키거나 추출 또는 정제한 것을 말한다.

2. 유독물질

유해성(有害性)이 있는 화학물질로서 대통령령으로 정하는 기준에 따라 환경부장관이 정하여 고시한 것을 말한다.

3. 허가물질

위해성(危害性)이 있다고 우려되는 화학물질로서 환경부장관의 허가를 받아 제조, 수입, 사용하도록 환경부장관이 관계 중앙행정기관의 장과의 협의와 화학물질의 등록 및 평가 등에 관한 법률 제7조에 따른 화학물질평가위원회의 심의를 거쳐 고시한 것을 말한다.

4. 제한물질

특정 용도로 사용되는 경우 위해성이 크다고 인정되는 화학물질로서 그 용도로의 제조, 수입, 판매, 보관·저장, 운반 또는 사용을 금지하기 위하여 환경부장관이 관계 중앙행정기관의 장과의 협의와 화학물질의 등록 및 평가 등에 관한 법률 제7조에 따른 화학물질평가위원회의 심의를 거쳐 고시한 것을 말한다.

5. 금지물질

위해성이 크다고 인정되는 화학물질로서 모든 용도로의 제조, 수입, 판매, 보관·저장, 운반 또는 사용을 금지하기 위하여 환경부장관이 관계 중앙행정기관의 장과의 협의와 화학물질의 등록 및 평가 등에 관한 법률 제7조에 따른 화학물질평가위원회의 심의를 거쳐 고시한 것을 말한다.

6. 사고대비물질

화학물질 중에서 급성독성(急性毒性)·폭발성 등이 강하여 화학사고의 발생 가능성이 높거나 화학사고가 발생한 경우에 그 피해규모가 클 것으로 우려되는 화학물질로서 화학사고 대비가 필요하다고 인정하여 제39조에 따라 환경부장관이 지정·고시한 화학물질을 말한다.

7. 유해화학물질

유독물질, 허가물질, 제한물질 또는 금지물질, 사고대비물질, 그 밖에 유해성 또는 위해성이 있거나 그러할 우려가 있는 화학물질을 말한다.

Section 42 정유 및 석유화학공장에서 화재 시 과열 및 기타 2차 피해가 발생하지 않도록 고정식 물분무설비를 설치하여야 할 저장탱크 및 시설의 기준

1. 저장탱크지역의 수계소방설비

① 저장탱크지역은 위험물 안전관리법, 미국석유협회(API) 및 미국소방협회(NFPA)의 코드와 기준에 따라 설계하고 설치한다.

② 가장 보편적인 탱크는 위험물저장탱크이며, 최악의 사고시나리오에 의한 수원용량도 대부분 인화성 가스 및 액체저장탱크의 화재위험성평가에 따라 달라진다.

　㉠ 각 탱크 주위에는 소화전 또는 소화전과 모니터를 방유제 외곽에 75m 간격으로 설치하여야 한다.

　㉡ 다음 중 하나에 해당하는 저장탱크에는 고정식 물분무설비를 설치하여 과열 및 기타 2차 피해가 발생하지 않도록 하여야 한다. 단, 저장탱크의 물분무설비는 냉각설비로, 반드시 포소화설비와 같은 화재진화설비가 수원 및 소방설비투자측면에서 우선시되어야 한다.

　　• 모든 압력탱크

　　• 47,000m³ 이상의 모든 탱크

　　• 보온기능이 없는 인화성 액체 및 가스탱크

　　• 인화점이 40℃ 미만인 인화성 액체를 1,600m³ 이상 저장한 보온기능이 없는 고정식 지붕탱크

　　• 인화성 물질을 저장하는 초저온 또는 보온기능이 없는 돔지붕탱크

　　• 소방활동을 위한 접근이 어렵거나, 위험하여 사업장에서 특별하게 요구하는 시설

　㉢ 내부 부유식 지붕저장탱크(Internal floating roof tank)는 고정식 지붕저장탱크(Cone roof tank)와 같이 적용하며 다음을 별도로 고려한다.

　　• 잠기지 않도록 설계된 부유지붕을 가진 내부 부유식 지붕저장탱크(Unsinkable steel floater type roof tank), 이중데크(Double deck) 또는 폰툰데크(Pontoon deck)는 부유식 지붕저장탱크와 동일하게 고정식 포소화시설과 물분무시설을 설치하여야 한다.

　　• 저장탱크 간 보유공지가 [표 2-12]를 만족하지 못할 경우에는 반드시 물분무설비를 설치하도록 한다.

　　• 인화점이 130℃ 이하인 제품을 다음과 같이 저장하는 경우는 포소화설비를 설치하여야 하며, 이때 저장탱크 간 보유공지가 법규 및 코드 등의 [표 2-12]를 만족하지 못할 경우에는 물분무설비를 같이 설치하도록 하여야 한다.

- 탱크저장물질의 액체표면적이 40m² 이상인 탱크
- 높이가 6m 이상인 탱크

[표 2-12] 지정수량별 보유공지(거리)

지정수량 대비 위험물의 최대수량	보유공지(거리)
지정수량의 500배 이하	3m 이상
지정수량의 500배 초과 1,000배 이하	5m 이상
지정수량의 1,000배 초과 2,000배 이하	9m 이상
지정수량의 2,000배 초과 3,000배 이하	12m 이상
지정수량의 3,000배 초과 4,000배 이하	15m 이상
4,000배 초과	해당 탱크의 최대지름과 높이 또는 길이 중 큰 것과 같은 탱크의 거리 이상이어야 한다. 다만, 30m 초과한 경우에는 30m 이상으로 할 수 있고, 15m 미만의 경우에는 15m 이상으로 하여야 한다.

Section 43 · 안전밸브 또는 파열판으로부터 배출되는 위험물을 연소 · 흡수 · 세정 · 포집 또는 회수 등의 방법으로 처리하지 않고 안전한 장소로 유도하여 외부로 직접 배출할 수 있도록 산업안전보건법에서 규정하고 있는 5가지 경우

1. 배출물질의 처리(산업안전보건기준에 관한 규칙 제267조, [시행 2021.1.16.])

사업주는 안전밸브 등으로부터 배출되는 위험물은 연소·흡수·세정(洗淨)·포집(捕集) 또는 회수 등의 방법으로 처리하여야 한다. 다만, 다음 각 호의 어느 하나에 해당하는 경우에는 배출되는 위험물을 안전한 장소로 유도하여 외부로 직접 배출할 수 있다.

1. 배출물질을 연소·흡수·세정·포집 또는 회수 등의 방법으로 처리할 때에 파열판의 기능을 저해할 우려가 있는 경우
2. 배출물질을 연소처리할 때에 유해성 가스를 발생시킬 우려가 있는 경우
3. 고압상태의 위험물이 대량으로 배출되어 연소·흡수·세정·포집 또는 회수 등의 방법으로 완전히 처리할 수 없는 경우
4. 공정설비가 있는 지역과 떨어진 인화성 가스 또는 인화성 액체저장탱크에 안전밸브 등이 설치될 때에 저장탱크에 냉각설비 또는 자동소화설비 등 안전상의 조치를 하였을 경우
5. 그 밖에 배출량이 적거나 배출 시 급격히 분산되어 재해의 우려가 없으며, 냉각설비 또는 자동소화설비를 설치하는 등 안전상의 조치를 하였을 경우

Section 44 급성 독성물질의 누출로 인한 위험을 방지하기 위하여 사업주가 취해야 할 산업안전보건법상의 조치

1. 독성이 있는 물질의 누출 방지(산업안전보건기준에 관한 규칙 제299조, [시행 2021.1.16.])

사업주는 급성 독성물질의 누출로 인한 위험을 방지하기 위하여 다음 각 호의 조치를 하여야 한다.

1. 사업장 내 급성 독성물질의 저장 및 취급량을 최소화할 것
2. 급성 독성물질을 취급 저장하는 설비의 연결 부분은 누출되지 않도록 밀착시키고 매월 1회 이상 연결 부분에 이상이 있는지를 점검할 것
3. 급성 독성물질을 폐기·처리하여야 하는 경우에는 냉각·분리·흡수·흡착·소각 등의 처리공정을 통하여 급성 독성물질이 외부로 방출되지 않도록 할 것
4. 급성 독성물질취급설비의 이상운전으로 급성 독성물질이 외부로 방출될 경우에는 저장·포집 또는 처리설비를 설치하여 안전하게 회수할 수 있도록 할 것
5. 급성 독성물질을 폐기·처리 또는 방출하는 설비를 설치하는 경우에는 자동으로 작동될 수 있는 구조로 하거나 원격조정할 수 있는 수동조작구조로 설치할 것
6. 급성 독성물질을 취급하는 설비의 작동이 중지된 경우에는 근로자가 쉽게 알 수 있도록 필요한 경보설비를 근로자와 가까운 장소에 설치할 것
7. 급성 독성물질이 외부로 누출된 경우에는 감지·경보할 수 있는 설비를 갖출 것

Section 45 유해화학물질취급시설의 설치검사, 정기검사 및 수시검사결과 경미한 검사항목에 부적합한 경우에는 조건부 합격으로 처리하는 경우 5가지

1. 경미한 사항 부적합 및 조건부 적합(유해화학물질취급시설의 설치·정기·수시검사 및 안전진단의 방법 등에 관한 규정 제8조, [시행 2019.8.31.])

제7조 제4항 및 제5항에 따른 검사항목에 적합한 경우 적합으로 한다. 다만, 다음 각 호에 해당하는 경미한 검사항목에 부적합한 경우에는 조건부 적합으로 처리할 수 있다.

가. 경계표시를 하지 아니한 경우
나. 배관 등에 유해화학물질의 종류와 흐름방향을 표시하지 아니한 경우
다. 배관 등의 외부도장관리상태가 미흡한 경우

라. 종류가 다른 유해화학물질을 칸막이나 바닥의 구획선 등을 설치하여 물질별로 구분하여 보관하도록 하는 기준을 위반한 경우

마. 유해화학물질을 보관·저장하는 시설 주변에 설치된 방류벽, 집수조 등에 고인 물을 지체 없이 배출하지 아니한 경우

바. 밸브 등의 자물쇠 채움 또는 봉인조치가 기준에 미흡한 경우

사. 실외저장·보관시설의 조명설비가 기준에 미흡한 경우

Section 46 산업안전보건법령상 화재감시자를 지정하여 화재위험작업 장소에 배치하여야 할 작업장소와 화재감시자의 임무 및 화재감시자에게 지급해야 할 물품

1. 화재감시자(산업안전보건기준에 관한 규칙 제241조의2, [시행 2021.1.16.])

① 사업주는 근로자에게 다음 각 호의 어느 하나에 해당하는 장소에서 용접·용단작업을 하도록 하는 경우에는 화재의 위험을 감시하고 화재 발생 시 사업장 내 근로자의 대피를 유도하는 업무만을 담당하는 화재감시자를 지정하여 용접·용단작업장소에 배치하여야 한다. 다만, 같은 장소에서 상시·반복적으로 용접·용단작업을 할 때 경보용 설비·기구, 소화설비 또는 소화기가 갖추어진 경우에는 화재감시자를 지정·배치하지 않을 수 있다.

1. 작업반경 11m 이내에 건물구조 자체나 내부(개구부 등으로 개방된 부분을 포함한다)에 가연성 물질이 있는 장소

2. 작업반경 11m 이내의 바닥 하부에 가연성 물질이 11m 이상 떨어져 있지만 불꽃에 의해 쉽게 발화될 우려가 있는 장소

3. 가연성 물질이 금속으로 된 칸막이·벽·천장 또는 지붕의 반대쪽 면에 인접해 있어 열전도나 열복사에 의해 발화될 우려가 있는 장소

② 사업주는 제1항에 따라 배치된 화재감시자에게 업무수행에 필요한 확성기, 휴대용 조명기구 및 방연마스크 등 대피용 방연장비를 지급하여야 한다.

2. 화재감시자의 직무

화재감시자는 화재위험감시 및 화재위험 발생 시 근로자 대피유도업무만을 전담하며 안전관리자, 보건관리자 등이 화재감시자를 겸직할 수는 없다.

Section 47 고압가스 특정 제조시설에서 내부반응감시장치를 설치하여야 할 특수반응기 종류 및 내부반응감시장치

1. 고압가스 특정 제조시설에서 내부반응감시장치를 설치하여야 할 특수반응기 종류

특수반응설비는 고압가스 특정 제조사업소의 고압가스설비 중 반응기 또는 이와 유사한 설비로서 현저한 발열반응 또는 부차적으로 발생하는 2차 반응에 의하여 폭발 등의 재해가 발생할 가능성이 큰 설비를 말하며 다음과 같다.

① 암모니아개질로
② 에틸렌제조시설의 에틸렌수첨탑
③ 산화에틸렌제조시설의 에틸렌과 산소(또는 공기와의)반응기
④ 시클로헥산제조시설의 벤젠수첨반응기
⑤ 석유정제시설의 중유 직접 수첨탈황반응기
⑥ 저밀도 폴리에틸렌(LDPE)중합기
⑦ 메탄올합성반응기

2. 고압가스 특정 제조시설에서 설치하여야 할 내부반응감시장치

특수반응설비에는 이상반응 방지 및 이상반응이 발생했을 때 폭발 등의 재해 방지를 위하여 다음의 장치들의 설치를 의무화하고 있으며 내부반응감시장치는 다음과 같다.

① 온도감시장치
② 압력감시장치
③ 유량감시장치
④ 가스의 밀도조성 등의 감시장치
⑤ 위험상태 발생감시장치

Section 48 산업안전보건법의 목적을 달성하기 위한 정부의 책무

1. 정부의 책무(산업안전보건법 제4조, [시행 2021.1.16.])

① 정부는 이 법의 목적을 달성하기 위하여 다음 각 호의 사항을 성실히 이행할 책무를 진다.
　　1. 산업안전 및 보건정책의 수립 및 집행
　　2. 산업재해예방지원 및 지도

3. 근로기준법 제76조의2에 따른 직장 내 괴롭힘예방을 위한 조치기준 마련, 지도 및 지원

4. 사업주의 자율적인 산업안전 및 보건경영체제 확립을 위한 지원

5. 산업안전 및 보건에 관한 의식을 북돋우기 위한 홍보·교육 등 안전문화 확산 추진

6. 산업안전 및 보건에 관한 기술의 연구·개발 및 시설의 설치·운영

7. 산업재해에 관한 조사 및 통계의 유지·관리

8. 산업안전 및 보건 관련 단체 등에 대한 지원 및 지도·감독

9. 그 밖에 노무를 제공하는 사람의 안전 및 건강의 보호·증진

② 정부는 제1항 각 호의 사항을 효율적으로 수행하기 위하여 한국산업안전보건공단법에 따른 한국산업안전보건공단(이하 "공단"이라 한다), 그 밖의 관련 단체 및 연구기관에 행정적·재정적 지원을 할 수 있다.

Section 49 중대재해가 발생하였을 때 어느 해당 작업으로 인하여 해당 사업장에 산업재해가 다시 발생할 급박한 위험이 있다고 판단되는 경우에 해당하는 해당 작업과 고용노동부장관의 역할

1. 중대재해 발생 시 고용노동부장관의 작업중지조치(산업안전보건법 제55조, [시행 2021.1.16.])

① 고용노동부장관은 중대재해가 발생하였을 때 다음 각 호의 어느 하나에 해당하는 작업으로 인하여 해당 사업장에 산업재해가 다시 발생할 급박한 위험이 있다고 판단되는 경우에는 그 작업의 중지를 명할 수 있다.

1. 중대재해가 발생한 해당 작업

2. 중대재해가 발생한 작업과 동일한 작업

② 고용노동부장관은 토사·구축물의 붕괴, 화재·폭발, 유해하거나 위험한 물질의 누출 등으로 인하여 중대재해가 발생하여 그 재해가 발생한 장소 주변으로 산업재해가 확산될 수 있다고 판단되는 등 불가피한 경우에는 해당 사업장의 작업을 중지할 수 있다.

③ 고용노동부장관은 사업주가 제1항 또는 제2항에 따른 작업중지의 해제를 요청한 경우에는 작업중지 해제에 관한 전문가 등으로 구성된 심의위원회의 심의를 거쳐 고용노동부령으로 정하는 바에 따라 제1항 또는 제2항에 따른 작업중지를 해제하여야 한다.

④ 제3항에 따른 작업중지 해제의 요청절차 및 방법, 심의위원회의 구성·운영, 그 밖에 필요한 사항은 고용노동부령으로 정한다.

Section 50 사업주가 사업장의 안전 및 보건을 유지하기 위하여 작성하여야 하는 안전관리보건규정

1. 안전보건관리규정의 작성(산업안전보건법 제25조, [시행 2021.1.16.])

① 사업주는 사업장의 안전 및 보건을 유지하기 위하여 다음 각 호의 사항이 포함된 안전보건관리규정을 작성하여야 한다.

1. 안전 및 보건에 관한 관리조직과 그 직무에 관한 사항
2. 안전보건교육에 관한 사항
3. 작업장의 안전 및 보건관리에 관한 사항
4. 사고조사 및 대책 수립에 관한 사항
5. 그 밖에 안전 및 보건에 관한 사항

Section 51 위해관리계획서 작성 등에 관한 규정에서 화학사고 발생 시 영향범위에 있는 주민이 유사시에 적절한 대응을 할 수 있도록 주민소산계획에 포함되어야 할 사항 4가지

1. 화학사고 발생 시 주민의 소산계획(위해관리계획서 작성 등에 관한 규정 제20조, [시행 2020.10.7.])

① 화학사고 발생 시 영향범위에 있는 주민이 유사시에 적절한 대응을 할 수 있도록 다음 각 호의 내용을 포함하여 주민 소산계획을 작성하여야 한다.

1. 주민협의체 구성체계(가능한 경우에 한한다)
2. 사고 발생 시 주민대피경로 및 장소
3. 유관기관과의 협의체계
4. 유관기관 비상연락망

Section 52 공정위험성평가서에 포함되어야 할 사항 6가지

1. 공정위험성평가서의 작성 등(공정안전보고서의 제출·심사·확인 및 이행상태평가 등에 관한 규정 제27조, [시행 2020.1.16.])

① 규칙 제50조 제1항에 따라 작성하는 공정위험 성평가서에는 다음 각 호의 사항을 포함하여야 한다.

1. 위험성평가의 목적
2. 공정위험특성
3. 위험성평가결과에 따른 잠재위험의 종류 등
4. 위험성평가결과에 따른 사고빈도 최소화 및 사고 시의 피해최소화대책 등
5. 기법을 이용한 위험성평가보고서
6. 위험성평가수행자 등

② 제1항에 따른 공정위험성평가서를 작성할 때에는 공정상에 잠재하고 있는 위험을 그 특성별로 구분하여 작성하여야 하고, 잠재된 공정위험특성에 대하여 필요한 방호방법과 안전시스템을 작성하여야 한다.

③ 선정된 위험성평가기법에 의한 평가결과는 잠재위험의 높은 순위별로 작성하여야 한다.

④ 잠재위험순위는 사고빈도 및 그 결과에 따라 우선순위를 결정하여야 한다.

⑤ 기존설비에 대해서 이미 위험성평가를 실시하여 그 결과에 따른 필요한 조치를 취하고 보고서 제출시점까지 변경된 사항이 없는 경우에는 이미 실시한 공정위험성평가서로 대치할 수 있다.

⑥ 사업주는 공정위험성평가 외에 화학설비 등의 설치, 개·보수, 촉매 등의 교체 등 각종 작업에 관한 위험성평가를 수행하기 위하여 고용노동부고시 사업장 위험성평가에 관한 지침에 따라 작업안전분석기법(JSA: Job Safety Analysis) 등을 활용하여 위험성평가실시규정을 별도로 마련하여야 한다.

Section 53 사업주가 사업을 할 때 위험으로 인한 산업재해를 예방하기 위하여 필요한 조치

1. 보건조치(산업안전보건법 제39조, [시행 2021.1.16.])

① 사업주는 다음 각 호의 어느 하나에 해당하는 건강장해를 예방하기 위하여 필요한 조

치(이하 "보건조치"라 한다)를 하여야 한다.

1. 원재료·가스·증기·분진·흄(fume, 열이나 화학반응에 의하여 형성된 고체증기가 응축되어 생긴 미세입자를 말한다)·미스트(mist, 공기 중에 떠다니는 작은 액체방울을 말한다)·산소결핍·병원체 등에 의한 건강장해

2. 방사선·유해광선·고온·저온·초음파·소음·진동·이상기압 등에 의한 건강장해

3. 사업장에서 배출되는 기체·액체 또는 찌꺼기 등에 의한 건강장해

4. 계측감시(計測監視), 컴퓨터단말기 조작, 정밀공작(精密工作) 등의 작업에 의한 건강장해

5. 단순반복작업 또는 인체에 과도한 부담을 주는 작업에 의한 건강장해

6. 환기·채광·조명·보온·방습·청결 등의 적정기준을 유지하지 아니하여 발생하는 건강장해

② 제1항에 따라 사업주가 하여야 하는 보건조치에 관한 구체적인 사항은 고용노동부령으로 정한다.

Section 54 장외영향평가서를 제출한 사업장에서 변경된 장외영향평가서를 다시 제출하여야 하는 경우 5가지

1. 장외영향평가서를 제출한 사업장에서 변경된 장외영향평가서를 다시 제출하여야 하는 경우(장외영향평가서 작성 등에 관한 규정 제7조, [시행 2020.10.7.])

② 장외영향평가서를 제출한 유해화학물질취급시설 운영자는 다음 각 호의 사유가 발생되는 경우에는 변경된 장외영향평가서를 다시 제출하여야 하며, 제5조의2 제2항에 따라 작성한 별지 제21호 서식을 첨부하여야 한다.

1. 규칙 제19조 제1항 각 호의 어느 하나에 해당하는 경우로 인하여 화학사고 발생 시 다음 각 목의 어느 하나에 해당하는 경우

   가. 제25조 제5항에 따라 작성한 사업장 밖에 미치는 총괄영향범위가 확대된 경우

   나. 변경사유가 발생한 취급시설의 장외영향범위가 확대된 경우로서 확대된 영향범위 내에 새로운 보호대상이 확인되는 경우

2. 규칙 제29조 제1항 제1호 가목에 따른 유해화학물질 영업변경허가사항에 해당되는 경우

3. 규칙 제29조 제1항 제1호 나목에 따른 유해화학물질 영업변경허가사항에 해당되는 경우(유해화학물질취급시설의 변경이 없는 경우는 제외한다)

4. 규칙 제29조 제1항 제1호 다목에 따라 허가받은 유해화학물질품목이 추가된 경우로써 해당 물질을 취급하는 시설에서 화학사고 발생으로 사업장 밖에 미치는 영향범위가 확대된 경우. 다만, 규칙 제29조 제1항 제2호 나목에 해당하는 경우는 제외한다.

5. 규칙 제29조 제1항 제1호 라목에 따라 장외평가정보가 변경된 경우로써 취급하는 유해화학물질이 사고대비물질인 경우에는 다음 각 목의 어느 하나에 해당하는 경우. 다만, 규칙 제29조 제1항 제2호 나목에 해당하는 경우는 제외한다.

　가. 사고대비물질취급량이 시행규칙 [별표 10]에서 정한 수량기준 이상이 되는 경우로써 해당 시설에서 화학사고 발생으로 사업장 밖에 미치는 영향범위가 확대된 경우

　나. 사고대비물질취급시설에서 화학사고 발생으로 사업장 밖에 미치는 영향범위가 확대되어 법 제41조 제1항 제7호의 사항이 변경되는 경우

　다. 사고대비물질취급시설에서 화학사고 발생으로 제1호 가목 또는 나목의 어느 하나에 해당하는 경우

Section 55 산업안전지도사 및 산업보건지도사가 수행하는 직무

1. 산업안전지도사 등의 직무(산업안전보건법 제142조, [시행 2021.1.16])

① 산업안전지도사는 다음 각 호의 직무를 수행한다.
　1. 공정상의 안전에 관한 평가·지도
　2. 유해·위험의 방지대책에 관한 평가·지도
　3. 제1호 및 제2호의 사항과 관련된 계획서 및 보고서의 작성
　4. 그 밖에 산업안전에 관한 사항으로서 대통령령으로 정하는 사항

② 산업보건지도사는 다음 각 호의 직무를 수행한다.
　1. 작업환경의 평가 및 개선지도
　2. 작업환경 개선과 관련된 계획서 및 보고서의 작성
　3. 근로자 건강진단에 따른 사후관리지도
　4. 직업성 질병 진단(의료법 제2조에 따른 의사인 산업보건지도사만 해당한다) 및 예방지도
　5. 산업보건에 관한 조사·연구
　6. 그 밖에 산업보건에 관한 사항으로서 대통령령으로 정하는 사항

③ 산업안전지도사 또는 산업보건지도사(이하 "지도사"라 한다)의 업무영역별 종류 및 업무범위, 그 밖에 필요한 사항은 대통령령으로 정한다.

Section 56 산업안전보건법령상 "산업재해"와 화학물질관리법령상 "화학사고"의 정의

1. 개요

산업안전보건법은 산업안전 및 보건에 관한 기준을 확립하고 그 책임의 소재를 명확하게 하여 산업재해를 예방하고 쾌적한 작업환경을 조성함으로써 노무를 제공하는 사람의 안전 및 보건을 유지·증진함을 목적으로 한다. 화학물질관리법은 화학물질로 인한 국민건강 및 환경상의 위해(危害)를 예방하고 화학물질을 적절하게 관리하는 한편, 화학물질로 인하여 발생하는 사고에 신속히 대응함으로써 화학물질로부터 모든 국민의 생명과 재산 또는 환경을 보호하는 것을 목적으로 한다.

2. 산업안전보건법령상 "산업재해"와 화학물질관리법령상 "화학사고"의 정의

① 산업재해(산업안전보건법 제2조, [시행 2021.1.16.]) : 노무를 제공하는 사람이 업무에 관계되는 건설물·설비·원재료·가스·증기·분진 등에 의하거나 작업 또는 그 밖의 업무로 인하여 사망 또는 부상하거나 질병에 걸리는 것을 말한다.
② 화학사고(화학물질관리법 제2조, [시행 2020.10.1.]) : 시설의 교체 등 작업 시 작업자의 과실, 시설결함·노후화, 자연재해, 운송사고 등으로 인하여 화학물질이 사람이나 환경에 유출·누출되어 발생하는 모든 상황을 말한다.

Section 57 산업안전보건법령상 특수형태근로종사자의 뜻과 범위

1. 산업안전보건법령상 특수형태근로종사자의 뜻(산업안전보건법 제77조, [시행 2021.1.16.])

계약의 형식에 관계없이 근로자와 유사하게 노무를 제공하여 업무상의 재해로부터 보호할 필요가 있음에도 근로기준법 등이 적용되지 아니하는 사람을 의미한다.

2. 산업안전보건법령상 특수형태근로종사자의 범위(산업안전보건법 제77조, [시행 2021.1. 16.])

다음 각 호의 요건을 모두 충족하는 사람(이하 "특수형태근로종사자"라 한다)의 노무를 제공받는 자는 특수형태근로종사자의 산업재해 예방을 위하여 필요한 안전조치 및 보건조치를 하여야 한다.

① 대통령령으로 정하는 직종에 종사할 것

② 주로 하나의 사업에 노무를 상시적으로 제공하고 보수를 받아 생활할 것

③ 노무를 제공할 때 타인을 사용하지 아니할 것

Section 58 산업안전보건법령상 용접·용단작업을 하는 경우 사업주가 화재감시자를 지정하여 배치하여야 하는 장소 3가지

1. 개요

용접·용단작업 시 수천 개의 불티가 발생하고 비산불티는 풍향, 풍속에 따라 비산거리가 달라진다. 용접 비산불티는 1,600℃ 이상의 고온체로, 발화원이 될 수 있는 비산불티의 크기는 최소직경 0.3~3mm 정도이다. 가스용접 시는 산소압력, 절단속도 및 절단방향에 따라 비산불티의 양과 크기가 달라질 수 있으며 비산된 후 상당 시간경과 후에도 축열에 의하여 화재를 일으킬 수 있다.

2. 화재감시자(산업안전보건기준에 관한 규칙 제241조의2, [시행 2021.1.16.])

사업주는 근로자에게 다음 각 호의 어느 하나에 해당하는 장소에서 용접·용단작업을 하도록 하는 경우에는 화재의 위험을 감시하고 화재 발생 시 사업장 내 근로자의 대피를 유도하는 업무만을 담당하는 화재감시자를 지정하여 용접·용단작업장소에 배치하여야 한다. 다만, 같은 장소에서 상시·반복적으로 용접·용단작업을 할 때 경보용 설비·기구, 소화설비 또는 소화기가 갖추어진 경우에는 화재감시자를 지정·배치하지 않을 수 있다.

① 작업반경 11m 이내에 건물구조 자체나 내부(개구부 등으로 개방된 부분을 포함한다)에 가연성 물질이 있는 장소

② 작업반경 11m 이내의 바닥 하부에 가연성 물질이 11m 이상 떨어져 있지만 불꽃에 의해 쉽게 발화될 우려가 있는 장소

③ 가연성 물질이 금속으로 된 칸막이·벽·천장 또는 지붕의 반대쪽 면에 인접해 있어 열전도나 열복사에 의해 발화될 우려가 있는 장소

Section 59 산업안전보건법령에 따라 반응기·증류탑·배관 또는 저장탱크와 관련되는 작업을 도급하는 자는 수급인에게 해당 작업 시작 전에 안전 및 보건에 관한 정보를 문서로 제공하는 작업의 종류 3가지

1. 개요

산업안전보건법령에 따라 반응기·증류탑·배관 또는 저장탱크와 관련되는 작업을 도급하는 자는 산소결핍이나 유해가스 누출로 인한 안전사고를 미리 예방하기 위해 수급인에게 해당 작업시작 전에 안전 및 보건에 관한 정보를 문서로 제공하여 작업의 안전을 알려주어야 한다.

2. 도급인의 안전 및 보건에 관한 정보 제공 등(산업안전보건법 제65조, [시행 2021.1.16.])

① 다음 각 호의 작업을 도급하는 자는 그 작업을 수행하는 수급인 근로자의 산업재해를 예방하기 위하여 고용노동부령으로 정하는 바에 따라 해당 작업시작 전에 수급인에게 안전 및 보건에 관한 정보를 문서로 제공하여야 한다.
   1. 폭발성·발화성·인화성·독성 등의 유해성·위험성이 있는 화학물질 중 고용노동부령으로 정하는 화학물질 또는 그 화학물질을 포함한 혼합물을 제조·사용·운반 또는 저장하는 반응기·증류탑·배관 또는 저장탱크로서 고용노동부령으로 정하는 설비를 개조·분해·해체 또는 철거하는 작업
   2. 제1호에 따른 설비의 내부에서 이루어지는 작업
   3. 질식 또는 붕괴의 위험이 있는 작업으로서 대통령령으로 정하는 작업

Section 60 산업안전보건법령에 따라 산업안전 및 보건에 관한 의식을 북돋우기 위한 시책

1. 개요

산업안전보건법은 산업안전 및 보건에 관한 기준을 확립하고, 그 책임의 소재를 명확하게 하여 산업재해를 예방하고 쾌적한 작업환경을 조성함으로써 노무를 제공하는 사람의 안전 및 보건을 유시·증신함을 목적으로 한다. 이 영은 산업안전보건법에서 위임된 사항과 그 시행에 필요한 사항을 규정함을 목적으로 한다.

2. 산업안전 및 보건의식을 북돋우기 위한 시책 마련(산업안전보건법 시행령 제5조, [시행 2021.1.16.])

고용노동부장관은 법 제4조 제1항 제5호에 따라 산업안전 및 보건에 관한 의식을 북돋우기 위하여 다음 각 호와 관련된 시책을 마련해야 한다.

1. 산업안전 및 보건교육의 진흥 및 홍보의 활성화
2. 산업안전 및 보건과 관련된 국민의 건전하고 자주적인 활동의 촉진
3. 산업안전 및 보건강조기간의 설정 및 그 시행

Section 61 산업안전보건법령에서 산업재해예방 통합정보시스템을 구축과 운영 시 처리하는 정보

1. 산업재해예방 통합정보시스템 구축·운영(산업안전보건법 시행령 제9조, [시행 2021.1.16.])

① 고용노동부장관은 법 제9조 제1항에 따라 산업재해예방 통합정보시스템을 구축·운영하는 경우에는 다음 각 호의 정보를 처리한다.

1. 산업재해보상보험법, 제6조에 따른 적용 사업 또는 사업장에 관한 정보
2. 산업재해 발생에 관한 정보
3. 법 제93조에 따른 안전검사결과, 법 제125조에 따른 작업환경측정결과 등 안전·보건에 관한 정보
4. 그 밖에 산업재해예방을 위하여 고용노동부장관이 정하여 고시하는 정보

② 제1항에서 정한 사항 외에 산업재해예방 통합정보시스템의 구축·운영에 관한 연구개발 및 기술지원, 그 밖에 산업재해예방 통합정보시스템의 구축·운영 등에 필요한 사항은 고용노동부장관이 정한다.

Section 62
산업안전보건법령에 따라 상시근로자 20명 이상 50명 미만인 사업장에 안전보건관리담당자를 1명 이상 선임하는 사업의 업종

1. 안전보건관리담당자의 업무(산업안전보건법 시행령 제25조, [시행 2021.1.16.])

안전보건관리담당자의 업무는 다음 각 호와 같다.

1. 법 제29조에 따른 안전보건교육 실시에 관한 보좌 및 지도·조언

2. 법 제36조에 따른 위험성평가에 관한 보좌 및 지도·조언

3. 법 제125조에 따른 작업환경측정 및 개선에 관한 보좌 및 지도·조언

4. 법 제129조부터 제131조까지의 규정에 따른 각종 건강진단에 관한 보좌 및 지도·조언

5. 산업재해 발생의 원인조사, 산업재해통계의 기록 및 유지를 위한 보좌 및 지도·조언

6. 산업안전·보건과 관련된 안전장치 및 보호구 구입 시 적격품 선정에 관한 보좌 및 지도·조언

2. 안전보건관리담당자의 선임 등(산업안전보건법 시행령 제24조, [시행 2021.1.16.])

① 다음 각 호의 어느 하나에 해당하는 사업의 사업주는 법 제19조 제1항에 따라 상시근로자 20명 이상 50명 미만인 사업장에 안전보건관리담당자를 1명 이상 선임해야 한다.
   1. 제조업
   2. 임업
   3. 하수, 폐수 및 분뇨처리업
   4. 폐기물 수집, 운반, 처리 및 원료재생업
   5. 환경정화 및 복원업

Section 63
산업안전보건법령상 고용노동부장관이 사업주에게 안전보건진단을 받아 안전보건개선계획을 수립하여 시행할 것을 명할 수 있는 사업장

1. 안전보건개선계획의 수립·시행명령(산업안전보건법 제49조, [시행 2021.1.16.])

① 고용노동부장관은 다음 각 호의 어느 하나에 해당하는 사업장으로서 산업재해예방을 위하여 종합적인 개선조치를 할 필요가 있다고 인정되는 사업장의 사업주에게 고용노동부령으로 정하는 바에 따라 그 사업장, 시설, 그 밖의 사항에 관한 안전 및 보건에 관한

개선계획(이하 "안전보건개선계획"이라 한다)을 수립하여 시행할 것을 명할 수 있다. 이 경우 대통령령으로 정하는 사업장의 사업주에게는 제47조에 따라 안전보건진단을 받아 안전보건개선계획을 수립하여 시행할 것을 명할 수 있다.

1. 산업재해율이 같은 업종의 규모별 평균산업재해율보다 높은 사업장
2. 사업주가 필요한 안전조치 또는 보건조치를 이행하지 아니하여 중대재해가 발생한 사업장
3. 대통령령으로 정하는 수 이상의 직업성 질병자가 발생한 사업장
4. 제106조에 따른 유해인자의 노출기준을 초과한 사업장

Section 64 산업안전보건법령상 도급인의 산업재해 발생건수 등에 관계수급인의 산업재해 발생건수 등을 포함하여 공표하여야 하는 장소

1. 산업재해 발생건수 등의 공표(산업안전보건법 제10조, [시행 2021.1.16.])

① 고용노동부장관은 산업재해를 예방하기 위하여 대통령령으로 정하는 사업장의 근로자 산업재해 발생건수, 재해율 또는 그 순위 등(이하 "산업재해 발생건수 등"이라 한다)을 공표하여야 한다.

② 고용노동부장관은 도급인의 사업장(도급인이 제공하거나 지정한 경우로서 도급인이 지배·관리하는 대통령령으로 정하는 장소를 포함한다. 이하 같다) 중 대통령령으로 정하는 사업장에서 관계수급인 근로자가 작업을 하는 경우에 도급인의 산업재해 발생건수 등에 관계수급인의 산업재해 발생건수 등을 포함하여 제1항에 따라 공표하여야 한다.

③ 고용노동부장관은 제2항에 따라 산업재해 발생건수 등을 공표하기 위하여 도급인에게 관계수급인에 관한 자료의 제출을 요청할 수 있다. 이 경우 요청을 받은 자는 정당한 사유가 없으면 이에 따라야 한다.

④ 제1항 및 제2항에 따른 공표의 절차 및 방법, 그 밖에 필요한 사항은 고용노동부령으로 정한다.

2. 공표대상 사업장(산업안전보건법 시행령 제10조, [시행 2021.1.16.])

① 법 제10조 제1항에서 "대통령령으로 정하는 사업장"이란 다음 각 호의 어느 하나에 해당하는 사업장을 말한다.

1. 산업재해로 인한 사망자(이하 "사망재해자"라 한다)가 연간 2명 이상 발생한 사업장

2. 사망만인율(死亡萬人率 : 연간 상시근로자 1만명당 발생하는 사망재해자 수의 비율을 말한다)이 규모별 같은 업종의 평균사망만인율 이상인 사업장

3. 법 제44조 제1항 전단에 따른 중대산업사고가 발생한 사업장

4. 법 제57조 제1항을 위반하여 산업재해 발생사실을 은폐한 사업장

5. 법 제57조 제3항에 따른 산업재해의 발생에 관한 보고를 최근 3년 이내 2회 이상 하지 않은 사업장

Section 65 밀폐공간작업프로그램에 포함할 내용 및 추진절차

1. 개요

산업안전보건법과 산업안전보건기준에 관한 규칙에서 밀폐공간이란 산소결핍, 유해가스로 인한 화재·폭발 등의 위험이 있는 장소로써 법에 규정된 정한 장소로 작업형태와 공간을 17개로 정의하고 있다. 적정 공기란 산소농도의 범위가 18% 이상 23.5% 미만, 탄산가스의 농도가 1.5% 미만, 황화수소의 농도가 10ppm 미만인 수준의 공기를 말한다. 또한 산소결핍이란 공기 중의 산소농도가 18% 미만인 상태를 말한다.

2. 밀폐공간작업프로그램의 수립·시행(산업안전보건기준에 관한 규칙 제619조, [시행 2021. 1.16.])

① 사업주는 밀폐공간에서 근로자에게 작업을 하도록 하는 경우 다음 각 호의 내용이 포함된 밀폐공간작업프로그램을 수립하여 시행하여야 한다.

1. 사업장 내 밀폐공간의 위치 파악 및 관리방안

2. 밀폐공간 내 질식·중독 등을 일으킬 수 있는 유해·위험요인의 파악 및 관리방안

3. 제2항에 따라 밀폐공간작업 시 사전확인이 필요한 사항에 대한 확인절차

4. 안전보건교육 및 훈련

5. 그 밖에 밀폐공간작업 근로자의 건강장해예방에 관한 사항

② 사업주는 근로자가 밀폐공간에서 작업을 시작하기 전에 다음 각 호의 사항을 확인하여 근로자가 안전한 상태에서 작업하도록 하여야 한다.

1. 작업일시, 기간, 장소 및 내용 등 작업정보

2. 관리감독자, 근로자, 감시인 등 작업자정보

3. 산소 및 유해가스농도의 측정결과 및 후속 조치사항

4. 작업 중 불활성 가스 또는 유해가스의 누출·유입·발생 가능성 검토 및 후속 조치사항

5. 작업 시 착용하여야 할 보호구의 종류

6. 비상연락체계

Section 66 산업안전보건법령상 안전관리자의 업무

1. 안전관리자의 업무 등(산업안전보건법 시행령 제18조, [시행 2021.1.16.])

① 안전관리자의 업무는 다음 각 호와 같다.

1. 산업안전보건위원회(이하 "산업안전보건위원회"라 한다) 또는 안전 및 보건에 관한 노사협의체(이하 "노사협의체"라 한다)에서 심의·의결한 업무와 해당 사업장의 안전보건관리규정(이하 "안전보건관리규정"이라 한다) 및 취업규칙에서 정한 업무

2. 위험성평가에 관한 보좌 및 지도·조언

3. 안전인증대상기계 등(이하 "안전인증대상기계 등"이라 한다)과 자율안전확인대상기계 등(이하 "자율안전확인대상기계 등"이라 한다) 구입 시 적격품의 선정에 관한 보좌 및 지도·조언

4. 해당 사업장 안전교육계획의 수립 및 안전교육 실시에 관한 보좌 및 지도·조언

5. 사업장 순회점검, 지도 및 조치 건의

6. 산업재해 발생의 원인조사·분석 및 재발 방지를 위한 기술적 보좌 및 지도·조언

7. 산업재해에 관한 통계의 유지·관리·분석을 위한 보좌 및 지도·조언

8. 법 또는 법에 따른 명령으로 정한 안전에 관한 사항의 이행에 관한 보좌 및 지도·조언

9. 업무수행내용의 기록·유지

10. 그 밖에 안전에 관한 사항으로서 고용노동부장관이 정하는 사항

Section 67 산업안전보건법령상 안전검사대상기계 등에서 대통령령으로 정하는 것

1. 안전검사대상기계 등(산업안전보건법 시행령 제78조, [시행 2021.1.16.])

법 제93조 제1항 전단에서 "대통령령으로 정하는 것"이란 다음 각 호의 어느 하나에 해당하는 것을 말한다.

1. 프레스

2. 전단기

3. 크레인(정격하중이 2톤 미만인 것은 제외한다)

4. 리프트

5. 압력용기

6. 곤돌라

7. 국소배기장치(이동식은 제외한다)

8. 원심기(산업용만 해당한다)

9. 롤러기(밀폐형 구조는 제외한다)

10. 사출성형기(형 체결력(型 締結力) 294kN 미만은 제외한다)

11. 고소작업대(자동차관리법 제3조 제3호 또는 제4호에 따른 화물자동차 또는 특수자동차에 탑재한 고소작업대로 한정한다)

12. 컨베이어

13. 산업용 로봇

Section 68 산업안전보건법령상 유해위험방지계획서 제출 등에서 대통령령으로 정하는 사업의 종류 및 규모에 해당하는 사업(단, 해당하는 사업은 전기계약용량이 300kW 이상인 경우)

1. 개요

산업안전보건법에서는 사업주가 일정한 공사 또는 작업을 개시하려고 할 때 유해·위험방지계획서를 고용노동부장관(안전보건공단에 위탁)에 제출하여 심사를 받아야 한다는 것을 정한 것으로서 근로자의 위험 및 건강장해 방지의 철저를 기하기 위하여 재해의 발생이 예상되는 설비가 설치되거나, 근로자의 안전보건을 해칠 수 있는 생산방법, 공법 등의 채용이 이루어지는 것을 미리 체크하려고 하는 것입니다.

2. 유해위험방지계획서 제출대상(산업안전보건법 시행령 제42조, [시행 2021.1.16.])

법 제42조 제1항 제1호에서 "대통령령으로 정하는 사업의 종류 및 규모에 해당하는 사업"이란 다음 각 호의 어느 하나에 해당하는 사업으로서 전기계약용량이 300kW 이상인 경우를 말한다.

1. 금속가공제품제조업 : 기계 및 가구 제외

2. 비금속 광물제품제조업

3. 기타 기계 및 장비제조업

4. 자동차 및 트레일러제조업

5. 식료품제조업

6. 고무제품 및 플라스틱제품제조업

7. 목재 및 나무제품제조업

8. 기타 제품제조업

9. 1차 금속제조업

10. 가구제조업

11. 화학물질 및 화학제품제조업

12. 반도체제조업

13. 전자부품제조업

Section 69 안전밸브 등의 전단, 후단에 차단밸브 설치가 가능한 경우

1. 개요

긴급차단밸브(ESV)는 배관상에 설치되어 주위의 화재 또는 배관에서 위험물질 누출 시 원격조작스위치를 누르면 공기 또는 전기 등의 구동원에 의하여 유체의 흐름을 원격으로 차단할 수 있는 밸브를 말한다. 다음과 같은 저장탱크 인입 및 출구배관, 인입배관에 역지밸브(check valve) 등과 같이 역류 방지를 위한 조치를 하였을 경우에는 설치하지 않는다.

① 인화성 가스를 액체상태로 저장하는 설계용량 $5m^3$ 이상의 저장탱크

② 급성 독성물질 중 1기압, 35℃에서 기체로 존재하는 물질을 액체상태로 저장하는 설계용량 $5m^3$ 이상의 저장탱크

③ 인화성 액체 중 인화점이 30℃ 미만인 물질을 저장하거나 사용하는 것으로 사방이 벽으로 둘러싸여 있는 건축물 내에 설치되는 설계용량 $10m^3$ 이상의 저장탱크 및 용기

2. 차단밸브의 설치금지(산업안전보건기준에 관한 규칙 제266조, [시행 2021.1.16.])

사업주는 안전밸브 등의 전·후단에 차단밸브(block valve)를 설치해서는 아니 된다. 다만, 다음 각 호의 어느 하나에 해당하는 경우에는 자물쇠형 또는 이에 준하는 형식의 차단밸브를 설치할 수 있다.

1. 인접한 화학설비 및 그 부속설비에 안전밸브 등이 각각 설치되어 있고, 해당 화학설비 및 그 부속설비의 연결배관에 차단밸브가 없는 경우
2. 안전밸브 등의 배출용량의 2분의 1 이상에 해당하는 용량의 자동압력조절밸브(구동용 동력원의 공급을 차단하는 경우 열리는 구조인 것으로 한정한다)와 안전밸브 등이 병렬로 연결된 경우
3. 화학설비 및 그 부속설비에 안전밸브 등이 복수방식으로 설치되어 있는 경우
4. 예비용 설비를 설치하고 각각의 설비에 안전밸브 등이 설치되어 있는 경우
5. 열팽창에 의하여 상승된 압력을 낮추기 위한 목적으로 안전밸브가 설치된 경우
6. 하나의 플레어스택(flare stack)에 둘 이상의 단위공정의 플레어헤더(flare header)를 연결하여 사용하는 경우로서 각각의 단위공정의 플레어헤더에 설치된 차단밸브의 열림·닫힘상태를 중앙제어실에서 알 수 있도록 조치한 경우

CHAPTER 03

화학공업의 안전운영에 관한 계획, 관리, 조사

── 화공안전기술사 ──

Section 1 결함수 분석(FTA)과 사건수 분석(ETA)의 차이

1. 결함수 분석기법(FTA : Fault Tree Analysis)

결함수 분석기법은 하나의 특정한 사고에 대하여 원인을 파악하는 연역적 기법으로 사고·사건을 초래할 수 있는 장치의 이상과 고장의 다양한 조합을 표시하는 도식적 모델인 결함수(Fault Tree) Diagram을 작성하여 사고·사건으로부터 사고를 일으키는 장치이상이나 운전자 실수의 상관관계를 도출하는 기법이다. 즉 장치의 이상이나 고장의 확률을 대입하면 특정한 사고의 확률 및 손실비용도 계산이 가능한 기법이다.

2. 사건수 분석기법(ETA : Event Tree Analysis)

사건수 분석기법은 초기사건으로 알려진 특정한 장치의 이상이나 운전자의 실수로부터 발생되는 잠재적인 사고결과를 평가하는 귀납적 기법으로, 초기사건에 대한 안전시스템의 대응 성공 또는 실패에 따른 후속사건을 도시적으로 표시하는 사건수(Event Tree) Diagram으로부터 초기사건으로부터 후속사건까지의 순서 및 상관관계를 파악하며 정량적 가능성을 가진 정상적인 결과를 얻어내는 기법이다.

Section 2 계측장비 설치규정

1. 계측장치 등의 설치(산업안전보건기준에 의한 규칙 제273조, [시행 2021.1.16.])

사업주는 [별표 9]에 따른 위험물을 같은 표에서 정한 기준량 이상으로 제조하거나 취급하는 다음 각 호의 어느 하나에 해당하는 화학설비(이하 "특수화학설비"라 한다)를 설치하는 경우에는 내부의 이상상태를 조기에 파악하기 위하여 필요한 온도계·유량계·압력계 등의 계측장치를 설치하여야 한다.

1. 발열반응이 일어나는 반응장치
2. 증류·정류·증발·추출 등 분리를 행하는 장치
3. 가열시켜주는 물질의 온도가 가열되는 위험물질의 분해온도 또는 발화점보다 높은 상태에서 운전되는 설비
4. 반응폭주 등 이상화학반응에 의하여 위험물질이 발생할 우려가 있는 설비
5. 온도가 섭씨 350℃ 이상이거나 게이지압력이 980kPa 이상인 상태에서 운전되는 설비
6. 가열로 또는 가열기

고장률[$\lambda(t)$], 신뢰도[$R(t)$], 고장확률[$P(t)$], 평균고장간격($MTBF$) 간의 신뢰성 평가와 가동률 계산

1. 개요

가용성의 정량화 개념을 가용도 또는 가동률이라 한다. 수리가능체계가 규정된 시점에서 기능을 유지하고 있는 확률 또는 어떤 기간 중에 기능을 만족한 상태로 유지하고 있는 시간의 비율이다. KS A 3004에서는 '유용성'이라고 하였으나 가용성이 더 널리 쓰인다. 1에서 가용도를 뺀 값을 비가용도라고도 말하며 다음과 같다.

$$\text{가용도} = \frac{\text{동작가능시간}}{\text{동작가능시간} + \text{동작불능시간}}$$

2. 분류

(1) 평균가용성(mean availability, time availability)

수리계가 관측된 누적시간에 대하여 요구되는 기능을 수행할 수 있는 "누적시간의 비" 또는 뽑아낸 몇 가지 시점에서 동일한 관측대상 중 요구되는 기능을 수행할 수 있는 비율의 평균이다. 보통 단일한계치를 부여할 경우에는 하한치를 사용한다. 평균가용성은 규정된 시간과 사용 또는 보전조건을 명확하게 나타내어야 하며, 고유가용성, 운용가용성의 분류는 보통 평균가용성을 대상으로 한다.

① 고유가용성(inherent availability) : 동작불능시간으로 실제 수리시간만 취할 때 이용하며, 설계·제작과정에서 품목에 부여되는 가용성의 목표치 또는 예측치로서 비수리계의 고유신뢰도에 대비되는 척도이다.

$$\text{고유가용도}(A_i) = \frac{MTBF}{MTBF + MTTR}$$

여기서, $MTBF$: 평균고장간격, $MTTR$: 평균수리시간

② 운용가용성(operational availability) : 동작불능시간에 예방보전시간, 수리시간, 보급대기시간을 포함한다. KS A 3001에서는 '작동유용성'이라고 하였다.

$$\text{운용가용성}(A_o) = \frac{MUT}{MUT + MDT}$$

여기서, MUT : 평균동작가능시간, MDT : 평균동작불능시간

(2) 순간가용성(instantaneous availability)

수리계가 주어진 사용 및 보전조건으로 규정된 '시점'에서 요구된 기능을 유지하고 있을 '확

률'로서 여러 개의 품목을 단일시점에서 관측해도 되고, 또는 1개 이상의 품목에 대하여 순간관측을 반복해도 된다. 시동시간은 수리한 후의 동작불능시간(down time) 속에, 또는 처음으로 사용하는 품목에서는 동작가능시간(up time) 속에 넣어서 계산한다. 충분히 긴 시간을 경과한 후의 순간가용성을 '정상가용성'이라고 한다. 가동률은 전체시간 중에서 실제로 생산활동에 사용되는 시간의 비율이며, 준비시간은 생산활동에서 제외된다고 생각하기 때문에 이 수치가 가용도를 초과할 수는 없다. 따라서 사용에 익숙해지고 가동률이 높아지면 가용도가 떨어지며 가용도 개선을 위해 점검과 분해검사 등의 보전성을 고려한 설계가 중요한 역할을 하게 된다.

3. 신뢰성 평가

시스템 전체의 가동률을 평가하며 신뢰성 평가항목은 다음과 같다.

① 시스템 전체의 가동률

② 시스템을 구성하는 각 요소의 신뢰도

③ 신뢰성 향상을 위해 시행한 처리의 경제효과

신뢰성 평가는 평균고장시간($MTBF$)과 평균수리시간($MTTR$)을 가지고 계산한다.

$$MTBF = MTTF + MTTR$$

$$가용도 = \frac{MTTE}{MTTF + MTTF} \times 100[\%]$$

여기서, $MTTF$: 평균가동시간, $MTTR$: 평균수리시간

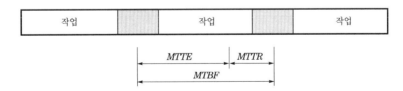

(1) 평균고장시간(MTBF : Mean Time Between Failure, 평균가동시간)

고장 완료시점에서 다음 고장 발생시점까지 가동 중인 시간의 평균값으로 다음과 같이 계산한다.

$$MTBF = \frac{a_1 + a_2 + a_3}{3}$$

가동 중 1	고장 중 1	가동 중 2	고장 중 2	가동 중 3	고장 중 3
a_1	b_1	a_2	b_2	a_3	b_3

(2) 평균수리시간(MTTR : Mean Time To Repair)

시스템 고장으로 가동하지 못한 시간의 평균값이다.

$$MTTR = \frac{b_1 + b_2 + b_3}{3}$$

(3) 신뢰도(가동률)

시스템 전체 운영시간 중에서 가동 중인 시간의 비율(가용도)이다.

$$신뢰도 = \frac{MTBF}{MTBF + MTTR} = \frac{가동시간}{운영시간}$$

(4) 고장률

시스템 고장상태를 표시하는 확률이다.

$$가동률 + 고장률 = 1$$

$$고장률 = \frac{MTTF}{MTBF + MTTR}$$

4. 가동률 계산방법

① 직렬구성 : 가동률 = $D_1 D_2$

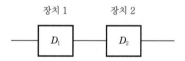

② 병렬구성 : 가동률 = $(1-D_1)(1-D_2)$

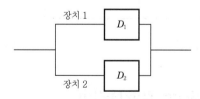

Section 4 공간속도와 공간시간

1. 개요

공간속도와 공간시간은 반응기에서 촉매와 관계가 있으며, 촉매의 기능은 활성과 선택성 두 가지로 접근해 볼 수 있다. 먼저 반응의 속도를 높이는 활성기능은 촉매반응이 무촉매반응보다 활성화에너지가 작아지도록 해서 반응을 진행하는 것이다. 같은 온도에서 활성화에너지가 작다는 것은 동일온도에서 반응속도가 촉매반응일 때 더 빠르다는 뜻이다. 따라서 촉매를 사용하는 경우에는 반응온도를 크게 낮출 수 있는 것을 의미한다. 선택도는 여러 화학반응의 경우 한 가지 방향으로만 반응이 일어나는 것이 아니라, 다양한 반응을 통해 원하지 않는 부산물이 생길 수 있다. 촉매는 원하는 반응물 쪽으로 반응을 유도하여 선택도를 높일 수 있다.

2. 공간속도와 공간시간

(1) 공간속도(SV : Space Velocity)

공간속도란 반응기 부피와 부피유량으로 생각할 수도 있지만 촉매량과도 연관이 있고 시간당 처리가스량(촉매통과 풍량)을 촉매량으로 나눈 수치를 말한다. SV수치를 통하여 소요되는 촉매량을 산출한다.

$$SV = \frac{처리가스량(N \cdot m^3/h)}{촉매량(m^3)} \, [h^{-1}]$$

즉 공간속도가 빠르다는 것은 소요되는 촉매량이 적거나 소요되는 촉매당 처리되는 가스가 많은 것을 의미하며, 반응기 부피가 아니라 촉매량을 검토하는 것으로 촉매당 처리되는 가스가 많으므로 장시간 사용이 어렵다.

(2) 공간시간(ST : Space Time)

공간시간은 반응기에 반응물이 머무르는 시간이며 반응기 부피를 부피유량으로 나눠주는 수치로, 공간속도는 그 역수로서 상대적인 속도개념이다.

Section 5 공정안전관리(PSM)프로그램

1. 개요

화학물질로부터 새로운 제품을 만들거나 분자구조를 변형시키는 데 열과 압력을 사용하는 공정은 유독성 또는 가연성 액체, 기체 등에 의한 화재, 폭발, 유출 등의 가능성이 항상 존재한다. 화학공장은 고도의 기술집약적 장치산업으로서 여러 종류의 화학물질을 원료, 중간제, 첨가제, 용제 및 제품의 형태로 사용·취급 및 저장하고 있으며, 그 보유량이 많고 시스템이 복잡하여 위험물의 누출 또는 화재, 폭발과 같은 사고가 발생할 경우에는 공장 내의 근로자뿐만 아니라 공장 인근의 주민 및 환경에까지 막대한 영향을 끼치게 된다.

또한 설비파손에 따른 재산상의 손실이 막대하고 설비의 복구기간이 길기 때문에 이와 관련된 산업의 원재료 수급 등의 차질을 가져와 결국에는 사고영향이 크게 확대되어 국가 전체의 경제에까지 미치게 된다. 실제로 1980년대 초에 석유화학이나 화학산업에서 대형참사가 많이 발생하여 인명, 재산상에 손해를 가져왔고, 일반 주민들의 화학물질의 유해성에 대한 관심이 고조되었다.

이러한 사고는 전 세계를 통해 노동단체, 산업협회 등의 국가조직에 자극을 주어 코드, 규정, 안전작업관리 등을 만들게 하였다. 정부와 관계 당국에서는 사업장 내에 공정, 사용, 저장, 취급 등에서 발생할 수 있는 위험요인을 근로자나 사용자에게 알리고 작업장 내 유해물질을 밝혀내는 프로그램을 만들게 되었으며, 공정안전관리(PSM : Process Safety Management)는 응급조치, 응급처방, 위험인식, 생성물에 관한 지식, 유해화학물질의 취급, 탄화수소를 포함한 유독물질의 유출 시 보고에 관한 사항을 포함한다. 이것은 인체에 유해한 물질이나 폭발성 물질들에 의한 산업재해로부터 근로자, 일반 주민, 환경 등을 보호하기 위하여 공정 및 설비의 설계, 공사, 운전, 정비, 변경과정에서 중대사고를 예방하는 데 그 목적이 있다.

따라서 작업장뿐만 아니라 주위 생활환경에 대참사를 일으킬 수 있는 위험물질을 점검하고 전체적인 상태를 도식화하는 의미에서 각 공정의 작업과정, 기술, 응급조치, 교육 등을 생각해야 한다. 현재 미국, 유럽, 대만 등에서 중대 산업사고예방을 위한 수단으로서 공정안전관리제도를 도입하여 시행 중에 있고 우리나라도 산업안전보건법에 규정되어 시행하고 있다.

2. 공정안전관리(PSM) 기본구성요소

공정안전관리는 화학공정시설 안전프로그램 전반에 걸쳐 중요한 부분을 차지하고 있다. 효과적인 공정안전관리프로그램을 위해서는 통솔력과 지원, 경영진의 참여, 시설관리자, 감독관, 근로자, 하도급자, 하도급 근로자 등의 참여가 필요하다. 모든 화학공정안전관리프로그램은 사용되는 용도에 따라 다양한 다른 요소들을 필요로 하지만, 다음과 같은 기본적인 요소들은 공통적이다.

① 공정안전정보
② 근로자의 참여
③ 공정위험분석
④ 공정·설비·절차 등의 변경에 대한 관리
⑤ 작업절차
⑥ 안전작업수칙
⑦ 안전작업허가
⑧ 근로자 교육 및 훈련
⑨ 도급업체 안전관리
⑩ 장치 및 설비의 품질과 안전성 확보
⑪ 사고 발생 시 비상조치계획
⑫ 주기적 안전점검
⑬ 사고조사

Section 6 납사분해시설

1. 개요

나프타를 섭씨 800℃ 이상의 고온에서 열분해하여 석유화학 기초원료인 에틸렌, 프로필렌, C4유분, 열분해가솔린(PG) 등을 생산하는 시설들이 있는 곳을 나프타분해시설 또는 나프타분해공장이라 말한다.

2. 납사분해시설(NCC : Naphtha Cracking Center)

탄소수가 5개에서 12개 정도의 고리로 연결혼합된 나프타(Naphtha)를 섭씨 800℃ 이상의 가열로(Heater)에 투입시키면 탄소연결고리가 분해(Cracking)되면서 탄소가 1개에서 4개 정도의 경질탄화수소혼합물(수소, 메탄, 에틸렌, 프로필렌, 프로판, C4유분, 연료가스 등)이 주로 (약 75%) 생성된다. 따라서 나프타를 열분해(Cracking Heater)하여 석유화학 기초원료를 생산하는 시설들이 있는 곳(Center)이란 뜻으로 나프타분해시설 또는 나프타분해공장이라 부른다. 기술이 더욱 발전함에 따라 나프타뿐만 아니라 경유(Gas Oil), 천연가스 등을 원료로 에틸렌을 생산하게 되면서 나프타분해공장 대신 에틸렌을 생산하는 시설들이 있는 곳이라는 뜻의 에틸렌공장이라 부르게 되었다. ㈜여천NCC의 경우 나프타를 열분해하여 에틸렌, 프로필렌, 프로판, C4유분 등을 생산하는 에틸렌공장을 나프타분해공장이라 한다.

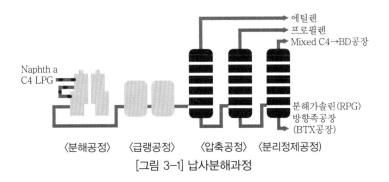

[그림 3-1] 납사분해과정

Section 7 다단압축기

1. 개요

여러 가지 이유로 단일단압축기에 대한 배출압력의 흡인압력에 대한 비에는 제한이 있으며조작효율에 관계된다. [그림 3-2]는 단열(1-2) 및 정온(1-3)경로에 대한 압축과정을 표시하며, 정온과정은 넓이 1-2-3에 해당하는 만큼 일이 줄어든다. 피스톤이 움직이는 짧은 시간 동안 다량의 열을 실린더 벽을 통하여 외부로 전달시키는 것은 불가능하므로 실제의 압축과정은 등온보다도 단열에 가깝다.

압축단계를 두 단계로 나눌 수 있다면 부분적으로 등온조작의 이점을 얻을 수 있다. 즉, 첫번째 압축기 실린더에서 배출압력을 P_B로 하고 중간냉각기에서 처음의 온도 T_1까지 기체를 냉각(이 과정은 거의 정압에서 일어난다. 경로 4-5)하며, 두 번째 실린더에서 압력을 P_C까지 압축한다. 이 두 단계에 있어서는 넓이 2-4-5-6에 같은 일의 감소가 이루어진다. 단수를 셋 또는 그 이상으로 증가시킴으로써 소요일량은 더욱 감소시킬 수 있을 것이며 사용되는 단수는 전체 압력차와 용량에 관계된다.

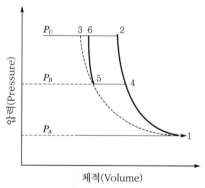

[그림 3-2] 단일 및 2단압축기의 동작 비교

10,000psia 정도의 배출압력으로 조작되는 초고압기계는 보통 5 또는 그 이상의 단수로 제작된다. 압력이 증가함에 따라서 기체의 비용은 감소하고 주어진 용량에 대하여 필요한 원통의 크기는 작아지는데, 높은 압력이 1단 기계에 적합하지 못하다는 중대한 이유이다. 즉, 큰 원통은 저압의 흡인기체를 취급하는 데 필요한 것이고, 행정의 마지막 단계에 있어서는 고압에 견디어야 하므로 전체적으로 원통은 고가인 재료로 제작되어야 한다.

2. 다단압축기

(1) 단수 및 압력비의 선정

압력비가 높은 경우에는 다단압축으로 하여 각 단의 토출가스를 중간냉각해서 압축동력이 감소하지만 그 단수 및 각 단 압력비는 다음과 같이 결정된다.

① 토출가스의 온도를 일정온도로 억제하여 각 단의 압력을 정하고, 여기서 단수를 결정하는 수가 많다. 가스 성상에 따라 C_p/C_v값이 작은 것은 온도 상승이 적고 압력비를 크게 할 수가 있으나, C_p/C_v값이 큰 가스에서는 이와 반대가 된다. 또 가스에 따라 고온에서

중합반응을 일으키거나 고온에서 부식작용이 커지는 경우에는 단수를 증가시켜 각 단의 압력비를 낮추므로 토출온도를 위험온도 이하로 한다.

② 각 단의 압축비를 균등압력비가 되게 하지만, 고압 다단압축의 경우에는 다음과 같이 저압단 압력비를 크게 하고 고압단 압력비를 작게 하는 수가 많다.

　㉠ 고압단 피스톤링 등의 접동부 면압이 높으므로 저압력비로 하여 토출온도를 낮춘다.

　㉡ 용량조정장치를 1단에만 설치하고 중간단의 압력밸런스를 조정하는 경우에는 1단의 압력비를 크게, 최종단을 작게 설계한다.

③ 토출온도의 점에서 단단으로 할 수 있더라도 고압력비 때문에 용적효율의 유지비가 어려울 경우에는 중간냉각법이 없는 2단압축으로 하는 것이 유리한 경우도 있다.

④ 다단압축의 경우에는 중간단의 압력, 온도의 변동을 고려하여 압력비의 선정도 단단보다 안정적으로 선택할 필요가 있다.

(2) 용적효율(η_v)

용적효율은 실제 용량과 피스톤변위(displacement)의 비로서 정의되며 실린더의 간극용적을 c[%]로 한다면 다음과 같이 계산된다.

$$\eta_v = 100 - c\left(\frac{Z_s}{Z_d}r^{1/k} - 1\right) - r - L_v$$

여기서, r : 압축비, $k = C_p/C_v$, Z_s, Z_d : 흡입측과 토출측의 압축계수, L_v : 밸브손실

위 계산식을 정리하면 [그림 3-3]과 같다.

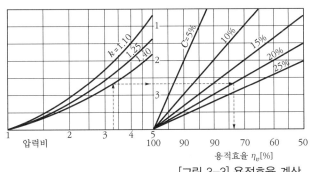
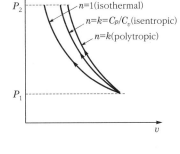

[그림 3-3] 용적효율 계산

(3) 소요동력

압축과정 중에 일어날 수 있는 세 가지의 변화과정을 [그림 3-3]의 오른쪽에 나타내었다. 이 중 등온(isothermal)과정이 등엔트로피(isentropic : 단열 및 가열)과정에 비해 압축일이 적다. 실제 압축과정은 polytropic변화를 거치며 등온변화보다는 등엔트로피변화에 가깝게 일어난다. 압축기 소요동력의 상세 계산을 각 단마다 행하여 합계해서 구한다. 각 단에서 등

엔트로피변화가 일어날 때 소요동력(N_i)과 실제 동력(N_e)은 다음과 같다.

$$N_i = \frac{k}{k-1} P_s Q_s \frac{1}{36.72} \left(r^{\frac{k+1}{k}} - 1 \right) \frac{Z_s + Z_d}{2Z_s} \, [\text{kW}]$$

$$N_e = N_i \left(\frac{1+a}{\lambda \eta_m} \right) [\text{kW}]$$

여기서, P_s : 흡입압력(kg/cm² abs), Q_s : 흡입상태용량(m³/h), $k = \dfrac{C_p}{C_v}$

Z_s, Z_d : 흡입측과 토출측 가스의 압축계수

λ : 보정계수로 압력비, 실린더지름, 흡입가스온도, 급유방식에 따라 다르며 보통 0.97
~0.92

η_m : 기계효율로 용량에 따라 다르며 보통 0.95~0.9

a : 압축기 밸브저항에 의한 손실

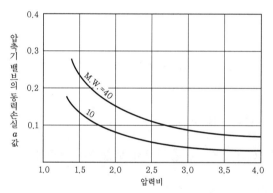

[그림 3-4] 단열압축에 대한 압축기 밸브의 동력손실

(4) 회전수 및 피스톤속도

수평대향형 압축기의 회전수, 스트로크는 대략 다음의 범위 내에서 설계된 것이 많다.

① 회전수 : 250~600rpm

② 스트로크 : 200~500mm

피스톤속도는 평균속도로 나타내며 다음 식에 의한다.

$$C_p = \frac{SN}{30} \times 10^{-3} [\text{m/s}]$$

여기서, S : 스트로크(m), N : 회전수(rpm)

위 식에서 300mm 스트로크, 300rpm의 피스톤속도는 3.0m/s이며 피스톤속도는 정격회전
수, 스트로크에 대해 3.5~4.5m/s의 범위로 설계되어 있으며, 대형은 장스트로크, 저회전, 소
형은 단스트로크로 회전으로 하는 것이 보통이다. 전동기 직결구동의 경우에는 전원사이클,

전동기 극수에 따라 다음의 회전수가 된다.

$$50사이클 \quad N=\frac{6,000}{p}, \; 60사이클 \quad N=\frac{7,200}{p}$$

여기서, p : 극수

유도전동기의 경우에는 약 2%의 슬립을 잡아서 계산한다. 프로세스가스압축기로서 300 ~500rpm이 가장 많이 사용되는 회전수범위이다.

(5) 구동기 출력

구동기의 출력은 흡입·토출압력의 변동 등을 고려한 최대 소요동력으로서도 구동기의 허용 출력을 넘지 않도록 하며, 흡입압력의 변동이 없는 경우에는 토출압력이 안전밸브 작동압력까지 상승한 경우라도 이상이 없도록 결정한다. 압력비가 높은 경우에는 동력의 증가율이 작지만, 압력비가 낮은 경우에는 동력 증가율이 커진다. 리사이클압축기와 같이 압력비가 작은 것은 안전밸브 작동압력까지의 소요동력은 대략 흡입·토출압력의 차에 비례하여 증가하므로 특히 주의해야 한다. 암모니아합성용 리사이클압축기와 같이 압력레벨이 높고 압력비가 아주 작은 것은 이 동력 증가가 아주 커지므로 흡입·토출측 간에 차압을 제한하는 안전밸브를 설치하여 동력의 이상 상승을 방지한다. 또한 압축기의 용량은 대략 흡입절대압력에 비례하여 변화하므로 흡입압력의 변화가능성이 있는 경우 구동기 선정에 유의한다.

(6) 다단압축기의 용량조정

다단압축기에서는 전술한 용량조정장치를 전단에 설치하는 경우와 1단에 설치하는 경우가 있다.

1) 전체 실린더에 용량조정장치를 설치하는 경우

공기압조작방식으로 하는 경우에도 흡입밸브 언로더의 작동불량의 경우에 대비하여 중간 압력제어를 하는 것이 바람직하다.

2) 1단에만 용량조정장치를 설치하는 경우

각 단의 압력비변화는 1단과 최종단이 크고 중간단의 변화는 적으며, 용량조정을 행하기 위해서는 그 조정범위 내에서 토출온도, 피스톤 봉하중에 대해 영향이 없도록 압력비를 정해야 한다.

[표 3-1] 단별 흡입압력과 토출압력의 관계

구분		1단	2단	3단	4단	5단
100% 용량	흡입압력(kg/cm² abs)	3.03	7.97	23.0	64.7	164.6
	토출압력(kg/cm² abs)	8.42	23.6	65.5	166	307.8
	압력비	2.78	2.97	2.85	2.57	1.87
78% 용량	흡입압력(kg/cm² abs)	3.03	6.24	18.10	52.1	138.2
	토출압력(kg/cm² abs)	6.69	18.7	52.9	139.6	307.8
	압력비	2.21	3.00	2.92	2.68	2.23

Section 8 물질안전보건자료(MSDS)

1. 개요

물질안전보건자료(MSDS : Material Safety Data Sheet)는 미국 노동성 산하 노동안전위생국(OSHA : Occupational Safety & Health Administration)이 1983년 약 600여종의 화학물질이 작업장에서 일하는 근로자에게 유해하다고 하여 물질의 유해기준을 마련하고자 한 것으로부터 기인하고 있다.

이 기준은 1985년에 발효되었으며, 때마침 주나 지방근로자의 알 권리(right to know)에 대한 연방법안에 동조하는 대규모 화학회사들이 지지하여 MSDS에 대한 시안이 마련되어 이 보건자료에 화학명, CAS(Chemical Abstracts Service)등록번호, 유해한 물리·화학적 특성, 그리고 알려진 급·만성건강자료가 포함되어 있었다. 그러나 화학회사들은 노동안전위생국에게 정확한 유해정보를 양도하는 것을 원하지 않았기 때문에 그들 자신의 기관인 화학제조업자협회(CMA : Chemical Manufacturers Association)가 미국표준연구소(ANSI)의 공인을 얻어서 4년 동안의 작업 끝에 1992년 통일된 MSDS안을 제정하여 공포하게 된 것이다. MSDS는 모두 16항목으로 이루어져 있는데, 처음 10항목은 미국의 요구사항을 포함하고 있으며, 나머지 6항목은 국제규격에 맞는 정보를 포함하고 있다.

2. 분류체계

화학연구정보센터에서 우리 실정에 세분하여 살펴보면 다음과 같이 크게 4가지로 구분할 수 있다.

(1) 화학물질에 대한 정보와 응급 시 알아야 할 사항

① 제1항 화학제품과 제조회사 정보 : 물질명, CAS등록번호, RTECS번호, UN번호, 관용명, 상표명, 분자식, 화학물질군

② 제2항 제조법 및 관련 문헌정보 : 물질의 제조법과 관련 문헌정보

③ 제3항 성분함유량 및 관련 정보 : 성분, CAS번호, 퍼센트, 다른 불순물 등

④ 제4항 유해위험성 : CERCLA지수, NFPA지수, 응급상황에 대한 개요, 흡입 및 섭취 시 영향, 피부 및 눈 접촉 시 영향 등

(2) 응급상황 시 대응방법

① 제5항 응급조치요령 : 흡입, 피부 접촉, 눈 접촉 및 섭취 시 응급조치와 의사에 대한 정보(해독제 종류 및 사용량)

② 제6항 화재 시 대응방법 : 화재 및 폭발위험성 여부, 소화제 종류, 진화방법, 인화점, 발화점 및 유해연소 생성물

③ 제7항 누출사고 시 대응방법 : 사고에 의한 누출과 물질의 토양, 대기, 수중누출에 대한 대처방법

(3) 유해상황예방책

① 제8항 취급 및 저장방법, 저장 시 주의사항

② 제9항 노출방지와 인명보호 : 노출기준법, 노출 최소화를 위한 측정장비, 개인보호장비(보호의와 보호장갑)에 대한 안내서, 노출 시 응급요령, 호흡용 보호구에 대한 안내서 등

③ 제10항 물리·화학적 특성 : 물질의 분자량, 분자식, 끓는점, 녹는점, 증기압, 비중, 용해도, pH, 증발율 및 용매 등

④ 제11항 안정성 및 반응성 : 반응조건, 피해야 할 조건 및 물질, 유해한 분해 생성물 및 중합반응성 여부 등

(4) 기타 중요한 정보

① 제12항 독성에 관한 정보 : 자극성 및 독성자료, 돌연변이성자료, 종양 및 발암성자료, 표적신체기관에 대한 영향, 급·만성 신체(피부, 눈, 섭취) 노출 시 건강정보

② 제13항 환경영향정보 : 환경영향지수 및 생체축적지수, 분해성 여부

③ 제14항 폐기 시 주의사항 : 폐기 시 법정준수사항

④ 제15항 운송에 대한 정보 : 운송 시 포장 및 표시기준, 운송방법

⑤ 제16항 각종 법규에 대한 정보 : 각 나라마다의 안전관리규정에 대한 정보

반응기의 종류와 설계 시 고려사항

1. 개요

반응기는 화학반응을 일으키기 위한 기구로 화학반응을 최적조건으로 최대 효율이 발생되도록 하기 위한 기구이다. 화학반응은 반응물질의 농도, 온도, 압력, 시간, 촉매 등에 영향을 받고, 반응장치에 있어서는 물질이동 및 열이동에 큰 영향을 받기 때문에 이들을 만족하도록 하는 구조형태에 적합한 반응기를 선정하는 것이 중요하며, 많은 화학공장에 있어서 화학반응기는 가장 중요한 장치요소이다.

형태나 크기는 다양하지만 크게 회분식(batch)과 연속식(continuous)으로 분류할 수 있으며 PFR(Plug-Flow Reactor)과 CSTR(Continuous-Stirred Tank Reactor)은 연속식 반응기이다. 에틸렌 생산공정에서 인벤토리의 양을 줄이면 그 공정은 원하는 품질과 양을 얻기 위하여 높은 압력에서 운전되어야 하므로, 설계자는 안전성과 생산량을 염두에 두고서 반응기를 선택하는 것이 중요하다. 화학반응기는 압력용기의 언급한 지침들을 따라야 하고, 필요하다면 압력누출시스템을 갖추어야 한다.

반응기 선택의 기준은 반응이 일회용인지, 지속적으로 반응하는지에 따라 달라지며, 종종 1회 반응은 촉매제를 이용하여 지속적 작업으로 전환된다. 지속반응은 일반적으로 효과적이고 견고한 제품을 생산하지만 1회 반응기가 더 많이 쓰이는 추세이다.

2. 반응기의 종류

반응기의 종류는 운전방법과 구조에 따라 다음과 같이 분류한다.

(1) 운전방식에 따른 분류

1) 회분식 반응기(Batch reacter)

A액체 또는 A가스의 일정량과 B액체 또는 B가스의 일정량을 혼합하고 이것을 교반하면서 가열, 냉각 등을 하여 반응을 진행시키면서, 일정량의 R액체 또는 R가스를 만들고 이것을 회수하면서 1회의 운전이 종료되도록 하는 경우에 이용되는 반응기이다.

2) 반회분식 반응기(Semi-batch)

반응기에 반응물질의 한 성분을 넣고 다른 성분을 연속적으로 넣어 반응을 진행시켜 반응 종료 후 전체 내용물을 꺼내는 방법과, 최초에 전 반응성분을 넣고 반응에 의해 생기는 생성물의 하나를 연속적으로 꺼내고 반응 종료 후 반응기 내의 내용물을 꺼내는 방법이 있다.

3) 연속식 반응기(Continuous reactor)

반응기의 한 방향에서 연속적으로 원료를 공급시키고 다른 방향으로부터 연속적으로 반응, 생성액체를 배출시키는 형태의 반응기이며, 반응기 내의 농도, 온도, 압력 등은 시간적으로 변화가 없다.

(2) 구조에 의한 분류

① 관형 반응기   ② 탑형 반응기

③ 교반기형 반응기   ④ 유동축형 반응기 등

3. 반응기의 설계 시 고려사항

모든 반응은 발열성과 열소비성으로 분류되며, 반응에 따라 조절하는 냉각기와 가열기가 필요하게 된다. 화학공정에서 반응기의 역할은 반응기 내에서 반응물질에 체류시간을 주어 열을 전달하고 교반을 실시하여 상(phase)을 혼합하며, 반응기 설계의 주요 인자는 다음과 같다.

① 상(phase)의 형태

② 온도범위

③ 운전압력

④ 체류시간 또는 공간속도(space velocity)

⑤ 부식성, 열전달, 온도조절

⑥ 균일성을 위한 교반

⑦ 회분식 조작 또는 연속조작

⑧ 생산비율

특히 고압, 고온, 극저온에서의 용이성과 경제성이 반응기 설계에 크게 고려될 인자이며, 반응기의 운전 및 보수에 있어서 반응기의 조작방법이나 구조형식에 따라 최적조건을 맞추어 주는 데는 많은 문제점이 있지만, 일반적으로는 운전의 안전성과 최적화제어의 두 가지가 중요하다. 특히 후자의 최적화제어는 근래 많은 발전을 가져온 컴퓨터제어의 경우 반응기 출구에서 생성물의 정확한 조성 혹은 반응기 자체의 운전조건을 최적조건으로 컴퓨터에 입력시켜 놓고 상시 최적조건으로 제어할 수 있는 장점이 있다.

반응기에서 일어나는 반응이 발열반응이거나 반응기 냉각기의 고장 또는 반응기 내에서의 온도분포의 불균일성 등이 위험한 결과의 원인이 될 수 있다. 충진탑(packed tower)반응기의 경우 부분적으로 아주 온도가 높은 열점(hot spot)이 생길 수 있는데, 이런 경우 온도를 올바르게 제어하기는 아주 어렵다. 반면에 발열반응이 제어가 안 되어 반응이 평형에 있지 못하고 발산함에 따라 발생되는 반응기의 동적 응답은 극히 중요하며 전체 설계에 있어서 적절한 온도의 제어는 가장 중요한 요소이다.

Section 10 반응폭주의 원인

1. 개요

반응폭주현상은 반응속도가 지수함수적으로 증대되고, 반응용기 내의 온도 및 압력이 급격하게 상승되어 규정조건을 벗어나고 반응이 과격화되는 현상을 말한다. 이와 같은 과정은 반응장치 용기의 설정된 압력보다 더 큰 압력이 발생된다.

2. 반응폭주형 폭발

반응폭주형 폭발은 반응 개시 후 반응열에 의한 반응폭주로 인한 폭발형태이며 예방대책은 다음과 같다.
① 발열반응특성조사   ② 반응속도계측관리
③ 냉각, 교반조작시설관리   ④ 반응폭주 개시의 경우 신속 처치

Section 11 방폭구조의 종류

1. 개요

(1) 가연성 물질

위험물질을 취급하는 장소에서는 주위에 가연성 물질이 존재할 가능성이 많으므로 가스, 증기, 분진 등의 가연성 물질이 있을 시 폭발할 수 있다.

(2) 산소

공기의 주성분이며 화합물로서는 물, 토사, 암석 등이 있고, 그 양은 대기 전체의 50%에 달한다.

(3) 점화원

어느 폭발범위에 있는 물질에 대하여 폭발시키는 데에 필요한 에너지를 말하며 그 최소치를 한계점화에너지라고 한다. 점화원으로는 열원(화염, 적외선, 초음파 등), 전기적 불꽃(접점, 단

락, 단선, 스파크 등), 기계적 불꽃(마찰·충격에 의한 스파크 등)으로 나눌 수 있다.

2. 방폭구조의 종류

(1) 내압방폭구조(flame proof enclosure, d)

폭발성 가스가 내부로 침입해서 폭발하였을 때 용기가 그 압력에 견디어 파손되지 않도록 하며 스위치 제어 및 지시장치, 제어판, 모터, 변압기, 조명기구 및 기타 불꽃 생성부분에 적용된다.

(2) 유입방폭구조(oil immersion, o)

전기기기의 불꽃 및 아크 등을 발생해서 폭발성 가스에 점화할 우려가 있는 부분을 기름에 넣고 기름표면상의 폭발성 가스에 인화할 우려가 없도록 한 장치를 말한다.

(3) 압력방폭구조(pressurrized apparatus, p)

점화원이 될 우려가 있는 부분을 용기 내에 넣고 신선한 공기 또는 불연성 가스 등의 보호 기체를 용기의 내부에 압입하므로써 내압의 압력을 유지하여 폭발성 가스가 침입하지 못하도록 한 구조이다.

(4) 안전증방폭구조(increased safety, e)

전기기기의 air-cap, 접속부, 단자부 등 정상적인 운전 중에는 불꽃 또는 아크, 과열이 생겨서는 안 될 부분에 이런 현상을 방지하기 위한 구조와 온도 상승에 대하여 특별히 안전도를 증가시킨 구조이며, 만일 전기기기의 고장이나 파손이 생겨 점화원이 생긴 경우에는 폭발의 원인이 될 수 있으므로 사용상 무리나 과실이 없도록 특히 주의할 필요가 있다.

(5) 본질안전방폭구조(intrinsic safety, ia 혹은 ib)

보통은 불꽃점화의 경우보다도 훨씬 전기에너지가 크지 않으면 점화되지 않으며, 이 구조는 불꽃점화시험에 의해 확인된 구조를 사용한다. 다른 것에 비해 저가격, 높은 신뢰성, 광범위한 적용 등 그 용도가 많아지고 있다.

(6) 특수방폭구조(special. s)

위 구조 외의 것을 통합하여 이르는 명칭으로 시험 기타에 의해 안전이 확인된 구조를 말한다.

Section 12 | 본질적으로 안전한 플랜트(Inherently Safer Plant)

1. 정의

석유화학장치의 플랜트를 설계할 때 본질안전방폭구조를 적용하여 설계한 경우를 말하며, 이것은 정상상태뿐만 아니라 예상한 이상상태에서도 전기불꽃 또는 고온부가 폭발성 분위기에 대해 현재적 또는 잠재적인 점화원이 되지 않도록 전기회로 내에서 소비되는 전기에너지를 억제하는 것이다.

2. 유의사항

다음 사항에 유의하여 설계·시공한다.

① 정상 시나 사고 시에 발생하는 불꽃 또는 고온부가 폭발성 가스에 점화하지 않는 것이 확인되어 있으므로 안전성이 높다.

② 다른 전기회로와의 접촉, 정전유도, 전자유도를 받았을 때 방폭성능을 상실하는 수가 있으므로 이를 받지 않도록 충분히 주의한다.

③ 기기 선정 시 사용조건을 충분히 확인한다.

④ 계측기, 제어장치 등의 소용량 전기기기에 적합하다.

Section 13 | 분진폭발의 원인과 방지대책

1. 개요

분진폭발은 괴상으로는 쉽게 연소하지 않는 금속, 플라스틱, 농산물, 석탄, 유황, 섬유물질 등의 가연성 고체가 미세한 분말상태로 공기 중에서 부유하며, 공기와 일정한 비율로 혼합된 상태에서 폭발범위 농도로 유지되고 있을 때 착화원의 존재에 의해 순간적으로 격렬하게 폭발하게 되는 것이다. 이 폭발은 가스폭발과 비교하여 연소속도가 작지만 발열량이 큰 것이 특징이다.

2. 분진폭발의 원인과 특성

(1) 원인(조건)

① 분진이 가연성이다.

② 분진이 적당한 공기로 이송될 수 있다.

③ 분진이 화염을 전파할 수 있는 크기의 분포를 가진다.

④ 분진의 농도가 폭발범위 이내이다.

⑤ 화염전파를 개시하는 충분한 에너지의 점화원이 있다.

⑥ 충분한 산소가 연소를 지원하고 유지하도록 존재해야 하며, 공기 중에서 교반과 유동이 일어난다.

(2) 과정(Mechanism)

① 입자표면이 열에너지를 받아 표면온도가 상승한다.

② 입자표면의 분자가 열분해 또는 기화하여 기체상태로 입자 주위에 방출된다.

③ 이 기체가 공기와 혼합하여 폭발성 혼합계를 생성하고 연소한다.

④ ①~③을 반복하여 확대하며, 이 속도는 도시가스 등과 비교하여 늦다고 할 수 있다.

(3) 특성

① 연소속도와 폭발압력은 일반적인 가스폭발과 비교하여 작지만, 연소시간은 길고 발생에너지가 크기 때문에 연소규모(단위부피당 발열량)가 크다.

② 분진(입자)이 연소하면서 비산하기 때문에 부근의 가연물에 국부적인 탄화를 일으키게 하거나 작업자 등이 화상을 입기 쉽다.

③ 2차, 3차 폭발을 일으킨다.

1차 폭발→작은 폭풍 → 주변 분진(퇴적물) 교란→(1차 폭발의) 열, 빛에 의해 2차 폭발

④ 가스와 비교하여 불완전연소를 일으키기 쉽기 때문에 CO가 다량으로 발생하게 되어 가스중독을 초래한다.

[표 3-2] 분진의 종류와 폭발사고 예상공정설비

분진의 종류	사고원인으로 추정되는 공정	폭발원인
알루미늄, 마그네슘, 스테아르알루미늄, 유기금속화합물, 페로망간합금, 유황	사이클론, 백필터, 컨베이어, 집진기, 분쇄기, 체선별기, 모터혼합기, 공기수송건조기, 사일로, 작업장	쇠붙이의 마찰열, 용접불꽃, 스크루마찰열, 베어링 과열, 윤활유부
옥수수, 전분, 보리, 밀가루, 땅콩, 엿기름, 사탕, 동물 및 어류의 먹이	회전건조기, 버킷엘리베이터, 사일로, 사이클론, 백필터, 정전기집진기, 분쇄기, 미분쇄기, 체선별기	정전기, 분쇄기 마찰열, 바닥먼지
플라스틱류(PS, 페놀수지, 요소수지), 고무, 레코드판 재료, 셀룰로이드, 셀룰로스아세테이트	사출기, 공기수송건조기, 성형기, 분무건조기, 사이클론, 백필터, 집진기, 분쇄기, 체선별기, 혼합기, 기타 작업	시운전 시, 트램프메탈
코르크, 톱밥, 목재분말, 석탄, 피치(pitch)	분쇄기, 킬른건조기, 사이클론, 백필터, 체선별기, 저장빈, 버킷엘리베이터	안전벨트 작동불량

3. 분진폭발의 방지대책

분진폭발의 조건을 제어함으로써 달성될 수 있으며, 일반적으로 방지대책은 예방대책과 완화대책으로 구분할 수 있다.

(1) 예방대책

① 점화원대책 : 분진 내의 훈소, 분진화염의 제어, 기타 개방화염의 제어, 열면의 제어, 전기 스파크나 정전기의 제어, 기계적 충격에 의한 열의 제어 등을 한다.
② 폭발성 분진운대책 : N_2, CO_2, H_2O 기타 불활성 가스로, 불활성화는 산소농도를 5% 이하로 하고 본질적인 불활성화, 불활성 분진 첨가에 의한 불활성화, 분진농도를 폭발범위 외로 유지를 한다.

(2) 완화대책

① 불활성 가스에 의한 부분 불활성화
② 격리(구획화) : 폭발압력 억제장치 및 폭발밴드를 설치하여 국한화한다.
③ 방출(Venting)
④ 압력에 견디는 구조로 건설
⑤ 자동진압설비
⑥ 청결 유지(분진 제거 청소) : 집진기 등으로 분진을 포집하여 연소하한계 이하로 한다.

Section 14 분진폭발의 특징과 거동에 영향을 미치는 요인

1. 분진의 정의

지름이 1,000μm보다 작은 입자는 물질의 종류에 관계없이 분체라고 부르고, 그 중 75μm 이하의 고체입자로서 공기 중에 떠 있는 분체를 분진이라 부른다. 이들은 항상 우리의 생활주변이나 생산공정 중에 존재하고 있는데, 대단히 입자가 작아서 대략 직경이 10^{-5}cm 이하로 되면 aerosol로 공기 중에 분산하여 현탁상태가 되고, 이들은 액체의 미립자, 즉 mist의 상태와 거의 동일하며 침하(沈下)가 발생하지 않는다. 이와 같이 되면 가연성 가스와 마찬가지로 위험성이 있다고 생각해도 좋지만, 실제로 우리가 폭발위험이 있다고 다루는 분진은 약 10^{-3}cm 정도 이하의 입자크기로 영구적으로 부유(浮遊)상태로 있는 것은 아니다. 또 분진은 그 생성과정에서 균일한 입자인 것은 거의 없고 aerosol과 같은 작은 것에서부터 꽤 굵은 것이 혼합하여 있는 것으로 알려져 있다.

2. 분진의 종류

분진은 폭발하는 성질에 따라 폭연성 분진과 가연성 분진으로 크게 구분한다. 폭연성 분진은 공기 중에 산소가 적은 분위기 중 또는 이산화탄소 중에서도 착화하고 부유상태에서도 격렬한 폭발을 일으키는 마그네슘, 알루미늄, 알루미늄브론즈 등의 금속성 분진이며, 가연성 분진은 공기 중의 산소와 발열반응을 일으켜 폭발하는 분진으로 소맥분, 전분 등과 같은 곡물분진, 합성수지류, 화학약품 등 비전도성인 것과 카본블랙, 코크스, 철, 동 등 전도성을 갖는 분진으로 구분된다.

3. 분진폭발의 특수성

발화폭발위험이 있는 분진은 가연성 고체덩어리의 분쇄, 이송, 체질(sieving), 교반 등 외부에서 기계적인 작용을 가하는 공정이나 분체물질의 건조, 혼합, 분급, 계량 등을 행하는 공정에 많이 발생한다. 분진의 발화폭발도 물질 자신이 상온에서 산화발열하는 일부의 금속류를 제외하면 점화원의 존재가 필요하다. 따라서 분진이 발화폭발하기 위해서는 다음과 같은 조건이 필요하다.

① 가연성일 것
② 미분상태일 것
③ 지연성 가스(공기) 중에서 교반과 유동될 것
④ 점화원이 존재하고 있을 것 등

또한 분진이 장시간 가열되어 건류가스가 발생하면 폭발의 위험성이 있으며 분진폭발의 원인이 될 수 있다.

4. 분진폭발의 기구

분진폭발이 발생하기 위해서는 가연성 기체의 폭발이 일어나기 위한 조건과 같은 폭발의 3요소가 갖추어져야 한다. 즉 가연물질, 점화원, 산소공급원으로 이루어지는 연소의 3요소에서 가연물질에 해당하는 분진이 조연성 가스인 공기나 산소 중에 분산되어 있을 때 점화원이 존재하게 되면 폭발하게 된다.

[그림 3-5]는 분진폭발기구(mechanism)를 설명한 것으로

① 부유상태의 분진에 열에너지가 주어지면 입자표면의 온도가 상승한다.
② 가연성 고체의 착화과정과 같이 분진입자표면의 분자가 열분해 혹은 건류작용을 일으켜 기체로 되어 입자의 주위로 방출된다.

③ 이 가연성 가스가 입자 주위의 공기와 혼합하여 가연성 혼합기를 형성하게 된다.

④ 가연성 혼합기는 가해진 점화에너지에 의해 발화되고 화염을 일으킨다.

⑤ 화염에 의해 발생한 열은 주위의 다른 분진입자들과 열분해된 잔류물질들을 연소시킨다.

⑥ 이러한 착화과정이 순간적으로 일어나 주위로 전파됨으로써 급격한 압력의 상승을 발생시키게 된다.

따라서 폭발의 과정으로 입자표면의 온도를 순간적으로 상승시키는 수단으로서 열전도 (heat conduction)뿐만 아니라 복사열전달(heat radiation)이 큰 역할을 차지하는 것이 가스폭발과 다른 점으로 구분된다.

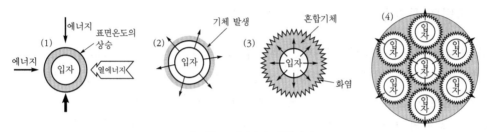

[그림 3-5] 분진 발생과정

5. 분진폭발화염의 전파

가연성 가스와 공기의 혼합가스를 일정한 직경을 가진 관 속을 흐르게 하여 한 지점에서 착화시키는 경우 미연소 혼합가스는 착화 직전에 예열대(豫熱帶)를 거쳐 연소대(燃燒帶) 즉 반응대(反應帶)에 이르고 고온연소가스로 되어 흐른다. 이때 예열대와 연소대의 합계길이는 통상 1mm 정도로 짧으며, 화염면의 전파속도는 Mallard-Le Chatlier의 식으로 표시할 수 있다. 다만 열에너지의 공급은 열전도만으로 한다.

$$V = \frac{\lambda(T_b - T_z)}{\rho\, Cb(T_z - T_u)} \qquad\qquad (1)$$

여기서, V : 화염의 전파속도, b : 연소대의 길이, λ : 미연소 혼합가스의 열전도율

ρ : 미연소 혼합가스의 밀도, C : 미연소 혼합가스의 평균비열

T_u, T_z, T_b : 냉각대, 예열대, 연소대의 경계온도(℃)

그러나 분진운의 경우 열에너지의 공급은 열전도 외에 복사전열이 가해지기 때문에 화염전파의 모양이 [그림 3-6]과 같이 나타난다.

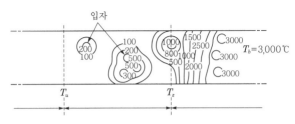

[그림 3-6] 분진폭발의 화염전파상황

이처럼 열전대의 길이는 가스의 경우와 비교할 때 훨씬 길게 된다. 또 입자는 연소 시 발생하는 분출가스 때문에 여러 방향으로 비산하고, 입자 자체도 파열, 비산하므로 또 다른 화염전파기구를 형성한다. 이 화염전파속도를 Cassel 등은 복사전열을 고려하여 식 (1)을 수정하여 다음 식을 유도하였다.

$$V_{st} = \frac{\dfrac{\lambda(T_b - T_z)}{b} + \dfrac{b\omega o a F(T_b{}^4 - T_u{}^4)}{\rho_{st} r}}{(c\rho + C_{st}\omega)(T_z - T_u)} \tag{2}$$

여기서, V_{st} : 화염의 전파속도, ω : 분진농도, a : 보정계수, o : 복사능, F : 기하학적 인자

ρ_{st} : 분진밀도, r : 분진입자의 평균반경, C_{st} : 분진의 평균비열

λ, ρ, c : 미연소 혼합물의 열전도도, 밀도, 평균비열

이와 같이 분진의 연소기구는 가스에 비해 더 복잡하고 여러 가지 인자(factor)가 관련되므로 폭발특성을 정량적으로 명확하게 수치화하는 것이 어려워 상대적인 비교치로서 위험성을 평가하는 경우가 보편적이다.

6. 분진폭발의 특징

① 분진폭발의 특징은 가스폭발에 비해 연소속도나 폭발압력은 작으나, 연소시간이 길고 발생에너지가 크기 때문에 파괴력과 연소 정도가 크다. 발생에너지는 최고치에서 비교한 경우 가스폭발의 수배 정도이고, 온도는 2,000~3,000℃ 정도까지 상승하며 단위체적당의 탄화수소의 양이 많기 때문이다.

② 분진폭발에서는 연소열에 의한 화재가 동반되며, 연소입자의 비산(飛散)으로 인체에 닿으면 심한 화상을 입게 된다.

③ 고체입자의 불완전연소에 의해 연소 후 가스에는 일산화탄소가 다량으로 존재하여 가스중독의 위험이 있다. 이는 단위공간당의 산소연료비가 가스에 비해서 연료 과잉상태가 되어 불완전연소를 일으키는 경향이 있기 때문이다.

④ 가스폭발의 경우 최대폭발압력은 당량농도 부근에서 발생하지만, 분진의 경우 고체입자

로 불완전연소되기 때문에 당량농도보다 훨씬 높은 농도에서 최대폭발압력이 발생한다.
⑤ 분진폭발의 가장 큰 특징은 최초의 부분적인 분진폭발에 의해 발생된 폭풍으로 주위에 퇴적되었던 분진들이 날리면서 2차, 3차의 분진폭발을 일으켜 피해가 더욱 커지게 되는 것이다.

분진폭발의 발생순서를 [그림 3-7]에 나타내었다.

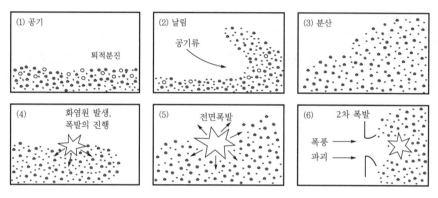

[그림 3-7] 분진폭발의 발생순서

7. 분진폭발에 영향을 미치는 요인

분진이 폭발하는 용이도나 폭발의 격렬 정도, 착화의 난이성 등은 가스폭발과 같이 분진의 종류에 따라 다르고, 특히 분진의 물리적, 화학적 성상에 따라 차이가 있으며, 요인은 다음과 같다.

(1) 분진의 화학적 성질과 조성

분진의 폭발성에 관한 요인으로서 분진 자체의 화학적 구조나 반응성은 대단히 중요하다. 발열량이 큰 분진일수록 폭발성이 크며, 대표적인 가연성 유기고체의 발열량을 [표 3-3]에 나타내었다.

[표 3-3] 가연성 유기고체의 발열량

물질명	발열량(kcal/kg)
단화수소류	>10,000
합성품(고분자)	3,000~11,000
석탄	7,000~9,000
목재	3,500~5,000

(2) 입도와 입도분포

분진폭발의 용이성은 분진의 입도나 입도분포에 크게 영향을 받으며, 입자표면에서 반응하기 위해서는 표면적이 입자체적에 비교하여 증대되면 열의 발생속도가 방산속도보다 크게 된다.

(3) 입자의 형상과 표면의 상태

평균입형이 동일한 분진에 있어서도 형상이나 표면의 상태가 폭발성에 큰 영향을 준다.

[표 3-4] 분진폭발과 입자의 형성관계

시료분진	폭발지수	
	구상	부정형
메타크릴산메틸의 성형 compound	6.1	>10
메타크릴산메틸, 아크릴산공중합체	7.2	>10
석탄산수지	<0.1	>10
석탄산수지 비가열반응물	2.3	>10
석탄산수지 유도체	5.8	>10

(4) 수분

분진 중에 존재하는 수분은 폭발성에 영향을 준다. 즉 분진의 부유성을 억제한다. 다만 소수성(疏水性)의 분진에 대해서는 부유성에 별로 영향이 없지만, 수분의 증발로 점화에 유효한 에너지가 감소하거나 발화한 수증기가 불활성 가스로 작용하는 것은 대전성(帶電性)을 감소시키는 듯한 효과가 있다.

[표 3-5] 공기에 노출된 효과와 점화에너지의 관계

금속시료	운상(雲狀)		층상(層狀)	
	노출 전	노출 6주 후	노출 전	노출 6주 후
티탄(Ti)	15mJ	25mJ	8×10^{-6}J	8×10^{-6}J
티탄(Ti)	10mJ	15mJ	2×10^{-6}J	8×10^{-6}J
지르코늄(Zr)	5mJ	15mJ	1×10^{-6}J	1×10^{-6}J
지르코늄(Zr)	15mJ	125mJ로서 발화하지 않음	1×10^{-6}J	1×10^{-6}J
발화하지 않음	3×10^{-6}J	1×10^{-6}J	3×10^{-5}J	1×10^{-5}J

또 마그네슘, 알루미늄 등과 물이 반응하여 수소를 발생하여 오히려 위험성을 증가시키는 것도 있다.

(5) 분진의 부유성

일반적으로 입자가 작고 가벼운 것은 공기 중에서 산란(散亂), 부유하기 쉽다. 부유성이 큰 쪽이 공기 중에서 체류하는 시간이 길어 위험성이 증가한다. [표 3-6]은 분체의 입도와 자유 낙하시간의 관계를 표시한 것으로 온도 및 밀도에 의한 영향이 크지만 200μ 부근의 입도에 서는 온도에 관계없고, 이것보다 큰 입자에서는 반대로 이것보다 온도가 높은 쪽이 낙하속도 가 크게 된다.

[표 3-6] 공기 중을 자유낙하하는 분체의 낙하속도(cm/s)와 입자의 크기,
밀도 및 주위 공기온도와의 관계(전압)

입자의 크기 (μ)	분진밀도(σ(g/cm³))					
	$\sigma=1$			$\sigma=2$		
	온도(℃)			온도(℃)		
	20	177	370	20	177	370
5	0.075	0.055	0.043	0.15	0.109	0.085
10	0.30	0.22	0.17	0.6	0.44	0.34
30	2.68	1.96	1.96	5.32	3.91	3.06
50	7.25	5.39	4.24	14.1	10.7	8.43
70	13.5	10.4	8.23	25.4	20.1	16.3
100	24.7	20.1	16.4	45.6	37.6	31.7
200	68.5	62.9	55.2	115	108	101
500	200	119	196	316	328	325
1,000	390	415	426	594	642	685
5,000	1,160	1,420	165	1,680	2,070	2,390

8. 분진의 폭발한계농도

분진의 폭발한계농도는 기체의 경우처럼 명확하지 않아 입도(粒度), 부유(浮游)상황 또는 점화원의 종류와 강도에 따라 달라진다.

(1) 폭발한계농도

기체폭발과 같이 분진폭발에 있어서도 일정한 농도한계밖에서는 화염이 전파되지 않는다. 분진의 종류에 따라서 각각 고유의 폭발한계농도(공기 중)가 있지만 확실한 수치는 얻을 수 없다. 일반적으로 분진의 폭발하한농도는 20~60g/m³, 폭발상한농도는 2,000~6,000g/m³의 범위에 들며 입도나 입도분포, 그 밖의 요인에 의해서 상당히 변동이 크다.

가장 폭발을 일으키기 쉬운 농도는 대개의 경우 200~500g/m³의 범위인데, 이 농도는 분 체 중의 가연물이 공기 중의 산소에 의하여 이론적으로 완전연소하는 것과 같은 농도보다 수

배 높은 것으로 알려져 있으며 대표적인 분진의 공기 중에서의 폭발하한농도를 [표 3-7]에 나타냈다.

[표 3-7] 공기 중에서의 분진의 폭발하한농도

분진	하한농도(g/m³)	분진	하한농도(g/m³)
수지류		금속	
요소계	70~140	마그네슘	20~50
페놀계	25~175	알루미늄	35~40
리그닌계	40~65	철(카보닐법)	105
비닐계	20~40	철(수소환원)	120~250
폴리스틸렌계	20	안티몬	190~220
초산셀룰로오스	35~40	지르코늄	190
셀락	14~20	망간	210~350
합성고무	30	아연	300
역청탄	30~38		

(2) 폭발한계농도에 영향을 미치는 요인

분진의 폭발한계농도에 영향을 미치는 요인은 입도, 입도 분포, 수분, 산소농도, 가연성 가스, 발화원 등이 있다.

1) 분진의 입도와 입도분포

하한농도에 큰 영향을 받게 되는데 입도가 작은 것일수록 폭발하한농도가 낮아진다.

2) 수분

분진에 수분이 있으면 폭발하한농도가 높아져서 폭발성을 잃게 된다.

3) 산소농도

분진이 분산하는 분위기 중의 산소농도가 변화하면 폭발한계농도도 영향을 받는다. 산소 중이나 공기 중에서는 하한농도가 낮아짐과 동시에 입도가 큰 것도 폭발성을 갖게 된다. 산소농도를 감소시키면 폭발하한농도가 높아져서 폭발불능영역이 생기게 된다.

4) 가연성 가스

메탄이나 그 밖의 가연성 가스, 인화성 액체의 증기가 분진공기계에 혼입해 들어오면 폭발하한농도가 저하되어 위험성이 커진다.

5) 발화원(점화원)

폭발하한농도도 발화원의 종류에 따라 다른데, 특히 분진에 접촉하는 발화원의 온도와 표면의 상태에 의해서 영향을 받는다. 온도가 높고 표면적이 큰 발화원 쪽의 폭발하한농도가 낮아진다. [표 3-8]은 분진종류별 발화온도를 나타낸 것이다.

[표 3-8] 분진의 발화온도(입도 200mesh 이하 기준)

분진	발화온도(℃)	분진	발화온도(℃)
면화	480	분쇄알파펄프	480
목분	550	비닐수지	550
헥사메틸렌, 테트라민	490	폴리스틸렌수지	490
페놀수지	690	비닐성형분	690
초산셀룰로오스성형분	450	리그닌수지	450
합성고무(硬)	390	셀락, 로진, 고무	390
무수프탈산	450	펜타에리스리톨	450

Section 15 분진폭발의 위험등급과 분진폭연지수

1. 개요

분진은 그 발화온도에 따라 [표 3-9]와 같이 3등급으로 분류하며, 분진이 공기 중에 부유하여 전기기기의 고온부에 접촉하거나 쌓이거나 하면 발화 또는 폭발의 위험이 있다. 이 때문에 분진방폭구조의 전기기기는 대상분진의 발화온도에 따라 기기의 온도 상승을 억제해야 한다. 그리고 발화온도를 결정할 때는 공기 중 부유한 상태의 발화온도와 쌓였을 때 발화온도 중 낮은 쪽을 선택해야 한다. 위의 발화온도에 의해서 공장이나 기타 사업장에서 많이 취급되는 대표적인 분진을 분류하여 [표 3-10]에 나타내었다.

[표 3-9] 발화도의 분류

발화도	분진의 발화온도
I 1	270℃ 이상인 것
I 2	200℃ 이상 270℃ 이하인 것
I 3	150℃ 이상 200℃ 이하인 것

[표 3-10] 발화도에 따른 분진의 분류

분진 발화도	폭연성 분진	가연성 분진	
		전도성	비전도성
I 1	마그네슘, 알루미늄	아연, 코크스	소맥, 고무, 염료
	알루미늄브론즈	카본블랙	페놀수지, 폴리에틸렌
I 2	알루미늄(수지)	철, 석탄	코코아, 리그닌, 쌀겨
I 3	-	-	유황

분진위험장소는 공장, 기타의 사업장에서 폭발을 일으킬 수 있는 충분한 양의 분진이 공기 중에 부유하여 폭발분위기를 생성할 염려가 있든지, 또는 분진이 퇴적되어 있어 부유할 우려가 있는 장소를 말하며, 이런 위험분위기를 생성하는 분진의 종류에 따라 폭발성 분진위험장소와 가연성 분진위험장소로 구분한다. 이러한 부유분진 및 퇴적분진의 생성조건, 작업조건, 환경조건 등 여러 가지 인자를 고려하여 위험장소를 정해야 한다. 특히 부유분진의 폭발위험 가능성에 대하여는 대상분진의 부유성, 입도, 분진농도, 취급방법, 장치 및 배관에서의 누설 유무, 누설량, 분진취급량, 분진작업공간의 넓이, 유효한 환기장치 유무, 기계설비의 고장과 그에 따른 부유분진 생성가능성, 기계장비의 배치거리, 점화원의 유무 등을 고려하고, 퇴적분진의 발화위험성에 대하여는 단위시간당 퇴적되는 분진 양의 대소, 기계장치의 형상, 배치, 환기 상태, 청소상태, 분진의 발화도 등을 주의 깊게 고려하여 분진의 위험장소를 분류한다.

2. 분진폭발의 위험등급과 분진폭연지수

분진의 위험성을 일정한 양으로 표시하고 위험등급별로 분류하여 안전대책의 기초를 세우는데, 미국에서는 폭발지수(explosibility index)로 고려하는 방안이 있다. 이것에 의해 폭발의 정도를 4단계로 나누어 [표 3-11]과 같이 분류한다.

[표 3-11] 폭발 정도와 폭발지수와의 관계

폭발의 강도	발화 용이도	폭발강도	폭발지수
약한 폭발	<0.2	<0.5	<0.1
중간 정도의 폭발	0.2~1.0	0.5~1.0	0.1~1.0
강한 폭발	1.0~5.0	1.0~2.0	1.0~10
극히 강한 폭발	>5.0	>2.0	>10

이는 미국 광무국(Bureau of Mines)이 펜실베니아주 피츠버그시 부근에서 생산된 얇은 광층의 석탄(seam coal)분진을 시료로 하여 선택한 분진의 상대적인 폭발성을 표시하는 수치로서 다음의 식에 따라 산출한 표시방법이다.

$$발화감도 = \frac{탄진의\ 최소발화에너지 \times 폭발하한농도 \times 발화온도}{시료분진의\ 최소발화에너지 \times 폭발하한농도 \times 발화온도}$$

$$폭발격렬도 = \frac{시료분진의\ 최대압력 \times 최대압력\ 상승속도}{탄진의\ 최대압력 \times 최대압력\ 상승속도}$$

$$폭발지수(index\ of\ explosibility) = 발화감도 \times 폭발격렬도$$

이것은 숫자로서 분진의 폭발위험성(explosion hazards)을 비교하기 때문에 실용적으로 사용되고 있다. 또 독일이나 캐나다, 스위스 등에서는 Bartknecht가 개발한 Cubic-root법에 의하여 다음 식과 같이 K_{st}값으로 분진의 폭발위험도를 평가하는 방법을 사용하고 있다.

$$\left(\frac{dp}{dt}\right)_{max} V^{\frac{1}{3}} = K_{st} = constant$$

위 식에서 $\left(\frac{dp}{dt}\right)_{max}$는 폭발압력의 최대상승속도이고, V는 폭발용기의 부피이며, K_{st}의 단위는 bar·m/s이다. 위 식은 주로 분진폭발위험이 있는 용기나 건물에서 폭발이 발생했을 때 폭발압력을 방출시키는 방출구의 크기를 계산하는 데 주로 이용되며, 점화에너지가 10J 이상인 경우 K_{st}의 값에 따라 [표 3-12]와 같이 4단계로 분류한다.

[표 3-12] 분진의 폭발등급

분진폭발등급	K_{st}[bar·m/s]	폭발특성
St 0	0	비폭발
St 1	$0 < K_{st} < 200$	약한 폭발
St 2	$20 < K_{st} < 300$	강한 폭발
St 3	$300 < K_{st}$	매우 강한 폭발

한편 미국의 방화협회(NFPA)에서는 가스, 증기, 분진을 포함하여 폭발압력 상승속도(bar/s)에 따라 $0 < \frac{dp}{dt} < 345$, $345 < \frac{dp}{dt} < 690$, $690 < \frac{dp}{dt}$ 와 같이 3등급으로 구분하기도 한다.

Section 16 비파괴검사의 종류와 특징

1. 개요

시험재료 혹은 제품의 재질(才質)과 형상치수에 변화를 주지 않고 그 재료의 안전성을 조사하는 방법을 비파괴검사(NDT 혹은 NDI : Non Destructive Testing or Inspection)라 하며 압연재료, 주조품, 용접물 등에 널리 이용된다.

2. 비파괴검사의 종류와 특징

(1) 자력(磁力)결함검사

철강과 같은 자성(磁性)재료에 기공, 균열, 불순물의 혼입 등으로 자력선에 불연속성이 있으면 그 부분에는 누설자속변화가 일어난다. 이 현상을 이용하여 결함을 검출하는 방법이다.

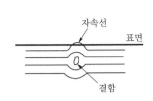

[그림 3-8] 결함 부분의 자속선

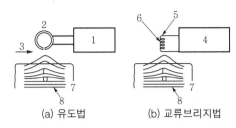

(a) 유도법   (b) 교류브리지법

1. 전압지시장치 2. 탐상헤드 3. 이동방향
4. 임피던스지시장치 5. 고투자율코어
6. 탐색코일 7. 자력선 8. 균열

[그림 3-9] 자기탐상법

(2) 자기(磁氣)분말검사

자력이 통하는 용접된 철강제품에 미세철분을 뿌려 재질 내부결함이 있는 곳에 미세철분이 집중되는 성질을 이용하여 결함을 찾아내는 검사법이다.

(3) 탐색코일검사

누설자속이 있는 부분에 탐색코일을 접근시켜 여기에 유기된 전압을 측정하는 방법이다.

(4) 형광검사

용접균열부에 침투할 수 있는 형광물질에 용접균열부를 침지시켜 건조한 후 자외선 아래에서 시험하면 균열부에는 형광물질이 침투하여 밝은 빛으로 나타내어 결함을 찾아내는 방법이다.

(5) 초음파검사(supersonic test)

고주파 진자의 파동을 시편에 적용시켜 반사되는 반응을 검사하여 결함의 유무를 판정하는 방법으로 반사식, 투과식, 공진식이 있다.

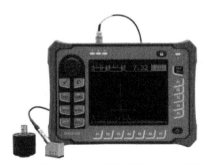

[그림 3-10] 초음파탐상기의 외관

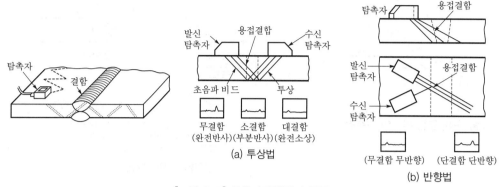

[그림 3-11] 초음파탐상법의 종류

(6) 방사선투과검사

x선, γ선 등의 방사선의 용접부에 투과시켜 그 반대쪽에 비치한 필름을 감광(感光)시켜 결함을 찾아내는 검사법이다. x선 및 γ선이 투과할 때 다른 물체가 있거나 동일물질이라도 밀도가 다른 부분이 있으면 흡수율이 달라지는 성질을 이용한 방법인데 형상의 변화, 두께의 대소, 표면상태의 불량 등에도 불구하고 사용할 수 있으며 신뢰도가 아주 높아 많이 사용한다.

(7) 누출검사

정수압, 공기압에 의한 방법으로 기밀, 수밀검사에 적용되는 방법이다.

(8) 와류검사

금속 내에 유기되는 와류전류의 작용을 이용한 것으로 금속의 표면이나 표면에 가까운 내부결함의 검사에 적용하여 금속 내에 유기되는 와류전류(eddy current)의 작용을 이용한다.

(9) 외관검사

렌즈, 반사경, 현미경 혹은 게이지로 검사하는 방법으로 작은 결함검사, 수치의 적부검사에 사용되는 검사법이다.

Section 17 스프링식 안전밸브의 방출량과 오리피스면적 계산

1. 안전변의 종류

(1) 비균형 밸브(Conventional Non-balanced Valves)

보통 거리가 짧은 방출배관을 통해서 유체가 직접 대기로 방출되거나 방출배관이 연결된 매니폴드(Manifold)의 압력이 일정한 경우 사용하며, 비균형 밸브는 대기로의 Vent 유무에 따라 개방형(Open-Bonnet)과 밀폐형(Close-Bonnet)으로 나눌 수 있다.

(2) 균형 밸브(Balanced Pressure Relief Valve)

배압이 심하게 변할 수 있거나 예측할 수 없는 경우에 이용하는데, 이 밸브는 밸브성능에 대한 배압의 영향을 최소화하기 위해 피스톤이나 벨로즈를 사용하여 디스크(Disk)에 작용하는 배압의 균형을 유지하며 유체로부터 스프링을 보호하기 때문에 부식성 유체의 취급에 유리하다. 벨로즈의 특성상 크기의 제한을 받으므로 모든 형태의 밸브에 적용할 수 없으며 고온 고압에서의 운전 시 벨로즈가 손상될 염려가 있다.

(3) Pilot-Operated Pressure Relief Valve(POV)

주밸브 외에 Pilot밸브가 있다. Pilot밸브의 작동 전에는 유체의 압력이 주밸브의 피스톤 상하에 똑같이 미치므로 압력을 받는 피스톤 상하의 유효면적의 차이에 의해 주밸브는 닫히게 된다. 유체의 압력이 점점 상승하여 안전변의 설정압력에 이르게 되면 Pilot밸브가 작동하여 주밸브의 피스톤 상단에 미치는 압력이 줄어들고, 따라서 주밸브가 열려 설정유량을 방출한다. POV의 주된 장점은 적은 힘으로도 주밸브를 개폐시킬 수 있어 동일한 오리피스의 크기에 비해 안전변의 크기를 줄일 수 있다. 따라서 이 밸브는 배압이 높거나 용기의 운전압력이 높은 경우와 밸브시트의 기밀을 유지할 필요가 있는 경우에 이용된다. 그러나 밸브의 부품 일부가 비금속성분으로 구성되어 있으므로 사용온도와 유체특성의 제한을 받는다. 또한 Pilot 밸브의 유로가 적으므로 점도가 크거나 더러운 유체, 침전 가능성이 있는 유체는 유로를 막을 염려가 있어 사용할 수 없다.

2. 안전변 방출량 산정

안전변은 조절변이나 차단변에 의해 고립될 수 있는 개개의 장치 혹은 장치그룹별로 구분되어 설치된다. 따라서 안전변 방출량 산정 시 해당 안전변이 보호하는 장치 전체에 대한 방출량이 고려되어야 한다. 이를 위해 공정흐름도, 물질수지, 배관 및 계장흐름도(P & ID), 장치사양서 및 관련 장치의 설계기준과 엔지니어의 합리적인 판단능력이 요구된다.

(1) 안전변의 방출량

용기로부터 적절한 배출(Drainage)시설과 소화시설이 있는 경우

$$q=21,000FA^{-0.18}, \quad Q=21,000FA^{0.82}, \quad W=Q/L$$

여기서, q : 단위면적당 평균흡수열량(Btu/h·ft²), Q : 총흡수열량(Btu/h)

A : 전체 Netted Surface 면적(ft²),　F : 환경인자,　W : 증기 발생량(lb/h)

L : 방출조건에서의 용기 내 액체의 잠열(Btu/h)

다만, 액화석유가스(프로판과 부탄)의 경우에는 NFPA 58을 적용하여 방출량을 공기의 경우로 환산하여 표시한다.

$$Q_a = 53,632A^{0.82}$$

특히 배관전송망이나 해상입출하시설지역의 경우 API 2510을 적용한다.

$$Q_a = 53,632FF_vA^{0.82}$$

여기서, F_v : 부피보정계수로 용기가 120,000gallon 이상인 경우 0.6을 적용

Q_a : 상당공기유량(SCFM)

3. 안전변 오리피스면적 계산

(1) 가스

임계유속이 일어나는 압력비 $r = \dfrac{P_c}{P_1} = \left(\dfrac{2}{k+1}\right)^{\frac{k}{k+1}}$

방출 끝단의 압력 P_2가 P_c보다 적거나 같을 경우에는 방출 끝단에서 임계유속이 생긴다.

1) 임계유속이 생길 경우($P_2 \leq P_c$)

$$A = \frac{W}{394.9CK_dP_1K_b}\sqrt{\frac{Z_1T_1}{M}}$$

여기서, A : 오리피스면적(cm²), W : 안전방출량(kg/h)

P_1 = 안전변 설정압력 + 허용과압 + 1.033[bar abs]

T_1 : 안전변 흡입구에서의 가스온도(K)

Z_1 : P_1, T_1에서 압축계수

M : 분자량

C : 팽창계수 $= \left(\sqrt{k\left(\dfrac{2}{k+1}\right)^{\frac{k+1}{k-1}}}\right)$, $k = \dfrac{C_p}{C_v}$

K_d : 방출계수(밸브특성에 따라 밸브제작자가 표기하나 모를 경우 0.925(API) 혹은 0.777(한국 적용)

K_b : Balanced Type 안전변 사용 시 배압보정계수

[표 3-13] 배압보정계수

Back Pressure	Overpressure	
Set Pressure	10%	20%
0~0.30	1	4
0.35	0.94	0.99
0.40	0.86	0.97
0.45	0.77	0.94
0.50	0.69	0.93
0.55	0.60	0.90
0.60	0.51	0.88
0.65	0.43	0.86
0.75	0.3	0.84

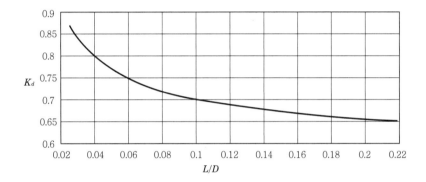

주) 1. L은 스프링식 안전밸브의 리프트의 길이(mm)를 나타낸다.

2. D는 밸브시트구멍의 내경(mm)을 나타낸다.

3. 밸브시트구멍의 내경이 목 부분의 내경의 1.15배 이상으로서 밸브가 열렸을 때의 밸브시트구멍의 가스통로면적이 목 부분 면적의 1.05배 이상이고, 입구 및 배관의 가스통로면적이 목 부분 면적의 1.7배 이상인 것은 K를 0.777로 한다.

[그림 3-12] 고압가스법에 의한 분출계수 K_d, 스프링식 안전밸브의 경우
분출계수 K_d(스프링 안전밸브의 경우)

2) 임계유속 이하(Subcritical Flow)의 경우($P_2 \geq P_c$)

$$A = \frac{W}{558 F_2 K_d} \sqrt{\frac{ZT_1}{MP_1(P_1 - P_2)}}$$

여기서, P_2 : 배압(bar abs)

$$F_2 : 저임계 유속계수 \left(= \frac{\sqrt{\frac{2k}{k-1}\left[\left(\frac{P_2}{P_1}\right)^{\frac{2}{k}} - \left(\frac{P_2}{P_1}\right)^{\frac{k}{k-1}}\right]}}{C} \right)$$

(2) 스팀

$$A = \dfrac{W}{52.5 P_1 K_d K_N K_{SH}}$$

여기서, K_N : Napier 보정계수

$= 1$ for $P_1 < 103\text{bar}$

$= \dfrac{0.1096 P_1 - 1,000}{0.2292 P_1 - 1,061}$ for $103\text{bar} < P_1 < 219\text{bar}$

K_{SH} : 스팀과열도 보정계수(포화스팀인 경우)

[표 3-14] 스팀과열도 보정계수

Set Pressure	온도(℉)									
40	1.00	0.99	0.93	0.88	0.84	0.81	0.77	0.74	0.72	0.70
60	1.00	0.99	0.93	0.88	0.84	0.01	0.77	0.75	0.72	0.70
80	1.00	0.99	0.93	0.88	0.84	0.81	0.77	0.75	0.72	0.70
100	1.00	0.99	0.94	0.89	0.84	0.81	0.77	0.75	0.72	0.70
120	1.00	0.99	0.94	0.89	0.84	0.81	0.78	0.75	0.72	0.70
140	1.00	0.99	0.94	0.89	0.85	0.81	0.78	0.75	0.72	0.70
160	1.00	0.99	0.94	0.89	0.85	0.81	0.78	0.75	0.72	0.70
180	1.00	0.99	0.94	0.89	0.85	0.81	0.78	0.75	0.72	0.70
200	1.00	0.99	0.95	0.89	0.85	0.81	0.78	0.75	0.72	0.70
220	1.00	0.99	0.95	0.89	0.85	0.81	0.78	0.75	0.72	0.70
240	–	1.00	0.95	0.90	0.85	0.81	0.78	0.75	0.72	0.70
260	–	1.00	0.95	0.90	0.85	0.81	0.78	0.75	0.72	0.70
280	–	1.00	0.96	0.90	0.85	0.81	0.70	0.75	0.72	0.70
500	–	1.00	0.96	0.90	0.85	0.81	0.78	0.75	0.72	0.70
550	–	1.00	0.96	0.90	0.86	0.82	0.78	0.75	0.72	0.70
400	–	1.00	0.96	0.91	0.86	0.82	0.70	0.75	0.72	0.70
500	–	1.00	0.96	0.92	0.86	0.82	0.78	0.75	0.73	0.70
600	–	1.00	0.97	0.92	0.87	0.82	0.79	0.75	0.73	0.70
800	–	–	1.00	0.95	0.85	0.83	0.79	0.76	0.73	0.70
1,000	–	–	1.00	0.96	0.89	0.84	0.78	0.76	0.73	0.71
1,250	–	–	1.00	0.97	0.91	0.85	0.80	0.77	0.74	0.71
1,500	–	–	–	1.00	0.93	0.86	0.81	0.77	0.74	0.71
1,750	–	–	–	1.00	0.94	0.86	0.81	0.77	0.73	0.70
2,000	–	–	–	1.00	0.95	0.86	0.80	0.76	0.72	0.69
2,500	–	–	–	1.00	0.95	0.85	0.78	0.73	0.69	0.66
3,000	–	–	–	–	1.00	0.82	0.74	0.69	0.65	0.62

(3) 액체

1) 안전변 방출 시 액체가 증발하지 않을 경우

$$A = \frac{W}{5092 K_d K_b K_v \sqrt{\Delta P G}}$$

2) 액체가 증발하는 경우

기액평형에 있는 액체를 다룰 때 주로 일어나며, 등엔트로피팽창을 가정하여 증발되는 양을 계산하고 혼합유체의 경우로 계산해야 하나 다음의 간단한 식을 이용할 수 있다.

$$A = \frac{W}{5,092 K_d K_b K_v \sqrt{(P_1 - r_c P_v) G}}$$

여기서, r_c : 임계압력계수, P_v : 안전변 입구에서 액체증기압

　　　　K_d : 방출계수(밸브제작사에 따라 다르나 보통의 경우 0.62 이용)

　　　　K_b : 배압보정계수(배압이 0이거나 밸브가 non-bellows이면 1)

　　　　K_v : 점도보정계수

(4) 혼합유체(증기+액체)

방출되는 가스와 액체의 양을 결정한 다음 결정된 가스유량과 액체유량에 대해 각각 필요한 오리피스면적을 계산하여 합한다. 혼합유체 또는 액체가 증발하는 경우에는 생성된 증기로 인한 배압 상승효과, 방출단의 온도 감소에 따른 고체형성, 재질의 허용온도 등을 결정해야 한다.

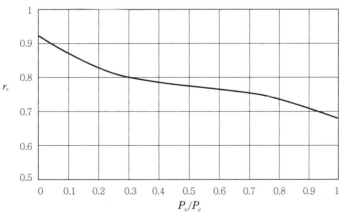

P_u : 증기압(bar abs) P_v : Vapor pressure(bar abs)
P : 임계압력(bar abs) P_c : Critical Pressure(bar abs)

[그림 3-13] 임계압력계수

Section 18 시간가중평균농도(TLV-TWA)

1. 개요

미국의 산업위생전문가협의회(ACGIA)에서 TLVs를 다음과 같이 정의하고 있다. ACGIH-TLVs(Thresshold Limit Values)는 거의 모든 근로자가 건강장애를 받지 않고 매일 반복하여 노출될 수 있는 공기 중 유해물질의 농도 또는 물리적 인자의 강도라고 믿으며 개인의 감수성에 차이가 많으므로 소수의 근로자는 TLVs 이하에서도 불쾌감을 느낄 수 있고, 극소수의 근로자는 기존의 질병상태가 악화되거나 직업병으로 발전하여 심각한 영향을 받을 수 있다.

2. 유해물질의 허용농도분류

유해물질의 허용농도는 노출시간별로 다음과 같이 구분한다.

(1) 시간가중평균치(TLV-TWA : Time-Weighted Average)

1일 8시간 및 1주일 40시간 동안의 평균농도로서, 거의 모든 근로자가 나쁜 영향을 받지 않고 노출될 수 있는 농도이다. 대부분의 허용농도가 여기에 속한다.

(2) 단시간 노출허용농도(TLV-STEL : Short-Term Exposure Limit)

근로자가 자극, 만성 또는 불가역적 조직장애, 사고유발, 응급 시 대처능력의 저하 및 작업능률 저하 등을 초래할 정도의 마취를 일으키지 않고 단시간(15분) 동안 노출될 수 있는 농도이다. 이 허용농도는 TLV-TWA에 대한 보완기준이며 주로 만성중독이나 고농도에서 급성중독을 초래하는 유해물질에 적용된다.

(3) 천장값허용농도(TLV-C : Ceiling)

작업시간 중 잠시라도 초과되어서는 안 되는 농도이다. 실제로 순간 농도측정은 불가능하므로 보통 15분간 측정한다. 이 허용농도는 자극성 가스나 독성작용이 빠른 물질에 적용된다.

Section 19 시스템위험성분석(SHA)의 개요 및 분석내용

1. 개요

제품으로 인한 사고는 제품 자체에 원인이 있을 수도 있지만 사람이 잘못 사용하거나 위험한 환경의 영향 때문에 발생될 수도 있고, 이러한 복합적 관계에 의해서도 발생될 수 있다. 또한 제품의 경우 수많은 부품으로 구성되므로 개개 부품의 안전성은 물론, 부품이 결합하였을 때의 안전성까지도 확보해야 한다. 따라서 안전성을 확보하기 위해서는 부품과 제품이 가지는 위험요소를 찾아 이를 없애거나 안전한 장치를 부가하여 제품의 안전성을 확보하고 인간이 잘 못 사용하거나 조립 실수, 설치 실수, 환경의 영향 등에 의한 위험요소까지를 고려하여 안전성을 확보해야 한다. 가장 중요한 것은 제품에 잠재되어 있는 각종 위험요소를 사전에 발견하고 그 위험을 배제 또는 허용되는 수준으로 제어하는 것이다.

[표 3-15] 위험분석기법의 종류

기법	설명 및 용어	비고
ETA (사상수목분석)	여러 가지 초기사상으로부터 가능한 결과까지의 귀납적 추리를 이용하여 귀납적 위험성 규명 및 빈도분석기법	ISO 60300-3-9
FMEA (고장모드영향분석)	설계된 시스템이나 기기의 잠재적인 고장모드를 찾아내고 시스템이나 기기의 가동 중에 이와 같은 고장이 발생하였을 경우 임무 달성에 미치는 영향을 평가하고, 영향이 큰 고장모드에 대해서는 적절한 대책을 세워 고장의 미연 방지를 폐하는 방법	ISO 60812 ISO 60300-3-9 A.2
FTA (고장수목분석)	시스템의 고장을 발생시키는 사상과 그 원인과의 인과관계를 논리기호를 사용하여 나무모양의 그림으로 나타내고, 이에 의거 시스템의 고장확률을 구함으로써 문제가 되는 부분을 찾아내는 계량적 고장해석 및 신뢰성평가방법	ISO 60125 ISO 60300-3-9 A.3
HAZOP (위험성 및 운용성분석)	시스템의 각 부분을 체계적으로 평가하는 기초위험성규명기법	ISO 60300-3-9 A.1
HRA (인간신뢰도분석)	인간이 시스템 성능에 미치는 영향을 분석하고 인간 파오가 신뢰도에 미치는 영향을 평가하는 빈도분석기법	ISO 60300-3-9 A.6
S-H검토법 (소프트웨어-하드웨어 검토법)	제품이 사용되는 형태와 고장모드에 의해 발생도, 검지도, 영향도를 검토하여 보증의 필요 여부를 검토하는 기법	-
RBD (신뢰도블록다이어그램)	전체적인 시스템의 신뢰성을 평가하기 위하여 시스템 및 그것의 중복성에 대한 모형을 창출하는 빈도분석기법	ISO 61078

2. 위험분석의 진행순서

위험분석은 통상 다음의 4단계의 순서로 진행된다.

(1) 예비위험분석(PHA : Preliminary Hazard Analysis)

설계 초기단계에서 실시하는 예비위험분석은 제품의 개발단계에 있어서 개발과 각 구성부품에 대하여 제품이 의도된 사용 또는 환경하에서 예상되는 위험의 종류와 영향을 파악하여 위험의 수준을 정하는 방법이다.

(2) 서브시스템위험분석(SSHA : Sub-System Hazard Analysis)

다음 단계는 각 서브시스템을 구성하는 요소와 기기의 기능적 고장과 관련된 위험을 명확하게 하기 위해서 실시하는 서브시스템위험분석이다. 이 SSHA는 설계가 상당히 진행되어 개개의 부품과 서브시스템의 상세한 부분이 분명하게 된 단계에서 개개의 부품 또는 서브시스템과 시스템 각각에 대해 실시하거나 상호 간의 인터페이스를 하면서 실시한다. SSHA는 FHA, FTA, FMEA, ETA 등의 수법이 주로 적용된다.

(3) 시스템위험분석(SHA : System Hazard Analysis)

서브시스템 또는 시스템 간, 서브시스템과 시스템 상호 간의 인터페이스에 관련된 위험을 명확히 하기 위해서 행하는 위험분석이다.

(4) 사용 및 보전위험분석(O & SHA : Operating and Support Hazard Analysis)

시스템의 모든 사용단계에서의 안전성을 확보하기 위하여 운송, 보관, 시험, 운전, 보전, 사용 및 폐기에 이르는 모든 단계에 관련된 사람, 순서 및 설비에 수반되는 위험을 명확하게 파악하는 것이다.

3. 분석기법의 선정요령

위험성분석 및 평가에 사용되는 기법의 선정은 분석의 목적과 범위에 따라 적절한 선택이 필요하며, 기법의 선정을 위해서는 제품의 개발단계, 분석목적, 제품과 분석되는 위험성의 유형, 잠재적 강도수준, 인력 및 전문지식과 요구자원의 보유 정도, 정보와 자료의 가용성, 분석결과의 수정 및 가감의 필요성, 법규나 계약상의 요구사항을 고려하여야 한다.

일반적으로 우수한 기법의 3가지 조건은 다음과 같다.

① 과학적 견지에서 볼 때 합리적이어야 하며, 분석대상인 제품에 적절하여야 한다.

② 위험성의 성질과 통제될 수 있는 결과를 제공하여야 한다.

③ 실제적으로 다양한 수행자에 의해 추적될 수 있고 반복 가능하며, 입증 가능한 형태로 활용될 수 있어야 한다.

위험분석 및 평가기법의 한계를 명심하여 제품안전기술자의 육성으로 제품안전에 대한 경험의 축적과 데이터의 확보 및 향상에 기업은 많은 노력을 기울일 필요가 있다.

Section 20 액면화재의 TNO모델식과 가정 및 제한사항

1. 개요

액면화재(Pool Fire)의 적용 범위는 저장탱크 또는 배관에서 인화성 물질이 누출되어 그 물질이 액면을 형성하여 화재를 일으키는 경우에 적용하며, 피해요인은 화재 시의 복사열에 의하여 피해를 입게 된다.

2. 전제조건

TNO 액면화재모델의 적용 시에는 다음의 전제조건이 있다.
① 지상에서의 액표면화재에 적용한다.
② 산소가 충분히 공급되는 것으로 가정한다.
③ 액표면적이 일정한 것으로 가정한다.
④ 완전연소로 가정한다.
⑤ 연소 시 생성되는 이산화탄소 및 검댕에 의한 투과도에 영향을 미치지 않는 것으로 가정한다.

3. 피해예측순서

(1) 연소속도 산출

연소속도라 함은 액표면에서의 단위면적당 증발량을 말하며 다음의 식 또는 [표 3-16]에서 구한다.

1) 액체의 비점이 대기온도보다 높은 경우

$$m = \frac{0.001H_c}{C_p(T_b - T_a) + \Delta H_v} \qquad (1)$$

2) 액체의 비점이 대기온도보다 낮은 경우

$$m = \frac{0.001H_c}{\Delta H_v} \qquad (2)$$

여기서, m : 연소속도(kg/m²·s), H_c : 순연소열량(J/kg), ΔH_v : 증발잠열(J/kg)

C_p : 비열(J/kg·K) T_a : 대기온도(K), T_b : 비점(K)

[표 3-16] 연소속도

물질		연소속도
저온유체	액체수소	0.017
	LNG(CH_4)	0.078
	LPG(C_3H_8)	0.099
알코올류	메탄올	0.017
	에탄올	0.015
유기연료	부탄	0.078
	벤젠	0.065
	헥산	0.074
	헵탄	0.101
	자일렌	0.090
	아세톤	0.041
	디옥산	0.018
	디에틸에테르	0.085
석유제품	휘발유	0.055
	등유	0.039
	항공유(JP-4)	0.051
	항공유(JP-5)	0.054
	변압기유	0.039
	중유	0.035
	원유	0.022~0.045

(2) 불꽃의 길이 산출

1) 불꽃이 기울어진 경우

$$L_f = 110R \left[\frac{m}{\rho_a \sqrt{2gR}} \right]^{0.67} U^{-0.21} \tag{3}$$

여기서, L_f : 불꽃의 길이, m : 연소속도(kg/m² · s), R : 액표면의 반지름(m)

　　　ρ_v : 정상 비점에서의 액면증기의 밀도(kg/m³)

　　　ρ_a : 대기온도에서의 공기의 밀도(kg/m³)

　　　g : 중력가속도(9.8m/s²), U : 1.6m 높이에서의 바람속도(m/s)

　　　$U : \dfrac{u}{\left(\dfrac{2gmR}{\rho_v} \right)^{1/3}}$, $u \geq \left(\dfrac{2gmR}{\rho_v} \right)^{1/3}$ 인 경우

　　　　　　1. $u < \left(\dfrac{2gmR}{\rho_v} \right)^{1/3}$ 인 경우

2) 불꽃이 수직인 경우

$$L_f = 84R \left(\frac{m}{\rho_a \sqrt{2gR}} \right)^{0.61} \tag{4}$$

여기서, L_f : 불꽃의 길이, R : 액표면의 반지름(m), m : 연소속도(kg/m²·s)

ρ_a : 대기온도에서의 공기의 밀도(kg/m³), g : 중력가속도(9.8m/s²)

(3) 불꽃의 기울기 산출

$\cos\theta = 1$, $U \leq 1$인 경우

$$\cos\theta = \frac{1}{\sqrt{U}}$$

여기서, $U = \dfrac{u}{\left(\dfrac{2gmR}{\rho_v} \right)^{1/3}}$

(4) 표면방출 플럭스량(Surface emitted flux) 산출

$$E = \frac{\beta m H_c S}{2\pi R L_f S} \tag{5}$$

여기서, E : 표면방출 플럭스량(W/m²), β : 전체 복사열의 비율([표 3-17] 참조)

H_c : 연소열(J/kg), S : 액표면적(m²), R : 액표면의 반지름(m), L_f : 불꽃의 길이(m)

[표 3-17] 전체 복사열의 비율

물질명	액표면의 지름(mm/in)	β
메탄올	80/3 150/6 1,200/48	0.162 0.165 0.170
액화천연가스(LNG)	1,500/60 3,000/120 6,000/240	0.15~0.24 0.24~0.34 0.20~0.27
부탄	300/12 450/18 750/30	0.199 0.205 0.269
휘발유	1,200/48 1,500/60 3,000/120	0.30~0.40 0.16~0.27 0.13~0.14
벤젠	80/3 450/18 750/30 1,200/48	0.35 0.345 0.35 0.36

주) 일반 탄화수소의 경우에는 0.35로 한다.

(5) 지형시계인자(Geometric view factor) 산출

1) 수직지형시계인자(F_v)

① 불꽃이 수직인 경우

$$F_v = \frac{1}{\pi Y} \tan^{-1}\left(\frac{X}{\sqrt{Y^2-1}}\right) + \frac{X}{\pi}\left[\frac{A-2Y}{Y\sqrt{AB}} \tan^{-1}\sqrt{\frac{(Y-1)A}{(Y+1)B}}\right]$$
$$- \frac{1}{Y} \tan^{-1}\sqrt{\frac{Y-1}{Y+1}} \tag{6}$$

여기서, X : 불꽃의 길이와 불꽃의 반지름의 비(무차원)

Y : 불꽃으로부터의 떨어진 거리와 불꽃의 반지름의 비(무차원)

$A = (1+Y)^2 + X^2$

$B = (1-Y)^2 + X^2$

② 불꽃이 기울어진 경우

$$F_v = \frac{X\cos\theta}{Y-X\sin\theta} \frac{A-2Y(1+X\sin\theta)}{\pi\sqrt{A'B'}} \tan^{-1}\sqrt{\frac{A'(Y-1)}{B'(Y+1)}}$$
$$+ \frac{\cos\theta}{\pi\sqrt{C'}} \tan^{-1}\left[\frac{XY-(Y^2-1)\sin\theta}{\sqrt{(Y^2-1)C'}}\right]$$
$$+ \tan^{-1}\left[\frac{\sin\theta\sqrt{Y^2-1}}{\sqrt{C'}} - \frac{X\cos\theta}{\pi(Y-X\sin\theta)}\right]\tan^{-1}\sqrt{\frac{Y-1}{Y+1}} \tag{7}$$

여기서, $A' = A-2X(Y-1)\sin\theta$, $B' = B-2X(Y-1)\sin\theta$, $C' = 1+(Y^2-1)\cos^2\theta$

2) 수평지형시계인자(F_h)

① 불꽃이 수직인 경우

$$F_h = \frac{1}{\pi} \tan^{-1}\sqrt{\frac{Y+1}{Y-1}} - \left[\frac{X^2(Y+1)(Y-1)}{\sqrt{AB}} \tan^{-1}\sqrt{\frac{A(Y-1)}{B(Y+1)}}\right] \tag{8}$$

② 불꽃이 기울어진 경우

$$F_h = \frac{1}{\pi} \tan^{-1}\sqrt{\frac{Y+1}{Y-1}} - \left[\frac{A-2(Y+1-XY\sin\theta)}{\pi\sqrt{A'B'}} \tan^{-1}\sqrt{\frac{A'(Y-1)}{B'(Y+1)}}\right]$$
$$+ \frac{\cos\theta}{\pi\sqrt{C'}} \tan^{-1}\left[\frac{XY-(Y^2-1)\sin\theta}{\sqrt{(Y^2-1)C'}}\right] + \tan^{-1}\left[\frac{\sin\theta\sqrt{Y^2-1}}{C'}\right] \tag{9}$$

3) 최대지형시계인자(F)

$$F = \sqrt{F_v^2 + F_h^2} \tag{10}$$

(6) 투과도(Transmissivity)

$$\tau = 2.02(P_{pw}l)^{-0.09} \tag{11}$$

여기서, τ : 투과도(무차원), l : 불꽃으로부터 떨어진 거리(m)

$P_{pw} = R_H P_W$

R_H : 상대습도, P_W : 물의 증기압(N/m²)

(7) 복사열량 산출

$$Q = \tau F E \tag{12}$$

여기서, Q : 불꽃에서부터 일정거리에서의 복사열량(W/m²), τ : 투과도(무차원)

F : 최대지형시각인자(무차원)

E : 표면방출 플럭스량(W/m²)

(8) 사고지점으로부터 거리별 복사열량 산출

(5) 내지 (7)을 일정거리로 바꾸어 반복 계산하여 사고지점으로부터 일정거리별 복사열량을 산출한다.

(9) 피해예측

(5)에서 산출한 거리별 복사열량을 알게 되면 그 지점에서의 피해는 간단히 예측할 수 있다. 관련 규정을 이용하여 주변 근로자 및 설비에 미치는 피해를 객관적으로 산정한다.

Section 21 연소 시 발생현상과 연소소음

1. 연소 시 발생현상

① 불완전연소(incomplete combustion)현상 : 염공(炎孔, 불꽃구멍)에서 연료가스가 연소 시 가스와 공기의 혼합이 불충분하거나 연소온도가 낮을 경우에 황염(yellow tipping)이나 그을음이 발생하는 연소현상을 말하며, 이때 연소 생성물 중에 일산화탄소, 그을음, 알데히드 등의 가연물이 포함되어 있게 된다.

② 역화(Back fire)현상 : 분젠버너의 염공에서 기체연료가 연소 시 연료의 분출속도가 연소속도보다 느릴 때 불꽃이 염공 속으로 빨려 들어가 혼합관 속에서 연소하는 현상을 말한다.

③ 부상화염(lifting, Lift Flame)과 황염현상 : 부상화염현상은 불꽃이 염공 위에 들뜨는 현상으로 염공에서 연료가스의 분출속도가 연소속도보다 빠를 때 발생한다. 황염현상은 불꽃의 색이 황색으로 되는 현상으로 염공에서 연료가스의 연소 시 공기량의 조절이 적정하지 못하여 완전연소가 이루어지지 않을 때에 발생한다.

2. 연소소음(combustion noise)

연소에 수반되어 발생되는 소음을 말하는데, 발생원인은 연소속도나 불출속도가 대단히 클 때와, 연소장치의 설계가 잘못되어 연소 시 진동이 발생하는 경우에 발생한다. 종류로는 연소음, 가스분출음, 공기흡입음, 폭발음, 공명음 등이 있다.

① 블로오프(blow off) : 불꽃이 날려서 꺼지는 현상으로 염공에서 연료가스의 분출속도가 연소속도보다 클 때, 또는 주위 공기의 움직임에 따라 불꽃이 꺼지는 현상을 말한다.
② 블로다운(blow down) : 퍼지(purge) 또는 방산(放散)이라고도 하며 불필요한 일정량의 가스를 대기 중으로 방출하는 것을 말한다.

Section 22 열교환기 운전에 있어 냉각수를 이용하는 열교환기의 구체적 취급방법

1. 개요

열교환기는 폐열의 회수를 목적으로 고온유체와 저온유체 사이의 열이동을 위한 장치로 화학공정공장에서 주로 사용되고 종류도 다양하다. 공정상태와 교환기 디자인에 따라서 선택하게 된다. 종류에 다관식 열교환기, 이중관식 열교환기, 코일식 열교환기 등이 있다.

최적의 열교환기를 선택할 때 다소 까다롭고 자세한 조사를 시행해야 한다. 왜냐하면 압력, 온도, 고형성분, 점도, 교환기 내용량 및 다른 요소에 따라 적당하지 않은 열교환기가 있기 때문이다.

2. 취급방법

열교환기를 취급할 때 각각의 설비종류, 구조, 취급물질 등에 적합하도록 구체적인 취급방법을 사전에 결정하여야 한다.

(1) 냉각수를 이용하는 열교환기

운전 개시 전에 먼저 냉각수로 냉각수축에 체류되고 있는 가스를 제거하고, 그 후에 냉각되는 물질을 통하도록 한다. 운전 중지 시는 냉각되는 물질을 중지한 후 냉각수를 중지한다.

(2) 자동제어장치의 열교환기

운전이 정상상태에 도달할 때까지 수동제어장치에 의해 운전하도록 한다. 열교환기를 사용하지 않을 때는 냉각수 입구밸브를 완전히 잠그고 내용물을 완전히 제거하기 위해 열어놓는 것이 좋다.

(3) 스팀을 이용하는 열교환기

운전개시 때 가열되는 물질이 극저온이어서 스팀이 동결할 수 있는 경우에 스팀을 먼저 공급할 수 있지만, 상압증류탑 또는 감압증류탑에 이용되는 리보일러 등에서는 가열되는 물질을 열교환기 내부에 넣고 나서 스팀을 서서히 공급하여 가열한다. 스팀을 처음 공급할 때는 열교환기에 설치한 스팀의 드레인밸브를 개방함과 동시에 리보일러의 스팀드럼의 예비배관의 밸브를 열고 응축물을 배출하여 응축물의 양이 감소되면 예비배관의 밸브를 닫는다.

운전 중지 시 스팀공급을 먼저 중지하고 가열물질을 배출시킨다. 대부분의 교환기는 누출이 일어난다고 여겨지며 냉각수로의 누출이 주를 이루고 냉각탑을 통해서 근로자와 인근 주민에게 폭로된다. 누출을 막기 위해 점검해야 하는 항목은 다음과 같다.

① 부식 및 고분자물질 등 생성물의 상태 또는 부착물에 의한 오염의 상태를 점검한다.
② 누설의 원인인 크랙, 손상, 용접선 이상은 없는가 조사한다.
③ 관두께의 감소가 있는지 조사한다.
④ 냉각관(tube) 내에 고형물질과 생물학적 물질 및 부식 등이 시간이 지나면서 생겨나게 되며, 이러한 것을 청소하는 데 먼저 냉각기 내에 있는 내용물을 비운다.
⑤ 용매나 불활성 액체를 이용하여 냉각관 내를 청소한다.

Section 23 위험과 운전분석기법(HAZOP)

1. 개요

위험과 운전분석기법(HAZOP)은 Hazard and Operability의 약자로 공정의 위험을 정성적으로 평가하는 기법이다. 주로 Task Force팀으로 구성되어 HAZOP Manager, 공정, 기계, 계장, 설계, 운전담당자, 감사 등에 의해 주로 실시되고, 기본설계, 상세설계, 운전 중, Decommissioning

시에도 사용되며, 방법은 플랜트를 노드(node, 탑조류)별로 구분하고, 키워드 항목별로 키워드의 고저에 따라 safety guard 및 위험등급별로 HAZOP Sheet에 기록하여 각 노드별 위험등급을 여러 등급으로 나누는 방법으로 한다.

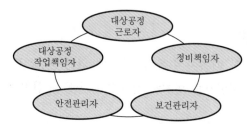

[그림 3-14] 평가팀 구성체계

2. 평가팀 리더의 역할

① 대상공정에 대한 작업지식과 경험 보유
② 위험성평가기법 숙지
③ 안전보건정보(앗차사고사례 포함) 수집
④ 팀원 간 정보교환을 통한 완전한 이해

3. 평가진행방법

① 리더는 다양한 위험요인을 도출하도록 분위기를 유도(4M항목별로 Brain Storming기법 활용)한다.
② 위험요인에 대한 노출빈도 및 사고크기(위험도 계산)를 결정한다.
③ 위험도가 허용 가능위험 또는 허용할 수 없는 위험인지를 판단한다.
④ 허용할 수 없는 위험요인의 경우 개선대책을 수립한다.
⑤ 개선대책이 실행 가능한 합리적인 대책인지를 검토한다.

Section 24 위험기반검사

1. 개요

위험기반검사(RBI : Risk Based Inspection)란 장치산업설비에 따른 사고를 유발할 수 있는 각 위험요소를 파손모드(Failure Mode)별로 구분하고, 설비제작에 사용된 재료, 사고 발생위치, 사고 발생인자 등 파손메커니즘에 관련된 자료 및 위험(risk)에 따라 검사의 주기, 방법 등을 위험 정도가 높은 설비에 초점을 맞추어 유지, 보수관리함으로써 최소의 비용으로 설비의 안전을 확보하고 가동률을 향상시키고자 하는 과학적인 기법이다.

2. 결정방법

위험기반검사는 미국석유협회(API) API RP 580(Risk-Based Inspection)에서 권고하는 개념으로 다음과 같은 규격을 보완하고 있으며, 또한 이들 규격들은 위험기반검사에 기초하여 검사계획(Inspection Plan)을 결정하도록 권장하고 있다.

① API STD 510 : Pressure Vessel Inspection
② API STD 570 : Piping Inspection Code
③ API STD 650 : Welded Steel Tank for Oil Storage

위험기반검사는 확률론적인 방법에 기초를 두고 있다. 즉 위험은 특정 시간 동안 발생하는 사고 발생확률(POF : Probability Of Failure)과 사람, 재산 및 환경에 미치는 피해의 정도를 정량적으로 나타내는 사고 발생결과(COF : Consequence Of Failure)로 나누며 다음과 같이 표시할 수 있다.

위험(Risk)=파손확률(POF)×파손결과(COF)

따라서 위험은 인명의 손실, 설비의 파괴, 환경오염 등 사회·경제적인 위험까지 포함하고 있다. 위험수준(risk level)을 체계적으로 감소시키기 위해서는 사고 발생빈도가 높고 피해 정도가 작은 위험설비보다 발생빈도는 낮지만 피해 정도가 심각한 위험설비에 중점을 두어 소수의 고위험설비(전체 설비의 10~15%)를 집중 관리함으로써 가능할 것이다.

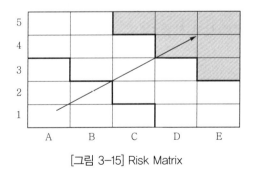

[그림 3-15] Risk Matrix

Section 25 화학설비에 파열판과 안전밸브를 직렬로 설치할 때 안전밸브 전단에 파열판을 설치할 경우와 안전밸브 후단에 파열판을 설치할 경우의 요구조건

1. 용어정의

① 안전밸브(Safety valve) : 밸브 입구 쪽의 압력이 설정압력에 도달하면 자동적으로 스프링이 작동하면서 유체가 분출되고, 일정압력 이하가 되면 정상상태로 복원되는 밸브
② 파열판(Rupture disc) : 안전밸브에 대체할 수 있는 방호장치로서 판 입구측의 압력이 설정압력에 도달하면 판이 파열하면서 유체가 분출하도록 용기 등에 설치된 얇은 판

2. 설치기준

① 파열판을 설치하여야 하는 기준은 산업안전보건기준에 관한 규칙 제262조(파열판의 설치)에 따르며 상세한 사항은 다음과 같다.
　㉠ 반응폭주 등 급격한 압력 상승의 우려가 있는 경우
　㉡ 독성물질의 누출로 인하여 주위 작업환경을 오염시킬 우려가 있는 경우
　㉢ 운전 중 안전밸브에 이상물질이 누적되어 안전밸브의 기능을 저하시킬 우려가 있는 경우
　㉣ 유체의 부식성이 강하여 안전밸브 재질의 선정에 문제가 있는 경우
② 반응기, 저장탱크 등과 같이 대량의 독성물질이 지속적으로 외부로 유출될 수 있는 구조로 된 경우에는 파열판과 안전밸브를 직렬로 설치하고, 파열판과 안전밸브 사이에는 누출을 탐지할 수 있는 압력지시계 또는 경보장치를 설치하여야 한다.
③ 안전밸브 등은 안전밸브 등의 선정흐름도 예시를 참조하여 선정한다.

3. 설정압력

① 안전밸브 등의 설정압력은 보호하려는 용기 등의 설계압력 또는 최고허용압력 이하이어야 한다. 다만, 다음의 경우와 같이 배출용량이 커서 2개 이상의 안전밸브 등을 설치하는 경우에는 그러하지 아니하다.
　㉠ 외부 화재가 아닌 다른 압력 상승요인에 대비하여 둘 이상의 안전밸브 등을 설치할 경우에는 하나의 안전밸브 등은 용기 등의 설계압력 또는 최고허용압력 이하로 설정하여야 하고, 다른 것은 용기 등의 설계압력 또는 최고허용압력의 105% 이하에 설정할 수 있다.

     ⓛ 외부 화재에 대비하여 둘 이상의 안전밸브 등을 설치할 경우에는 하나의 안전밸브 등은 용기 등의 설계압력 또는 최고허용압력 이하로 설정하여야 하고, 다른 것은 용기 등의 설계압력 또는 최고허용압력의 110% 이하로 설정할 수 있다.

  ② 안전밸브 등의 배출용량 산정 및 설치 등에 관한 기술지침(한국산업안전보건공단)에 의하여 파열판과 안전밸브를 직렬로 설치하는 경우 안전밸브의 설정압력 및 파열판의 파열압력은 다음과 같이 한다.

     ㉠ 안전밸브 후단에 파열판을 설치하는 경우 안전밸브의 설정압력은 파열판의 파열압력 이상으로 하여 안전밸브 작동 즉시 파열판이 파열되도록 한다.

     ⓛ 안전밸브 전단에 파열판을 설치하는 경우 안전밸브의 설정압력은 파열판의 파열압력 이하로 하여 파열판의 파열 즉시 안전밸브가 작동되도록 한다.

Section 26 자연발화에 대해 설명하고 발화온도에 영향을 주는 인자들 열거

1. 자연발화

자연발화는 산화·분해 또는 흡착 등에 의한 반응열이 축적하여 일어난다. 예를 들면, 노란 인(黃燐) 등은 공기 중에서 산화가 진행되면 저절로 발화하여 불꽃을 내며 연소하고, 석탄이 쌓여 있는 경우에는 석탄의 함유물이 산화함으로써 생기는 반응열이 축적되어 저절로 발화하는 수가 있다.

또 원면(原綿)이나 마른풀 등에서는 불포화지방산이 산화되어 발화하는 일도 있고, 고무류도 가루모양의 것은 자연발화한다. 분해에 의한 반응열의 예로는 셀룰로이드가 잘 알려져 있는데, 주성분인 니트로셀룰로오스가 저절로 분해하여 생긴 질산 등과 반응하여 발열·발화한다. 질산에스테르를 주성분으로 하는 화약류도 자연분해하여 발열·발화하며 더욱 격렬하게 반응하여 폭발하는 경우도 있다. 화약에는 대부분 자연폭발을 방지하기 위해 안정제가 들어 있다.

흡착에 의한 발열이 원인으로 되는 것에는 활성탄이나 목탄·광석 등에서 그 예를 찾아볼 수 있다. 석탄·황화광석(黃化鑛石) 등의 파쇄면은 공기 중에 있는 산소를 흡착하여 산화하는 성질이 있어 발열하며 냉각시켜 주지 않으면 차차 온도가 상승하여 산소를 더 흡수하게 되어 마침내 자연발화하게 된다. 이와 같은 자연발화현상은 갱내(坑內)뿐만 아니라 갱 밖의 저탄장(또는 광석 저장소) 등에서도 종종 볼 수 있다. 갱내에서의 자연발화는 갱내화재, 유독가스가 충만하는 원인이 되며, 특히 탄광의 갱내에서는 가스폭발을 유발할 우려도 있어 이의 방지는 안전관리에 중요하다.

2. 발화온도

발화성 물질을 가열할 때에 연소하기 시작하는 최저온도로 자연발화온도라고도 한다. 고체연료와 액체연료의 경우는 착화온도(착화점)라고 할 때가 많다. 동일물질에서도 측정조건에 따라 상당히 다르므로 절대적인 값을 구하는 것은 곤란하다. 기체의 발화온도 등은 압력에 따라 크게 변화하고 보통 상당히 엄밀한 규정 밑에서 측정하여 비교하도록 되어 있으며, 측정방법으로 가열도가니법, 봄베법, 단열압축법 등이 있다.

Section 27 트라우즐연통시험

1. 개요

연통시험(lead block test, Trauzl)은 용적 61cc의 납 도가니에 화약 장전, 폭파 후 확대치를 측정하며, 이를 트라우즐연통시험(Trauzl Lead Block Test)이라 한다. 정확한 성분과 사이즈를 연통의 내부에서 작열시켜 연통의 변형상태와 폭약의 정적효과를 계측하는 시험이다. Lead Block test 라고 하며 1885년에 트라우즐에 의해서 제정되어 현재까지 폭발능력의 시험방법으로

(a) KV-150M1 　　　　(b) KV-250M

[그림 3-16] 시험용기의 외관

사용한다. 규격은 높이가 200mm, 직경이 200mm, 중심축에 따른 직경 25mm, 깊이 125mm의 공간으로 되어 있으며 [그림 3-16]에 외관을 표시한다.

2. 시험방법

① 시료에 있는 폭약 10g을 직경 24.5mm의 원통에 형성한 은박(80~100g/m²)에 포장하여 중앙에 6호 전선을 삽입하고, 이것을 연통의 밑에 넣는다.
② 건조된 석영분을 공간에 채운다.
③ 폭발을 실시하면 확대한 공간(V)에 물을 넣고 용적을 측정한다.
④ 최초의 용적은 61mm에서 측정한 값에서 마이너스 61mm하여 값을 결정한다. 또한 물의 용적은 15℃를 표준 온도로 하여 측정한다.
⑤ 트리니트로톨루엔의 확대치는 270~280mm에서 이것을 100으로 하여 폭약을 평가한

다. 이 시험방법은 확대치가 300mm 전후의 경우에는 양화한 결과를 나타내며, 약한 화약의 경우에는 기대치보다 작게 되고, 강력한 폭약에서는 큰 경향이 있다. 때문에 최근에 개발한 고성능폭약의 평가법으로는 평가하지 않는 경향이 있다. 트라우즐시험의 결과는 폭약류를 수송하는 경우의 해상보험의 보험료의 심사에 사용되며, 로이즈보험조합이나 보험검증협회에서는 평가법의 견적을 검토한다.

Trauzl값은 Trauzl시험에 따라 측정한 폭약의 양을 표로 표시하고 연통시험값으로 한다. 트리니트로톨루엔의 폭발능력을 100으로 표시한다. 해상보험에 있어서는 위험물을 수송하는 경우에 위험도를 판정하는 지표로 활용하고 있다.

3. 대표적인 폭약의 Trauzl값

① 트리니트로톨루엔(trinitrotoluene) : 100 ② 흑색화약(black powder) : 55

③ 염화암모늄(ammonium chloride, sal ammoniac) : 59~75

④ 니트로셀룰로오스(nitrocellulose) : 130~142

⑤ 니트로글리세린(nitroglyceri) : 185

⑥ 니트로글리콜(nitroglycol) : 187~205

⑦ 펜트리트(penthrite, pentaerythritol tetranitrate) : 170~181

⑧ 피크린산 : 103~111 ⑨ 테트릴(tetryl) : 129

⑩ RDX : 164~170 ⑪ HMX : 153

⑫ DDNP : 110 ⑬ 트리시네이트(tricinate) : 42

⑭ 아지화연 : 40

Section 28 파열판과 스프링식 안전밸브를 직렬로 함께 설치하는 이유

1. 개요

안전밸브(Safety Valve)는 스팀, 가스, 증기의 취급 시 사용하며 설정압력 초과 시 순간적으로 완전개방 및 Pop action을 한다. 과압이 제거된 후 밸브는 설정압력보다 4% 낮게 재설정된다. 배압의 영향에 따라 Conventional spring type, Balanced type(Bellows type, Piston type)의 2가지가 있다. 파열판(Rupture Disk)은 폭연 또는 이상반응 발생 시에 압력 상승이 급격한 경우, 유체의 일체 누출을 허용하지 않을 경우, 용수철식 안전밸브의 작동을 방해하는 침전물이나 부착물이 생길 경우, 유체의 부식성이 심한 경우 등에 사용한다.

2. 파열판과 스프링식 안전밸브를 직렬로 함께 설치하는 이유

파열판과 스프링식 안전밸브를 직렬로 함께 설치하는 이유는 다음과 같다.

① 부식물질로부터 고가의 스프링식 안전밸브를 보호한다.

② 독성이 강한 물질의 누출이 우려되는 경우이다.

③ 인화성 가스를 취급하는 경우 완전한 격리를 위해 적용한다.

④ 반응성이 있는 모노머는 중합반응이 진행되어 용수철이 내재된 장치의 복잡한 부분에 막힘이 발생되어 위험해질 수 있는데, 이러한 막힘을 보호하기 위해 적용한다.

⑤ 스프링식 안전밸브에 막힘을 유발시킬 수 있는 슬러리를 방출시키기 위해 적용한다.

Section 29 **펌프에서의 여러 현상(공동현상, 수격현상, 서징현상, 공진현상, 초킹, 선회실속)**

1. 캐비테이션(cavitation)현상

물이 관 속을 유동하고 있을 때 흐르는 물 속의 어느 부분의 정압(static pressure)이 그때 물의 온도에 해당하는 증기압(vapor pressure) 이하로 되면 부분적으로 증기가 발생한다. 이 현상을 Cavitation이라 한다.

(1) 캐비테이션 발생의 조건

[그림 3-17]에서처럼 유체가 넓은 유로에서 좁은 곳으로 고속으로 유입할 때, 또는 벽면을 따라 흐를 때 벽면에 요철이 있거나 만곡부가 있으면 흐름은 직선적이지 않으며, A 부분은 B 부분보다 저압이 되어 캐비티(空洞)가 생긴다. 이 부분은 포화증기압보다 낮아져서 증기가 발생한다. 또한 수중에는 압력에 비례하여 공기가 용입되어 있는데, 이 공기가 물과 분리되어 기포가 나타난다. 이런 현상을 캐비테이션, 즉 공동현상(空洞現象)이라고 한다.

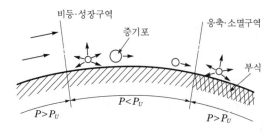

[그림 3-17] 관로에서 캐비테이션현상

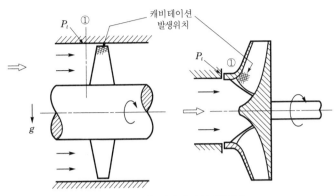

[그림 3-18] 캐비테이션 발생부

(2) 캐비테이션 발생에 따르는 여러 가지 현상

① 소음과 진동 : 캐비테이션에 생긴 기포는 유동에 실려서 높은 압력의 곳으로 흘러가면 기
　포가 존재할 수 없게 되며 급격히 붕괴되어서 소음과 진동을 일으킨다. 이 진동은 대체
　로 600~1,000Hz 정도의 것이다. 그러나 이 현상은 분입관에 공기를 흡입시킴으로써 정
　지시킬 수 있다.

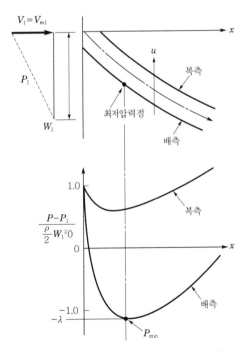

[그림 3-19] 캐비테이션에 따른 압력저하

② 양정곡선과 효율곡선의 저하 : 캐비테이션 발생에 의해 양정곡선과 효율곡선이 급격히 변한다.

③ 깃에 대한 침식 : 캐비테이션이 일어나면 그 부분의 재료가 침식(erosion)된다. 이것은 발생한 기포가 유동하는 액체의 압력이 높은 곳으로 운반되어서 소멸될 때 기포의 전 둘레에서 눌려 붕괴시키려고 작용하는 액체의 압력에 의한 것이다. 이때 기온체적의 급격한 감소에 따르는 기포면적의 급격한 감소에 의하여 압력은 매우 커진다. 어떤 연구가가 측정한 바에 의하면 300기압에 도달한다고 한다. 침식은 벽 가까이에서 기포가 붕괴될 때에 일어나는 액체의 압력에 의한 것이다. 이러한 침식으로 펌프의 수명은 짧아진다.

(3) 캐비테이션의 방지책

① 펌프의 설치높이를 될 수 있는 대로 낮추어서 흡입양정을 짧게 한다.

② 펌프의 회전수를 낮추어 흡입 비속도를 적게 한다. $S=\dfrac{n\sqrt{Q}}{\Delta h^{\frac{4}{3}}}$에서 n을 작게 하면 흡입속도가 작게 되고, 따라서 캐비테이션이 일어나기 힘들다.

③ 단흡입(單吸入)에서 양흡입(兩吸入)을 사용한다. $S=\dfrac{n\sqrt{Q}}{\Delta h^{\frac{4}{3}}}$에서 유량이 작아지면 S가 작아지며 불충분한 경우 펌프를 멈춘다.

④ 수직형 펌프를 사용하고 회전차를 수중에 완전히 잠기게 한다.

⑤ 2대 이상의 펌프를 사용한다.

⑥ 손실수두를 줄인다(흡입관 외경은 크게, 밸브, 플랜지 등 부속수는 적게).

2. 수격현상(water hammer)

물이 유동하고 있는 관로 끝의 밸브를 갑자기 닫을 경우 물이 감속되는 분량의 운동에너지가 압력에너지로 변하기 때문에 밸브의 직전인 A점에 고압이 발생하여, 이 고압의 영역은 수관 중의 압력파의 전파속도(음속)로 상류에 있는 탱크 쪽의 관구 B로 역진하여 B상류에 도달하게 되면 다시 A점으로 되돌아오게 된다. 다음에는 부압이 되어서 다시 A, B 사이를 왕복하며 계속 반복한다.

이와 같은 수격현상은 유속이 빠를수록, 또한 밸브를 잠그는 시간이 짧을수록 심하며 수관이나 밸브를 파괴시킬 수도 있다. 운전 중의 펌프가 정전(停電) 등에 의하여 급격히 구동력을 소실하면 유량에 급격한 변화가 일어나고, 정상운전 때의 액체압력을 초과하는 압력변동이 생겨 수격작용의 원인이 되며 수격작용 방지책은 다음과 같다.

① 관내의 유속을 낮게 한다(단, 관의 직경을 크게 할 것).

② 펌프에 플라이휠(fly wheel)을 설치하여 펌프의 속도가 급격히 변화하는 것을 막는다.

③ 조압수조(Surge tank)를 관선에 설치한다.

④ 밸브(Valve)는 펌프 송출구 가까이에 설치하고 이 밸브를 적당히 제어하며 가장 일반적인 제어방법이다.

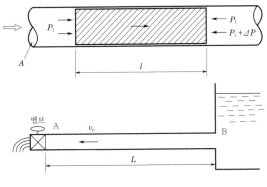

[그림 3-20] 수격작용의 원리

3. 서징현상(surging, 맥동현상)

펌프, 송풍기 등이 운전 중에 한숨을 쉬는 것과 같은 상태가 되어 펌프인 경우 입구와 출구의 진공계와 압력계의 침이 흔들리고 동시에 송출유량이 변화하는 현상, 즉 송출압력과 송출유량 사이에 주기적인 변동이 일어나는 현상이다.

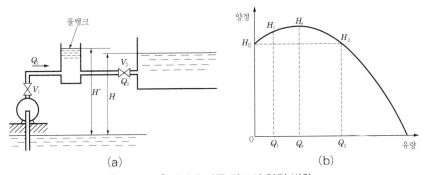

[그림 3-21] 서징에 따른 관로의 압력 변화

(1) 발생원인

① 펌프의 양정곡선이 최대점에서 형성되어 최대점에서 운전했을 때
② 송출관 내에 수조 혹은 공기조가 있을 때
③ 유량조절밸브가 탱크 뒤쪽에 있을 때

(2) 방지대책

① 회전차나 안내깃의 형상치수를 바꾸어 그 특성을 변화시킨다. 특히 깃의 출구각도를 적

게 하거나 안내깃의 각도를 조절할 수 있도록 배려한다.

② 방출밸브를 써서 펌프 속의 양수량을 서징할 때의 양수량 이상으로 증가시키거나 무단
변속기를 써서 회전차의 회전수를 변화시킨다.

③ 관로에서의 불필요한 공기탱크나 잔류공기를 제거하고 관로의 단면적 양액의 유속저항
등을 바꾼다.

4. 공진현상

왕복식 압축기의 흡입관로의 기주의 고유진동수와 압축기의 흡입회수가 일치하면 관로는
공진상태로 되며 진동을 발생함과 동시에 체적효율이 저하하여 축동력이 증가하는 등의 불
안한 운전상태로 된다. 따라서 관로의 설계 시 이와 같은 공진을 피할 수 있는 치수를 선정
해야 된다.

5. 초킹(choking)

축류압축기에서 고정일(안내깃)과 같은 익렬에 있어서 압력 상승을 일정한 마하수에서 최
대값에 이르러 그 이상 마하수가 증대하면 드디어 압력도 상승하지 않고, 유량도 증가하지 않
는 상태에 도달한다. 이것은 유로의 어느 단면에 충격파(shock wave)가 발생하기 때문이다.
이 상태를 초킹이라 한다.

6. 선회실속(rotating stall)

양력 발생에서 가장 중요한 요소로 받음각(Angle of Attack)이 있다. [그림 3-22]에서 날개
앞부분이 날개 뒷부분보다 들려져 있는데, 이같이 들려진 상태를 받음각이라 한다.

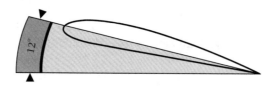

[그림 3-22] 받음각의 형태

이 받음각에 의하여 양력이 발생하게 되는데, 이때 받음각이 커지면 커질수록 양력은 증가
하지만 일정 각도 이상, 즉 임계점 이상이 되면 날개 윗면에 흐르는 공기의 흐름에 와류가 발
생하고, 따라서 양력은 급격히 감소하여 항력이 증가하며 [그림 3-23]과 같이 실속(Stall)이
발생하는 것이다.

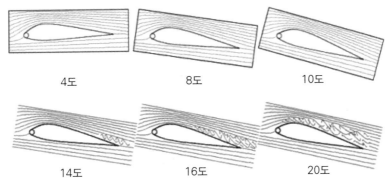

4도   8도   10도

14도   16도   20도

[그림 3-23] 실속의 발생원리

[그림 3-23]에서 받음각이 10도까지는 공기의 흐름에 변동이 없으나, 받음각이 14도 되는 시점부터 날개 상부 뒷부분의 공기흐름에 와류가 발생하고, 20도 지점부터는 와류가 대단히 커지는 것을 알 수 있다. 따라서 [그림 3-23]에서 보듯이 받음각이 커졌을 때 날개 윗면의 공기흐름에 와류가 발생하여 양력이 없어지는 현상을 실속이라 한다. 또한 당연히 실속이 발생하면 양력이 없어지게 되므로 기체를 부양시키지 못하고 땅으로 떨어지게 된다.

Section 30   폭발과압과 임펄스

1. 과압(Overpressure)

BLEVE의 폭발과압을 계산하기 위해서는 해당 압력용기의 폭발하기 직전 과압을 정의하여 입력하는 것이 필요한데, CCPS의 가이드라인과 유럽에서는 Pressure Vessel Burst(PVB)의 경우 통상적으로 최대허용운전압력(MAWP)의 약 2.4배에서 4배의 압력까지를 절대적으로 사고가 발생하는 지점으로 잡고 있다. BLEVE는 외부 화재로 인한 사고일 경우 안전밸브분사개시압력(Opening pressure)의 1.21배, 안전밸브의 고장과 결함과 충전 및 과열로 인한사고는 설계압력의 2.5배를 적용한다.

2. 임펄스(Impulse, I_s)

임펄스는 폭풍압의 크기와 시간을 고려한 물리량이며, 시간은 폭풍압이 최고압에서 대기압까지 감소할 때까지의 시간이다.

$$I_s = \frac{l_a P_0^{2/3} E_{ex}^{1/3}}{a_0}$$

여기서, I_s : 임펄스(N/m² abs), I_a : 보정된 환산임펄스(무차원), P_0 : 대기압력(N/m² abs)

E_{ex} : 폭발에너지(J), a_0 : 대기 중에서의 음속(340m/s)

Section 31 폭발재해의 발생형태와 방지대책

1. 폭발재해

(1) 폭발의 유형

1) 가스폭발

폭발재해의 대부분은 화학공장의 폭발형태로서 가연성 가스는 메탄, 수소, 아세틸렌, 프로판 등이 있으며, 인화성 증기는 가솔린, 알코올 등이 있다.

2) 분진폭발

가연성 고체가 미세한 분말로 공기 중에서 부유상태로 폭발하한계농도 이상으로 유지되고 있을 때 착화원이 존재함으로써 폭발하며, 연소속도는 느리지만 발열량은 높다.

3) 미스트(mist)폭발

가연성 액체가 미스트상태로 누출되어서 폭발성 혼합물을 생성하여 폭발하며 비점, 인화점이 높은 기계유, 윤활유에 발생한다.

4) 고체폭발

산업용 화약, 무기용 화약, 유기과산화물 등 고체, 액체류 등의 폭발에서 발생한다.

5) 증기폭발

액체가 급속한 기화현상이 발생하고 체적팽창에 의하여 고압이 생성되어 폭풍을 일으키는 현상으로 다음과 같다.

① 고압 포화액의 급속액화 : 고압의 포화수가 급격히 기화하면서 발생하는 경우

② 액체의 급속가열 : 물 또는 물을 함유한 액체에 고온의 용융상태물질이 유입되면서 급격한 물의 증발과 고압이 발생하는 경우

③ 극저온 액화가스의 수면 유출 : LPG는 저온 액화가스인데, 이것이 상온의 물 위에 유출 시 급격하게 기화되면서 폭발하는 경우

6) 증기운폭발

다량의 가연성 증기의 급격한 방출로 증기와 공기가 혼합하여 증기운의 점화를 하며 그 특징은 다음과 같다.

① 영향변수: 방출된 물질의 양과 증발된 물질의 분율, 증기운의 점화확률, 점화되기 전 증기운이 움직인 거리, 증기운이 점화되기까지의 지연시간, 폭발의 확률과 효율, 점화원의 위치 등이다.

③ 증기운폭발의 특징: 증기운의 크기가 증가되면 점화확률이 증가한다. 증기운재해는 화재가 보통이고 폭발효율이 적으며(연소에너지의 20%가 폭풍파로 전환) 증기와 공기의 난류혼합이 폭발의 충격을 증가시킨다.

③ 증기운폭발의 메커니즘: 가연성 증기, 가스 혹은 미스트가 누출되어 공기와 누출된 물질의 혼합이 가연범위 내의 증기운을 형성하고, 가연성 혼합물이 점화되어 증기운의 영역을 통해 화염이 전파된다.

④ 예방대책: 물질의 취급량을 최소화하고 가스감지기를 설치하거나 ESV를 설치한다.

7) 비등액체 팽창증기폭발

비점 이상의 압력으로 유지되는 액체가 들어있는 탱크가 파열될 때 일어나는 폭발로서, 일반적인 형태단계의 화재원인은 액체가 들어있는 탱크 주변의 화재가 발생하고 탱크벽이 가열되어 액의 온도 증가 및 압력이 증가하며, 탱크의 온도가 상승하여 구조적 강도를 잃고 탱크파열 및 내용물이 폭발적으로 증발한다.

8) 이상반응에 의한 화재폭발

발열반응에는 온도제어, 원료, 촉매 등의 주입속도 등 어떠한 요인에 의하여 이상상태가 발생되면 고온고압상태가 되어 발화됨으로써 폭발재해가 발생되는 경우로, 발생요인은 반응속도에 지식 부족, 반응열제어에 대한 검토 부족, 촉매주입량이 규정 이상 또는 농도 부적절, 냉각능력 부족, 이물질의 혼입, 불활성 물질의 사용방법 부적절, 원료주입량 및 주입속도 부적절, 부산물(By-product)의 축적에 의한 이상반응 발생, 계측설비 고장, 측정지점 부적절 등이 있으며, 위험상태의 발생 방지설비는 다음과 같다.

① 원료, 재료, 촉매 등의 공급중지설비
② 반응기 등의 내용물을 방출할 수 있는 설비
③ 불활성 가스주입설비
④ 냉각용수, 냉매 등의 공급설비
⑤ 반응중지제 등의 공급설비(반응억제제)
⑥ 이외의 위험요인제거설비

(2) 폭연과 폭굉

1) 정의

폭굉은 화염전파속도가 음속보다 빠른 경우이며, 폭속은 1,000~3,500m/s, 정상연소 시는 0.03~10m/s이다. 폭연은 화염전파속도가 음속보다 느린 경우이다.

2) 폭굉의 발생 메커니즘

충격파는 기체의 팽창에 의하여 발생하고, 팽창은 반응 전후의 몰수변화 또는 열팽창효과에 기인하며, 폭굉의 압력 상승은 10배 이상으로 높아진다. 폭굉의 메커니즘에서 열적인 메커니즘은 반응온도에 의하여 가속되며, 곁사슬메커니즘은 반응이 수적으로 급격히 증가하여 가속한다. 폭굉의 유도거리는 연소가 격렬하여 폭굉으로 발전할 때 거리이다.

(3) 분진폭발

분체는 아주 많은 고체입자의 집합체이며, 분진은 기체 중에 부유하는 미세한 고체입자로 연(煙)은 입자직경이 1 이하이고, 분진은 입자직경이 1 이상이다. 원리는 가연성 분진이 공기 중에 분산되어 있고 점화원이 존재할 때 발생하는데, 1차 폭발은 부유된 가연성 분진이 초기 점화이며, 2차 폭발은 표면 위에 축적된 분진의 폭발이다.

1) 분진폭발의 영향인자

① 화학조성 : COOH, OH, NH_2, C=N, N=N
② 점화에너지
③ 연소열
④ 입자의 분리
⑤ 입자의 크기와 모양 : 입자의 크기가 작으면 위험
⑥ 입자의 표면적
⑦ 수분함량 : 수분의 함량 증가는 위험 감소
⑧ 산소의 농도
⑨ 난류의 정도

2) 분진의 종류

① 알루미늄, 마그네슘, 유황 : 사이클론, 집진기, 분쇄기, 사이로, 공기수송건조기 등
② 옥수수, 전분, 사료, 밀가루, 사탕, 어분 : 회전건조기, 백필터, 버킷엘리베이터 등
③ 고무, 플라스틱류, 요소, 포름알데히드 : 사출기, 분무건조기, 성형기, 집진기, 혼합기 등
④ 톱밥, 석탄 : 사이클론, 백필터

메커니즘은 본질적인 가스폭발로 입자표면에 열에너지로 인하여 표면온도가 상승하고 입

자표면의 분자가 열분해로 인하여 기체가 발생하며 공기와 혼합발화하여 화염이 발생하고 발화가 전파된다. 특징은 연소시간이 길고 발생에너지가 크고 입자가 비산하며, 국부적인 심한 탄화가 발생하고 추가 폭발로 파급되며, 불완전 연소로 인한 가스중독의 위험이 있다.

3) 폭발등급

① St 0 : 폭발 없음($K_{st}=0$bar·m/s) ② St 1 : 약함($K_{st}=0\sim200$bar·m/s)

③ St 2 : 강함($K_{st}=200\sim300$bar·m/s) ④ St 3 : 아주 강함($K_{st}=300$bar·m/s 이상)

4) 폭발위험도

$$\text{폭발효율(Explosion Efficiency)}=\frac{\text{실제로 방출된 에너지}}{\text{이론적인 폭발에너지}}\times100[\%]$$

이론적인 폭발에너지=총질량×연소열(완전연소로 가정)

① 개방계 : 1~10% ② 밀폐계 : 25~50%

③ 화학플랜트 : 2%

폭발의 영향범위 산정에서 Scaling Law은 특정 질량의 TNT가 폭발할 때 어느 거리에 어느 정도의 피해를 줄 수 있는가를 추정하며, 가스의 경우는 다음과 같다.

$$WTNT=\frac{W_c\varDelta H_c}{1,000}\quad \eta=\frac{\varepsilon H\alpha W_c\eta}{1,000}$$

여기서, $\varDelta H_c$: 연소열(kcal/kg), W_c : 가스 등의 질량(kg), ε : 폭발계수, η : 폭발효율

Jarrett Equation은 가스 등이 폭발할 때 주거지의 주택에 여러 가지 상태의 피해를 주는 거리(반경)를 예측하며 다음과 같다.

$$R=\frac{(KW)^{1/3}}{\left[1+\left(\dfrac{7,000}{W}\right)^2\right]^{1/6}}$$

여기서, R : 폭심으로부터의 거리(m), W : TNT의 질량(kg)

K : 피해 정도를 기술하는 상수(―)

비산물 손상에 대해 Clancy는 파편이 비산하는 최대수직거리와의 관계를 도출하였으며 다음과 같다.

$$L=294W^{0.236}$$

여기서, L : 폭발에 의한 비산물의 최대거리(m), W : TNT의 질량(kg)

사람에 대한 피해에 대해 열복사강도의 영향은 다음과 같다.

① 1도 화상의 경우: Probit=$-39.83+3.0186\ln(tl_{th}^{4/3})$

② 2도 화상의 경우: Probit=$-43.14+3.0186\ln(tl_{th}^{4/3})$

③ 화재 사망의 경우: Probit=$-36.83+2.56\ln(tl_{th}^{4/3})$

　　여기서, t: 노출시간, l_{th}: 복사열강도

폭발과압의 영향은 다음과 같다.

① 폐출열로 인한 사망: Probit=$-77.1+6.91\ln p_s$

② 고막 파열의 경우: Probit=$-15.6+1.93\ln p_s$

③ 구조물의 손상: Probit=$-23.8+2.92\ln p_s$

④ 유리의 파손: Probit=$-18.1+2.79\ln p_s$

　　여기서, p_s: 피크과압(N/m²)

2. 폭발재해의 방지대책

(1) 화재

화재에 대한 대책은 다음과 같다.

① 예방대책: 화재가 발생하지 않도록 최초의 발화를 방지하는 대책은 위험성 물질의 적절한 관리, 발화원의 관리를 해야 한다.

② 국한대책: 화재의 확대를 방지하는 대책으로 가연물의 직접 방지, 건물, 설비의 불연화, 방화벽, 방유제 등의 설치, 공한지의 확보, 지하 매설 등이 있다.

③ 소화대책: 초기소화는 최초의 출하 직후 대처하는 응급조치를 하고, 본격적인 소화는 공장 내의 자치소방대에 의한 소화활동을 진행한다.

④ 피난대책: 위험구역에서 안전한 장소로 대피하는 것이다.

(2) 폭발

폭발에 대한 대책은 다음과 같다.

① 혼합가스의 폭발범위 외의 농도상태 유지: 공기 중의 누설, 누출을 방지하고 밀폐용기 내에 공기혼합을 방지하며 환기를 실시하여 희석시키는 방법이 있다.

② 불활성 물질의 사용: 불활성 가스를 주입하며 불활성 분진 첨가에 의한 가연성 분진 등의 폭발을 방지하고 불활성 가스 첨가에 의한 분해폭발을 방지한다.

③ 착화원의 관리: 직화관리와 고열 및 고온표면관리, 충격, 마찰에 의한 착화원 발생을 방지한다.

④ 전기설비의 방폭화: 내압방폭구조, 압력방폭구조, 유입방폭구조, 안전증방폭구조, 본질안전방폭구조, 특수방폭구조로 방폭화한다.

⑤ 정전기 제거 : 정전기 발생제어, 정전기 축적 방지, 적정 습도 유지, 이온화로 제거한다.

⑥ 가스농도 검지 : 육안으로 누설 부위를 확인하고 가스검지기를 사용하며 검지관식 농도를 측정한다.

⑦ 확산 방지대책 : 내압설계 적용, 내압방출, 경감설비 설치, 화염방지기 설치, 폭발 초기제어장치 설치(ESD), 설비 및 장치의 격리(ESV), 가능한 한 옥외 설치를 한다.

⑧ 피해 확산 방지 : 입지여건을 고려하여 장치 등의 배치를 고려하고 위험설비의 자동화를 하며 방호벽 설치, 긴급배출설비 설치를 한다. 또한 안전장치를 설치하고 적정한 위험물질을 보유한다.

(3) 방지설계

화재 및 폭발의 방지설계는 다음과 같다.

① 불활성화(Inerting) ② 정전기제어
③ 환기 ④ 장치 및 전장류의 방폭
⑤ 스프링쿨러시스템 설치 ⑥ 기타 화재 및 폭발 방지를 위한 설계

Section 32 폭발효율

1. 개요

개방계에서 폭발이 일어날 경우 폭풍파의 에너지는 가연성 가스(증기)량으로부터 이론적으로 계산할 수 있는 에너지의 일부만이 폭풍파의 에너지로 나타난다. 이와 같이 이론적으로 산출되는 에너지 중 현실적으로 주위에 작용하는 에너지의 비율을 폭발효율(explosion efficiency)이라 한다.

2. 적용성

이론적인 폭발에너지는 증기운 중에 포함되어 있는 모든 가연물이 전부 연소한다고 가정하며, 이때 이론적으로 얻어질 수 있는 총에너지는 증기운 속에 있는 가연성 물질의 총질량에 그 연소열을 곱한 것의 합과 같다고 가정한다.

이러한 가정을 중심으로 개방계에서 가연성 가스나 증기의 폭발효율을 측정하면 물질의 종류에 따라 차이는 있으나 대략 1~10% 정도이다. 폐쇄계에서는 이와 다르며 폭발효율이 높아 25~50% 정도가 될 수 있고, 특히 폭발범위의 농도로 존재하는 폐쇄계의 경우는 그 이상으로 높다.

Section 33 피로균열진전속도와 응력확대계수의 범위와의 관계

1. 개요

피로파괴는 재료의 표면에서 반복수의 증가와 함께 '슬립 발생 → 슬립선 수 → 균열 발생 → 균열 성장 → 파괴' 순으로 과정을 거친다. 초기피로단계에서 슬립선은 그 수가 점점 증가하여 균열이 발생하고 내부로 진전하는 것을 1단계라 한다. 균열이 내부로 진전하게 되면 인장응력에 수직방향으로 진전되는 2단계 균열진전이 나타나게 된다. 마지막으로 균열이 급격히 진전되어 파괴에 이르게 되는 3단계로 나뉜다.

2. 피로균열진전속도와 응력확대계수의 범위와의 관계

2단계에서 응력확대계수와 피로균열진전속도와 관계가 있게 되는데 다음과 같은 관계식을 갖게 된다.

$$\frac{da}{dN} = A(\varDelta K)^m$$

여기서, $\varDelta K$: 응력확대계수의 범위(=$K_{max} - K_{min}$)

Section 34 화염검출기

1. 개요

화재검출기(Flame Eye)는 버너의 화염 유무를 검시 검출하여 화염의 유무에 따라 연료차단신호, 경보신호 등을 송출하는 기기이다. 화염검출의 원리는 물리·화학적 현상으로 연소화염을 가지며 발열, 발광, 전기적 성질의 무엇인가를 검출하는 것이다.

2. 분류

검출방법에 따라 다음의 세 가지로 나눈다.
① 화염의 발열을 검출하는 방식의 바이메탈식 화염검출기(스택스위치)
② 화염의 전기적 성질을 이용하는 방식의 플레임로드(flame rod)
③ 화염 빛의 유무에 따라 화염검출을 하는 전자관식 화염검출기(flame eye)

화염검출기는 그 성능상 전자관식 화염검출기의 사용을 원칙으로 하기 때문에 화염검출기라 하면 전자관식의 것을 가리키는 경우가 많다. 플레임아이는 화염의 발광체를 이용하고, 플레임로드(Flame Rod)는 화염의 이온화를 이용하며, 스택스위치는 연소가스의 발열체를 이용한다.

Section 35 화학공장 설계 시 고려사항(본질적 안전설계)

1. 플랜트의 위치와 배치

① 기온, 강수량, 풍향, 풍속, 지진, 동결깊이 등 기후에 관련된 사항
② 원·부재료 및 Utility의 도입과 생산품의 출하에 관련된 사항
③ 해당 지역의 법규

2. 본질적으로 안전한 플랜트

① 덜 위험한 물질로의 대체
② Inventory의 감량(Reduction)
③ 장치와 공정의 개선
④ 공정조업성
⑤ 2단계 설계
⑥ 사람의 실수나 장비의 오작동 최소화

3. 장치의 설계와 그 표준 활용

압력용기 및 파이프장치, 화학반응기, Utility Equipment 등

4. 긴급사고에 대비한 공정설계

① 압력완화(Pressure Relief)시스템
② 긴급사태 시 배출물처리시스템(Emergency Material Disposal System), Relief Headers, 기액분리장치, Stacks, Flare System Scrubbers & Absorbers, Adsorber
③ 비정상상태 감지 및 Alarm System
④ 고립시스템 차단밸브, Check Valve 등
⑤ 압력 저하와 물질이동시스템(손상된 장치 등에서의 물질 제거)
⑥ 긴급상황 시 중단시스템(Abort System)

5. 긴급상황장치(Emergency Equipment)

① 가스나 증기의 방출에 대한 감시시스템:누출감지, 경보설비
② 기액 유출에 대한 분산 및 흡수시스템:증기막, 수막, Water Spray
③ 액체 Spill과 화재의 봉쇄:Dike, Pit
④ 화재감지시스템:불꽃, 열, 연기감지기
⑤ 화재제어와 진압시스템:각종 소화설비
⑥ 폭발완화시스템

6. 조업절차

조업절차는 다음과 같다.
① 공정, 장치 설명
② S/U, S/D 준비절차
③ 표준 조업절차
④ 정상조업한계
⑤ 자료수집절차
⑥ 주요 위험 설명
⑦ 비정상조업절차
⑧ 경보시스템 설명
⑨ 위급사항 설명
⑩ 위험한 작업절차와 개인안전장비
⑪ 통신 설명
⑫ 유지순서
⑬ 공정·장치개략도
⑭ 제어루프

7. 유지 및 검사

① 장치에 관련된 물질의 물성 설정
② 검사절차와 방법 설정
③ 과거자료에 의한 고장률 분석
④ 장치와 상태평가

Section 36 화학공장에서 누출사고에 대비한 확산모델

1. 개요

누출사고에 대비한 모델은 누출지로부터 일정한 농도로 연속적으로 배출되는 Plume모델과 고정된 양의 일시적인 배출로 인한 Puff모델이 있으며, 확산과정은 다음과 같다.

① 저장탱크에서 내부 압력에 의한 대기 중의 누출
② 누출압력과 물질의 밀도차에 의한 증기운의 거동
③ 공기와 물질 간의 농도차에 의한 확산
④ 공기와 누출물 간의 혼합으로 인한 수동적인 확산

2. 확산모델의 종류 및 특징

(1) ALOHA

일반적인 가우시안 대기 확산 및 Dense gas 누출모델로 GUI를 이용한 PC용 모델이며, 자료입력 시 발생되는 오류의 자동알람이 발생하고 화학물질에 대한 풍부한 DB는 외부에서 별도 이용이 가능하다.

모델의 결과는 CAMEO 또는 MARPLOT 등과 직접적으로 연결 가능하며 방재계획 수립 및 예방조치가 가능하다. 지역적인 특성을 그림을 통하여 나타낼 수 있고 실시간대 모델링이 가능하며, 입력은 Windows상에서 순차적으로 자료들을 입력하고 입력변수를 입력하는 5개의 모듈과 데이터베이스로 구성한다. 즉 Chemical, Site Data, Atmospheric, Source, Computational 등이 있다.

출력은 화면상에서 그래프를 통하여 직접 제공하고 Text Summary, Footprint Plot, 농도에 대한 time-series 등으로 표현한다. ALOHA의 단점은 3차원 농도분포 계산이 불가능하고 여러 지점에 대한 착지점 위치를 동시에 지정을 못하며 대기 중 화학반응의 모사를 못한다.

(2) SLAB

대기보다 무거운 누출물의 대기 중 확산을 모사하는 누출모델로 PC용 모델이고 액상의 증발을 제외한 누출의 경우 분무로서 특징지을 수 있으며 연구를 위한 Source Code가 개방된다. 입력은 외부 파일로 직접 작성하고 누출형태, 누출물의 물리적 특성, 현장 특성, 기상의 표준 조건 등이 있으며 화학물질에 대한 데이터베이스는 모델 내부에 포함되어 있지 않다. 출력은 테이블형태의 결과 file을 생성하고 입력자료, 순간적인 증기운의 농도, 시간-평균증기운농도 및 플룸의 중심선고도, 사용자지정고도에서의 농도 등이 있다. SLAB의 단점은 실시간 기상자료의 적용을 구사할 수 없고 화학물질에 대한 내장데이터베이스가 없으며, 몇몇 화학물질만이 사용자설명서에 포함하고 상당 부분은 별도의 자료를 통하여 개별적으로 구하여야 하며 그래프형태의 결과를 보여주지는 못한다.

(3) HG System

다양한 누출형태에 대한 모델로 PC에서 사용되어지는 상업용 모델이고 누출물의 물성치들의 일부(30여 가지)가 모델 내부에서 결정되며, 근거리 확산모델과 원거리 확산모델의 상호 유기적인 관계가 있고 3차원 농도분포 계산이 가능하며 반응성이 있는 HF에 대한 모듈이 있다.

입력은 외부 파일에 의한 입력으로 Source모델, 근거리 확산, 원거리 확산이 있으며 포함되지 않은 물질의 열역학적 자료들은 사용자가 직접 추가한다.

출력은 바람의 흐름방향에 대하여 3차원 위치에 대한 농도분포를 제공하며, 구성모듈은 다음과 같다.

① 누출물의 열역학적 자료를 계산하기 위한 DATAPROP
② 가압탱크에서 배출되는 액상물을 해석하기 위한 SPILL
③ 대기압탱크에서 배출되는 액체의 기화현상을 해석할 수 있는 LPOOL
④ 거센 제트류의 Plume을 해석하기 위한 AEROPLUME(근거리)
⑤ 순간적인 무거운 기체의 배출로 인한 확산현상에 대한 HEGABOX(근거리)
⑥ 무거운 기체의 확산현상에 대한 HEGADAS(원거리)
⑦ 가우시안 Plume 확산을 해석하기 위한 PGPLUME(원거리)

(4) DEGADIS

PC용 모델로 다양한 누출문제에 적용한다. 즉 물리적 형태는 기체와 분무와 같은 누출, 시간의존성누출은 연속누출, 순간누출, 일정기간 또는 시간이 변하는 누출, 지상면, 저속분산과 부력성 제트누출 등에 적용할 수가 있다. 입력은 입력자료file, 착지점자료file이 있고, 출력은 다음과 같다.

① 하부류 거리에 대한 플룸의 중심선높이, 몰분율, 농도, 밀도, 온도
② 지정된 지점에 대한 y와 z값
③ 누출기간 동안의 농도 대 시간분포

DEGADIS의 단점은 분무의 경우 사용자는 분무의 밀도를 직접 결정해야 하는 제약이 있고 기상조건의 변화를 수용하지 못하며 화학물질에 대한 내부 데이터베이스가 없다.

Section 37 화학공장의 위험성평가

1. 위험성평가의 목적

위험성평가의 목적은 다음과 같다.
① 설비의 설계, 건설, 시운전 및 운영과정의 평가로 공정사고위험 감소
② 발생 가능한 사고 및 재해특성 규명, 빈도 및 결과예측
③ 잠재된 기계적 결함과 Human Error를 분석
④ 종업원의 안전보건위험 파악 및 감소
⑤ 위험요소 감소 및 제거를 위한 시정 및 예방조치자료 제공

2. 위험성평가방법

위험성평가방법 선택 시 고려사항은 다음과 같다.
① 평가의 대상:공정설비, 사람, 사용설비(사무실, 식당, 차량 등) 등
② 평가의 방법:안전보건경영체제 인증, 법적인 요구, 기업의 안전사고 감소목적 등
③ 평가시기:초기위험성평가, 정기적 위험성평가, 사고 후 위험성평가, 변경 시 위험성평가 등

Section 38 위험성평가방법에 있어서 정성적 평가방법과 정량적 평가방법

1. 정성적 평가

정성적 평가는 다음과 같다.
① 체크리스트(Checklist)
② 사고예상질문분석(What-If)
③ 상대위험순위(Dow and Mond indices)
④ 위험과 운전분석(HAZOP)
⑤ PHA
⑥ FMEA
⑦ 작업자 실수분석(Human Error Analysis)

[표 3-18] 위험성평가기법 전체 기준(예시)

구분		체크리스트 (Checklist)	사고예상결과분석 (What-If)	위험과 운전분석 (HAZOP)	이상위험도분석 (FMECA)	결함수분석 (FTA)
사업단계	사업 초기	●	●			
	상세설계					
목적	위험의 일반적 이해	●	●			
	위험의 철저한 분석			●	●	●
	정량적 분석					●
공정형태	간단, 알려진 기술	●	●	●		●
	복잡, 신기술			●	●	
	제어, 연동			●		
	회분공정, 운전절차, 비공정조작	●	●			

구분	체크리스트 (Checklist)	사고예상결과분석 (What-If)	위험과 운전분석		
			HAZOP	E-HAZOP	M-HAZOP
기계 · 기구제조업	●				●
전기 · 전자제조업	●	●		●	
화학제품제조업	●	●	●		
기타 업종	●	●			

2. 정량적 평가

정량적 평가는 다음과 같다.

① 결함수분석(FTA)
② 사건수분석(ETA)
③ 원인-결과분석(Cause-Consequence Analysis)
④ 피해영향범위 산정기법

3. 위험성평가절차

① 작업공정 분석 및 자료수집
② 위험성평가
③ 위험도 결정
④ 위험의 허용범위 결정
⑤ 위험관리조치계획의 수립 및 실시(필요시)
⑥ 조치계획의 적정성 재검토

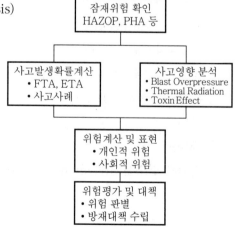

[그림 3-24] 위험성평가 진행과정

Section 39 화학공장의 제어기술형태

1. Cascade control

일반적인 피드백제어는 한 세팅점으로부터 제어변수의 에러가 발생한 후에 부하변화에 대한 교정이 진행된다. FFC(Feed Forward Control)이 시간지연을 가진 공정의 피드백제어를 많이 개선하였으나 부하변화가 직접 측정되어야 하고 제어기의 출력을 계산을 위해 한 개의 모델이 사용되어야 한다. 부하변화(disturbance)에 대한 동적반응을 개선시키는 또 다른 방법은 제2의 측정점(secondary measurement point)과 제2의 피드백제어(secondary feedback controller)를 사용하는 것이다. 제2의 측정점은 제어변수(제어량)보다 더 빨리 업셋조건을 인식할 수 있도록 위치해야 하고 부하변화를 반드시 측정될 필요는 없는데 여러 피드백루프를 사용하는 것을 캐스캐이드제어(cascade control)라 부른다. 부하변화가 조작변수(조작량)와 결합되었거나, 마지막 제어요소가 비선형 거동을 나타낼 때 특히 이 제어방식은 유용하다.

[그림 3-25]는 Stirred Chemical Reactor로서 반응기 온도를 일정하게 해주기 위해 냉각수가 jacket을 통해 흐른다. 가장 간단한 제어방식은 냉각수의 유량을 조절하는 것이나 냉각수 온도가 비정상적으로 높아졌을 경우 성능이 나빠질 우려가 있다. 또한 반응기의 jacket 내에서 dynamic lag가 있는 경우 corrective action 역시 지연된다. 이와 같은 나쁜 상황을 해결하기 위하여 jacket온도에 대한 feedback controller의 set point를 반응기 온도제어기의 output으로 옮겨 놓음으로써 cascade control을 만들 수 있다. Cascade control은 화학공장에서 많이 쓰이고 2가지 특징을 가지고 있다.

① Master controller의 output 신호가 slave controller의 set point가 된다.

② Primary control loop(for the master controller)안에 secondary control loop(for the slave controller)가 위치한다.

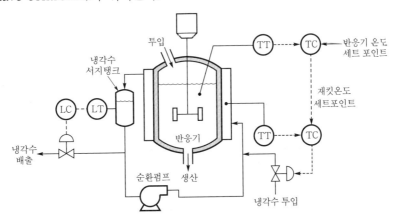

[그림 3-25] 캐스캐이드제어(cascade control)

2. 시간지연보상제어(Time-delay compensation control)

시간지연은 화학공장에서 주로 거리, 속도지연, 재순환루프, 조성분석에 따른 불감시간 (dead time) 때문에 일어난다. 공정에 시간지연이 생기게 되면 일반적인 피드백제어시스템의 성능을 제한하게 된다. 주파수응답 관점에서 본다면 시간지연은 위상지연을 피드백루프에 더 해줌으로써 폐회로시스템(Closed loop system)의 응답이 느려지게 된다. 시간의 지연을 보상하는 특별한 방법으로 스미스예측기술이 있는데, 이것은 Internal Model Control과 같이 model based제어기이다. 많은 연구가들은 스미스예측기(Smith predictor)가 적분제어에 기준한 일반적인 제어기보다 Set point변화에 대한 성능이 30%만큼 더 좋다고 보고했다. 스미스예측기의 결점은 진행과정에서 동적인 모델이 필요하다는 점이다. 만약 과정에서 동적인 상태가 많이 변하게 되면 예측모델이 부정확하게 되므로 성능이 저하하게 된다. 스미스예측기는 시간지연을 아날로그성분으로 접근시키기 어렵기 때문에 아날로그제어기에는 거의 설치되지 않는다. 그러나 스미스예측기는 디지털버전으로 사용될 수 있는 곳에는 쓸 수가 있다.

3. Split Range제어

Split Range제어는 하나의 공정변수에 대하여 둘 이상의 조작변수를 가지는 제어방식이다. 즉 하나의 제어기가 2개 이상의 제어밸브를 조작하게 되며 제어변수의 조건에 따라 제어기의 출력이 달라진다. Split Range제어는 제어변수가 Set Point를 초과하거나 그 아래로 내려갈 때 서로 다른 행동을 취하는 공정에 적용한다. [그림 3-26]은 변환기를 현장에 설치한 다음 CVVS Cable만 연결한 Split Range 제어 예이며, 만약 온도를 받아 이를 이용하여 heating/ cooling valve를 조절하려고 한다면 그림과 같이 설계하면 동일한 밸브를 닫는 동작을 한다 ([그림 3-26]은 Set point를 12mA(50%)라고 가정한 경우).

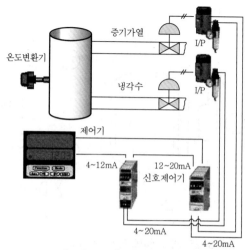

[그림 3-26] Split Range제어

4. 적응제어시스템(Adaptive control systems)

공정의 조업조건이 바뀌게 되면 제어기의 튜닝(tunning)을 다시 해야 한다. 만약 이런 변화가 자주 일어나게 되면 적응제어기술이 고려되어야 한다. 적응제어시스템이란 공정조건이 바뀌었을 때 그것을 보상해주기 위해 제어기변수(Controller parameter)를 자동적으로 정해주는 방식이다. 공정조건이 바뀌는 가장 일반적인 예가 촉매반응이며, 공정조건이 바뀜으로 인해 적응제어시스템이 필요한 경우는 다음과 같다.

① 열교환기 파울링(fouling)
② 고장, 시운전, 일시정지, 배치운전 같은 특이한 조업상황
③ 크면서도 빈번한 교란(feed 조성, 연료 quality)
④ 일시적 변동(rain storms, daily cycles)
⑤ 생산의 특이사항(grade change)이나 유속의 변화
⑥ 불가피한 비선형성 거동(온도에 대한 반응속도의 의존성)

적응제어시스템은 두 가지 분류로 나뉜다.
① programed adaptation이라 부르는 방식은 공정의 변화가 예측될 수 있고 직접적으로도 측정될 수 있어서 시스템이 교란에 들어가거나 공정조건이 바뀔 경우 자동적으로 제어기 세팅을 바꿔준다.
② self-tunning control은 공정의 변화가 쉽게 예측되거나 측정될 수 없어서 programmed adaption처럼 feed forward방식으로 하기 어렵고 feedback방식으로만 설치되어야 한다.

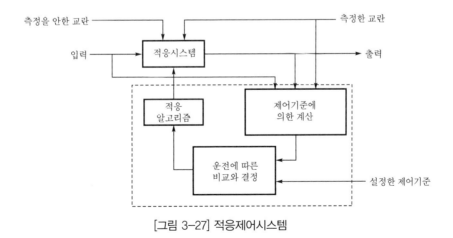

[그림 3-27] 적응제어시스템

5. Selective control/Override systems

조작변수(조작량)보다 제어변수(제어량)가 많을 경우 이러한 문제를 해결하는 방법으로

많은 제어변수 중에서 적당한 것을 선택해주는 selector를 사용한다. Selector는 multiple measurement point, multiple final control element, multiple controller 등에 기준을 두고 만들어질 수 있다. 이러한 selector는 unsafe operation condition이나 performance를 개선하는 데 사용된다. Selector장치 중의 하나는 가장 높고 가장 낮은 output signal을 선택하는데, 이러한 것을 auctioneering이라 한다.

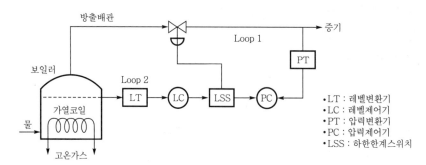

[그림 3-28] 선택제어시스템

6. 추론제어(Inferential control)

어떤 제어문제에 있어서 제어변수가 on-line으로 측정될 수 없는 경우가 있다. 예를 들어, product의 조성측정을 하기 위해 sample을 분석기실에 보내져야 할 경우가 있다. 이런 경우 제어변수의 측정이 늦어지므로 feedback제어를 직접적으로 하기는 어려울 경우 추론제어를 사용한다.

추론제어란 제어변수의 값은 추론할 수 있는 다른 process measurement를 사용하여 제어하는 것을 말한다. 예를 들어, 증류탑에서 overhead product stream의 조성을 추론하기 위해 top tray의 온도를 이용한다. Process model과 plant data에 기준하여 여러 다른 tray온도에서 heavy key component의 mole fraction을 연관지을 수 있는 간단한 관계식을 구할 수 있다. 그러므로 온도측정으로서 overhead조성을 추론할 수 있게 된다. 추론제어가 만족스럽지 못할 경우는 feedback제어를 위해 다른 on-line measurement를 도입해 볼 필요가 있다. 결론적으로 빠른 시간에 on-line으로 사용될 수 있는 분석기의 개발에 더 관심이 쏠리게 된다.

7. 전문가시스템(Expert system)

공정제어의 최종적인 목표는 안정된 조건하에서 생산제품의 품질을 유지시키는 데 있으나 장치 고장, 사람의 실수, 외부적 원인에 의해 허용범위를 벗어나게 되는 경우가 생길 수 있으며, 이것은 불안정한 조건을 만든다.

이러한 비정상적인 조건을 없애기 위해서는 운전자(operator)에게 알려서 그들이 정상조업 상태로 만들게 하거나 기계를 정지(shutdown)시키게 해야 한다. 그러나 이러한 비정상적 조건을 성공적으로 해결하는 것은 운전자가 그러한 경보에 얼마나 잘 대처해 나가는지가 매우 중요하다. 이것은 운전자들의 경험, 지식, 훈련, 공정의 복잡한 정도, 비정상적 조건이 일어나는 빈도수에 크게 좌우된다.

Expert system이란 이러한 판단들을 전문가의 생각에서 결정되도록 컴퓨터를 이용하여 모방하는 것이다. Expert system을 knowledge engineering이라고도 하며, 인공지능(artificial intelligence)의 한 부분이다. [그림 3-29]는 expert system의 구조를 보여주며, Expert system은 실행을 용이하게 할 수 있도록 설계되어 있는 일반적 software package인 shell 안에 쓰게 되어 있고, shell은 다음과 같이 구성된다.

① Data의 rule로 구성된 knowledge base : Data는 knowledge acquisition system을 통하여 받아들이고, rule은 if-then으로 구성된다.
② Rules engine : 결론을 유추하기 위해 사용할 수 있는 rule을 찾아내고, 받아들일 수 있는 action을 선택하게 하는 software이다.
③ User interface : 정보를 나타내고 사용자에게 질문을 하는 등의 역할을 한다.

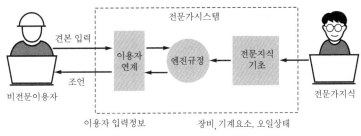

[그림 3-29] 전문가시스템

Section 40 화학물질의 위험성 유무 조사방법

1. 평가조직 및 운영

(1) 평가체제

위험성평가수행자는 일반적으로 다음과 같이 구성하며 평가에 필요한 교육을 실시한다.
① 사업주 또는 안전보건관리책임자
② 관리감독자
③ 안전관리자 및 보건관리자

④ 대상공정의 작업자 등

※ 법적 선임대상이 아닌 경우에는 사업주가 적임자를 지정할 것

(2) 사업주의 책무

① 사업주 또는 안전보건관리책임자(공장장 등)는 조직의 최고책임자로서 사업주의 의지가 전체 근로자의 안전보건행동의 기반이 된다.

② 사업주가 위험성평가를 도입하여 실시하는 경우에는 책임자의 위험성평가에 대한 의지 또는 방향을 관계자에게 전하고 사업장 전체를 하나의 방침에 따라 유도하는 것이 중요하다.

③ 위험성평가에 관한 사업주의 방침에 포함할 주요 내용은 다음과 같다.

ㄱ 위험성평가는 안전보건관리의 기본이며 회사경영의 중요한 요소이다.

ㄴ 사업주는 위험성평가의지를 명확하게 천명하고 사업장관계자를 이해시킨다.

ㄷ 위험성평가를 실시할 때는 계획(P)-실시(D)-확인(C)-검토(A)의 단계에 따라 성과 창출이 이루어져야 한다.

(3) 관리감독자의 책무

① 사업주의 위험성평가에 대한 의지, 지시에 따라 목표에 도달하기 위하여 관리감독자로서의 직무를 실천하게 된다.

② 사업장의 재해예방활동은 계선(Line)상의 책임으로 행하는 것이 본래의 모습이기 때문에 위험성평가는 관리감독자를 중심으로 실시하는 것이 안전보건관리의 기본에 따르는 것이 되며, 관리감독자의 역할은 다음과 같다.

ㄱ 사업주의 위험성평가에 대한 의향을 근로자에게 올바르게 전달한다.

ㄴ 위험성평가를 실시하기 위한 인원을 배치한다.

ㄷ 관계자에 대한 교육훈련을 한다.

ㄹ 위험성평가의 실시를 관리하고 평가한다.

③ 사업장에 따라 호칭은 다르지만 반장, 직장, 조장 등의 현장감독자는 그 밑에서 일하는 작업자의 경험 또는 성격 등을 잘 알고 있기 때문에 위험성평가의 실시담당자로 적임자지만, 사업장에 따라 사정이 다르므로 사업주의 판단으로 실시담당자를 지정하는 것이 바람직하다.

(4) 운영방법

① 사업장의 규모에 따라 조정할 필요가 있지만 중소규모의 사업장에서는 인력의 사정을 감안하여 1인 2역의 업무분담을 할 수 있다.

② 예를 들면, 공장장은 공장관리의 책임자임과 동시에 위험성평가의 집행책임자가 되고, 부

서장은 실시담당자 또는 관리자가 되기도 하며, 소규모 사업장에서는 공장장이 안전관리자, 보건관리자의 직무를 겸하여 수행하는 경우도 있다.

③ 사업장 스스로 위험성평가를 수행할 수 없는 경우에는 외부 전문가(기관)의 지원을 전체적 또는 부분적으로 받을 수 있으며, 외부 전문가(기관)의 지원을 받는 경우에도 위험성평가의 최종 책임은 사업주에게 있다. 이 경우 외부 전문가(기관)에게 해당 사업장에 대한 충분한 정보를 제공하여야 한다.

(5) 진행방법

① 위험성평가는 사업주 또는 안전보건관리책임자가 중심이 되어 수행한다.

② 사전준비를 통해 평가대상을 확정하고 실무에 필요한 자료를 입수한다.

③ 다양한 방법을 통해 유해위험요인을 파악한다.

④ 파악된 유해위험요인에 대한 위험성을 계산한다.

⑤ 유해위험요인에 대한 위험성을 결정하여 허용 가능위험인지 여부를 판단한다.

⑥ 허용할 수 없는 유해위험요인의 경우 개선대책을 세워야 하며, 개선대책은 실행 가능하고 합리적인 대책인지를 검토한다.

⑦ 개선대책은 우선순위를 정해 실행하고, 실행 후에는 가능한 한 허용할 수 있는 범위 이내이어야 한다.

2. 실시시기

위험성평가는 최초 평가 후 정기평가와 수시평가로 구분한다.

① 정기평가는 매 3년마다 모든 유해위험요인을 대상으로 위험성평가를 하는 것이 바람직하다.

② 수시평가는 위험성평가를 실시할 요인이 발생할 때 수행한다.

3. 위험성평가추진절차 및 단계별 수행방법

① 위험성평가추진절차는 [그림 3-30]과 같이 사전준비, 유해위험요인(Hazard) 파악, 위험성(Risk) 계산, 위험성 결정 및 위험성 감소대책 수립 및 실행 등으로 진행한다.

② 위험성평가는 참고자료를 활용하여 수행한다.

③ 보건분야에 대한 위험성평가는 제시하는 규정을 참조하여 화학물질위험성평가(CHARM시스템)를 수행한다.

※ 보건분야에서 사용하는 CHARM시스템은 화학물질(분진 포함)에 대한 세부적인 위험성평가방법이다.

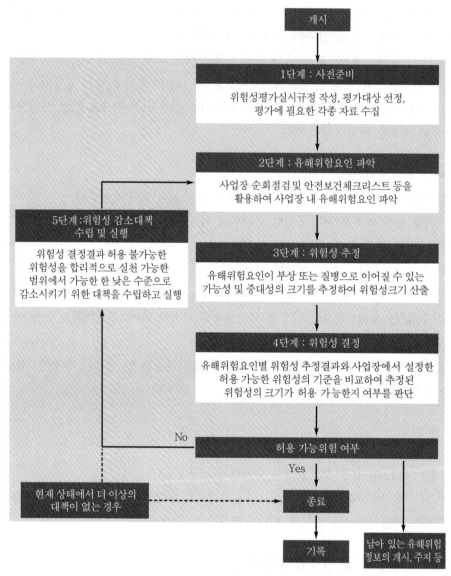

[그림 3-30] 위험성평가 추진절차

Section 41 **화학설비재료의 피로현상**

1. 개요

화학설비재료의 피로현상(fatigue)은 형상 및 치수변화, 강도저항, 균열과 파괴를 야기시키며, 구조용 소재의 손상현상은 다음의 원인에 의해서 발생한다.

[표 3-19] 설비별 손상기구와 현상

설비	고장형태	조건	손상명	현상
Furnace, Tower, Vessel, Heat Exchanger, Piping 등 기계설비	부식	수용액	• 전면부식 • 국부부식 • 선택부식	두께 감소, 강도 저하
		기체	• 산화 • 유화 • 침탄 • 질화 • 그 외 가스부식	두께 감소, 강도 저하
		용융물	• 용융업부식 • 유희부식	두께 감소, 강도 저하
	마모	기계적 작용	• Erosion • 마모	두께 감소, 강도 저하
	노화	환경효과	• 수소취성 • 수소침식 • 액체금속취화	강도 저하
		열적변화	• 시효(취성), 상-475취성 • 변질	강도 저하
		피복	• 박리	내식성 저하
	균열	환경효과	• 부식피로 • 응력부식균열 • 환경취성	강도 저하, 파괴
		기계적 작용	• 피로 • 열충격 • 크립 • 저온취성	강도 저하, 파괴
	설비 막힘	고형물	• 유량 저하	생산효율 저하
회전기류	이상진동	회전체	• 균형고장 • 축 정렬고장 • 샤프트불량 • 기어마모 • 유체진동 • 기초불량	
		플랜지, 밸브	• 헐거워짐	
전기, 계량설비	절연노화	케이블, 전동기, 변압기	• 습기 • 오염	누전에 따른 과다전류
			• 박리균열	부분방전 발생, 부분방전 침식
	정도, 기능불량	계측기	• 작동불량	생산설비 지장

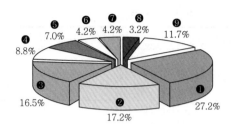

① 열교환	⑥ 보일러
② 압력용기, 냉각탑	⑦ 펌프, 밸브
③ 배관	⑧ 계측
④ 용융관	⑨ 기타
⑤ 반응기	

[그림 3-31] 설비별 손상현황

(1) 형상 및 치수변화

① 수용액부식 : 전면부식, 국부부식, 유동부식

② 고온부식 : 가스부식, 용융염부식

③ 기계적 손상 : 마모, 침식(Erosion), 열변형, 소성변형

(2) 강도 저하

① 수소손상 : 수소침식, 수소취화, 석출물취화

② 고온취화 : 템퍼취성, 응력취성, 석출취성, 결정립 조대화

(3) 균열과 파괴

① 환경취화 : 응력부식균열, 부식피로

② 파괴 : 피로, 크리프, 취성파괴

2. 피로강도에 미치는 각종 인자의 영향

(1) 노치효과

기계의 표면은 완전한 평탄면이 아니다. 눈에는 안 보이더라도 미세하게 많은 노치들이 있으며, 이러한 노치에 응력집중이 일어난다. 인장강도가 증가함에 따라 피로성능이 저하한다.

(2) 치수효과

시험편의 치수가 큰 경우 표면적과 단면적의 증가로 결함이 표면에 존재할 확률이 크다. 피로파괴는 표면에서 존재하는 결함에서 시작하기 때문이다. 또한 노치가 있는 재료에서 응력구배의 영향도 무시할 수 없다.

(3) 표면효과

피로파괴는 표면에서 시작한다. 따라서 표면의 거칠기가 영향을 준다.

(4) 온도영향

피로한도는 온도의 영향을 받는데 온도의 상승에 의해 전위의 이동이 용이하게 되고 가공에 의한 경화가 쉽게 회복하여 연화하기 때문이다.

Section 42 화학설비와 화학설비의 배관 또는 부속설비를 사용 시 화재 및 폭발을 방지하기 위한 작업요령

1. 개요

화학설비란 화합물을 물리적 또는 화학적으로 처리하거나 반응시키는 데 사용되는 설비로서 혼합, 분리, 저장, 계량, 열교환, 성형, 가공, 분체 취급, 압축, 이송 등에 필요한 장치, 기계, 기구 및 이에 부속하는 장치(배관, 계장, 제어, 안전장치 등)를 말한다. 화학설비는 고압, 고온은 물론 저압, 저온에서 쓰이는 것도 있고, 부식성이 있거나 산화성이 강한 물질 또는 유독성 물질을 취급하는 설비도 있으며, 반응폭주로 인해 격렬하게 폭발하는 물질을 취급하는 설비도 있다.

2. 화학설비와 화학설비의 배관 또는 부속설비를 사용하여 작업할 때 화재 및 폭발을 방지하기 위한 작업요령(산업안전보건기준에 관한 규칙 제38조, [시행 2021.1.16.])

(1) 작업계획서 작성대상

법령상 화학설비와 그 부속설비 사용작업이 작업계획서의 작성대상이 된다. 이는 운전과 정비보수의 관점에서 대응을 해야 할 것이다. 화학사고인 누출, 폭발, 화재사고는 운전 중에 발생할 수도 있고 화학설비의 정비·보수작업 중에 발생할 수도 있다. 따라서 작업계획서는 운전측면과 정비·보수측면에서 작성해 두어야 한다.

(2) 작업계획서 작성내용(산업안전보건기준에 관한 규칙 [별표 4], [시행 2021.1.16.]))

법령에 의거 작업계획서에는 최소한 다음의 내용이 반영되어야 한다.
① 밸브·콕 등의 조작(해당 화학설비에 원재료를 공급하거나 해당 화학설비에서 제품 등을 꺼내는 경우만 해당한다)
② 냉각장치·가열장치·교반장치(攪拌裝置) 및 압축장치의 조작
③ 계측장치 및 제어장치의 감시 및 조정
④ 안전밸브, 긴급차단장치, 그 밖의 방호장치 및 자동경보장치의 조정

⑤ 덮개판·플랜지(flange)·밸브·콕 등의 접합부에서 위험물 등의 누출 여부에 대한 점검

⑥ 시료의 채취

⑦ 화학설비에서는 그 운전이 일시적 또는 부분적으로 중단된 경우의 작업방법 또는 운전 재개 시의 작업방법

⑧ 이상상태가 발생한 경우의 응급조치

⑨ 위험물 누출 시의 조치

⑩ 그 밖에 폭발·화재를 방지하기 위하여 필요한 조치

(3) 작업계획서 작성방법

① 작업계획서에 대한 법적 양식은 없다. 따라서 작성내용이 반영된 내용으로 적절히 작성하면 된다.

② 작성 시 고려사항 화학설비에는 화학물질의 성분, 압력 등을 고려해서 작성한다.

Section 43 화학설비의 점검 시 필요한 도면 또는 자료

1. 공정안전기술자료도면

① 제조공정에 대한 화학반응식 및 조건(Process Chemistry)

② 공정운전범위를 명확히 정하고 이상운전조건과 경보치 설정, 비상정지조건 등을 정한다.

③ 사업장 스스로 화학물질 최대보유(저장)량을 정한다.

④ 운전 중 발생할 수 있는 이상사태(운전조건범위 벗어남)가 실제로 일어날 경우에 대비하여 조치사항과 사고결과에 대한 (피해)예측이 포함되어야 한다.

⑤ 조정실에는 운전자가 공정을 쉽게 이해할 수 있도록 공정개략도(Block Flow Diagram)를 보기 쉬운 곳에 비치하여야 한다.

⑥ 공정개략도에는 주요 공정장치, 주요 배관별 유량, 유체의 조성·온도·압력 등이 포함되어야 한다.

⑦ 필수적인 기본도면으로 공정도면(PFD : Process Flow Diagram)을 확보하여야 하며, 실제와 동일하도록 공정변경·개선 시마다 즉시 보완되어야 한다.

⑧ 공정도면에는 다음 사항이 포함되어야 한다.

㉠ 모든 주요 공정의 유체흐름, 입력, 온도

㉡ 공정을 이해할 수 있도록 제어계통과 주요 밸브

㉢ 펌프, 컴프레서 등의 입·출구 표시

      ㄹ 열교환기, 주요 용기 등의 입·출구 표시

  ⑨ 장치 및 설비의 재질과 내용물과의 물리·화학적 영향이 검토되어야 한다.

  ⑩ 펌프, 컴프레서의 기능 및 용량 검토가 되어야 한다.

  ⑪ 장치의 설계압력과 온도가 운전조건을 감안하여 타당하게 설정되고 반영되어야 한다.

2. 공정설비기술자료

① 공정상세도면(P & ID)은 공정 및 장치의 핵심적 상세기술자료로써 체계적으로 관리되어야 하며 상시 주조정실에 비치되어야 한다.

② 공정상세도면은 공정, 장치 및 설비배관, 계측제어계통 등의 변경 시 즉시 보완되어야 한다.

③ 공정상세도면은 각 장치의 기능, 장치와 계측제어시스템과의 상호 관계와 운전에 관한 모든 방법이 설명될 수 있도록 작성하여야 한다.

④ 공정장치의 설계와 관련된 기술자료는 서류화되어 관리되어야 한다.

⑤ 공정장치 및 설비의 설계에 관련된 기준은 통용되고 있는 신뢰성이 있는 것(예 : ASME, NEPA, ANSI, API, ASME 등)이어야 하며 그 내용이 반영되어야 한다.

⑥ 설치되어 사용되고 있는 장치 및 설비에 적용된 설계기준은 현 시점에서 신뢰성이 떨어질 수 있으므로, 이에 대한 적용 기준은 장치 및 설비를 사용하는 기간 동안 서류로 비치하여 관리하여야 한다.

⑦ 장치 및 설비의 제작, 설치기준도 설계기준과 동일하게 관리되어야 한다.

⑧ 장치 및 설비에 대한 성능시험, 검사, 진단 등을 통하여 운전(사용)에 이상이 없음을 확인하는 자료가 확보되어야 한다.

⑨ 방폭지역에 설치되는 각 장치 및 설비는 방폭형이어야 하므로 방폭지역의 구분도를 작성하고 각 장치·설비가 이에 적합한지 검토하여 서류로 비치하여야 한다.

⑩ 압력방출시스템의 설계에 맞도록 각종 설비가 설계되었음을 확인하고 방출기준이 타당함을 확인할 수 있는 서류를 비치하여야 한다.

⑪ 환기시스템의 설계에 맞도록 각종 설비가 선정되었음을 확인하고 삭동 시 다른 설비와의 상호 연관성 여부를 검토하여야 한다.

⑫ 각종 장치 및 배관계통의 사양서(Special Cation)를 확보하여 관리하여야 한다.

⑬ 각종 운전장치절차와 연동(Inter Lock)시스템에 관한 설명자료와 필요한 도면을 확보하여 관리하여야 한다.

Section 44 · 환기방법 중 자연환기법과 강제환기법

1. 개요

환기방법은 자연환기법과 강제환기법이 있는데, 자연환기법은 창이나 벽면의 통풍구를 통하여 실내외의 공기가 교체되는 것이며, 기계(강제)환기법은 송풍기를 통하여 강제적으로 외기를 받아들이고 오염된 공기를 실외로 배출하는 환기방법이다.

2. 환기방법 중 자연환기법과 강제환기법

(1) 자연환기법(Natural Ventilation)

공기의 온도차 혹은 풍압차 등 자연현상을 이용한 환기방식으로 외기온도, 바람의 방향 및 정도 등에 따라 환기량이 영향을 받게 되므로 확실한 환기는 곤란하지만 동력비가 들지 않는다는 장점이 있다.

(2) 기계(강제)환기법

① 제1종 환기법 : 환기의 일반적 방법으로 송풍기와 배풍기를 이용해 환기한다.
② 제2종 환기법 : 송풍기에 의해 실내에 외기를 공급하고, 배기는 배기구를 통하여 자연배기가 이루어지며, 실내에 +압이 걸리므로 오염공기가 침투하지 않아 수술실, 무균실에 사용한다.
③ 제3종 환기법 : 배풍기에 의해 강제배기하고, 급기는 적당한 위치에 설치한 급기류로부터 자연급기시키는 방법이며, 실내는 -압이 되어 출입문을 열었을 때 실내공기가 실외로 유출되지 않는다. 화장실, 주방에 사용한다.

Section 45 · 부탄가스 완전연소 Jones식을 이용하여 LFL(LEL)과 MOC를 예측

1. 개요

폭발하한계는 공기나 산소 중의 연료량을 기준으로 한다. 그러나 폭발에 있어서 산소농도의 양은 중요한 요소가 된다. 화염이 전파되기 위해서는 최소한의 산소농도가 요구된다. 즉 가연성 혼합물의 산소농도가 감소하면 화염이 전파되지 않는다. 따라서 폭발의 예방은 가연물의 농도가 얼마이든지 간에 산소량의 적절한 조절로 가능하다. 따라서 방폭을 위해서는 최소산소농도는 아주 유용한 자료가 된다.

2. 부탄가스 완전연소 Jones식을 이용하여 LFL(LEL)과 MOC를 예측

최소산소농도(MOC)는 공기와 연료의 혼합물에서 산소농도 %의 단위를 가진다. 실험자료가 충분하지 못할 경우 MOC값은 가연물과 산소의 완전연소반응식에서 산소의 양론계수(Stoichiometric Coefficient of Oxygen)와 폭발하한계(LEL)의 곱을 이용하여 예측하며 많은 탄화수소에 적용된다.

$$MOC = O_2 \text{ moles of Completely Combustion} \times LEL$$

이 개념은 불활성(Inerting) 공정의 기초가 되며 가연성 혼합가스에 불활성 가스를 주입하여 산소의 농도를 연소를 위한 최소산소농도 이하로 낮게 하는 공정이다. 불활성 가스로 질소, 이산화탄소, 때로는 수증기가 사용되고, 대부분의 가연성 혼합가스의 MOC는 10% 정도이다.

Section 46 FMEA 실시목적, 특징, 기본종류 및 활용형태

1. 정의

FMEA(고장모드영향해석)는 부품 그 자체에 고장 발생원인이 개입되는 것을 피하기 위한 기법으로 설계, 공정, 품질보증 등 각 부문에 산재한 문제점을 정량적으로 관리하기 위한 기법이며, 점차 복잡화되는 문제 발생형태를 제품개발 초기단계에서 사전 제거하기 위한 목적으로 활용한다.

[표 3-20] 분류 및 적용 범위

구분	단계	적용 범위
System FMEA	개발 초기 상품기획과 설계단계	제품의 system, sub-system 분석
DFMEA	생산단계 이전	제품 분석
PFMEA	생산단계	제조, 조립공정 분석
Circuit FMEA	–	전기, 전자회로 부문의 분석

2. 실시목적

실시목적은 다음과 같다.
① 잠재적 결함 확인 후 그 영향의 심각성 평가
② 중점관리항목의 확인

③ 잠재적 설계, 공정상 결함의 중요도 인식

④ 제품의 중대사고예방으로 고객불만 방지

⑤ 결함의 영향 제거 또는 감소를 위한 부문별 대책 수립의 근거

⑥ 설계, 생산문제점 검증을 통한 효율 제고

[표 3-21] 적용상 유리한 점

구분	종류별 이점	공통 이점
DFMEA	• 제품개발 초기단계에서 제품의 잠재고장모드의 확인이 용이해짐 • 제품의 모든 잠재고장모드 및 조립에 미치는 영향의 예측 가능성 증진 • 안전상 문제들을 제거할 수 있는 제품설계행위들을 확인 • 잠정적으로 안전문제를 밝혀내는 것이 용이해짐 • 설계요인 및 대안에 대한 평가가 용이해짐 • 제품에 대한 철저한 설계검증계획을 용이하게 해주는 정보 제공 • 중요관리특성 확인 용이 • 설계개선조치들 간의 우선순위 설정 • 향후 제품설계개발을 유도하며, 제품설계변경 후 그 근거를 문서화	• 제품에 대한 품질의 신뢰성 및 안정성 증진 • 기업이미지 제고 및 경쟁력 확보 • 고객만족 증진 • 제품개발기간 및 비용 저감 • 고장을 줄이기 위한 활동을 문서화시켜서 추적 가능성 확보
PFMEA	• 신규 제조 및 조립공정의 해석 용이 • 제조 및 조립공정상의 잠재고장모드와 그 영향이 검토될 수 있는 가능성 증진 • 엔지니어들이 불량발생을 낮추거나 불량탐지능력을 증대시킬 수 있는 관리수단 또는 방법에 초점을 맞출 수 있도록 공정결함을 규명 • 중요관리특성을 찾아내고 제조관리계획 개발이 용이 • 공정개선조치들 간의 우선순위 설정	

[표 3-22] 결과

DFMEA	PFMEA
• 제품에 대한 잠재고장모드의 LIST • 중요관리특성의 LIST • 제품고장모드의 원인 제거나 발생률 감소를 위한 설계활동의 LIST	• 공정에 대한 잠재고장모드의 LIST • 중요관리특성의 LIST • 제품고장모드의 원인 제거나 발생률 감소를 위한 공정활동의 LIST

3. FMEA의 2단계

일반적으로 실시빈도가 많은 DFMEA와 PFMEA에 대한 상세목적 및 정의단계이다.

(1) DFMEA(설계고장모드영향 해석)

개발이나 설계단계를 원인으로 하는 고장모드를 해석하여 문제점 발생을 예지함으로써 설계에 대책을 취하기 위함이며, 설계FMEA는 하나의 component, sub system이 설계될 때 기술자가 경험이나 과거 검토로부터 문제점이 있을지도 모를 부품의 해석을 포함하는 고유 기술에 의해 기술자가 설계공정에서 통상 실시하는 상상력으로 관찰 검토하고, 그 결과를 정형화하여 문서화하는 것이다.

(2) PFMEA(공정고장모드영향 해석)

제조공정의 잠재문제점 해석을 실시하여 문제점을 예지하고 사전에 개발이나 설계내용에 대책을 반영시키고, 또한 공정설비나 작업절차서를 변경하여 고장원인에 대한 대책을 취하기 위함이다. 제조담당기술자 또는 팀에서 잠재되어 있는 고장모드 및 이것과 관련된 원인메커니즘을 가능한 고려하면서 추진해가는 수단으로서, 이 기법이 이용되며 고장모드영향분석(FMEA)의 공식적인 Reference Manual이 있다. Reference라고는 되어 있으나 강제적인 요구사항으로 볼 수 있다.

4. FMEA의 실제 적용 및 운용

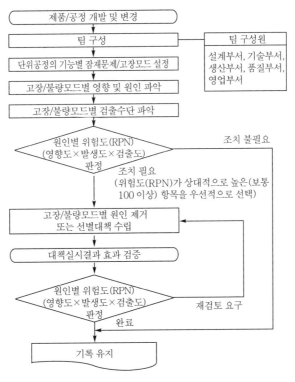

[그림 3-32] 공정FMEA 작성순서

(1) 필요성

① 안전 또는 정부의 규제, 법규 적합성에 영향을 미칠 수 있는 잠재고장모드의 확인

② Hardware의 생산투입 전 잠재적 설계결함 확인

③ 제품의 집중관리항목 확인

④ 생산개시 전 단계의 잠재적 공정상 결함 확인

⑤ 고객요구만족 여부 확인을 위한 품질전략 수립, 설계, 공정에 관한 활동을 가능한 제품 개발 초기단계에서 제시하기 위함

⑥ 설계, 제조, 조립공정의 개선을 통한 제품결함 제거(감소)

⑦ 제품결함 제거를 위한 조직적이고 체계적 접근방법 제공

⑧ 제품개발활동에 따른 모든 검토내용과 대책이력 제공

(2) 실시자

① Team을 구성하여 실시

② 협력업체영역에 대해서는 자체적으로 실시토록 교육 및 지침 부여

(3) 실시시기

1) 제정

① 신규 system, 부품, 공정의 채택 또는 신기술 채택 시

② 현 설계, 공정변경 시

③ Carryover된 설계, 공정이 타 제품에 적용 또는 환경변화 시

④ System기능은 정의되었으나 특정 hardware 미선정 시

⑤ 부품기능은 정의되었으나 설계승인이 되지 않고 생산에 투입되지 않았을 때

⑥ 신규상품계획 수립 시

2) 개정

① 제품설계, 적용, 환경, 재질 또는 제조, 조립공정 변경 시마다 실시

② 제품개발cycle의 각 개발event 발생 시 또는 D/R시점별 변경사항 발생 시

3) 완성

지속적으로 개정되는 것(완성개념 없다)

4) 폐지

① DFMEA : 양산 2년 이후 폐지가 바람직(경우에 따라서는 영구 보존관리)

② PFMEA : Non-control item의 경우 부품생산시점까지

③ Control item : 최종 부품생산 1년 이후까지 FMEA Chart를 관리 후 폐지

④ 협력업체 FMEA : Customer FMEA 폐지 1년 후에 폐지

5. 품질측면에서 FMEA의 역할

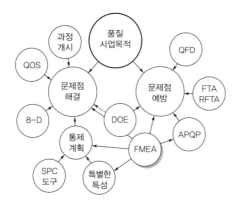

[그림 3-33] The role of FMEA in a quality system

설계의 불완전이나 잠재적인 결점을 찾아내기 위해 구성요소의 고장모드와 그 상위 아이템에 대한 영향을 해석하는 기법으로, 특히 영향의 치명도에서 그 정도를 중요시할 때에는 FMECA(Failure Mode Effects and Criticality Analysis)라고 하는데, 이 수법은 완성된 기기나 시스템을 검토하기 위한 것이 아니라 앞으로 개발하려고 하는 기기나 시스템의 설계개선에 활용하는 것이다. 대상이 되는 고장은 하드웨어에 관한 유일한 고정고장(固定故障)으로 다음과 같다.

① 예측되는 고장모드　　　　② 영향의 중대성

③ 발생빈도　　　　　　　　④ 검지의 난이도

⑤ 최초로 검지할 수 있는 시점　⑥ 검지방법

등의 평가항목에 따라서 고장모드의 상위 아이템에 대한 영향을 해석한다. 또 고장모드의 상위 아이템으로서의 기능전개는 해석자의 기술적 판단에 크게 의존한다. 따라서 권고사항이 과잉품질로 변하기 쉬우며 목표원가도 동시에 고려해야 한다. 실제로는 워크시트를 이용하여 해석한다.

Section 47 HAZOP(위험과 운전성기법)연구

1. HAZOP(Hazard and Operability Study)기법의 특징 및 원리

HAZOP기법은 사소한 원인이나 다소 비현실적인 원인이라도 이것으로 인하여 초래될 수 있는 결과를 체계적으로 누락됨이 없이 검토하고자 공정변수(Process parameter)와 가이드 워드(Guide words)를 조합하여 실제 의도에서 벗어나는 공정상의 이탈(Deviation)을 구성하고, 이에 대하여 여러 분야의 경험을 가진 구성원이 난상토론(Brainstorming)을 수행하며 효율적인 검토를 위하여 설계도면의 일정구간을 분할(Study node)하여 단계적으로 설비 오작동이나 운전조작 실수 등 위험성(Hazard) 및 운전성(Operability)을 평가하는 것이다.

2. HAZOP 적용 대상 및 시기

① 새로운 공정 : 설계도면이 거의 완성된 시점 실시
② 기존 공정 : 변경 등 재설계가 계획되는 단계에서 실시
③ 기존 설비에 대한 운전성의 평가·개선 활용

3. HAZOP의 주요 용어

HAZOP은 일정한 원칙과 절차에 따라 수행하는 위험성평가기법으로서, 여기에서 사용되는 용어들의 정의는 다음과 같다.

① 검토구간(Study node) : 각각의 이탈에 대하여 검토해야 할 확정된 설비의 구간(예 : 두 용기 사이의 배관 등)으로서 P & ID 등을 이용하여 표시한다.
② 운전단계(Operating step) : 회분식 공정에서 별개의 독립된 단계나 HAZOP팀에 의하여 분석된 방법(예 : 수동, 자동운전 등)이다.
③ 설계의도(Design intent) : 공정설계 시 요구하는 정상적인 운전조건이나 설계조건이다.
④ 가이드 워드(Guide words) : 공정변수의 질, 양 또는 단계를 나타내는 간단한 단어로서 No, Less, More와 같은 용어이다.
⑤ 공정변수(Process parameter) : 유량, 압력, 온도 등 물리적인 특성이나 보수, 정비, 샘플링 등 공정의 상태를 나타내는 변수이다.
⑥ 이탈(Deviations) : 일반적으로 가이드 워드와 공정변수를 조합한 설계의도로부터 벗어난 상대를 일컫는다.
⑦ 원인(Causes) : 공정 이탈을 발생시킨 이유로서 한 가지 이탈에 대하여 복수의 원인이 제시될 수 있다.

⑧ 결과(Consequences) : 공정 이탈이 발생됨으로써 야기될 수 있는 사항으로 복수의 결과가 초래될 수 있다.

Section 48 Pool Fire와 Jet Fire

1. Pool Fire

인화성 액체가 저장탱크나 배관으로부터 누출될 때 액체Pool이 형성되며, Pool이 형성되면 액체 중의 일부는 증발하게 된다. 증기화하는 인화성 물질에 연소하한계상에서 점화원과 접촉하면 화재(Pool Fire)가 발생하며, Pool Fire 근처의 사람이나 물체의 잠재적 상해나 손해는 Pool Fire에 의한 열복사현상에서 발생한다.

2. Jet Fire

저장탱크나 배관으로부터 압축되었거나 액화된 가스가 누출될 때 Hole로부터 누출된 물질이 주변 공기와 혼합하여 분출가스를 형성한다. 이때 물질이 인화성 점화원과 접촉하여 일어나는 화재로서 마치 Torch불과 같은 형상이 일어나는 현상을 Jet Fire라 한다.

Section 49 Roll Over현상(LNG저장탱크의 Roll Over현상)

1. 개요

Roll Over란 반전(反轉)이란 의미로서, LNG에 국한되는 것이 아니라 상·하층의 밀도차에 의한 역전에 따라 일어나는 현상으로 LNG의 경우 저장탱크의 액이 수입, 이송 등에 따라 하부에 중질액, 상부에 경질액으로 서로 다른 밀도층을 형성하는 경우가 있는데, 이를 층상화라 한다.

층상화현상은 탱크 내에 남아있는 LNG보다 밀도가 큰 무거운 LNG를 탱크의 하부 입구를 통해 하역한 후 탱크 내에서 자연대류가 작은 경우에 LNG의 밀도가 균일하지 않게 되는 현상이다.

2. Roll Over의 발생원인

① 통상 조성이나 밀도차가 거의 없는 경우에는 상층표면은 기액평형조건이 되고, 탱크 측면 및 저부로부터의 입열은 BOG(Boil Off Gas, 증발가스) 발생과 액의 농축에 이용된다. 이런 상태에서는 액의 자연대류가 이루어지므로 액 전체가 균질화된다.

② 그러나 일단 층상화되면 상층은 측벽 입열로서 하층액 사이의 계면보다 작은 입열로서도 BOG가 발생되고 서서히 농축되어 액밀도가 상승한다.

③ 한편 하층은 상층으로부터의 가압조건이고 측벽 및 하부 입열에 따라 액온의 상승이 일어나 밀도가 저하된다.

④ 이 밀도가 상층액보다 저하될 경우 상·하층이 반전하며 동시에 급격한 혼합이 일어난다. 그리고 하층액에 축적된 열량분의 BOG가 급속히 발생하는데, 이 같은 현상을 Roll Over라 한다.

3. Roll Over 방지방법

① LNG조성의 범위 제한 : LNG의 밀도에 따라 LNG를 하역해야 한다. 만약 2개의 LNG Cargo의 밀도차가 $10kg/m^3$을 초과하면 같은 Tank로 LNG를 하역해서는 안 된다.

② Jet노즐로 인입LNG와 잔류LNG를 혼합 : 하역 시에는 Mixing Loading Line을 사용하도록 한다. Mixing Loading Pipe에는 Special Mixing Nozzle이 설치되어 있어 층 형성을 방지할 수 있다.

③ 탱크 내부 LNG의 Mixing 순환 : 최소한 3주에 한번은 탱크 내의 LNG를 순환시켜야 한다. 장기간의 Stand-by기간에도 Primary Pump로 LNG를 순환시켜 LNG를 균질화하도록 한다.

④ 탱크의 상·하층 입구 분리 : 탱크의 상·하층부에 각각 입구를 만들어 중질LNG는 상부로, 경질LNG는 하부 인입구로 유입시킨다.

4. Roll Over 발생 시 안전조치

① LNG탱크의 층이 형성되면 하역작업 수시간 내에 Roll Over가 일어나 많은 양의 Vapor가 발생되며 Flare가 작동한다.

② 계속해서 탱크의 압력이 증가한다면 Vent 및 Safety Relief Valve에 의해 방호된다.

Section 50 TNT당량

1. 개요

TNT(TriNitroToluene)의 폭발에너지는 실험에 의해 차트화되어 있어, 다른 물질의 폭발에너지를 TNT당량으로 나타내면 그 물질에 폭발에너지를 쉽게 알 수 있다. 보통 에너지의 단위로 쓰이며, TNT 1톤은 4.184GJ(기가줄)에 해당한다. 핵무기의 파괴력을 평가할 때 TNT 환산 킬로톤이나 메가톤으로 표현하는 것이 일반적이며, 최근에는 소행성 충돌 등에서 발생하는 사건에도 TNT 환산질량을 사용하기도 한다.

2. TNT당량

어떤 물질에 폭발할 때 내는 에너지와 동일한 에너지를 내는 것이 TNT당량이며 다음과 같다.

$$\text{TNT당량(log)} = \frac{\Delta H_c W_c}{1,120\text{kcal/kg TNT}} \eta$$

여기서, ΔH_c : 폭발성 물질의 발열량, W_c : 폭발한 물질의 양, η : 폭발효율

3. Scaling 삼승근법칙

① $Z_e = \dfrac{R}{W^{\frac{1}{3}}}$

　　여기서, Z_e : 환산거리, R : 폭심으로부터의 거리(m), W : 폭발물질량(TNT질량)
② 환산거리가 같으면 폭발물의 양에 관계없이 충격파 등 재해크기는 같다.

4. 계산순서

계산순서는 다음과 같다.
① TNT당량으로 환산
② TNT당량은 환산거리로 환산
③ 환산거리를 이용하여 [그림 3-34]에서 과압(kPa)을 추산
④ 환산된 과압에 의한 피해예측 : 0.21kgf/cm²은 고막 파손, 0.15kgf/cm²은 차량 전도가
　 된다.

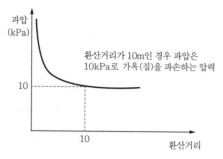

과압
(kPa)

환산거리가 10m인 경우 과압은
10kPa로 가옥(집)을 파손하는 압력

10

10

환산거리

[그림 3-34] 환산거리와 과압의 관계

Section 51 TWA

1. 정의

시간가중평균농도(TWA : Time Weighted Average Concentration)라 함은 1일 8시간 작업을 기준으로 하여 유해요인의 측정농도에 발생시간을 곱하여 8시간으로 나눈 농도를 말하며, 산출공식은 다음과 같다.

$$TWA = \frac{C_1 T_1 + C_2 T_2 + \cdots + C_8 T_8}{8}$$

여기서, C : 유해요인의 측정농도(ppm 또는 mg/m³)

T : 유해요인의 발생시간(시간)

Section 52 UVCE와 BLEVE

1. Flash Fire와 UVCE

대량의 인화성 물질이 대기 중에 급격히 유출될 경우 증기운을 형성하여 착화원과 접촉 시 발생하는데, 증기운의 양에 따라 소량인 경우 Flash Fire를 나타낸다. 피해결과는 Flash는 복사열로, UVCE는 충격파로 나타나고, 그 방지대책은 다음과 같다.

① 소량 분산저장　　　　　　　　　② 누설 방지
③ 연소범위 형성 방지(환기, 이너팅)　④ 착화원관리 철저
⑤ 공급계통(밸브) 신속 차단

2. BLEVE와 Fire Boll

가압상태의 액이나 액화가스저장탱크가 주변의 화염에 의해 점차 가열되면 탱크 내 액체의 부피가 급격하게 팽창(200배 이상)하여 파열하는 현상(BLEVE)이다. 파열에 의해 유출된 인화성 물질에 착화하면 Fire boll이 형성되며, 피해결과는 BLEVE에 의한 충격파, Fire boll에 의한 복사열로 나타난다. BLEVE의 방지대책은 다음과 같다.

① 열의 침투 억제 : 보온 조치 열의 침투속도를 느리게 한다(액의 이송시간 확보).
② 탱크의 과열 방지 : 물분무 설치 및 냉각조치(살수설비, 소화전설치)
③ 탱크로 화염의 접근금지 : 방액재 내부 경사조정, 화염차단 최대한 지연

Section 53 VCE 거동에 영향을 주는 인자

1. 영향인자

폭발이 용이한 가연성 물질이 다량으로 급격하게 대기 중에 유출되면 증기운을 형성하여 확산되며, 물질의 연소하한계 이상의 상태에서 착화원과 접촉 시 발생하는 폭발사고를 자유공간 증기운폭발(UVCE : Unconfined Vapor Cloud Explosion) 또는 증기운폭발(VCE : Vapor Cloud Explosion)이라 한다. 증기운폭발(VCE)에 의한 피해는 충격파에 의한 것이다.

2. 사례

석유화학공장에서 일어날 수 있는 최악의 사고로 1974년 영국 Flixborough Nypro사에서 발생한 폭발사고는 이러한 유형의 대표적인 사고이다. 30년간 세계 100대 석유화학공장의 사고통계(M&M Protection 컨설턴트사)에 의하면 사고 발생빈도가 36%로 화재(31%)나 다른 폭발(29%)사고보다 높고, 한 사고당 피해액도 11,090만 달러로 화재나 다른 폭발사고에 비하여 약 2배 정도 많다.

Section 54 MIE(최소착화에너지)에 영향을 주는 요소

1. 개요

발화가 일어나기 위하여는 화학반응에 의한 발열과 주위로의 방열의 조화가 문제로 되며

가연물의 종류, 외부조건 등에 의해 정해지는 어느 정도 이상의 에너지가 필요하다. 그 에너지를 최소발화(착화)에너지라 하며 가연성 가스 및 공기와의 혼합가스에 착화원으로, 점화 시에 발화하기 위한 최저에너지로서 전기불꽃에 의한 인화의 발생용이도의 하나의 기준이 된다.

최소발화에너지는 물질의 종류, 혼합기의 압력, 온도, 조성(혼합비) 등에 따라 변화한다. 또한 공기 중의 산소가 많은 경우라든가 가압하에서는 일반적으로 작은 값이 된다. 1기압, 상온에 있어서 탄화수소의 최소발화에너지는 거의 10^{-1}MJ이고, 이 수치는 가솔린엔진 등의 점화 플러그에서 발생하는 불꽃에너지의 약 1/1,000이다.

일반적으로 MIE는 저급탄화수소의 경우 화학 양론혼합비 조성에서 얻어지지만, 이것은 항상 성립하는 것이 아니고 탄소수의 증가에 따라 극소치는 연료과잉 측으로 벗어난다. 여기서 당량비 ψ란 공기 중 가연성 가스농도를 이론농도로 나눈 값으로서 1을 초과하면 과잉이 되고 1보다 작을 때는 희박한 상태가 된다.

2. 영향인자

발화(최소착화)에너지에 영향을 주는 요소는 다음과 같다.
① $MIE = f$(가연성 물질의 온도, 압력, 농도, 전극의 형태)
② 온도가 상승하면 MIE는 작아진다(분자의 운동이 활발).
③ 압력이 상승하면 MIE는 작아진다(분자 간의 거리가 가까워지므로).
④ 농도가 많아지면 MIE는 작아진다.
⑤ 가연성 가스의 조성이 화학 양론적 조성(완전연소조성) 부근일 경우 MIE는 최저가 된다.

이것보다 상한계나 하한계로 향함에 따라 MIE는 증가한다. 매우 압력이 낮아서 어느 정도 착화원에 의해 점화하여도 점화할 수 없는 한계가 있는데 이를 최소착화압력이라 한다.

일반적으로 연소속도가 클수록, 열전도도, 화염온도가 낮을수록 값은 적다.

3. 측정방법과 최소발화에너지공식

측정방법은 구형용기에 가연성 가스와 공기 중심에 콘덴서로써 불꽃방전을 일으켜 데이터를 측정하며 최소발화에너지공식은 다음과 같다.

$$MIE = \frac{1}{2}CV^2 \qquad\qquad (1)$$

여기서, MIE : 최소발화에너지(J), C : 콘덴서용량(F), V : 전압(V)

통상 최소착화에너지(MIE)는 매우 적으므로 Joule의 MJ의 단위를 사용한다.

Section 55 AIT(자연발화온도)

1. 개요

발화점이란 다른 곳에서 착화원을 부여하지 않고 가연성 물질을 공기 또는 산소 중에서 발화 혹은 폭발을 일으키는 최저온도를 말한다. 발화온도는 압력, 농도, 부피, 촉매의 종류 등의 함수로서 물질의 물리적 특성이 아니다. 일반적으로 발화점을 측정하는 데 있어서 가연성 물질과 지연성 물질의 혼합물의 온도가 상승되는 시간부터 화재 및 폭발이 발생할 때까지 경과되는 시간을 발화 전에 지체(time lag) 혹은 발화에 걸리는 시간이라 한다. 이 시간이 어느 정도 길어지면 발화온도와 일정하게 되는데, 이때의 온도를 자연발화온도(AIT : Autoignition Temperature) 혹은 최소자연발화온도(SIT : Minimum Spontaneous Ignition Temperature)라 한다.

2. AIT(자연발화온도)의 관계

AIT는 가연성 혼합물질의 혼합조성에 영향을 받는데, 즉 혼합물 중 일반적으로 양론적 조성비를 기준으로 가연성 물질의 농도에 따라 AIT가 커지거나 작아진다. 부피가 큰 계일수록 AIT는 낮아지며, 압력이 높아지면 AIT 역시 낮아지는데, 이는 분자 간의 거리가 가까워져서 분자의 이탈현상을 막기 때문이다. 또한 산소의 농도가 높아지면 AIT는 감소하며, 유속이 빠르면 감소한다. 따라서 이와 같은 여러 조건에 의해 크게 영향을 받고 있으므로 AIT의 자료를 이용할 경우에는 충분한 검토를 하는 것이 중요하다. 그러나 방화 및 방폭을 위해 사용된 AIT값은 일반적으로 가장 낮은 값을 사용하는 것이 바람직하다. AIT값은 공정상에서 발생할 수 있는 화재 및 폭발위험성에 대해 다음과 같은 3가지 형태의 공정상에서 도움을 줄 수 있다.

① 공정조작에 있어 과잉온도 ② 고온표면에 연소물질의 누출
③ 저장 및 수송에서 과잉온도

대부분의 가연성 물질에서 AIT와 발화지체시간 사이에서의 관계는 다음 식에 의해 접근이 가능할 것이다.

$$\log t = \frac{A}{T} + B \tag{1}$$

여기서, t : 발화지연시간, T : 자연발화온도(K), A, B : 상수

Semenov의 이론에 의해 기체연료의 자연발화한계를 온도와 압력의 관계로 나타내면 다음과 같이 표현될 수 있다.

$$\ln p_c \fallingdotseq \frac{A}{T} + B \tag{2}$$

이 이론에서는 혼합가스의 온도를 균일하다고 가정하였다. 그러나 열전도에 의해 혼합가스에 온도분포가 생기는 경우에는 어느 곳이든지 한 점에서 착화하면 전파에 의해 혼합가스 전체로 화염이 확대되어 나간다. 이 점을 고려한 것으로는 Frank-Kamenetskii의 이론이 있으나 결과의 정성적인 경향은 변하지 않는다. 또한 가스 중에서는 대류가 온도의 불균일을 완화시키므로 이들의 이론은 가스폭발에 부적합하다.

Section 56 점화지연과 최소자연발화온도(AIT)

1. 발화지연(Ignition Delay, 점화지연)

발화지연시간은 발화가 발생하기 위한 조건을 만족한 상태에서 실제 발화가 일어날 때까지의 시간을 의미하며 AIT에서 최대값을 가진다.

2. 최소자연발화온도(AIT)

가연성 물질의 연소현상 가운데 하나인 자연발화는 가연성 혼합기체에 열 등의 형태로 에너지가 주어졌을 때 스스로 타기 시작하는 산화현상으로, 주위로부터 충분한 에너지를 받아서 스스로 점화할 수 있는 최저온도를 최소자연발화온도(AIT : Auto ignition Temperature)라고 한다. 최소자연발화온도는 가연성 액체의 안전한 취급을 위해 중요한 지표가 된다.

Section 57 기체의 시료채취에서 호흡반경

1. 정의

개인시료채취라 함은 개인시료채취기를 이용하여 가스, 증기, 분진, 흄(fume), 미스트(mist) 등을 근로자의 호흡위치(호흡기를 중심으로 반경 30cm인 반구)에서 채취하는 것을 말한다.

Section 58 화염일주한계

1. 개요

화염일주한계란 위험물이 연소하는 경우 그 화염이 어느 정도의 전파력을 갖는가를 판정하는 기준이 되는 것이다.

2. 측정방법

화염일주한계측정에는 폭발성 혼합가스를 금속제의 2개의 실에 넣어 그 사이를 가는 슬리트로 연결하고, 그 한쪽을 점화·폭발시켰을 때 슬리트를 통하여 다른 실의 가스가 인화·폭발하는가를 시험하는 방법이 이용되고 있다. 슬리트의 폭을 가감하여 다른 실의 가스가 인화하지 않는 한계의 폭(간격)을 측정하는 것이며, 슬리트의 간격이 좁은 것일수록 화염의 전파력이 강하여 위험하게 된다.

Section 59 열간균열

1. 개요

용접할 때의 열 때문에 금속이 탄성을 잃게 되어 용접한 부분이나 그 주변이 갈라지거나 터지는 현상을 말한다.

2. 열간균열 방지법

(1) 용접이음의 설계를 충분히 검토한다

알루미늄합금은 그 화학성분이 열간균열성을 크게 좌우한다. 용착금속은 모재와 용접봉의 성분이 혼합되면서 생기므로 균열의 위험이 높은 편이다. 이 때문에 용접이음의 단면설계를 잘 구상해서 용접봉과 모재의 혼합을 조절해 주는 것도 균열 방지의 한 요령이 된다.

(2) 용접속도를 될수록 빠르게 한다

속도가 빠르면 용접부에 미치는 열영향이 줄어든다. 따라서 온도의 격차로 생기는 응력이 감소된다. 또 속도가 빠를수록 이미 용착된 부분이 열을 빨리 흡수해 줌으로써 열간균열이 생길 여유를 주지 않는다.

(3) 예열을 한다

예열을 해주면 용접부와 모재 간의 온도분포가 고르게 되어 용착금속이 응고할 때의 응력을 덜어준다. 예열은 모재가 고정되어 있지 않은 상태에서 해 주어야 하며 너무 심하게 예열하면 모재가 약해진다.

(4) 모재에 적합한 용접봉을 선택한다

Section 60 틈 부식

1. 개요

실제의 환경에서 스테인리스강 표면에 이물질이 부착되든가 또는 구조상의 틈 부분(볼트틈 등)은 다른 곳에 비해 현저히 부식되는데, 이러한 현상을 틈 부식이라 한다. 공식(孔蝕)과 유사한 현상이지만 공식은 비커 중의 시험편에서 발생하는 데 비해, 틈 부식은 실제 환경에서 생기므로 실용면에서 중요한 의미가 있다.

2. 틈 부식의 기구

① 금속의 용해에 의해 틈 내부에 금속이온이 농축하여 틈 내외의 이온농도차에 의해 형성되는 농도차전지작용(濃度差電池作用)에 의해 부식된다(Cu합금).

② 틈 내외의 산소농담전지작용(酸素濃淡電池作用)에 의해 부식된다(스테인리스강). 즉 부동태화하고 있는 스테인리스강의 일부 불균질한 부분이 용해하면 틈 내부에서는 anode반응($M \rightarrow M^+ + e^-$)과 cathode반응($O_2 + 2H_2O + 4e^- \rightarrow 4OH^-$)이 진행하고, 어느 시간 경과하면 틈 내의 산소는 소비되어 cathode반응이 억제되며 OH^-의 생성이 감소한다. 그래서 틈 내부의 이온량이 감소하여 전기적 균형이 깨어진다. 계(系)로서는 전기적 중성이 유지될 필요가 있으므로 외부로부터 Cl^-이온이 침입하여 금속염($M^+ Cl^-$)을 형성한다. 이 염(鹽)은 가수(加水)분해하여 $MCl + H_2O \rightarrow MOH + HCl$의 반응에 의해 염산이 생겨 pH가 저하하여 부식이 성장하기 쉬운 조건으로 된다. pH의 저하는 원소의 종류에 따라 다르지만 Cr^{3+}, Fe^{3+} 이온에 따라 1~2 정도까지 될 수 있다.

Section 61 화학공장 설계 및 운전 시에 온도, 압력, 유속의 결정을 위한 중요사항

1. 중요사항

① 압력 : 설비의 두께를 결정짓고, 안전과 직결되어 비용과 연관된다(고압일수록 고가).

② 온도 : 온도 유지도 비용과 연관된다(저온은 보냉, 고온은 보온). 온도가 높을수록 부식성

이 강한 성질의 것이 많으므로 사전검토가 필요하다.

③ 유량: 흐르는 유체의 양에 따라 배관의 직경과 펌프의 용량이 결정된다.

④ 환경: 환경사고는 회사의 존립을 좌지우지하는 현실이므로 수질 및 대기배출시설을 철저히 하여야 한다.

⑤ 안전: 안전사고 역시 공장의 존립을 좌지우지하는 현실이므로 지속적으로 시스템관리를 한다.

2. 사전검토

① 수익성 검토: 제일 중요한 것으로 이익이 발생할 수 있는 방법을 검토

② 선진국 기술과의 차이: 세계시장은 1, 2위만 살아남고 있음

③ 공장가동유지비용: 가동하면서 유지비용이 적게 들어야 이익이 남을 수 있음

④ 판매 가능 여부

⑤ 운전가동 가능 여부: 운전맨, 조정맨과 협의하여 문제점 사전 제거, 가동 및 보전의 가능 여부

Section 62 화학공장사고 시 반응폭주의 발생원인과 대책

1. 원인

화학반응 시 온도, 압력 등의 제어상태가 규정조건을 벗어나서 반응속도가 지수함수적으로 증대되고 반응용기 내의 온도, 압력이 급격히 증대하여 반응이 과격화되는 현상을 반응폭주라고 한다.

보통 반응폭주가 일어나면 대부분 가연성 가스의 누설에 의한 폭발이나 독성가스에 의한 중독피해 등이 발생하고, 심한 경우에는 기기나 설비가 파괴되는 등의 피해가 발생한다. 반응폭주가 일어나기 쉬운 공정은 다음과 같다.

① 암모니아 2차 개질로

② 에틸렌제조시설의 아세틸렌수첨탑

③ 산화에틸렌제조시설의 에틸렌과 산소와의 반응기 등

2. 대책

반응폭주형 폭발은 반응개시 후 반응열에 의한 반응폭주로 인한 폭발형태이며, 예방대책은 다음과 같다.

① 발열반응특성조사   ② 반응속도계측관리

③ 냉각, 교반조작시설   ④ 반응폭주 개시의 경우 신속 처치

Section 63   화학공장의 위험요인과 화재폭발원인(예:여수산업단지)

1. 개요

여수산업단지는 정부의 중화학공업육성계획에 의거 1967년 공단이 조성된 이래 현재 정유, 비료, 석유화학계열 업종이 입주하고 있는 국내 최대규모의 중화학공업으로서 에너지, 비료, 석유화학 등 산업용 원료소재의 안정적인 공급과 첨단기술을 통한 미래 신제품개발에 주력함으로써 고도의 산업사회를 이룩하는 데 중추적인 역할을 담당하고 있다.

또한 많은 유해위험물질의 제조, 취급으로 인한 화재·폭발·독성물질 누출 등 중대 산업사고 발생 잠재위험성이 상시 존재하고 있으며, 최근에는 유해위험물질저장탱크, 공정기기 등의 정비작업 시 화재폭발사고가 증가추세에 있어 이에 대한 대책 마련과 석유화학제품을 생산하는 공정기기, 저장탱크, 배관시설 및 입·출하설비에 대한 안전관리의 강화가 필요한 실정으로 전 위험성평가 실시 미비 등 관리감독 불충분에 의하여 발생된 것으로 분석된다. 한편 기업경영의 구조적인 원인도 중대산업사고 발생의 주요 원인으로 분석되었는데, 기업의 구조조정과정에서 경험이 많은 현장관리인원의 감소로 인하여 작업자의 현장관리업무범위가 증가되어 정비보수작업과 설비변경 등 비정상작업 시 사전안전성 검토 및 협력업체관리기능이 약화되었을 뿐 아니라 부서간 협조체제기능 약화, 책임회피 등 현장의 관리감독기능이 약화되었으며, 최근 노사문제 및 생산원가 절감을 위한 증원 억제방침에 따라 작업의 외주화 증가, 경험이 적은 미숙련자의 배치 증가 등 복합적인 문제로 인하여 중대산업사고가 발생된 것으로 분석되었다.

2. 예방대책

발생한 중대재해 발생원인분석을 토대로 여수산업단지의 중대산업사고를 예방하기 위해서는 다음과 같은 대책 마련이 시급한 실정이다.

(1) 석유화학공장의 특성에 맞는 안전관리조직 운영

석유화학공장은 단위공장이 여러 개 집합되어 있는 복합공장(Complex)의 형태를 이루는 특성을 갖고 있으므로 단위공정별 안전관리계획 수립, 이행 및 현장 내 정비·보수작업, 설비변경 등 비정상적인 작업 시 사전안전성 검토, 안전작업절차 이행교육 실시, 작업절차서 발생, 이행 여부 확인 등 현장 라인에서의 실질적인 재해예방업무 수행을 철저히 수행하기 위해서는 단

위공장별 전담안전관리인원 증원 등 단위공장별 현장 라인 안전관리조직이 보강되어야 한다.

(2) 노사합동의 안전수칙 준수 풍토 조성

중대산업사고예방을 위해서는 전 직원이 함께 참여하는 전사적 안전수칙 지키기 운동과 작업 전 위험예지, 지적확인활동 전개, 그리고 팀별, 개인별 안전활동 활성화를 위한 상벌제도 강화 등 작업자 스스로 안전수칙을 철저히 준수할 수 있는 자율안전문화 풍토 조성을 위한 노사합동의 안전활동이 전개되어야 한다.

(3) 기술인력의 적정 관리

기업구조조정과정에서 주로 경력사원이 퇴직을 함으로써 현장 관리능력이 낮아졌으며, 생산물량 증가 시 인원 충원보다는 작업의 외주화 증가추세에 있다. 따라서 수많은 위험물과 고온, 고압의 복잡한 공정을 취급하는 석유화학산업은 자칫 작은 실수가 대형재해로 이어질 수 있는 작업공정의 특성을 고려하여 위험작업 또는 응급상황에 적절히 대처할 수 있는 안전관리능력 향상을 위하여 현장 기술과 관리기능 연계를 위한 장기적인 인원수급계획이 수립되어야 한다.

(4) 계층별 간담회 안전교육 강화

석유화학공장은 2년 내지 3년 주기로 공장운전을 중지하고, 공장에 따라서 약 20일에서 50일 간의 대정비작업을 실시하고 있다. 이 기간에는 수백 명에서 수천 명의 외부 협력업체 근로자가 공장을 출입하고 있어 재해 발생위험이 높으며, 또한 운전 중에도 지속적인 유지보수가 이루어지고 있는데, 전술한 바와 같이 최근에는 이러한 정비보수작업 중에 재해가 많이 발생되고 있다. 따라서 협력업체 근로자 상설교육장 운영을 통하여 석유화학플랜트 정비보수작업 관련 협력업체 근로자 및 사업주 교육이 강화되어야 하며, 모기업에서도 위험작업별 안전관리기법, 설비변경 시 사전안전성 검토기법, 화재폭발에 의한 피해예측 및 비상조치계획수립기법 등에 대한 현장관리감독자교육을 강화하여야 한다.

(5) 사고피해예측프로그램을 이용한 피해최소화대책 수립

석유화학공장에서 발생되는 사고는 대형 중대산업사고로 이어질 수 있는 위험성이 크기 때문에 앞서 말한 철저한 중대산업사고예방활동은 물론, 설비별 최악의 상황을 고려한 가상시나리오를 설정하고 피해확산범위를 산정하여 예방대책 수립, 피해확산 방지, 주민대피계획 등을 수립하여 사고 발생 시 신속하고 정확히 대처함으로써 피해최소화를 위해 주기적인 비상대응훈련을 실시하여야 한다.

Section 64 **화학설비의 안전성 확보를 위한 사전안전성평가방법 5단계**

1. 개요

안전성평가 5단계는 다음과 같다.

① 제1단계 : 관계자료의 작성 준비

② 제2단계 : 정성적 평가

③ 제3단계 : 정량적 평가

④ 제4단계 : 안전대책

⑤ 제5단계 : 재평가(재해정보 및 FTA에 의한 재평가)

2. 화학설비의 안전성 확보를 위한 사전안전성평가방법 5단계

(1) 제1단계 관계자료의 작성 준비

① 안전성의 사전평가를 위해 필요한 자료의 작성 준비를 실시한다.

② 관계자료의 조사항목

   ㉠ 입지조건과 관련된 지질도, 풍배도 등의 입지에 관한 도표

   ㉡ 화학설비배치도 : 설비 내의 기기, 건조물, 기타 시설의 배치도

   ㉢ 건조물의 평면도, 입면도 및 단면도

   ㉣ 원재료, 중간체, 제품 등의 물리적, 화학적 성질 및 인체에 미치는 영향 : 물질 각종의 측정치에 관해서는 법령 및 관계부처에 나타난 수치에 따른다.

   ㉤ 제조공정의 개요 : Process Flow Sheet에 따라 제조공정의 개요를 정리한다.

   ㉥ 제조공정상 일어나는 화학반응 : 운전조건상태에서 정상인 반응, 이상반응의 가능성, 특히 문제되는 폭주반응 또는 불안전한 물질에 의한 폭발, 화재 등의 발생에 관해서 검토하고 자료를 정리한다.

   ㉦ 공정계통도

   ㉧ 공정기기목록

   ㉨ 배관, 계장계통도

(2) 제2단계 정성적 평가

설계관계	항목수	운전관계	항목수
입지조건	5	원재료, 중간체제품	7
공장 내 배치	9	공정	7
건조물	8	수송, 저장 등	9
소방설비	5	공정기기	11

(3) 제3단계 정량적 평가

① 해당 화학설비의 취급물질, 용량, 온도, 압력 및 조작의 5항목에 대해 A, B, C, D급으로 분류하고, A급은 10점, B급은 5점, C급은 2점, D급은 0점으로 점수를 부여한 후 5항목에 관한 점수들의 합을 구한다.

② 합산결과에 의한 위험도의 등급은 다음과 같다.

등급	점수	내용
등급 I	16점 이상	위험도가 높다.
등급 II	11~15점 이하	주위 상황, 다른 설비와 관련해서 평가한다.
등급 III	10점 이하	위험도가 낮다.

(4) 제4단계 : 안전대책

① 설비대책 : 안전장치 및 방재장치에 관해서 배려한다.

② 관리적 대책 : 인원 배치, 교육훈련 및 보전에 관해서 배려한다.

　㉠ 적정 인원 배치

구분	위험등급 I	위험등급 II	위험등급 III
인원	긴급 시, 동시에 다른 장소에서 작업을 행할 수 있는 충분한 인원 배치	긴급 시 동시에 다른 장소에서 작업이 가능한 인원 배치	긴급 시, 주작업을 하고 바로 지원이 확보될 수 있는 체제의 인원 배치
자격	법정 자격자를 복수로 배치, 관리밀도가 높은 인원 배치	법정 자격자가 복수로 배치되어 있는 인원 배치	법정 자격자가 충분한 인원 배치

　㉡ 교육훈련과목

학과	실기
• 위험물 및 화학반응에 관한 지식 • 화학설비 등의 구조 및 취급방법에 관한 지식 • 화학설비 등의 운전 및 보전의 방법에 관한 지식 • 작업규정 • 교육훈련과목 • 재해사례 • 관계법령	• 운전 • 경보 및 보전의 방법 • 긴급 시의 조작방법

(5) 제5단계 재평가

제4단계에서 안전대책을 강구한 후 그 설계내용에 동종설비 또는 동종장치의 재해정보를 적용하여 안전대책의 재평가를 실시한다.

Section 65 | 부식 발생에 영향을 주는 인자를 설명하고, 전기방식법을 희생양극법과 외부 전원법으로 분류하여 설명

1. 개요

부식이란 금속의 분자가 주위 환경과의 화학적 및 전기화학적 반응에 의하여 나타난다. 즉 금속은 에너지의 관점에서 더욱 안정된 화합물로 자연히 환원하면서 에너지를 방출한다. 그 에너지는 금속이 형성되면서 받았던 에너지를 의미한다. 이때 물의 존재하에서 발생되는 부식을 습식, 물이 접하지 않는 상태에서 발생되는 부식을 건식으로 구분한다. 여기서 건식은 고온에서 일어나는 것으로 가열시간이 길어지면 강철이 소비되어 두꺼운 막(Fe_3O_4)이 생성된다. 이러한 형태의 부식을 건식이라 하며, 습식은 수중, 토중 및 대기 중에서와 같이 자연상태에서 일어나는 것으로 금속의 거의 모든 부식이 습식이며, 이러한 형태의 부식을 자연부식이라 한다.

2. 부식 발생에 영향을 주는 인자를 설명하고 전기방식법을 희생양극법과 외부전원법으로 분류하여 설명

(1) 전기방식의 일반적 개념

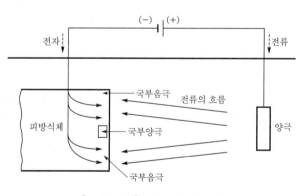

[그림 3-35] 전기방식의 원리

[그림 3-35]는 외부전원식 전기방식의 원리를 그림으로 나타낸 것으로서, 피방식체는 직류전원의 (−)극에 연결되고 양극은 (+)극에 연결된다. 피방식체는 무수한 국부음극과 국부양극으로 구성되나, 여기서는 편의를 위해 1개의 국부양극과 2개의 국부음극을 도시하였다. 국부음극의 전위는 국부양극의 전위보다 높으므로 전자는 전선을 통하여 음극부로 가게 된다(전위가 높은 측으로 전자가 간다고 본다). 즉 전류가 전해질을 통하여 음극부로 유입하는 것과 같으며, 전류의 흐름에 의하여 음극의 전위는 양극의 전위와 평형을 유지할 수 있는 전위까지

낮아질 것이다. 다시 말하면 음극과 양극의 전위가 동전위가 되고 부식은 정지하는 것이다. 더 나아가 전류를 증가시키면 금속전위가 더욱 낮아지나, 이것은 부식제어에는 별 도움을 주지 못한다. 여기서 국부양극과 동전위가 되는 국부음극의 전위를 부식전위라 하고, 방식전위에 도달하기 위하여 필요한 전류를 방식전류라 한다. 또 방식전류밀도란 실제 음극방식에 필요한 단위면적당 전류의 양을 말한다.

(2) 방식전위

방식전위는 금속의 최저양극전위와 일치하고 주위 환경, 즉 전해질의 종류가 정해지면 수식적으로 계산이 가능하다. Pourbaix Diagram에서 부식역과 안정태역 간의 수평선이 방식전위이고 음극방식이 가능한 금속은 안정태역에 있게 되며, 방식전위는 실험 또는 경험에 의하여 알 수 있다.

부식률을 금속의 전위에 의하여 측정할 경우 부식률은 금속전위가 감소함에 따라 감소할 것이며, 결국 어떠한 전위에서는 부식률은 0이 되고 만다. 이 전위를 방식전위라 하게 되며 [표 3-23]에 몇 가지 금속에 대한 방식전위를 예로서 표시한다. 금속의 방식전위를 모를 경우에는 그 금속의 자연전위에서 0.2~0.3V 강하시키면 방식이 되며, 방식효율을 금속의 전위측정으로 알 수 있는 방식법이 음극방식인 것이다. 다른 방식방법을 이용할 경우에는 결과를 아는 데 상당한 시간을 필요로 한다.

[표 3-23] 영국의 음극방식 기준전위(CP 1021(V))

기준전극재료	Cu/CuSO$_4$ (포화황산동전극)	Ag/AgCl/해수 (해수염화은전극)	Ag/AgCl/포화 KCl	Zn/해수 (해수아연전극)
강	-0.95~-0.85	-0.9~-0.8	-0.85~-0.75	+0.15~+0.25
연	-0.6	-0.55	-0.50	+0.5
동계열합금	-0.65~-0.5	-0.60~-0.45	0.55~0.40	+0.45~+0.60
알루미늄	-1.2~-0.95	-1.15~-0.90	-1.10~-0.85	+0.10~+0.15

(3) 방식전류밀도

피방식체의 부식이 큰 경우에는 많은 방식전류밀도를 필요로 하며, 방식전류의 양은 부식전류의 약 1.2배 정도이다. 방식전류밀도는 금속표면상태, 즉 도장상태 등의 조건에 의해 결정된다. 만일 해수 중에서 방식전류를 공급하면 음극 주변의 pH는 커지고(알칼리성) 다음과 같은 반응이 일어나게 된다.

$$Mg^{++} + 2(OH)^- \rightarrow Mg(OH)_2 \tag{1}$$

$$Ca^{++} + HCO_3 + (OH)^- \rightarrow CaCO_3 + H_2O \tag{2}$$

Mg(OH)$_2$와 CaCO$_3$는 물에 난용성이므로 금속표면에 부착할 경우 얇은 막으로써 그 표면을 보호하게 된다. 즉 이런 현상을 "Electro Coating"이라 한다. 이런 현상에 의하여 장시간 방식전류를 공급할 경우 Electro Coating은 초기의 전류밀도보다 감소하게 되어(약 50%까지 감소) 소요전류를 작게 하는 것이다. 예로서 0.5A/M$_2$ 정도의 전류밀도로 폐쇄된 곳에서 약 1주일, 개방된 곳에서는 약 2주일 정도 공급하면 효과적인 Electro Coating Film을 얻을 수 있다.

(4) 외부 전원법

[그림 3-36]에서 외부 전원방식법의 원리를 보인 것과 같이 전원은 반드시 직류로서 공급원은 정류기나 직류발전기를 사용한다. 일반적으로 실리콘정류기가 사용되며 양극의 종류는 여러 가지가 있으나, 국내에서는 주로 HSCI anode, MMO anode, Pb-Ag anode, Pt-Ti anode 등이 많이 사용되고 있다.

외부 전원방식은 직류전원을 이용해 보조전극을 양극으로, 피방식체를 음극으로 통전하는 방법이다. 보조전극으로는 흑연, 납합금, 고규소철, 산화철, 백금도금 티타늄 등이 이용되며, 직류전원에는 교류전원을 이용한 실리콘정류기가 많이 이용되는데 소비전력이 작은 경우에는 연료발전기, 풍력발전기, 태양전지 등을 이용하기도 한다. 또한 환경의 변화에 따라 소요방식전류가 변동하는 경우나 과방식의 위험이 예상되는 경우에는 방식전류를 자동조절할 수 있는 정전위장치가 사용된다.

[그림 3-36] 외부 전원법

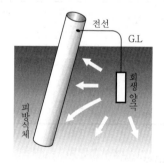

[그림 3-37] 희생양극법

(5) 희생양극법

피방식체가 그보다 저전위금속에 연결되면 방식이 되며 [그림 3-37]에서 보인 것과 같이 동은 철에 의하여 방식이 이루어진다. 철은 철보다 저전위금속인 아연이나 알루미늄, 마그네슘 등 에 연결되면 방식이 가능하게 된다. 이러한 원리를 이용한 것이 희생양극법이며, 양극의 종류는 마그네슘합금, 고순도 아연, 알루미늄합금 양극 등이 많이 사용된다.

1) 희생양극의 종류

희생양극은 사용기간 중 피방식체에 대한 유효한 전위차를 가지며, 단위중량당의 발생전기량이 크고 용해가 균일한 것이 바람직하다.

실용되고 있는 희생양극재료는 아연, 마그네슘 및 알루미늄금속 또는 합금으로, 이들의 대표적인 것으로는 다음과 같다.

① 마그네슘 양극에서는 양극성능에 미치는 합금원소 및 미량의 불순물의 영향이 연구된 결과 Fe, Ni, Cu의 미량불순물은 전위와 효율을 악화시키지만, Mn의 첨가는 Fe의 악영향을 억제하는 것으로 판명되어 위 불순물이 극히 적은 고순도 마그네슘(Az63) 혹은 Mg-Mn합금이 사용된다. 마스네슘계 양극은 자기부식성이 크고 효율이 낮은 반면, 가장 낮은 전위이므로 저항율이 높은 토양 중이나 담수 중에서 많이 사용된다.

② 알루미늄계 양극은 1964년경부터 각국에서 연구개발이 진행되었다. 알루미늄계 양극에서는 Al이 부동태화하기 쉽고, 불순물(Fe, Cu)이 성능에 악영향을 미치므로 이것을 방지하기 위해서 비교적 고순도의 Al-Zn이나 Al-Zn-Mg에 적당량의 In, Si, Hg, Ti, Ca, Ga, Sn, Bi 등을 첨가한 여러 종류의 합금이 있다. 알루미늄합금 양극은 발생전기량이 마그네슘합금의 2배, 아연합금의 3배로 크기 때문에 경제성이 뛰어나다.

③ 아연계 양극은 160년 전부터 이용되어 오다가 제2차 대전 후 불순물인 Fe가 양극성능을 악화시키는 것으로 밝혀지면서 당초 Fe함유량 0.0015% 이하의 고순도 아연에서 아연에 0.2~0.5%의 Al 및 적당량의 Cd, Si 등을 첨가한 합금이 균일 용해성이 우수한 것이 판명되자 현재 이 Zn-Al-Cd합금이 해양환경에서 널리 사용되고 있다. 단, 고온환경(50℃ 이상)에서는 Zn-Al-Cd합금은 입계부식을 일으키는 경향이 있어 순아연 또는 Cd를 포함하지 않는 Zn-Al합금을 사용한다.

2) 희생양극의 특성과 용도

희생양극은 500Ω·cm 이하의 비저항을 가진 수도수, 하천수 및 해수 중에 Al합금 양극이 적당하고, 그 시판은 전류효율이 예외품을 제외하면 90~95%이고, 해수 중의 전위는 −1.15~−1.05V(염화은전극)이며, 용량은 2,700~2,800Ah/kg이다. 또 500Ω·cm 이상의 수도수, 우천수 중에서는 Zn합금이 적당하고, 그 시판품의 전류효율은 95%, 해수 중의 해수는 −1.05V, 용량은 780Ah/kg 정도이다.

Zn합금 양극은 해수 중에서도 많이 사용되었으나 경제적 견지에서 점차 Al합금 양극으로 대체되고 있다. 1,500Ω·cm 이하의 비저항을 가진 토양은 부식성이 강하며, 이와 같은 곳에는 Zn합금 양극이 적합하다. 1,500~1,600Ω·cm의 비저항을 가진 토양에는 Mg합금 양극이 적합하고 반드시 백필로 싸서 사용해야 한다.

유조선의 밸러스트탱크와 같이 화재의 위험이 있는 곳의 방식에는 Zn합금 양극과 Al합금 양극이 사용되고 있으며, 특히 후자는 낙하 시의 폭발위험 때문에 27.65kg·m 이하의 곳에만 붙이도록 제한되어 있다.

[표 3-24] 외부 전원법과 희생양극법의 비교

구분	외부 전원법	희생(유전)양극법
효과성	• 대규모 구조물에 효과적이다. • 효과범위가 넓다. • 인접 시설물에 전식영향 가능성이 있다.	• 소규모 구조물에 효과적이다. • 효과범위가 좁다. • 양극의 분산 설치가 가능하므로 전류분포가 균일하다. • 인접한 타 시설물에 영향을 주지 않는다.
시공성	• 협소한 장소에 설치 가능하다. • 타 공사에 영향이 없다(독립적 작업 가능).	• 시공이 간단하고 편리하다. • 타 공정에 영향을 줄 수 있다.
경제성	• 소규모 구조물 : 고비용 • 대규모 구조물방식 시 초기투입비가 저렴하다. • 지속적 전원공급을 요하므로 유지비가 필요하다.	• 소규모 구조물 : 저렴 • 대규모 구조물 : 양극당 출력전류가 적어 많은 양을 설치해야 하므로 자재비, 인건비가 외부 전원법보다 많이 소요된다. • 비저항이 높은 환경에는 비경제적이다.
유지관리	• 시공 후 정류기 조정으로 전류조정이 가능하다. • 정류기 및 배관, 배선 등 유지관리가 필요하다.	• 인위적인 유지관리가 불필요하다. • 전류조절이 불가능하다.

Section 66 폭발한계에 미치는 환경적인 효과(온도, 압력, 산소 및 기타 산화물 등)

1. 폭발의 정의

폭발은 급격한 압력의 발생결과로 가스가 폭음을 수반하여 격렬하게 팽창하는 현상을 말한다. 그러나 폭발이라는 말은 넓은 의미에서 연소의 범주에 포함되는 경우도 있다. 폭발한계 또는 폭발범위는 연소한계 또는 연소범위와 같은 의미이며 엔진 내의 가솔린의 폭발도 연소의 일종이다. 폭발 중에서도 특히 격렬한 것을 폭굉(detonation)이라 한다.

폭굉은 매질 중 초음속으로 진행하는 화학반응으로 선단에 충격파를 형성한다. 충격파라는 것은 초음속으로 진행하는 파동이며, 충격파를 받는 매질은 같은 압력의 단열압축보다 높은 온도 상승을 일으킨다. 매질이 폭발성이면 그 온도 상승에 의하여 반응이 계속 일어나 폭굉파를 일정속도로 유지한다.

2. 연소한계와 온도의 영향성

(1) 개요

가연성 혼합기는 조성에 따라 가연성 기체의 농도가 너무 적을 때는 분자의 유효한 충돌이 감소함으로 아무리 큰 에너지를 가해도 연소는 일어나지 않으며, 반대로 가연성 기체가 과잉일 경우에도 마찬가지로 유효한 충돌수의 감소 또는 반응속도의 저하로 연소가 일어나지 않는다. 이와 같이 가연성 기체는 공기와 어느 정도 비율로 혼합해야 연소가 가능한데, 이 적당한 농도범위 내에 있는 혼합기의 혼합범위를 연소범위라 하며, 그 최소혼합범위를 연소하한계, 최대혼합범위를 연소상한계라 한다. 이 연소한계는 가스-산화제혼합기의 압력, 온도, 불활성 기체의 종류와 농도에 따라 차이가 있는데, 이들이 연소한계에 미치는 영향을 기술한다.

(2) 연소범위에 미치는 인자

1) 온도에 대한 영향

온도가 높아지면 기체분자의 운동이 증가함으로써 반응성이 활발해진다. 아레니우스의 법칙에 의거, 일반적으로 화학반응은 온도가 10℃ 상승하면 반응속도가 2배로 증가되고 폭발범위도 온도 상승에 따라 확대되는 경향이 있다.

① 온도가 높을 때 열의 발열속도>방열속도 : 연소범위가 넓어진다.
② 온도가 낮을 때 열의 발열속도<방열속도 : 연소범위가 좁아지거나 없어진다.

2) 압력의 영향

① 압력을 증가시키면 반응분자농도 증대와 발열속도 증가
② 전도전열은 압력과 거의 무관
③ 복사전달은 압력과 비례
④ 대류, 분자확산은 압력과 반비례

압력이 상승하면 발열속도는 증대하나, 방열속도는 거의 변하지 않으므로 폭발이 심해지고 범위도 넓어진다. 하지만 일산화탄소(CO)는 압력이 상승하면 폭발범위가 좁아지고, 수소(H_2)는 10atm까지 폭발범위가 좁아지나 그 이상 상승 시 거의 변하지 않는다.

3) 불활성 가스의 영향(산소농도의 영향)

① N_2, CO_2 등의 불활성 가스를 첨가하면 연소반응에 의해 가열해야 할 대상물질이 많아지므로 착화가 어렵게 되어 연소범위가 좁아진다.
② N_2의 경우 37vol%, CO_2 32vol% 정도 첨가하면 연소범위가 전혀 없게 되는데, 이때 첨가기체의 농도를 peak농도(Inflammability peak)라 하며, 첨가기체는 비열이 크고 (열용량 큰 것), 열전달율이 큰 것일수록 peak농도는 낮아진다.

Section 67 제전기의 원리와 종류별 제전특성

1. 개요

제전(除電)은 물체에 발생 또는 대전된 정전기를 제거하는 것으로 주로 정전기상의 부도체를 대상으로 한 대전 방지대책이며, 이때 제전하는 기기를 제전기라 한다. 제전특성은 대전물체와의 상호 특성에 의해 결정되는데 제전기의 설치위치 및 설치거리 등에 의해 제전효율이 변하고, 제전기의 종류는 제전에 필요한 이온의 생성방법에 의해 전압인가식 제전기, 자기방전식 제전기, 이온식 제전기(방사선의 제전기) 등으로 대별된다. 다음 그림들은 제전기의 원리 및 설치방법의 예이다.

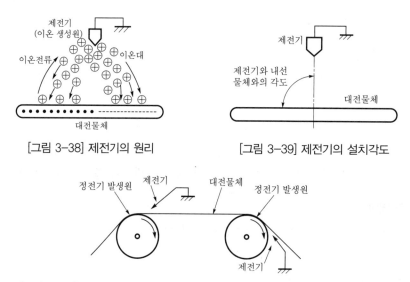

[그림 3-38] 제전기의 원리   [그림 3-39] 제전기의 설치각도

[그림 3-40] 제전기를 정전기 발생원의 가까운 곳에 설치하는 경우의 각도

2. 제전특성

제전장치(除電裝置)의 물체에 정전기가 축적되면 방전스파크에 의한 폭발, 전격, 분진의 부착에 의한 고장 등의 위험상태가 발생하기 때문에 이를 방지할 필요가 있다. 간단한 방법으로는 정전하(靜電荷 : electrostatic charge)가 축적되기 쉬운 부분을 접지해서 대지에 안전하게 방전하는 방법이 있다. 또 전하가 축적되기 쉬운 장소의 주위에 수분을 주거나 재질 자체에 도전성의 물질을 첨가하여 제전하는 방법도 있다. 주위의 공기를 이온화하여 양도체로 해서 대전(帶電)한 전하를 중화하는 장치가 제전장치이다. 중화에는 코로나방전식과 방사성동위원소를 사용하는 것이 있다. 제전장치는 인체에 대한 위험성도 있기 때문에 취급하는 데 충분히 유의할 필요가 있다.

Section 68 · DCS와 PLC의 기능 및 차이점

1. 개요

산업자동화(Industrial Automation)분야는 공장자동화(Factory Automation)분야와 공정자동화(Process Automation)분야로 나눌 수 있다. DCS(Distributed Control System)는 공정자동화분야에서 대용량의 연속공정들을 효율적으로 제어하기 위한 수단으로 사용해 왔다. 이에 반하여 공장자동화분야는 조립공정이 중심이 되기 때문에 PLC(Programmable Logic Controller), CNC, 로봇 등의 장치들을 사용한다. 과거에는 위에서 언급한 두 가지 영역에서 DCS/PLC는 각각의 고유영역을 유지하면서 발전해 왔으나, 최근에 반도체기술의 발전은 PLC의 고기능화 및 고성능화를 가능케 함으로써 향상된 PLC 적용 분야가 DSC영역으로 확장하면서 DCS/PLC 통합형 제품들이 출현하고 있으며, DCS와 PLC 간의 공유 부분도 급속도로 확장하고 있다. 정보화환경에 부합해야 한다는 측면과 개방화/표준화 정도를 높여야 한다는 측면을 동시에 만족시킴으로써 사용자 요구에 대응하기 위한 것이다. 또한 하드웨어적으로는 보다 보편성을 갖고 있는 PLC를 기반으로 하고, 기능적으로는 운영관리를 보다 체계적으로 할 수 있는 DCS기능을 포함시킴으로써 기존의 DCS/PLC시장 모두에 적용할 수 있는 새로운 통합형 제품개념으로 급속히 발전하리라 전망한다. 특히 HMI(Human-Machine Interface), Network, Field Bus, 제어언어 부분에서 표준화 추세 사용자가 원하는 시스템으로 통합하여 공급할 수 있는 능력의 중요성이 급속히 부각하고 있다.

2. DCS와 PLC기능의 차이점

DCS와 PLC기능의 차이점을 비교하면 다음과 같다.

(1) PLC와 DCS의 하드웨어 구성요소

신호입출력처리를 위한 I/O보드류, field bus/network을 구성하는 통신보드류, 제어기능을 담당하는 CPU보드류 등 대부분이 공유된 형태로 발전해 와서 DCS 전용의 혹은 PLC 전용의 하드웨어는 의미가 없다. DCS와 비교할 때 PLC는 고속처리 등으로 하드웨어비중이 상대적으로 높기 때문에 기존의 PLC 업체들이 가격, 구조, 다양성 등을 갖추고 하드웨어 부분을 주도하고 있다. 기능측면에서 효율적인 제어운전이 가능하도록 DCS는 다양한 기능을 갖고 있다. 특히 제어에 관련한 정보들을 결합구조로 제공함으로써 이를 종합적으로 판단하여 신속히 대응할 수 있도록 하는 개념이 DCS의 중요요건 중 하나이다. 또한 정해진 시간 내에 데이터를 처리하고 전달함으로써 제어성능을 보장하여야 하며, 이를 위해서는 network을 통한 결합성능이 중요하고, data server

의 수용용량을 제한한다. DCS는 체계적이면서 일관성 있게 시스템을 운영할 수 있도록 하기 위한 기능, 성능, 용량에 있어서 PLC와 비교할 수 없을 정도로 우월하다. 또한 단일의 database로 운영관리할 수 있도록 구성되어 있는 측면에 있어서도 PLC와 차별적 요소이다. 하지만 가격측면에서 PLC가 월등히 유리하고 확장구조, 유지보수의 용이성 등에서도 앞선다.

(2) DCS/PLC의 제어방식

PLC의 경우 ON/OFF의 이산제어(discrete control)에 적합한 점을 맞추어 논리어를 빠르게 처리하면서 가격 효율화가 중요하며, 용량에 따른 신축적인 구조(scale able architecture)를 강조한다. DCS의 경우 대용량의 연속제어를 효율적으로 처리하면서 신뢰성과 가동성을 높이기 위한 구조를 강조하며, 이에 따라 상대적으로 가격요인의 중요성이 적다. PLC는 저가격 및 속도문제가 중요하므로 scan driven방식으로 동작시키며, DCS의 경우 hard real time의 정해진 시간 내에 불확실성을 배제하여야 하므로 time driven방식으로 동작한다.

(3) 제어언어

PLC는 Ladder logic diagram방식을 가장 많이 사용하지만, DCS는 수학적인 계산에 의한 Algorithm 처리가 중요하므로 Function-block diagram방식을 기본으로 제어알고리즘을 구성한다. PLC는 제어부, 운전자 접속부, 기타 응용프로그램들을 독립적으로 모듈화시키며 필요시 통합할 수 있도록 구성을 하는 반면에, DCS는 이미 통합되어 있는 시스템으로 하나의 공유database개념을 갖고, 제어point들 각각에 필요한 모든 파라미터들을 포함하는 결합구조 (Composite point structure)를 갖는 것 또한 중요한 차이점이다.

(4) 처리하는 데이터단위

PLC는 bit 또는 word 중심이고, DCS는 제어point 혹은 tag 중심으로 이루어진다.

(5) 기능측면

효율적인 제어운전이 가능하도록 DCS는 다양한 기능을 갖고 있다. 특히 제어에 관련한 정보들을 결합구조로 제공함으로써 이를 종합적으로 판단하여 신속히 대응할 수 있도록 하는 개념이 DCS의 중요요건 중 하나이며, 정해진 시간 내에 데이터를 처리하고 전달함으로써 제어성능을 보장해야 한다. 이를 위해서는 Network를 통한 결합성능이 중요하고 data server의 수용용량을 제한한다. DCS는 체계적이면서 일관성 있게 시스템을 운영할 수 있도록 하기 위한 기능, 성능, 용량에 있어서 PLC와 비교할 수 없을 정도로 우월하다. 그리고 단일의 database로 운영관리할 수 있도록 구성되어 있는 측면에 있어서도 PLC와는 근본을 달리하는 차별적 요소이다. 그러나 가격측면에서 PLC가 월등히 유리하고 확장구조, 유지보수의 용이성 등에서도 앞선다.

(6) DCS/PLC 통합형

　DCS/PLC를 통합한 구조는 대부분의 구축방식이 DCS에 PLC를 접하여 PLC에서 취득한 모니터링정보를 DCS기능으로 제공하는 방법을 사용하였다. 이 경우의 단점은 시스템을 구축/운영함에 있어서 2가지로 분리할 수밖에 없다는 것이다. 즉 전체 시스템을 구축할 때 DCS와 PLC 각각에 대하여 DCS용과 PLC용으로 구분되어 있는 2가지 engineering tool을 이용하여 구축한다. 운영과정에서 logic 변경 등 시스템 운영에 필요한 변경이 수시로 발생하며, DCS용과 PLC용 각각의 tool을 이용하여 변경관리한다. 2가지로 분리된 상호 간의 시스템 구축정보는 도면 등의 document와 분산된 데이터베이스들로 관리하고 이를 기반으로 전체 시스템을 운영하며, 효율성은 운영자의 숙련도에 높은 의존성을 갖는다. 전체 시스템 규모가 클수록 그 복잡도는 기하급수적으로 증가하여 운영관리상의 한계가 발생하므로 운영관리정보의 오류 혹은 유실이 따른다. 이러한 위험성은 설치 시부터 유지보수에 이르기까지 지속적인 고민거리가 된다. 또한 기기별 시스템 구성정보관리문제, version up 시 data 수정에 따른 관련 정보들을 일치시키는 문제, 숙련된 인력에 의존 및 유지문제, 관리정보의 오류/유실 발생의 위험성 등으로 운영상의 효율성을 제한한다.

[표 3-25] DCS와 PLC기능의 차이점

구분	DCS	PLC
용어정의	Distributed Control System	Programmable Logic Controller
개발동기	Analog PID Controller 교체	Hard Relay 대체
주요 기능	• PID 또는 복잡한 Analog 알고리즘제어 • I/O Control & Monitoring	• Sequence Logic 처리 • I/O Monitoring
적용 분야	Continuous Process Control	Discrete & Hybrid Process Control
HMI 및 데이터관리	필수사항	선택사양(주로 별도의 Software 활용)
Software 작업방법	Fill in Blank	Programming
PID제어	• Multi Controller Field Station • 연산처리, Algorithm수 다양	• Hardware Module 또는 S/W Function Block • 연산처리, Algorithm수 제한
Sequence Logic처리	• 저속 처리(일반적으로 1sec 정도) • 처리Point수 대량	• 고속처리($500\mu s \sim 1sec$) • 처리Point수 소량 또는 대량
특징	• PID 및 Analog 알고리즘제어 위주의 프로세스에 적용 • 엔지니어링작업이 용이 • 하드웨어의 분산형/이중화구조 • 데이터관리 및 상위 시스템과의 통합 관리	• Sequence Logic 및 단순 Monitoring 위주의 Process에 적용 • 응용분야에 따라 경제적 구성이 가능 • 통신 및 Interface기능이 다양 • Sequence적인 Logic제어가 기본목적임

Section 69 | 화학공장의 혼합공정운전 중 혼촉 시 발화위험성이 있는 위험물질의 종류, 공정상 안전조치사항

1. 개요

혼촉발화란 일반적으로 2가지 이상 물질의 혼촉에 의해 위험한 상태가 생기는 것을 말하지만, 혼촉발화가 모두 발화위험을 일으키는 것은 아니며 유해위험도 포함된다.

2 이상의 물질이 혼촉하여 발화위험을 초래하는 양자가 접촉하거나 강한 혼촉으로 확산, 용해, 증발 등의 물질이동으로 반응이 진행하고, 계(系)의 전체로 열의 발생과 방산함에 따라 발화하여 재해에 이른다. 혼촉발화현상을 분류하면 다음과 같다.

① 혼촉하면 즉시 반응이 일어나 발열, 발화하거나 폭발에 이른다.

② 혼촉 후 일정시간이 경과하여 급격히 반응이 일어나 발열, 발화하거나 폭발에 이른다.

③ 혼촉에 의해 폭발성 혼합물을 형성한다.

④ 혼촉에 의해 발열, 발화하지만 원래의 각 물질보다는 발화하기 쉬운 혼합물을 형성한다.

위의 분류는 단순히 편의상 분류한 것이며 혼합조건이나 상태, 시간에 따라 다르게 분류된다. 예를 들면 HNO_3와 NO_3의 혼촉과 CLO_3과 H_2SO_2 혼촉 등에는 각각 농도가 크게 좌우한다. 또 혼촉되어 속도가 신속해지면 즉시 발열, 발화, 폭발하여 ①과 같이 된다. 각각의 농도가 낮거나 천천히 혼촉하면 전자는 NH_4NO_3를, 후자는 CLO_2를 생성하여 ③에 속하는 것이 된다. 안전대책면에서 위 분류 중 가장 중요한 것은 ①과 ②이며 혼촉에 의해 반응하여 발화하는 것이다.

이 중 각기 성분 자체로서는 어떤 위험성이 없다고 생각된 것도 혼촉하면 위험성을 나타내는 것이 있다. 발화화학약품의 조합이 혼촉발화의 위험성을 나타내는가에 대해서는 명확하지 않으나, 이들에 대한 검토를 거치면 각 성분의 단독 폭발성, 자연발화성, 가연성, 금수성, 강산성 등 어느 성질을 갖는가를 대략 알 수가 있다.

2. 혼촉위험물질

화학약품의 물질별 특성에서 혼촉위험을 분류하면 다음과 같이 대표적인 혼촉 위험물질을 들 수 있다.

(1) 산화성 물질과 환원성 물질의 혼촉

일반적으로 강한 산화성을 가진 물질과 환원성을 가진 물질의 경우가 많다.

산화성 물질로는 NO_3(질산염), NO_2(아질산염), ClO(하이포염소산염), ClO_2(아염소산염),

ClO_3(염소산염), ClO_4(과염소산염), BrO_3(브로민산염), MnO_4(과망간산염), Cr_2O_7(다이크로뮴산염), CrO_4(크롬산염), CrO_3(삼산화크롬), O_2(과산화물), IO_3(옥소산염), H_2SO_4(황산), $HClO_4$(과염소산), HNO_3(질산), H_2O_2(과산화수소), O_2(액체산소), Cl_2(액체염소), Br_2, F_2, NO(산화질소), NO_2(이산화질소) 등이 있으며, 환원성 물질로는 탄화수소류, 아민류, 알코올류, 알데히드류, 유기산, 유지 기타 유기화합물, S, P, C, 금속분, 목탄, 활성탄, 안티몬 등이다.

(2) 산화성 염류와 강산의 혼촉

ClO_2, ClO_3, ClO_4, MnO_4 등은 진한 H_2SO_4과 접촉하면 각각 불안정한 $HClO_2$(아염소산), $HClO_3$(염소산), $HClO_4$(과염소산), $HMnO_4$(과망간산) 혹은 무수물(Cl_2O_3, Cl_2O_5, Cl_2O_7, Mn_2O_7 등)을 생성하여 강한 산화성이 생기고, 주위에 가연성 물질이 존재하면 이것을 착화시켜 그것 자신으로 자연분해를 일으켜 폭발하는 경우이다. 예를 들면 $KClO_3$에 진한 H_2SO_4을 혼합하면 다음과 같은 반응을 하여 불안정한 ClO_2를 만든다.

$$KClO_3 \ + \ 3H_2SO_4 \rightarrow 2HClO_4 + 3K_2SO_4 + \ 4ClO_2 + 2H_2O + 열$$
염소산화칼륨　　　　황산　　　　과염소산　　황산칼륨　　이산화염소　　　물

이들에 가연성 고체인 제2류 위험물, 인화성 액체인 제4류 위험물 및 유기물질이 공존하면 이것을 폭발적으로 산화시켜 발화한다.

(3) 불안정한 물질을 만드는 혼촉물질

상호 간에 접촉하여 화학반응을 일으켜 조건에 따라서는 극히 불안정한 물질을 생성하는 경우가 있다. 이것은 가열, 충격, 마찰에 의해 심하게 폭발한다.
① 암모니아+염소산칼륨 → 질산암모늄
② 히드라진+아염소산나트륨 → 질화나트륨
③ 아세트알데히드+산소 → 과초산(유기과산화물)
④ 에틸벤젠+산소 → 과안식향산(유기과산화물)
⑤ 암모니아+할로겐원소 → 할로겐화질소
⑥ 알코올류+질산염류 → 뇌산염
⑦ 아세틸렌+Cu, Hg, Ag 염류 → 아세틸렌화 Cu, Hg, Ag
⑧ 히드라진+아질산염류 → 질화수소산
⑨ 암모니아+질산은 → 뇌산염

3. 위험한 화학반응조작

혼촉위험반응은 2종류 이상의 물질이 혼합하여 일어나는 경우이므로 화학반응, 지진, 수송, 폐기처리 중일 때가 가장 위험하다. 이 중 화학반응 시 발생할 수 있는 위험한 화학조작상황을 보면 다음과 같다.

(1) 증류조작(蒸溜操作)

증류 잔유물 중에 폭발성 물질이나 불안정한 물질이 농축되어 있을 때 플랜트에서 화재, 폭발이 일어날 수 있다.

(2) 여과(濾過)

불안정한 물질이 마찰, 타격에 대해 민감한 경우 여과할 때 필터과정에서 생긴 마찰열에 의해 위험성이 커진 경우가 있다.

(3) 증발(蒸發)

대부분의 위험물은 불활성 용매로 희석하면 보다 안정해지지만, 반대로 불활성 용매가 증발한다면 보다 위험한 상태에 이르게 된다. 예를 들면 표백제, 살균제로 사용되는 하이포아염소산나트륨($NaClO$)은 수용액상태로 유통되어 안정하지만, 물이 증발하여 건조되어 다공성의 가연물과 접촉하면 상당히 연소위험성이 증가한다.

(4) 추출조작(抽出操作)

추출조작에 의하여 위험물을 추출한 액이 농축되면 고농도상태가 되어 위험해진다.

(5) 결정화(結晶化)

결정화조건에 따라서 불안정한 물질이 생성된 경우 충격이나 마찰에 대하여 상당히 민감해진다.

(6) 반응액의 재순환(再循環)

반응액의 재순환 중에 불안정한 물질이 축적하여 농축될 가능성이 있다.

(7) 정치(靜置)

반응액을 정치할 때 국부적 에너지의 농축에 의해 화재, 폭발을 일으킬 가능성이 있다. 예를 들면 유기과산화물 등의 불안정한 물질을 함유한 혼합물을 교반하여 정치할 때 불안정한 물질을 함유한 용액이 벽에 부착하여 증발 농축되면 자연발화의 가능성이 있다.

(8) 환류조작(還流操作)

환류조작 중 돌비 또는 과잉가열에 의해 가연성 액체가 넘치거나 또는 농축될 때 위험하다. 예를 들면 질산산화반응 등으로 생성된 이산화질소(NO_2)는 냉매를 이용한 환류냉각기에서 반응계에 되돌릴 수 있다. 그러나 환류냉각기 중에서 냉각된 이산화질소가 반응기의 날개에 부착된 유기물과 대량 혼합하면 폭발적으로 반응하여 위험하다.

(9) 응축(凝縮)

불안정한 위험물이 응축하여 이것이 배관 중의 U자관 부분에 체류하면 폭발이 일어날 가능성이 있다.

(10) 교반(攪拌)

교반속도를 빨리할 경우 불안정한 물질의 미반응원료가 계(系) 중에 축적된다. 이때 재교반을 강하게 하면 축적된 원료가 한번 더 반응하게 되어 계(系)의 온도가 상승하여 폭발의 위험성이 높아진다.

(11) 승온(昇溫)

에너지화합물이나 발열반응을 하는 두 가지 물질을 저온에서 혼합하였다 하더라도 승온할 경우 폭발할 우려가 있다.

(12) 폐기(廢棄)

불필요한 위험물을 폐기하는 작업 중 화재, 폭발사고가 많다. 여기에는 몇 가지의 이유가 있다.
① 폐기물이기 때문에 불필요한 물질로 생각하여 그 위험성에 대하여 알려고자 하는 의지가 감소될 수 있다.
② 폐기물 중에는 알 수 없는 물질이 많다(용기라벨의 손상 또는 다른 용기에 옮김 등).
③ 폐기물이 놓인 장소에는 위험물에 무지한 불특정 다수인이 사용하고 있어 위험성 파악이 안 되고 있다.

(13) 누출(漏出)

위험한 약품이 누출되어 방치할 경우 다른 혼촉위험물질과 부주의하여 반응할 경우 2차적인 재해위험이 크며, 유독성 가스를 발생한 경우는 중독위험성이 있다.

Section 70 고장곡선과 고장확률밀도함수

1. 욕조곡선(Bathtub Curve, 고장곡선)

일반적으로 고장밀도함수는 각 밀도함수의 가중평균이고, 순간고장률은 각 고장원인에 대한 순간고장률의 합으로 표시된다고 할 수 있다. 그러나 실제 시스템이나 장비의 고장 발생은 반드시 이 법칙에 따른다고 볼 수 없으며, 오히려 다음과 같이 세 가지 유형의 고장곡선을 혼합한 분포를 나타내는 경우가 많다.

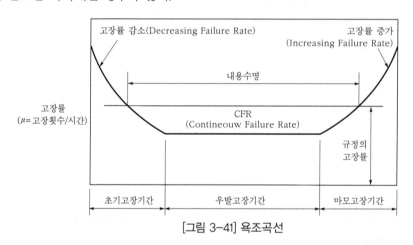

[그림 3-41] 욕조곡선

이와 같은 시스템의 수명곡선은 욕조모양을 하고 있다고 하여 이것을 욕조곡선(Bathtub Curve)이라고 부른다. 즉 곡선의 좌측에서 고장률이 감소하는 부분(DFR)을 초기고장기간, 중간의 고장률이 비교적 낮고 일정한 부분(CFR)을 우발고장기간이라 하며, 우측의 고장률이 증가되는 부분(IFR)을 마모(또는 열화)고장기간이라 부른다. 이들 고장률변화형태별로 주요고장원인을 살펴보면 다음과 같다.

(1) 초기고장원인

[그림 3-41]에서 사용 초기의 고장을 초기고장이라 하는데, 초기고장기간에 발생하는 고장의 원인에는 다음과 같은 것을 들 수 있다.

① 표준 이하의 재료 사용　　　　　② 불충분한 품질관리
③ 표준 이하의 작업자 솜씨　　　　④ 불충분한 오류수정(Debugging)
⑤ 빈약한 제조기술　　　　　　　　⑥ 빈약한 가공 및 취급기술
⑦ 조립상의 과오　　　　　　　　　⑧ 오염
⑨ 부적절한 설치　　　　　　　　　⑩ 부적절한 시동
⑪ 저장 및 운반 중의 부품고장　　　⑫ 부적절한 포장 및 수송

이상과 같은 원인에 의하여 발생되는 초기고장은 공정관리(Process Control), 중간 및 최종검사, 수명시험, 환경시험 중에 발견할 수 있는데, 만약 이런 작업 중에도 발견되지 않고 고객의 손에 넘어간 후 초기고장이 발생된다면 이것의 교정비용이 더 많이 들기 때문에 적절한 "Burn-in"기간을 설정하여 출하 전에 발견, 교정해야 한다. 여기서 "Burn-in"기간이란 장비를 일정시간 가동하여 초기고장 발생 여부를 점검하는 것으로서, 이 기간의 길고 짧음이 초기고장의 제거율과 비례관계에 있다고 할 수 있다.

(2) 우발고장원인

우발고장기간에서 발생하는 고장을 우발고장(Random Failure)이라고 하는데, 이와 같은 우발고장기간에 발생하는 고장의 원인에는 다음과 같은 것을 들 수 있다.

① 안전계수(Safety Factor)가 낮기 때문에
② 스트레스(또는 부하)가 기대한 것보다 높기 때문에
③ 강도가 기대값보다 낮기 때문에
④ 혹사 때문에
⑤ 사용자의 과오 때문에
⑥ 최선의 검사방법으로도 탐지되지 않은 결함 때문에
⑦ 오류수정(Debugging) 중에도 발견되지 않은 고장 때문에
⑧ 최선의 예방보전(PM)에 의해서도 예방될 수 없는 고장 때문에
⑨ 천재지변에 의한 고장 때문에

이상과 같은 우발고장을 감소시키기 위해서는 극한상황(Extreme Condition)을 고려한 설계 또는 안전계수(Safety Margin)를 고려한 설계 및 오류수정(Debugging) 등이 사용된다.

(3) 마모고장원인

마모고장기간에 발생하는 고장을 마모고장이라고 하는데, 이것은 다음과 같은 원인에 의거 발생하는 고장이다. 마모고장은 예방보전(PM)에 의해서만 감소시킬 수 있다.

① 부식 또는 산화   ② 마모 또는 피로
③ 노화 및 퇴화   ④ 불충분한 정비
⑤ 부적절한 오버홀(Over Haul) ⑥ 수축 또는 균열

한편 고장률이 정해진 고장률보다 적고 비교적 일정한 기간을 내용수명(Longevity)이라고 하는데, 이것을 증가시키기 위해서는 제조상의 결함이나 설치 및 조작의 미숙으로 인한 초기고장을 빨리 제거할 수 있도록 Debugging을 행하고 동시에 예방보전에 의해 마모고장기간에 들어가는 시기를 지연시키는 것이 필요하다. 고장률이 시간적으로 일정한 우발고장기간에

서는 고장률 $\lambda(t)$는 시간에 따라 변하지 않는 상수로 볼 수 있기 때문에 신뢰도 함수 $R(t)$는 다음과 같이 지수분포가 된다.

$$R(t)=e^{-\lambda t}$$

이와 같은 지수분포를 특정지어 주는 것은 λ, 즉 평균고장률이 되며, 이 λ의 역수 $\frac{1}{\lambda}$은 시간의 단위를 가지게 되므로 고장 발생 시까지의 평균작동시간, 즉 평균수명(Mean Life)을 나타내게 된다. 따라서 이것을 MTTF(Mean Time To Failure)라 부르며, 고장 시 수리를 하여 사용하는 기기의 경우에는 MTBF(Mean Time Between Failure)라고 부른다.

2. 고장확률밀도함수

시간당 어떤 비율로 고장이 발생되고 있는가를 나타내는 고장확률밀도함수의 종류로는 정규분포, 지수분포 및 Weibull분포 등이 있다. 일반적으로 고장률 $\lambda(t)$가 IFR인 경우 고장확률밀도함수는 정규분포가 되며, CFR인 경우는 지수분포가 된다. 예를 들어 단일부품의 고장확률밀도함수는 대개 정규분포로 나타나며, 시간의 증가에 따라 고장률 $\lambda(t)$도 증가하지만, 여러 개의 부품이 조합되어 만들어진 기기나 부품의 경우는 지수분포를 따르는 경우가 많다. 왜냐하면 고장률이 상이한 여러 개의 부품이 조립되어 있기 때문에 시스템 전체의 고장률은 각 부품의 평균값을 취하게 되므로 일정하게 되기 때문이다. 따라서 이때의 고장률 $\lambda(t)$는 시간에 관계없이 일정한 경향을 나타낸다.

한편 공학적인 문제로서 수명이나 신뢰도분석을 할 때 많이 이용되는 확률밀도함수로서는 Weibull분포를 들 수 있다. 즉 Weibull분포는 일반적인 수명분포를 나타내는 데 편리하게 고안된 것으로서 형상계수(Shape Parameter) m의 값이 1보다 적으면 DFR, 1보다 크면 IFR, 1인 경우 CFR로서 이 세 가지의 고장형태를 동시에 표현할 수 있는 장점이 있다. 이와 같이 고장률의 형태와 고장확률밀도함수는 일정한 관계를 갖고 있다.

Section 71 위험성평가기법 중 위험과 운전분석기법(HAZOP)의 장단점

1. 개요

대상공정에 관련된 여러 분야의 전문가들이 모여서 공정에 관련된 자료를 토대로 정해진 Study방법에 의해서 공장(공정)이 원래 설계된 운전목적으로부터 이탈(Deviation)하는 원인과 그 결과를 찾아보며, 그로 인한 위험(HAZard)과 조업도(OPerability)에 야기되는 문제에 대한 가능성이 무엇이 있나를 조사하고 연구하는 것이다.

2. HAZOP 실시이유

① 사고로 인한 경제적인 손실을 막기 위하여
② 안전, 보건, 환경, 품질을 향상시키기 위하여
③ 공정안전관리(PSM)의 질적수준 향상을 위하여
④ 정부의 법적 규제 및 요구사항의 만족을 위하여

3. 위험의 유형

① 화재(Fire)
② 폭발 및 폭연(Explosion & Deflagration)
③ 독성물질 누출(Toxic Release)
④ 부식(Corrosion)
⑤ 방사능(Radiation)
⑥ 소음 및 진동(Noise & Vibration)
⑦ 감전(Electrocution)
⑧ 질식(asphyxia)
⑨ 기계적 고장
⑩ 생산물의 불량
⑪ 환경영향(오염)

4. 장단점

(1) 장점

① 창의적인 토론이 도입되기 때문에 효과적인 구조이다.
② Hazard와 Operability의 두 관점을 동시에 고려한다.
③ 가능한 모든 위험성을 규명할 수 있다.
④ 위험도를 서열화함으로서 긴급개선을 요하는 위험성 규명 및 후속조치를 한다.
⑤ 리더 양성 후에는 회사 자체의 엔지니어들로 수행이 가능하다.
⑥ 생산성 향상에 기여한다.

(2) 단점

① 각 분야 전문가들과 HAZOP 경험이 있는 팀 리더 및 서기가 필요하다.
② 다른 위험성평가기법보다 많은 분량의 인원과 시간이 필요하다.

5. HAZOP 수행 시 기대효과

① 공정 신설 시 설계단계부터 안전하고 경제적인 공장을 건설함으로써 나중에 위험이나 개
선사항을 발견하였을 때 드는 비용을 절감한다.
② 설계 시 재질, Interlock system 및 계기 등의 적절성 검토를 한다.

③ 신공정에 대한 안전과 운전방법에 대한 체계적인 검토를 한다.

④ 운전교본 작성과 운전원의 교육에 필요한 교재로 활용한다.

⑤ 기존 공장의 운전상 문제점과 비효율적인 운전방법을 개선하며 품질 향상에 기여한다.

⑥ 운전원의 공정에 대한 관심과 참여동기를 부여한다.

⑦ 법적 요구조건 충족 및 선진국의 안전제도를 도입한다.

Section 72 공정위험평가(Process Risk Assessment)의 목적

1. 목적

화학공업은 기술집약적인 장치산업으로서 인류생활에 유용한 제품을 생산하고 제공하고 있지만 공장 내에는 다양하고 복잡한 장치를 포함하고 있을 뿐만 아니라 가연성과 독성이 높은 화학물질을 저장하여 사용하고 있다. 특히 공장의 운전 시 고온 및 고압의 반응공정을 거쳐 제품을 생산하므로 누출에 의한 잠재위험성이 크며, 일단 가연성 물질 누출 시에는 제어가 어렵기 때문에 화재 및 폭발로 이어질 가능성이 크다. 이러한 화학공장의 사고는 넓은 지역에까지 영향을 주는 중대사고로 발전하기 쉬워 공장 내에서 근무하는 근로자는 물론, 인근 주민에게도 악영향을 미칠 수 있다. 따라서 화학공장의 화재 및 폭발예방을 위해서는 공정물질의 누출 방지가 무엇보다 중요하므로, 이를 위해 위험성평가를 개발하고 시행해야 한다.

2. 평가방법

화학공장의 위험성평가 및 안전성평가방법으로는 정성적 방법과 정량적 방법으로 나눌 수 있다. 정성적 방법으로는 Checklist, HAZOP(Hazard and Operability), What-if, FMEA, FME-CA 등이 있고, 정량적 방법으로는 FTA(Fault Tree Analysis), ETA(Event Tree Analysis), CCA(Cause Consequence Analysis) 등을 들 수 있다. 이 방법들은 평가의 목적과 범위에 따라 장단점을 지니고 있다.

화학공장의 위험성평가를 원활히 하기 위한 소프트웨어는 이미 상용화되어 있지만, 아직도 신뢰성이 적은 자료의 사용과 외국 사례에 의한 연구수준에 머무르고 있는 실정으로, 이에 대한 지속적인 연구개발이 필요하다. 국내에서 발생한 화학물질의 폭발·화재사고, 누출사고는 대부분 관련 화학물질에 대한 위험성을 제대로 파악하지 못한 데서 오는 사고이다. 따라서 화학공장에서의 안전을 확보하기 위해서는 제조공정에 대한 위험성평가(Risk Assessment)뿐만 아니라 화학물질의 특성상 갖고 있는 잠재적인 위험성에 대한 연구가 필요하다. 따라서 화학제품제조업의 안전 및 경쟁력 확보는 안전한 공정운전 수립에 가장 필수적인 위험물질의 정확한 평가에 달려 있다.

Section 73 부동태

1. 정의

스테인리스강표면에 산화피막을 형성시키는 공정으로 Cr, Mn성분으로 인해 자연적으로 산화피막이 생성되지만 두께가 얇고 조밀하지 않기 때문에 습기, 염분 등으로부터 쉽게 산화피막이 손상될 수 있다. 부동태(passivity) 공정을 통해 표면에 묻어있는 오염물을 제거하고 기존 산화피막보다 두껍고 조밀한 산화막을 형성시키는 것으로 주로 항공과 우주부품, 군사장비에 사용된다. 부동태에 관한 정의는 다음과 같다.

(1) 화학적 부동태

기전력계열에서 활성인 금속 또는 그 합금의 전기화학적 거동이 현저하게 불활성인 귀(貴 ;noble)한 금속의 전기화학적 거동에 접근할 때 그들은 부동태 상태이다. 이에 속하는 부동태 금속으로는 대부분 전이금속으로서 Fe, Cr, Mo, Ni, Zr, Ti 등이 이에 속한다.

그 외 Al 같은 비전이금속과 스테인리스강, Inconel, Monel 등의 합금도 있다. 화학적 부동태의 생성원인은 금속표면에 눈에 보이지 않는 대단히 얇고(10~30Å), 무공성이고 불용성의 보호피막이 생성됨으로써 금속의 전위가 귀방향으로 크게 이동(0.5~2V)되기 때문에 생성된다.

(2) 기계적 부동태

금속 또는 합금이 어떤 환경에서 열역학적으로는 부식에 대한 자유에너지 감소가 대단히 크더라도(즉 부식경향이 크더라도) 실제로 부식속도가 느리면 그들은 부동태 상태이다. 이에 속하는 경우는 황산에서의 Pb, 물에서의 Mg, HCl에서의 Ag 등의 부동태 상태로 부식경향은 대단히 큰 데도 불구하고 부식속도는 느리다. 두껍고 다소 기공성이 있는 염의 층(layer)이 생성되어 발생한다.

2. 부동태 금속의 특성

(1) 분극곡선의 특성(부동태 영역)

부동태 현상이 나타나지 않는 일반 금속의 거동은 다음과 같다. 용액의 산화력이 조금 증가하면 금속의 부식속도는 크게 증가한다. 이런 금속에서는 산화력이 증가함에 따라 부식속도는 계속 증가한다. 금속의 거동은 3개의 영역, 즉 활성영역(active region), 부동태 영역(passive region), 부동태 통과영역(transpassive region)으로 나누어진다.

① 활성영역은 일반 금속의 거동과 동일하다. 즉 용액의 산화력이 조금만 증가해도 부식속도는 급격히 증가한다.

② 산화제를 더 첨가함으로써 용액의 산화력을 더욱 증가시킬 때 부식속도가 급격히 감소하는 특이한 현상이 나타난다.

③ 이것이 부동태 영역의 시작이다. 부동태 영역이 시작된 후 산화제를 더욱 첨가시켜 용액의 산화력을 증가시켜도 부식속도는 거의 변화가 없다.

④ 산화제의 농도가 대단히 높아지면 부식속도는 다시 활성상태로 되돌아간다. 이 영역을 부동태 통과영역이라 한다. 여기서 우리가 주목할 것은 부동태 상태에서는 금속의 부식속도가 대단히 느리다는 것으로, 활성태에서 부동태로 바뀌면 부식속도는 약 $10^4 \sim 10^6$ 정도 감소한다. 또 부동태 상태는 비교적 불안정하며 따라서 파괴될 수 있다는 것이다. 그래서 부동태는 부식을 줄이는 하나의 방법이지만 대단히 조심해야만 한다.

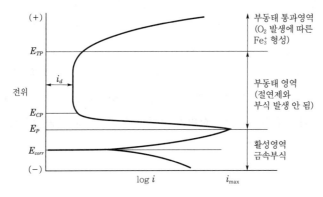

[그림 3-42] 분극곡선의 특징

(2) 기본 부동태 전위와 임계양극

전류밀도 부동태 금속에서 가장 중요한 특징은 기본 부동태 전위(primary passive potetial) E_{PP}와 부동태에 대한 임계양극전류밀도(critical anodic current density) i_c의 위치이다. 부동태 금속, 합금은 "s-형"의 양극분극곡선을 나타낸다(Ti는 부동태 통과영역이 없다). 또 활성-불활성 전이에 따르는 용해속도의 감소를 볼 수 있다.

기본 부동태 전위 E_{PP} 바로 위에서 용해속도가 이렇게 감소하는 이유는 이 점에서 피막이 형성되기 때문이다. 부동태 통과영역이 생기는 원인은 부동태 피막이 파괴되기 때문이다. 온도와 수소이온농도의 증가는 임계양극전류밀도 i_c를 증가시키지만, 기본 부동태 전위 E_{PP} 및 부동태 전류밀도(passive current density) i_p에는 별로 영향을 주지 못함을 알 수 있다.

음극환원과정이 양극용해곡선의 "nose"를 벗어날 때만이 자발적인 부동태화가 발생한다. 이것은 기본 부동태 전위 E_{PP}에서 자발적인 부동태화가 이루어지기 위해서는 음극환원속도가 양극용해속도와 같거나 커야 한다는 것을 의미한다. 따라서 금속의 임계양극전류밀도 i_c가 낮을수록, 기본 부동태 전위 E_{pp}가 활성화될수록 쉽게 부동태화 된다. 따라서 금속 또는 합금의 양극용해거동을 알게 되면 그것의 부동태화가 수월한지, 힘든지를 쉽게 결정할 수 있다.

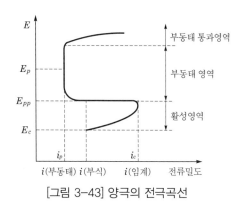

[그림 3-43] 양극의 전극곡선

(3) 부동태 이론(부동태 피막의 특성)

부동태화 된 금속표면은 활성상태일 때와 외관상 큰 차이가 없으며, 그 두께도 수십Å 정도이다. 부동태 피막은 환경의 부식작용에 대해서 확산장벽층(diffusion-barrier layer)으로 작용하게 된다. 또한 부동태 금속에서는 양극분극곡선에 특이한 현상이 나타난다. 부동태현상에 대한 부동태 피막의 특성에 관한 2가지 이론이 있다.

첫 번째 이론은 화학적 부동태 또는 기계적 부동태에 의한 부동태 피막이 확산장벽층으로서의 역할을 하게 되어 금속을 그 주위 환경과 단절시킴으로써 반응속도를 억제시킨다는 것이다. 이것을 산화물 피막설(oxide film theory)이라고 한다.

두 번째 이론은 소위 흡착설(adsorption theory)로서 화학적 부동태에 의한 부동태 금속이 화학적으로 흡착된 피막이 있다. 기계적 부동태에 의한 피막은 눈으로도 확인할 수 있고 논란의 여지가 없다. 그러나 화학적 부동태에 의한 부동태 금속의 경우에는 피막이 매우 얇아서 눈으로 확인할 수 없고, 특히 스테인리스강이나 Cr 등의 경우에 고출력 전자회절에 의해서도 탐지하기가 힘들다. 따라서 이 경우에 대해서는 논란의 여지가 많이 있다.

산화물 피막이 부동태의 원인이라고 하는 견해는 부동태화 된 Fe에서 얇은 산화피막을 분리해 내어 $\gamma-Fe_2O_3$를 확인하게 됨으로써 증명되었다. 그리고 흡착설은 화학적 부동태 금속의 대부분이 전이금속이라는 사실에서 증명되었다.

전이 금속은 비전이금속에 비해서 승화열이 매우 높아서 금속원자들이 그들의 격자점에 남아 있으려는 경향이 크다. 산화물이 생성되기 위해서는 금속원자가 격자점을 떠나야 하기 때문에 전이금속의 내식성은 비전이금속에 비해 훨씬 우수하다. 전이금속의 표면에 산소가 흡착하는 데에는 에너지가 매우 크며 화학적 결합을 생성하게 된다. 이러한 피막은 화학적으로 흡착되었다(chemisorbed)고 말하고, 에너지가 낮은 피막은 물리적으로 흡착되었다(physically adsorbed)고 한다. 구리, 아연 등 비전이금속의 경우에는 산화물이 급히 생성되며 금속표면 상의 어떤 화학적 흡착도 쉽게 소멸된다. 전이금속의 경우에는 화학 흡착된 물질이 더욱 오랫동안 유지된다.

(4) 염화물이온의 역할(부동태-활성태 전지)

할로겐이온, 특히 Cl^-이온은 Fe, Cr, Ni, Co, 스테인리스강 등의 부동태를 파괴하거나 그 생성을 방해한다. 산화물 피막설의 관점에서 생각해 보면 Cl^-이온은 다른 이온에 비해 산화물 피막 내의 기공(pore)이나 결함(defect) 등을 통해서 더욱 쉽게 소지금속으로 도달해 가게 된다. 흡착설(adsorption theory)의 관점에서 생각해 보면 Cl^-이온이 용해된 O_2 또는 OH^- 등과 경쟁적으로 금속표면에 흡착하고, 일단 금속표면에 흡착하면 금속이온의 수화(hydration)를 촉진시키게 되며, 따라서 금속이온이 더욱 쉽게 용액 속으로 들어갈 수 있게 된다. 흡착된 Cl^-이온은 금속의 양극용해에 대한 교환전류밀도를 증가시키며 과전압을 감소시키게 된다.

이 효과는 매우 커서 상당한 양의 Cl^-이온을 포함하고 있는 용액에서는 Fe나 스테인리스강 등이 쉽게 부동태화 되지 아니하며, 따라서 활성태 전위(active potential)에서와 마찬가지로 부동태 전위(passive potential)에서도 이러한 상태의 금속은 용해속도가 매우 크다. Cl^-이온에 의한 부동태의 파괴는 부동태 표면 전반에 걸쳐 일어나지 않고 국부적으로 발생하게 되며, 부동태 피막의 조직이나 두께 등이 주위의 다른 영역과 조금 차이가 나는 곳에 이러한 국부적 부동태 파괴현상이 발생한다.

활성화된 소면적의 양극이 커다란 면적의 음극에 둘러 쌓여서 소위 소양극-대음극의 위험한 국부전지가 형성되고, 그 전지의 기전력(EMF)이 0.5V 혹은 그 이상으로 되어 심한 공식(pitting)현상을 나타낸다. 이와 같이 형성된 국부전지를 부동태-활성태 전지(passive-active cell)라 한다. 이때 양극에서 전류밀도가 높기 때문에 부식속도가 대단히 빠르고 그 주변은 음극방식(cathodic protection)이 되므로 심한 공식(pitting)형태의 국부부식을 일으키게 된다. Ti, Mo, Zr 등은 Cl^-이온을 비롯한 할로겐이온에 의한 영향을 덜 받는다. 따라서 Fe, Cr, Ni, Co, 스테인리스강 등과는 반대로 Cl^-이온농도가 높은 용액에서도 부동태 성질을 계속 유지할 수 있다. 이것은 이들 금속의 산소에 대한 친화력이 매우 커서 Cl^-이온이 부동태 피막으로부터 산소를 제거시키기가 어렵기 때문이다.

피드백제어와 시퀀스제어의 차이

1. 개요

제어(control)란 어떤 대상의 동작을 우리가 원하는 대로 변화시키는 것이다. 즉 어떤 물리량의 상태를 원하는 목적에 맞는 상태로 바꾸는 것을 제어라고 하는데, 그 동작이 사람의 손에 의해서 이루어지는 것을 수동제어라고 하고, 컴퓨터나 기계 등에 의해 자동적으로 이루어지는 것을 자동제어(automatic control)라고 한다.

인간의 지시에 의해 작동하는 시스템을 제어시스템이라고 한다. 가장 이상적인 제어시스템은 출력이 입력과 같을 경우이지만 실제로는 그것이 쉽지 않다. 그러므로 되먹임개념을 이용하여 원하는 출력을 얻을 수 있도록 보상하는 과정이 필요하다. 이러한 시스템을 자동제어시스템이라고 하고, 보상을 담당하는 것을 제어기라고 한다.

2. 피드백(Feedback)제어와 시퀀스(Sequence)제어의 차이

(1) 폐회로제어

출력의 일부 또는 전부를 입력부로 피드백시켜 기준입력과 피드백된 출력을 비교하고, 그 오차값을 제어기에 재입력하여 제어대상을 원하는 대로 움직이게 하는 시스템을 말한다. [그림 3-44]는 폐회로제어시스템을 나타내는데, 피드백과정이 있다고 하여 피드백제어시스템(feedback control system)이라고도 한다.

[그림 3-44] 폐회로제어시스템

(2) 시퀀스제어

미리 정해진 순서에 따라 제어의 각 단계를 점차로 진행해 나가는 제어라 정의하고 있으며, 불연속적인 작업을 행하는 공정제어 등에 널리 이용된다. 이는 일종의 스위치나 버튼을 사용하여 전기회로의 부하를 운전하기도 하고, 부하의 운전상태나 고장상태를 알리기도 하는 일련의 제어를 말하는 것으로, 근래에 사용되는 전기회로는 모두 이러한 시퀀스회로로 만들어져 있다. 예로 빌딩이나 공장 등에서 엘리베이터를 움직이고 고장을 알리기도 하며 세탁기, 냉장고, 자동판매기 등에 이용한다. 무접점소자를 이용한 제어회로에는 PLC 등의 전자회로를 사용한 것이 있고, 유접점소자는 버튼스위치나 각종 계전기(Relay)를 사용한 것이다.

Section 75 오조작방지장치

1. 정의

오조작방지장치(Fail safe)는 기계 등에 고장이 났을 경우에도 그대로 사고나 재해로 연결되지 아니하고 안전을 확보하는 기능을 말한다. 즉 인간이나 기계 등에 과오나 동작상의 실수가 있더라도 사고나 재해를 발생시키지 않도록 철저하게 2중, 3중으로 통제를 가하는 것이다.

Section 76 Gaussian Model에 대하여 설명하고, Model에 적용되는 전제조건

1. 가우시안모델(Gaussian model)

정상상태 분포로 가정하여 $\frac{\partial C}{\partial t}=0$이고 바람에 의한 오염물의 주이동방향은 x축이며, 풍속 U는 일정하다. 풍하측의 대기안정도와 확산계수는 변하지 않으므로 k_x, k_y, k_z=const하다.

축의 확산은 이류이동이 지배적으로 k_x=0이며, 오염물질은 점배출원으로부터 연속적으로 방출된다.

오염물질은 플룸(plume) 내에서 소멸되거나 생성되지 않으며, 배출오염물질은 기체(입경이 미세한 에어로졸은 포함)이다.

$$\frac{\partial C}{\partial t}=0$$

$$\frac{\partial C}{\partial t}=-\frac{\partial}{\partial x}Cu+\frac{\partial}{\partial x}\frac{\partial(D_xC)}{\partial x}+\frac{\partial}{\partial y}\frac{\partial(D_yC)}{\partial y}+\frac{\partial}{\partial z}\frac{\partial(D_zC)}{\partial z}$$

Section 77 작업위험분석

1. 개요

작업위험분석이란 작업대상물에 나타나거나 잠재되어 있는 모든 물리적, 화학적 위험과 인간의 불안전한 행동요인을 발견하기 위한 작업절차에 관한 연구이다. 작업위험분석의 결과, 확인된 위험에 관한 정보는 사고원인의 제거와 시정책을 구체화하고 장비, 기계, 도구의 개선 또는 안전교육에 필요한 안전작업절차를 수립하는 데 기초자료로 활용할 수 있다. 작업위험분석이 실시되어야 작업의 성질과 잠재된 위험요소에 대한 규명을 비롯하여 작업환경, 제어기의 적절한 위치 선정, 장비와 운전자와 단계별 안전작업방법이 보강될 수 있다.

2. 작업위험분석

(1) 작업개선단계

① 1단계 : 작업분해

② 2단계 : 세부내용 검토

③ 3단계 : 작업분석

④ 4단계 : 새로운 방법의 적용

(2) 작업분석방법(ECRS)(새로운 작업방법의 개발원칙)

① 제거(Eliminate)

② 결합(Combine)

③ 재조정(Rearrange)

④ 단순화(Simplify)

(3) 작업위험분석방법(작업위험 색출방법)

① 면접

② 관찰

③ 설문방법

④ 혼합방식

(4) 작업위험분석 시 고려사항

① 육체적 요구조건

② 안전관계

③ 보건상 위험성

④ 작업환경조건

⑤ 잠재적 위험성

⑥ 개인보호구

⑦ 기기 제조원의 책임(인간공학적 결함 또는 부적합성)

(5) 동작분석의 목적

① 표준 동작의 설정

② 모션 마인드(motion mind)의 체질화

③ 동작계열의 개선

Section 78 공정안전보고서의 세부내용에 포함되어야 할 내용

1. 공정안전보고서의 내용(산업안전보건법 시행령 제44조, [시행 2021.1.16.])

① 법 제44조 제1항 전단에 따른 공정안전보고서에는 다음 각 호의 사항이 포함되어야 한다.

1. 공정안전자료

2. 공정위험성평가서

3. 안전운전계획

4. 비상조치계획

5. 그 밖에 공정상의 안전과 관련하여 고용노동부장관이 필요하다고 인정하여 고시하는 사항

2. 공정안전보고서의 세부내용 등(산업안전보건법 시행규칙 제50조, [시행 2021.1.19.])

① 영 제44조에 따라 공정안전보고서에 포함해야 할 세부내용은 다음 각 호와 같다.

1. 공정안전자료

가. 취급·저장하고 있거나 취급·저장하려는 유해·위험물질의 종류 및 수량

나. 유해·위험물질에 대한 물질안전보건자료

다. 유해하거나 위험한 설비의 목록 및 사양

라. 유해하거나 위험한 설비의 운전방법을 알 수 있는 공정도면

마. 각종 건물·설비의 배치도

바. 폭발위험장소구분도 및 전기단선도

사. 위험설비의 안전설계·제작 및 설치 관련 지침서

2. 공정위험성평가서 및 잠재위험에 대한 사고예방·피해최소화대책(공정위험성평가서는 공정의 특성 등을 고려하여 다음 각 목의 위험성평가기법 중 한 가지 이상을 선정하여 위험성평가를 한 후 그 결과에 따라 작성해야 하며, 사고예방·피해최소화대책은 위험성평가결과 잠재위험이 있다고 인정되는 경우에만 작성한다)

가. 체크리스트(Check List)

나. 상대위험순위 결정(Dow and Mond Indices)

다. 작업자실수분석(HEA)

라. 사고예상질문분석(What-if)

마. 위험과 운전분석(HAZOP)

바. 이상위험도분석(FMECA)

사. 결함수분석(FTA)

아. 사건수분석(ETA)

자. 원인결과분석(CCA)

차. 가목부터 자목까지의 규정과 같은 수준 이상의 기술적 평가기법

3. 안전운전계획

　　가. 안전운전지침서

　　나. 설비점검·검사 및 보수계획, 유지계획 및 지침서

　　다. 안전작업허가

　　라. 도급업체 안전관리계획

　　마. 근로자 등 교육계획

　　바. 가동 전 점검지침

　　사. 변경요소관리계획

　　아. 자체 감사 및 사고조사계획

　　자. 그 밖에 안전운전에 필요한 사항

4. 비상조치계획

　　가. 비상조치를 위한 장비·인력보유현황

　　나. 사고 발생 시 각 부서·관련 기관과의 비상연락체계

　　다. 사고 발생 시 비상조치를 위한 조직의 임무 및 수행절차

　　라. 비상조치계획에 따른 교육계획

　　마. 주민홍보계획

　　바. 그 밖에 비상조치 관련 사항

② 공정안전보고서의 세부내용별 작성기준, 작성자 및 심사기준, 그 밖에 심사에 필요한 사항은 고용노동부장관이 정하여 고시한다.

Section 79 유해물질 중 액상 유기화합물의 처리법

1. 개요

대기환경 중 유기화합물은 여러 가지 측면에서 분류하고 있으며, 각 물질의 대기 중 존재상태, 휘발성(Volatility) 정도에 따라 휘발성(Volatile)과 반휘발성(Semivolatile), 비휘발성(Nonvolatile)의 3가지로 크게 분류할 수 있다. 휘발성은 증기압과 끓는점으로 분류할 수 있으며, 휘발성은 증기압이 10^{-2} kPa 이상, 반휘발성은 $10^{-2} \sim 10^{-8}$ kPa, 비휘발성은 10^{-8} kPa 이하로 분류되고, 끓는점은 100℃를 기준으로 그 이상이면 휘발성, 그 이하는 반휘발성, 비휘발성으로 분류한다. 일반적으로 휘발성 유기화합물질(VOC)은 0.02psi 이상의 증기압을 가지거나 끓는점이 100℃ 미만인 유기화합물로 정의할 수 있다. 결국 VOC는 다수 화합물의 총칭이라고 하겠다.

[표 3-26] 우리나라의 규제대상 휘발성 유기화합물

1. 에틸렌	17. n-헥산	33. o-크실렌
2. 메틸렌	18. 사이클로헥산	34. 스틸렌
3. 에탄올	19. 2,4-디메틸펜탄	35. 초산
4. 프로판	20. 부타디엔	36. 포름알데히드
5. i-프로판올	21. 1,3-부타디엔	37. 클로로포름
6. 프로필렌옥사이드	22. 아세톤	38. 아세트알데히드
7. 아세틸렌	23. 디메틸아민	39. 메틸렌클로라이드
8. i-부탄	24. 벤지딘	40. 1.1.1-트리클로로에탄
9. n-부탄	25. 아크릴로니트릴	41. 트리클로로에틸렌
10. 부텐	26. 벤젠	42. 테트라클로로에틸렌
11. i-펜탄	27. 니트로벤젠	43. 아크롤레인
12. n-펜탄	28. 에틸벤젠	44. 사염화탄소
13. 펜텐	29. 톨루엔	45. THF(테트라하이드로퓨란)
14. 2-메틸펜탄	30. 2.4-디니트로톨루엔	46. IPE(이소프로필에테르)
15. 3-메틸펜탄	31. p-크실렌	47. MTBE
16. 프로필렌	32. m-크실렌	48. 기타 환경부장관이 규제대상 휘발성 유기화합물질로 정한 물질

2. 처리법

(1) 흡수법

흡수는 기체와 액체가 향류 또는 병류로 접촉해서 VOC 함유기체로부터 VOC가 액상 흡수제로 전달되는 공정으로, 물질 전달의 구동력은 기체와 액체 간의 VOC농도구배이다. 보통 흡수제로는 물, 가성소다용액, 암모니아 또는 고비점 탄화수소 등이 있다. 흡수제의 선택은 VOC의 특성에 따라 달라지는데, 예를 들면 VOC가 수용성이면 물이 좋은 흡수제가 될 수 있고, 흡수장치는 보통 기체와 액체가 향류로 접촉되지만 병류와 교차흐름도 가능하다. 흡수장치는 충전탑, 분무탑, 벤투리 스크러버(Veturi Scrubber), 다단탑으로 구성이 되어 있다.

(2) 응축법

냉각응축은 냉각조작에 의해 비응축성 가스로부터 VOC를 분리해 주는 공정으로, 냉각응축은 일정한 압력에서 온도를 낮춰주거나, 또는 일정한 온도에서 압력을 높여줌으로써 일어나게 할 수 있다. 응축기는 크게 2가지 형태로 구분된다.

① 직접응축기는 응축시켜야 할 기체가 냉매와 직접 접촉 혼합되면서 열적, 물리적 평형이

이루어지는 것으로 분무탑형이나 단탑형이 있다.

② 간접응축기는 주로 다관식 열교환기형태로 관내로 냉매를 통과시켜 관 외부를 지나는 가스를 응축시켜 준다.

VOC를 응축시키는 데 사용되는 냉매는 주로 냉수, 브라인, 염화불화탄소(CFC), 저온유체 등이 있으며, 이들 냉매의 사용온도는 보통 냉수는 7℃, 브라인은 -35℃, 염화불화탄소는 -68℃ 등이다. 질소나 이산화탄소와 같은 저온유체는 온도를 -195℃까지 내릴 수 있다.

(3) 생물학적 처리법

생물학적 처리방법은 미생물을 이용해서 VOC를 이산화탄소, 물, 무기질로 변환시켜주는 공정이다. 생물처리공정은 생물막, Bioremediation, Bioreclamation, 생물처리 등을 포함한다. 이들 중 생물막이 악취 제거기술로서 효과적이라는 것이 판명된 후에 타당성 있는 VOC제어기술로 부각된다. 생물학적 처리에는 바이오필터가 사용되는데, 모든 바이오필터는 VOC를 무해한 물질로 변환시켜 주는 미생물을 포함하고 있는 흙이나 퇴비를 충전재로 사용한 장치이다. 탑은 대기와 밀폐되어 있거나 개방되어 있으며 하나 또는 여러 개의 탑이 사용될 수 있다.

(4) 증기재생법

증기재생공정은 2단계 흡착공정의 두 번째에 해당되는 것으로, 첫 단계에서는 과립상 활성탄(GAC)이나 중합체 구슬과 같은 흡착제에 유기오염물질이 흡착되며, 보통 사용된 흡착제는 다음 처리를 위하여 다른 곳으로 이동한다. 증기재생공정에서는 약 260℃의 수증기를 이용하여 GAC에 흡착된 오염물질을 탈착시키고, 탈착된 VOC 함유기류는 700℃에서 작동되는 이동층 증발기를 통과하면서 VOC가 H_2, CO, CO_2로 전환된다. 이동층 증발기는 증기재생공정의 열원으로 작용한다.

다양하게 적용할 수 있는 증기재생공정은 할로겐계를 제외한 VOC를 다른 부산물의 생성 없이 제거할 수 있고 설치비가 적게 소요되는 장점이 있는 반면, 운영비가 많이 소요되고 회수된 용매를 재이용할 수 없다는 단점이 있다. 특히 HCl의 제거 시 $NaHCO_3$ 슬러리의 공급이나 산성기체 제거장치를 설치하여야 하므로 그에 따른 부가경비가 소요되고 $NaHCO_3$ 슬러리의 사용 후 슬러리처리에도 경비가 소요된다. 아울러 GAC 재생이나 교환에도 많은 운영비가 필요하다.

(5) 막 분리법

분리막기술은 염소계 탄화수소나 염화불화탄소 등 과거에 회수하기 어려웠던 기체들을 회수하는 데 효과적이다. 반 투과막은 합성 고분자로 만들며 분리 시 구동력은 막 사이의 압력차를 이용한다. 진공펌프를 사용하여 막모듈 내의 압력을 낮게 유지해주며 VOC 함유기체를 막에 통과시키면 VOC만 막을 통과하고, 공기는 통과하지 못해 결국 VOC와 공기가 분리된다.

막 분리공정의 장점은 연소나 분해공정에서 발생될 수 있는 부산물의 생성이 전혀 없다는 점으로, 화합물은 다른 원하지 않는 부산물로 분해되지 않고 재이용할 수 있는 형태로 회수할 수 있다. 또한 고농도의 VOC를 포함한 배가스도 경제적으로 제어할 수 있다. 반면 진공펌프와 냉각장치를 이용하기 때문에 자본비와 운영비가 많이 소요되고 고농도의 VOC를 얻기 위해 다른 공정이 필요하며, 그에 따른 자본비가 소요된다는 단점이 있다. 그러나 막 분리공정의 전반적인 운영비는 비교적 합리적인 것으로 알려져 있다.

(6) 비열플라즈마기술

비열플라즈마공정은 전기 에너지의 대부분이 기체의 가열보다는 강력한 전자를 생산하는 데 이용되며 변환점에서 플라즈마가 발생되는 원리를 이용한 것으로, 전자충격해리(electron impact dissociation)나 배경(background)기체분자의 이온화를 통해 강력한 전자가 오염물질분자를 산화, 환원 또는 파괴할 수 있는 자유기와 이온 및 또 다른 분자를 생성하게 된다. 대부분 저농도 대기오염물질을 제어할 경우 에너지 선택성으로 인하여 비열플라즈마방법이 가장 많이 적용된다. 고용량 저농도의 VOC를 처리할 경우 비열플라즈마기술로 코로나 또는 부전도성 장벽방전과 같은 전기방전공정에 비해 운영비가 저렴하고 RTO, RCO, 혼성공정에 비해서도 가격경쟁력이 있는 가능성 있는 기술로 평가되고 있다. [표 3-27]에 여러 VOC 제거방법의 투자비, 운영비, 처리능력과 제어특성을 나타내었다.

[표 3-27] VOC 제거방법과 처리능력 및 특성

제거방법	투자비	운영비	처리능력	제어특성
열산화법	고	고	고	폭발위험, 보조연료 필요, 2차 오염원 발생
촉매산화법	중	중	고	촉매독으로 인한 효율 저하
축열식 열소각	고	중	고	에너지소비량 감소, NOx 발생, 열 회수율이 비교적 낮음
축열식 촉매산화	고	중	고	경제적인 폐열회수 가능, 처리대상 기체 적용 범위 한정
무화염 열산화법	중	저	고	산화기의 예열 필요, 고효율의 분해효율
흡·탈착촉매산화	중	저	고	저농도로 연속적 배출되는 공정에 유리
흡착법	고	중	고	선택적 회수 가능, 응축에 의한 유해성
응축법	고	중	중	비경제적, 특정 화합물에 사용
흡수법	저	중	고	어느 공정에나 쉽게 적용, 처리대상물질에 맞는 흡수제 사용
농축법	중	중	중	농축배율 결정
생물학적 처리법	중	중	고	폭발성 화합물 처리 용이, 대용량 처리 불가

제거방법	투자비	운영비	처리능력	제어특성
증기재생법	저	고	고	부산물 생성이 없음, 산성가스 제거장치가 필요, NaHCO₃ 슬러리 처리요구
막 분리법	고	고	고	다단 분리system 요구, 펌프나 냉각장치 요구
코로나방전법	저	고	고	연료가 필요 없음, 불완전하게 파괴됨, 규모 확대의 문제가 발생함
비열플라즈마법	중	중	고	고정연소오염원에 사용, 저농도 대기오염물질 제어에 유리

Section 80 저장탱크 및 가스시설을 지하에 설치할 때 유의사항

1. 개요

(1) 저장탱크 등의 구조

저장탱크 및 가스홀더는 가스가 누출하지 아니하는 구조로 하고, 5m³ 이상의 가스를 저장하는 것에는 가스방출장치를 설치한다.

(2) 저장탱크 간의 거리

가연성 가스의 저장탱크(저장능력이 300m³ 또는 3톤 이상의 것에 한한다)와 다른 가연성 가스 또는 산소의 저장탱크와의 사이에는 두 저장탱크의 최대지름을 합산한 길이의 4분의 1 이상에 해당하는 거리(두 저장탱크의 최대지름을 합산한 길이의 4분의 1이 1m 미만인 경우에는 1m 이상의 거리)를 유지한다. 다만, 저장탱크에 물분무장치를 설치한 경우에는 그러하지 아니하다.

2. 저장탱크 및 가스시설을 지하에 설치할 때 유의사항

저장탱크를 지하에 매설하는 경우에는 다음의 기준에 의한다.

① 저장탱크의 외면에는 부식 방지코팅과 전기적 부식 방지를 위한 조치를 하고, 저장탱크는 천정·벽 및 바닥의 두께가 각각 30cm 이상인 방수조치를 한 철근콘크리트로 만든 곳(이하 "저장탱크실"이라 한다)에 설치한다.

② 저장탱크의 주위에 마른 모래를 채운다.

③ 지면으로부터 저장탱크의 정상부까지의 깊이는 60cm 이상으로 한다.

④ 저장탱크를 2개 이상 인접하여 설치하는 경우에는 상호 간에 1m 이상의 거리를 유지한다.

⑤ 저장탱크를 매설한 곳의 주위에는 지상에 경계표지를 한다.

⑥ 저장탱크에 설치한 안전밸브에는 지면에서 5m 이상의 높이에 방출구가 있는 가스방출
관을 설치한다.

Section 81 가연성 물질의 화학적 폭발 방지대책

1. 개요

폭발한계의 특성을 알기 전에 폭발의 정확한 의미 파악이 필요하다. 일반적으로 "폭발"이라
고 불리는 현상은 다음과 같은 것이 있다.

① 고속의 화학반응으로 상변화 등에 의해 순간적인 온도 상승 및 가스(증기)화가 발생하
여 기체가 고속으로 팽창한다.

② 용기 내의 압력이 어떠한 원인으로 상승하여 용기의 파손이 발생하기도 하고, 용기가 크
게 파손되어서 고압의 내용물이 고속으로 팽창한다.

③ 밀폐용기 내에서 고속의 화학반응이 생성되어 용기 내의 압력이 급상승한다.

폭발현상에 관련된 화학반응에는 연소반응, 분해반응, 중합반응, 반응폭주 등이 있다. 또한
반응의 크기에 따라 폭연(Detonation)과 폭굉(Deflagnation)으로 구분한다.

2. 폭발 방지대책

(1) 혼합물의 폭발한계제어

화학장치산업공정에서는 화재, 폭발을 예방하기 위하여 순수물질의 폭발한계의 자료도 중
요하지만, 공정상에서 혼합물을 취급하는 경우가 대부분이므로 혼합용제의 폭발한계자료 역
시 필요로 하고 있다. 따라서 가연성 혼합증기에 대한 LEL과 UEL값이 자주 요구된다. 이러한
혼합물의 폭발한계는 Le Chatelier식을 사용하여 계산하게 된다.

$$LEL_m = \frac{1}{n \sum i} = \frac{1}{\dfrac{y_i}{LEL_i}} \tag{1}$$

$$UEL_m = \frac{1}{n \sum i} = \frac{1}{\dfrac{y_i}{UEL_i}} \tag{2}$$

여기서, LEL_i : 연료와 공기 속에 i성분의 부피 %로 성분 i에 대한 폭발하한계

y_i : 가연성 물질을 기준으로 성분 i의 몰분율, n : 가연성 물질의 수

가연성 가스와 공기(혹은 산소)의 혼합물에 폭발위험성을 방지하기 위해서 불활성 가스

(Inert Gas)를 첨가하는 경우가 있다. 이 경우 불활성 가스의 첨가로 폭발범위가 점차로 높아져서 어느 농도, 즉 최소불활성 가스량(Minimum Inert Gas)에서 폭발이 되지 않는 임계점이 생긴다.

메탄의 경우를 살펴보면 [그림 3-45]에서는 메탄과 산소, 그리고 질소혼합물상태에서의 연소선도를 나타내었으며, [그림 3-46]은 대기압, 상온(25℃)에서 불활성 가스로, 헬륨, 질소, 수증기 등을 첨가했을 때 메탄의 폭발범위의 변화를 나타내었다. 또한 공기 중에서 몇 가지 가연성 물질의 폭발억제를 위한 최소불활성 가스량을 [표 3-28]에 나타내었다.

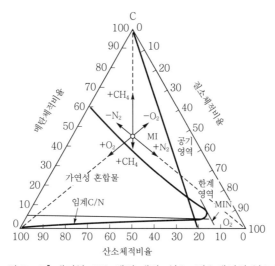

[그림 3-45] 대기압, 26℃에서 메탄−산소−질소에서의 연소선도

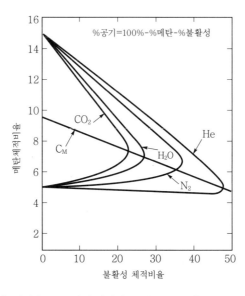

[그림 3-46] 대기압, 25℃에서 메탄과 공기, 여러 불활성 가스에서의 연소선도

[표 3-28] 공기 중 선정된 가연성 물질들의 연소 억제를 위한 최소불활성 가스농도

가연물	질소 (%V/V)	이산화탄소 (%V/V)	가연물	질소 (%V/V)	이산화탄소 (%V/V)
수소	71	51	노말페난	43	29
메탄	38	24	노말헥산	42	29
에탄	46	33	에틸렌	50	39
프로판	42	30	프로필렌	43	20
노말부탄	41	28	벤젠	45	32

가연성 혼합기체에 불활성 가스로 희석한 경우 폭발범위의 변화를 살펴보면, 폭발하한계는 연료가 부족하고 산소는 남아 있기 때문에 불활성 가스 첨가에 의해 산소농도가 낮아지더라도 거의 영향을 받지 않는다. 그러나 폭발상한계에서는 연료가 과잉이고 산소가 부족하기 때문에 산소량은 그 이상 줄지 않지만 희석에 의해서 연료농도가 다소 변화하더라도 많이 변하지 않는다. 따라서 폭발하한계에서는 공기와 불활성 가스를 연결하는 선에 평행하게 오른쪽으로 직선을 연장시킨다. 폭발상한에서는 메탄과 불활성 가스를 연결하는 선에 일반적으로 거의 평행하게 우측 아래로 향하도록 직선을 연장시킨다. 이와 같이 두 선으로 둘러싸인 범위가 대략적으로 폭발범위가 된다.

또한 폭발범위를 알고 있다면 폭발범위의 바깥 테두리에 연료가스와 불활성 가스를 연결한 선에 평행하게 직선을 그리고 이보다 산소농도가 낮은 영역에서는 연료가스농도가 어떻게 되더라도 폭발범위에 들어오지 않는다. 이것을 최소산소농도(MOC：Minimum Oxygen for Combustion)라고 하며, 이는 공정안전 설계 시 중요한 자료가 된다.

(2) 최소산소농도(MOC)제어

폭발하한계는 공기나 산소 중의 연료량을 기준으로 한다. 그러나 폭발에 있어서 산소농도의 양은 중요한 요소가 된다. 화염이 전파되기 위해서는 최소한의 산소농도가 요구된다. 즉 가연성 혼합물의 산소농도가 감소하면 화염이 전파되지 않는다.

따라서 폭발의 예방은 가연물의 농도가 얼마이든지 간에 산소량의 적절한 조절로 가능하다. 따라서 방폭을 위해서는 최소산소농도는 아주 유용한 자료가 된다. 최소산소농도(MOC)는 공기와 연료의 혼합물에서 산소농도 %의 단위를 가진다. 실험자료가 충분하지 못할 경우 MOC값은 가연물과 산소의 완전연소반응식에서 산소의 양론계수(Stoichiometric Coefficient of Oxygen)와 폭발하한계(LEL)의 곱을 이용하여 예측하여 탄화수소에 적용되고 불활성(Inerting) 공정의 기초가 된다. 불활성이란 가연성 혼합가스에 불활성 가스를 주입하여 산소의 농도를 연소를 위한 최소산소농도 이하로 낮게 하는 공정이다. 불활성 가스로 질소, 이산화산소, 때로는 수증기가 사용된다. 대부분의 가연성 혼합가스의 MOC는 10% 정도이다.

(3) 폭발한계의 온도의존성제어

일반적으로 화염에는 그 이하의 온도는 없다고 하는 최저온도가 있고, 그 값은 탄화수소화합물 등에서 약 1,200℃가 된다. 이와 같은 단열화염온도(Adiabatic Flame Temperature)의 한계가 생기는 이유는 탄화수소의 폭발하한계와 연소열의 관계를 이용한 Burgess-Wheeler 법칙으로 설명이 가능하다. 이 법칙은 두 값(폭발하한계와 연소열)의 곱은 일정하고 폭발하한계의 단위를 Vol%, 연소열의 단위를 kcal/mol로 표시하며 약 1,050이 된다.

이 법칙은 폭발하한계에 있어서 발생하는 열량은 연료의 종류에 관계없이 동일하다. 따라서 그것에 관계되는 화염온도는 일정하고 동시에 최저가 되기 때문이다. Burgess-Wheeler법칙에 의하면 연소열과 폭발한계의 관계는 다음과 같다.

$$\Delta H_c(LEL) = 1,050 \tag{3}$$

(4) 폭발한계의 압력의존성제어

폭발한계와 압력의 관계는 폭발한계의 온도와 마찬가지로 압력이 증가하면 폭발하한계는 감소하고, 상한계는 증가한다. 이는 분자 간의 거리가 가까워져서 화염전파가 용이하기 때문이다. 일반적으로 압력변화에 따른 폭발하한계의 변화는 온도변화에 따른 폭발하한계의 변화보다 그 변화폭이 크지 않으므로 압력변화에 의한 폭발하한계가 거의 변하지 않는다.

(5) 최소발화에너지제어

화재, 폭발에서 발화원의 관리는 무엇보다 중요하며, 발화원의 형식으로는 크게 기계적, 화학적, 전기적, 열적 등으로 나눌 수 있다. 이 발화원들의 가장 기본이 되는 개념이 최소발화에너지(MIE : Minimum Ignition Energy)인데, 이 에너지는 가연성 가스와 공기의 혼합물에 착화원으로 점화 시 발화하기 위하여 착화원이 갖는 최소에너지를 말한다. 최소발화에너지에 영향을 주는 인자로는 분자의 구조, 당량비, 온도, 압력, 조성 및 전극의 형태 등을 들 수 있다. 이들의 조건을 고정시키면 결정되는 물리적 특성치로서 일반적으로 온도 및 압력이 높은 조건에서 낮은 최소발화에너지값을 갖고, 또한 연소속도가 큰 혼합기체일수록, 열전도율이 작을수록 역시 작은 에너지값을 갖는다.

이황화탄소, 수소, 아세틸렌, 에틸렌 등 폭발위험성이 큰 가스는 아주 작은 최소발화에너지값을 갖고 있다. [표 3-29]에서는 공기 중에서 몇 가지 가연성 물질의 최소점화에너지값을 나타내었다.

[표 3-29] 공기 중에서 몇 가지 가연성 물질의 최소점화에너지값

가연물	에너지(mJ)	가연물	에너지(mJ)
포화 탄화수소		기타	
메탄	0.29	메탄올	0.215
에탄	0.285	아세트알데히드	0.376
프로판	0.305	디메틸에테르	0.33
노말부탄	0.25	비닐아세테이트	1.42
노말헵탄	0.7	에틸아세테이트	0.015
불포화 탄화수소		이황화탄소	0.02
아세틸렌	0.02	수소	0.019
프로필렌	0.282		
벤젠	0.55		

Section 82 화학공장의 안전작업허가서의 종류와 관리방법

1. 개요

석유화학공장에는 많은 장치들이 설치되어 있고 취급하는 물질도 매우 다양하다. 따라서 석유화학공장들은 사업장 내에서 발생할 수 있는 크고 작은 사고들을 사전에 예방하기 위해 여러 가지 대책을 수립하여 시행하고 있다. 이러한 대책의 일환으로 가장 널리 활용되고 있는 방법이 '안전작업허가서발행제도'이다.

2. 화학공장의 안전작업허가서(Safety Work Permit)의 종류와 관리방법

(1) 종류

이 제도는 사업장마다 운영실정에 맞춰 실시되고 있으며 다음과 같은 방식으로 안전작업 허가제도를 운영하고 있다.

① 일반 안전작업허가서

② 열간 안전작업허가서 : 용접 등 화기를 다루는 작업 수행 시

③ 용기출입 안전작업허가서 : 맨홀, 탱크, 드럼 등 밀폐된 공간에서 작업 수행 시

④ 굴착 안전작업허가서 : 깊이 30cm 이상 지면을 파는 작업 수행 시

⑤ 전기 안전작업허가서 : 전기기기 및 설비에 대한 작업 수행 시

⑥ 방사성 안전작업허가서 : 방사성 동위원소를 사용하는 작업 또는 저장, 운반 시

⑦ 작업자 인양작업 허가서 : 기중기 등을 이용하여 작업자를 인양하는 작업 수행 시

⑧ 중기 인양작업 허가서 : 기중기 등을 이용하여 물건 등을 이송하는 작업 시

⑨ 위험(적색)/경고(백색) 꼬리표 사용지침 : 조작 시 위험이 있는 경우의 장소에 경고를 목적으로 부착하는 꼬리표 등 안전작업허가서는 총 9종으로 분류

(2) 관리방법

안전작업허가서의 발행절차는 다음과 같다.

① 작업을 수행하려는 부서는 작업과 관련된 장비나 시설을 관리하는 부서에게 안전작업허가서를 요청한다. 허가서를 요청받은 부서는 그 작업내용을 명확히 파악하고 있는 대리 직급 이상의 관리자가 직접 안전작업허가서를 발행하게 된다. 그리고 작업의 중요도 및 위험성의 등급에 따라 부서장 또는 담당과장이 작업허가승인을 하게 된다. 작업요청자는 현장여건이 안전작업허가서의 내용과 일치하고 작업을 수행하는 데 안전하다고 판단되는 경우에 안전작업허가서 '작업자란'에 서명을 한다. 일련의 절차가 모두 끝난 후에 비로소 작업을 개시할 수 있다.

② 작업 중에는 항상 감독자가 현장에서 해당 작업이 종료될 때까지 작업이 안전하게 진행되고 있는지를 수시로 점검한다. 열간 작업의 경우 작업종료 30분 이후에도 불티나 잔여물이 있는지를 확인하여 허가서에 기록하도록 되어 있으며, 용기출입작업의 경우에는 감독자가 항상 관심을 가지고 관찰할 수 있도록 특별교육을 실시 후 준수사항을 허가서상에 기록하고, 이를 현장에 게시하도록 되어 있다.

③ 작업 완료 후 회수된 안전작업허가서는 올바른 절차에 따라 발행이 되었는지, 모든 절차에 따라 작업이 수행되었는지를 내부감사를 통해 확인한다. 과정 중에 발생한 문제점에 따라 작업절차를 개정하고, 직원들에게는 개선된 내용을 고지한다. 발행된 안전작업허가서는 1년 동안 보관하게 되어 있다.

Section 83 산소결핍의 정의와 위험작업

1. 산소결핍의 정의

산소결핍이라 함은 공기 중의 산소농도가 18% 미만인 상태를 말하며, 산소결핍증이라 함은 산소가 결핍된 공기를 흡입함으로써 생기는 증상을 말한다.

2. 산소결핍의 위험작업

산소결핍위험작업은 다음과 같다.

① 다음의 지층에 접하거나 통하는 우물 등(우물, 수직갱, 터널, 잠함, 핏트 기타 이와 유사

한 것을 말한다)의 내부

    ㉠ 상층에 물이 통과하지 아니하는 지층이 있는 역암층중 함수 또는 용수가 없거나 적은 부분

    ㉡ 제1철염류 또는 제1망간염류를 함유하는 지층

    ㉢ 메탄·에탄 또는 부탄을 함유하는 지층

    ㉣ 탄산수를 용출하고 있거나 용출할 우려가 있는 지층

② 장기간 사용하지 아니한 우물 등의 내부

③ 케이블·가스관 또는 지하에 부설되어 있는 매설물을 수용하기 위하여 지하에 부설한 암거·맨홀 또는 핏트의 내부

④ 빗물·하천의 유수 또는 용수가 체류하고 있거나 체류하였던 통·암거·맨홀 또는 핏트의 내부

⑤ 해수가 체류하고 있거나 체류하였던 열교환기·관·암거·맨홀·둑 또는 핏트(이하 이 호에서 "열교환기 등"이라 한다)의 내부

⑥ 장기간 밀폐된 강재의 보일러·탱크·반응탑 기타 그 내벽이 산화하기 쉬운 시설(그 내벽이 스테인리스강제의 것 또는 그 내벽의 산화를 방지하기 위하여 필요한 조치가 되어 있는 것을 제외한다)의 내부

⑦ 석탄·아탄·황화광·강재·원목·건성유·어유 기타 공기 중의 산소를 흡수하는 물질이 들어 있는 탱크 또는 호퍼 등의 저장시설이나 선창의 내부

⑧ 천정·바닥 또는 벽이 건성유를 함유하는 페인트로 도장되어 그 페인트가 건조되기 전에 밀폐된 지하실·창고 또는 탱크 등 통풍이 불충분한 시설의 내부

⑨ 곡물 또는 사료의 저장용 창고 또는 핏트의 내부, 과일의 숙성용 창고 또는 핏트의 내부, 종자의 발아용 창고 또는 핏트의 내부, 버섯류의 재배를 위하여 사용하고 있는 사일로 기타 곡물 또는 사료종자를 적재한 선창의 내부

⑩ 간장·주류·효모 기타 발효하는 물품이 들어 있거나 들어 있었던 탱크·창고 또는 양조주의 내부

⑪ 분뇨·부니·썩은 물 기타 부패하거나 분해되기 쉬운 물질이 들어 있는 정화조·탱크·암거·맨홀·관 또는 핏트의 내부

⑫ 드라이아이스를 사용하는 냉장고·냉동고·보냉화물자동차 또는 냉동컨테이너의 내부

⑬ 헬륨·아르곤·질소·프레온·탄산가스 기타 불활성의 기체가 들어 있거나 들어 있었던 보일러·탱크 또는 반응탑등 시설의 내부

Section 84 화학공장설비의 안전대책 중 증류탑의 점검사항에 대해서 일상점검항목(운전 중 점검)과 개방 시 점검해야 할 항목(운전 정지 시 점검)

1. 증류탑 일상점검사항(운전 중 점검 가능 항목)

① 보온재 및 보냉재의 파손상황

② 도장의 열화상황

③ 플랜지부, 맨홀부, 용접부에서 회부 노출 여부

④ 기초볼트의 헐거움 여부

⑤ 증기배관에 열팽창에 의한 무리한 힘이 가해지고 있는지의 여부

⑥ 부식에 의해 두께가 얇아지고 있는지의 여부

2. 화학설비 중 증류탑 개방 시 점검사항(운전 정지 시 점검항목)

① 트레이의 부식상태, 정도, 범위

② 넘쳐흐르는 둑의 높이가 설계와 같은지의 여부

③ 용접선의 상황과 포종이 단에 고정되어 있는지의 여부

④ 누출이 원인이 되는 균열 손상 여부

⑤ 라이닝 코팅상황

Section 85 화학공장의 공정설계단계에서 고려되어야 할 안전과 관련된 사항

1. 개요

화학공장의 설계는 전체 공장설계와 단위공정설계의 두 범주로 구분할 수 있다. 산업재해에 대한 최초의 방어선은 설계단계에서부터 시작된다. 사고가 일어난 상황에서 그 사고를 개선하는 것보다는 미리 그것을 방지하는 것이 보다 쉬울 것이라는 것은 명백한 일이다.

그러므로 새로운 플랜트의 설계나 또는 현재 플랜트의 보수에 있어서 안전성에 관계된 항목들을 고려하는 것은 설비설계자의 중요한 임무이다. 이러한 목적으로 많은 설계에 관한 지침(code)들이 지정되어 있다. 부지 선정과 설계에서 근원적인 안전을 확보하기 위한 지침들을 알아본다.

2. 공장부지 선정

플랜트의 위치와 배치는 플랜트의 안전성, 특히 뜻밖의 사고에 가장 중요한 영향을 미칠 수 있다. 특히 적절한 플랜트 위치는 일어난 사고의 플랜트 외곽의 주민들에 대한 영향을 최소로 할 수 있는 중요한 문제인 반면, 플랜트의 배치는 일어난 사고에 대해 그것이 플랜트 안으로 또는 그 부분 안으로 국한되도록 하는 데 도움이 될 수 있으며, 사고영향지역에서의 보다 효과적인 대처를 쉽게 하여 다른 설비에 대한 그 사고의 영향을 줄일 수 있게 해준다.

거리(distance)는 일반인을 보호하는 데 있어서 아주 중요한 문제이다. 그러나 거리도 그 위험의 성질에 따라 다르다. 어떤 경우이든 플랜트와 그 외곽의 주민들 사이에는 완충지역(buffer zone)이 항상 필요하다. 그들 간의 마찰을 피하기 위하여 이 지역은 가능하면 플랜트소유주의 감독하에 두는 것이 상례이고, 위험한 화재인 경우 그 일어날지도 모르는 화재의 영향을 줄이기 위하여 최소한 30m의 거리가 필요하며, 부지의 선택은 [표 3-30]과 같이 수많은 요소에 의해서 이루어진다.

[표 3-30] 공장부지의 선택 시 고려해야 할 요소

• 자연재해의 발생(지진, 홍수 등)	• 부지 주변의 인구밀도
• 바람과 기상학	• 물과 전력의 유용성
• 안전 문제	• 유해가스와 폐수 및 부산물의 처리문제
• 시장과 원재료의 접근성	• 운송수단
• 부지허가	• 연관산업
• 노동력과 비용	• 투자에 따른 인센티브

공장부지의 안전성에 있어서 고려할 요소들을 [표 3-31]에 제시하였다. 첫째로는 유해공정을 수행하는 공장과 인근 거주지, 학교, 병원, 고속도로, 수로, 항공로 사이의 완충지이다. 완충지는 사고 발생 시 대피하거나 피해를 줄일 수 있는 중요한 요소이다. 거리는 사고 발생에 따른 유해물질의 공기를 통한 전파와 산포 정도를 고려해서 결정해야 한다. 유해물질의 누출과 일반 주민들의 노출 사이에 시간간격은 응급대비프로그램에 의해 사전에 계산된 완충지에 의해 결정된다. 공장은 유해물질을 포함하는 다양한 공정을 갖고 있으므로 각각의 지역에 맞게 완충지를 결정해야 한다.

[표 3-31] 공장의 안전성을 위해서 고려할 사항

• 근처 유해시설의 위치	• 완충지
• 독성, 유해물질의 목록	• 소방설비의 적정성
• 응급장비 접근성	• 날씨와 바람
• 고속도로, 수로, 철로, 항공로의 위치	• 응급상황 시 폐기물의 제한
• 관리와 감찰	• 배수와 경사도

3. 근본적인 안전한 공장

사고 발생을 미연에 방지할 수 있는 가장 효과적인 방법은 첫 단계에서 위험을 예방하는 것이다. 이것은 근본적으로 안전한 공장(ISP : Inherently Safer Plant)이라는 개념의 기본원리이다. 미연에 모든 가능한 위험들을 방지하는 것이 불가능하다고 할지라도 기본공정이나 그 공정의 조업환경을 바꿈으로써 사고의 발생 가능성 또는 그 사고의 영향을 줄이는 것은 가능하다. ISP접근법은 다루는 설비의 종류에 따라서 다르며, ISP개념 중 가장 중요한 부분은 다음과 같다.

(1) 화학적인 대체(Chemical Substitution)

공정단위나 저장설비로부터 물질의 누출에 의한 위험은 그 공정의 원래의 조건을 만족하는 보다 덜 위험한 물질로 대체시킴으로써 줄어들 수 있다.

(2) 재고량의 감량(Inventory Reduction)

공정을 본질적으로 안전하게 만드는 가장 보편적이고 효과적인 방법 중의 하나이다. 그 이유는 간단하게 말하면 누출될 가능성이 있는 물질의 재고량을 줄임으로써 유독성 물질에 의한 오염의 기회를 줄일 수 있다.

(3) 장치와 공정의 개선

재고량의 감량은 몇몇 공정의 개선에 항상 관계된다. 게다가 장치나 공정의 어떤 목적을 위한 다른 변화들이 공정을 본질적으로 더 안전하게 할 수 있다. 예를 들어 증류탑의 충진(packing)의 형태는 그 탑의 잔류량과 운전성을 변화시키며, 결과적으로 탑의 본질적인 안전성에 이바지한다.

(4) 공정조업성

어떤 공정은 본질적으로 다른 공정들보다 조업하기가 쉽다. 이 점은 설비의 설계나 개선에 있어서 꼭 명심해야 할 점이다. 게다가 어떤 공정은 그 조업 가능영역이 매우 좁을 수 있는데, 이럴 경우 조업자에게는 조금의 허점(자리를 비운다거나, 또는 부주의 등등)도 허용되지 않는다. 이런 경우 그에 대한 대체 공정도 고려해 보아야 한다.

(5) 2단계 설계(Second-Chance Design)

플랜트는 사람의 실수나 장비의 허점으로부터 덜 영향을 받도록 설계되어야 한다. 이것은 장치의 설계와 조업에 여분의 안전성과 안전요소를 도입하도록 하는 개념이다.

Section 86 안전막

1. 안전막(Safety Barrier)의 기능

방폭지역으로 안전치 못한 에너지 전송을 예방하고 과도전압이나 고전류에 의한 에러나 고장을 차단하며 다음과 같다.

① 외부 지역의 센서에 파워를 공급한다.

② 비례전류를 받는다.

③ 아날로그 입력신호를 디지털 출력신호로 변환한다.

④ 컨트롤장치로 스위칭시그널을 전송한다.

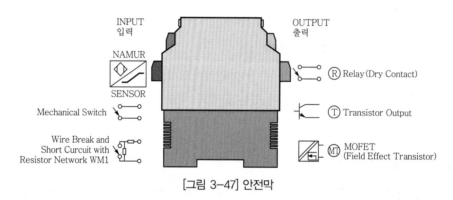

[그림 3-47] 안전막

2. 안전막의 종류

(1) Isolating Switching Amplifier

일반적 모델로서 방폭지역에서 스위칭신호를 받아서 TR이나 Relay 출력을 한다.

(2) Rotational Speed Monitor

방폭지역에서 센서로 회전체를 감지한 후, 이를 속도(rpm)로 출력한다.

(3) Analogue Data Transmitters

방폭지역에서 아날로그신호를 받아 비방폭지역으로 전달하며, Pt100, RTD와 같은 온도센서를 아날로그신호로 전달한다.

(4) 기타

Barrier의 기본은 본질안전(ia or ib)기준에서 방폭지역과 비방폭지역을 연결해 주는 기능이므로 Application에 따라서 모델을 선정해야 한다(위 모델이 많이 수요되는 제품이다).

Section 87 안전계수

1. 안전계수(Safety Factor)

극한강도(σ_u : 인장강도)와 허용응력(σ_a)과의 비를 안전율(safety factor)이라 하고 다음과 같이 나타낸다.

$$S = \frac{\sigma_u}{\sigma_a} = \frac{극한강도}{허용응력} \qquad (1)$$

안전율 S는 응력 계산의 부정확이나 불균성 재질의 불신뢰도를 보충하고 각 요소가 필요로 하는 안전도를 갖게 하는 수이며 항상 1보다 크다.

사용상태(Working Stress)에 있어서 안전율을 말하는 경우

$$사용응력의\ 안전율(S) = \frac{\sigma_u}{\sigma_W} = \frac{극한강도}{허용응력} \qquad (2)$$

항복점에 달하기까지의 안전율은

$$항복점에\ 대한\ 안전율(S_{yp}) = \frac{\sigma_{yp}}{\sigma_a} = \frac{항복응력}{허용응력} \qquad (3)$$

2. 안전율의 선정

안전율의 선정은 다음과 같다.
① 재질 및 균질성에 대한 신뢰도(전단, 비틀림, 압축에 대한 균질성)
② 하중 적용의 정확도(관성력, 잔류응력 고려)
③ 응력 계산의 정확도
④ 응력의 종류 및 성질의 적용성
⑤ 구조물의 형상에 따른 응력 불균형(모서리부에 응력집중, 노치효과(notch effect) 조치)
⑥ 기계가공의 표면상태

3. 경험적 안전율

여러 가지 인자를 고려하여 결정되는 조건들이 있으나 경험에 의하여 결정되는 수가 많다. 특히 Unwin은 극한강도를 기초강도로 하여 안전율을 제창하며 그 외에도 경험적으로 안전율을 많이 발표하였다. 정하중과 동하중에 대한 안전율로서 주철, 강, 연철, 목재, 석재, 벽돌 등을 [표 3-32]에 제시하였다.

[표 3-32] Unwin의 안전율

재료명	정하중	반복하중		변동하중 및 충격하중
		편진(한쪽)	양진(양쪽)	
주철	4	6	10	12
강철	3	5	8	15
목재	7	10	15	20
석재, 벽돌	20	30	–	–

Section 88 증류시스템에서 위험물질 정체량을 감소시킬 수 있는 방법

1. 증류시스템에서 위험물질 정체량을 감소시킬 수 있는 방법

증류시스템에서의 위험물질 정체량을 감소시킬 수 있는 방법에는 다음과 같은 것이 있다.

① 환류(reflux)용 저장조 및 재비기(reboiler)의 크기를 최소화하는 방법

② 내부 환류응축기(reflux condenser) 및 재비기(reboiler)를 사용하는 방법

③ 내부 정체량을 최소화할 수 있는 탑 내부 충전물(column internal)을 사용하는 방법

④ 탑(column)의 내경을 작게 하여 정체량을 감소시키는 방법

⑤ 공정에서 독성, 부식성 기타 위험한 물질을 먼저 제거하는 방법

Section 89 폭발의 Scaling법칙

1. 개요

폭발에 의해 생성된 폭풍파의 특성을 결정하는 데 널리 쓰이는 법칙으로 삼승근법칙 또는 Hopkinson 삼승근법칙이라 하며, 종류가 같은 폭발물을 크기를 달리하여 같은 조건에서 폭발시킬 때 환산거리(Scaled distance)가 같으면 폭발물의 양에 관계없이 충격파 등 폭발특성값이 같다는 것이다.

2. 환산거리(S)

$$S = \frac{R}{m_{TNT}^{1/3}} \tag{1}$$

여기서, R : 폭심으로부터의 거리, m_{TNT} : 폭발물의 질량

Section 90 산소수지

1. 개요

산소수지(Oxygen Balance)란 화학물질로부터 완전연소 생성물(N_2, CO_2, H_2O, HCl, HF, SO_2)을 만드는 데 필요한 산소의 과부족량이며, 산소수지가 0에 가까운 것이 폭발위력이 큰 것으로 알려져 있다. 즉 산소수지란 100g의 물질로부터 완전연소 생성물을 만드는 데 필요한 산소의 g수로 표시된다.

2. 산소수지의 예

$$NH_4NO_3 \rightarrow N_2 + 2H_2O + \frac{1}{2}O_2$$

① NH_4NO_3의 분자량 = 80g

② O_2의 분자량 = $\frac{1}{2} \times 16 \times 2 = 16$g

$$O_B = \frac{\dfrac{16}{80} \times 100}{100} = \frac{20}{100} = 0.2g$$

3. 폭발위험성

완전연소인 경우, 즉 $O_B = 0$일 때 위력이 가장 크며, 일반적으로 0을 중심으로 하여 양측으로 위력이 저하하는 경향이 있다.

① $O_B = 0$(완전연소) : 폭발 위력 가장 큼

② $O_B = 0 \sim 45$: 폭발위험 大(예 : 니트로글리콜=0, 니트로글리세린=±4)

③ $O_B = 45 \sim 90$: 폭발위험 中,(예 : 피크린산=-45)

④ $O_B = 90 \sim 135$: 폭발위험 小(예 : 니트로에탄=196, 니트로프로판=-135)

산소수지는 폭발성 물질의 위력과 화학구조와의 관계, 폭발의 강도를 나타낸다.

Section 91 인너팅과 치환

1. 인너팅과 치환

① 인너팅(Inerting) : 산소농도를 안전한 농도로 낮추기 위하여 불활성 가스를 용기에 주입하는 것을 말한다.

② 치환(Purging) : 가연성 가스 또는 증기에 불활성 가스를 주입하여 산소의 농도를 최소산소농도(MOC) 이하로 낮게 하는 작업을 통하여 제한된 공간에서 화염이 전파되지 않도록 유지된 상태를 말하며, 불활성 가스로는 질소, 이산화탄소 및 수증기 등이 있다.

2. 적용

① 가연성 가스이송용 선박의 치환

② 화학플랜트 정비, 점검 전후

③ LNG설비 및 배관의 치환 등

Section 92 금수성 물질 중 수분과 반응하여 수소가스 발생물질

1. 개요

자연발화성 물질이란 공기 중에서 발화의 위험성이 있는 것을 말하고, 금수성 물질이란 물과 접촉하여 발화하거나 가연성 가스를 발생시킬 위험성이 있는 물질을 말한다.

2. 금수성 물질의 종류

(1) 금속나트륨(Na)

① 나트륨은 은백색의 광택이 있고 유기합성과정에서의 환원제 및 반응성이 강한 나트륨화합물 합성 시 사용되는 금속으로서, 일반적으로 나트륨아말감 또는 칼륨과의 합금(Na-K)형태로 사용된다.

② 나트륨의 자연발화온도는 115℃이나 분말의 경우 공기 중 장시간 방치하면 상온에서도 자연발화를 일으킨다.

$$4Na + O_2 \rightarrow 2Na_2O$$

③ 나트륨은 공기 중에서 표면이 이산화물 및 수산화물로 피복되는데, 수산화물은 흡수성

이 있어 대기 중의 수증기를 흡수하게 되고 그 수분이 금속과 반응하여 화재를 일으킨다.

$$2Na+2H_2O \rightarrow 2NaOH+H_2$$

④ 나트륨은 공기 중에서 연소하여 독특한 황색불꽃을 내며 산화나트륨(Na_2O)으로 되고, 순수한 산소 중에서는 과산화나트륨(Na_2O_2)이 생성된다.

⑤ 나트륨은 고체덩어리상태로 있어도 용융되며, 발생된 수소는 연소된다.

⑥ CCl_4 및 할로겐화합물과 접촉하면 폭발적으로 반응하고 CO_2와도 반응한다.

$$4Na+CCl_4 \rightarrow C+4NaCl$$

$$4Na+CO_2 \rightarrow 2Na_2O+C$$

(2) 금속칼륨(K)

① 칼륨은 은색의 광택이 있는 금속으로 나트륨보다 반응성이 크다.

② 상온에서 공기와 접촉하면 즉시 자색의 불꽃을 내면서 타며, 주로 산화칼륨(K_2O)을 생성하고 동시에 과산화칼륨(K_2O_2)이 생성된다.

③ 칼륨은 나트륨과 달리 초과산화물(KO_2)의 생성도 가능하며, 초과산화칼륨은 물과 반응 시 산소와 과산화수소로 가수분해된다. 또한 초과산화물은 등유나 그밖에 유기물과 접촉 시 폭발이 일어나므로 아주 위험하다.

$$2KO_2+2H_2O \rightarrow H_2O_2+2KOH+O_2$$

④ 금속칼륨은 물과 격렬하게 반응하며 금속의 비산에 의해 폭발이 동반된다. 따라서 밀폐된 용기 등에 빗물 등이 혼입하여 수소를 발생하는 경우 밀폐공간이 순간적으로 폭발한다.

$$2K+2H_2O \rightarrow 2KOH+H_2$$

⑤ CCl_4할로겐화합물과 접촉하면 폭발적으로 반응하고 CO_2와도 반응한다.

⑥ 습기하에서 CO와 접촉하면 폭발한다.

⑦ 연소 중인 칼륨에 모래를 뿌리면 모래 중의 규소와 결합하여 격렬히 반응하므로 위험하다.

(3) 금속마그네슘(Mg)

① 마그네슘은 금속상태에서 아주 반응하기 쉬운 물질이나 마그네슘산화물의 피막이 금속 표면에 생성되어 있는 경우에는 반응성이 감소된다.

② 마그네슘이 공기 중에서 타는 경우 산화마그네슘이 생성되는데, 이 중 약 75%는 산소와 결합되어 있고, 약 25%는 질소와 결합해서 질화마그네슘을 생성한다.

$$2Mg+O_2 \rightarrow 2MgO$$

$$3Mg+N_2 \rightarrow Mg_3N_2$$

③ 마그네슘의 연소는 강한 열과 백색의 빛나는 불꽃을 수반하는데, 그 불꽃은 자외선을 포함하고 있기 때문에 눈의 망막에 장애를 줄 수 있다.

④ 마그네슘은 실온에서는 물과 서서히 반응하나, 물의 온도가 높아지면 격렬하게 진행되어 수소를 발생시킨다.

$$Mg+2H_2O \rightarrow Mg(OH)_2+H_2$$

⑤ 연소 중에 있는 마그네슘에 물을 소화제로 사용할 때 주수속도가 완만하면 대량의 수소가 발생되어 폭발의 위험이 커지며, 급속히 물을 가하면 그 물이 금속을 냉각시켜 연소가 정지되는 온도 이하로 되어 끝난다.

⑥ 마그네슘은 이산화탄소와 반응하여 산화마그네슘을 생성한다.

$$2Mg+CO_2 \rightarrow 2MgO+C$$

⑦ 할론류의 소화제를 사용할 경우 산화마그네슘이 소화제와 화학적 결합을 일으키므로 마그네슘의 소화에는 효과가 없다.

$$2MgO+CCl_4 \rightarrow 2MgCl_2+C$$

(4) 금속칼슘(Ca)

① 칼슘은 은백색의 금속으로 환원제, CaH_2의 제조, 제련(탈산소, 탈탄소, 탈환제), 가스의 정제, 철합금의 탈황, 금속 중 불순물 제거 등에 사용된다.

② 칼슘은 물과 반응하여 상온에서는 서서히, 고온에서는 격렬하게 수소를 발생하며 마그네슘에 비해 물과의 반응성의 빠르다.

$$Ca+2H_2O \rightarrow Ca(OH)_2+H_2$$

③ 칼슘은 실온의 공기에서 표면이 산화되며, 고온에서 등색불꽃을 내면서 연소하여 산화칼슘(CaO)이 된다.

④ 대량으로 쌓인 칼슘분말은 습기 중에 잠시만 방치하거나 금속산화물이 습기하에 접촉하면 자연발화의 위험이 있다.

⑤ 산과 격렬히 반응하며 에탄올과 반응하여 수소를 발생시킨다.

⑥ Cl_2와 반응 시 발화위험이 있고, CCl_4와 접촉하면 폭발적으로 반응한다.

(5) 금속알루미늄분말(Al)

① 순수한 알루미늄은 화학적으로 반응하기 쉬운 금속 중의 하나이나 알루미늄의 표면에 존재하는 산화알루미늄이 금속을 화학물질의 침식으로부터 보호하고 있다.

② 알루미늄산화물에 의한 피복 때문에 알루미늄은 아주 위험성이 없는 원소처럼 보이지만, 전선에 알루미늄을 사용한 경우 산화물이 전류의 흐름을 방해하여 가열되어 화재의 원인이 된다.

③ 순알루미늄분말은 점화원이 존재하는 경우 폭발을 일으킨다.

④ 알루미늄이 공기 중에서 연소할 때는 산화물과 질화물의 혼합물이 생긴다.

$$4Al+3O_2 \rightarrow 2Al_2O_3$$

$$2Al+N_2 \rightarrow 2AlN$$

⑤ 높은 온도에서 타고 있는 알루미늄도 또한 물, 이산화탄소 및 CCl_4류와 반응한다.

$$2Al+3H_2O \rightarrow Al_2O_3 + 3H_2$$

$$4Al+3CO_2 \rightarrow 2Al_2O_3 + 3C$$

$$3Al_2O_3 + 3CCl_4 \rightarrow 4AlCl_3 + 3CO_2$$

Section 93 단독고장원

1. 정의

단독고장원(SPOF : Single Point Of Failure)이라 함은 복수의 부품, 구성품, 장치 등을 설치 또는 운전방법의 변경 등의 방법에 의하여 시스템 전체의 고장을 피할 수 없는 부품, 구성품 등의 고장이다. 잠재적인 단일 장애점을 평가함으로써 복잡한 시스템 안에서 오작동 시 전체 시스템 중단을 야기하는 치명적인 컴포넌트를 판별할 수 있다. 높은 신뢰성을 요구하는 시스템은 단일 컴포넌트에 의존하지 않는 것이 좋다.

2. 적용 예

연속식 반응기(Continuous reactor)는 농도, 온도, 압력 등에서 시간적인 변화가 없이 반응물질을 일정한 속도로 계속 투입하고 배출하는 반응기로서, 원료의 투입과 반응 그리고 생성물의 회수를 동시에 실시하여 조작하는 방식을 말한다. 반응기에서 농도나 온도를 제어하는 장치나 압력을 제어하는 밸브가 고장이 난다면 반응기의 역할을 만족할 수가 없다. 이와 같이 전체적인 시스템에 가장 중요한 부품이나 장치가 파손되어 시스템에 영향을 주는 것을 의미한다.

Section 94 염소저장 및 공급시설의 안전대책

1. 염소저장설비

① 염소제는 연속적인 주입이 확보될 수 있도록 항상 어느 정도의 여유량을 저장하고 있어야 한다. 안전율을 고려하여 계획수량과 평균주입률로부터 산출된 1일 사용량의 10일분 이상으로 구성되어 있다.

[표 3-33] 염소저장용량 검토

기준투입률		염소저장용량	평가
구분	투입률		
염소평균주입률	2.85ppm	$300,000 \times 2.85 \times 10^{-3} \times 10$일 $= 8.55$ton	저장용기 1ton×24개, 최대 저장용량 24ton으로 최대 28일분을 저장할 수 있다.

② 액화염소를 저장 또는 사용할 때에는 고압가스안전관리에 관한 관계법령에 의한 누출된 액화염소의 기화를 억제하고, 또 제해활동을 쉽게 하기 위하여 방벽 및 피트가 설치되어야 한다.

③ 염소저장실은 안전한 구조로 염소투입실과 안전하게 차단되어 있어야 한다.

④ 염소계량장치는 용기의 소비량 감시 및 사용염소용기의 교환시기를 결정할 수 있도록 용기의 중량을 측정하여 관리한다.

⑤ 염소용기의 운반 및 저장 시에 사용되는 모노레일호이스트의 집전장치는 염소가스의 누출로 트롤리바가 부식되므로 캡타이어집전장치로 설치되어야 유지관리상 유리하다.

⑥ 저장실온도는 10~35℃를 유지하며 출입구 등으로부터 직사광선이 용기에 직접 닿지 않도록 유지한다.

2. 염소중화설비

① 염소가스의 제해설비는 법령에 규제되어 있는데, 염소가 누출될 경우 효과적으로 중화 처리하고 2차 재해를 방지하며 염소주입의 장기간 중단을 방지할 수 있도록 설비능력은 기준보다 여유를 가지는 것이 바람직하다.

② 가스누출검지경보설비

　㉠ 누출된 염소가스를 연속적으로 검지하여 누출가스가 설정된 농도에 달했을 때 경보가 발령됨과 동시에 중화장치가 가동되어야 한다.

　㉡ 염소저장실 및 염소투입실에서 염소가스가 누출되어 염소오염농도가 0.3ppm 이상이면 실내에 설치된 검지기에 의하여 감지되며, 중화제어반에 의해 경보를 발함과 동시에 중화공정이 시작되어야 한다.

　㉢ 검지기는 투입실 및 저장실 바닥면 둘레의 10m에 대하여 1개씩 설치되며, 누출감지기의 동작 시에 중화설비 가동과 더불어 염소배관에 설치된 자동체절밸브가 작동하여 더 이상의 염소투입 및 누출을 차단하도록 되어 있고, 누출감지기의 7개소에 설치되어 있다.

3. 배관설비

① 염소는 습기가 있을 때 염산으로 변하여 대부분의 금속을 부식시키지만, 완전히 건조한 염소는 상온에서 강이나 동 등의 금속과 반응하지 않는다.

② 액화염소에 사용되는 재료는 특히 압력 및 부식거리를 고려한 두께로 압력배관용 탄소 강관(스케줄번호 80 이상)으로 하고, 주요 밸브류는 단강제로 한다. 배관의 연결은 염소의 누설을 방지하기 위하여 필히 용접접합을 기본으로 하며, 필요시에는 볼트결합의 암모니아 타입의 유니온을 사용해야 한다. 개스킷은 아스베스토나 납으로 사용되어야 하고 1회용으로 사용하며 재사용은 금한다.

③ 용기로부터 주 배관에 연결되는 배관은 신축성이 뛰어난 동관을 사용하며, 용기 교체 시에는 염소의 누출을 방지하기 위하여 납패킹을 사용하고 있어 바람직하다.

④ 용기에는 보조밸브, 용기 내 압력과 배관의 필요한 부분의 압력감시를 위하여 압력계 등을 설치되고, 배관의 시작부에는 긴급차단밸브를 설치되어 바람직하다.

⑤ 염소수에 사용하는 재료는 경질염화비닐, 경질고무, 테프론 등의 내식재료로 사용하고 주입기 고장 시에도 역류되지 않도록 투입점보다 투입기의 위치를 높게 하며, 배관은 공기고임이 일어나지 않도록 가능한 기복을 피하여 설치되어 있다.

⑥ 각종 배관은 기체, 액체별 색깔구분으로 흐르는 방향을 나타내는 화살표 및 유체의 이름을 표시하여 보수관리에 용이하도록 관리되고 있다.

4. 염소용해수설비

① 염소용해수 공급압력 및 소요수량은 염소투입기의 종류 또는 용량, 소요대수에 따라 차이가 있으나, 이젝터에 걸리는 압력을 통상 $3kgf/cm^2$ 이상이 되도록 해야 염소투입기의 적정 진공압이 형성될 수 있다.

② 염소용해수의 공급은 펌프를 사용하여 공급하고 있어 염소투입기에서 요구하는 일정한 압력과 유량을 확보하고 있다.

Section 95 석유화학공장과 중소규모 화학공장과의 안전관리 특성 비교

석유화학공장과 중소규모 화학공장과의 안전관리 특성 비교는 다음과 같다.

구분	정유 및 석유화학공장	중소규모 화학공장
법적규제	• 산안안전보건법 PSM에 의거 철저 규제, 관리	• PSM 비적용, 규제 완화
설비가동방식	• 연속식(Continuous Process) • 안전자동화 • 공정운전상 문제점(위험성) 즉시 인지(DCS)	• 회분식(Batch Process) • 반자동화 또는 수동방식 • 공정운전상 문제점(위험성) 즉시 인지 곤란
제품·소품종 대량생산		• 다품종 소량생산 ※ 잦은 공정변경에 따른 위험성 검증
안전관리체계 및 인력	• 전담안전관리부서 설치 • 안전관리 우수인력 확보 • 숙련된 현장근로자 확보	• 전담부서 미설치 • 안전관리인력 전무 • 잦은 이직에 따른 숙련공 확보 곤란
설비의 유지보수	• 주기적 설비, 보수체계 구축	• 생산불가 시만 설비보수 ※ 잦은 고장, 작업환경 취약
기업주 또는 사업주 안전의식	• 대기업의 이미지 및 제품수출을 위한 기반조성차원에서 안전관리에 대한 많은 관심	• 안전에 대한 의식 저조 ※ 생산 및 판매에만 관심집중
작업조건	• 작업환경 양호 • 높은 임금수준(장기근속)	• 작업조건 및 작업환경 취약 • 낮은 임금(이직률 증가)

Section 96 PFD/P & ID의 기술자료 상세검토방법

1. 설계기준 확인

① 형식(장치용량)

② 기기형식, 재질, 부속설비 선정의 적합성

③ 계측장치, 자동제어장치, 안전장치 및 운전방법의 적합성

④ 유해, 위험물처리공정의 적합성

⑤ 주요 기기류, Safety Device의 Back-Up System

⑥ 설비검사 및 시험 적정 여부

⑦ 품질 및 경제성 고려

⑧ 작동되는 배관부, 공정 간 연계설비 등

2. 정상운전조건의 확인 및 감시체계

① 온도, 압력, 유량, 액위, 밀도, 농도분석기 : 전기전로로 측정기동 등 계측장치의 지시, 기록 등

② 펌프, 교반기 등 운전장비의 운전상태 표시 등

③ 조절밸브 제어체계의 적정 여부:유량제어(비례제어 등), 레벨제어체계, 압력제어체계(압력, 진공 등), 온도제어체계(에너지 보존)

④ 안전장치의 기능 확보 및 유지상태:각종 계 및 설정 적정 여부, 압력제어밸브 적정 여부

⑤ 긴급차단, 방출 등 인터록시스템기능 확보 및 적정 여부

⑥ 계기류 0점 조정 및 관리유지상태

3. 이상운전 시 경보시스템(이상조건 조기감지)

① 운전조건 변화 시:유체이송 시 헌팅, 장비, 공정(단위기기/플랜트) 이상반응 또는 오조작

② 계기 오지시:필요시 주요한 계기는 2장으로 설치

③ 설비결함 발생:반응기/재킷 또는 코일, 열배관 누수(냉온수)

④ 운전정보 제공:최적상태와 제한사항

⑤ 위험의 강도에 따라 경보단계를 구분하여 발령:단순경보(공정변경 헌팅 시), 비상경보(단위기기, 플랜트)

4. 비상운전 시 긴급차단 및 방출시스템

(l) 운전조치(interlock system)

① 이송자동차단장치

② 내부 압력 긴급방출 또는 흡입(PVC제어)

③ 단위회전기기 정지 시 관련 회전기기 자동 정지(관련 기기 과부하로 인한 설비 손상 및 파열 방지)

④ 공정변동(유량, 온도, 압력 등) 증가 또는 감소상태가 상승, 하강일 경우 관련 회전기기 또는 특수장비 정지

⑤ 단위공정 또는 플랜트설비 시 유해위험물배출설비(blower 등)

⑥ 자동운전(미배출 시 내부 폭발 우려 시)

⑦ 배기 및 세정설비 가동용 흡수액 순화펌프 자동운전

5. 방재시스템

① 각종 계기가 부착된 소각로, 흡수/세정탑, 팽창탱크 설치 유무 및 설비/시스템의 적합성

② 계측, 경보장치 부착:누설감지 및 안전장치 작동 시 감지

③ 자동제어시스템:측정, 경보, 공급, 가동, 정지 등

④ 위험물 누출 방지조치 : 방유벽, 설비 DIKE 등

⑤ 방화시설 : 불활성 가스주입, 스너핑시스템, 투입시스템

⑥ 차단설비 : 냉온수/증기커튼, 방화벽

6. 대피시설

비상구, 비상계단, 구조대

Section 97 공정안전성분석을 정의하고 회분식 공정과 연속식 공정에서 PHR평가 시 가이드 워드

1. 공정안전성분석(PHR)의 정의

공정안정성분석(PHR : Process Hazard Review)기법이라 함은 기존 설비 또는 공정안전보고서를 제출, 심사받은 설비에 대하여 설비의 설계, 건설, 운전 및 정비의 경험을 바탕으로 위험성을 평가, 분석하는 방법을 말한다.

2. 회분식 공정에서 PHR평가 시 가이드 워드

(1) 누출 가이드 워드

위험형태	원인(대분류)	원인(소분류)
누출	부식	내·외부 부식, 응력 부식, 크리프(creep), 열적 반복 등으로 인한 사항
	침식	마모 등으로 발생한 사항 모두 포함
	누설	플랜지, 밸브, 샘플링포인트펌프 등에서 누유 및 누수되는 사항 등
	기타	위 사항 외 기타 원인

(2) 화재, 폭발 가이드 워드

위험형태	원인(대분류)	원인(소분류)
화재, 폭발	물리적 과압	입·출구측 밸브 등의 폐쇄, 압력방출장치의 고장 등에 의한 과압
	취급제한화학물질 및 분진	인화성 혼합물에 의한 화재, 폭주반응, 촉매이상에 의한 화재/폭발, 오염물질에 의한 조성변화 등
	점화원	정전기, 스파크, 용접, 마찰열, 복사열, 차량 등에 의한 착화
	기타	위 사항 외 기타 원인

(3) 공정트러블 가이드 워드

위험형태	원인(대분류)	원인(소분류)
공정트러블	조업상 문제	온도, 압력, 농도, pH, 교반, 조업절차, 냉각 실패 등 조업상 실수 등
	원료 및 촉매 등 물질	원료 및 촉매 등 이상에 의한 원인 등
	기타	위 사항 외 기타 원인

(4) 상해 가이드 워드

위험형태	원인(대분류)	원인(소분류)
상해	불안전 상태(물적 요인)	설비 자체 결함, 안전방호장치 결함, 보호구 결함, 작업환경 결함 등
	불안전 행동(인적 요인)	위험장소 접근, 안전장치기능 제거, 보호구 잘못 사용, 불안전한 속도조작, 위험물취급 부주의, 불안전한 상태방치, 불안전한 자세·동작, 감독 및 연락 불충분 등
	기타	위 사항 외 기타 원인

3. 연속식 공정에서 PHR평가 시 가이드 워드

(1) 누출 가이드 워드

위험형태	원인(대분류)	원인(소분류)
누출	부식	내·외부 부식, 응력 부식, 크리프(creep), 열적 반복 등으로 인한 사항 포함
	침식	마모 등으로 발생한 사항 모두 포함
	누설	플랜지, 밸브, 샘플링포인트, 펌프 등에서 누유 및 누수되는 사항 모두 포함
	파열	오염, 내부 폭굉, 물리직 과입, 팽창, 벤트 막힘, 제어 실패, 과충전, 롤오버(Rollover), 수격현상, 순간증발(Flashing)
	펑크	기계적 에너지 발생, 충돌, 기계진동, 과속 등
	개방구 오조작	벤트, 드레인, 압력방출 후단, 정비 실수, 계기정비, 샘플링포인트, 블로다운, 호스, 탱크 입하 및 출하작업 실수
	기타	위 사항 외 기타 원인

(2) 화재, 폭발 가이드 워드

위험형태	원인(대분류)	원인(소분류)
화재, 폭발	물리적 과압	입·출구측 밸브 등의 폐쇄, 압력방출장치의 고장 등에 의한 과압
	취급제한화학물질 및 분진	인화성 혼합물에 의한 화재, 폭주반응, 촉매이상에 의한 화재·폭발, 오염물질에 의한 조성변화 등
	점화원	정전기, 스파크, 용접, 마찰열, 복사열, 차량 등에 의한 착화
	파열	오염, 내부 폭굉, 물리적 과압, 팽창, 벤트 막힘, 제어 실패, 과충전, 롤오버(Rollover), 수격현상, 순간증발(Flashing)
	펑크	기계적 에너지 발생, 충돌, 기계진동, 과속 등
	개방구 오조작	벤트, 드레인, 압력방출 후단, 정비 실수, 계기정비, 샘플링포인트, 블로다운, 호스, 탱크 입하 및 출하작업 실수
	기타	위 사항 외 기타 원인

(3) 공정트러블 가이드 워드

위험형태	원인(대분류)	원인(소분류)
공정트러블	조업상 문제	온도, 압력, 농도, pH, 교반, 조업절차, 냉각실패 등 조업상 실수 등
	원료 및 촉매 등 물질	원료 및 촉매 등 이상에 의한 원인 등
	기타	위 사항 외 기타 원인

(4) 상해 가이드 워드

위험형태	원인(대분류)	원인(소분류)
상해	불안전 상태(물적 요인)	설비 자체 결함, 안전방호장치 결함, 보호구 결함, 작업환경 결함 등
	불안전 행동(인적 요인)	위험장소 접근, 안전장치기능 제거, 보호구 잘못 사용, 불안전한 속도조작, 위험물취급 부주의, 불안전한 상태 방치, 불안전한 자세·동작, 감독 및 연락 불충분 등
	기타	위 사항 외 기타 원인

폭발보호의 대책

1. 개요

물리적, 화학적 폭발 등으로 연소폭발이 일어나면 격렬한 폭발음과 폭풍, 고온의 열기, 파편의 비산, 구조물 파괴, 가연물 연소 등 인적, 물적 피해가 따른다. 따라서 이들 피해를 미연에 방지하기 위해서는 여러 가지 대책이 필요하다.

2. 폭발 방지(예방)의 3요소

① 가연물 : 가연성 물질의 불연화 또는 제거(불연화, 방폭화)
② 산화제(산소) : 조연성 물질의 차단(불활성 가스 봉입)
③ 점화원 : 발화원의 소거 또는 억제(화원 소거)

폭발을 방지하는 데는 방폭 3요소 중 어느 하나가 완전하게 만족되면 이론적으로는 폭발이 절대로 일어나지 않게 된다. 그러나 현실적으로는 불가능하므로, 이들 3요소 중에서 실용상 방폭조건을 갖출 수 있는 것을 선정하여 직렬, 병렬 또는 조합에 의한 방폭대책을 하고 있다.

3. 폭발예방(Explosion Prevention)

(1) 불활성화(연소범위의 변화, 조연성 물질의 차단)

폭발 방지대책으로는 가연성 혼합물 형성의 회피와 발화원 제거를 들 수가 있으나, 모든 발화원을(정전기 등) 제거한다는 것은 매우 어려우므로 가연성 혼합물을 비기연성 환경으로 전환시킴으로서 폭발이 일어날 확률을 어느 정도 감소시킬 수 있다. 위험한 환경을 제어하는 공정 중에서 N_2, CO_2, 수증기 등이 사용되는 것을 불활성화라 한다. 불활성화란 산소농도를 최소산소농도(MOC) 이하로 낮추어 가연성 혼합물을 비가연성으로 만드는 것이다.

(2) 가연성(인화성) 혼합물 형성의 회피와 발화원의 제거

폭발이 일어날 확률은 인화성 혼합물을 비가연성으로 만들 수 있는 환경으로 전환시킴으로써 어느 정도 감소시킬 수 있으며, 인화성 가스혼합물을 비반응성 가스로 희석시킴으로써 비가연성으로 만들 수 있다. 따라서 모든 발화원을 제거한다는 것은 어려우므로 이런 방법보다 위험한 환경을 제어하는 방법이 훨씬 더 수월하다는 것을 알 수 있다.

4. 폭발보호(Explosion Protection)

(1) 폭발봉쇄(Explosion Containment)

① 폭발이 일어날 수 있는 장치나 건물이 폭발 시 발생하는 압력에 견디도록 충분히 강하게 만드는 것이다. 폭발보호대책은 작은 규모의 플랜트에만 실효성이 있으며 엄청난 피해를 가져올 용기가 파괴되는 것을 방지한다.

② 다른 봉쇄방법은 폭발위험이 있는 지역을 에워싸는 방폭큐비클, 방폭벽(Blast Walls), 차단물(Barricades) 등을 설치한다.

(2) 폭발차단(Explosion Isolation)

폭발이 다른 곳으로 전파되기 전 자동적으로 고속차단하는 설비를 말하며, 이런 장치에는 폭발을 매우 빨리 검지하는 설비와 밸브를 차단시키는 설비가 병행 설치되어야 한다.

(3) 불꽃전파방지기(Flame Arrester)

폭발성 혼합가스로 충만된 배관 등의 내부에서 연소가 개시될 때 가연성 가스가 있는 장소로 불꽃이 유입, 전파되는 것을 방지하는 목적으로 사용되는 안전장치이다.

(4) 폭발진압(억제)(Explosion Suppression)

① 폭발 초기단계는 압력이 비교적 천천히 상승된다. 따라서 폭발 초기단계에서 파괴적인 압력으로 발달하기 전에 인화성 분위기 내로 소화약제를 고속으로 분사하여 진압시키는 방법이다. 즉 파괴적 압력으로 발달 전에 인화성 분위기 내로 소화약제를 고속으로 분사하는 시스템으로 보통 연소시작 후 10/1,000초 이내로 작동한다.

② 이런 설비는 폭넓게 사용되며 대표적으로 저장탱크, 석탄분쇄기, 사이로 및 화학반응기 등에 이용된다.

(5) 폭발방출(배출)(Explosion Venting)

① 폭발로 인해 발생된 최대압력을 실이나 용기구조에 피해를 주지 않는 수준으로 제한하는 것으로 방출구를 통해 외부로 연소생성물을 방출하는 것이다.

② 방출구로는 폭발문이나 파열판, 폭압방산공 등이 있다.

5. 결론

이러한 폭발을 방지 또는 피해를 최소화하기 위해서는 위와 같은 장치하에

① 가연물질의 불연화, 불활성 가스 봉입, 발화원 제거, 억제

② 안전공지 확보, 방폭벽, 소화설비

③ 평상시 방재조직 완비 등, 즉 피난, 소화, 응급조치 등 반복 훈련하여 사고를 미연에 방지해야 한다.

Section 99 환기지배화재와 실내화재의 연소속도(R)가 개구면의 면적(A)과 개구면의 높이(H)와의 관계

1. 환기지배화재(Ventilation Control Fire)

창문이나 문 등의 개구부가 개방된 화재실에서의 일반적인 화재진행시간과 화재 실내의 온도변화를 도시하면 [그림 3-48]과 같이 나타낼 수 있다.

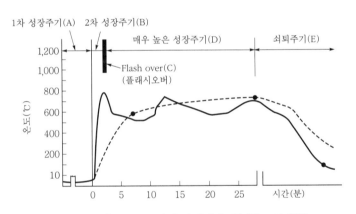

[그림 3-48] 화재실에서의 화재시간-실내온도의 변화

화재 초기 (A)단계에서 화원과 초기가연물의 연소는 일정 부분의 분해와 연소로 안정된 열축적현상에 머물며, 분해된 가연성 가스와 유입산소와의 적정 혼합비에 의한 안정된 산화반응을 이룬다. 화재성장기 (B)에는 초기 (A)단계에서 발열된 열에너지의 열전달에 따른 가연물의 화학종 및 특성에 따라 분해속도의 증가 및 유입산소의 한계에 따른 미연소가스의 다량 방출로 본격적인 불기둥(plum) 또는 화염(flame)의 형성으로 화재영역의 확대에 따라 일부 구역의 온도 상승을 동반한다.

Flash-over인 (C)단계는 (A), (B)단계에서 발생된 미상 화학종의 가연성 증기가 천정면 바로 아래에 충만되어 일정 연소범위 내에 도달되어 착화되는 현상으로, 순간적으로 천정면에 착화된 Flame으로부터의 복사열에 의하여 실내 가연성 물질에 대하여 전면의 분해를 촉진하여 갑자기 불길에 휩싸이는 전이현상에 이르러 순간적 실내최고온도로 상승되는 것이다. 이때

까지의 화재양상을 연료지배형 화재(FCF：Fuel Controled Fire)라 하며, 연료지배형 화재의 주된 지배요소로는 연료에 관련된 화재하중(Fire Load)에 기인한다.

최성기 (D)단계는 (C)단계의 Flash-over현상에서 발열된 고온에 의하여 분해가 촉진되어 증가된 분해가스의 연소와 그에 따른 연소열의 흡수에 따른 고형가연물의 분해반응의 연쇄적 진행으로 유입공기 내 산소의 분해농도에 비례하여 가연한계에 내포된 가연성 가스의 산화반 응으로 화재실의 온도는 수백에서 1,000도에 이르며, 공기와 가연성 분해가스의 혼합비가 일 정하게 지속된다면 가연물의 양 및 분해속도에 따라 수분 내지 수시간 동안 지속된다. 감쇄기 (E)단계는 가연성 분해가스의 양이 소진되고, 외부 공기의 유입으로 가연한계 하한점 이하로 낮아지며, 유입냉공기로 실내온도는 강하되면서 연소반응이 완결되는 단계로 (D), (E)의 화재 지배는 충분한 연소범위 내의 혼합농도를 유지할 수 있는 유입공기량에 따른 환기지배형 화재 (VCF：Ventilation Controled Fire)라고 한다.

2. 실내화재의 연소속도(R)가 개구면의 면적(A)과 개구면의 높이(H)와 관계

최성기상태는 연소가 매우 활발한 시기로서 조건에 따라 VCF, FCF로 구분되고, 연소속도, 화재지속시간, 실내온도가 달라진다.

(1) 연소속도

실내 가연물의 양이 감소하는 속도로서 $R = 5.5 \sim 6A\sqrt{H}$

1) 연료지배화재(FCF)

가연물의 양, 상태에 따라 연소속도가 지배되고 대형 창문 등에서 발생하며, 공기공급이 원활하고 연소속도가 빠르다.

2) 환기지배화재(VCF)

공급되는 산소의 양에 의해 연소속도가 지배되고 소형 창문 등에서 발생하며, 극장, 지 하층 등에서 활발하고 연소속도가 느리다.

(2) 화재지속시간

실의 바닥면적과 개구인자에 따라 결정된다.

$$계속시간인자 = \frac{A(\text{실 바닥면적, m}^2)}{A\sqrt{H}(\text{개구인자：면적높이})}$$

$$화재지속시간(\text{min}) = \frac{W(\text{화재하중, kg/m}^2)A(\text{실 바닥면적, m}^2)}{5.5A(\text{개구부면적, m}^2)\sqrt{H}(\text{개구부높이, m})}$$

(3) 화재실의 온도

발열과 방열의 균형이 문제가 되는데, 온도 상승요인은 방열보다 발열이 있을 때 상승하며, 방열은 외부 방출열, 복사열, 벽으로부터 전달열, 바닥, 벽, 천정 등이 있다.

$$온도인자 = \frac{A\sqrt{H}(개구인자)}{A_t(실내표면적의\ 합)}$$

Section 100 플레어스택에서 Molecular Seal의 역할과 원리

1. Molecular Seal의 역할

플레어스택에서 Molecular seal기구는 플레어스택 꼭대기에 붙인 폭발 방지를 위한 공기침입방지 안전장치의 일종이다.

2. Molecular Seal의 원리

Molecular seal은 플레어스택에서 방출하는 가스량이 적고 공기보다 가벼운 가스일 경우 공기가 연소를 일으키고 폭발조성의 가스를 만들 수 있는 위험 방지장치로서 버너 밑에 설치하며 질소가스가 사용된다.

Section 101 환경오염을 줄이기 위한 화학공정의 안전화

1. 개요

화학물질은 열이나 충격을 받거나 다른 화학물질과 섞여 접촉하거나, 이상반응 등이 일어나면 조건에 따라 발화나 폭발현상을 일으키게 된다. 이때 화학물질이나 화학반응계에 어떤 종류의 에너지가 부여되느냐에 따라 발화나 폭발의 용이성(감도)과 그때의 에너지 발생속도 및 발생량(위력)이 달라진다. 화학공정의 안전화를 고려하기 위해 우선 해당 화학물질과 화학반응계가 다루어지고 있는 화학공정에 어떤 위험요인이 존재하는지를 밝혀야 할 것이다.

2. 환경오염을 줄이기 위한 화학공정의 안전화

(1) 화학공정의 안전화 개념

1) 화학공정에서의 위험요인 파악

화학물질인 취급량, 온도, 압력, 분위기, 용기재질, 불순물, 열, 타격, 마찰, 충격, 정전기 등의 위험요인을 파악하고, 화학반응계인 반응열, 반응속도정수, 반응량, 반응조성, 혼합조건, 온도, 압력, 분위기, 용기재질, 불순물 등의 위험요인을 파악한다.

2) 화학공정에서 잠재에너지의 위험성평가(발생 용이성, 규모)

화학물질은 반응물, 중간 생성물, 반응 생성물, 부반응 생성물 등의 위험성평가와 화학반응계에서는 주반응, 부반응, 2차적 반응 등의 위험성평가를 하며 적절한 평가법의 선택, 평가결과의 올바른 해석이 중요하다.

3) 화학공정에서 에너지리스크의 평가(발생확률, 영향도)

각 위험요인에 대한 잠재에너지의 위험성과 취급조건을 통해 화학물질 및 화학반응계의 에너지리스크를 평가한다.

4) 화학공정의 안전화대책

화학물질 및 화학반응계의 설비, 조작, 관리면의 적절한 안전대책, 그리고 해당하는 각 위험요인에 대한 화학물질과 화학반응계 잠재에너지의 위험성을 평가하는 것이다. 화학물질과 화학반응계의 잠재에너지위험성을 평가하는 데 있어서는 거기에 부여되는 에너지의 종류에 따라, 감도를 조사할 것인지, 위력을 조사할 것인지에 따라 이용하는 평가수단도 달라진다. 각 잠재에너지의 위험성평가법 특징을 이해하고, 그 적용 한계를 충분히 인식하여 적절한 평가방법을 선택함과 동시에 올바른 데이터를 구해 평가결과를 정확하게 해석해야 한다. 결과의 확대해석은 사고의 원인이 될 수 있다.

화학물질과 화학반응계의 각 위험요인에 대한 잠재에너지 위험성평가가 종료되면 화학공정에서의 취급조건을 통해 화학물질과 화학반응계의 리스크를 평가해야 할 것이다. 필요에 따라 설비, 조작 및 관리상의 적절한 안전대책을 취할 수 있다.

Section 102 바이오에탄올의 개념 및 활용도

1. 개념

우선 바이오에탄올은 옥수수와 같은 곡물이나 사탕수수에 들어 있는 당(糖)을 산소가 없는 상태에서 효모와 같은 미생물로 발효시켜 얻어지는 에탄올을 연료로 사용하겠다는 것이다. 기본적으로 술을 만들 때 사용한 것과 똑같은 발효공정으로 최대농도가 25% 정도의 에탄올수용액이 얻어진다.

맛이나 품질이 낮다는 점을 빼고 나면 막걸리원액과 조금도 다를 것이 없는 수용액이다. 발효를 시키는 과정에서는 다른 미생물공정과 마찬가지로 적당한 온도만 유지시켜주면 되기 때문에 특별히 많은 양의 에너지가 필요하지 않는다. 발효과정에서 방출되는 열을 쓸모없이 빠져나가지 않도록 보온만 잘 해주어도 발효에 필요한 적정 온도를 유지할 수 있다. 막걸리 제조과정을 살펴보면 쉽게 이해할 수 있다. 그런데 발효를 통해 생산된 에탄올을 연료로 사용하려면 상당한 양의 에너지를 이용해서 수분을 제거해야 한다. 발효액을 높은 온도로 가열해서 물과 에탄올을 분리하는 증류공정을 거쳐야 한다. 전통 소주나 위스키를 만드는 것과 똑같은 과정이다. 증류과정을 거치면 에탄올의 농도를 96%까지 높일 수 있다. 발효와 증류과정에서 생기는 부산물의 처리에도 상당한 양의 에너지가 필요하다.

2. 활용도

농축한 증류에탄올을 자동차의 연료로 직접 사용할 수도 있다. 그러나 증류에탄올에서 수분을 완전히 제거한 후에 원유에서 생산한 휘발유의 옥탄값을 증가시키는 첨가제로 사용하는 것이 더 일반적이다. 탄화수소가 주성분인 휘발유가 물과 잘 혼합되지 않기 때문이다. 그런데 증류바이오에탄올에서 물을 제거하는 일은 결코 쉽지 않다. 물과 에탄올혼합용액의 화학적인 특성 때문에 단순한 증류방법으로는 더 이상의 분리가 어렵기 때문이다. 결국 물분자를 선택적으로 흡수히는 다공성(多孔性) 제올라이트와 같은 흡착제를 사용해야만 한다.

[표 3-34] 바이오에탄올의 진화과정

구분	1세대(1980~현재)	2세대	3세대
제조	• 당분을 효소로 발효	• 섬유소(셀룰로오스)를 당분으로 분해한 후 효소로 발효	• 미생물의 세포를 분해·발효해 에탄올 추출
주원료	• 옥수수, 사탕수수, 고구마 등 곡물	• 갈대, 옥수수줄기 등 식물의 잎, 줄기 • 폐목재, 나무껍질 등 목질	• 우뭇가사리, 김 등 해초류 • 플랑크톤 등 해양 미생물

Section 103 활동도와 활동도계수

1. 개요

한 화학종의 활동도(activity) a_x와 몰농도 X는

$$a_x = \gamma_x X \tag{1}$$

이때 γ_x는 활동도계수(activity coefficient)라 하며, 단위가 없는 양으로 활동도는 용액의 이온 세기(ionic strength)에 따라 변한다. 전극전위를 계산할 때 또는 다른 평형을 계산할 때 X 대신 a_x을 사용하면 이온세기와 무관한 값을 얻게 된다.

이온세기 μ는

$$\mu = \frac{1}{2}(c_1 Z_1 + c_2 Z_2 + c_3 Z_3 + \cdots) \tag{2}$$

여기서, c_1, c_2, c_3, $\cdots$는 용액에 있는 여러 이온들의 몰농도이고, Z_1, Z_2, Z_3, $\cdots$는 이들 각각의 전하이다. 따라서 이온세기를 계산할 때는 반응화학종만 고려하는 것이 아니라 용액에 들어 있는 모든 이온화학종들을 고려해야만 한다.

예제 1

0.0100M $NaNO_3$와 0.0200M $Mg(NO_3)_2$로 혼합된 용액의 이온세기를 계산하라.

풀이 1

여기서 이온세기에 대한 H^+와 OH^-의 기여도는 이들의 농도가 두 염의 농도에 비해 대단히 적으므로 무시해도 좋다.

Na^+, NO_3^-와 Mg_2^+의 몰농도는 각각 0.0100M, 0.0500M 및 0.0200M이다.

$Na^+ \times 1 = 0.0100 \times 1 = 0.0100$

$NO_3^- \times 1 = 0.0500 \times 1 = 0.0500$

$Mg_2^+ \times 2 = 0.0400 \times 2 = 0.0800$

$$\therefore \mu = \frac{1}{2}(c_1 Z_1 + c_2 Z_2 + c_3 Z_3) = \frac{1}{2} \times (0.0100 + 0.0500 + 0.0800) = 0.0700$$

---

2. 활동도계수의 성질

① 한 화학종이 평형에 얼마나 영향을 주는지를 알 수 있다

　㉠ 이온세기가 작은, 즉 매우 묽은 용액에서 이온들이 멀리 떨어져 있어 서로의 활동에 영향을 주지 않으며, 평형위치에 영향을 주는 이온의 효과는 단지 그 이온의 몰농도 에만 의존하고 다른 이온들의 영향은 받지 않는다. 이런 조건에서 활동도계수는 1이 되므로, a_x와 X는 같게 된다.

ⓛ 이온세기가 증가하게 되면 각 이온의 행동은 가까운 주위의 이온들에 의해 영향을 받게 되며, 화학평형의 위치를 변화시키는 이 이온의 효과는 감소하게 된다. 이 경우에 활동도 계수는 1보다 작아진다.

- 적당한 이온세기에서는 $\gamma_x < 1$이다.
- 용액이 무한히 묽어질수록($\mu \to 0$) $\gamma_x \to 1$, 즉 $a_x \to X$이 된다.
- 높은 이온세기에서 어떤 화학종의 활동도 계수는 증가하여 1보다 커지는 경우도 있으며, 용액의 이런 성질은 설명하기 어렵다

② 묽은 용액에서 한 화학종의 활동도계수는 전해질의 고유한 성질에 무관하고, 단지 이온세기에만 의존한다.

③ 이온세기가 일정할 때 한 화학종의 전하가 증가할수록 1로부터 더 많이 벗어나며, 전하가 없는 분자의 활동도계수는 이온세기와 관계없이 약 1이다

④ 일정한 이온세기에서 같은 전하를 갖는 이온들의 활동도계수들은 거의 같으며, 약간의 차이는 수화된 이온의 유효지름이 다르기 때문이다.

⑤ 한 이온의 활동도계수와 몰농도의 곱은 그 이온이 참여하는 모든 평형에서 얼마나 유효하게 활동하느냐를 나타낸다.

Section 104 위험성평가 중 인적오류분석기법

1. 개요

인적오류는 공장의 운전자, 보수반원, 기술자, 그 외 다른 사람들의 작업에 영향을 미칠 만한 요소를 평가하는 것으로 여러 형태의 작업평가 중 하나에 포함된다. 인적오류분석은 사고를 일으킬 수 있는 실수의 발생상황을 알아낸다. 또한 인적오류분석은 주어진 형태의 운전자 실수에 대한 인원을 추정하는 데도 사용되며, 인적오류는 인간에게 요구되는 정확도, 순서, 시간한계 내에서 적절한 행위를 하지 못하거나 목적한 행위를 수행하는 데 실패하는 것이라 정의할 수 있다.

인간에게는 인적오류의 주요 원인이 되는 여러 주위 환경변화와 인간의 고유한 습성인 변화성(variability)에 따라 항상 요구된 행위를 기대할 수 없다. 특히 인간 습성에 의한 매우 사소한 인적오류 발생이라도 심각한 사고를 초래할 수 있다. 최근 국내에서는 원자력발전소의 인간공학분야에서 원인적 오류를 감소시키거나 방지하기 위한 다양한 분석방법이 연구되고 있다. 인적오류분석은 접근방식에 따라 관리적 접근방식, 정량적 접근방식, 정성적 접근방식의 세 가지 유형으로 분류할 수 있다.

2. 위험성평가 중 인적오류분석(Human Error Analysis)기법

(1) 관리적 접근방식

관리적 접근방식이란 일정한 보고양식을 가지고 분석한 결과를 활용할 수 있도록 한 보고체계들을 통하여 인적오류를 분석하는 것을 말한다. 이 접근방식에 대표적인 예로는 미국 INPO에서 개발한 HPES(Human Performance Enhancement System)가 있으며, 이와 유사하게 일본의 J-HPES, 우리나라의 K-HPES 등이 인적오류사례를 수집·관리하는 인적오류 관리체계이다.

관리적 접근방식에 의한 인적오류분석결과는 추후 원전의 제도, 설계, 작업절차 등의 개선을 통해 인적오류의 감소를 지향하는 업무에 활용 가능하도록 추구하고 있다. 그러나 관리적 접근방식에 있어서의 보고체계가 사실적인 보고가 힘들고, 대부분 보고체계의 인적오류에 관한 항목이 오류분석을 통한 응용에 충분할 만큼 상세하지 않을 수도 있다. 또한 원전종사자가 인적오류분석을 수행하여 그 결과를 보고할 경우 분석결과가 분석자의 지식과 자질에 따라 크게 좌우되어 주관적 판단이 높아지고 정확도 또한 많은 편차를 가지게 된다. 특히 원전종사자는 일반적으로 인적오류분석에 필요한 인간공학적 기초지식을 갖고 있지 못하기 때문에 인적오류의 규명과 관련된 해석이 사실과 다르게 분석될 수도 있다.

(2) 정량적 접근방식

정량적 접근방식이란 인적행위에 관한 오류확률의 계산 및 확률론적 인간-신뢰도분석(HRA : Human Reliability Analysis)을 위한 방법론연구, 확률 산정 활용을 목적으로 하는 인적오류자료의 자료관리체계에 관한 연구 등과 같은 방법론을 의미한다. 이 중 확률적 인간-신뢰도분석에 의한 접근방식은 가장 널리 적용되는 것으로, 이와 관련되어 개발된 기법은 [표 3-35]와 같이 제1세대 및 제2세대로 유형을 분류할 수 있다.

[표 3-35] 인적오류의 정량적 분석방법론

내용	구분
제1세대 분석방법론	• Accident Investigation and Progression Analysis • Confusion Matrix • Operator Action Tree • Secio-Technical Assessment of Human Reliliability • Expert Estimation • Success Likelihood Index Method/Multiple • AttributeUtility Decomposition • Human Cognitive Reliability • Maintenance Personnel Performance Simulation

내용	구분
제2세대 분석방법론	• Cognitive Reliability and Error Analysis Method • A Technique for Human Error Analysis • Generic Error Modeling System • Rasmussen's Model • Cognitive Event Tree System • Cognitive Environment Simulator • Human Interaction Timeline

(3) 정성적 접근방식

관리적 접근방식, 정량적 접근방식과는 달리 정성적인 인적오류연구에서 주로 다루어지는 것은 인간의 심리학적 측면에서 인적오류의 정의, 인적오류유형 판별 및 원인 연계에 의한 발생구조 해석 등 이론적 실험적 인적오류연구를 통하여 인간의 인지적 행동특성을 파악하는 것이다. 최근 들어 개인적인 작업에 국한되는 인적오류에서, 나아가 조직이 수행하는 작업오류에 관한 연구 및 오류대응설계개념 개발 등으로 그 연구영역을 확산하고 있는 현실이다. 정성적 인적오류연구의 대부분이 인지심리학자들에 의해 연구되고 있는 경향 때문에 연구의 초점이 인지적 행위의 이론적인 오류 특성에 국한되고 있다. 따라서 정성적 인적오류연구의 결과는 원자력발전소 관련 인적오류연구의 활용측면에서 언급되고 있는 제어실 개선, 작업절차 개선, 유사 인적오류사례의 재발 방지 등에 실질적으로 직접 적용하기에는 부족하며, 오류대응설계개념 등과 같이 상위수준에서의 응용대안만을 제시하고 있다.

Section 105 중질유 저장탱크 화재 시의 Slop over와 Froth over현상

1. 슬롭오버(Slop over)현상

점성이 큰 중질유와 같은 유류에 화재가 발생하면 유류의 액표면온도가 물의 비점 이상으로 상승하게 되는데, 이때 소화용수가 연소유의 뜨거운 액표면에 유입되면 급비등으로 부피 팽창을 일으켜 탱크 외부로 유류를 분출시키는 현상을 슬롭오버현상이라 한다. 보일오버현상과 마찬가지로 화재의 확대 및 진화작업에 장애의 요인이 되며, 유류화재 시 물이나 포소화약제를 방사할 경우 발생할 수 있는 현상이다. 슬롭오버현상은 유류의 표면에 한정되기 때문에 비교적 격렬하지는 않다.

2. 프로스오버(Froth over)현상

물이 점성의 뜨거운 기름표면 아래에서 끓을 때 화재를 수반하지 않고 over flow되는 현상을 프로스오버현상이라 하며, 뜨거운 아스팔트를 물중탕할 때 발생할 수 있는 현상이다.

Section 106 RfC와 RfD

1. 개요

TBTO(Tributy ltin oxide)는 섭취 및 흡입 노출 시 모두 비발암물질로 보고되고 있으며, 이에 근거하여 미 환경청(USEPA)에서 참고치(RfD : Reference Dose)를 제시하고 있다. RfD(mg/kg/day)는 세포 괴사와 같은 독성영향에서 역치가 존재한다는 가정하에 주어진 독성치로 발암영향과 같은 다른 독성은 존재하지 않을 것으로 보는 것이다. RfD는 인구집단을 대상으로 하여 평생 동안 노출되었을 때 감지할 수 있을 정도의 유해한 비발암영향이 일어나지 않을 것으로 추측되는 일일노출량을 예측한 것으로 미국 USEPA에서 정의하고 있으며, Reference Concentration(RfC)은 호흡기계에 대한 독성영향을 고려한 것으로 RfD와 유사한 개념이다.

2. RfC(Reference Concentration)와 RfD(Reference Dose)

독성참고치(RfD : Reference Dose)란 식품 및 환경매체 등을 통하여 화학물질이 인체에 유입되었을 경우 유해한 영향이 나타나지 않는다고 판단되는 노출량을 말한다. 내용일일섭취량(TDI : Tolerable Daily Intake), 일일섭취허용량(ADI : Acceptable Daily Intake), 잠정주간섭취허용량(PTWI : Provisional Tolerable Weekly Intake) 또는 흡입독성참고치(RfC : Reference Concentration)값도 충분한 검토를 거쳐 RfD와 동일한 개념으로 사용할 수 있다.

Section 107 신뢰도 중심의 유지보수(RCM)개념 및 각 적용 단계에 따른 세부사항

1. RCM의 일반적 개념

시스템의 생산기능과 안전기능의 상실은 시스템을 구성하는 부품단계(Level)의 고장이 원인이 되어 출발한다고 보며 설비의 설계, 제작에 결함이 없고 모든 부품이 정상상태라면 시스템은 기능을 상실할 수가 없는 것이다.

그러나 부품의 열화진행은 피할 수 없다는 전제하에 일어나는 부품고장모드와 그 영향이 부품으로 조립된 컴포넌트에 미치는 영향, 나아가 상위 서브시스템에 미치는 영향, 최종적으로 그것이 시스템에 주는 영향 등과 같이 점진적으로 해석(분석)을 진행시켜 중대한 부품고장을 끄집어내어 최적의 보전방식을 선택함으로써 시스템의 기능손실을 방지하고자 하는 것이 바로 RCM의 기본적인 사고방식이다. RCM의 의미는 신뢰성중시보전방식(Reliability Centered Maintenance)이라고 하는 보전으로서, TPM의 계획보전프로그램을 심화시키는 활동으로 볼 수 있다. 이러한 RCM의 역사는 항공기산업(1970), 원자력플랜트(1985)에서 처음 도입되었다.

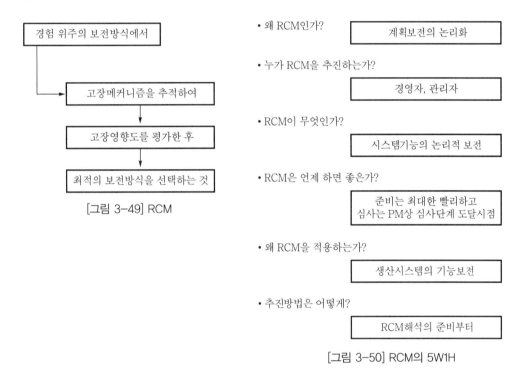

[그림 3-49] RCM

[그림 3-50] RCM의 5W1H

2. RCM의 필요성, 목적, 대상

(1) RCM의 필요성

설비의 자동화, 복잡화로 인해 미경험 고장이 날로 증가추세이므로 논리적·체계적 보전방식 선정이 절대 필요하다.

(2) RCM의 목적

설비의 신뢰성이 절실히 요구되고 시간적으로도 가장 장기간에 걸쳐 있는 욕조곡선의 우발고장기에는 TBM, CBM이 함께 유효성이 떨어지는 측면이 있으므로 고장원리를 기초로 한 RCM으로 논리에 의한 최적의 보전방식을 선택하면 유효하다.

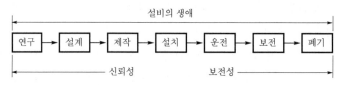

[그림 3-51] 설비의 생애 라이프사이클

(3) RCM의 대상

첨단 신설비에는 보전정보 축적이 없고 경험에 의한 보전방식 선정이 곤란하며, 생산방식을 process화한 설비에서는 고장요인이 기계적인 것과 기능적인 것이 복합되어 있으므로 RCM에 의한 논리적 해석이 필요하게 된다.

(4) RCM에서 부품단계의 보전

종래에는 시스템의 기능저하는 하위 아이템의 기능을 집약한 것으로서 각 아이템에 발생하는 고장은 모두 수리하는 것을 원칙으로 하는 것이 계획보전으로 되어 있었으나 시스템의 고도화, 복잡화에 따라 구성부품수가 급속하게 늘어나고, 또한 부품기능도 복합화할 수 있도록 하는 데 따른 시스템보전비도 급격하게 증대하게 되었다. 그러나 RCM의 목적이 시스템기능을 보전하는 것에 있기 때문에 부품이라든가 구성 부품도 기계적 고장의 수리와 예방만이 아니라 기능의 보전이 목적이 되는 것이며, 각 부품의 시스템기능에 있어서의 증요성을 신뢰성이론으로부터 중요도를 수치화해서 각 부품에 최적의 보전방법을 적용하는 것이므로 당연한 결과로서 전체 보전비개념은 절감되게 된다.

3. RCM의 포괄적 개념

RCM은 고장해석수법이 아니고 시스템을 구성하고 있는 아이템에 예상되는 다수의 고장 가운데 어느 것이 시스템에 중대하고, 그 치명도는 어느 정도 되는가를 평가해서 가장 적절한 예방보전방법을 선택 실행하는 수법이다. RCM은 시스템기능을 해석함으로써 기능고장의 원인이 되는 하위 아이템의 상위 아이템에 대한 영향을 논리적으로 따져서 기대하는 기능, 즉 안전성과 경제성에 미치는 영향을 고려해 가면서 적용 가능하고 효과가 있는 보전방식을 체계적으로 선출해 내는 보전관리시스템이다.

RCM수법은 크게 분류해 보면 신뢰성 해석 부분과 보전작업 결정 부분으로 분류되는데, 전자는 해당 기기의 중요도를 평가하고, 후자는 데이터를 근거로 하여 적절한 보전작업을 결정한다.

원자력플랜트와 같은 대형 플랜트에서는 다수의 기기를 사용하여 막대한 정보량을 처리 관리하기 위하여 많은 RCM해석지원Software를 개발하여 컴퓨터에서 정보처리와 관리를 해서 플랜트의 안전성과 보전경제성을 유지하기 위하여 RCM을 채용한다. 일반적인 생산공장에서의 RCM은 현행 계획보전의 대부분이 시간기준보전이지만, 그 신뢰성과 경제성을 검증할 목적으로 부품단계(Level)의 고장Pattern을 명확하게 해서 고장의 영향도에 대응한 최적 보전방식을 채택하기 위하여 적용하는 것이 일반적이다.

4. RCM해석의 스텝전개방법

RCM해석의 스텝전개방법을 요약하면 다음과 같다.

① 제1 STEP(도입 준비) : 개념의 이해를 위한 교육훈련과 추진체계 및 매뉴얼을 정비한다.
② 제2 STEP(기초자료 작성) : Model 선정 → Data의 수집 → 기능적 중요항목을 추출한다(Block flow sheet, functional block chart, 시스템구성요소 전개도, 고장실적표, 기능구조도).
③ 제3 STEP(Functional Failure Analysis) : 기능상 중요요소(Component)의 고장에 대한 경험, 추측에 의거 재발이 예상되는 것을 목록화하고 기능고장해석표를 작성한다.
④ 제4 STEP(FTA(Fault Tree Analysis), FMECA(Function Failure Mode Effects Analysis)) : 제3 STEP에서 기능상 중요한 것으로 판정된 고장 중에서 FMECA에 의한 치명도 또는 FTA에 의한 고장 발생경로, 원인, 확률 등을 고려한 논리수해석(2TA)에 의해 보전방식 선정을 필요로 하는 고장을 결정한다.
⑤ 제5 STEP(Logic Tree Analysis) : 수법으로 최적 보전방식을 선정한다.
⑥ 제6 STEP : RCM작업내용 설정, 보전작업 패키징, RCM작업을 실시한다.

Section 108 QRA의 구성요소와 특징 및 기대효과

1. 개요

정량적 위험성평가는 설비상에 잠재하고 있는 위험성(Risk)의 형태를 발견하기 위한 정성적 위험성평가를 수행한 후, 발견된 위험요소들이 사고로 전이할 가능성을 FTA 등을 이용하여 확률적으로 산출하고 사고의 결과를 사전에 예측하기 위한 평가방법으로서, 사고 발생 시 예상되는 피해범위 등을 예측하여 전체 시설의 위험을 정량적으로 결정하고, 그 수치가 목표수준보다 큰 경우에는 이를 토대로 비상조치계획을 수립하여 시행한다.

2. QRA의 개요, 구성요소 및 특징

QRA의 바탕을 이루는 기본개념은 4가지 기본물음, 즉 '잘못될 수 있는 것은 무엇인가?', '그 원인은 무엇인가?', '결과는 어떠할 것인가?', '그 결과는 어떻게 전개될 것인가?'로부터 시작된다. 이를 통해 전체 시설을 조망하고 4가지 물음을 구체적인 분석방법에 대입함으로써 발생할 수 있는 문제에 접근, 그 대책을 수립할 수 있는 결과를 얻어내게 되는 것이다.

따라서 이 같은 물음의 구체적인 해답을 찾기 위해 QRA는 정성적 평가를 기초로 사고의 발생빈도분석(Frequency Analysis)과 피해영향분석(Consequence)을 통해 결과를 도출한다.

즉 Check List, PrHA(Perliminary Hazard Analysis), HAZOP(Hazard and Operability Study), FMEA(Failure Mode Effect Analysis), FMECA(Failure Mode Effect Criticality Analysis) 등의 기법으로 위험성을 인지하고, 도출된 주요 위험성에 대해 사고 발생확률과 사고 발생에 따른 가상시나리오를 통해 피해범위를 추정해 내는 것이다.

이때 사고 발생확률을 계산하기 위해 FTA(Fault Tree Analysis)와 ETA(Event Tree Analysis), HEA(Human Error Analysis) 등의 기법을 사용하게 되며, 피해범위를 추정하기 위해 유체의 누출량, 화재의 계산, 폭발의 해석, 가스확산의 계산 등을 시나리오를 적용해 폭발과합, 복사열, 파편, 독성가스의 영향에 의한 인명 및 재산의 손실 정도를 계산하는 것을 말한다.

(1) 사고의 발생빈도분석평가기법

QRA의 구성요소 중 사고의 발생빈도분석기법은 공정기기장치의 연속적인 고장(Failure)이 사고에 미치는 확률을 계산하는 방법으로, 시스템의 안전에 관한 많은 정보가 제공되기 때문에 시스템의 안전성을 평가하는 효과적인 도구로 활용된다.

1) FTA(Fault Tree Analysis)

하나의 특정한 사고에 대해 원인을 파악하는 연역적 기법이다. 즉 사고를 초래할 수 있는 장치의 이상과 고장의 다양한 조합을 표시하는 다이어그램을 작성해 사고를 일으키는 장치의 이상이나 운전자의 실수 간의 상관관계를 도출한다. 이때 수행자는 공정의 완전한 이해와 오랜 운전경험을 필요로 하며 많은 사고자료가 필요하다.

2) ETA(Event Tree Analysis)

초기사건으로 알려진 특정한 장치의 이상이나 운전자의 실수로부터 발생되는 잠재적인 사고결과를 평가하는 귀납적 기법이다. 초기에 발생한 사건에 안전시스템을 대응했을때 성공·실패에 따라 후속사건을 도식적으로 표시하고, 이를 다이어그램을 통해 사고의 진행상태의 상관관계를 정확히 추론하는 방법이다. 이때 검토자는 사고의 원인과 안전시스템의 기능에 관련된 지식을 필요로 한다.

3) HEA(Human Error Analysis)

사람들이 작업에 영향을 미칠 가능요소를 평가하는 방법으로 사고가 발생할 상황을 알아내는 기법이다. 이때 분석자는 기술자와의 면담을 수행하는 데 익숙해야 하며 운전절차와 공정도와 같은 적절한 정보를 다룰 수 있어야 한다.

(2) 사고의 영향평가방법

사고영향평가는 사고가 발생했을 때의 영향, 즉 사고피해가 어떤 식으로 전개돼 어떤 영향을 미칠 것인가를 가상, 특성별로 진행과정을 예측하는 기법을 말한다. 따라서 사고는 시설의 특성별로 진행과정이 매우 다양하게 전개되는 상황에 대한 구체적인 시나리오를 작성하고 신뢰성 있는 모델들을 적용, 정확한 결과를 예측해내는 것이 중요하다.

현재 다양한 사고의 전개과정을 시설, 지형, 기후조건 및 배경을 감안해 수많은 모델들이 소개돼 있으나 보다 정확한 결과를 도출하기 위해서는 한 가지 모델에 의존하지 않고 여러 가지 모델을 비교, 실제 환경에 가장 만족하는 모델을 사용하는 것이 유용하다.

이러한 영향평가를 위해 다양한 상황을 적용하는데 시설의 사고 시 발생할 수 있는 누출, 누출로 인한 화재, 누출로 인한 폭발로 구분하여 시나리오를 적용해 다양한 피해도를 분석하게 된다.

3. QRA의 기대효과

① QRA 실시 후 그 결과는 구체적인 안전예방활동에 활용할 수 있는 여러 가지 방안을 제시한다. 시설 대 시설, 공장 대 공장의 위험성을 서로 비교해 볼 수 있을 뿐만 아니라 공장 내에서도 각 시설에 대한 위험도를 서열화할 수 있기 때문이다.

② 사업자는 이를 통해 우선적인 관리대상을 선정, 안전투자를 효과적으로 수행할 수 있고 적절한 안전장치의 수량을 적용할 수 있어 경제적으로도 막대한 이익이다.

③ 신규시설에 대한 위험성의 판단자료로도 이를 활용하며, 위험시설 주변에 새로운 시설이 들어설 경우 허용 여부를 판단할 수 있다.

④ 사고 시 영향범위를 스크린할 수 있기 때문에 인근 지역의 주민들에 대한 비상조치계획의 수립도 가능하며 다양한 영향분석모델 등으로 사고원인을 합리적으로 조사하는 자료로도 활용된다.

QRA의 더욱 발전된 모델로써 최근 선진국에서는 QRA와 경제성 분석(Feasibility Study)의 기법을 응용, 사업장의 이익분석기법(CBA)을 적용하고 있다. 이는 안전과 관련된 장치 또는 시설개선 등의 투자를 통해 사고 손실비용 감소, 생산성 향상으로 인한 기회비용 증대 등의 투자비 대비 이익률을 평가하는 것을 말한다.

결국 투자활동의 적절성을 평가해 줌으로써 사업주는 적정한 투자비용을 결정해 안전투자로 인한 간접이익을 추론해 낼 수 있으며, 이는 기업의 경쟁력 제고에 큰 도움이 되고 있다.

Section 109 특정 화학물질에 대한 장해예방대책을 설비, 환경 및 근로자의 안전화관점에서 설명

1. 관리대상유해물질에 의한 건강장해예방조치

① 국소배기장치는 적절한 제어풍속을 낼 수 있는 것으로 설치하여야 한다.

② 유기화합물이 발생되는 작업장에 전체 환기장치를 설치하고자 하는 때에는 작업시간을 고려한 환기량 이상으로 설치하여야 한다.

③ 관리대상유해물질을 취급하는 옥내작업장의 바닥은 불침투성의 재료를 사용하고 청소가 용이한 구조로 하여야 한다.

  ※ 불침투성 재료 : 콘크리트, 대리석, 유리 등

④ 관리대상유해물질취급설비의 뚜껑, 플랜지(Flange), 밸브 및 코크 등의 접합부는 누출을 방지하기 위하여 개스킷을 사용하는 등의 조치를 하여야 한다.

⑤ 관리대상유해물질 중 금속류, 산 및 알칼리류, 가스상 물질류를 1일 평균 100리터 이상 취급하는 작업장은 경보설비를 설치하거나 경보용 기구를 비치하여야 한다.

⑥ 발암성 물질을 취급하는 때에는 물질명, 사용량, 작업내용 등이 포함된 발암성 물질 취급일지를 작성하여 비치하여야 한다.

  ※ 발암성 물질 : 벤젠, 1,3-부타디엔, 사염화탄소, 포름알데히드, 니켈, 삼산화안티몬, 카드뮴, 6가 크롬, 산화에틸렌

⑦ 발암성 물질을 취급하는 때에는 해당 물질이 발암성 물질임을 취급근로자에게 게시판 등을 통해 알려야 한다.

⑧ 관리대상유해물질의 명칭, 유해위험성, 인체에 미치는 영향, 응급조치요령 등을 작업 전에 근로자에게 알려야 한다.

⑨ 사업주는 호흡용 보호구 등을 상시점검하고, 이상이 있는 것은 보수·교환하여 주어야 하며, 오염 여부를 수시로 확인하는 등 항상 청결하게 유지·관리하여야 하고 개인 전용의 것을 지급하여야 한다.

2. 허가대상유해물질에 의한 건강장해예방조치

① 허가대상물질을 제조 또는 사용하는 때에는 작업장소를 유해물질 제거가 용이한 구조로

하고, 설비를 밀폐식 또는 부스식 구조로 하는 등의 조치를 해야 한다.

　※ 허가대상물질(14종) : 디클로로벤지딘과 그 염, 알파-나프틸아민과 그 염, 크롬산 아연, 오르토-톨리딘과 그 염, 디아니시딘과 그 염, 베릴륨, 비소 및 그 무기화합물, 크롬광, 6가 크롬, 휘발성 콜타르, 황화니켈, 염화비닐, 벤조트리클로라이드, 석면

② 국소배기장치의 성능은 가스상 물질 0.5m/s, 입자상 물질 1.0m/s 이상이 되도록 한다.

③ 국소배기장치를 처음으로 사용하는 때에는 덕트의 분진퇴적상태, 흡·배기능력 등을 사전에 점검하여야 한다.

④ 허가대상물질을 제조 또는 사용하는 때에는 물리·화학적 특성, 인체에 미치는 영향, 취급 시 주의사항, 응급처치요령 등을 근로자에게 주지시켜야 한다.

⑤ 허가대상물질 제조·사용사업장에 긴급세척시설 및 세안설비를 설치하여야 한다.

⑥ 허가대상물질이 누출된 때에는 즉시 비산되지 않는 방법으로 제거하는 등의 조치를 하여야 한다.

⑦ 허가대상유해물질(베릴륨 제외)의 제조설비로부터 시료를 채취하는 경우에는 전용용기를 사용하고, 시료가 흩날리거나 새지 않도록 하는 등의 조치를 해야 한다.

⑧ 허가대상유해물질을 제조 또는 사용하는 경우에 물질명, 제조 또는 사용량, 작업내용, 새는 때의 조치 등에 관한 사항을 기록·보관하여야 한다.

⑨ 방독마스크 등을 지급·착용토록 하고, 상시점검하여 이상이 있는 것은 보수·교환해 주어야 한다.

⑩ 피부장해 등을 유발할 우려가 있는 허가대상유해물질을 취급하는 때에는 불침투성 보호의·보호장갑·보호장화 및 피부보호용 도포제를 비치하여야 한다.

⑪ 석면취급작업을 마친 근로자의 오염된 작업복은 전용의 탈의실에서 벗도록 하고, 공기 중으로 날리지 아니하도록 뚜껑이 있는 용기에 넣어서 보관하고 표시하여야 한다.

⑫ 석면에 오염된 쓰레기, 용기, 장비, 작업복 등을 폐기하는 때에는 밀봉된 불침투성 자루 또는 용기에 넣어 처리하고, 압축공기를 불어서 석면오염을 제거해서는 안 된다.

⑬ 석면으로 인한 질병의 발생원인, 재발 방지방법 등을 석면취급근로자에게 주지시켜야 한다.

⑭ 석면이 함유된 설비 또는 건축물을 해체·제거하는 때에는 작업계획을 수립하여야 하고, 이때 근로자 대표의 의견을 들어야 한다.

　※ 작업계획에는 석면비산 방지를 위한 음압유지방법, 석면폐기물처리방법, 보호구 지급이 포함되어야 한다.

⑮ 석면을 해체·제거하는 장소에는 경고표지를 출입구에 게시하여야 한다.

⑯ 석면해체·제거작업에 근로자를 종사시키는 경우에는 해당 장소의 밀폐, 습식작업, 음압유지, 호흡용 보호구 및 보호의 착용 등의 조치를 하여야 한다.

⑰ 석면해체·제거작업에서 발생된 폐기물은 불침투성 용기 또는 자루 등에 넣어 밀봉한 후

처리하여야 한다.

⑱ 석면해체·제거작업에서 발생된 석면을 함유한 잔재물은 습식 또는 진공청소기로 청소하는 등 석면분진이 재비산되지 않도록 하여야 한다.

3. 금지유해물질에 의한 건강장해예방조치

① 금지물질을 시험·연구목적으로 제조·사용하는 때에는 설비를 밀폐식 구조로 하고 적절한 소화설비를 갖추어야 한다.

　※ 금지물질 : 황린성냥, 벤지딘과 그 염, 4-아미노디페닐과 그 염, 4-니트로디페닐과 그염, 비스-(클로로메틸)에테르, 베타-나프틸아민과 그 염, 청석면 및 갈석면, 벤젠을 함유한 고무풀, 유해화학물질관리법에 의한 금지물질(55종)

② 국소배기장치의 성능은 가스상 물질 0.5m/s, 입자상 물질 1.0m/s 이상이 되도록 한다.

③ 금지물질의 제조·사용설비가 설치된 장소의 바닥과 벽은 불침투성 재료로 하고 물청소가 가능한 구조로 하여야 한다.

　※ 불침투성 재료 : 콘크리트, 대리석, 유리 등

④ 금지물질을 제조·사용하는 때에는 금지물질의 물리·화학적 특성, 인체에 미치는 영향, 취급 시 주의사항, 응급처치요령 등을 근로자에게 주지시켜야 한다.

⑤ 금지물질을 제조 또는 사용하는 사업장에 "흡연 및 음식물 섭취금지"를 게시하여야 한다.

⑥ 금지물질이 실험실 등에서 누출될 경우에는 흡착제를 이용하여 제거하는 등 필요한 조치를 하여야 한다.

　※ 흡착제 : 활성탄, 실리카겔 등

⑦ 응급 시 근로자가 쉽게 사용할 수 있도록 긴급세척시설과 세안설비를 설치하여야 한다.

⑧ 금지물질을 제조·사용하는 경우에는 금지물질명, 사용량, 시험·연구내용, 새는 때의 조치에 관한 사항을 서류로 기록·보관하여야 한다.

　※ 누출 시 기록에는 금지물질명, 누출시간, 누출량, 처리방법, 처리자, 재발 방지방법 등이 포함되어야 함

⑨ 금지물질취급근로자에게 송기마스크 또는 방독마스크를 지급·착용토록 하여야 한다.

⑩ 지급한 보호구는 상시점검하여 이상이 있는 경우 보수하거나 다른 것으로 교환하여 주어야 한다.

　※ 보호구 점검 시에는 보호구상태, 오염 정도, 정화통기한, 보호장구기능 적절성 등에 대하여 확인

Section 110 ## PSM대상시설 혹은 공정에서 변경 및 시운전단계에서의 공정안전보고서 확인 시 사업장에서 준비서류

1. 개요

석유화학공장뿐 아니라 일정량 이상의 위험물을 보유한 사업장 등 중대산업사고를 야기할 가능성이 높은 유해·위험설비를 보유한 사업장으로 하여금 공정안전보고서를 작성, 안전보건공단에 제출하여 그 적합성에 대하여 심사 및 확인을 통해 이행토록 함으로써 중대산업사고를 예방하기 위한 법정제도이며, 공정안전보고서(PSM) 작성대상은 다음과 같다.

① 원유정제처리업

② 기타 석유정제물재처리업

③ 석유화학계 기초화학물 또는 합성수지 및 기타 플라스틱물질 제조업

④ 질소, 인산 및 칼리질 비료

⑤ 복합비료 제조업(단순혼합 또는 배합에 의한 경우는 제외)

⑥ 농약 제조업(원제 제조)

⑦ 화약 및 불꽃제품 제조업

⑧ 위 업종 이외의 사업장으로 유해·위험물질을 규정량 이상 제조, 취급, 사용, 저장하는 설비 및 해당 설비의 운영에 관련한 일체의 공정설비

2. PSM대상시설 혹은 공정에서 변경 및 시운전단계에서의 공정안전보고서 확인 시 사업장에서 준비서류

PSM대상시설 혹은 공정에서 변경 및 시운전단계에서의 공정안전보고서 확인 시 사업장에서 준비서류는 다음과 같다.

① 산업재해기록 관련 서류(산재요양신청서 등 최근 3년간)

② 안전보건관계자 선임보고 관련 서류(해당 시)

③ 안전담당자 지정 관련 서류(해당 시)

④ 안전보건관리대행 시 대행 관련 서류(해당 시, 대행계약서, 점검결과서 등)

⑤ 산업안전보건위원회 관련 서류(해당 시)

⑥ 안전보건관리규정(해당 시)

⑦ 안전보건교육 관련 서류(교육계획, 교육일지, 교육자료 등)

⑧ 사업장 Lay-Out 및 설비보유현황표(특히 유해·위험기계·기구)

⑨ 유해·위험기계·기구검사 관련 서류(정기검사, 자체 검사 등)

⑩ 보호구 지급 관련 서류(지급기준, 지급대장 등)

⑪ 유해물질사용현황목록(물질안전보건자료, 보유·사용현황표 등)

⑫ 작업환경측정 관련 서류

⑬ 건강진단 관련 서류

⑭ 고용노동부, 한국산업안전보건공단 등 외부 기관 지도·감독 및 점검 관련 서류

⑮ 기타 안전보건 관련 서류(사업장 일반현황, 근로자현황 등)

Section 111 SIS 및 SIL

1. 개요

안전무결성(safety integrity)이라 함은 안전 관련 시스템이 주어진 시간 동안 모든 운전상태에서 요구되는 안전기능을 만족스럽게 수행할 수 있는 확률을 말한다.

2. SIS(Safety Instrumented System) 및 SIL(Safety Integrity Level)

(1) 제어안전시스템(SIS : Safety Instrumented System)

하나 또는 그 이상의 제어안전기능을 사용하는 계장시스템을 말하며, 제어안전시스템(SIS)은 센서, 논리시스템, 최종 구성요소의 조합으로 이루어진다.

(2) 안전무결성등급(SIL : Safety Integrity Level)

전기전자프로그램 가능형 전자장치로 구성된 안전시스템에서 기능안전의 안전무결성요건(safety integrity requirements)을 명시한 별개의 등급(1~4)을 말한다. 그 중 등급 4가 가장 높고, 등급 1이 가장 낮다.

[표 3-36] 안전무결성등급 : 고장확률(PFD : Probability of Failure on Demand)
(IEC 61511-1 참조)

요구운전방식	
안전무결성등급	목표평균고장확률
4	10^{-5} 이상~10^{-4} 미만
3	10^{-4} 이상~10^{-3} 미만
2	10^{-3} 이상~10^{-2} 미만
1	10^{-2} 이상~10^{-1} 미만

주) 요구운전방식(Demand mode of operation)에서 안전시스템을 구축하기 위한 운전의 요구횟수는 1년에 1회 이하이고, 성능검사(proof-test)의 요구횟수는 1년에 2회 이하이어야 한다.

Section 112 한계산소농도(LOC)

1. 정의

질소 등의 불활성 가스를 첨가하여 분진-공기혼합물의 산소농도를 떨어뜨리면 어떠한 분진 농도에서도 폭발이 일어나지 않는 한계가 나타나는데, 이 한계점에서의 산소농도를 한계산소 농도(LOC : Limiting Oxygen Concentration)라 한다. 한계산소농도는 분진이나 불활성 가스의 종류에 따라 다르게 나타나며, 온도 또는 압력이 상승함에 따라 떨어진다.

Section 113 화재와 폭발의 차이점

1. 차이점

폭발은 연소의 한 가지 형태이며 반응의 급격한 진행, 폭음과 충격압력 발생, 순간적으로 반응이 완료된다. 화재와 폭발의 차이점은 에너지 방출속도의 차이로서 화재는 느리고, 폭발은 빠르다. 또한 착화물의 유무는 화재는 필요하고, 폭발은 반드시 필요하지 않는다.

2. 폭발의 성립조건

폭발의 성립조건은 폭발 발생의 필수인자인 온도, 조성, 압력, 용기크기 및 모양이 적절하게 조건을 만족해야 한다.

Section 114 Fire ball의 형성메커니즘

1. 개요

인화성 또는 가연성 액체의 대표적인 재해는 BLEVE와 UVCE로 구분되며, Fire Ball은 BLEVE와 UVCE를 통해서 발생한다. BLEVE 등에 의한 인화성 증기가 확산하여 폭발범위에 이르렀을 때 커다란 공의 형태로 폭발하는 것을 말하며, 가연성 혼합물이 대량 분출하여 연소가 진행되면 지면에서 반구상의 화염이 되고, 부력에 의해 반구상의 화염이 점점 상승하면서 동시에 주변의 공기를 끌어들여 화염은 공의 형태로 된다. 결국에는 공의 형태에서 버섯형 화염의 형태가 된다.

Fire Ball현상은 폭발압에 의한 피해에 복사열에 의한 피해를 가중시키며, Fire Ball의 특징은 석유류 화재 시 화염온도인 800~1,000℃보다 높은 1,500℃ 정도이고, 방출열은 절대온도의 4승에 비례하기 때문에 차이는 상당히 큼을 알 수 있다.

2. Fire Ball의 발생메커니즘

(1) 가스의 누출과 확산에 의한 Fire ball 생성

① 저장탱크의 배관이 손상이나 파손, 밸브조작의 잘못 등으로 누설이 발생하면 누설된 액화가스는 지면의 입열에 의해 격렬하게 기화하다가 지열이 냉각되어 열전달이 제한되며 정상적인 증발로 이행한다.

② 증발된 가스나 증기가 대기 중으로 확산하여 연소범위 내의 증기운을 형성하다가 주변에 착화원에 의해 Fire ball을 만든다.

③ 액체에서 기체로 증발해야 하므로 고압으로 저장한 탱크나 고온으로 저장한 탱크의 경우 증발량이 많아진다.

(2) BLEVE에 의한 Fire ball 생성

탱크 내부 액상부와 기상부는 동적평형상태의 포화증기압이 형성되어 있고 탱크가 화재나 파손에 의해 일부가 파괴되면 탱크 내부에서 동적 평형상태에 있던 기상부의 압력이 방출되어 대기압으로 급격히 떨어진다.

Section 115 중복설비의 개념

1. 정의

중복설비(Redundancy)란 일부에 고장이 나더라도 전체가 고장이 나지 않도록 기능적인 여력인 부분을 부가해서 신뢰도를 향상시키는 중복설계이다.

2. 종류

① 병렬 리던던시   ② 대기 리던던시
③ M out of N 리던던시   ④ 스페어에 의한 교환
⑤ Fail Safe

Section 116　위험성과 위험도의 차이점

1. Risk(위험, 위험도)

사고 가능성, 손실과 부상의 정도를 사용하여 경제적 손실 또는 인명피해를 평가하는 척도이다.

2. Hazard(위험성, 잠재위험, 위험요소)

사람, 재산 또는 환경에 손해를 입힐 가능성이 있는 화학적 또는 물리적 상태(예:500톤의 암모니아가 들어있는 가압탱크)

Section 117　화염전파방지장치의 종류 및 용도

1. 사용목적에 따른 화염방지기의 종류

(1) 관말단 화염방지기

대상물질을 저장, 취급하는 설비로부터 증기 또는 가스를 대기로 방출하는 통기관의 말단 부분에 설치하여 설비 외부에서 발생한 화염이 설비 내부로 전파되지 않게 하는 보호기능을 가지고 있다.

(2) 관내 폭연방지기

대상물질을 저장, 취급하는 설비 사이에 연결된 배관 중에 설치하여 일방의 설비에서 화재 및 폭발이 발생할 경우 반대편으로의 화염전파를 차단하는 보호기능을 가지고 있다.

(3) 관내 폭굉방지기

대상물질을 저장, 취급하는 설비 사이에 일방의 설비에서 화재 및 폭발이 발생하여 긴 배관 내에서 가속화된 폭굉파가 발생할 경우 폭굉의 전파를 차단하는 보호기능을 가지고 있다.

2. 화염방지기의 성능

(1) 관말단 화염방지기

① 관말단 화염방지기는 인화성 액체를 저장, 취급하는 화학설비의 통기관을 통하여 외부의

화염이 설비 내부로 전파되는 것을 방지하기에 충분한 성능이어야 한다.

② 화염방지기는 보호대상화학설비에서 인화성 액체를 최대속도로 인입, 배출할 때와 태양열에 의해 증발되는 증기 등에 의해 해당 설비에 진공 또는 가압상태가 되지 않는 용량이어야 한다.

③ 화염방지기의 성능은 한국산업규격 KS B 6845(화염방지장치의 성능시험방법)의 관말단 폭연방지장치 성능시험에 따른다.

(2) 관내 폭연방지기

① 관내 폭연방지기는 화학설비 사이에서 발생된 화염이 배관을 통하여 인접한 보호대상화학설비로 전파되는 것을 방지하기에 충분한 성능이어야 한다.

② 관내 화염방지기의 성능은 한국산업규격 KS B 6845(화염방지장치의 성능시험방법)의 관내 폭연방지장치 성능시험에 따른다.

(3) 관내 폭굉방지기

① 관내 폭굉방지기는 화학설비 사이에서 발생된 폭굉파가 보호대상화학설비로 전파되는 것을 방지하기에 충분한 성능이어야 한다.

② 관내 폭굉방지기의 성능은 한국산업규격 KS B 6845(화염방지장치의 성능시험방법)의 폭굉방지장치 성능시험에 따른다.

3. 화염방지기의 형식 및 구조

(1) 소염소자식 화염방지기

① 본체는 금속제로서 내식성이 있어야 하며 폭발 및 화재로 인한 압력과 온도에 견딜 수 있어야 한다.

② 소염소자는 내식·내열성이 있는 재질이어야 하고 이물질 등의 제거를 위한 정비작업이 용이해야 한다.

③ 개스킷은 내식·내열성 재질이어야 한다.

(2) 액봉식 화염방지기

① 본체는 불연성이어야 하고 담금액체에 대하여 내식성이 있어야 한다.

② 담금액체는 비독성이며 불연성 액체로서 보호대상화학설비에서 취급하는 물질에 대하여 화학적으로 안정해야 한다.

③ 액봉식 화염방지기는 인입배관 등의 전체 압력손실을 고려하여 채우는 액체의 높이를

설정해야 하고, 담금액체로 물을 사용하는 경우와 같이 결빙의 우려가 있는 경우에는 동결 방지조치를 해야 한다. 또한 내부의 액면을 확인하기 위한 액면계 또는 투시창(Sight glass)을 설치하고 물 등을 보충하거나 배출하기 위한 장치를 설치해야 한다.

Section 118 정유플랜트에서의 수소공격 발생원인과 방지대책

1. 개요

수소공격(Hydrogen Attack 또는 High-Temperature Hydrogen Attack)은 고온, 고압하의 수소가스가 존재하는 분위기에서 강의 기계적인 성질이 나빠지는 것과 관계가 있다. 비록 일반적인 부식 현상은 아니지만, 수소공급과 정제장치의 설계와 운전에 대해 아주 심각한 문제를 야기시킬 수 있다.

수소분자(H_2)가 강 표면에서 수소원자로 해리하여 이것이 강 내에 쉽게 확산된다. 입자경계(Grain Boundaries), 전위(Dislocations), 개재물(Inclusions), 적층(Lamination)과 그 밖의 다른 내부 빈 자리(Internal Voids)에서 수소원자가 용해된 탄소 및 금속탄화와 반응해서 메탄(Methane)을 형성한다.

큰 분자를 이룬 메탄은 밖으로 확산되지 못한다. 그 결과 내부의 메탄압력은 강을 부풀리거나 입계균열(Intergranular Fissuring)을 일으킬 만큼 높은 압력이 된다. 온도가 충분히 높으면 용해된 탄소가 강 표면으로 확산하며 수소원자와 결합하여 메탄을 발생한다.

수소공격(Hydrogen Attack)은 부풀리거나(Blistering) 균열(Cracking)보다는 전면에 걸쳐 탈탄(Decarburization)의 형태를 취한다. 수소공격의 전반적인 영향은 페라이트(Pearlite) 내의 탄소의 고갈(탈탄)과 금속 내의 균열(Fissures)을 형성한다.

공격이 진전됨에 따라 이들 영향이 두드러져서 여러 결정입자 내에서 탄소의 부분적인 고갈이 뚜렷해지고 그 밖의 다른 입자들은 완전히 탈탄된다. 수소공격은 인장강도와 연성의 감소를 수반하며 결과적으로 사선에 경고예측 없이 예기치 않는 장비파쇄를 가져온다.

2. Forms of Hydrogen Attack

수소공격은 응력, 금속조직 내에서 공격의 정도, 강 내의 비금속개재물 등에 따라 여러 형태를 갖을 수 있다. 일반적으로 표면공격은 장치가 응력상태에 있지 않고 고온, 고압의 수소에 노출되었을 때 일어난다.

일반적으로 탈탄은 강의 표면이나 두께를 통해 균일하게 나타나지 않으며 조직 내의 여러 부분에서 발생한다. 균열(Fissures)은 금속표면에 평행하게 형성되고 균열 자체는 작으며, 더 심각한 단계에 이를 만큼 서로서로 연결되지는 않는다.

수소공격(Hydrogen Attack)은 종종 강 내에 높은 응력이나 응력이 집중된 곳에서 시작된다. 이들 부문으로 수소가 우선적으로 확산하기 때문이다. 균열은 표면보다는 오히려 용접부의 가장자리에 평행하게 생기며, 이 방향은 아마도 용접부(Weldment) 근방의 잔류응력의 결과일 것이다. 국부 수소공격을 야기하기 위해 필요한 응력은 용접물에 한정되지는 않는다. 수소공격은 필릿용접의 끝에서 시작하여 용접의 열영향부(HAZ)를 따라 진전되는 피로균열의 끝에서 집중한다는 것이 발견되었다. 이 경우를 보면 수소를 포함하는 계통흐름이 피로균열 내로 들어가서 균열을 야기시켰다.

심한 수소공격의 결과 기포와 박층이 생기게 할 수 있다. 이것은 수소공격의 발전된 단계이며 Steel의 횡단면 전체에 걸쳐서 완전한 탈탄을 수반한다.

3. Prevention of Hydrogen Attack(방지책)

수소공격을 방지하기 위한 유일한 방법은 플랜트 경험을 근거로 이러한 분위기에서 견디는 강만을 사용하는 것이다. 다음은 수소공격에 일반적으로 적용할 수 있는 대책이다.
① 크롬과 몰리브덴 같은 탄화물 형성 합금원소는 강의 수소공격에 대한 저항을 증가시킨다.
② 증가된 카본성분은 강의 수소공격에 대한 저항을 감소시킨다.
③ 열영향부는 용접금속보다 수소공격이 더 일어나기 쉽다.

대부분의 정유 및 석유화학공장에서는 수소공격을 방지하기 위해 크롬과 몰리브덴을 포함하는 저합금강이 사용된다. 그러나, 최근에 C-0.5% Mo강이 장기간 수소에 노출되었을 때 균열이 발생했으므로 새로운 구성을 위해서는 이 합금보다 우수한 저합금강을 사용하도록 권한다. 고온 수소계통에 사용되는 여러 강에 대한 박리가 API 941(Nelson Curve)에 나타내었다. 넬슨곡선은 실험적 연구라기보다는 오히려 장기간에 걸친 정제과정을 근거로 한 것이다. 수소공격 이외에 탄소강과 저합금강 용접부재가 약 260°C(500°F) 이상의 수소계통에서 수소응력 균열이 일어날 수 있다. 균열은 결정입계를 따라 형성된다. 장비가 정지되기 전에 감압되어 냉각될 때 적당한 수소가스방출절차가 있어야 한다. 12% 이상의 크롬을 포함하는 스테인리스강, 특히 오스테나이트 스테인리스강은 수소공격에 강하다.

Section 119 매슬로우(Maslow)의 욕구 5단계

1. 개요

인간을 지배하는 가장 큰 요소는 바로 감성과 이성이다. 감성은 즉시적이고 행동적이며 적극적인 반면, 이성은 2차적이고 사고적이며 냉철한 판단력을 말한다고 할 수 있다. 그렇기 때문에 우리 인간의 삶은 바로 이 감성과 이성이 상호 조화가 이루어진 상태에서 유지되어야 하는 것이다. 이러한 인간의 감성이 이성과 상호 보완, 충족되어가는 과정을 가장 보편적으로 설명한 이론이 바로 매슬로우(Maslow)의 욕구 5단계 이론이라고 할 수 있다.

2. 매슬로우(Maslow)의 욕구 5단계

지금까지 가장 널리 받아들여지고 있는 욕구의 분류방법 가운데 하나인 매슬로우의 욕구 이론은 다음과 같다.

① 생리적 욕구 : 자신의 신체적 균형을 유지하는 데 필요한 욕구를 말한다.
② 안전의 욕구 : 신체적, 정서적 위협으로부터 자신을 보호하려는 욕구를 말한다.
③ 소속 및 애정의 욕구 : 타인들과 어울리고 어딘가에 소속되고 싶어하는 인간관계의 욕구이다.
④ 존경의 욕구 : 타인으로부터 인정이나 존경을 받고 싶어하는 심리적 욕구를 말한다.
⑤ 자아실현의 욕구 : 자기발전을 실현할 수 있는 자신의 잠재력을 극대화하려는 욕구이며 상위수준의 욕구를 가진 조직원일수록 생산성을 높이려는 동기가 강하다.

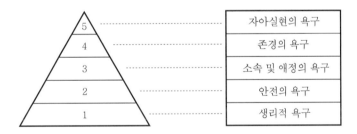

[그림 3-52] Maslow의 욕구 5단계

[그림 3-52]에서 1~5 순으로 인간의 욕구체계가 변화해 간다고 보는 것이다. 매슬로우는 이러한 욕구들이 일정한 단계를 이루고 있어 첫째, 하위의 욕구가 충족되지 않는 한 그 상위의 욕구는 발생하지 않기 때문에 개인은 자신이 현재 충족하고자 하는 한 단계의 욕구에 의해서만 동기가 부여되며, 둘째, 사람들은 이미 충족되어버린 단계의 욕구에 의해서는 더 이상 동기부여가 되지 않는다고 주장하였다.

후에 매슬로우는 이상의 다섯 가지 욕구를 저위욕구(lower-order needs)와 고위욕구(higher-orderneeds)로 나누어 생리적 욕구와 안전의 욕구를 포함하는 하위욕구는 주로 외부 요인(임금, 고용기간 등)에 의해 충족되는 반면에, 상위의 나머지 세 욕구를 포함하는 고위욕구는 자신의 내부 요인에 의해 충족되는 차이가 있음을 주장하였다. 또한 그는 자아실현욕구가 다른 네 가지 욕구와 많은 점에서 차이가 난다고 보아 자아실현욕구를 성장욕구(growth needs)로, 나머지를 결핍욕구(deficiency needs)로 구분하여, 전자는 무엇인가가 결핍되어서라기보다는 성장하고자 해서 발생하는 욕구인 반면에, 후자는 무엇인가가 부족하기 때문에 느끼는 욕구라고 주장하였다.

Section 120 맥그리거(Mcgregor)의 X·Y이론

1. 정의

(1) X이론

인간은 본래 게으르고 일을 하기 싫어하며 어떤 일에 대해 책임을 지지 않으려 한다. 따라서 인간을 동기화시키기 위해서는 철저하게 지시하고 간섭하며 책임감을 부여하지 않아야 한다.

(2) Y이론

인간은 자율적이고 창의적이며 적절한 책임이 주어지면 스스로 동기화된다.

2. 맥그리거(Mcgregor)의 X·Y이론 적용 관계

Y이론으로 부를 수 있는 대표적인 이론은 앞에서 알아본 바 있는 미국의 인본주의 심리학자인 매슬로우에게서 볼 수 있는데, 그는 모든 인간 내부의 자아실현욕구에 주목하여 욕구모형의 위계적 단계론을 제기하였다. 매슬로우는 노동(직무)에 대한 인간욕구를 다섯 가지로 구분하고, 이를 위계적으로 파악하여 노동(직무)을 통한 자아실현이 존중, 사랑, 안전, 생리학적 욕구보다 더 중요한 것으로 보았으며, 전통적인 관리론적 접근을 비판하는 역할을 담당하였다.

전통적인 접근은 가장 낮은 수준의 욕구만으로도 만족하는 존재로 조직원을 보았기 때문에 정작 조직원이 중시하는 내적 욕구를 만족시켜 주지 못하는 오류를 낳았다는 것이다. 허즈버그(Herzberg) 역시 이러한 입장의 연구자로 만족에 영향을 미치는 요인과 불만족에 영향을 미치는 요인은 상이하다는 '두 요인 이론(two-factor theory)'을 제기하였다. 기술자와 회계사를 대상으로 한 연구에서 허즈버그는 봉급과 같은 외적인 요인(낮은 단계의 욕구)에 영향을 받는 것은 불만족이지만, 만족은 자아실현과 같은 내적인 요인(높은 단계의 욕구)에 더 영향을 받는다고 주장하였다. 그러나 이러한 결과는 모든 환경의 모든 인간에게 적용되지 않는다. 상황에 따라서 결과가 다르게 나타날 수 있기 때문이다.

과학적 관리론과 자아실현 접근을 평가한다면 우리는 쉽게 어리둥절한 독설에 도달하게 된다. 양자는 옳을 수도, 틀릴 수도 있다.

Section 121 방호계층분석(LOPA)과 독립방호계층(IPL)

1. 방호계층분석(LOPA : Layer Of Protection Analysis)

사고피해를 줄이기 위한 방법에는 사고 발생확률을 감소시키는 방법과 사고피해를 감소시키는 방법을 고려할 수 있다. 효율적으로 사고피해를 줄이기 위해서는 무엇보다도 우선 시스템을 체계적으로 위험분석을 행하여 가장 경제적인 방법을 선정해야 한다. 여기에 활용될 수 있는 가장 적절한 위험분석방법은 최근 미국화학공학회에서 제시한 방호계층분석(LOPA : Layer of Protection Analysis)으로 사료된다. 방호계층분석은 위험분석에서 반정량적인 방법이다.

즉 이 방법은 사고빈도예측과 사고피해특성에 대해 근사적으로 해석하고 있다. 사고 발생확률과 피해 정도를 감소시키기 위하여 프로세스에 다양한 방호계층을 추가할 수 있지만 경제성을 고려하여 적절한 방호계층을 추가해야 한다. 방호계층은 본질안전개념을 포괄하는 여러 종류의 안전기능을 하는 것을 말한다. 즉 기본적인 제어시스템, 방류둑 또는 방폭벽 같은 수동적 안전장치, 안전밸브와 같은 능동적인 안전장치를 포함한 모든 안전기능을 갖는 요소를 나타내며, 방호계층을 도식적으로 [그림 3-53]에 나타내었다. 여러 개 방호계층의 복합효과와 사고피해 정도는 허용위험기준과 비교 분석한다.

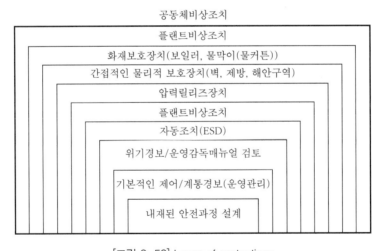

[그림 3-53] Layer of protections

방호계층분석에서는 사고피해영향을 몇 개의 분류에 의하여 근사화하고 사고빈도를 예측하며 방호계층의 효과를 근사화한다. 따라서 방호계층분석에 의한 결과는 정량적 위험평가결과에 비하여 보수적이다. 만약 방호계층분석으로 한 결과가 만족스럽지 못할 경우나 불확실성이 존재하는 경우에는 정량적인 위험평가를 수행하여야 한다.

그러나 완벽하게 작동하는 방호층이 없기 때문에 허용 가능한 피해범주까지 위험을 낮추기 위하여 여러 개의 방호층을 공정에 도입해야 하며, 방호계층분석단계는 다음과 같다.

① 1단계 : 시나리오 작성을 위하여 영향 확인 및 스크린으로 사람과 환경에 미치는 크기이다.

② 2단계 : 사고시나리오 선정으로 한 가지 원인-결과로 구성한다.

③ 3단계 : 개시사건 정의 및 그 빈도를 산정한다.

④ 4단계 : IPL 확인 및 각 IPL의 PFD를 계산하며 기존의 Safeguard가 IPL요구조건을 만족하는 것을 확인한다.

⑤ 5단계 : 시나리오의 최종사고빈도를 계산하며 개시사건의 빈도와 독립된 방호층의 빈도를 결합하여 최종빈도를 계산한다.

⑥ 6단계 : 사고영향과 최종빈도를 도식적으로 표현한다.

⑦ 7단계 : 위험의 허용 여부 결정과 허용되지 않을 경우 새로운 방호층이 필요하다.

2. 독립방호계층(IPL : Independent Protection Layer)

초기사고나 사고시나리오와 관련한 다른 어떤 방호계통의 작동과는 관계없이 원하지 않는 결과로 전개되는 것으로부터 사고를 방화할 수 있는 장치나 시스템 또는 동작을 말한다. 독립적이라는 것은 방호계층의 성능이 초기사고의 영향을 받지 않고 다른 방호계층의 고장으로 인한 영향을 받지 않는다는 것을 말한다.

Section 122 **열매체의 요건과 선정 시 고려사항**

1. 열매체의 요건

① 비열, 열전도도 및 잠열이 클 것

② 점도 및 유동점이 낮을 것

③ 증기압이 낮고 비점이 높을 것

④ 인화점 및 자연발화점이 높을 것

⑤ 화학적 및 열적으로 안정하고 부식성이 없을 것

⑥ 가열 및 냉각의 온도범위가 광범위할 것

⑦ 공정물질과 접촉 시 반응을 일으키지 않을 것

⑧ 공기 및 물과 접촉 시 산화하지 않을 것

⑨ 독성이 없고 환경오염성이 적을 것

⑩ 가격이 저렴할 것

2. 열매체의 선정 시 확인사항

① 고온에서 사용하여 분해되면 열매체의 특성이 상실되므로 최대사용온도 이상에서 사용 여부

② 열화되면 열매체의 수명이 단축되므로 물, 습기 또는 산소 등과 접촉 시 열화(Degradation) 여부(특히 실리콘이 주성분인 열매체는 산화안정성이 있으나 장시간 공기 중에 노출되면 휘발성 물질로 분해됨)

③ 열매체가 인화성이 있는 경우에 화재위험성 여부

④ 유기물과 반응하여 폭발할 위험성이 있는지 여부(아질산나트륨 등은 유기물과 반응하여 폭발함)

⑤ 열화에 따른 오염으로 인하여 설비의 가동 정지 또는 보수기간에 영향을 주는지 여부

⑥ 인체와 접촉 시 눈·피부, 호흡장애를 유발할 가능성이 있는지 여부

3. 열매체의 적용 대상

열매체를 공업적으로 사용할 수 있는 대상은 다음과 같다.

① 석유정제공업　　　　　　　② 화학 및 석유화학공업
③ 고무, 플라스틱 및 제지공업　④ 합성섬유제조공업
⑤ 의약품제조공업　　　　　　⑥ 알키드페인트 및 레진제조공업
⑦ 식품공업　　　　　　　　　⑧ 해양석유 및 가스시추설비
⑨ 기타 : 폐열회수, 금속가공 및 열처리, 표면처리 및 경화(Curing), 화학제품 운반선, 아민류 및 글리콜류 재생리보일러, 브리인액 농축 및 증류

4. 열매체시스템의 특성

(1) 액상 시스템의 특성

① 상변화가 없어 온도를 일정하게 유지할 수 있다.

② 압력변화에 따른 온도변화가 적다.

③ 균일하고 신속한 열전달이 가능하며 하나의 열매체 모관에서 지관을 통하여 운전온도조건에 따라 여러 곳에 사용하는 경우 유리하다.

④ 최대사용온도 이내에서 조업하면 열매체의 열분해 가능성이 거의 없으므로 벤트를 최소화할 수 있다.

⑤ 액상은 일반적으로 저압의 조건에서 사용되므로 설비투자비가 저렴하다.

⑥ 액상으로 사용되므로 설비의 크기를 축소할 수 있어 설비투자비가 저렴하다.

⑦ 기·액상 시스템용 열매체를 액상 시스템에도 사용할 수 있으나 정상 비점 이상에서 사용하는 경우 가압장치가 필요하다.

(2) 기·액상 시스템의 특성

① 증발잠열을 이용함으로써 단위질량당 열전달능력이 크다.
② 시스템 내에 열매체의 저장량이 작다.

5. 열매체의 종류

대부분의 열매체는 다환방향족류이며, 일부는 실리콘 함유 탄화수소 또는 무기염류를 사용하고 있다.

(1) 액상 시스템용 열매체

1) 일반용 열매체

① 사용온도는 일반적으로 150~300℃의 범위이다.
② 대부분 정제된 광유(Mineral oil)를 사용한다.
③ 낮은 온도에서는 염화칼슘용액, 메탄올, 글리콜수용액, 다우섬(Dowtherm), 실섬(Syltherm) 등이 사용된다.

2) 글리콜수용액

① 사용온도는 -50~180℃의 범위이다.
② 용기의 자켓, 배관트레이싱 등 2차 냉각 및 가열용으로 주로 사용된다.
③ 65℃ 이상에서는 글리콜이 산화되므로 밀폐계에서 사용하며 글리콜의 산화 방지를 위하여 질소를 충전하는 것이 바람직하다.
④ 주로 에틸렌글리콜과 프로필렌글리콜계가 사용된다. 다만, 식품공업에서는 에틸렌글리콜의 독성으로 프로필렌글리콜을 사용하는 것이 바람직하다.
⑤ 열매체시스템의 재질로는 강철, 연철, 구리 및 청동 등을 사용하나 한 시스템에 이종금속을 사용하면 갈바닉부식 가능성이 있으므로 이종금속을 한 시스템에 사용하여서는 아니 된다.

3) 고온용 열매체

① 사용온도는 275~375℃의 범위이나, 330℃ 이상에서 사용하는 경우는 드물다.
② 고온용 열매체는 합성파라핀, 디아릴알칸(Diaryl alkane), 폴리페닐유도체(Polyphenyl derivatives), 아릴에테르(Aryl ether), 디메틸실록산폴리머(Dimethyl siloxane

polymer)계 등이 있다.

③ 질산나트륨, 아질산나트륨, 아질산칼륨 등의 무기염류는 530℃까지 사용할 수 있으며, 이러한 열매체는 비가연성, 열적 안정성, 비휘발성이나 부식성을 가지고 있다.

④ 고온용 열매체를 선정·사용하는 경우 공급자와 충분히 상의하는 것이 필요하다.

(2) 기·액상 시스템용 열매체

주로 알킬화방향족 화합물(Alkylated aromatics), 디페닐계 및 디페닐산화물(Diphenyl Oxide)의 혼합물이 사용된다.

6. 열매체설비의 설계 시 고려사항

(1) 열매체시스템의 설계요소

열매체시스템의 설계 시 고려해야 할 요소는 다음과 같다.

① 공정의 형태(회분식 또는 연속식) ② 가열온도범위 및 최고온도
③ 수증기 등 유틸리티의 가용 정도   ④ 공정제어
⑤ 부대설비의 크기   ⑥ 공정위험성평가
⑦ 최대부하 및 최소부하   ⑧ 배관의 열손실
⑨ 향후 증설의 필요성   ⑩ 인명, 재산 및 환경영향
⑪ 열매체의 선정 및 물성

(2) 계기 및 제어계통

열매체의 운전에서 가장 중요한 변수는 온도이므로 다음 사항이 고려되어야 한다.

① 유체의 양, 출구온도에 따른 가열로의 온도제어특성

② 각 사용처별 개별적인 온도제어방법

(3) 재질 선정

열매체의 특성, 운전온도 및 운전압력은 다음을 참고하여 재질을 선정한다.

① 일반적으로 탄소강을 사용하며 저온취성을 고려한다.

② 알루미늄, 황동 및 청동은 가능하면 사용하지 않는다.

③ 구리 및 구리합금은 공기의 차단이 완벽할 경우에만 사용할 수 있다.

④ 오스테나이트계 스테인리스강은 염소에 의한 오염 우려가 있을 경우 통상 염소의 농도가 50ppm 이상에서는 사용하지 않는다.

⑤ 비교적 고온에서 사용되므로 패킹 또는 시일 이외에 합성수지나 합성고무재질을 사용하

는 것은 바람직하지 않다.

Section 123 충격감도와 증기위험지수

1. 충격감도(Impact Sensitivity)

물질이 고체인 경우에는 최소발화에너지에 의한 발화특성의 위험성지표를 구하기가 어렵다. 따라서 고체성 폭발성 물질과 같은 것은 일정한 무게의 물체를 낙하시켜 충격에 의해 에너지를 주어 이에 의한 발화성을 알아보는 것으로 낙하물체의 높이를 변화시키는 것에 따라 에너지를 변화시키지만, 에너지의 절대값은 구할 수 없고 상대적인 비교만을 행하는 것으로 이를 충격감도라 한다.

2. 증기위험도지수(VHI)

증기위험도지수(VHI : Vapor Hazard Index)는 허용농도와 포화증기농도의 비로서 다음과 같다.

$$VHI = \frac{P_{max}}{760} \times \frac{105}{AC}$$

여기서, P_{max} : 포화증기압(mmHg), AC : 허용농도(ppm)

용제분자가 공기 중에 포화하였을 때 허용농도의 몇 배로 되는가를 나타내는 값으로 유기용제의 잠재적인 위험성을 평가하는 데 적합하다.

Section 124 화학물질의 유해성조사를 위한 문헌조사 시 포함할 사항

1. 신규화학물질의 안전·보건에 관한 자료

① 신규화학물질의 안전·보건에 관한 자료에 포함돼야 할 사항은 다음과 같다.
- 화학제품과 사업장에 대한 정보
- 물리·화학적 특성
- 폭발 및 화재 시 방재요령
- 취급 및 저장 시 주의사항
- 위험·유해성정보
- 독성학적 정보
- 폐기 시 고려사항
- 관련 법 및 규정에 대한 정보
- 화학물질의 명칭, 성분 및 함량
- 응급조치요령

- 누출, 사고 시의 대책
- 노출 방지대책 및 개인보호구
- 안전성 및 반응성
- 환경에 미치는 영향
- 운송 시 주의사항
- 그 밖의 사항(작성자, 작성일시 등)

② 수입 시 외국의 사업주로부터 신규화학물질의 안전·보건에 관한 자료를 제공받는 경우 그에 관한 내용을 검토·평가하고, 그 내용이 위의 규정을 만족하는 경우에는 자료의 원본과 한글번역본을 함께 제출할 수 있다.

2. 신규화학물질의 제조 또는 사용·취급방법을 기록한 서류

① 제조의 경우에는 해당 물질의 공정별 생성과정, 취급근로자의 노출상태 및 최종생성물의 유통경로 등 그 내용을 상세히 적는다.

② 수입의 경우에는 해당 물질의 사용·취급을 위한 운송방법, 공정별 사용과정, 취급근로자의 노출상태 등 그 내용을 상세히 적는다.

3. 제조 또는 사용공정도

① 제조의 경우에는 원료의 투입지점에서부터 해당 물질이 생산되기까지의 모든 공정의 흐름도와 공정별 흐름도를 작성한다.

② 수입의 경우에는 해당 화학물질을 사용하는 모든 공정의 흐름도와 공정별 흐름도를 작성한다(사용 및 취급공정이 여러 가지인 경우에는 대표적인 공정을 둘 이상 적는다).

Section 125 인화성 액체를 저장하는 탱크(원추형 지붕, 유동형 지붕)에서의 정전기 완화대책

1. 저장탱크

인화성 액체를 저장하는 탱크(원추형 지붕 및 유동형 지붕탱크)에서의 정전기 완화조치는 다음과 같다.

① 인화성 액체의 주입 시에는 액체면 위에서 분사하는 주입방식은 금하여야 한다(원유와 같이 정전기가 잘 축적되지 않는 물질은 제외한다).

② 주입배관의 주입구는 가능한 한 탱크 바닥 가까이 수평방향으로 설치하되, 주입 시에는 탱크 바닥의 찌꺼기나 물 등의 소용돌이가 일어나지 않도록 하여야 한다.

③ 전하의 발생은 유속과 관계되므로 가능한 저속으로 주입하되, 주입구가 완전히 잠길 때

까지는 1m/s 이하로 유지하는 것이 좋다.

④ 폭발성 증기가 차 있는 탱크 내에 인화성 액체를 충전하고자 할 경우에는 사전에 폭발성 증기를 배출시키는 등의 안전조치를 취한 후 실시해야 한다.

⑤ 인화성 액체 중에 물 등의 불순물이 섞여 있을 경우에는 정전기의 발생량이 많아지므로, 이들을 제거하고 취급하는 것이 바람직하다.

⑥ 탱크 상부의 맨홀이나 개구부를 통하여 계량(Gauge)이나 시료채취를 하여서는 안 된다. 단, 다음의 안전조치가 취해진 경우에는 예외로 한다.

　　㉠ 물질의 특성이나 탱크용량에 따라 다소 차이는 있으나, 정전기가 충분히 완화될 수 있도록 주입 후 30분 이상의 정치시간을 둔 후 계량 등의 작업을 하는 경우

　　㉡ 탱크 바닥까지 연장되어 있는 사운딩파이프(Sounding pipe)를 이용하는 경우

　　㉢ 계량도구 등은 비도전성 물질로 된 것을 사용하는 것이 원칙이며, 부득이 도전성 재질을 사용할 경우에는 탱크 개구부의 금속 부분과 도전성 물질을 직접 접촉시켜야 하며, 만약 이것이 곤란할 경우에는 탱크와 도전성 물질을 상호 본딩시키는 등의 조치를 취해야 한다.

Section 126 화학공장에서 대형사고를 예방하기 위한 장 · 단기 안전대책

1. 폭발대책으로서의 안전설계

(1) 예방대책(Preventive System)

① 가연조건의 성립의 저지를 위해 연소범위 내의 혼합기를 제어한다.
② 발화의 저지를 위해 발화원을 제어한다.

(2) 긴급대책(Active Fire Protection System)

① 이상 발견 : 압력센서, 온도센서, 농도센서를 점검한다.
② 경보 : 경보의 필요성, 경보의 시기, 경보방법 및 내용, 경보의 효과에 대해 검토한다.
③ 폭발 저지 : 환기속도 증대로 가연성 혼합기 형성의 방지, 불활성 기체 도입으로 공간 내 농도조건변화, 소화제 살포로 발화하더라도 화염전파 방지를 확인한다.
④ 피난 : 긴급대책 수립에 관계없는 사람은 안전한 곳으로 피난, panic 방지, 피난순서 및 경로 지정을 한다.

(3) 방호대책(Passive Fire Protection System)

사고가 발생한 경우 피해를 줄이기 위해 설치하는 시스템이 방호시스템이다.

① 압력 상승의 억제 : 방압시스템은 충분한 속도로 기체를 방출시킬 수 있어야 한다. 예로 버스팅디스크, 폭발문, 취약벽 등이 있다.

② 화염 및 폭굉파의 확대 저지 : 폭굉 중단형 폭굉억지기, 건식 역화방지기, 소화제 살포장치 등이 있다.

③ 내폭벽과 안전거리 : 폭발 발생 가능성 있는 설비 부근에 구조물이나 사람의 배치가 필요할 때 내폭벽 설치와 폭발이 발생하더라도 중대피해를 입지 않는 거리가 안전거리이다.

④ 방화벽

⑤ 방화구획화

⑥ Fire Stopping

2. 폭발제어방식의 기본개념과 방호시스템

(1) 폭발제어방식의 기본개념

① 위험한 환경의 제어(불활성화) : 인화성 혼합물을 비가연성으로 만들 수 있는 환경으로 전환하고 불활성 기체를 투입하여 인화성 혼합물 형성을 방지하며 산소농도를 MOC 이하로 낮춘다. 대부분 인화성 가스의 MOC는 10%, 분진은 8% 정도, 이상상태를 고려하여 불활성화에 필요한 산소농도는 MOC보다 4% 이상 낮게 유지해야 한다.

② 발화원의 제거 : 모든 발화원의 제거는 어려우나, 정전기는 반드시 제거해야 한다.

③ 방폭기 기화 : 폭발이 발생할 수 있는 곳에 불꽃이나 폭발에 견디거나 발생시키지 않는 본질안전방폭구조와 같은 전기장치를 설치한다.

(2) 폭발방호대책의 진행방법

Fail Safe를 기본으로 복잡하지 않은 연구법 채용

① 가연성 가스·증기의 위험성 검토

② 폭발방호대상의 결정

③ 폭발의 위력과 피해 정도의 예측

④ 폭발화염의 전파 확대와 압력 상승의 방지(피해의 국한화)

⑤ 폭발에 의한 피해의 확대 방지(주변 환경에 대한 방호)

Section 127 공정안전보고서 제출대상과 유해·위험물질로 제출대상이 될 경우 인화성 가스와 인화성 액체의 규정량(kg)

1. 공정안전보고서 제출대상 사업장(산업안전보건법 시행령 제43조, [시행 2021.4.1.])

① 법 제44조 제1항 전단에서 "대통령령으로 정하는 유해하거나 위험한 설비"란 다음 각 호의 어느 하나에 해당하는 사업을 하는 사업장의 경우에는 그 보유설비를 말하고, 그 외의 사업을 하는 사업장의 경우에는 [별표 13]에 따른 유해·위험물질 중 하나 이상의 물질을 같은 표에 따른 규정량 이상 제조·취급·저장하는 설비 및 그 설비의 운영과 관련된 모든 공정설비를 말한다.

1. 원유정제처리업
2. 기타 석유정제물 재처리업
3. 석유화학계 기초화학물질제조업 또는 합성수지 및 기타 플라스틱물질제조업. 다만, 합성수지 및 기타 플라스틱물질 제조업은 [별표 13] 제1호 또는 제2호에 해당하는 경우로 한정한다.
4. 질소화합물, 질소·인산 및 칼리질화학비료제조업 중 질소질비료제조
5. 복합비료 및 기타 화학비료제조업 중 복합비료제조(단순혼합 또는 배합에 의한 경우는 제외한다)
6. 화학살균·살충제 및 농업용 약제제조업(농약 원제(原劑)제조만 해당한다)
7. 화약 및 불꽃제품제조업

2. 유해·위험물질 규정량(산업안전보건법 시행령 [별표 13], [시행 2021.4.1.])

유해·위험물질 규정량은 [표 3-37]과 같다.

[표 3-37] 유해·위험물질 규정량

번호	유해·위험물질	CAS번호	규정량(kg)
1	인화성 가스	–	제조·취급 : 5,000(저장 : 200,000)
2	인화성 액체	–	제조·취급 : 5,000(저장 : 200,000)
3	메틸 이소시아네이트	624–83–9	제조·취급·저장 : 1,000
4	포스겐	75–44–5	제조·취급·저장 : 500
5	아크릴로니트릴	107–13–1	제조·취급·저장 : 10,000
6	암모니아	7664–41–7	제조·취급·저장 : 10,000
7	염소	7782–50–5	제조·취급·저장 : 1,500

번호	유해·위험물질	CAS번호	규정량(kg)
8	이산화황	7446-09-5	제조·취급·저장 : 10,000
9	삼산화황	7446-11-9	제조·취급·저장 : 10,000
10	이황화탄소	75-15-0	제조·취급·저장 : 10,000
11	시안화수소	74-90-8	제조·취급·저장 : 500
12	불화수소(무수불화수소산)	7664-39-3	제조·취급·저장 : 1,000
13	염화수소(무수염산)	7647-01-0	제조·취급·저장 : 10,000
14	황화수소	7783-06-4	제조·취급·저장 : 1,000
15	질산암모늄	6484-52-2	제조·취급·저장 : 500,000
16	니트로글리세린	55-63-0	제조·취급·저장 : 10,000
17	트리니트로톨루엔	118-96-7	제조·취급·저장 : 50,000
18	수소	1333-74-0	제조·취급·저장 : 5,000
19	산화에틸렌	75-21-8	제조·취급·저장 : 1,000
20	포스핀	7803-51-2	제조·취급·저장 : 500
21	실란(Silane)	7803-62-5	제조·취급·저장 : 1,000
22	질산(중량 94.5% 이상)	7697-37-2	제조·취급·저장 : 50,000
23	발연황산(삼산화황 중량 65% 이상 80% 미만)	8014-95-7	제조·취급·저장 : 20,000
24	과산화수소(중량 52% 이상)	7722-84-1	제조·취급·저장 : 10,000
25	톨루엔 디이소시아네이트	91-08-7, 584-84-9, 26471-62-5	제조·취급·저장 : 2,000
26	클로로술폰산	7790-94-5	제조·취급·저장 : 10,000
27	브롬화수소	10035-10-6	제조·취급·저장 : 10,000
28	삼염화인	7719-12-2	제조·취급·저장 : 10,000
29	염화벤질	100-44-7	제조·취급·저장 : 2,000
30	이산화염소	10049-04-4	제조·취급·저장 : 500
31	염화티오닐	7719-09-7	제조·취급·저장 : 10,000
32	브롬	7726-95-6	제조·취급·저장 : 1,000
33	일산화질소	10102-43-9	제조·취급·저장 : 10,000
34	붕소 트리염화물	10294-34-5	제조·취급·저장 : 10,000
35	메틸에틸케톤과산화물	1338-23-4	제조·취급·저장 : 10,000
36	삼불화붕소	7637-07-2	제조·취급·저장 : 1,000
37	니트로아닐린	88-74-4, 99-09-2, 100-01-6, 29757-24-2	제조·취급·저장 : 2,500
38	염소 트리플루오르화	7790-91-2	제조·취급·저장 : 1,000

번호	유해·위험물질	CAS번호	규정량(kg)
39	불소	7782-41-4	제조·취급·저장 : 500
40	시아누르 플루오르화물	675-14-9	제조·취급·저장 : 2,000
41	질소 트리플루오르화물	7783-54-2	제조·취급·저장 : 20,000
42	니트로 셀룰로오스(질소함유량 12.6% 이상)	9004-70-0	제조·취급·저장 : 100,000
43	과산화벤조일	94-36-0	제조·취급·저장 : 3,500
44	과염소산 암모늄	7790-98-9	제조·취급·저장 : 3,500
45	디클로로실란	4109-96-0	제조·취급·저장 : 1,000
46	디에틸 알루미늄염화물	96-10-6	제조·취급·저장 : 10,000
47	디이소프로필 퍼옥시디카보네이트	105-64-6	제조·취급·저장 : 3,500
48	불화수소산(중량 10% 이상)	7664-39-3	제조·취급·저장 : 10,000
49	염산(중량 20% 이상)	7647-01-0	제조·취급·저장 : 20,000
50	황산(중량 20% 이상)	7664-93-9	제조·취급·저장 : 20,000
51	암모니아수(중량 20% 이상)	1336-21-6	제조·취급·저장 : 50,000

※ 비고
1. "인화성 가스"란 인화한계 농도의 최저한도가 13% 이하 또는 최고한도와 최저한도의 차가 12% 이상인 것으로서 표준 압력(101.3kPa)에서 20℃에서 가스상태인 물질을 말한다.
2. 인화성 가스 중 사업장 외부로부터 배관을 통해 공급받아 최초 압력조정기 후단 이후의 압력이 0.1MPa(계기압력) 미만으로 취급되는 사업장의 연료용 도시가스(메탄중량성분 85% 이상으로 이 표에 따른 유해·위험물질이 없는 설비에 공급되는 경우에 한정한다)는 취급규정량을 50,000kg으로 한다.
3. 인화성 액체란 표준 압력(101.3kPa)에서 인화점이 60℃ 이하이거나 고온·고압의 공정운전조건으로 인하여 화재·폭발위험이 있는 상태에서 취급되는 가연성 물질을 말한다.
4. 인화점의 수치는 태그밀폐식 또는 펜스키마르테르식 등의 밀폐식 인화점측정기로 표준 압력(101.3kPa)에서 측정한 수치 중 작은 수치를 말한다.
5. 유해·위험물질의 규정량이란 제조·취급·저장설비에서 공정과정 중에 저장되는 양을 포함하여 하루 동안 최대로 제조·취급 또는 저장할 수 있는 양을 말한다.
6. 규정량은 화학물질의 순도 100%를 기준으로 산출하되, 농도가 규정되어 있는 화학물질은 그 규정된 농도를 기준으로 한다.
7. 사업장에서 다음 각 목의 구분에 따라 해당 유해·위험물질을 그 규정량 이상 제조·취급·저장하는 경우에는 유해·위험설비로 본다.
   ① 한 종류의 유해·위험물질을 제조·취급·저장하는 경우 : 해당 유해·위험물질의 규정량 대비 하루 동안 제조·취급 또는 저장할 수 있는 최대치 중 가장 큰 값$\left(\dfrac{C}{T}\right)$이 1 이상인 경우
   ② 두 종류 이상의 유해·위험물질을 제조·취급·저장하는 경우 : 유해·위험물질별로 가목에 따른 가장 큰 값$\left(\dfrac{C}{T}\right)$을 각각 구하여 합산한 값(R)이 1 이상인 경우 그 계산식은 다음과 같다.

$$R = \frac{C_1}{T_1} + \frac{C_2}{T_2} + \cdots + \frac{C_n}{T_n}$$

주) C_n : 유해·위험물질별(n) 규정량과 비교하여 하루 동안 제조·취급 또는 저장할 수 있는 최대치 중
　　　가장 큰 값

T_n : 유해·위험물질별(n) 규정량

8. 가스를 전문으로 저장·판매하는 시설 내의 가스는 이 표의 규정량 산정에서 제외한다.

Section 128 박막폭굉

1. 개요

박막폭굉(Film Detonation)은 고압의 공기배관이나 산소배관 중에 윤활유가 박막상태로 존재할 때 박막의 온도가 인화점 이하이더라도 어떤 원인으로 여기에 높은 에너지를 가지는 충격파를 보내면 관벽에 부착되어 있던 윤활유가 무화되어 폭굉으로 변하는 현상이다.

2. 특징

압력유나 윤활유는 가연성이긴 하나 인화점이 상당히 높아 보통상태에서는 연소가 어려우나, 이것이 공기 중에 분무시킨 경우 mist폭발을 일으킬 수 있다. 박막폭굉도 분무폭발과 유사한 현상이라 할 수 있다.

Section 129 산업안전보건법상 위험 방지가 특히 필요한 작업

1. 유해·위험 방지를 위한 방호조치가 필요한 기계·기구(산업안전보건법 시행령 [별표 20], [시행 2021.1.16.])

유해·위험 방지를 위한 방호조치가 필요한 기계·기구는 다음과 같다.

1. 예초기
2. 원심기
3. 공기압축기
4. 금속절단기
5. 지게차
6. 포장기계(진공포장기, 래핑기로 한정한다)

Section 130 폭연과 폭굉

1. 폭연(Deflagration)

화염전파속도가 음속보다 느린 것을 말하는데, 정상적인 화염전파속도는 0.1~10m/s이며, 밀폐용기속의 초기 폭발압력은 7~8kgf/cm²이다.

2. 폭굉(Detonation)

화염전파속도가 음속보다 빠른 것(초음속)을 말하는데, 충격파에 의해 유지되는 화학반응으로 파면선단에 충격파가 진행되고 폭굉 시 충격파의 전파속도 1,000~3,500m/s 정도이며, 이때의 압력은 약 1,000kgf/cm² 정도가 된다.

Section 131 안전밸브의 Lift에 따른 분류

1. 개요

안전밸브(Safety valve)라 함은 밸브 입구 쪽의 압력이 설정압력에 도달하면 자동적으로 스프링이 작동하면서 유체가 분출되고 일정압력 이하가 되면 정상상태로 복원되는 밸브를 말한다.

2. 안전밸브의 Lift(밸브 본체가 밀폐된 위치에서 분출량결정압력의 위치까지 상승했을 때의 수직방향 치수)에 따른 분류

① 저양정 안전밸브(Ordinary Safety Valve) : 양정(Lift)이 밸브시트지름의 1/40 이상 1/15 미만인 것을 말한다.

② 고양정 안전밸브(High Lift Safety Valve) : 양정이 밸브시트지름의 1/15 이상 1/7 미만인 것을 말한다.

③ 전양정 안전밸브(Full Lift Safety Valve) : 양정이 밸브시트지름의 1/15 이상으로, 밸브시트 지름의 1/7이 열렸을 때 발생하는 증기통로면적보다 기타 부분의 증기통로 최소면적을 10% 이상 크게 해서는 안 된다.

④ 전량 안전밸브(Full Bore Safety Valve or Maxiflow Safety Valve) : 밸브시트지름이 노즐 목 부분 지름의 1.15배 이상의 것으로, 디스크가 열렸을 때 밸브시트부의 증기통로면

적을 최소로 한 경우에도 목 부분 면적의 1.05배 이상으로 하며, 밸브 입구면적 등은 목 부분 면적의 1.7배 이상인 것을 말한다.

Section 132 열교환기의 용도를 사용목적과 상태에 따라 분류

1. 개요

열교환기는 양 유체 간에 열에너지를 유효하게 전도와 대류의 열전달을 통하여 이동시키는 기기로서 석유화학공업, 일반화학공업 및 식품설비 등에서 많이 사용되고 있는 설비이다. 이 것은 사용목적상 고온물질의 열을 재이용하기 위하여 회수하는 목적과 반응을 제어하기 위하여 온도조건을 유지하는 역할을 하며, 하나의 유체흐름에서 또 다른 흐름으로의 열전달을 이루는 장치로 뜨거운 유체에서 찬 유체로 열을 전달하여 뜨거운 유체의 에너지를 감소시키고 찬 유체의 에너지를 증가시키는 장치를 말한다.

열교환기는 여러 다른 형태로 제작되며 화력발전소·핵발전소, 가스터빈, 가열장치, 공기조절기, 냉동장치, 화학산업 등 다방면의 기술에 광범위하게 사용된다. 특별한 형태의 열교환기가 인공위성과 우주선을 위해 개발되었는데, 이들 열교환기는 특별한 목적을 위해 쓰일 때는 다른 이름들로 불린다. 따라서 보일러, 증발기, 과열기, 응축기, 냉각기 등이 모두 열교환기를 의미한다.

2. 열교환기의 용도를 사용목적과 상태에 따라 분류

(1) 사용상의 종류

① 가열기(Heater) : 유체를 가열하여 필요한 온도까지 유체온도를 상승시키는 목적으로 사용하는 열교환기로, 피가열유체의 상변화는 일으키지 않는다. 가열원은 스팀 또는 장치 중의 폐열유체가 사용된다. 일반적으로 Steam을 가열원(Heating source)으로 사용할 경우에는 Steam이 갖는 잠열을 피가열유체에 주어서 가열하는 수가 많고, Steam은 이것 때문에 응열하여 유체가 된다. 즉 상변화를 일으킨다.

② 예열기(Preheater) : 유체를 가열하여 유체온도를 상승시키는 목적에 사용하는 점에서는 가열기와 동일하지만 유체에 미리 열을 가함으로써 다음 조작으로 효율을 양호하게 하기 위해 사용하는 열교환기이다.

③ 과열기(Super-Heater) : 유체를 가열하며 유체온도를 상승시키는 목적에 사용하는 점에서는 가열기와 동일하지만 유체를 재차 가열하여 과열상태로 하기 위해 사용하는 열교

환기로, 일반적으로 유체는 기체상태이다.

④ 증발기(Vaporizer or Evaporator) : 유체를 가열하여 잠열을 주어 증발시켜서 발생한 증기를 사용하는 목적의 열교환기와 증기를 제거한 나머지의 농축액을 사용하는 목적의 열교환기로, 피가열유체는 액체에서 기체로 변한다. 즉 상변화를 일으킨다.

⑤ 리보일러(Re-boiler) : 장치 중에서 응축한 액체를 재차 가열하여 증발시킬 목적으로 사용되는 열교환기이다. 장치조작상 발생한 증기만을 송출할 목적으로 사용되는 열교환기와 유체 및 발생한 증기의 혼합유체를 농출할 목적으로 사용하는 열교환기가 있다.

⑥ 냉각기(Cooler) : 유체를 냉각하여 필요한 온도까지 유체온도를 강하시키는 목적에 사용하는 열교환기로, 피냉각유체의 상변화는 없다. 냉각원은 하수, 우물물, 해수 등이 사용되고 있지만, 최근 냉각수의 부족으로 공기를 사용하는 경우도 있다.

⑦ 침냉기(Chiller) : 유체를 냉각하여 필요한 온도까지 유체온도를 강하시키는 점에서는 냉각기와 동일하지만, 유체냉각온도는 냉각기가 대기온도 전후인 것에 대해, 침냉기는 빙점 이하인 대단히 저온까지 냉각시키는 목적에 사용되는 열교환기이다. 냉각원은 액체 암모니아, 액체프레온 등의 냉매를 사용하며 피냉각유체에서 기화열을 탈취하여 액체에서 기체로 변한다.

⑧ 응축기(Condenser) : 응축성 기체를 냉각하여 잠열을 탈취하여 변화시키는 목적에 사용되는 열교환기로, 피냉각체는 기체에서 변한다. Steam을 응축시켜서 물로 만드는 열교환기는 복수기라고 한다.

⑨ 열교환기(Heat Exchanger) : 열교환기는 두 유체 간 열교환을 시켜서 동시에 한쪽을 가열, 다른 쪽을 냉각시키는 목적에 사용하는 기기이다.

(2) 구조상의 종류

사용목적에 따라 조작상태에 적합한 성능을 발휘하게끔 그 형식에 의해 분류된다. 이 중 관형상의 열교환기는 전열부에 관을 사용하는 열교환기이다.

1) 다관 원통형 열교환기

다관 원통형 열교환기는 화학장치에서는 가장 널리 사용되고 있는 열교환기로서, 저장은 물론 고압까지 저온 및 고온에 관계없이 재료의 허용사용범위 내에서 가열냉각 및 증발 응축의 모든 용도에 적용할 수 있으므로 신뢰도가 높고 효율도 좋다. 보통 전열관을 수평으로 한 수평형(Horizontal)으로 사용되지만, 설치면적에 제한을 받을 경우, 증발조작을 행할 경우, 기타 전열관을 수직으로 하는 것이 성능상 유리한 경우에는 수직형(Vertical)을 사용한다.

구분은 다수의 전열관을 관판에 용접 등으로 고정시킨 관 속을 원관용기에 삽입한 구조이며, 관판과 동과의 연결 부분의 형식에 따라 고정관판식, 유동두식, U자관식으로 나누어진다.

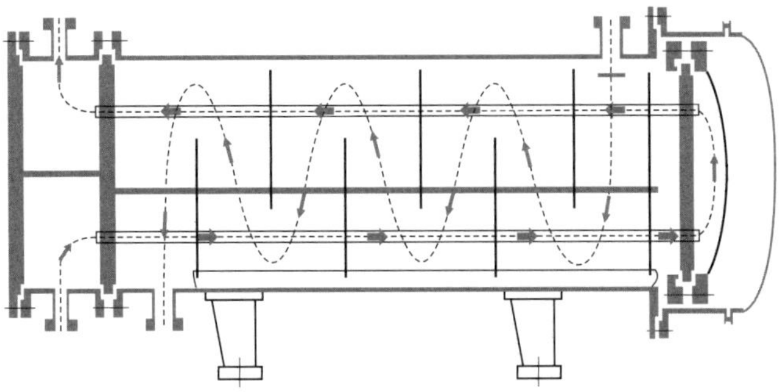

[그림 3-54] 다관 원통형 열교환기(AES type)의 원리

① 고정관판식 : 양측의 관판은 동에 용접 또는 기타의 방법으로 고정되고, 전열관은 고정관판에 용접 등의 방법으로 장착되어 있다. 동측의 청소를 할 수 없으므로 오염이 심한 유체나 부식성이 있는 유체를 동부에 흘리려면 적합하지 않다. 다관 원통형 열교환기 중에서도 가장 간단한 형식이며 제작비가 싸므로 동측의 오염이 적은 경우에는 유리하다. 동측, 관측 양 유체의 온도차가 100℃ 이상 되는 경우 또는 온도차가 적어도 동과 전열관의 재질이 다르고 동과 관의 온도변화에 의한 늘어난 길이의 차가 커지는 경우에는 동에 신축이음을 설치할 필요가 있다.

② 유동두식 : 전열관은 고정관판 및 유동관판에 용접 등으로 고정되어 있다. 몸체와 관속은 열팽창에 대해서는 자유이며, 관속은 쉽게 삽입 또는 반출할 수 있다. 오염이 많은 유체는 관측에 양 유체가 같은 정도의 오염성이라면 장력이 높은 쪽을 관측에 흘린다. 이것은 관측이 청소가 쉬우며 관측에 고압유체를 흘리는 것이 구조적으로 염가로 될 수 있기 때문이다. 또 부식성의 유체도 관측에 흘린다. 이 형식의 열교환기는 설계조건 및 운전조건에 대해 가장 융통성이 크지만 구조가 복잡하고 가격이 높은 단점이 있다.

③ U자관식 : 전열관을 U자형으로 굽혀 관단을 관판에 부착시킨 것이다. 몸체와 관은 별개로 되어 있으므로 열팽칭에 대한 고려는 필요가 없다. 관판도 고정관판만으로 되므로 유동두식보다 구조가 간단하고 가격도 비교적 싸게 된다. 그러나 몸체의 청소는 관속의 방출은 쉬우나, 관내는 U자관이므로 청소가 곤란하다. 따라서 관측유체는 오염이 적은 것이라야 한다. 또 전열관의 구조로 관의 교환은 외측을 빼고 내부의 일부분만을 행할 수는 없다. 보통 U자관의 굽힘의 최소반경은 전열관 외경의 2배로 하고 있다. 보통 굽힘가공 후의 관의 살두께의 감소는 피할 수가 없으므로 직관의 경우보다는 두꺼운 전열관을 사용해야 하는 단점이 있다.

2) 이중관식 열교환기

외관 속에 전열관을 동심원상으로 삽입하여 전열관 내 및 외관통과의 환상부에 각각 유체를 흘려서 열교환시키는 구조의 열교환기이다. 구조는 비교적 간단하며 가격도 싸고 전열면적을 증가시키기 위해 직렬 또는 병렬로 같은 치수의 것을 쉽게 연결시킬 수가 있다. 그러나 전열면적이 증대됨에 따라 다관식에 비해 전열면적당 소요면적이 커지며 가격도 비싸게 되므로 전열면적이 20m2 이하의 것에 많이 사용된다. 이중관식 열교환기에서는 내관 및 외관의 청소점검을 위해 그랜드이음으로 전열관을 떼낼 수 있는 구조로 하는 수가 많다. 이 같은 구조에서는 열팽창, 진동 기타의 원인으로 이음 부분에서 몸체측 유체가 누설되는 수가 있으므로, 몸체측 유체는 냉각수와 같은 위험이 없는 유체 또는 저압유체를 흘린다. U자형 전열관과 관상 몸체 및 몸체커버로 이루어지며, 전열관은 온도에 의한 신축이 자유롭고 내관을 빼낼 수 있는 이중관 헤어핀형 열교환기가 있다. 또 전열효과를 증가시키기 위해 전열관 외면에 핀을 부착시킨 것도 있다.

① 원리 및 구조 : 이중관식 열교환기는 내부의 pipe(전열관)와 외부의 pipe(환상부)에 가열유체와 수열유체를 넣어 열교환시키는 것이다. 이러한 열교환기는 주로 공정유체의 입구온도와 출구온도의 차가 큰 경우에 주로 온도교차가 되는데, 이러한 경우는 최적이라 할 수 있다.

② 특징 및 효과 : 이중관식 열교환기는 고온, 고압유체에도 적합한 구조로 되어 있다. 그리고 열교환의 외관유체가 오염이 커서 청소가 필요한 경우는 U자관 또는 직관으로 열교환관을 분리할 수 있는 구조로 사용하고 열교관의 Return bend 부분에 Flange 또는 Union 등을 달아 사용한다. 또한 절열관 전열면적의 증감이 자유롭다.

3) 단관식 열교환기

전열관에 직관을 사용하여 리턴밴드와 결합시켜 나선형으로 조립한 트롬본형 냉각기나 이것을 수평형(Horizontal)으로 하여 탱크 밑면 한쪽에 설치한 탱크가열기, 전열관을 코일상으로 감아서 용기 내에 삽입한 코일형 열교환기 등이 있다. 이들의 구조는 전열관 내에 고온, 고압 또는 부식성의 유체를 흘리는 수가 많다. 이 경우 누설의 염려는 전열관의 접속방법에만 주의하면 되며, 재질의 선정에는 관으로서만 고려하면 되므로 강관, 동관 등의 금속관을 위시하여 불침투성 흑연관, 합성수지관등의 비금속관에 이르기까지 광범위한 재질이 사용된다.

① 트롬본형 냉각기 : 냉각할 유체를 흘리는 수평식 열간상에 물을 적하시켜 관내유체를 냉각시키는 것이다. 직관과 벤드를 사용한 간단한 구조이며 여러 단으로 포개서 전열면적을 증가시킬 수가 있다. 관내유체의 누설의 염려가 적고, 누설되더라도 곧 알 수 있으므로 고압, 부용성 유체(진한 황산 등)의 냉각용에 적합하다. 오래전부터 각종 공

업에 널리 사용되고 있다.

② 탱크가열기:중유 등 점도가 높은 액체의 축조 밑면 한쪽에 전열관을 수평으로 배치
하여 가열유체를 관내에 흘려 저수조의 유체를 가열하는 구조의 열교환기로 가열유
체는 보통 스팀이 사용된다.

③ 코일형 열교환기:전열관을 코일상으로 감은 관 속을 원통용기 내에 수용하여 전열
관 내 유체와 용기 내 유체의 열교환을 행하게 하는 구조의 열교환기이다. 보통 전열
관 내에 고압, 고온의 유체를 흘리게 되지만 전열관 내의 청소가 곤란하므로 오염이
적은 유체인 것이 바람직하다. 이 형식의 열교환기에는 주목적이 따로 있어 열교환은
그 수단으로 사용되므로 보통 열교환기로 호칭되지 않는 것이 있다.

4) 공랭식 열교환기

냉각수 대신에 공기를 냉각유체로 하며 전열관의 외면에 팬을 사용하여 공기를 강제통
풍시켜 내부유체를 냉각시키는 구조의 열교환기이다. 공기는 전열계수가 매우 작으므로
보통 전열관에는 원주핀이 달린 관이 사용된다. 공랭식 열교환기에는 관 속에 공기를 삽
입하는 삽입 통풍형과 공기를 흡입하는 유인통풍형이 있다. 공랭식 열교환기는 냉각수
가 필요 없으므로(수원(水源) 확보의 필요가 없으므로) 최근 그 이용이 급격히 증가되
고 있다. 그러나 넓은 설치면적이 필요하고 건설비가 비싸며, 관속에서의 누설(漏洩)을
발견하기 어렵고 전열관의 교환이 곤란한 것 등 단점이 있다.

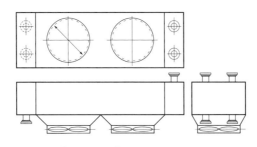

[그림 3-55] 공랭식 열교환기

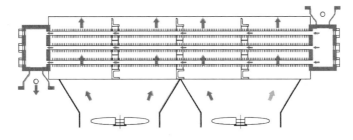

[그림 3-56] 공랭식 열교환기의 원리

5) 원통 다관식 열교환기

열교환기의 대표적인 것이라고 할 수 있으며, 화학장치에 있어서는 가장 널리 쓰이고 있다. 원리적으로는 [그림 3-57]과 같이 관판과 이것을 연결한 다수의 전열관 관속을 구성하며 그 주위를 원통형의 동치와 좌우의 뚜껑으로 밀폐형으로 되어 있다. 다관식은 취급하는 유체나 압력, 온도 등으로 여러 가지 형식인 것이 있으나, 종류에 따라서는 전열관과 동체를 분해할 수 없는 것도 있으므로 세정, 정비 등일 때는 주의가 필요하다.

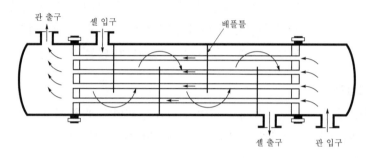

[그림 3-57] 재킷식 열교환기의 원리

Section 133 화학설비의 기능상실 정도를 나타내는 고장심각도 3가지

1. 고장모드

고장모드는 설비의 고장을 기능측면에서 분류하는 것이다. 예로서 펌프가 전동기 단락, 제어회로 고장 등의 원인에 의해 기동을 실패하였을 경우 고장모드는 기동실패가 되며, 펌프가 냉각실패, 베어링손상 등으로 가동 중 정지가 될 경우 고장모드는 가동 중 정지가 된다.

2. 고장심각도

고장심각도는 설비의 기능상실 정도를 나타내며 다음과 같이 구분한다.
① 기능상실:설비가 주어진 기능을 수행하지 못하는 경우에 해당한다. 펌프가 가동 중 정지하는 경우 등이 이에 해당한다.
② 기능저하:설비가 주어진 기능을 어느 정도 수행하나, 완전한 기능을 수행하지 못하는 경우가 이에 해당한다. 또한 기능저하상태를 그대로 두면 설비가 기능을 완전히 상실할 수 있다.
③ 고장징후 발생:설비가 정해진 기능을 수행하고 있으나, 진동이나 소음 등이 발생하여 적어도 다음 연차보수기간 내에는 보수가 수행되어야 하는 경우이다. 예로 펌프에 소음이

있다거나 밸브에 적은 균열이 있는 경우가 이에 해당한다.

3. 기타 사항

펌프와 동력구동밸브의 고장모드 및 고장심각도의 예는 [표 3-38], [표 3-39]와 같이 구분할 수 있다.

[표 3-38] 펌프의 고장모드와 고장심각도 예

설비종류	고장심각도	고장모드
펌프	기능상실	• 가동 중 정지(Fail while running) • 기동실패(Fail to start on demand) • 오작동기동(Spurious start/command fault)
	기능저하	• 외부누출(External leakage) • 진동 심함(high vibration) • 과열(Over-temperature) • 과전류(Over-curren)
	고장징후 발생	• 소음(Noise)

[표 3-39] 동력구동밸브의 고장모드와 고장심각도 예

설비종류	고장심각도	고장모드
동력구동 밸브	기능상실	• 열림실패(Fail to open) • 닫힘실패(Fail to closed) • 작동 안 됨(Fail to operate) • 오작동(Spurious operation) • 막힘(plugging) • 우연히 닫힘(Transfer closed)
	기능저하	• 외부누출(External leakage) • 내부누출(Internal leakage)
	고장징후 발생	• 소음(Noise) • 균열(Crack)

※ 각 설비별 고장모드의 분류는 KOSHA CODE P-21-98 점검·정비유지관리지침에 따른다.

Section 134   안전대책의 기본이 되는 Fail Safe System과 Fool Proof System의 차이점과 특징

1. 개요

본질안전의 기능 확보를 위한 개념으로 설계 시 반드시 반영해야 하는 사항이다.

2. 과실방지장치(Fool proof)

인간이 기계 등의 취급/조작을 잘못해도 그것이 바로 사고나 재해와 연결되는 일이 없도록 한 인간 위주로 설계한 장치를 말하며, 인간이 실수하기 어렵거나 방지하도록 고안된 설계방법으로 격리, 기계화, lock 등이다. 과실방지장치의 예는 다음과 같다.

① 회전기기의 회전부에 보호커버 설치, 보호커버 벗기면 운전 정지, 탈수기 운전 중 뚜껑 열면 정지
② 조작밸브의 시건장치
③ 스위치버튼의 배열을 조작 순으로 설치
④ 긴급차단장치의 정지버튼을 2단 조작방법으로 설치하여 인간의 실수로 작동되지 않도록 한 구조
⑤ 조작방향과 기계운동방향 일치

문제점은 무모한 취급이 가능하며 보전 시나 사고로 Fool proof 해제 시 위험하다.

3. 오조작방지장치(Fail safe)

기계나 그 부품에 고장이나 기능불량이 생겨도 사고가 발생하지 않도록 2중, 3중의 통제를 가하는 안전대책을 말한다. 오조작방지장치의 예는 제어기기의 구동원을 전기와 공기 등 2중으로 설치하여 하나의 구동원이 상실되는 경우 자동으로 교체되어 작동 가능케 한 구조 또는 비상전력이나 질소가스 등 자동교체시스템을 구비한다.

① 시스템의 병렬화
② 압력용기에 안전밸브와 파열판을 2중으로 설치
③ 대형 회전기기 등의 냉각, 윤활계통이 비정상인 경우 불가동구조
④ 철도의 신호기는 고장 난 경우에도 붉은색 등으로 켜져 열차충돌 방지
⑤ 절단기나 프레스기 등에 설치된 적외선안전장치

문제점은 통상 상당수 기계부품이나 회로소자 등의 추가가 필요→고장으로 장치 정지 및 신뢰성 저하 가능성이 있으며 소요경비도 크다.

Section 135 폭발억제장치의 구조와 원리, 설계 및 설치 시 고려사항

1. 폭발억제장치의 구조

폭발억제장치는 크게 감지부, 제어부, 소화약제부로 구분되며, 개략적인 구조는 [그림 3-58]과 같다.

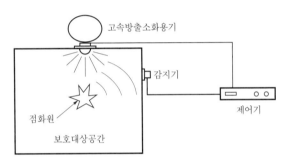

[그림 3-58] 폭발억제장치의 개략도

2. 폭발의 최고압력

가연성 가스류와 증기류, 분진류가 폭발할 때 발생하는 최대폭발압력은 [표 3-40], [표 3-41]과 같다.

[표 3-40] 가연성 가스와 증기의 최대폭발압력

물질명	P_{max} [kPa]	물질명	P_{max} [kPa]
아세틸렌	1,060	이소프로필알코올	780
암모니아	540	메탄	710
n-부탄	800	메탄올	750
디메틸에테르	810	n-펜탄	780
에탄	780	프로판	790
수소	680	톨루엔	780

[표 3-41] 가연성 분진의 최대폭발압력

물질명	P_{max}[kPa]	물질명	P_{max}[kPa]
활성탄	880	나프탈렌	850
알루미늄	1,120	페놀수지	930
역청탄	910	PVC	820
옥수수	980	고무	850
에폭시레진	790	설탕	830
우유	810	아연	760

3. 폭발 억제의 원리

최대폭발압력은 폭발물질에 따라 차이가 있지만 [그림 3-59]의 예시에서와 같이 점화시간 으로부터 약 200ms(0.2sec) 정도 경과되면 최고압력에 도달하게 된다. 따라서 점화 초기에 억제제를 분사하여 폭발물질의 산화반응을 제한함으로써 공정 중의 압력 상승을 억제할 수 있는데, 그 기본원리는 [그림 3-60]과 같다.

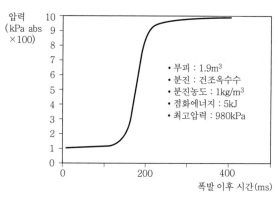

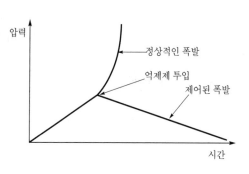

[그림 3-59] 폐쇄된 공간에서 분진폭발 시 시간에 따른 폭발압력의 변화

[그림 3-60] 폭발 억제의 기본원리도

4. 폭발 억제과정

폭연 발생 시 최고압력에 도달하기 이전에 억제제를 분사하여 억제된 압력이 보호대상기기 의 설계압력을 초과하지 않도록 억제제의 분사시기를 적정하게 조절하는 것이 중요하다. 실제 실험을 통한 억제과정을 [그림 3-61]에 나타내었다.

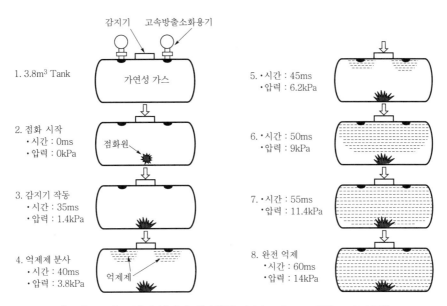

[그림 3-61] 폭연의 억제과정(가연성 가스는 1.9% 프로판+1.7% 부탄)

5. 폭발 억제결과

폭발 억제는 폭발이 시작하는 시점의 압력에 비해 30% 정도 상승된 압력(절대압)에서 완료되며, 실제 실험의 결과에 대한 예시는 [그림 3-62]에 나타내었다.

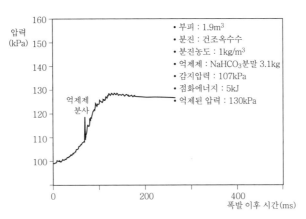

[그림 3-62] 폭연의 억제된 결과 예시(분진은 건조옥수수)

6. 설계 시 고려사항

① 폭발억제장치의 설계에는 다음 사항을 포함하는 것이 원칙이다.

    ㉠ 폭발위험물질의 폭발특성   ㉡ 방호되는 장치   ㉢ 감지기술

    ㉣ 억제제의 종류   ㉤ 설치, 운전, 시험절차 등

② 공정에 내재한 폭발위험의 형태와 정도를 결정하기 위해 철저한 위험분석이 행해져야 한다. 즉 가연물의 형태, 가연물과 산화제비율, 방호대상의 용적, 운전조건 등과 같은 요소와 기타 폭발위험 정도에 영향을 미칠 수 있는 요소 등을 상세히 검토한다.

③ 폭발억제장치는 고속차단밸브, 공기식 이송시스템 가동 정지, 폭발 방산구 등과 같은 장치 또는 시스템이 연동되도록 설치한다. [그림 3-63]은 고속차단밸브에 대한 예시이다.

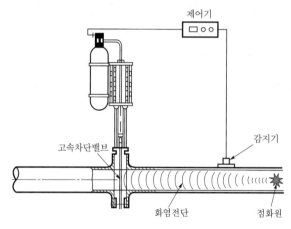

[그림 3-63] 공기작동식의 고속차단밸브

7. 설치 시 고려사항

(1) 감지기

① 감지기는 연소에 의하여 야기된 압력 증가 또는 복사에너지 등을 감지함으로써 폭연을 감지할 수 있는 것을 설치한다.

② 대기에 개방된 설비에 설치하는 경우에는 복사에너지에 감응하는 감지기를 사용한다.

③ 복사에너지 감응식 감지기는 감지기능이 방해받지 않도록 설치한다.

④ 감지기는 이물질에 의하여 감지기능이 저하되지 않게 보호되도록 한다.

(2) 전기기동장치

① 폭발억제장치의 억제제 방출은 전기적 신호에 의하여 작동하는 기동장치(이하 "전기기동장치"라 한다)가 고속방출소화용기의 방출노즐에 장착된 파열판을 파괴함으로써 억제제의 충전압력에 의하여 억제제의 방출이 일어나도록 설치한다.

② 전기기동장치는 폭발억제장치가 설치될 설비의 최대운전온도에서도 기능에 영향이 없도록 설치한다.

③ 전기기동장치는 제조회사의 작동사양에서 벗어나지 않도록 적합한 전원을 설치하여 사용한다.

(3) 전원장치

① 모든 폭발억제장치의 전원장치에는 비상전력이 공급되어야 하며, 비상전원의 용량은 해당 전원장치에 연결된 폭발억제장치에 필요한 모든 전기기동장치 및 경보기 등을 작동하기에 충분하여야 한다.

② 전원장치는 사업장 방폭구조 전기기계·기구·배선 등의 선정·설치 및 보수 등에 관한 기준에 적합하여야 한다.

(4) 감시회로

① 감지기, 전기기동장치 및 전원장치에는 회로의 개방 및 접지·지락이나 주전원 및 비상전원 등의 이상 시에 결함을 연속적으로 검출할 수 있는 감시회로를 설치한다.

② 감시회로의 이상을 알릴 수 있는 경보기 및 표시등 등을 전원장치에 설치한다.

(5) 억제제

① 억제제는 폭발억제장치가 설치되는 설비 내에서 취급되는 폭발위험물질에 대하여 물리화학적으로 안정한 것을 사용한다.

② 억제제는 폭발억제장치가 설치되는 설비 내에서 예상되는 최대운전온도에서도 제 성능을 갖는 것을 사용한다.

(6) 설치작업

① 폭발억제장치는 억제제가 효과적으로 분산될 수 있도록 폭발억제장치의 설계자 또는 공급자에 의해 규정된 위치 및 방법에 따라 설치한다.

② 감지기와 억제제방출노즐은 주위 환경 또는 진동 등에 의해 결함이 야기되지 않도록 설치한다.

③ 억제제방출노즐은 폭발억제장치가 설치되는 설비 내의 부속장치나 구조물 등에 의하여 손상 또는 방해받지 않도록 설치한다.

④ 감시기 및 방출장치는 이물질의 축적 등에 의하여 그 기능이 저해되지 않도록 설치한다.

⑤ 폭발억제장치의 압착단자 및 모든 부품은 습기 및 기타 물질에 의해 부식 또는 오염되지 않도록 제작된 제품을 사용한다.

⑥ 폭발억제장치의 각 구성품은 각 구성품의 최대허용온도를 초과하지 않는 곳에 설치한다.

(7) 배선

① 폭발억제장치와 구성요소 사이의 모든 전선은 차폐선(Shielding wire)을 사용하고 유도전류 등을 방지하기 위해 접지한다.

② 전선관은 습기 및 기타 오염물 등이 침투하지 않도록 밀봉한다.

Section 136 **가연성 또는 독성물질의 가스나 증기의 누출을 감지하기 위한 가스누출감지경보기의 설치장소, 구조 및 성능**

1. 설치위치(가스누출감지경보기 설치에 관한 기술상의 지침 제5조, [시행 2015.9.25.])

① 가스누출감지경보기는 가능한 한 가스의 누출이 우려되는 누출 부위 가까이 설치하여야 한다. 다만, 직접적인 가스 누출은 예상되지 않으나 주변에서 누출된 가스가 체류하기 쉬운 곳은 다음 각 호와 같은 지점에 설치하여야 한다.

1. 건축물 밖에 설치되는 가스누출감지경보기는 풍향, 풍속 및 가스의 비중 등을 고려하여 가스가 체류하기 쉬운 지점에 설치한다.
2. 건축물 안에 설치되는 가스누출감지경보기는 감지대상가스의 비중이 공기보다 무거운 경우에는 건축물 내의 하부에, 공기보다 가벼운 경우에는 건축물의 환기구 부근 또는 해당 건축물 내의 상부에 설치하여야 한다.

② 가스누출감지경보기의 경보기는 근로자가 상주하는 곳에 설치하여야 한다.

2. 성능(가스누출감지경보기 설치에 관한 기술상의 지침 제7조, [시행 2015.9.25.])

가스누출감지경보기는 다음 각 호와 같은 성능을 가져야 한다.

1. 가연성 가스누출감지경보기는 담배연기 등에, 독성가스누출감지경보기는 담배연기, 기계세척유가스, 등유의 증발가스, 배기가스, 탄화수소계 가스와 그 밖의 가스에는 경보가 울리지 않아야 한다.
2. 가스누출감지경보기의 가스감지에서 경보발신까지 걸리는 시간은 경보농도의 1.6배인 경우 보통 30초 이내일 것. 다만, 암모니아, 일산화탄소 또는 이와 유사한 가스 등을 감지하는 가스누출감지경보기는 1분 이내로 한다.
3. 경보정밀도는 전원의 전압 등의 변동률이 ±10%까지 저하되지 않아야 한다.
4. 지시계 눈금의 범위는 가연성 가스용은 0에서 폭발하한계값, 독성가스는 0에서 허용농도의 3배값(암모니아를 실내에서 사용하는 경우에는 150)이어야 한다.
5. 경보를 발신한 후에는 가스농도가 변화하여도 계속 경보를 울려야 하며, 그 확인 또는 대책을 조치할 때에는 경보가 정지되어야 한다.

3. 구조(가스누출감지경보기 설치에 관한 기술상의 지침 제8조, [시행 2015.9.25.])

가스누출감지경보기는 다음 각 호와 같은 구조를 가져야 한다.

1. 충분한 강도를 지니며 취급 및 정비가 쉬워야 한다.
2. 가스에 접촉하는 부분은 내식성의 재료 또는 충분한 부식 방지처리를 한 재료를 사용하고, 그 외의 부분은 도장이나 도금처리가 양호한 재료이어야 한다.
3. 가연성 가스(암모니아를 제외한다)누출감지경보기는 방폭성능을 갖는 것이어야 한다.
4. 수신회로가 작동상태에 있는 것을 쉽게 식별할 수 있어야 한다.
5. 경보는 램프의 점등 또는 점멸과 동시에 경보를 울리는 것이어야 한다.

Section 137 화학공장(나프타분해공정 등)에 설치되는 Fired Heater의 설계 시 안전측면에서 확인하여야 할 사항

1. Fired Heater에 대하여 일반적 고려사항

① Design Pressure, Tube Temperature, Tube재질
② Pressure Drip 및 Velocity
③ Burners Control System, 안전점화, Turndown Ratio, 불꽃감지기 및 경보장치
④ Stack Damper
⑤ 튜브 Outlet Flange에서의 열팽창에 의한 위험성
⑥ Snuffing Steam 등

2. Fired Heater의 재질 선정 시 고려사항

① Snuffing Steam : 전용 line의 이용 여부
② Pilot Burner : 불이 꺼지면 재착화 가능 여부
③ Fire Box Purging Sequences : 이상상태 시나 가동 중단 시 폭발분위기가 형성되지 않도록 퍼지절차 여부
④ Flame Detector : 버너의 불꽃을 감시할 수 있는 장비 설치 여부
　㉠ 가스버너 : 버너 1개마다 안전차단밸브와 불꽃감지기
　㉡ 오일버너 : 버너 1개마다 2개의 불꽃감지기

3. 심사 시 주요 검토사항

① 연료와 공기압력이 감소하거나, 증가 시 연료와 공기를 차단할 수 있는 연동장치 설치 여부

② 비상시에는 Natural Draft(Damper가 완전히 닫히지 않도록 기계적인 브라켓의 설치 유무 확인)

③ 공정운전과 효율을 감시하기 위한 공기의 유량과 온도센서의 설치 여부

④ 전기공급 중단에 대비한 안전운전조치 여부

⑤ 가스연료인 경우 가스압력과 연료공급 차단의 연동 여부

⑥ 전 연료를 차단할 수 있는 밸브는 노에서 이격하여 설치되었는지 여부

⑦ 가스연료인 경우 수분을 제거하기 위한 KO Drum의 설치 여부

⑧ KO Drum에는 Level gage와 High level alarm의 설치 여부

⑨ Damper failure 시 Fail safe damper인지 여부

⑩ Tube failure와 공정유체의 손실을 막기 위해 Low Flow alarm과 Low Flow cut off의 설치 여부, 연료공급밸브의 설치 여부

⑪ 1,000psi를 초과하는 과압에 대한 폭압방산공의 설치 여부

⑫ Coil의 출구 쪽에는 긴급차단장치 설치 여부

⑬ Tube의 표면온도계 설치 여부 및 경보기 부착 여부

⑭ 점화 전에 각 버너의 차단밸브가 누출되는지 누출테스트 실시 여부

⑮ 점화 전 노 내의 가스검지실시 여부 등이 작업표준에 있는지 여부

⑯ 연료가스압력저하경보기의 설치 여부 및 압력 저하 시 차단될 수 있도록 인터록구성 여부

[표 3-42] Fired Heater의 재질 선정

형태	ASTM, No	사용온도 (℃)	기본조건	선택 시 고려사항
Tube Support 25Cr~12Ni	A-447	~1,093	• Type Ⅱ 명기 • 자성시험 실시 • 장력시험(단시간, 고온상태)	• 히터환경에 가장 많이 사용 • Type Ⅰ보다 고온에서 강도와 연성이 우수 • 자성실험은 원하는 조직형성 여부 확인 • 2,000까지 고온강도·내산화성이 우수
Tube Support 25Cr~9Ni 25Cr~12Ni	A-297	~1,093	• 실험성적서 요구	• Cr HE는 Ni함량이 많아 고온에서 황의 부식에 강함 • 연료오일에 황이 많으면 Type Ⅱ 대신에 적용 • 25Cr-9Ni 고온산화에 저항성은 25Cr-12Ni과 비슷하나 고온강도가 떨어짐

형태	ASTM, No	사용온도 (℃)	기본조건	선택 시 고려사항
Tube Support 50Cr~50Ni	A-560	~1,093	• 인장강도, 사르피충격시험 명기 • 화학조성, 물리실험 성적서 요구	• 연료오일 속의 Vanadium에 의한 부식에 강함 • 형상이 복잡하거나 단면변화가 많은 경우 RT실시
Tube Support 9Cr~1Mo	A-200	~704		• 사용환경은 A335 Gr Pg파이프와 동일
Tube Support 오스테나이트 스테인리스강	A-271	~815	• 안전화 뜨임	• 사용환경은 A312 스테인리스강과 동일 • H grade는 더 높은 강도를 가짐 • 347은 클랙이 발생하고, 304는 예민화 현상이 발생함
Tube Support HK-40 (수소정제화)	A-608	~954	• AS cast는 주조 시 응축 때문에 0.1인치 공차 필요 • 카본함량은 0.38~0.45% • 납함량은 최대 200ppm • 사용온도는 tube수명을 고려한 값임 • 수압시험은 설계압력의 3배로 5분간 실시 • 용접봉은 튜브재질과 동일한 것을 사용함	
Heater Tube 9Cr-1Mo	A-200	~704		• 사용환경은 A312 스테인리스강파이프와 동일
Heater Tube 오스테나이트 스테인리스강	A-271	~815	• 안전화 뜨임	• 사용환경은 A312 스테인리스강파이프와 동일 • H grade는 더 높은 강도를 가짐 • 347은 클랙이 발생하고, 304는 예민화 현상이 발생함
Heater Tube HK-40 (수소정제화)	A-608	~954	• AS cast는 주조 시 응축 때문에 0.1인치 공차 필요 • 카본함량은 0.38~0.45% • 납함량은 최대 200ppm • 사용온도는 tube수명을 고려한 값임 • 수압시험은 설계압력의 3배로 5분간 실시 • 용접봉은 튜브재질과 동일한 것을 사용함	

4. Fire Box 내의 화재 및 폭발대책 유무

① 점화 시나 불이 꺼졌을 때 불완전연소(미연연료, CO)가 폭발의 원인

② Tube의 파열로 내용물이 누출발화에 의한 화재폭발

5. Interlock구성 여부

① 보일러급수공급량 Low(원료공급 차단, 연료공급 차단, IDF 입구측 댐퍼 완전히 열림, 연소공기공급 차단, 비상공기흡입문 열림)

② 스팀드럼액위 Low

③ 연소공기공급유량 Low

④ IDF회전속도(IDF가 정지되거나 가동상태 불량으로 회전속도가 정상치(1,000rpm) 이하로 떨어지게 되면 노내 압력이 상승하여 뜨거운 연소가스가 분해로 외부로 튀어나오거나 연소공기공급이 부족하게 되어 운전이 불가능해짐)

⑤ 원료공급유량 Low

⑥ 연료공급압력 Low

⑦ 기기장치온도 High

⑧ IDF 구동 스팀차단밸브 Interlock(비상공기흡입문이 열려 있거나 또는 연소공기공급조절댐퍼가 열려 있을 때에만 IDF 구동 스팀차단밸브가 리셋되어 열리게 되며 IDF 구동이 가능해짐)

⑨ 긴급푸시버튼

⑩ 파일럿연료가스공급 Low

Section 138 고분자화합물의 연소 시 훈소의 원리와 생성물

1. 개요

일반적으로 건물 내에서 발생하는 화재는 내장재료와 가구를 구성하고 있는 고분자물질을 중심으로 한 유기재료가 복잡하게 조합되어 연소하는 현상이다. 고분자의 종류는 종이, 헝겊, 목재와 같은 천연적인 것부터 화학섬유, 성형품, 발포제 등의 많은 합성고분자가 포함되며 재료의 형상과 특성도 다양하다.

2. 훈소(Smoldering)의 원리

밀폐공간의 화재성상을 보면 초기단계, F.O단계, 성숙단계 및 진화단계로 이루어지는데, 성숙단계에서 급격히 상승된 화재실의 온도는 미연소된 가연물의 분해를 촉진하여 가연성 가스의 방출을 가속시키고, 이 가열된 가스는 급격히 팽창하여 건물 틈새로 빠져나간다. 화세는 계속하여 건물의 일부분을 붕괴시키고 신선한 공기를 공급받아 강한 화재는 계속된다. 단, 건물이 붕괴되지 않고 밀폐공간을 유지하면 산소 부족으로 인하여 훈소단계에 들어간다. 불꽃은 없더라도 온도가 높은 상태이므로 낮은 산소분압에서도 천천히 연소가 진행되는데, 이를 훈소라고 한다.

3. 훈소의 생성물

훈소의 단계는 산소가 15% 이하로 감소하고, 반대로 CO, 타르나 미연소가스가 증가한 상태이다. 산소의 분압이 약하므로 연소는 진행되지 못하지만 목재 등 내부의 셀룰로오스에는 산소가 포함되어 있으므로 화재 심부에서는 서서히 화학반응이 계속된다.

Section 139 염산을 저장하는 시설물의 재료

1. 개요

염산은 부식성 유체를 취급하며 습식으로 운전되므로 충분한 내부식성을 가지는 재질을 선정하는 것이 유리하다. 현재 사용되는 Wet Scrubber의 재질은 금속재로는 STS나 엔지니어링플라스틱인 FRP, PVC, PP, PE 등이 사용되기도 하지만, 실제로는 거의 모든 적용에 있어 FRP가 주로 사용된다.

2. 염산을 저장하는 시설물의 재료

(1) 적절한 재질 선정

① 염산 누출사고를 예방하거나 사고로 인한 피해규모를 최소화하기 위해서는 설계단계부터 적절한 재질을 고려하여야 한다.

② 염산은 부식성이 매우 높은 물질이므로 액체 또는 증기상태에서 취급하는 용기나 배관은 내식성이 있는 재질을 사용하여야 한다.

③ 염산을 취급하는 용기나 배관은 금속재질의 부식에 의한 누출을 예방하기 위하여 주기적으로 두께측정, 균열, 부식상태 등을 실시하여 취급시설의 안전성을 확보하여야 한다.

(2) 염산취급설비의 재질 선정 시 일반적 기준

① 산업자재로 널리 사용되는 탄소강(Carbon Steel), 스테인리스강(Stainless Steel), 니켈강(Nickel), 구리강(Copper) 등은 염산에 대한 부식성이 높아 배관 및 밸브로 사용 시 부식성을 우선 고려해야 하기 때문에 내식성 재료로 내부 코팅된 배관 또는 내식성 재료의 배관을 사용하여야 한다.

② 배관

㉠ 염산배관에는 주로 내열성, 내마모성, 절연성, 부식성 등이 우수한 불소수지계열 (PTFE, PVDF, ETFE, PFA, FEP 등)로 내부 코팅된 탄소강 또는 FRP(Fiber Reinforced Plastic)가 사용되고 있다.

   ⓛ 염산배관의 플라스틱재질로는 부식성, 전기절연성, 가공성 등이 우수한 PE(Polyethylene), C-PVC(Chloronated Poly-vinyl-chloride) 등의 재질도 산업계에서 널리 사용하고 있다.

     ※ 폴리프로필렌(PP : Polypropylene)재질은 장기간 사용 시 경화되어 갈라지는 문제로 인해 농도(20%)가 높은 염산을 사용 시에는 사고의 위험성이 증가한다.

   ⓒ 탄소강(CS)배관은 ASTM F 1545에 규격(플라스틱라이닝이 된 파이프(Pipe), 연결부속품(Fitting), 플랜지 등 유체가 흐르는 연결제품에 대한 재료의 사양, 제작설계, 제작, TEST방법 등에 대한 규격)을 사용한다.

  ③ 밸브 : 염산밸브에는 내화학성 폴리머로 코팅된 PFA, PTFE, PVDF 등을 사용할 수 있다.

Section 140   스폴링현상

1. 스폴링(spalling) 발생원인

표면피로(surface fatigue) 또는 일반적으로 피팅(pitting)이라 부르는 것은 기어재질이 견딜 수 있는 치면용량을 초과했을 때 나타나는 피로 파괴현상이다. 하중작용 중의 기어는 표면과 표면 아래에 주기적인 응력이 발생한다. 하중이 충분히 높고 응력주기가 크면 표면에서 작은 입자가 피로한도를 넘어 떨어져 나감으로 접촉면에 작은 홈이나 공동이 생성된다. 표면손상의 심각성에 따라 다음과 같이 세 종류의 단계로 분류한다.

  ① 초기피팅(initial pitting)
  ② 급격한 피팅(destr-uctive pitting)
  ③ 스폴링(spalling, 쪼갬, 깸)

2. 피팅의 분류

(1) 초기피팅

일반적으로 초기피팅의 홈은 2.5m 이빨에서 지름 0.4mm, 5m 정도의 이빨에서 지름 0.8mm 정도로 꽤 작다. 이것들은 국부적으로 과다응력이 작용하는 곳에서 발생하며 높은 접촉응력점을 점차적으로 제거함으로 하중을 재분배하는 경향이 있다. 하중이 좀 더 고르게 분포되었을 때 피팅현상은 줄어들어서 결국 사라진다. 이런 성질의 초기피팅은 가끔 교정피팅으로 부른다.

(2) 파괴적인 피팅

파괴적인 피팅은 더 가혹하고, 홈은 항상 크다. 파괴적 피팅은 재료의 허용한계와 비교해서 응력수준이 높을 때 발생한다. [그림 3-64]은 전형적인 파괴적 피팅이 일어난 피니언의 모습이다.

[그림 3-64] 파괴적 피팅이 발생한
피니언 외관

[그림 3-65] 베벨피니언의 스폴링현상

(3) 스폴링

스폴링은 파인 홈지름이 크고 상당한 영역에 걸쳐 발생하며 파괴적인 피팅과 유사하다. 그림 2의 스파이럴 베벨피니언은 스폴링의 대표적인 예이다. 때로 스폴링은 침탄처리된 기어와 피니언에서 발생한 홈과 큰 조각의 표면금속이 피로로 인하여 떨어져 나갈 때 일어난다(이것은 침탄 파손과 혼동되어서는 안 된다). 또한 스폴링은 파괴적인 피팅홈이 상대방에 침입하여 불규칙하고 큰 직경의 공동을 만들 때 형성될 수 있다.

기어가 파괴적인 피팅이나 스폴링에 의하여 파손될 때 기어설계자는 광범위한 조사를 하여야 하며 기어맞물림이 심각한 정렬오차는 대부분 수정 가능하지만, 파괴적 피팅이나 스폴링이 발생하는 것은 목표하중을 전달할 수 있는 용량을 가지고 있지 않다는 증거가 된다. 따라서 이를 방지하기 위해 재설계는 하중전달능력을 증가시키고, 중간 경도의 기어는 완전히 경도를 상승시킨다. 질화처리금속이나 침탄처리금속 등으로 재질을 바꾸는 방법도 있으며 피팅을 방지하는 데 탁월한 효과가 있다.

이 경우 치폭을 증가시키면 치폭단위길이당 전달하중이 줄어 피팅저항력이 증가된다. 기어박스의 중심거리도 증가시킬 수 있다. 전달하중을 감소시켜 결국 표면피팅을 개선하는 방법의 하나이다. 전형적 피팅은 표면 아래(subsurface)의 전단응력이 최대가 되는 응집점에서 시작한다. 크랙은 표면 아래 몇 만분의 1mm 깊이 정도에서 시작되어 표면으로 진행되고 작은 금속조각으로 떨어져 나간다. 떨어져 나간 면적의 옆면은 [그림 3-66]에서 보는 것과 같이 표면에 수직이다.

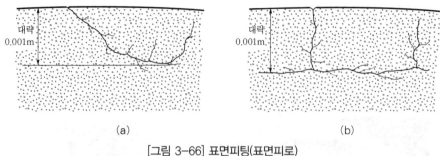

(a)   (b)

[그림 3-66] 표면피팅(표면피로)

표면 아래 피팅은 표면응력과 표면 아래의 전단응력, 작용사이클, 재질청정도의 함수이다. 이것을 기초로 이중진공 재용융강(double vacuum remelt steel)과 같은 재질로 표면 아래 피팅에 대해 최대저항력을 가지도록 할 수 있다. 실제로는 산업용 기어장치의 기어 이에서 발생하는 표면피로의 상당 부분은 표면의 파손에서 발생하는 피팅이다. 경계나 혼합윤활영역에서 작동하는 기어는 금속−금속접촉이 상당량 일어난다. 이전 문지름동작은 표면개시 크랙점 생성을 유발한다.

크랙은 이런 표면위치에서 시작하여 표면금속으로 전파되어 초기 크랙시스템이 반복응력사이클에 의하여 유도되도록 한다. 표면에서 시작한 홈은 [그림 3-66]에서 구조적으로 보여준다. 표면유발홈은 깊이방향으로 진행되고 가지를 친 경사면을 가지고 있다. 가지 중 하나가 표면으로 향할 때 표면에서 동공이나 홈은 남겨놓고 작은 금속조각이 떨어져 나간다. 표면 압축의 낮은 지속한계 때문에 동 재질의 웜기어는 표면피팅과 스폴링이 쉽게 일어나는 경향이 있다. [그림 3-67]는 다수의 작은 홈이 나중에 큰 동공을 형성한 스폴링의 예를 보여준다.

[그림 3-67] 큰 동공을 형성한 스폴링의 예

Section 141 화학공장 공정위험성평가 시 정상운전과 비정상운전

1. 개요

① 정상운전조건(Normal Operation Condition) : 설계 또는 계획된 요구조건과 일치된 운

영 또는 작업조건이다.

② 비정상운전조건(Abnormal Operation Condition) : 기계설계 또는 계획된 정상운전 또는 작업조건으로부터 의도적으로 이탈한 상태하의 운전 및 작업조건으로, 예를 들면 작업/가동 중단 시 및 시작 시, 급격한 생산량 증감 시, 작업원/운전원 근무교대 시 등이 있다.

2. 정상운전과 비정상운전의 점검표

(1) 정상운전(Normal operation)에 관한 체크리스트

① 정상운전조건들에서 최대운전압력의 목록을 작성하였는가?

② 압력방출변수들을 파악하였는가?

　　㉠ 안전밸브의 설치위치와 방출위치

　　㉡ 대기방출

　　㉢ 화재 시 비상방출이나 폭발 시 방출

③ 최대허용운전압력과 열원들의 목록을 작성하였는가?

(2) 비정상운전(Abnormal operation)에 관한 체크리스트

① 공정반응조건들로부터 일어날 수 있는 위험들을 파악하였는가?

　　㉠ 비정상적인 압력 및 온도

　　㉡ 비정상적인 농도와 반응시간

　　㉢ 교반 실패, 물질을 주입 잘못이나 잘못된 단계에서 주입

　　㉣ 배관이 어는 등 비정상적인 유량공급

　　㉤ 기기에서 누출, 흘림 또는 대기방출

　　㉥ 전력공급 실패

　　㉦ 공기, 진공 또는 불활성 가스밀봉의 손실

　　㉧ 안전밸브의 기능상실이나 배관의 막힘

② 다음을 실행하는 동안에 일어날 수 있는 위험을 파악하였는가?

　　㉠ 시운전 및 운전 정지

　　㉡ 세정

Section 142 블랙스완

1. 개요

1697년 네덜란드 탐험가 윌리엄 드 블라밍(Willem de Vlamingh)이 서부 오스트레일리아에서 기존에 없었던 '흑고니'를 발견한 것에서 착안하여 전혀 예상할 수 없었던 일이 실제로 나타나는 경우를 '블랙스완(Black Swan)'이라고 부르게 되었다. 이 용어는 철학, 사회학, 심리학 등에서 오랫동안 사용되어 왔으며, 나심 니콜라스 탈레브(Nassim Nicholas Taleb)가 2007년 「블랙스완」이라는 도서를 발간하면서 대중화되었다.

2. 블랙스완

나심 니콜라스 탈레브가 제시한 흑고니이론의 특징은 다음과 같다.
① 예외적으로 일어나는 사건이다.
② 일단 발생하면 엄청난 변화를 초래할 만큼 충격적이다.
③ 블랙스완이 발생한 이후에는 사람들이 사전에 예측할 수 있었다고 받아들인다.

Section 143 산소결핍사고의 원인과 방지대책

1. 개요

산소결핍이란 산업안전보건법과 산업안전보건기준에 관한 규칙에서 '산소농도가 18% 미만일 경우'로 규정하고 있으며, 미국의 산업안전보건청(OSHA)에서는 '산소농도가 19.5% 미만일 경우'를 산소결핍으로, 산소농도가 23.5% 초과일 때를 산소과잉이라 정의하였다. 그리고 산소결핍증이란 산소가 결핍된 공기를 흡입함으로써 생기는 이상증상을 말하며, 이러한 산소결핍의 원인으로는 물질의 산화나 부식, 미생물의 호흡작용, 식물, 곡물, 목재 등의 부패, 작업공간의 공기가 다른 가스로의 치환 등으로 하여 산소가 부족하게 된다.

2. 산소결핍사고의 원인과 방지대책

(1) 산소결핍사고의 원인분석

각종 산소결핍 관련 사고들을 토대로 산소결핍 또는 유해가스에 의한 질식의 사고사례를 분석하면 다음과 같은 공통된 원인으로 분류되었다.

① 작업공간에 환기가 불충분하거나 신선한 공기를 충분히 공급하지 않아 산소의 부족이나 유해가스의 농도가 높은 경우

② 작업 전 산소농도와 유해가스 등 작업환경을 조사하여 대책을 세우지 않은 상태에서 산소결핍 또는 유해작업장소에 들어갔을 경우

③ 산소결핍 또는 유해가스 등 위험이 있는 곳에서 송기마스크나 공기호흡기 등 호흡용 보호구를 착용하지 않고 작업하였을 경우

④ 사고 발생 시 구조자가 공기호흡기를 사용하지 않았거나 구조작업 안전규칙을 이행하지 않았을 경우

⑤ 작업장에 충분한 환기를 통한 적절한 송기작업이 지속적으로 유지·관리되어 있지 않을 경우

⑥ 관계자가 산소결핍에 대하여 교육을 받지 않아 충분한 지식을 갖고 있지 않아 적절한 대응을 못한 경우

⑦ 부식 또는 부패나 공기 이외의 기체(메탄, 질소, 탄산가스 등)에 의한 치환으로 공기 중의 산소비가 낮았을 경우

⑧ 밀폐작업 등 산소결핍 관련 작업 안전수칙을 준수하지 않은 경우

(2) 산소결핍작업의 재해예방대책

① 작업공간 내 작업환경 확인 : 사고원인은 작업공간 내 환기 부족으로 산소결핍 또는 유독가스급성중독이었으며, 안전작업교육 미흡으로 대처능력 부족과 밀폐공간 내 환경측정을 하지 않음으로써 산소농도 또는 유해가스의 상황인식이 불가하였다. 특히 산소결핍상황이나 N_2, CO_2, 아르곤, 메탄가스 등은 무색, 무취, 무감각에 따른 심각한 위험성 감지가 불가하였으며, 비상시 응급조치 및 대응방법의 미흡에 대한 개선이 필요하다.

② 충분한 환기 : 환기는 산소결핍 또는 유해가스로부터의 사고 방지를 위해 가장 중요한 대책으로 작업환경 내 어떠한 요인에 의해 산소농도가 저하되더라도 환기를 충분히 한다면 안전한 산소농도를 유지할 수 있다. 일반적으로 작업공간 내에 작업자들을 출입시키기 전에 충분한(기적의 5배 이상) 환기를 통하여 산소농도가 18% 이상임을 확인 후 출입토록 하고, 작업 중에도 산소농도가 18% 이상 유지되도록 확인하며 송기를 계속한다.

③ 보호구 착용 또는 송기구 설치 : 산소결핍 또는 유해가스로부터의 사고를 방지하기 위한 보호구로는 송기마스크, 산소호흡기 등의 호흡용 보호구의 착용이나 송기장치를 이용하여 작업공간에 충분한 공기를 공급하여야 한다. 또한 작업장소가 추락, 전도의 위험이 있을 경우는 추락, 전도되지 않도록 구명줄을 착용한다.

④ 산소결핍예방교육 : 국내외적으로 동종 재해는 6~8월에 전체의 50% 발생하며, 업종은 건설업에서 40%, 장소는 맨홀 50%, 원인은 산소결핍이 가장 많았으며(40%), 기타 가

스(H_2S, CO, 질소, 아르곤 등) 및 환경적 요인(내부온도, 바닥 물, 익사, 구토 물에 의한 기도막힘)도 크게 작용하는 것으로 나타났다. 특히 사망자 중 산소결핍재해예방교육 이 수자가 매우 미흡(3%수준)한 실정으로 나타나 교육대상 및 시기, 범위 등에 대한 고려가 필요하다.

⑤ 적정 인력 배치 및 인원 점검 : 산소결핍위험작업에서는 필히 관리감독자를 배치시키고 작업자의 적정 인력으로 구성 후 작업에 임해야 한다. 비상연락체계를 갖추고 입·출입 시에는 반드시 인원을 점검하며, 문제점이 발견될 경우 신속한 응급조치체제를 구축한다.

⑥ 관계근로자 외 출입금지 : 산소결핍이나 유해가스취급의 위험작업장소에는 외부인의 출입을 금지하며, 그 내용을 게시하는 등 출입통제를 철저히 한다.

⑦ 연락설비 설치 : 산소결핍위험작업장과 외부의 관리감독자 사이에 상시 연락을 취할 수 있는 설비(유선설비, 무전기 등) 등을 설치한다.

⑧ 산소결핍 또는 위험상황 시 대피 : 작업환경측정결과 산소결핍이나 유해가스로부터의 우려사항이 있을 때에는 즉시 작업을 중단하고 근로자를 대피한다.

⑨ 대피용 기구의 비치 : 공기호흡기, 사다리 및 섬유로프 등 비상시 근로자를 피난·구출하기 위하여 필요한 기구를 비치한다.

⑩ 안전담당자 배치 : 안전담당자는 근로자가 산소결핍된 공기를 흡입하지 않도록 작업시작 전에 작업방법 결정 및 작업을 지휘를 하고, 작업장소의 공기 중 산소농도를 작업시작 전에 측정한다. 또한 산소농도측정기구, 환기장치 또는 공기호흡기 등의 기구, 설비를 작업시작 전에 점검하고, 필요시 근로자에게 공기호흡기 등 호흡용 보호구 착용을 지도 감독한다.

⑪ 응급조치 : 작업 시 유해가스에 의한 질식증상이나 근로자의 산소결핍증 등 이상이 있을 경우 즉시 응급조치 및 의사의 진찰을 받도록 한다.

⑫ 제도 개선 : 산소결핍규제는 한국과 일본은 '산소 18% 이하', 미국은 '산소 19.5% 이하', 캐나다는 '산소 18.5% 이하', 영국과 호주의 경우 '산소 부족으로 야기될 수 있는 환경' 또는 '밀폐 또는 위험장소'로 규정하고 있다. 우리나라의 경우도 사고다발의 동종 재해예방을 위해 규제기준의 강화를 통한 산소결핍장소의 경각심 고취와 산소결핍위험작업 및 교육대상범위의 확대를 고려할 필요가 있다.

Section 144 혼합위험성물질

1. 정의

혼합위험성물질(混合危險性物質)은 물질이 두 종류 또는 그 이상 혼합되었을 때에 서로 접촉하여 격렬한 화학반응을 일으키거나 발화현상을 일으키는 물질을 말한다. 일반적으로 강한 산화성을 가진 물질과 환원성을 가진 물질을 혼합하는 경우에 강한 화학반응을 일으키는 일이 많다.

Section 145 화학공정의 기기조작에 따른 사고예방을 위한 반응기 잔유물 제거방법

1. 반응기의 잔유물 제거

① 반응공정운전 중에 생성물질이 부착되거나 기기개방 시에 배출잔액과 세정잔액 또는 잔류공기 등이 있으면 운전이 개시되거나 수리 시에 이상반응이 일어나 화재폭발을 일으킬 수 있다.

② 설비 내에 탄화물이나 산화물과 같은 부생성물과 잔유물의 유무를 확인한다.

③ 잔존물질이 취급물질에 대한 촉매작용이 있는지를 확인하고 촉매물질로 될 수 있는 것은 이상반응위험성이 있으므로 제거한다.

④ 잔유물을 확인한 경우에는 스팀세정과 화학세정의 실시, 그리고 각 첨가제를 투입하여 물질의 변성 및 물질치환을 통하여 제거하도록 한다. 이러한 방법을 사용할 수 없는 경우에는 에어펌프를 사용하고 가급적 탱크 내에 들어가지 않도록 한다.

⑤ 중합물을 만들기 쉬운 물질을 취급하는 경우에는 시스템 내에 산소가 존재하면 계장기기 취출노즐, 벤트노즐, 안전밸브, 파열판과 같은 데드 스페이스(Dead space)에 고체중합물이 생성되어 기기가 파괴될 수 있다.

⑥ 중합물은 산소와 접촉하면 발화할 수 있으므로 시스템 외부로부터 산소혼입을 방지하고 중합금지제를 사용하여 중합반응을 정지시키도록 하며, 녹(Corrosion)과 데드 스페이스를 제거한다.

Section 146 반도체공정의 독성 및 인화성 가스실린더의 교체작업안전

1. 가스실린더 교체작업

① 가스보관소에서 가스공급실과 작업장 내로 반입되는 실린더는 교체작업 전에 반드시 질소 및 와이퍼로 클리닝을 실시하여 이물질이 작업장 내로 유입되는 것을 방지한다. 특히 작업장 내로 반입되는 가스실린더는 외부를 깨끗하게 청소한 후 장착하여야 한다.

② 가스실린더를 운반할 때에는 지정된 대차를 사용하고, 안전고리를 체결한 상태로 이동하여야 한다.

③ 가스실린더를 교체하기 전에 이전에 사용했던 실린더 내부의 가스가 완전히 제거되었는지 확인하여야 한다.

④ 공병 탈착 시 상태를 확인하고, 정해진 작업순서에 의해 탈착한 후 지정된 대차를 이용하여 운반하여야 한다.

⑤ 실병을 가스공급설비에 장착한 후에는 가스실린더의 밸브보호캡 및 밸브풀림 방지용 비닐을 제거하여야 한다.

⑥ 실린더모니터 부위를 확인하고, 이상이 없으면 와이퍼로 먼지, 수분, 유분 등의 오염물을 제거하여야 한다.

⑦ 새로운 실린더를 장착할 때에는 가스 누설 방지를 위해 새 개스킷을 와이퍼로 닦은 후 사용하여야 한다. 이때 개스킷은 1회 사용 후 폐기하는 것을 원칙으로 한다.

⑧ 새로운 실린더를 장착한 후에는 배관 내의 잔류공기 및 배관청소를 목적으로 질소로 사이클퍼지(Cycle purge)를 실행하여야 한다.

⑨ 가스실린더를 교체작업한 후에는 질소 또는 헬륨을 이용하여 가압누설시험을 실시하여야 한다.

⑩ 가스실린더의 가압 누설시험을 완료한 후에 공급준비 또는 공급을 실시하여야 한다.

2. 톤실린더 교체작업

① 모든 작업은 최소한 2명 이상이 조를 이루어 실시하여야 하며, 감독자 1명이 입회하도록 하여야 한다.

② 실린더를 운반 시에는 지정된 대차를 사용하여 이동하여야 한다.

③ 공병이 자동으로 교체되는 시스템으로 운전되는 경우에는 용기의 메인밸브를 닫은 후 자동교체시스템을 가동하여야 한다. 이 경우 배관 내 잔류가스를 배출시키면 라인퍼지(Line purge)작업이 자동으로 실시된다.

④ 자동교체시스템에서 실린더 교체단계에 도달하면 공병 체결 부위를 분리하여야 한다.

⑤ 공병에 설치된 히터재킷(Heater jacket)을 분리한 후 지정된 대차를 이용하여 실린더를 교체하여야 한다.

⑥ 옥내저장실로 반입되는 톤실린더는 교체작업 전 밸브보호캡 및 비닐을 제거하고, 청소를 실시하여 이물질이 유입되는 것을 방지하여야 한다.

⑦ 실병을 로드셀로 이동하여 체결 가능토록 위치를 설정한 후 대차를 고정시켜야 한다.

⑧ 실병 체결 시 가스 누설을 방지하기 위해서 개스킷을 사용하여야 한다. 다만, 개스킷은 1회 사용 후 폐기를 원칙으로 한다.

⑨ 실병 체결 후에는 관세정(Line cleaning)을 위해 질소를 이용하여 사이클퍼지를 실시하여야 한다.

⑩ 가압시험이 시작되면 실린더 연결 부위를 헬륨검사기를 사용하여 누설검사를 실시하여야 한다.

⑪ 퍼지가 완료된 후에는 자동진행순서에 따라 계속 진행하여야 한다.

⑫ 가스를 배관 내에서 공급할 때 실린더 연결 부위를 휴대용 누설검사기(Portable leak detector)를 사용하여 누설검사를 실시하여야 한다.

⑬ 교체작업이 완료되면 실린더공급현황판에 가스명, 설치일자, 설치자, 압력 등 필요한 항목을 기입하여야 한다.

Section 147 인간의 의식수준을 5단계로 구분할 때 각 단계의 의식상태 및 생리적 상태

1. 의식수준 5단계

주의의 작용에 대해 대뇌생리학에서는 의식수준을 5단계로 구분하고 있다.

(1) 1단계

정상적인 의식상태를 보이는 명료(alert)한 상태로 시각, 청각 등과 같은 감각에 대한 이상이 없고 충분하며 적절한 반응을 보여주는 상태를 말한다.

(2) 2단계

졸리움(drowsy) 또는 기면(lethargy)상태이며 졸음이 오는 상태를 말하는데, 자극에 대한 반응이 느리고 불완전한 상태이며 자극을 보려면 강도를 점점 증가시켜야 하는 상태이다. 질문이나 지시, 통각자극 등에는 반응을 보이나 대답에 혼란이 있거나 섬망이나 불안을 나타내는 경우가 있으며, 환자 혼자 있게 된다면 다시 수면상태에 빠져드는 상태이다.

(3) 3단계

혼미(stupor)상태로 환자는 계속적인 자극이나 큰 소리, 통증 등의 자극을 주면 반응을 나타내고, 간단한 질문에는 한두 마디 정도로 대답을 하는 상태를 말하며 더 이상의 자극을 피하려는 행동을 보이기도 한다.

(4) 4단계

반혼수(semicoma)상태로 표재성 반응 외에는 자발적인 근육 움직임이 거의 없는 상태이며, 고통스러운 자극을 주었을 경우에는 이를 어느 정도 피하려는 반응을 보이기도 하는 상태이다.

(5) 5단계

혼수(coma)상태로 모든 자극에 아예 반응이 없는 상태이다. 아주 고통스러운 자극에는 지연된 반사반응이 나타나기도 하며, 깊은 혼수상태에서는 지연된 반사반응도 없다. 자발적인 움직임이 없고 사지의 수동운동에도 저항이 없는 상태로 뇌의 연수기능은 유지되는 상태이며, 대광반사는 나타날 수도 있는 상태이다.

일상의 정상작업은 거의 2단계의 상태로 처리되기 때문에 2단계의 상태에서도 실수를 하지 않도록 인간공학적인 배려를 할 필요가 있다. 동시에 비정상작업 시에는 스스로 3단계 상태로 전환할 필요가 있으며, 그러기 위하여 지적확인기법을 활용하는 것이 좋다.

2. 의식수준의 변화

인간의 의식수준이 변화하여 낮아졌을 때 인간 과오가 생기기 쉬운 것은 인간의 안전성에 관련된 특성이라고 할 수 있다. 또한 긴장수준이 저하하면 인간의 기능도 저하되고 여러 가지 불쾌증상을 일으킴과 동시에 사고경향이 커지게 되는데 다음과 같은 사항으로 요약할 수 있다.

(1) 피로 시의 긴장수준

피로란 긴장의 저하라는 말이 성립되지만, 그 정도는 그다지 높지 않으며 적어도 일을 할 수 있는 범위 내에 그치고 있는 것이다.

(2) 이완 시의 긴장수준

일반적으로 긴장이 저하하게 된다.

(3) 24시간 생리적 리듬의 골짜기에서의 긴장수준

24시간의 생리적 리듬은 낮에는 높고, 밤에는 낮게 나타난다. 야간에 긴장수준이 내려갔을 때 졸음이 온다.

(4) 졸음(의식 희박) 때의 긴장수준

의식상실의 시기로서 긴장수준은 제로(0)이다(의식을 각성시키는 것에 의해 되돌아온다).

(5) 의식상실(질병에 의한) 때의 긴장수준

허혈성 심질환, 뇌일혈(뇌출혈, 뇌경색) 등이 있으며 간단히 의식을 되돌릴 수 없다.

Section 148 Batch Process(회분식) 제조공정위험성에 대한 예비조사의 경우 저장, 반응, 건조 등 각 공정에 대한 위험성과 항목

1. 예비조사항목

① 원료 및 제품의 화재·폭발위험성
② 주반응의 화학반응식 및 발열량
③ 주반응에 의한 중간체 및 최종 생성물에 대한 화재·폭발의 위험성
④ 부반응에 대한 화재·폭발의 위험성(부반응의 발열량, 생성물의 형태 등의 영향)
⑤ 부반응이 화재·폭발의 위험성이 클 경우에는 부반응을 일으킬 수 있는 반응조건
⑥ 반응기 및 저장탱크 등의 냉각기능 및 교반기 등의 정지, 촉매첨가량, 원료의 공급순서 및 공급량, 증류·건조공정의 계속 시간 등의 잘못과 기타 야기될 수 있는 비정상상태의 위험성

2. 공정별 위험성

(1) 증류

① 증류온도 및 증류시간의 영향에 따른 열 안정성
② 부산물, 불순물농축에 따른 위험

③ 과열에 의한 위험

④ 공기의 접촉위험 등

(2) 건조

① 건조온도 및 건조시간의 영향에 따른 열 안정성

② 건조 시에 발생되는 용매 등의 위험

③ 정전기에 의한 착화위험

④ 과열의 위험 등

(3) 분쇄

① 피분쇄물의 충격·마찰·가열 등에 따른 위험

② 이물질 혼입에 따른 위험

(4) 혼합

① 혼합순서 착오 등에 의한 혼합위험

② 이물질 혼입에 따른 위험

③ 충격·마찰·가열 등에 따른 위험 등

(5) 저장

① 저장시간, 온도의 영향, 중합 억제제, 분산 억제제 등의 자기반응성에 의한 위험

② 물 등의 이물질 혼입에 따른 위험 등

(6) 세정

① 세정용제의 화재·폭발위험

② 세정작업 시 산소결핍위험

③ 산·알칼리 등과 같은 세정제와 피세정물질의 반응위험 등

(7) 배기

덕트 내에 응축되는 위험물 및 여러 종의 배기가스가 혼합됨으로써 일어나는 화학반응에 의한 화재·폭발의 위험 등

Section 149 금수성 물질인 금속칼륨과 금속마그네슘의 화재, 폭발특성

1. 금속칼륨(K)

① 칼륨은 은색의 광택이 있는 금속으로 나트륨보다 반응성이 크다.

② 상온에서 공기와 접촉하면 즉시 자색의 불꽃을 내면서 타며, 주로 산화칼륨(K_2O)을 생성하고 동시에 과산화칼륨(K_2O_2)이 생성된다.

③ 칼륨은 나트륨과 달리 초과산화물(KO_2)의 생성도 가능하며, 초과산화칼륨은 물과 반응시 산소와 과산화수소로 가수분해된다. 또한 초과산화물은 등유나 그밖에 유기물과 접촉시 폭발이 일어나므로 아주 위험하다.

$$2KO_2 + 2H_2O \rightarrow H_2O_2 + 2KOH + O_2$$

④ 금속칼륨은 물과 격렬하게 반응하며 금속의 비산에 의해 폭발이 동반된다. 따라서 밀폐된 용기 등에 빗물 등이 혼입하여 수소를 발생하는 경우 밀폐공간이 순간적으로 폭발한다.

$$2K + 2H_2O \rightarrow 2KOH + H_2$$

⑤ 사염화탄소, 할로겐화합물과 접촉하면 폭발적으로 반응하고 이산화탄소와도 반응한다.

⑥ 습기하에서 일산화탄소와 접촉하면 폭발한다.

⑦ 연소 중인 칼륨에 모래를 뿌리면 모래 중의 규소와 결합하여 격렬히 반응하므로 위험하다.

2. 금속마그네슘(Mg)

① 마그네슘은 금속상태에서 아주 반응하기 쉬운 물질이나, 마그네슘산화물의 피막이 금속 표면에 생성되어 있는 경우에는 반응성이 감소된다.

② 마그네슘이 공기 중에서 타는 경우 산화마그네슘이 생성되는데, 이 중 약 75%는 산소와 결합되어 있고, 약 25%는 질소와 결합해서 질화마그네슘을 생성한다.

$$2Mg + O_2 \rightarrow 2MgO$$

$$3Mg + N_2 \rightarrow Mg_3N_2$$

③ 마그네슘의 연소는 강한 열과 백색의 빛나는 불꽃을 수반하는데, 그 불꽃은 자외선을 포함하고 있기 때문에 눈의 망막에 장애를 줄 수 있다.

④ 마그네슘은 실온에서는 물과 서서히 반응하나, 물의 온도가 높아지면 격렬하게 진행되어 수소를 발생시킨다.

$$Mg + 2H_2O \rightarrow Mg(OH)_2 + H_2$$

⑤ 연소 중에 있는 마그네슘에 물을 소화제로 사용할 때 물을 가하는 속도가 느리면 대량

의 수소가 발생되어 폭발의 위험이 커지며, 급속히 물을 가하면 그 물이 금속을 냉각시켜 연소가 정지되는 온도 이하로 되어 끝난다.

⑥ 마그네슘은 이산화탄소와 반응하여 산화마그네슘을 생성한다.

$$2Mg + CO_2 \rightarrow 2MgO + C$$

⑦ 할론류의 소화제를 사용할 경우 산화마그네슘이 소화제와 화학적 결합을 일으키므로 마그네슘의 소화에는 효과가 없다.

$$2MgO + CCl_4 \rightarrow 2MgCl_2 + C$$

Section 150 연소효율과 열효율의 차이점

1. 연소효율

연료가 보유한 화학에너지의 열로 변환한 비율이다.

$$연소효율 = \frac{연소에\ 의한\ 발생열량}{연료의\ 고위발열량} \times 100[\%]$$

$$= 1 - \frac{미연소손실열량}{연료의\ 고위발열량} \times 100[\%]$$

$$= 100 - 미연소손실율$$

2. 열효율

$$열효율 = \frac{유효총열량}{총입열량}\ [\%]$$

미연소손실률은 CO 등에 의한 손실열(불완전연소)로서 0.5% 이하이며, 가스보일러 연소효율은 99.8% 이상(거의 완전연소), 기름보일러 연소효율은 99.5% 이상이다.

Section 151 폭발위험장소 구분의 환기등급평가에 있어 가상체적(V_Z)

1. 가상체적(V_Z)

① 가상체적을 구하기 위하여 먼저 가연성 물질이 누출되는 경우, 이의 농도를 LEL 이하로 완화시키기 위한 신선한 공기의 최소환기량을 계산할 필요가 있다. 이것은 다음 식으로 계산된다.

$$(dV/dt)_{min} = \frac{(dG/dt)_{max}}{k(LEL_m)} \cdot \frac{T}{293} \tag{1}$$

여기서, $(dV/dt)_{min}$: 신선한 공기의 최소유량(m³/s)

$(dG/dt)_{max}$: 누출원에서의 최대누출률(kg/s)

LEL_m : 폭발하한(kg/m³)

k : LEL_m로 표시되는 안전계수(연속 및 1차 누출등급 : 0.25, 2차 누출등급 : 0.5)

T : 외기온도(K)

LEL_v[vol%]를 LEL_m[kg/m³]으로 변환하고자 하는 경우에는 다음 식을 이용할 수 있다.

$$LEL_m = 0.416 \times 10^{-3} \times M \times LEL_v$$

여기서, M : 분자량(kg/kmol)

② 누출원 인근에서의 고려대상체적(V_o) 내의 실제 환기율과 계산값 $(dV/dt)_{min}$ 사이의 관계는 V_k로서 표현할 수 있다. 고려대상체적(V_o)상의 환기에 의하여 공급되는 체적 내에 누출원이 다수 있는 경우에는 각각의 누출원과 누출등급에서의 $(dV/dt)_{min}$의 값을 구하는 것이 필요하다.

$$V_k = \frac{(dV/dt)_{min}}{C} \tag{2}$$

여기서 C는 단위시간당 신선한 공기의 환기회수(S^{-1})를 말하며 다음 식으로부터 구할 수 있다.

$$C = \frac{dV_o/dt}{V_o} \tag{3}$$

여기서, dV_o/dt : 대상체적을 통과하는 신선한 공기의 전체 환기량

V_o : 대상 누출원 인근에 있는 실제 환기에 의하여 공급되는(설비관리 내의) 전체 체적

일반적으로 실내환경에서는 V_o는 누출원에 특정한 국소환기가 없다면 고려대상의 방이나 건물의 체적으로 한다.

③ 식 (2)는 이상적인 흐름상태의 신선한 공기가 주어진 누출원에서 순간적으로 균일하게 혼합된다는 것을 전제로 한 것이다. 실제로는 해당 지역의 불량한 환기, 공기흐름의 장애 등으로 인하여 이러한 이상적인 조건은 이루어질 수 없다. 따라서 누출원에서 효과적인 공기순환은 식 (3)의 C에 의하여 주어진 것보다 낮아 체적 V_z를 증가시키게 된다. 따라서 식 (2)에 별도의 보정계수 f를 고려하면 다음과 같은 식이 된다.

$$V_z = fV_k = \frac{f(dV/dt)_{min}}{C} \tag{4}$$

여기서, f : 폭발성 가스의 희석(diluting)효과를 나타내는 환기의 유효성

$f=1$(이상상태), 일반적으로는 $f=5$(공기흐름장애)

Section 152 변경요소관리의 분류 중 비상변경요소관리절차

1. 개요

변경요소관리는 화학공장 등에서 설비증설 또는 변경 등 변경요소관리(이하 "변경관리"라 한다)가 요구되는 공정, 기술 및 절차 등의 변경에 적용한다. 다만, 단순 교체는 변경관리에 적용하지 않는다. 정상변경이라 함은 계획에 의한 변경으로 정상변경절차에 따라 실시되는 것을 말하고, 비상변경이라 함은 긴급을 요할 경우에 실시하는 변경으로 정상변경절차를 따르지 않고 실시하는 것을 말하며, 임시변경이라 함은 변경이 완료되면 원상복구가 가능한 단기간 내 일시적으로 이루어지는 변경을 말한다.

2. 비상변경관리절차

① 긴급을 요할 경우에는 정상변경절차에 따르지 않고, 변경을 우선 지시하며 사후에 완료를 요구할 수 있다. 또한 일과 후, 주말 또는 휴일 등에 발생하는 긴급한 변경은 별도의 절차를 마련하여 시행한다.

② 인명피해, 설비손상, 환경파괴 또는 심각한 경제적 손실을 피하기 위하여 즉시 변경이 요구되는 경우에는 담당자가 비상변경발의를 할 수 있다.

③ 비상변경발의자는 운전부서의 장 및 사업주의 승인을 받는다. 다만, 필요시 유선으로 보고하고 추후 승인을 받는다.

④ 비상변경발의자는 변경시행 후 즉시 정상변경관리절차에 따라 변경관리요구서를 작성하여 변경관리위원회에 제출한다. 다만, 신속한 처리를 요청하기 위하여 변경관리요구서에 "비상" 표시를 한다.

⑤ 변경관리위원회는 변경관리요구서를 검토하여 변경시행된 사항을 계속 유지하며 운전할 것인가를 결정한다. 만약 위원회가 변경내용을 승인하면 그 변경내용은 정상변경관리절차에 따라 결정된 것으로 보며, 이후 절차는 정상변경관리절차에 따른다.

Section 153 화학물질의 폭로영향지수를 계산하기 위한 준비자료 및 계산 절차

1. 준비자료

화학물질폭로영향지수(ERPG : Emergency Response Planning Guideline) 산정에는 다음과 같은 자료가 준비되어야 한다.

① 설비와 주변의 정확한 배치도

② 주요 배관, 독성물질취급용기 및 화학물질저장량을 알 수 있는 개략적인 공정흐름도

③ 평가하고자 하는 물질의 물리·화학적 성질

2. 계산절차

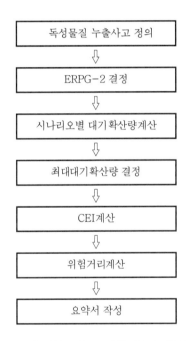

[그림 3-68] 화학물질폭로영향지수의 계산흐름도

① [그림 3-68]의 화학물질폭로영향지수의 계산흐름도에 따라 공정흐름도를 참조하여 중대한 누출을 야기할 수 있는 배관이나 설비를 정한다.

② ERPG2를 정한다.

③ 누출시나리오별 누출량을 계산한다.

④ 최대누출량을 정한다.

⑤ 화학물질폭로영향지수를 계산한다.

⑥ 위험거리를 계산한다.

⑦ 화학물질폭로영향지수요약서를 규정에 따라 작성한다.

Section 154 연소속도(Burning rate)

1. 액체가연물의 연소속도

① 연소속도

$$R = \frac{q_F - q_L}{\rho L_V} = A\frac{H_C}{H_V} \tag{1}$$

여기서, R : 액면강하속도(mm/min), q_F : 화염에 의한 열류, q_L : 연료표면을 통한 손실열류

ρ : 액체의 밀도, L_V : 증발잠열, A : 액면적(m²), H_V : 증발열, H_C : 유효연소열

② 중질유 저장탱크 화재 시 탱크 내 중질유의 액면은 시간이 지남에 따라서 강하한다.

③ 중질유 저장탱크 화재 시 하부의 물에 의해 보일오버(Boil Over)가 발생하므로 액면강하속도를 산출하여 Boil Over 발생시간을 예측할 수 있다.

2. 기체가연물의 연소속도

① 예혼합된 가연성 혼합기가 이동하는 속도 또는 소모되는 정도를 말하며, 화염이 미연소가스에 대하여 수직으로 이동하는 속도를 의미한다.

② 단위시간당 감소하는 체적(또는 질량)을 의미하지만, 질량의 감소보다는 연소속도 및 화염전파속도가 더 중요한 관점이 된다.

③ 가연성 물질의 종류, 산화제, 혼합성질, 열전도율, 비열, 밀도 및 화염전파속도 등에 따라 달라진다.

3. 고체가연물의 연소속도

① 단위시간당 소비되는 고체가연물의 질량 감소속도를 의미하며, 일반적으로 5~50g/s·m²의 속도를 갖는다.

② 연소속도

$$m = \frac{q''}{L} = \frac{\text{순수 열유속}}{\text{기화열}} \tag{2}$$

③ 기화열이란 액체 및 고체의 증발·분해율을 의미하며, 연소속도는 주변 복사열에 의해 가연물이 얼마나 빨리 분해·증발되어 질량이 감소되는가를 나타낸다.

④ 발화 확대 가능성, 플래시오버 가능성 및 주수율과 관련된 영향인자이다.

⑤ 고체에 비하여 액체가 위험한 이유는 기화열이 작고 유효연소열이 크기 때문이다.

4. 연소속도의 영향인자

(1) 가연성 혼합물의 조성

연소속도는 화학양론조성비에 가까울수록 연소속도는 빠르며, 연소한계에 가까울수록 연소속도는 느려진다.

(2) 온도

온도가 높을수록 질량흐름의 확산이 빨라지므로 연소속도가 빠르며, 반응속도는 다음과 같다.

$$V = C_e^{-\frac{E}{RT}}$$

여기서, C_e : 빈도계수, E : 활성화에너지, R : 기체상수, T : 절대온도

(3) 압력

압력이 높으면 연소속도는 증가하고, 압력이 감소하면 연소속도는 감소한다.

(4) 난류

화염의 직경이 0.5m를 초과하는 경우 난류화염이 되어 화염의 길이는 짧아지고 연소속도는 느려지며, 미연소가스에 대한 난류성에 의하여 화염전파속도는 증가한다.

(5) 억제제의 첨가

불활성 가스혼합물이 단위질량당 열용량을 증가시켜 화염을 감소시키므로 화염의 전파가 불가능해진다. 할로겐 억제제는 활성화에너지를 증가시켜 연쇄반응을 억제한다.

5. 연소속도의 정량화

연소속도의 증가는 열방출률을 증가시키므로 화재가혹도가 커지며, 화재로 인한 피해를 증가시키므로 연소속도를 정량화하는 것이 필요하다.

Section 155 인화성 액체취급장소의 폭발위험장소 설정방법 3가지

1. 개요

인화성 액체란 상온·상압(섭씨 20도 1기압)에서 액체상태로서 불에 탈 수 있는 물질을 말하며, 국내에서는 통상적으로 산업안전보건법과 위험물안전관리법에 따라 인화성 액체를 관리하고 있으며 다음과 같다.

(1) 산업안전보건법

인화성 액체란 표준 압력(101.3kPa)하에서 인화점이 60℃ 이하이거나 고온·고압의 공정운전조건으로 인하여 화재·폭발위험이 있는 상태에서 취급되는 가연성 물질을 말한다.

(2) 위험물안전관리법

인화성 액체라 함은 액체(제3석유류, 제4석유류 및 동식물유류에 있어서는 1기압과 섭씨 20도에서 액상인 것에 한한다)로서 인화의 위험성이 있는 것을 말한다.
① 특수인화물
② 제1석유류 : 인화점 21℃ 미만(아세톤, 휘발류 등)
③ 알코올류
④ 제2석유류 : 인화점 21℃ 이상 70℃ 미만(등유, 경유 등)
⑤ 제3석유류 : 인화점 70℃ 이상 200℃ 미만(중유 등)
⑥ 제4석유류 : 인화점 200℃ 이상 250℃ 미만(기어유 등)
⑦ 동식물유류

2. 인화성 액체취급장소의 폭발위험장소 설정방법 3가지

위험장소 설정방법은 다음의 3가지 방법이 있다.
① 도표이용(DEA : Direct example approach) : 인화성 물질 취급설비의 위험장소를 직접 구분하는 전형적인 방법으로, 설비배치도 및 크기, 취급물질의 종류, 환기 등을 고려한 경험적 방법이다.
② 점누출원(PSA : Point source approach) : 설비의 운전온도 및 압력, 환기의 정도 및 유형 등의 변화가 커서 도표이용방법이 곤란한 경우에 적용하는 것으로 누출원의 누출확률을 알아야 한다.
③ 위험성평가기법(RBA : Risk-based approach) : 누출확률을 모르거나 자주 변화되는 시스템에서 2차 누출의 크기를 결정할 때 사용하는 방법으로 주로 기존 설비에 유용하다.

Section 156 공기 중 프로판가스를 완전연소 시 화학적 양론비(vol%)와 최소산소농도(%) 계산

1. MOC의 정의

화염을 전파하기 위해서는 최소한의 산소농도가 요구되며, 이를 최소산소농도(MOC : Minimum Oxygen Concentration)라 하는데, 폭발 및 화재는 연료의 농도에 무관하게 산소의 농도를 감소시킴으로써 방지할 수 있으므로 불연성 가스 등을 가연성 혼합기에 첨가하면 MOC는 감소된다. 최소산소농도는 폭발 및 화재 방지에 유용한 기준이 되고, MOC는 공기와 연료의 혼합기 중 산소의 부피를 나타내며 %의 단위를 갖는다. 실험데이터가 충분하지 못할 때 MOC값은 연소반응식 중의 산소의 양론계수와 연소하한계의 곱을 이용하여 추산되며, 이 방법은 많은 탄화수소에 적용된다.

MOC=산소몰수×연소하한계

2. MOC의 활용

① CO_2, 수증기, N_2 등을 가연성 혼합기에 첨가해서 그 연소범위를 축소시키고, 결국은 연소범위를 소멸시켜서 소화하는 방법이 있는데, 이 경우 산소농도 저하로 인한 연소의 중단이 주요 작용이고 CO_2를 첨가하여 소화할 때는 기상의 산소농도를 14~15% 이하로 할 필요가 있다. 이러한 절차를 불활성화(Inerting)라 부르며 MOC의 개념이 기초가 된다.
② 이 산소농도를 임계산소농도라 부르며, 이 농도에서는 산소농도 부족으로 인하여 인체에 장해(산소결핍증)가 발생할 가능성이 있다.

예제 1

LPG의 주성분인 프로판(C_3H_8)가스의 최소산소농도(MOC)를 계산하시오(단, 프로판의 연소범위는 2.1~9.5vol%이고 $C_3H_8+5O_2 \rightarrow 3CO_2+4H_2O$이다).

풀이

$$MOC=폭발하한계(LFL)\times\frac{산소몰수}{연료몰수}=2.1\times\frac{5}{1}=10.5vol\%$$

3. 최소산소농도 산정(KOSHA-CODE P-40-2001)

가연성 가스 또는 증기의 최소산소농도는 공기와 가연성 성분에 대한 산소의 백분율을 말하며, 연소반응식상의 산소의 화학양론적 계수와 폭발하한의 곱한 값으로 다음과 같이 계산한다.

① 가연성 가스 또는 인화성 증기의 연소반응식을 작성하여 산소의 화학양론계수를 구한다.

예 : $C_3H_8+5O_2 \rightarrow 3CO_2+4H_2O$에서 산소의 화학양론계수는 5이다.

② 가연성 가스 또는 인화성 증기의 폭발하한계를 계산한다.

예 : 프로판의 연소범위 2.1~9.5vol%이므로 폭발하한계는 2.1이다.

③ 연소반응식 중의 산소의 화학양론적 계수와 폭발하한계의 곱을 구한다.

최소산소농도(MOC)=화학양론적 계수×폭발하한계

$$= \frac{완전연소에\ 필요한\ 산소의\ 몰수}{가연성\ 가스의\ 몰수} \times \frac{가연성\ 가스의\ 몰수}{가연성\ 가스의\ 몰수+공기의\ 몰수}$$

예 : 따라서 5×2.1=10.5vol%이다.

예제 2

공기는 질소 79몰/%, 산소 21몰/%의 혼합물이다. 공기에 대해 다음을 구하라.

① 몰분율

② 질량분율과 질량백분율

③ 부피분율과 부피백분율

풀이 ②

① 각 성분의 몰분율을 계산한다.

$$질소의\ 몰분율 = \frac{성분\ A의\ 몰수}{전체\ 몰수(A+B+C)} = \frac{몰백분율}{100} = \frac{79}{100} = 0.79$$

산소의 몰분율=1-0.79=0.21

② 1몰의 공기에는 0.79몰의 질소와 0.21몰의 산소가 존재하므로 각각의 질량으로 계산하면

$$질소 = 0.79몰 \times \frac{28g}{1몰} = 22.12g$$

$$산소 = 0.21몰 \times \frac{32g}{1몰} = 6.72g$$

공기=질소+산소=22.12g+6.72g=28.84g

$$질소의\ 질량백분율 = \frac{질소의\ 질량}{공기의\ 전체\ 질량} \times 100 = \frac{22.12}{28.84} \times 100 = 76.7wt\%$$

③ 공기를 이상기체로 생각하면 몰비가 부피비와 같아지므로

질소의 부피백분율=질소의 몰백분율=질소의 몰분율×100

=0.79×100=79vol%

산소의 부피백분율=산소의 몰백분율=산소의 몰분율×100

=0.21×100=21vol%

Section 157 불화수소(HF)의 물리 · 화학적 특성, 인체에 미치는 영향, 응급대응, 취급자에 대한 응급대응교육

1. 일반정보

NFPA지수	4.0.1	LC50	342ppm, 1시간, 쥐
물질성상	독성, 반응성 기체	분자량	20.01
끓는점	19.51℃	녹는점	-83.53℃
인화점	자료 없음	증기압	917mmHg
주요 용도	주조금속물팁, 불순물 제거, 반도체표면처리, 유리(전기, 브라운관 등)의 광택, 살균제, 소독제 등			

2. 법적 규제현황

① 노출기준 : TWA 0.5ppm, C 3ppm
② 특수건강진단주기 : 12개월
③ 작업환경측정주기 : 6개월
④ 산업안전보건법 : PSM대상물질, 급성 독성물질, 작업환경측정물질, 관리대상물질, 특수건강진단물질
⑤ 유해화학물질관리법에 의한 규제 : 사고대비물질, 유독물
⑥ 위험물안전관리법에 의한 규제 : 자료 없음

3. 응급조치요령

(1) 눈에 들어갔을 때

① 긴급의료조치를 받는다.
② 불화수소와 접촉한 경우 5분간 물로 피부와 눈을 씻어낸 후 피부는 칼슘-젤리배합으로 문지르고, 눈은 15분간 물-칼슘용액으로 씻어낸다.

(2) 피부에 접촉했을 때

① 피부(또는 머리카락)에 묻으면 오염된 모든 의복은 벗겨서 제거하고, 피부를 물로 씻거나 샤워를 한다.
② 오염된 옷과 신발을 제거하고 오염지역을 격리한다.
③ 가스와 접촉 시 화상을 유발할 수 있다.

(3) 흡입했을 때

① 즉시 의료기관(의사)의 진찰을 받는다.

② 과량의 먼지 또는 흄에 노출된 경우 깨끗한 공기로 제거하고, 기침이나 다른 증상이 있을 경우 의료조치를 취한다.

4. 누출사고 시 대처방법

① 분진·흄·가스·미스트·증기·스프레이를 흡입하지 않는다.

② 가스가 완전히 확산되어 희석될 때까지 오염지역을 격리한다.

③ 노출물을 만지거나 걸어 다니지 않는다.

④ 들어갈 필요가 없거나 보호장비를 갖추지 않은 사람은 출입을 통제한다.

⑤ 물분무를 이용하여 증기를 줄이거나 증기구름으로 분산시켜 물이 누출된 물과 접촉되지 않도록 한다.

⑥ 엎질러진 것을 즉시 닦아낸 후 보호구를 하고 예방조치를 따른다.

⑦ 오염지역을 격리한다.

⑧ 원격 또는 안전한 방법으로 누출을 차단한다.

⑨ 화재가 없는 누출 시 전면보호형 증기보호의를 착용한다.

Section 158 벤트배관 내 인화성 증기 및 가스로 인한 폭연으로 배관손상을 최소화하는 장치와 폭연벤트기준

1. 목적

이 지침은 벤트배관 내 인화성 증기 및 가스로 인한 폭연으로 배관이 손상되는 것을 최소화하기 위하여 관련 장치와 시스템의 폭연벤트기준에 대한 기술지침을 정하는 데 그 목적이 있다.

2. 설계 시 고려사항

① 배관, 덕트, 가늘고 긴 용기들의 폭연벤트를 설계할 때에는 폭굉으로의 전이를 방지하기 위한 다음 사항을 고려하여야 한다.

㉠ 용기의 직경에 대한 길이의 비(L/D)가 가급적이면 5 이상 되지 않도록 한다.

㉡ 밸브, 엘보, 기타 배관부속품 또는 장애물 등 난류를 발생시키어 화염의 가속과 압력

의 급격한 상승을 일으킬 수 있는 상황을 가능한 한 줄인다.

ⓒ 배관 또는 덕트가 부착된 용기 내 가연성 혼합물의 농도가 폭연범위로 되지 않도록 한다.

② 이 지침에서 제시하는 적절한 벤트를 확보하는 것이 불가능한 경우 다음의 방법으로 대체할 수 있다.

ⓐ 폭굉압력을 견디는 배관 또는 덕트설계와 상호 연결된 용기를 보호하는 격리장치 또는 폭굉 억제대책을 확보한다.

ⓑ 원형 이외의 횡단면을 가진 배관, 덕트 및 가늘고 긴 용기의 경우 용기의 직경은 4A/P를 적용한다.

ⓒ 각 벤트면적의 합은 덕트 또는 배관의 횡단면적 이상이어야 한다.

ⓓ 폭연이 일어날 수 있는 용기에 접속된 배관 또는 덕트에도 폭연벤트를 설치할 필요가 있으며, 이때 폭연벤트는 배관 또는 덕트의 횡단면적과 동일한 벤트면적이 되도록 하고, 이의 설치지점은 용기의 접속점으로부터 직경 2배 이하의 거리로 하여야 한다.

ⓔ 폭연벤트는 발화원이 예상되는 지점의 가장 가까운 곳에 설치해야 한다.

ⓕ 가스를 취급하는 계통의 경우 적절한 시험으로 다르게 나타나지 않는 한 난류 발생장치가 있는 배관 및 덕트는 직경의 3배 거리에서 장치의 각 면에 폭연벤트를 설치하여야 한다.

ⓖ 폭연벤트 폐쇄부의 중량은 벤트면적당 0.12kPa(2.5lb/ft²)의 압력을 초과하지 않아야 한다.

ⓗ 벤트의 개방압력은 작동조건에 부합하도록 가능한 한 최대벤트압력의 설계값 미만이어야 하지만, 최대벤트압력은 설계값의 1/2를 초과하지 않아야 한다. 덮개는 자석 또는 스프링으로 고정할 수 있다.

ⓘ 폭연벤트는 근로자에게 위험이 미치지 않는 장소로 배출하여야 한다.

ⓙ 지지대는 벤팅 시 발생한 압력에 견딜 수 있는 강도를 가져야 한다.

Section 159 배관의 부식, 마모 및 진동 방지를 위한 액체, 증기 및 가스, 증기와 액체혼합물의 유속제한

1. 액체의 유속제한

① 탄소 및 스테인리스강관의 경우 산이나 알칼리 모두 어느 속도 이상이 되면 부식이나 마모의 원인이 된다.

② NaOH 및 KOH수용액과 NaOH 및 KOH가 5% 이상 함유된 탄화수소혼합물 등 알칼리는 1.2m/s 이하이어야 한다.

③ 80wt% 이상인 황산이나 5vol% 이상인 황산혼합물 등 농황산은 1.2m/s 이하이어야 한다.

④ 1vol% 이상 페놀이 포함된 물은 0.9m/s 이하이어야 한다.

⑤ MEA 및 DEA와 같은 아민수용액은 3m/s 이하이어야 한다.

⑥ 플라스틱이나 고무라이닝관은 심한 마모를 피하기 위하여 3m/s 이하이어야 한다.

⑦ 고형물이 포함된 슬러리와 같은 경우는 1.5m/s 이하이어야 한다.

⑧ 부식이나 마모가 없는 대부분의 액체는 6m/s 이하이어야 한다.

2. 증기 및 가스

순수한 증기나 가스는 마모의 문제가 없으며 보통 다음 식으로부터 구한다.

$$V = \frac{25}{\sqrt{\rho_G}} \qquad (1)$$

여기서, V : 유속(m/s), ρ_G : 가스 또는 증기의 밀도(kg/m³)

3. 습한 증기

마모를 일으킬 수 있으므로 페놀의 습한 증기(Wet vapor)는 18m/s 이하이고, 습한 배기(Wet exhaust)는 135m/s 이하로 한다.

4. 증기와 액체혼합물

환형(Annular)에서 고속의 유체이거나 또는 미스트영역(Regimes)에서 운전되는 공정라인과 같은 2상계에서는 마모가 일어날 수 있다. 이 경우에는 4종류의 관계식들이 있다.

① 관경 150A 이상 : $\dfrac{\rho_{av} V_m}{1,900} \le 4$ \qquad (2)

관경 100A : $\dfrac{\rho_{av} V_m}{1,900} \le 3.5$ \qquad (3)

관경 80A : $\dfrac{\rho_{av} V_m}{1,900} \le 3$ \qquad (4)

② 모든 관경 : $\rho_{av} V_m{}^3 \le 20,390$ \qquad (5)

③ 모든 관경 : $V_m \sqrt{\rho_{av}} \le 8.0$ \qquad (6)

④ 모든 관경 : $V_m \le 8.0 \dfrac{40}{\rho_h}$ \qquad (7)

여기서, V_m : 혼합물의 유속(m/s), ρ_{av} : 혼합물의 평균밀도(kg/m³)

ρ_h : 균일혼합물의 밀도($= \rho_L \lambda + \rho_G (1-\lambda)$)(kg/m³)

$\lambda = \dfrac{Q_L}{Q_L + Q_g}$, ρ_L, ρ_G : 액체 및 기체의 밀도, Q : 유량(m³/s)

5. 정전기 발생 방지

① 전도도가 50pS/m보다 작고 물과 비혼합성 액체인 경우에는 유속을 2m/s 이하로 설계한다.

② 인화성 액체를 탱크 등에 초기에 주입하는 경우에는 유속을 1m/s 이하로 한다.

③ 기타 정전기 발생 억제조치는 KOSHA Guide의 "화학설비 및 부속설비에서 정전기의 계측·제어에 관한 기술지침"을 참조한다.

6. 소음의 발생 방지

① 액체의 유속을 10m/s 이하로 한다.

② 가스 및 증기 : $V = \dfrac{25}{\sqrt{\rho}}$

여기서, V : 유속(m/s), ρ : 밀도(kg/m³)

Section 160 안전밸브분출압력시험의 필요성, 주기 및 안전밸브의 분출압력시험기준과 분출압력시험장치

1. 안전밸브의 분출압력시험 필요성

① 안전밸브는 취급유체에 의한 부식 또는 이물질 침착 등으로 안전밸브의 디스크와 시트 접촉면이 정상적으로 접촉되어 있지 않거나 또는 디스크가이드가 고착되어 미리 설정된 압력에서 정상적으로 작동하지 않을 수 있다.

② 스프링장력의 약화로 인해 설정압력 이전에서 안전밸브가 작동하거나 누출이 발생할 수 있으며, 분출 후 분출강하에 의한 분출 정지가 지연되거나 또는 개로가 폐쇄되지 않을 수 있다.

③ 레버작동식의 경우 과도한 힘을 가할 경우 캡 잠금볼트의 파손으로 분출확인을 실시할 수 없게 된다.

④ 봉인을 훼손하여 조정나사를 임의로 조작한 경우 설정압력에서 정상적인 작동이 되지 않을 수 있다.

2. 안전밸브의 분출압력시험주기

① 압력용기 등에 설치된 안전밸브는 1년에 1회 이상 분출압력을 시험하여야 한다. 다만, 산업안전보건법 시행령 제33조의6에 따른 공정안전보고서 제출대상으로서 고용노동부장관이 실시하는 공정안전관리 이행수준평가결과가 우수한 사업장은 4년에 1회 이상 분출압력시험을 할 수 있다.

② 스프링의 약화 또는 그 밖의 고장으로 안전밸브로부터 누출이 발생하였을 경우에는 위의 주기에 관계없이 분출압력시험 및 보수를 실시하여야 한다.

③ 레버작동으로 분출확인을 실시하였을 경우 정상적인 분출강하에 의해 분출 정지가 되지 않을 경우에도 분출압력시험 및 보수를 하여야 한다.

3. 안전밸브의 분출압력시험기준

(1) 분출압력허용차

① 증기용 안전밸브의 분출압력허용차는 [표 3-43]과 같다.

[표 3-43] 증기용 안전밸브의 분출압력 허용차

설정압력[MPa(gauge)]	허용차
0.5 미만	±0.014MPa
0.5 이상 2.3 미만	±설정압력의 3%
2.3 이상 7.0 미만	±0.07MPa
7.0 이상	±설정압력의 1%

② 가스용 안전밸브의 분출압력허용범위는 분출개시압력의 1.1배 미만으로 한다.

(2) 분출강하

① 증기용 안전밸브의 분출강하는 일반적으로 설정압력과 분출정지압력의 차로 한다.

② 증기용 안전밸브의 분출강하는 [표 3-44]와 같다. 다만, 관류보일러, 재열기, 배관 등에 사용하는 증기용 안전밸브의 분출압력이 0.3MPa(gauge)를 넘는 경우의 분출강하는 실정압력의 10% 이하로 할 수 있다.

[표 3-44] 증기용 안전밸브의 분출강하

분출압력[MPa(gauge)]	분출강하
0.3 이하	0.03MPa
0.3 초과	설정압력의 10% 이하

③ 가스용 안전밸브의 분출강하는 일반적으로 분출개시압력과 분출정지압력의 차로 한다. 다만, 분출압력으로 설정하는 경우는 분출압력과 분출정지압력의 차로 한다.

④ 가스용 안전밸브의 분출강하는 [표 3-45]와 같다.

[표 3-45] 가스용 안전밸브의 분출강하

설정압력[MPa(gauge)]	분출강하	
	메탈시트	소프트시트형
0.2 이하	0.03MPa 이하	0.05MPa 이하
0.2 초과	설정압력의 15% 이하	설정압력의 25% 이하

Section 161 연소 또는 폭발범위 내에 있는 가연성 가스증기의 연소폭발에 영향을 주는 인자

1. 가연성 가스증기의 연소폭발에 영향을 주는 인자

(1) 산소(Oxygen)

공기 중과 비교하여 폭발하한계(LFL)는 거의 영향이 없으나, 상한계(UFL)는 크게 증가하여 전체적인 폭발범위는 넓어지며, 수소의 폭발범위는 공기 중에서 4.0~74.2%, 산소 중에서는 4.0~94.0%이다.

(2) 불활성 가스(Inert Gas)

질소, 탄산가스 등과 같은 불활성 가스를 첨가하면 폭발하한계(LFL)는 약간 높아지고, 상한계(UFL)는 크게 낮아져 전체적인 폭발범위가 좁아지며, 가솔린의 폭발범위는 공기 중에서 1.4~7.6%, 질소 40% 첨가 시에는 1.5~3.0%이다.

(3) 압력(Pressure)

압력이 높아지면 폭발하한계(LFL)는 거의 영향을 받지 않으나, 상한계(UFL)는 현격이 증가하여 전체적인 폭발범위는 넓어지며, 압력변화에 대한 폭발상한계(UFL) 경험식은 다음과 같다.

$$UFL_p=UFL+20.6(\log P+1)$$

여기서, P : 절대압력(MPa), UFL : 1atm에서 가스(증기)의 폭발상한계

예제 1 압력변화 시 UFL 계산문제

1atm에서 폭발상한계가 11.0vol%인 물질이 압력이 상승하여 게이지압으로 6.2MPa이 되었을 때 상한계(UFL)는 어떻게 변할까?

풀이 1

1atm=0.1013MPa이므로 절대압력 P=6.2+0.1013=6.3013MPa

$$UFL_p=UFL+20.6(\log P+1)=11.0+20.6\times(\log 6.3013+1)=48.1vol\%$$

(4) 온도(Temperature)

온도가 높아지면 폭발하한계(LFL)는 감소하고, 상한계(UFL)는 증가하여 양방향으로 넓어지면서 전체적인 폭발범위가 증가한다. 온도가 100℃ 상승할 때마다 LFL은 8% 감소하고, UFL은 8% 증가하며, 온도변화에 대한 폭발한계의 계산식은 다음과 같다.

$$LFL_t=LFL'\left(1-\frac{0.08\triangle T}{100}\right)$$

$$UFL_t=UFL'\left(1+\frac{0.08\triangle T}{100}\right)$$

여기서, LFL_t, UFL_t : t[℃]에서의 폭발하한계, 폭발상한계(vol%)

LFL', UFL' : 25[℃]에서의 폭발하한계, 폭발상한계(vol%), $\triangle T = t-25$[℃]

[표 3-46] 폭발범위에 영향을 주는 인자

인자(factor)	폭발범위	하한계(LFL)	상한계(UFL)
산소	증가	거의 불변	크게 높아짐
불활성가스	감소	약간 낮아짐	크게 낮아짐
압력	증가	거의 불변	현격히 높아짐
온도	증가	낮아짐	높아짐

Section 162 반응의 온도의존성 및 충돌이론

1. 충돌이론(Collision Theory)

① 화학반응에서 두 분자가 반응하기 위해서는 반드시 충돌이 필요하다. 충돌할 때 구조상의 변화와 에너지의 변화에 기초하여 반응속도를 설명할 수 있다.

② 충돌은 그 일그러짐이 충돌분자가 갖는 화학결합의 탄성한계를 넘을 정도의 충분한 충돌의 세기와 반응분자끼리 충돌할 때의 충돌각도가 문제가 된다.

③ 충돌 시 세기와 각도가 효과적이지 못할 경우 반응분자들은 아무 변화도 하지 않고 팅겨나가고 만다.

④ 충돌에너지와 그 방향이 알맞을 때 분자 간의 자리옮김(Rearrangement)이 일어난다.

⑤ Br과 H_2가 알맞은 방향에서 서로 접근하면 최외각전자들 간에 생기는 반발력에 의해 H_2의 공유결합이 일그러지게 되므로 운동에너지가 소모되면서 분자의 퍼텐셜에너지가 증가하게 된다.

⑥ 알맞은 방향에서 충분한 속력으로 충돌한 분자에서만 HBr과 H가 생성된다.

$$Br+H_2+HBr+H$$

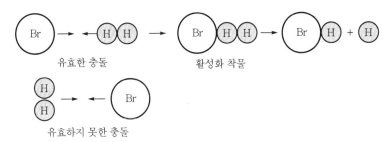

유효한 충돌　　　　활성화 착물

유효하지 못한 충돌

⑦ 활성화 착물(Activated complex)은 반응 도중의 전이상태(Transition state)에 있는 물질로서, 아주 불안정한 상태이기 때문에 약간의 진동에 의해서도 그 결합은 쉽게 분해되어 생성물로 되든지 반응물로 되돌아간다.

Section 163 연소의 3요소 중 산소결핍으로 인한 이상현상

1. 산소결핍에 대한 생체의 반응

산소부족상태의 생체세포 안에서는 유산의 생성량이 증대하므로 혈액은 산성으로 변화하고, 이에 따라 호흡중추 등이 자극되어 호흡심도, 호흡수, 심장박동수의 증가가 일어나게 된다. 이러한 상태에서는 공기를 상대적으로 많이 호흡하여 산소 부족량을 보충하고, 산소함유량이 저하된 혈액을 보다 다량으로 순환시키며, 뇌의 혈관을 확장하여 대량의 혈액을 받아들이기 위한 여러 가지 보상기구나 기능이 동원된다. 그러나 이와 같은 생리적인 적응의 한계는 산소농도 16% 정도까지로, 이보다 낮은 농도에서는 생체적 보상이 불가능하며, 산소결핍 증상이 나타난다.

인체 중에서 산소 부족에 대하여 가장 민감한 반응을 나타내는 부분은 최대의 산소소비기관인 뇌이며, 특히 대뇌의 피질이다. 산소결핍증의 증상은 대뇌피질의 기능저하를 비롯하여, 궁극적으로는 뇌세포 손상에 의한 기능상실을 거쳐 죽음에 이르게 된다.

2. 급성 산소결핍

평지의 작업환경에서 나타나는 산소결핍은 대부분 급격한 저산소환경의 노출에 의하여 예기치 못한 재해를 발생시킨다. 산소결핍증상이 나타나는 산소농도는 건강상태나 개인차에 따라 다르게 나타난다. 일반적으로 16% 정도에서 자각증상이 나타나고, 저농도가 될수록 증상이 무거워진다. 또 10% 이하에서는 치명적인 위험을 수반한다. 가장 큰 문제는 작업장소에 별도의 표지가 없을 경우 이 증상이 산소결핍에 의한 것임을 알 수 없다는 것이다.

[표 3-47]은 Henderson과 Haggard가 산소농도와 증상의 관계를 4단계로 분류한 것에 공기 중 및 동맥혈 중의 산소분압값을 추가한 것이다. 이러한 증상은 힘든 노동 중이나 피로할 경우 또는 숙취상태의 경우 더 심해진다. 또 빈혈이나 순환기장애를 가지고 있는 사람은 2단계 정도에서도 사망할 수 있다. 작업환경에 따라서는 그다지 저농도의 산소가 아니라도 근력저하에 의해 몸을 지지할 수 없다거나, 어지러움 등에 의한 추락, 전락, 익사 등의 사고가 발생한다. 또한 대외기능의 저하에 의한 착각, 오조작, 헛디딤 등의 다른 사고를 유발할 가능성이 매우 높다.

또 한 가지 증상이 구토증인데 구토 시 흉부가 하늘을 향한 상태이면 구토물이 기관지 내로 흡입하여 질식사하는 경우나, 엎드린 자세로 물이 고여 있는 곳에 쓰러져 폐 내에 물을 흡입하여 익사한 것과 같은 결과가 되는 사례도 있다.

[표 3-47] 산소농도 저하에서 산소결핍증상

구분	공기		동맥혈	
	산소농도	산소분압	산소포화도	산소분압
1. 증상	16~12	20~90	89~85	60~45
	맥박 및 호흡수 증가, 정신집중력 저하, 계산 틀림, 근력 저하, 두통, 귀울림, 체중지지 불가, 구토할 것 같은 느낌, 장시간 작업 시 사망 가능성 있음			
2. 증상	14~9	105~68	89~74	55~40
	판단력 저하, 안면 창백, 불안정한 정신상태, 상처의 통증 못 느낌, 심한 두통, 귀울림, 구토, 당시의 기억이 없음, 체온 상승, 전신근육경련, 의식 불명, 질식사 가능성 있음			
3. 증상	10~6	70~45	74~33	40~20
	혼란 가중, 의식 소실, 중추신경장애, 스트로크형 호흡 출현, 치아노제, 전면근육경련, 10분 이내 사망			
4. 증상	6 이하	45 이하	33 이하	20 이하
	실신, 혼수, 호흡 느려짐 → 호흡 정지 → 심장 정지 → 1분 이내 뇌사			

Section 164 인화성 액체취급공정에서의 위험성평가를 위한 위험장소 설정절차

1. 개요

인화성 액체(Flammable liquid)라 함은 산업안전보건기준에 관한 규칙 [별표 1]에서 정하고 있는 물질을 말하며 다음과 같다.

① 에틸에테르, 가솔린, 아세트알데히드, 산화프로필렌, 그 밖에 인화점이 섭씨 23도 미만이고 초기 끓는점이 섭씨 35도 이하인 물질

② 노르말헥산, 아세톤, 메틸에틸케톤, 메틸알코올, 에틸알코올, 이황화탄소, 그 밖에 인화점이 섭씨 23도 미만이고 초기 끓는점이 섭씨 35도를 초과하는 물질

③ 크실렌, 아세트산아밀, 등유, 경유, 테레핀유, 이소아밀알코올, 아세트산, 하이드라진, 그 밖에 인화점이 섭씨 23도 이상 섭씨 60도 이하인 물질

2. 폭발위험장소 설정절차

위험장소를 설정하고자 하는 경우에는 일반적으로 절차에 따라 세 가지 방법 중 하나 이상의 방법을 서로 혼용하여 활용한다. 이제 위험성평가기법을 바탕으로 하는 위험장소를 설정하는 절차에 대하여 기술한다([그림 3-69] 참조).

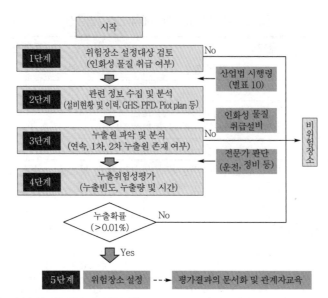

[그림 3-69] 위험성평가를 기반으로 하는 위험장소 설정절차

(1) 1단계 위험장소 설정대상 검토

관련 설비에서 사용, 처리, 취급 또는 저장하는 물질이 인화성 액체에 해당된다면 위험장소의 설정대상이 되며, 가연성 물질이 인화점 이상에서 취급되는 경우에도 위험장소의 설정대상이 되는 경우도 있다.

(2) 2단계 관련 정보 수집

설계도면상에서만 존재하는 설비를 바탕으로 필요로 하는 방폭전기설비 및 계장설비 등을 선정·구매하기 위하여 위험장소구분도(초안)를 작성한다. 이러한 도면은 명확하게 그려지는 경우가 거의 없기 때문에 차후에 실제 설비를 바탕으로 수정·보완된다. 이 구분도 작성에 필요한 정보(자료)는 다음과 같다

1) 설비목록 및 기존 설비의 이력

설비목록 및 기존 설비의 운전경험은 위험장소 설정에 있어서 아주 중요한 자료이므로 해당 또는 유사설비의 운전 및 정비경험자를 통하여 설비의 운전(누출 관련)이력을 수집한다.

2) 취급물질의 물리·화학적 특성

취급물질의 특성을 한국산업안전보건공단의 MSDS/GHS에서 검색하여 표를 작성한다. 만약 사용되는 물질명이나 CAS번호로 찾을 수 없는 경우에는 공급자로부터 직접 구할

수도 있다.

3) 공정흐름도(Process Flow Diagram)

공정압력, 온도, 유량, 각종 물질의 성분 및 양(물질수지시트 등)을 나타내는 공정흐름도 (PFD)를 입수한다.

4) 평면도(Plot Plan)

인화성 액체의 증기 확산에 영향을 미칠 수 있는 모든 요소(베셀, 탱크, 트렌치, 섬프, 구조물, 다이크, 칸막이, 둑 등)의 위치를 표시한 평면도를 확보한다. 여기에는 공기흐름을 방해하는 요소도 포함한다.

(3) 3단계 누출원 파악 및 분석

1) 누출원 파악

일반적으로 인화성 액체를 취급·사용하는 경우 액체가 분당 40~400L(10~100갤런)의 누출·폭발 시의 사망확률을 수용 가능한 위험(ALARP)으로 보고 있다. 따라서 여기에 안전율을 고려하여 분당 12~20L 이상 누출 가능한 것을 누출원으로 판단한다.

2) 누출원 분석

설비·장치·배관 등의 누출원이 표시된 평면도의 누출원에서 설비의 운전 중 또는 정상 작업 중의 누출 가능성을 평가한다.

(4) 4단계 누출위험성평가

일반적으로 발생확률(probability)×중대성(consequence)으로 정의되는 위험성에서 발생확률은 누출확률로 보고, 중대성(consequence)은 위험분위기 생성원(Source)인 누출원 (Source of release)으로 본다.

(5) 5단계 위험장소의 종별 및 범위 설정

1) 위험장소의 종별

① 0종 장소:위험분위기가 연속적 또는 장기간 존재할 수 있는 장소는 0종 장소로 한다.

② 1종 장소:위험분위기가 정상작동상태에서 존재할 수 있는 장소를 1종 장소로 하는 것을 원칙으로 한다.

③ 2종 장소:위험분위기가 비정상운전 또는 사고의 경우에만 존재할 수 있는 장소를 2종 장소로 하는 것을 원칙으로 한다.

2) 비위험장소

위험분위기 생성확률이 낮은 장소로 경험상 기기 및 공정운전에서 위험분위기의 생성확률이 아주 낮은(연 1시간 또는 0.01% 미만) 경우는 비위험장소로 볼 수 있다.

3) 적절한 도표 선정(Selecting the Appropriate Classification Diagram)

위험장소의 범위를 설정할 때 고려하여야 하는 파라미터를 검토하여 선정을 한다.

Section 165 배관계통의 과압, 고온, 저온, 유량 과다, 역류 발생 시 대처 방법에 대하여 본질적 방법, 적극적 방법, 절차적 방법으로 구분

1. 과압 발생

(1) 고형물의 축적에 의한 배관, 밸브 또는 화염방지기의 막힘에서 발생

1) 본질적 방법

① 고형물의 축적을 방지하기 위한 유속 이상으로 관경 설계

② 배관이 예상되는 과압에서 견딜 수 있도록 설계

③ 화염방지기의 제거

2) 적극적 방법

① 압력방출장치의 설치

② 여과기 또는 녹아웃포트 등을 설치하여 자동적으로 고형물 제거

③ 고형물 축적을 최소화하기 위한 배관트레이싱

④ 화염감지기를 병렬로 설치

3) 절차적 방법

① 여과기 또는 녹아웃포트 등을 설치하여 자동적으로 고형물을 수동으로 제거

② 정기적인 수동청소

③ 고압경보 시 조작자의 대응

④ 주기적인 피그(Pig) 등과 같은 기구를 이용한 청소

(2) 밸브가 급격히 닫힘으로 인해 액체해머나 배관 파열

1) 본질적 방법

① 기어비를 통한 밸브를 잠그는 속도제한

② 공기배관에 오리피스(Restriction orifice)를 설치하여 공기작동기의 잠그는 속도를 제한

③ 수동볼밸브와 같은 4분의 1씩(Quarter turn) 잠글 수 있는 밸브 대신에 게이트밸브 사용

2) 적극적 방법
서지어레스터(Surge arrestor) 설치

3) 절차적인 방법
밸브를 서서히 잠그도록 운전절차에 명기

(3) 막힌 배관에서 액체의 열팽창으로 배관 파열

1) 본질적 방법
① 밸브나 블라인드플랜지 제거

② 압력을 균등화할 수 있도록 게이트 등에 작은 구멍을 냄

2) 적극적 방법
① 압력방출장치의 설치

② 팽창탱크(Expansion tank) 설치

3) 절차적 방법
운전을 정지하는 동안에는 배관을 비우도록 절차서에 명기

(4) 자동조절밸브가 고장으로 열려 밸브 후단의 압력 상승

1) 본질적 방법
① 밸브 후단의 모든 배관과 설비의 설계압력을 밸브 전단의 설계압력으로 설계

② 밸브가 완전히 개방되지 않도록 정지장치를 두거나 공기배관오리피스 설치

2) 적극적 방법
밸브 후단에 압력방출장치의 설치

3) 절차적 방법
없음

(5) 압력방출장치의 흡입 또는 토출측에 설치된 밸브가 사고로 잠겨 압력방출기능 상실

1) 본질적 방법
① 압력방출장치 전·후단에 설치된 밸브 제거

② 압력방출장치를 2중으로 설치

2) 적극적 방법

없음

3) 절차적 방법

자물쇠형 밸브(CSO 또는 LO) 사용

(6) 압력방출장치가 중합 또는 고형화에 의한 고형물로 막힘

1) 본질적 방법

압력방출장치 입구측에 고형물 청소를 위한 부속품(Fitting) 설치

2) 적극적 방법

① 파열판을 설치하거나 안전밸브와 파열판을 직렬로 설치. 다만, 후자의 경우 파열판이 새는지를 알 수 있도록 조치
② 퍼지를 이용한 자동세정장치 설치

3) 절차적 방법

퍼지를 통한 주기적이거나 연속적인 수동세정

(7) 제한이 안 됨에 따른 폭굉 및 폭연

1) 본질적 방법

① 온도, 압력 또는 배관의 직경에 제한을 둠
② 난류와 불꽃의 가속에 원인이 되는 엘보와 부속품의 사용을 피하거나 최소화

2) 적극적 방법

① 잠재적인 점화원과 보호하여야 할 설비 사이에 폭굉 또는 폭연어레스트 설치
② 플레어헤더와 같은 곳에는 점화원과 차단이 되도록 액체실드럼 설치
③ 산소 또는 탄화수소농도를 분석하여 불활성 가스의 퍼지나 성분이 많은 가스의 주입을 조절하여 연소범위 밖에서 운전
④ 불꽃을 감지하여 신속하게 밸브를 잠그게 하거나 진압시스템 설치

3) 절차적 방법

시운전 전에 불활성 가스의 퍼지

2. 고온 발생

(1) 발열반응에서 핫스폿(Hot spot)을 야기하는 트레이싱이나 재킷(이중벽)의 결함, 고형물의 축적에 의한 배관, 밸브 또는 화염방지기의 막힘에서 발생

1) 본질적 방법

① 샌드위치트레이서와 같이 트레이서와 배관 사이에 단열물질 사용

② 재킷(이중벽)배관의 경우 안전수준에 따라 온도를 제한할 수 있는 열전달유체 사용

2) 적극적 방법

온도를 조절할 수 있는 전기적 트레이싱 적용

3) 절차적 방법

고온의 온도지시와 경보에 따라 조작자의 적절한 대응

(2) 아세틸렌의 분해와 같은 원하지 않는 반응을 일으키는 외부화재

1) 본질적 방법

① 스테인리스강으로 덮개와 밴딩을 한 내화목적의 보온

② 플랜지 등이 없는 용접이음배관

2) 적극적 방법

자동식 물분무설비가 있는 화재탐지시스템 설치

3) 절차적 방법

수동식 물분무설비가 있는 화재탐지시스템 설치

3. 저온 발생

(1) 배관 내나 데드엔드(Dead-end)에 있는 제품을 고형화시키거나 축적된 수분을 얼게 하는 추운 기후

1) 본질적 방법

① 배관의 보온

② 물이나 제품이 모이는 곳이나 데드엔드를 없게 함

③ 데드엔드와 블로다운배관에 축적을 막기 위한 경사를 줌

2) 적극적 방법

① 열 트레이싱(Heat tracing) 실시

② 잠재적으로 물이나 제품이 모일 수 있는 곳에 자동드레인 설치

3) 절차적 방법

① 배관에는 최소흐름을 유지하도록 절차에 반영

② 잠재적으로 물이나 제품이 모일 수 있는 곳에 수동드레인 설치

(2) 증기해머를 일으킬 수 있는 추운 외기에 의한 증기배관의 응축

1) 본질적 방법

배관의 견고한 고정

2) 적극적 방법

열 트레이싱(Heat tracing) 실시

3) 절차적 방법

후속 배관을 서서히 시작하도록 절차에 반영

4. 유량 과다

(1) 유체의 빠른 속도로 2상 흐름이나 연마성 고체가 있는 경우 저장의 손실을 야기할 수 있는 마모의 원인이 될 수 있음

1) 본질적 방법

① 제한속도 이하에서 배관경의 크기 결정

② 마모가 잘 안 되는 재질 선정

③ 티, 엘보 및 마모가 우려되는 배관은 보다 두꺼운 재료 사용

④ 마모가 일어날 수 있는 곳에서는 부속품의 사용 최소화

⑤ 연마성 고체가 있는 곳에는 엘보 대신 티 사용

2) 적극적 방법

없음

3) 절차적 방법

① 배관 내의 제한속도를 절차서에 명기

② 중요한 곳은 주기적으로 점검

(2) 자동조절밸브에서 높은 차압이 발생하여 내용물의 손실을 가져올 수 있는 프레싱이나 진동 발생

1) 본질적 방법

① 밸브를 가능한 한 용기 입구에서 가깝게 설치

② 밸브나 오리피스와 같은 여러 개의 중간감압장치 사용

③ 견고하게 배관 고정

2) 적극적 방법

없음

3) 절차적 방법

없음

5. 역류

(1) 연결배관, 드레인 또는 임시배관에서 역류가 일어나 원하지 않는 반응이나 월류(Over flow) 발생

1) 본질적 방법

① 원하지 않는 연결을 하지 않도록 호환성이 없는 부속품 사용

② 최종목적물까지 분리배관

2) 적극적 방법

① 압력이 낮은 배관에 체크밸브 설치

② 낮은 차압이 감지되면 자동으로 격리

3) 절차적 방법

① 상호 연결배관을 적질히 격리할 수 있도록 절차서에 명기

② 낮은 차압이 감지되면 수동으로 격리

Section 166 발열반응에서 반응기 내의 발열속도(Q)와 방열속도(q) 및 온도(T)의 관계를 Semenov이론을 이용하여 반응의 위험한계그래프를 그리고 설명

1. 개요

냉각속도(cooling power)가 반응에 의한 열 방출속도보다 낮다면 반응기 내의 온도는 상승할 것이다. 온도가 높을수록 반응속도는 더 빨라지므로 열 방출속도는 증가할 것이다. 온도의 증가에 따라 반응에 의한 열 방출속도는 지수적으로 증가하지만 반응기의 냉각용량(cooling capacity)은 직선적으로 증가하기 때문에 냉각용량은 충분하지 않게 되어 반응기 내의 온도는 상승하게 된다. 따라서 폭주반응(runaway reaction) 또는 열적폭발(thermal explosion)이 발생하게 된다.

2. 반응의 위험한계그래프

0차 반응의 발열반응에 대한 단순화된 열수지를 생각해보면 반응에 의한 열 방출속도 $q_{rx}=f(T)$는 온도의 지수함수로 변하고, 냉각시스템에 의한 열 제거 $q_{ex}=f(T)$는 온도에 따라 직선적으로 변한다. 이 직선의 기울기는 UA이며, 가로축과의 교점은 냉각시스템의 온도 T_c이다. 이 열수지는 [그림 3-70]과 같이 Semenov Diagram으로 표현되며 열 방출속도와 열 제거가 같을 때($q_{rx}=q_{ex}$) 평형을 이룬다.

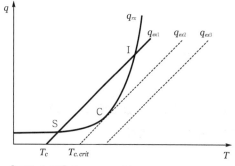

[그림 3-70] Semenov Diagram with different

Semenov Diagram에서 열적평형은 열 방출속도곡선과 열 제거직선이 만나는 두 개의 교점에서 발생한다. 낮은 온도에서의 교점(S)에서 온도가 높은 값으로 편차(deviation)가 발생하면 열 제거항이 우세하기 때문에 온도는 다시 교점(S)로 감소될 것이다. 또한 낮은 온도로 편차가 생기면 열 방출속도항이 우세하기 때문에 온도는 다시 평형이 되는 교점(S)까지 상승할 것이다. 그러므로 낮은 온도에서의 교점(S)를 안정한 평형점(stable equilibrium point) 또는 안정한 운전지점(stable operating point)이라고 한다. 반면에 높은 온도에서의 교점(I)에서는 불안정한 시스템을 보여준다. 교점(I)에서 낮은 온도로의 편차는 열 제거항이 우세하기 때문에 온도는 교점(S)까지 감소할 것이나, 높은 온도로의 편차는 열 방출속도항이 우세하기 때문에 폭주반응상태가 일어날 것이다.

열 제거항의 직선(q_{ex1})과 온도축과의 교점은 냉각시스템의 온도(T_c)를 나타낸다. 따라서 냉각시스템의 온도가 높을수록 열 제거항의 직선은 오른쪽으로 평행이동한다(점선). 두 개의 교점은 하나의 교점(C)으로 될 때까지 간격은 가까워진다. 이 교점은 접선(tangent)이 되며 불안정한 운전조건이 된다. 이 조건에서의 냉각시스템의 온도를 임계온도라고 한다($T_{c, crit}$). 냉각매체(cooling medium)의 온도가 $T_{c, crit}$보다 높을 경우 열 제거항(q_{ex3})은 열 방출속도항과 교점을 가지지 않으므로 열수지방정식에 해법(solution)은 없으며, 폭주반응은 불가피하게 발생하게 된다. 냉각매체의 임계온도에서 공정이 운전될 때 냉각매체의 약간의 온도 증가는 폭주상황을 이끈다.

열 제거항의 직선의 기울기는 UA이므로 총괄열전달계수(U)의 감소는 직선기울기의 감소를 의미하며, [그림 3-71]에서 열 제거항의 직선이 q_{ex1}에서 q_{ex2}로의 이동하여 임계상황(C점)을 이끈다. 이러한 현상은 열교환시스템에 파울링(fouling)이 발생하였거나 반응기 내부표면의 스케일로 인하여 발생할 수 있다. 또한 Scale-up으로 인한 열교환면적(A)이 변함으로써 열 제거항의 기울기가 변하여 공정조건이 임계조건(C점)으로 바뀔 수 있다. 이렇듯 UAT_c와 같은 공정변수(operating parameter)의 변화에 의하여 반응공정의 공정조건이 "안정(stable)"에서 "불안정(instable)"으로 바뀔 수 있다는 것에 유의하여야 한다.

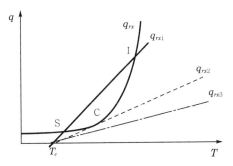

[그림 3-71] Semenov Diagram with different

Section 167

인화성 잔유물이 있는 탱크의 가스 제거 시 잠재된 화재폭발의 위험요인, 탱크가스 제거절차, 세척작업을 위한 사전준비사항, 가스 제거방법, 세척방법을 각각 설명

1. 잠재위험요인(Hazard)

(1) 폭발

① 액체저장에 사용된 탱크와 같이 좁은 공간 내에서 인화성 증기의 점화는 탱크의 설계압력보다 높은 압력을 유발할 수 있다.

② 압력용기로 설계된 탱크라 해도 내부 폭발에 의해 생겨난 충격파를 견딜 수 있도록 설계되지는 않는다. 그러므로 탱크에서의 폭발은 용기의 파손을 야기한다.

(2) 가연성 분위기 형성

① 아주 작은 입자의 액체가 생성되거나 높은 인화점을 가진 액체 또는 대기온도보다 낮은 인화점을 가진 액체나 가스가 존재하는 경우에는 가연성 분위기를 형성할 수 있다.

② 대부분의 인화성 탄화수소는 약 1~2%의 폭발하한을 가지므로 작은 양의 증발로도 가연성 분위기를 형성할 수 있다. 예로 200L 용기에서 20mL 정도의 액체가 증발하거나, 10m²의 탱크에서 100L의 액체가 증발하는 경우에도 가연성 분위기를 형성할 수 있다.

③ 인화점이 높은 액체라 해도 탱크 외부의 용접이나 절단토치로 인해 발생한 열에 의해 쉽게 가연성 분위기를 형성한다. 또 이들은 에어로졸의 형태로 작은 액체방울이 분산된 형태일 때는 인화점보다 낮은 온도에서 점화할 수도 있다.

④ 단단한 중합체 잔류물을 침전시키는 액체는 열에 의해 인화성 증기를 생성하여 가연성 분위기를 형성한다.

⑤ ①~④항에서 언급된 혼합물들은 독성이거나 산소의 배제로 인한 질식을 유발하기도 한다.

(3) 점화

① 탱크 내부의 점화원은 스파크나 불꽃이 대부분이고, 외부에서 발생한 불꽃은 빠르게 탱크 안으로 확산되어 폭발의 원인이 될 수 있다.

② 밀폐된 탱크 내부는 외부 화기작업으로 뜨거워진 표면에 의해 점화될 수 있다.

③ 단열재에 기름이 스며든 경우에는 자연발화의 가능성이 있다.

④ 탱크를 청소하는 동안에 생성된 정전기도 점화원이 될 수 있다.

⑤ 황화철(FeS)과 같은 자연발화성 물질이 함유된 잔류물은 자연발화할 수 있다.

⑥ 탱크를 청소하거나 가스를 제거하는 작업을 하는 동안 인화성 증기가 탱크 주변으로 방

출되어 낮은 지역에 축적되었다가 이들 지역에 존재하는 점화원에 의해 점화될 수 있다. 그러므로 주변 지역에도 점화원 관리와 독성 물질에 대한 방지조치를 실시하여야 한다.

2. 탱크 청소 및 가스 제거절차

① 인화성 가스나 액체를 저장했다가 비운 탱크는 가스 제거와 세척작업 또는 불활성화를 실시하고 난 후에야 다음과 같은 절차를 진행할 수 있다.

② 가스 제거와 세척작업을 통한 준비절차는 다음과 같다.
   ㉠ 스팀, 물, 공기 등을 이용한 가스의 제거 및 퍼지
   ㉡ 증기검사
   ㉢ 스팀, 뜨거운 물, 용제 등을 이용한 세척작업
   ㉣ 탱크의 사용준비완료

③ 가스 제거를 수행할 수 없거나 불가능한 경우에는 다음과 같은 불활성화작업을 통해 준비한다.
   ㉠ 물, 이산화탄소, 질소, 질소폼 등을 이용한 불활성화
   ㉡ 산소검사(다만, 물을 이용 시는 제외)
   ㉢ 탱크의 사용준비완료

④ [그림 3-72]는 탱크 청소 및 가스 제거절차이다.

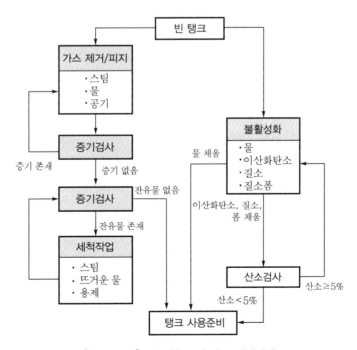

[그림 3-72] 탱크 청소 및 가스 제거절차

3. 가스 제거 및 세척작업을 위한 사전준비

(1) 일반사항

① 세척작업은 액체나 고체 잔류물을 제거하는 것이고, 가스 제거는 인화성 가스나 증기의 제거를 의미한다.

② 가스가 제거된 빈 탱크라 할지라도 슬러지, 중합체 또는 다른 고형물형태의 잔류물이 잔류할 수 있으므로 인화성이나 독성물질이 완전히 제거되었다고 할 수는 없다.

③ 조인트나 구멍에도 인화성 물질이 존재할 수 있으므로 가연성 가스가 감지되지 않았다고 해서 화기작업에 안전하다고는 할 수 없다.

④ 탱크를 물로 세척한다고 해서 가스가 제거된 것은 아니며 안전한 작업을 위해서는 추가의 준비가 필요하다.

⑤ 부식의 결과로 수소가 많아지거나 산소가 부족하지 않도록 가스검사를 실시하고 환기를 해야 한다.

⑥ 인화점이 대기온도보다 높은 액체를 저장했던 탱크의 내부는 보통 가연성 분위기가 아니며 잔류물이 존재하더라도 가스가 없는 것처럼 보일 수 있다. 그러므로 연소가스감지기가 "0"으로 측정되어도 잔류물이 존재하는 탱크는 화기작업에 안전하지 않다는 것이 강조되어야 한다.

⑦ 가스 제거 후 비휘발성 잔류물이 존재하는 경우에는 세척작업이 필요하다. 또한 세척작업 후에는 잔류물이 완전히 제거되었는지 확인하는 검사를 실시하여야 하고, 사람의 내부입장이 필요한 경우 산소가 부족하지 않고 독성가스가 제거되었는지 확인하는 검사도 실시해야 한다.

⑧ 환기에 의해서 안전한 상태를 유지하는 것이 불가능한 경우 호흡기구를 사용해야 한다.

⑨ 탱크의 환기는 유지 관리되어야 하며 내부농도를 지속적으로 모니터링해야 한다.

⑩ 탱크 내부에서 폭발하한의 25% 이상의 증기가 측정되는 경우 사람이 탱크 내부에 있으면 안 된다.

⑪ 가스가 완전히 제거되는 동안 점화원이 생성될 수 있는 어떠한 장치나 전기기구도 들어가서는 안 된다.

(2) 잔류액체 제거

① 잔류액체는 크기가 적당하고 밀폐가 가능한 용기로 이송한다.

② 탱크 바닥의 잔류액체(물보다 가벼운 탄화수소의 경우)를 물층 위로 띄우기 위해 물로 씻어내릴 수 있다. 이때 정전기가 발생될 수 있으므로 철벅거리거나 빠른 펌핑(Pumping) 속도는 피하는 것이 좋다.

③ 용기의 재킷(Jacket)에 사용되는 열매나 냉매는 가연성 액체일 수 있으므로 추후에 잔류액체나 증기가 화기작업에 의해 점화되지 않도록 물로 재킷을 가득 채운 후 배수하여 처리한다. 또 재킷은 내부에서 압력 상승이 일어나지 않도록 대기 중으로 벤트처리한다.

④ 스팀코일이나 전기침수전열기가 설치된 경우 잔류액체를 제거하는 초기단계에서는 펌핑을 위해 열이 공급될 수 있도록 남겨두어야 할 경우 인화성 증기가 생성되는 것을 피하기 위해서는 잔류액체의 액위가 온도센서나 가열표면으로부터 0.5m 내외로 떨어지기 전에 에너지원을 차단해야 한다.

(3) 잔류물 폐기

일반적으로 폐기물과 기타 잔류물들은 위험한 폐기물로 처리되어야 한다.

(4) 탱크 격리

① 액체나 가스로 채워져 있던 탱크를 비울 때는 위험하며, 특히 탱크 내부로 사람이 들어가는 경우는 매우 위험하다. 그러므로 탱크는 작업이 진행되기 전에 모든 연결로부터 물리적으로 격리되어야 한다.

② 소형 탱크의 경우 완전히 연결을 끊고 안전한 장소로 이동시키는 반면, 대형 탱크는 밸브를 닫고 연결된 배관을 제거한다. 만약 연결된 배관의 물리적인 제거가 어렵다면 맹판을 사용하여야 한다.

③ 음극방식법(Cathodic protection system)이 장착된 탱크의 전원은 작업이 시작되기 전에 12시간 이상 격리되어야 한다.

④ 액위알람, 교반기와 히터(heater) 같은 보조장비는 격리되어야 한다.

(5) 가스 확산

① 인화성 증기의 부피가 증가할 확률이 높은 작업의 경우 증기의 분산을 제어할 수 있도록 준비하여야 하며, 환기 시 근접한 큰 구조물로부터 떨어진 환기지역이나 야외로 배출되어야 한다.

② 퍼지작업은 벤트스택(Vent stack)을 사용하기도 하고, 점화불꽃(Pilot flame)으로 대체한 증기를 태우기도 한다.

③ 화염방지기(Flame arrester)는 탱크로의 역화를 방지하기 위해 환기배관에 맞게 설치되어야 한다.

④ 대형 탱크로부터 나오는 증기가 확산되지 않는 경우 환기를 실시해서는 안 된다.

⑤ 탱크유조차(Road tanker)는 차량이 작업장으로 들어가기 전에 가스가 제거되어야 한다.

⑥ 작업이 시작되기 전에 그 지역에 있는 하수구와 드레인은 증기의 진입을 막기 위해 밀봉

시켜야 하며, 이 지역으로 사람과 차량의 접근은 차단되어야 한다.

⑦ 주변 지역의 증기를 모니터링해야 하며 휴대용 가스경보기를 설치할 수도 있다.

4. 가스 제거방법

(1) 소형 탱크, 드럼 및 컨테이너(Container)

① 용량 $60m^3$ 이하의 소형 탱크와 드럼을 위한 가스 제거방법은 보통 세척작업과 동시에 이루어진다.

② 탱크의 가스 제거는 일정기간 동안의 자연환기에만 의존할 수는 없다.

(2) 이동식 탱크

① 가스, 휘발유 또는 기타 휘발성 물질을 사용하는 이동식 탱크(도로 및 철도용)는 송풍기(Air mover)나 배출장치(Eductor)를 사용하여 공기를 불어넣고 물로 씻어내어 가스를 제거할 수 있다.

② 화기작업을 수행해야 하는 경우라면 화기작업 전에 슬러지나 증기가 내부 벽에 잔존할 수 있으므로 반드시 세척작업이 필요하다.

③ 송풍기, 이덕터 또는 이와 유사한 장치는 접지하여야 한다.

(3) 대형 탱크

① 용량이 $60m^3$ 이상인 대형 탱크는 강제식 환기장치(Forced air ventilation)로 가스를 제거한다.

② 송풍기와 이덕터를 사용하여 점화원을 발생시키지 않는 방법으로 공기를 불어넣는 경우 환기배관의 출구는 인화성이나 독성증기를 배출할 수 있으므로 장치나 사람들로부터 멀리 떨어진 야외에 위치하여야 한다.

③ 탄화수소증기는 대부분 공기보다 무거우므로 탱크 하단부의 맨홀을 개방할 때에는 주의하여야 한다.

④ 방호설비가 아닌 전기설비는 탱크에서 가스가 제거되는 동안 사용하면 안 된다.

⑤ 증기의 농도가 폭발하한의 5% 이하로 떨어질 때까지 모니터링하며 환기작업을 하여야 한다. 일단 이 수준에 도달하면 가연성 증기의 배출로 인한 위험은 작아지므로 맨홀의 덮개를 제거할 수 있다.

⑥ 환기는 탱크의 모든 부분에서 가연성 증기가 "0"으로 될 때까지 계속되어야 하며, 그 상황이 적어도 30분은 유지되어야 한다. 그러나 이 단계의 탱크는 가스가 거의 제거되었으나 내부 부속물에 슬러지나 스케일이 남아있을 수 있으므로 아직 완벽하게 안전한 상

태는 아니다.

⑦ 환기와 검사는 세척작업을 하는 동안에도 계속되어야 한다.

⑧ 부유식 지붕탱크나 내부 부유덮개가 있는 고정식 지붕탱크는 증기와 액체가 부유지붕 위의 공간과 지붕을 지지하는 부유지붕이나 덮개의 구멍 사이로 침투할 수 있다.

⑨ 폴리우레탄폼(Foam)이 있는 부유덮개의 경우 이 폼은 그 자체로 인화성이며 가연성 증기나 액체를 흡수할 수 있다. 그러므로 이런 형태의 탱크 주변에서 화기작업을 수행해야 할 경우 우선 이 덮개를 탱크에서 제거하여야 한다.

⑩ 휘발성 물질이 저장되는 부유식 지붕탱크의 지붕에서는 독성 또는 인화성 증기가 존재하기 쉬우므로 가스검사를 포함하는 허가시스템으로 접근을 제어하는 것이 좋다.

5. 세척방법(소형 탱크, 드럼 및 컨테이너)

(1) 스팀 세척

① 빈 탱크의 설계압력을 초과하지 않도록 주의하면서 스팀을 사용하여 세척작업을 한다. 이때 증기는 가능한 건조되어 있어야 한다.

② 응축수는 가능한 낮은 지점에서 배수시켜야 슬러지와 중유(Heavy oil)를 처리할 수 있다.

③ 잔류물을 제거하기 위하여 0.2MPa의 스팀으로 탱크의 벽을 가열하고 적어도 30분 동안 온도를 유지해야 한다. 그 후의 응축수에 기름이 존재한다면 스팀 세척작업을 추가로 실시하여야 한다.

④ 스팀 세척작업을 위한 절차는 정전기의 위험을 최소화하도록 만들어져야 한다.

　　㉠ 스팀호스와 탱크는 접지되어 있어야 한다.

　　㉡ 모든 컨덕터는 스팀이 유입되기 전에 탱크 내부에서 세거되이야 하며, 이를 위해 사람이 출입해서는 안 된다.

　　㉢ 스팀의 온도는 장치에 손상을 주거나 자연발화를 유도할 만큼 높아서는 안 된다.

　　㉣ 처음에는 스팀을 낮은 속도로 유입시켜야 하며, 그 속도는 탱크 내부가 공기로 치환되고 난 후에는 증가시킬 수 있다.

　　㉤ 부근의 작업자들과 사람들은 제전화(Conducting footwear)를 신어야 한다.

⑤ 어떤 스팀 세척작업이든 탱크의 열팽창이나 냉각으로 인한 진공의 발생으로 인해 배관시스템이나 부속품에 영향이 가지 않도록 주의해야 한다.

⑥ 탱크 내부의 온도가 대기온도로 떨어질 동안 탱크를 계속 개방하여야 하며, 내부검사는 그 후에 실시할 수 있다.

(2) 물 세척

① 소형 탱크는 가소성 또는 세제수용액과 함께 끓일 수도 있는데, 이 방법은 차량용 연료 탱크를 위해 자주 사용된다. 이 경우 전체 탱크가 용액에 완전히 잠기도록 해야 하며 적어도 30분 가량 끓여야 한다.

② 소형 제트청소기로 탱크 내부표면에 뜨거운 세척액을 높은 압력으로 분사하여 세척작업을 할 수도 있다.

③ 200L의 상업용 세탁드럼의 내부를 세척하는 데는 제트 세척과 스팀 세척을 조합하여 사용하는 것이 좋다.

(3) 용제 분사

① 드럼청소에 사용되는 방법으로 단단한 잔류물과 점성액체를 제거하는 데 효과적인 방법이다. 이 작업은 초기상태에 관계없이 가연성 분위기를 형성하므로 주의해야 하며, 작업 후에 화기작업이 수행되어야 한다면 충분히 가스를 제거해야 한다.

② 스팀 세척이나 뜨거운 물 세척을 조합하여 사용하는 것이 효과적이다. 만약 물-혼합용제를 사용한다면 인화성 증기를 제어하여야 하며 정전기의 축적을 최소화하도록 접지하여야 한다.

③ 탱크의 세척을 위해 고압분사를 사용하거나 용제를 분무하는 것은 정전기에 의한 폭발위험을 증가시키므로 반드시 전문가에 의해 불활성화된 탱크에서 수행되거나 정전기 축적이 방지되도록 설계된 분사시스템을 사용하여야 한다.

(4) 이동식 탱크(Mobile Tank)

① 도로나 철도로 운송되는 이동식 탱크의 세척은 규정에 따라 적용한다.

② 철도로 이동하는 여러 칸의 탱크차량은 구조상의 구멍과 칸막이벽에 갇힌 액체나 기체를 가지고 있으므로 화기작업을 수행하기 전에 탱크 설계에 관한 상세한 검토와 환기작업을 필요로 한다.

(5) 대형 고정식 지붕탱크(스팀 세척)

① 많은 양의 공정스팀이 공급이 가능하다면 대형 탱크의 가스 제거와 세척작업에 스팀을 사용하기도 한다.

② 휘발성 물질을 함유했던 대형 저장탱크에는 정전기에 의한 위험이 존재하므로 스팀을 사용하지 않는다.

③ 스팀 세척은 규정에 따라 적용한다.

ㄱ 물분사

- 비휘발성 잔류물에 의해 가스가 점화될 수 있는 위험을 낮추기 위하여 가스를 제거한 후에 물분사에 의한 세척작업을 수행하여야 하며 잔류물로 인한 독성가스의 위험에도 주의하여야 한다.
- 고압 물분사를 사용할 경우 물분사 자체의 접촉으로 인한 재해의 위험이 존재하므로 주의해야 한다.
- 인화성 잔류물에 오염된 물은 수집하여 안전하게 폐기하여야 하며, 인화성 물질을 처리할 수 있도록 설계되지 않은 드레인(Drain)시스템으로 유입시켜서는 안 된다.

ㄴ 수동 세척

- 독성 잔류물이 존재하는 곳에서는 수동 세척작업 시 작업자를 보호하여야 한다.
- 잔류물에 자연발화물질이 포함되어 있는 경우에는 세척작업이 진행되는 동안 엄격하게 감독하여야 한다.
- 인화성 용제를 사용하는 것은 작업자를 독성위험에 노출시키므로 권하지 않는다.

(6) 부유식 지붕탱크 및 부유덮개가 있는 고정식 지붕탱크

① 휘발성 물질을 저장하는 데 사용되는 부유식 지붕탱크나 내부 부유덮개가 있는 탱크는 세척작업에 다음과 같은 어려움이 있다.

ㄱ 액체나 증기가 지붕이나 덮개의 구멍과 플랫폼 부분으로 침투한 경우

ㄴ 지붕지지대(Roof support legs)와 중공(中空)부(Hollow section)에 액체가 존재하는 경우

ㄷ 지붕 아랫면에서 기름이 탱크 바닥으로 방울져서 떨어지는 경우

이에 화기작업이 근처에서 수행된다면 점화의 가능성이 있다.

② 작업절차는 탱크의 구조와 부속품에 관한 모든 정보를 고려해야 하고, 특히 탱크의 중공부와 밀폐된 공간(Enclosed section)의 액체나 증기의 존재에 대한 모니터링을 하도록 해야 한다.

③ 액체나 증기가 흡수되거나 숨어 있을 수 있는 지붕 이음매(Seal)에는 특별한 주의가 필요하다.

④ 부유식 지붕 위와 아래의 공간에 대한 환기 시에도 주의가 필요하다.

⑤ 용제분사는 부유식 지붕탱크에서 수행되며 인화성 증기나 미스트에 따른 위험이 존재한다.

(7) 탱크 바닥

① 탱크의 불완전한 이음매를 통해 인화성 액체가 새거나 격판 밑의 공간에 축적될 수 있으므로 대형 수직탱크의 바닥면 보수작업은 위험성이 크다. 그러므로 탱크 내의 가스

가 제거되고 내부 화기작업이 가능하도록 깨끗하게 세척된 후에 바닥의 화기작업을 수행하여야 한다.

② 탱크의 바닥을 보수하기 전에 바닥면을 냉각절단(Cold cutting) 또는 드릴링(Drilling)으로 검사하고, 위험의 존재 여부를 결정하기 위해 바닥 아래에서 샘플을 취하기도 한다.

③ 탱크 바닥에서 인화성 액체가 발견되는 경우 몇 지점을 뚫고 물을 흘려 액체를 대체하는 것이 필요할 수도 있다.

④ 작은 보수의 경우 바닥의 구멍을 통해 불활성 기체를 통과시키는 것으로 충분할 수도 있다.

Section 168 유해·위험물질누출사고가 발생했을 때 대응절차 및 평가절차

1. 사고특성 및 위험요인

① 폭발과 화재를 동반할 수 있어 2차 재해의 위험성이 크다.
② 독성중독 등 대량 인명피해 발생의 우려가 높다.
③ 피해범위가 광범위하고 매우 복잡·다양한 사고특성을 보인다.
④ 위험물 다양화로 누출 및 분출된 유해화학물질에 대한 특성 및 성상 등 정보가 부족하다.

2. 대응절차 및 기준

(1) 정보와 출동단계

① 상황실 근무자의 사고상황 신속 파악
   ㉠ 관련 물질의 종류에 따른 중화, 제독, 진화 등에 관한 정보 파악(유해물질비상대응핸드북 지침 활용)
   ㉡ 전문유관기관(화학부대, 경찰 등)의 지원요청
   ㉢ 시설관계자에게 물질 관련 정보를 추가로 획득하는 데 노력
② 상황실 근무자는 수집된 정보를 출동대에 실시간 전파
③ 출동대는 화학보호복 등 개인안전장비 착용 및 확인

(2) 현장 도착 및 현장활동단계

① 현장에 도착한 차량은 바람을 등지고 접근
② 먼저 현장에 도착한 출동대는 가상안전통제선 밖에 차량 배치
③ 현장상황을 파악 후 확산범위 판단 및 안전통제선 재설정

④ 예상확산범위로 설정된 안전통제선 밖으로 신속히 주민대피

⑤ 필요 최소한의 소방력 외에 나머지는 안전장소로 재배치

⑥ 누출현장 주변의 저지대 및 구획된 부분에 차량배치 금지

- 저지대·구획된 부분에 가연성 증기 체류예상 시, 분무주수로 희석

⑦ 현장진입대원은 바람을 등지고 접근하며 후방에 방어할 수 있는 물살포장치 배치

⑧ 누출 부분에 대해 누출차단조치

ㄱ 밸브 잠그기, 쐐기 박기, 테이프 감기 등

ㄴ 가능한 하천·하수구로 유입 방지에 주의(방유제, 누출방지둑 설치 등)

⑨ 유출된 유해화학물질 등은 흡착포 등으로 1차 제거

⑩ 유관기관 회수차량에 의한 유독물 회수 실시(폐기물처리업체 등)

⑪ LPG 등 가스 누출 시는 냄새·소리 등을 주의 깊게 경계

⑫ 화재로 유류·가스탱크 외벽가열 시, 탱크 외벽냉각

ㄱ 탱크방호가 불가하거나 이미 위험한 정도로 가열 시 즉시 탈출

ㄴ 안전지대로 이동 및 현장통제(필요시 통제선에 경찰병력배치 요구)

⑬ 밸브·배관에 화염 발생 시 주변 가열된 부분 우선 냉각시킴

ㄱ 밸브·배관에서 나오는 화염을 직접 소화하려고 하지 말 것

ㄴ 가스가 소진되어 화염이 사라질 때까지 계속 냉각시킨 후 공급측 부분의 밸브를 차단시킴

(3) 현장활동 종료단계

① 오염된 장비 및 인력에 대한 철저한 제독, 검사 실시

② 회수된 의복 및 오염장비는 전문기관에 의뢰하여 폐기 실시

Section 169 위험물의 제조, 저장 및 취급소에 설치된 옥내·외저장탱크에 배관을 통하여 인화성 액체위험물 주입 시 과충전 방지를 위한 고려사항, 과충전방지장치의 구성요소별 고려사항, 비상조치절차

1. 과충전 방지를 위한 고려사항(설계 시)

① 탱크의 과충전을 방지하기 위하여 탱크의 최대적재량과 탱크에 저장된 위험물의 양을 정확히 파악하고 위험물의 이동을 주의 깊게 감시, 제어하여야 한다.

② 탱크의 최대적재량은 수동식 또는 자동식 과충전방지장치를 이용하여 감시할 수 있다.

무인시설에는 자동식 과충전방지설비를 설치하여야 하나, 유인시설에는 필요하지 않다.

③ 주배관으로부터 인화성 액체를 주입받는 탱크에 설치된 과충전방지장치는 다음 기준을 충족시켜야 하고, 과충전방지설비는 어떠한 탱크의 계량장치나 설비로부터 영향을 받지 않도록 독립되어 있어야 한다.

ㄱ 어떠한 계측장치와도 독립적인 고액위감지장치가 설치되어야 한다.

ㄴ 위험물의 이송작업 중 운전자가 위험물의 흐름을 차단하거나 우회이송조치를 즉시 취할 수 있는 위치에 경보장치가 설치되어 있어야 한다.

ㄷ 자동으로 위험물의 흐름을 차단하거나 우회이송시킬 수 있는 전용 고액위감지설비가 설치되어야 한다.

④ 특정 설계와 작동형식에 따라서 과충전방지설비는 다음과 같은 기본부품을 포함한다.

ㄱ 액위감지기와 경보/신호장치의 스위치/탐침

ㄴ 경보/신호장치의 제어반

ㄷ 음향 및 시각경보/신호장치

ㄹ 위험물 흐름의 우회이송이나 자동 차단용 전동식 위험물흐름제어밸브

⑤ 과충전방지설비의 고장, 오동작 등으로 인하여 비상사태의 발생 가능성이 매우 높기 때문에 설비의 구성부품은 매우 정밀하고 신뢰할 수 있는 제품이어야 한다.

⑥ 전기적으로 감시되거나 이에 상응하는 고장방지장치를 과충전방지설비에 설치하여 경보/신호상황이 발생하여 회로가 열려서 감지기스위치가 작동하거나 전원이 차단되는 경우에 과충전방지설비가 경보/신호장치를 작동시키도록 하여야 한다.

⑦ 운전자는 과충전방지설비를 항상 작동 가능한 상태로 유지·관리하여야 하며, 계량장치, 감지기계측장치 및 관련 설비를 연 1회 이상 검사 및 정비하여야 한다.

⑧ 휘발성, 인화성 액체위험물을 저장 및 취급하는 탱크에 대한 과충전방지설비의 설계 시 설치될 지역의 전기계장설비는 폭발위험장소분류기준에 적합한 장치를 설치하여야 한다.

2. 과충전방지장치의 구성요소별 고려사항

(1) 액위감지기 설치 시 고려사항

① 감지기는 탱크에 저장된 위험물의 액위를 측정하기 위해 사용되며 위험물의 높이가 설정된 위치에 도달하면 작동하는 장치로서, 위험물탱크에는 다음과 같은 형식의 감지기 중 하나를 사용하는 것이 바람직하다.

ㄱ 플로트감지기(Float detectors) : 콘루프탱크에서 위험물의 액위를 측정하기 위해 사용되며, 탱크에 위험물이 충전됨에 따라 위험물의 액위가 상승하고 설정된 충전높이에 도달할 때까지 플로트를 상승시켜 플로트가 경보/신호장치를 작동시킨다.

ⓒ 디스플레이서감지기(Displacer detectors) : 교반되거나 소용돌이, 거품을 일으키는 탱크나 낮은 비중의 위험물이 저장된 탱크의 위험물이 액위를 측정하기 위해 플로트감지기 대신 종종 사용된다.

ⓒ 광전식 감지기(Opto-electronic detectors) : 인화성 액체를 저장하는 모든 형태의 탱크에서 위험물의 액위를 측정하는 데 사용되며, 공기나 가스증기로 증가할 때는 상이한 비율로 굴절되는 광도체를 통과하는 적외선 광원을 갖고 있다. 예를 들어, 탱크 안에서 상승하는 데 위험물이 고액위 및 최고액위 설정위치에 도달하면 감지기로 넘쳐흐르는 액체가 센서의 굴절률을 변화시켜 경보/신호장치를 작동시킨다.

ⓔ 추감지기(Weight detectors) : 플로팅루프탱크에서 위험물의 액위를 측정하기 위해 사용되며, 위험물이 충전됨에 따라 플로팅루프가 상승하여 설정된 충전높이에 도달하면서 추와 접촉한다. 루프가 추를 들어 올리면 케이블이 느슨해지고 액위스위치가 열려 경보/신호장치를 작동시킨다.

ⓜ 농도계감지기(Densitometer detectors) : 설정된 위치에서 액위를 확인하기 위해 방사선장치를 사용한다.

ⓗ 기타 감지기 : 정전용량, 열, 적외선, 시각(광학), 초음파, 무선주파수 방출 및 중량측정 등을 이용하는 감지기 등이 있으나, 위에서 언급된 형식보다는 이용되는 빈도는 낮다.

② 플로트감지기 또는 디스플레이서감지기를 사용할 때에는 다음 사항을 고려하여야 한다.

㉠ 감지기를 선정할 때에 운전자는 플로트 또는 디스플레이서가 위험물에 잠기지 않고 위험물의 액면에 떠 있도록 하기 위해 탱크에 저장된 위험물의 비중을 알아야 한다.

㉡ 플로트 및 디스플레이서 감지기의 작동의 신뢰성을 확보하기 위해 정기적으로 검사, 시험 및 정비를 하여야 한다.

㉢ 추감지기를 사용하는 경우 플로팅루프가 가라앉은 사고 발생 시 디스플레이서가 위험물의 액면 위에 떠 있도록 하기 위해 위험물의 비중을 측정하여야 한다. 추감지기는 정기적으로 검사 및 정비하여 신뢰도를 유지하여야 한다.

㉣ 정전용량, 무선주파수 방출 및 초음파 액위감지기는 플로트 또는 디스플레이서감지기에 비해 감지기 부속품에 축적된 위험물의 영향을 적게 받기 때문에 아스팔트, 잔사유 등과 같은 중질, 점성이 큰 위험물을 저장하는 탱크용으로 사용하는 것이 바람직하다.

㉤ 감지기 선정에는 다음과 같은 많은 요소를 포함하나 이에 국한되지는 않는다.

- 탱크의 형식, 구조, 탱크의 부속품 및 지붕
- 탱크에 저장된 위험물
- 날씨, 습도 및 기타 환경조건
- 전기위험장소 분류 및 전기기계·기구등급

- 필요한 경보/신호장치타입
- 검사, 시험 및 정비요구사항
- 운전자와 운송업자 방침, 코드 및 법규요구사항
- 고장모드
- 정전기 방전조건
- 설치 중의 화기작업요구사항
- 현장 고려사항 및 상황에 따른 기타 요소들

㉑ 위험물의 액면에서 탱크의 동체로 정전기를 방출하는 점화원을 생성하지 않도록 탱크에 설치된 액위감지기와 기타 과충전방지설비 구성부품의 선정 및 설치에 각별한 주의를 기울여야 한다.

㉒ 운전실행기준, 저장된 위험물, 탱크 개조 등의 변경사항이 생길 경우에는 변경절차를 잘 관리하여 적합한 감지기를 사용하도록 한다.

(2) 경보/신호제어반 설치 시 고려사항

① 탱크의 액위가 설정된 높이에 도달했다는 신호를 감지하였을 때 선임된 운전자 또는 운송자가 경보를 받고 쉽게 대응조치를 취할 수 있도록 과충전방지설비의 경보/신호제어반(신호표시기)의 위치를 정해야 한다.

② 감지기를 감시하고 기타 작동장치에 출력을 보내기 위해 여러 가지 형식의 경보/신호제어반을 사용할 수 있다. 제어반의 최종 선택은 운전자 및 운송자의 실행기준, 필요한 다양한 기능과 현장요구사항에 따라 달라질 수 있다.

③ 경보/신호제어반이나 경보/신호제어반 대신 사용하는 기타 장치들(신호표시기, 컴퓨터 디스플레이시스템 등)은 시험기능, 예비전원, 그리고 다음과 같은 원격통신시설을 갖춘 적절한 시각 및 음향경보기능이 있어야 하나 여기에 제한되지는 않는다.

　㉠ 경보/신호표시등 : 각 탱크에는 표시등 두 개를 사용하는 것이 바람직하다. 한 개의 표시등만 사용할 경우 탱크에서 경보/신호상태가 발생하면 표시등이 반짝거려야 하며 경보/신호를 수신한 후 일정하게 빛을 내야 한다. 표시등의 색깔은 운전자나 운송업자 실행기준 또는 현장요구사항에 따라 선택될 수 있다.

　㉡ 음향/인식기능이 있는 제어반 음향경보/신호

　㉢ 제어반 및 오버플로방지설비의 자체 시험(Self test)기능

　㉣ 제어반에서 원격지점에 있는 사람에게 경보할 수 있는 시각표시신호장치 또는 음향경보장치를 작동시키는 장치

　㉤ 자동 차단이나 우회이송용 전동밸브의 기동장치

　㉥ 원격지점(배관라인제어센터, 원격지 운전자 사무실, 해양도크, 보안시설 등)에 신호를

보내거나 통신할 수 있는 장치

ⓐ 경보/신호제어설비에 정전사고를 알릴 수 있는 내장형 배터리설비와 경보/신호장치

ⓞ 전기식 감시설비 또는 이와 동등한 것

ⓩ 상용전원의 고장 시에도 고액위상황을 계속 감시할 수 있는 비상전원 설치

④ 경보/신호제어반에는 시스템의 전원을 차단하는 작동 정지(Deactivation)스위치를 설치해서는 안 된다. 주배전반의 회로차단기는 일상적인 정비와 시험을 위해 시스템을 정지시키는 경우에 한해 사용해야 한다.

(3) 음향 및 시각경보/신호장치 설치 시 고려사항

① 경보/신호제어반 외에도 탱크 내 위험물의 고액위 및 최고액위상태를 경보/신호해주는 장치가 탱크저장소, 해양도크, 배관라인 분기관 및/또는 운송업자 제어위치 등과 같은 기타 시설지역에 설치되어야 하며, 상기 장소에서 과충전을 방지하기 위한 정확한 행동을 하는 데 책임이 있는 담당자가 쉽게 장치를 보거나 들을 수 있어야 한다.

② 주입작업 동안 담당자가 상시 근무하지 않는 시설에서는 경보/신호장치가 과충전 방지를 위한 조치를 취할 수 있는 장소에서 작동하도록 하여야 한다.

③ 경고음, 경고등 및 경고신호 등의 선택은 설치될 지역의 폭발위험장소분류에 따라야 한다.

④ 비상상황이 발생할 때 혼란을 방지하기 위해 과충전방지설비와 관련된 경고음, 경고등 및 경고신호는 시설이나 운송업자 위치에 설치된 기타 경보/신호장치와 구별되어야 한다. 또한 2단식 감지설비에서는 고액위경보/신호가 최고액위경보/신호와 구분되어야 한다.

⑤ 다음과 같은 상황이 발생되면 경고음, 경고등 및 경고신호가 작동되어야 한다.

ㄱ 탱크 내 위험물 액위가 실징된 경보/신호높이에 도달

ㄴ 해당 시설용 상용전원의 손실

ㄷ 최고액위감지설비 회로 또는 경보/신호장치 회로의 정전이나 지락

ㄹ 최고액위감지설비 제어장치(내부 감시) 또는 신호발생장치의 고장이나 오작동

ㅁ 시스템으로부터 제동장치(Trigger, 플로드, 디스플레이서 등)의 제거

(4) 전동밸브 설치 시 고려사항

① 자동차단설비나 위험물의 우회이송을 위해 전기식, 유압식, 공압식 전동밸브를 사용할 수 있다.

② 자동차단설비 또는 우회이송설비가 설치되어 있을 경우 각 탱크의 주입밸브 또는 밸브류에는 현장 또는 원격제어용 전동장치가 있어야 한다.

ㄱ 분리, 원격 또는 현장제어위치를 선택할 수 있는 수동제어스위치를 설치하여야 한다.

ㄴ 밸브위치 및 작동상태를 나타내는 위치표시장치를 설치하여야 한다.

ⓒ 수동밸브작동장치를 설치해야 한다.

③ 밸브작동사이클은 밸브가 닫힐 때 과도한 압력이나 유압충격이 발생하지 않아야 한다.
　㉠ 분기배관의 저압을 방지하기 위해 해당 시설배관계통의 운전자가 분석하여 릴리프시스템의 필요성 여부를 결정하여야 한다.
　ⓒ 차단시스템의 설계 및 작동에 관한 사항은 운송자와 합의하여야 한다.

④ 탱크의 위험물 액위가 자동 차단이나 우회이송 설정높이까지 충전되었다는 경보/신호를 수신받았을 때 전동밸브시스템은 다음과 같은 조치를 취해야 한다.
　㉠ 운전자나 운송업자에 의해 설정한 속도로 즉시 밸브를 닫기 시작한다.
　ⓒ 이송작업 완료 후에 경보/신호가 재설정될 때까지 밸브의 원격작동을 차단한다.
　ⓒ 탱크의 위험물 액위가 최고액위감지 설정위치보다 위에 있는 경우 밸브설치지점에서 수동으로만 밸브를 작동할 수 있어야 한다.

⑤ 최고액위감지경보/신호를 수신받았을 때 원격지에서 열리고 있는 밸브는 개방을 멈추고 즉시 설정된 속도로 닫히기 시작해야 한다.

⑥ 최고액위감지경보/신호를 수신받았을 때 원격지에서 닫히고 있는 밸브는 설정된 속도로 계속 닫혀야 한다.

Section 170 화학설비고장률 산출을 위한 자료수집 및 분석방법

1. 개요

설비고장률이라 함은 설비의 시간당 또는 작동횟수당 고장 발생률을 말한다. 시간당 고장률은 고장횟수의 합을 운전시간의 합으로 나눔으로써 계산할 수 있으며, 작동횟수당 고장률은 고장횟수의 합을 작동횟수의 합으로 나눔으로써 계산한다.

2. 설비고장률 산출을 위한 자료수집 및 분석절차

설비고장률 산출을 위한 자료수집 및 분석절차는 다음과 같다.

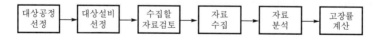

① 설비고장률을 산출하고자 하는 대상공정을 선정한다.
② 대상공정이 선정되면 플랜트운전 및 안전에 중요한 설비들을 도출하여 목록을 작성한다.
③ 선정된 대상설비에 대해 보수·정비작업의뢰서, 사고조사보고서, 설비이력카드, 시험보고

서, 운전일지, 운전절차서, 정기점검 및 보수절차서 등의 자료원을 확인한다.

④ 자료원으로부터 다음과 같은 자료를 수집한다.

　㉠ 단위공장 운전이력 : 단위공장의 운전상태변화를 알 수 있는 정상운전기간 및 연차보수기간 등

　㉡ 설비목록 및 사양 : 설비번호, 설비명, 설비의 상세사양 및 설계·운전조건 등

　㉢ 설비별 운전시간 : 실제 설비가 운전된 시간

　㉣ 설비별 보수 및 고장이력 : 보수시작일, 보수완료일, 고장발견일, 보수시간, 이용불능시간, 고장원인 및 고장내용, 보수작업내용 등

⑤ 수집한 자료들로부터 다음과 같은 사항에 대한 분석을 실시한다.

　㉠ 설비별 고장원인분류 및 고장모드 선정

　㉡ 고장심각도 결정

　㉢ 보수작업 내용 및 보수시간

⑥ 수집 또는 분석된 자료로부터 설비고장률 계산을 위해서 필요한 다음과 같은 자료를 구한다.

　㉠ 고장모드별 고장횟수 : 설비별 고장모드에 대한 고장횟수

　㉡ 설비운전시간 : 설비의 보수 또는 고장자료가 수집된 기간 동안의 설비운전시간

　㉢ 설비작동횟수 : 설비가 실제로 작동한 횟수

　㉣ 이용불능시간 : 설비가 보수 또는 고장으로 인하여 설비의 기능을 수행하지 못한 시간

　㉤ 설비필요시간 : 설비의 보수 또는 고장자료가 수집된 기간

⑦ 설비의 고장모드별 고장률 및 이용불능도는 다음과 같이 계산된다.

　㉠ 시간당 고장률=고장모드별 고장횟수÷설비운전시간

　㉡ 작동횟수당 고장률=고장모드별 고장횟수÷설비작동횟수

　㉢ 이용불능도=이용불능시간÷설비필요시간

3. 분석방법(설비고장률 산출 예)

(1) 자료수집

단위공정에서 운전 중에 다음과 같은 자료가 수집·분석되었다고 가정한다.

① 대상단위공정 : XXX단위공정

② 분석대상설비 : 펌프 10대에 대한 자료수집

③ 자료수집기간 : 3년

④ 펌프의 총운전시간 : 4500일(펌프 1대당 연평균운전시간 : 150일)

⑤ 펌프의 총작동횟수 : 300회(펌프 1대당 연평균작동횟수 : 10회)

⑥ 펌프의 총보수횟수 : 100회

⑦ 펌프의 총보수시간 : 45일(펌프 1대당 연평균보수기간 : 1.5일)

⑧ 펌프의 총이용불능시간 : 60일(펌프 1대당 연평균이용불능시간 : 2일)

⑨ 펌프의 고장모드별 총고장횟수

고장모드	고장횟수
가동 중 정지	10
가동 실패	2
외부누출	35

(2) 가동 중 정지에 대한 고장률

$$\text{가동 중 정지시간당 고장} = \frac{\text{가동 중 정지횟수}}{\text{펌프의 총운전시간}} = \frac{10\text{회}}{4,500\text{일}} = 0.0022\text{회/일} = 0.81\text{회/년}$$

(3) 가동실패고장률

$$\text{가동실패작동횟수당 고장률} = \frac{\text{가동실패횟수}}{\text{펌프의 총작동횟수}} = \frac{2\text{회}}{300\text{회}} = 0.0067$$

$$\text{가동실패시간당 고장률} = \frac{\text{가동실패횟수}}{\text{펌프의 총필요시간}} = \frac{\text{가동실패횟수}}{\text{자료수집기간} \times \text{펌프수}}$$

$$= \frac{2\text{회}}{3\text{년} \times 10} = 0.067\text{회/년}$$

(4) 연평균이용불능도

$$\text{연평균이용불능도} = \frac{\text{펌프의 총이용불능시간}}{\text{펌프의 총필요시간}} = \frac{60\text{일}}{3\text{년} \times 10} = 0.031$$

(5) 펌프의 보수평균이용불능시간

$$\text{보수평균이용불능시간} = \frac{\text{펌프의 총이용불능시간}}{\text{펌프의 총보수횟수}} = \frac{60\text{일}}{100\text{회}} = 0.6\text{일/회} = 14.4\text{시간/회}$$

(6) 펌프의 평균보수시간

$$\text{평균보수시간} = \frac{\text{펌프의 총보수시간}}{\text{펌프의 총보수횟수}} = \frac{45\text{일}}{100\text{회}} = 0.45\text{일/회} = 10.8\text{시간/회}$$

Section 171 위해관리계획서

1. 개요

위해관리계획은 사고대비물질을 지정수량 이상 취급하는 사업장에서 취급물질·시설의 잠재적인 위험성을 평가하고, 화학사고 발생 시 활용 가능한 비상대응체계를 마련하여 화학사고 피해를 최소화하도록 하는 제도이다.

2. 위해관리계획서

사고대비물질을 환경부령으로 정하는 수량 이상으로 취급하는 자는 화학물질관리법 제41조 및 동법 시행규칙 제46조에 따라 위해관리계획서를 작성하여 매 5년마다 환경부장관에게 제출해야 하며, 작성항목은 다음과 같다.

① 취급사고대비물질의 목록 및 유해성 정보
② 사고대비물질취급시설의 목록, 방재시설 및 장비의 보유현황
③ 사고대비물질취급시설의 공정안전정보, 공정위험성분석자료, 공정운전절차 및 유의사항
④ 사고대비물질취급시설의 운전책임자·작업자현황
⑤ 화학사고대비교육·훈련 및 자체 점검계획
⑥ 화학사고 발생 시 비상연락체계 및 가동 중지에 관한 권한자 등 안전관리담당조직
⑦ 화학사고 발생 시 유출·누출시나리오 및 응급조치계획
⑧ 화학사고 발생 시 영향범위에 있는 주민 및 환경매체 확인
⑨ 화학사고 발생 시 주민(인근 사업장에 종사하는 사람을 포함)의 소산계획
⑩ 화학사고피해의 최소화·제거 및 복구 등을 위한 조치계획
⑪ 그 밖에 사고대비물질의 안전관리에 관한 사항

Section 172 증류탑의 일상점검항목과 개방 시 점검항목

1. 개요

증류탑은 증발하기 쉬운 차이(비점의 차이)를 이용하여 액체혼합물의 성분을 분리하기 위한 장치로 운전상의 주의사항은 다음과 같다.

① 원액의 농도와 공급단
② 환류량의 증감

③ 온도구배

④ 압력구배

⑤ 증류탑의 적정 운전부하

2. 증류탑의 점검사항

(1) 일상점검항목(운전 중에 점검 가능한 항목)

① 보온재 및 보냉재의 파손상황

② 도장의 열화상황

③ 플랜지(flange)부, 맨홀(manhole)부, 용접부에서 외부 누출 여부

④ 기초볼트의 헐거움 여부

⑤ 증기배관에 열팽창에 의한 무리한 힘이 가해지고 있는지의 여부와 부식 등

(2) 개방 시 점검해야 할 항목

① 트레이(tray)의 부식상태, 정도, 범위

② 폴리머(polymer) 등의 생성물, 녹 등으로 인하여 포종(泡鐘)의 막힘 여부와 다공판의 bading은 없는지, 밸러스트유닛(ballast unit)은 고정되어 있는지의 여부

③ 넘쳐흐르는 둑의 높이가 설계와 같은지의 여부

④ 용접선의 상황과 포종이 단(선반)에 고정되어 있는지의 여부

⑤ 누출이 원인이 되는 균열, 손상 여부

⑥ 라이닝코팅상황

Section 173 화학공정의 연동설비(Interlock) By-pass절차와 운영방법

1. Interlock By-pass(임시변경)절차에 포함될 사항

① 임시변경대상

② 임시변경의 결정절차

③ 임시변경의 허가절차

2. Interlock By-pass의 의미

공정 및 장치의 안전보호장치인 Interlock이 작동되지 않도록 Selector Switch를 Abnormal

상태로 두거나 계기가 작동되지 않도록 조치하는 것으로, 소프트웨어/하드웨어적으로 조치하는 모든 것을 포함한다.

3. By-pass대장관리에 포함될 사항(조정실에 비치)

① 계기번호
② 바이패스일자
③ 해지사유
④ 복구예정일
⑤ 복구일자를 작업자/확인자(해지 및 복구) 모두 확인

Section 174 LNG저장탱크의 안전설비 종류와 기능

1. 개요

LNG저장탱크를 안전하고 효율적으로 관리하기 위해서는 탱크시스템의 강도안전과 누설안전을 충분히 확보할 수 있는 수준에서 설계비, 건설비, 유지관리비, 안전비용 모두를 만족해야 한다. LNG저장탱크를 최적설계범위에서 정상적으로 작동하기 위해서는 측정장치, 감시장치, 안전설비 등을 만족하는 통합제어안전관리시스템을 도입하고, 여기에 LNG저장탱크운전 유경험자의 노하우를 연계하면 LNG저장탱크의 생산성은 높아지며 예기치 못한 가스사고를 미연에 방지할 수 있다.

2. 안전장치 및 측정장치

LNG저장탱크에서 강도안전과 누설안전, 그리고 효율성을 확보하기 위해서는 국제적으로 공인된 API 620, BS 7777, EN1473, ASME규격에 따라 건설하고 운영하는 것은 물론 저장탱크를 건설하는 나라의 안전기준이나 법규를 만족할 수 있도록 설계되어야 한다. 여기에 저장탱크의 성능과 기능이 정상적으로 작동하는지를 검증하기 위한 측정장치와 감시장치, 다양한 자동화설비에 대한 운전데이터를 자동으로 확보하고 분석하는 설비관리안전시스템이 작동되어야 한다.

LNG저장탱크를 건설하는 단계에서 설계, 시공, 감리를 체계적으로 관리하고, 시운전을 거쳐 정상적으로 운영되는 저장탱크에 대한 운전실태, 유지보수, 안전관리에 대한 업무를 총괄적으로 관리하는 전담기관이 별도로 설치되어 있는데, 우리나라에는 한국가스안전공사가 있다. 따라서 LNG저장탱크의 설계안전과 누설안전은 관리기관의 기술수준과 안전규제의지가 가스

사고위험성을 차단하는 지름길이다 .

(1) 안전장치

저장탱크의 안전설비로 분류할 수 있는 주요 장치로 주펌프(primary pump)를 포함한 각종 펌프와 모터, 안전밸브를 포함한 각종 밸브류, 진동측정장치, 감시카메라, 소화설비 및 화재경보시스템, 지진차단안전장치, 단열재, 온도와 압력을 측정할 수 있는 센서와 게이지, DCS를 포함한 안전관리프로그램 등이 있다. 또한 저장탱크시스템의 안전운전과 비상사태를 안전하게 운전할 수 있는 압력상승방지장치, 부압방지장치, 오조작방지장치, 정전기제거장치, 낙뢰방지장치, 방폭구조전기설비, 가스치환설비 등 다양한 안전운행자동화설비시스템 등이 구비되어 있다.

① 내부탱크안전장치 : 니켈강으로 제작한 저장탱크는 측벽면에 걸리는 자중량이 대단히 크므로 국부적인 침하현상을 방지하기 위해 내부탱크코너부에 환형 바닥판을 설치하고 침하현상을 감시하기 위해 변위센서를 설치한다.

② 잔열재안전장치 : 단열재 열이동을 신속하게 파악하기 위해서 온도센서를 설치한다.

③ 외부탱크안전장치 : LNG액체의 누설 방지 또는 체류기능은 외부탱크에 잔류압축구간을 도입하여 안전장치를 설치한다.

④ 코너프로텍션 : 내부탱크 파손으로 누설된 초저온액체를 잠시 저장하는 안전장치이다.

⑤ 증발가스 차단벽 : 내부탱크로부터 방출된 증발가스가 콘크리트구조물에 침입하는 것을 차단하는 기능을 한다.

⑥ 안전밸브 : 1차 안전밸브는 BOG를 Flare stack으로 이송하는 안전장치이고, 2차 안전밸브는 BOG 모두 Flare stack으로 처리할 수 없는 비상상태 시 BOG로 인해 지붕이 파괴되는 것을 방지하기 위함이다.

⑦ 화재경보시스템과 소화설비 : BOG의 화재 발생을 알려주고 긴급소화를 위한 안전장치이다.

⑧ 질소퍼징시스템 : 내부탱크를 보수할 때 화재로 인한 보호와 작업 중인 엔지니어를 보호하기 위한 안전장치이다.

(2) 측정장치

LNG저장탱크는 액화천연가스를 저장하고 송출하는 역할을 담당하기 때문에 온도와 압력이 가장 중요한 측정기준이고 안전관리의 핵심이다. 저장탱크의 주요부에 설치된 측정장치에서 확보된 온도와 압력데이터는 저장탱크의 안전성과 효율성, 생산성의 핵심적인 관리포인트가 된다. 특히 저장탱크에 설치된 온도센서는 탱크의 작동상태를 실시간으로 감시하고 운전하는 기본데이터로 중요하다. 서상탱크의 안전성과 효율성을 담보하기 위해 설치된 주요 장비를 요약하면 다음과 같다.

① 액위측정 : 내부탱크에 저장된 LNG의 높이를 측정하는 것으로, 최저액위와 최고액위가 안전기준치에 도달하면 연결된 자동화설비와 경보장치를 작동시켜 LNG의 액위를 관리한다.

② 압력측정 : 증발가스(BOG)압력을 측정하여 저장탱크의 안전성을 확보하기 위한 것으로, 가스압력이 기준치 이상으로 올라가거나 부압이 걸리면 연결된 자동화설비와 경보장치를 작동시켜 안전을 확보하지만, 최악의 경우는 안전밸브를 열어서 가스압력을 낮춰 저장탱크의 안전성을 회복한다.

③ 온도측정 : 내부탱크의 측벽면 및 바닥면에 설치한 온도센서에 의해 측정된 온도데이터는 LNG 누설, 액위, 쿨다운공정 등을 관리하기 위해 사용하고, 보냉재공간의 바닥면에 설치한 온도센서는 내부탱크로부터 LNG가 누설되었다는 것을 입증하는 자료로 사용된다.

④ 비중측정 : 내부탱크에 저장된 LNG의 비중을 측정하는 것으로, 원산지에 따라 약간씩 다른 비중을 측정하여 롤오버(rollover)와 같은 위험한 현상이 발생하는 것을 예측하기 위한 안전관리데이터로 사용한다.

Section 175 Breather Valve, Rupture Disc의 용도와 기능

1. 통기밸브(Breather Valve)

(1) 정의

저장탱크 상부에 설치되고 평상시 닫혀있지만 내부 압력이 설정압력이나 진공압력에 도달하면 밸브가 열려 내부의 증기, 가스를 외부로 방출하거나 외부의 기체를 흡입하여 탱크를 보호하는 밸브이다.

(2) 설치기준

① 인화점이 38℃ 미만인 물질　　② 인화점 이상으로 저장되는 물질

③ 충분한 통기량　　④ 저장되는 물질에 내식성이 있는 것

[그림 3-73] 대기로부터 흡입과 배출(양압/음압)

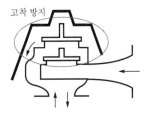

[그림 3-74] 대기로부터 흡입과 배출(고착 방지)

2. 파열판(Rupture Disc)

(1) 설치기준

① 반응 폭주 등 급격한 압력 상승의 우려가 있는 경우

② 독성물질의 누출로 인하여 주위 작업환경을 오염시킬 우려가 있는 경우

③ 운전 중 안전밸브에 이상물질이 누적되어 안전밸브의 기능을 저하시킬 우려가 있는 경우

④ 유체의 부식성이 강하여 안전밸브재질의 선정에 문제가 있는 경우

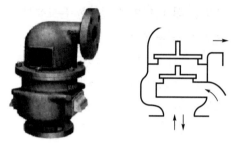

[그림 3-75] 대기로부터 흡입과 배출(파열판)

(2) 종류

① 인장형

② 반전형

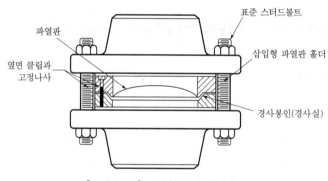

[그림 3-76] 순방향 금속파열판

(3) 적용 예

1) 화학물질을 사용하는 경우

① 부식성 물질을 사용하는 설비

② 독성물질을 사용하는 설비

③ 운전 중 이상물질이 누적될 수 있는 설비

④ 반응 폭주에 의한 급격한 압력 상승이 예상

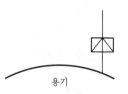

2) 두 개의 파열판을 사용하는 경우

① 부식성이 매우 높은 물질인 경우에는 2개의 파열판을 연속적으로 설치

② 처음 파열판은 주기적으로 교환

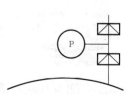

3) 파열판과 안전밸브의 병렬연결

① 파열판과 안전밸브를 병렬로 연결

② 소량의 방출은 안전밸브, 대량의 방출은 파열판에 의해 진행

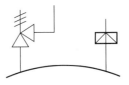

4) 파열판과 안전밸브의 직렬연결

① 파열판과 안전밸브를 직렬로 설치

② 독성물질을 취급하는 경우(부식성 물질도 고려)

③ 중간에 압력계나 압력경보기 설치

5) 교환이 필요한 경우

주기적으로 교체나 청소가 필요한 경우

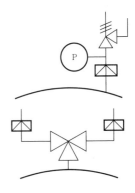

Section 176 폭발안전조치방법

1. 개요

예방조치의 목적은 폭발성 분위기의 생성을 예방하거나 발화원을 예방하여 가능한 경우 폭발위험을 제거하는 데 있다. 이러한 예방조치에는 다음이 포함된다.

2. 폭발안전조치(Explosion Safety Measures)방법

(1) 인화성 물질의 억제 또는 줄임

산업안전보건법의 예방원리에 따르면 같은 형태의 조치는 예방계층구조 중 상위를 차지한다. 하지만 많은 경우에 물질 자체가 중소규모 사업장의 특정 공정에 따른 결과이거나 하나의 성분으로서 공정 자체에 필수가 되어 인화성 물질을 비인화성 물질로 교체할 수 없다. 이러한 경우 작업장에 보관하는 인화성 물질의 양은 꼭 필요한 최소량으로 줄여야 한다.

인화성 물질은 적절히 라벨을 표시하고 발화원으로부터 멀리 떨어진 적합한 불연성 저장용기에 보관해야 한다. 서로 반응하여 폭발을 일으킬 수 있는 혼합금지물질을 함께 보관해서는 안 된다.

(2) 물질과 공기혼합의 인화성 물질

외부의 폭발성 분위기 형성은 가능한 한 예방해야 한다. 이는 밀폐형 장치로 해결할 수 있다. 장치는 인화성 물질의 누출예방을 위하여 충분한 밀폐구조로 되어 있어야 한다. 장치는 예

측되는 운전조건에서 누출이 발생하지 않도록 설계되어야 한다. 또한 장치는 정기적인 정비와 시험을 통하여 밀폐상태가 보증되어야 한다. 인화성 물질의 누출을 제거할 수 없는 경우 물질과 공기를 혼합한 인화성 물질농도를 폭발한계 밖으로 유지하도록 적합한 조치를 하여 폭발성 분위기 형성을 예방해야 한다. 그 가능한 조치로 환기와 세척 등이 있다.

특히 가스 또는 증기의 경우

① 자연환기 : 강제형태의 기술적 수단을 사용하지 않는 공기교환

② 기계적 환기 : 직접적인 강제형태의 기술적 수단을 사용하는 실내환기

분진의 경우 배출조치는 장비의 분진 누출을 방지하는 데 효과적인 것으로 고려한다.

가급적 가연성 분진은 생성지점에서 직접 배출해야 한다. 또한 적절한 유지 관리가 매우 중요하다. 가연성 분진퇴적물은 적합한 세척장비를 사용한 정기적인 세척조치로 방지할 수 있다. 분진운이 생성될 수 있으므로 가연성 분진을 휘저어서는 안 된다. 제거 전에 가연성 분진을 습하게 하여 확산을 방지한다. 환기시스템과 세척작업의 효과에도 불구하고 추가조치에 의한 완화 및 재평가가 요구되는 잔류위험이 항상 있을 수 있음을 유의해야 한다.

(3) 가연성 물질입자/미세입자의 크기 통제

이 조치는 분진/공기혼합물에 사용할 수 있다. 인화성 물질의 입자가 충분히 큰 경우 (예 : 0.5mm 초과) 폭발성 혼합물의 확률이 줄어든다. 비록 굵은 물질이라도 미세입자가 항상 존재하거나 마찰로 인해 생길 수 있다.

(4) 잠재발화원의 활성화 제거/통제

용접, 연삭, 흡연, 고온표면, 전기 및 정전기 스파크, 기계적 스파크, 발열성 화학반응 등과 같은 잠재적 발화원은 중소규모 사업장에서 흔히 발견되는 발화원이다. 운전상의 발화원과 설비/공정의 오작동 또는 오용으로 인한 발화원은 다음을 통해 활성화되는 것을 예방할 수 있다.

정전기 접지의 경우

① 전도율이 낮은 물질과 물체는 피한다.

② 비전도성 표면의 크기를 줄인다.

③ 분진 운송 및 충진작업에 전기적 절연 내부코팅이 되어 있는 전도성 파이프와 용기의 사용을 피한다.

④ 저속 기계장비를 선택한다.

⑤ ATEX 95지침의 요구사항에 따라 전기 및 기계장비를 선택하고, 설비는 위험한 작업장 환경특성에 적합해야 함을 유의해야 한다. 예를 들어, 가스폭발성 분위기가 있는 지역에는 반드시 인증된 가스설비만 사용해아 한다.

(5) 폭발성 분위기의 감지

폭발성 분위기가 형성된 경우 적합한 감지시스템을 사용하여 조기에 경고를 할 수 있다. 이 시스템은 전형적으로 인화성 물질/공기혼합물의 농도가 LEL(폭발하한선)의 약 10%일 때 경보를 작동시킨다. 이러한 시스템은 비방폭장비는 작동을 중단하고, 배기팬 등은 작동할 수 있다.

Section 177 탱크 내부에 폭발성 혼합가스가 형성되는 경우와 주의사항

1. 탱크 내부 폭발원인

① 공정의 이상으로 불순물이 침투하여 수소가스가 발생한다.
② 탱크의 재료와 내용물이 반응하여 수소가스가 발생한다.
③ 위험분위기에서 정전기에 의해 폭발한다.

2. 탱크 내부 폭발예방대책

① 지붕과 벽체의 용접을 약하게 한다.
② 지붕과 벽체를 케이블이나 스프링으로 연결한다.
③ 수직레일이나 통로 등의 견고한 연결을 지양한다.
④ 묻힌 파이프(Dip Pipe; 침액파이프)를 사용하여 불활성 가스를 봉입한다.

3. 기타 안전상의 고려사항

① 안전밸브 및 파열판 등 압력방출장치
② 물분무설비 등 냉각장치
③ 강도 저하에 대비한 내화설비
④ 대량 누출에 대비한 방유제

Section 178 유해위험방지계획서 제출대상 화학설비

1. 화학설비의 정의

기준량 이상을 취급하는 특수화학설비를 신설 또는 이전하는 경우와 기존 특수화학설비를 생산량 증가 등을 위해 대상특수화학설비를 교체·변경 또는 추가하는 경우이다.

2. 유해위험방지계획서 제출대상 화학설비

사업주는 위험물을 규정에서 정한 기준량 이상으로 제조하거나 취급하는 다음 각 호의 어느 하나에 해당하는 화학설비(이하 "특수화학설비"라 한다)를 설치하는 경우에는 내부의 이상상태를 조기에 파악하기 위하여 필요한 온도계·유량계·압력계 등의 계측장치를 설치하여야 한다.

1. 발열반응이 일어나는 반응장치
2. 증류·정류·증발·추출 등 분리를 하는 장치
3. 가열시켜 주는 물질의 온도가 가열되는 위험물질의 분해온도 또는 발화점보다 높은 상태에서 운전되는 설비
4. 반응폭주 등 이상화학반응에 의하여 위험물질이 발생할 우려가 있는 설비
5. 온도가 350℃ 이상이거나 게이지압력이 980kPa 이상인 상태에서 운전되는 설비
6. 가열로 또는 가열기

Section 179 염산 및 황산탱크 설계 시 재질 선정기준

1. 재료 선정의 목적

① 사용환경, 정상운전, 설계조건으로 인해 일어날 수 있는 장치/기자재의 파괴를 방지하기 위해 재료의 안전성을 확보하는 것이다.
② 부식이나 침식작용 등으로 야기되는 금속의 소모에 대한 적당한 대비를 함으로써 기대되는 수명을 얻는 것이다.
③ 금속의 안전성을 확보하기 위해서는 최대운전조건에서 안전율을 가미한 설계조건을 근거로 하여 재료를 선정하며, 금속의 소모에 대한 대비를 위해서는 최대운전조건을 기준으로 재료를 선정한다.

2. 재료 선정 시 고려사항

① 사용처에 맞는 기계적, 물리적, 야금적 특성
② 관계법규, Code 및 Specification
③ 장치수명(부식, 피로, Creep)

④ 가격

⑤ 구입의 용이성(납기, 최소한 구매LOT물량 확보)

⑥ 가공의 용이성(기계가공, 용접, 열처리 등)

⑦ 가공비용

⑧ 보수·유지 용이성

3. 염산 및 황산탱크 설계 시 재질 선정기준

① 황산저장탱크 및 그 부속설비의 재질로는 가장 낮은 사용온도에서 충분한 노치충격강도 (Notch impact strength)를 갖고 있는 킬드강 이상의 재질을 사용하는 것이 좋다. 다만, 탄소강재질은 농도 80~88% 및 99.5~100.5% 사이의 황산저장탱크재질로 적절하지 않으므로 [표 3-48]을 참고하여 합금강재질을 선정한다.

[표 3-48] 황산농도별 합금강재질 선택기준[1]

일반명칭(재질번호)[2]	황산의 농도(%)
합금강 SMO(S31254), 합금강 C-276(N10276), 합금강 Al-6XN(N08367), 합금강 Mo-4(N08024), 합금강 Mo-6(N08026), 합금강(N08825), 합금강(N08028), 합금강 L(N08904), 합금강 C-22(N06022), 합금강 G-30(N06030), 합금강 C-4(N06455), 합금강 hMo(N08926), 합금강(N06625), 합금강 G-3(N06985), 합금강 Cb-3, 합금강(N08020), 합금강(N09925), 합금강(N06059)	70~100.5[3]
SUS 316(S31600), SUS 316L(S31603)	90~100.5
SUS 304(S30400), SUS 304L(S30403)	93~100.5

주 1) 온도 40℃ 이하의 진한 황산 및 발연황산저장탱크에 적용

2) 괄호 안의 재질번호는 UNS(Unified numbering system for metal and alloyes)번호를 의미함

3) 황산농도 100.5%는 2%의 발연황산으로, 황산과 발연황산의 농도는 다음과 같은 관계식으로 환산함

$Y=100+0.225X$ (여기서, Y: 황산농도, X: 발연황산농도)

② 탄소강 또는 저합금강재질을 사용하는 경우에는 수소취성의 위험이 있기 때문에 최대인 장강도가 620MPa(6,326kgf/m²)을 초과하는 재질을 사용하여서는 안 된다.

③ 탄소강재질 또는 합금강재질의 용접 부위의 경도는 약 240브리넬경도 이하로 유지하여야 한다. 다만, 브리넬경도가 240을 초과하는 경우에는 용접 부위를 후열처리하여 용접 부위 경도를 240 이하로 유지하여야 한다.

④ 발연황산과 회주철(Gray cast iron)이 접촉하게 되면 균열이 발생하므로 발연황산을 저장 또는 취급하는 기기의 재질로 회주철을 사용하여서는 안 된다.

⑤ 탄소강은 농도가 70% 이하인 황산과 접촉하면 심하게 부식되고 수소가 발생되므로 진한 황산저장탱크에 물이 들어가지 않도록 하여야 한다.

⑥ 황산저장탱크 및 그 부속설비에서 철성분에 의한 오염이 문제되는 경우에는 황산저장탱크 내부에 적절한 재질로 피복하여 사용한다.

⑦ 농도 93~98%의 황산저장탱크에는 양극부식을 적용하여 탄소강재질의 부식속도를 줄일 수 있다.

⑧ 개스킷재질로는 폴리테트라플루오로에틸렌(PTFE) 또는 불소성분이 함유된 고무수지를 사용한다.

Section 180 사업주가 자율적으로 공정안전관리제도를 이행 시 공정안전 성과지표 작성과정 6단계

1. 성과지표 작성 및 측정 6단계

① 1단계 지표를 시행할 조직체계 확립:관리자 또는 책임자 임명과 실행팀 구성, 최고경영진의 관심과 지원이 필요하다.

② 2단계 대상범위 결정과 문제 발생 가능성 있는 요소 및 발생원인 확인:측정단위조직수준 선택과 측정시스템범위를 규명하며 다음과 같다.

　㉠ 사고시나리오 확인(문제 발생이 예상되는 부분)

　㉡ 위험요소시나리오별 원인 확인

③ 3단계 중대산업사고 방지를 위한 위험관리시스템 확인과 각 시스템의 성과 결정 및 후행지표 설정

　㉠ 어떤 위험관리시스템이 마련되어 있는가?

　㉡ 성과 설명, 후행지표 설정, 허용기준을 벗어난 이탈 추적

④ 4단계 각 위험관리시스템의 필수요소(성과를 낼 수 있도록 정확하게 작용해야 하는 조치나 프로세스) 확인 및 선행지표 설정

　㉠ 위험관리시스템에서 가장 중요한 부분은 무엇인가?

　㉡ 선행지표 설정, 허용기준 설정, 허용기준에서 벗어난 이탈 추적

⑤ 5단계 데이터 수집 및 보고시스템 확립:정보수집, 정보/측정단위의 가용 여부 또는 설정 가능 여부 확인과 프리젠테이션형식 결정

⑥ 6단계 검토:공정관리시스템의 성과 검토와 지표범위 검토 및 허용기준 검토

Section 181 벤젠, 톨루엔 등 유해물질과 특정 화학물질의 취급안전을 위하여 화학용기 등에 표시하는 사항

1. 규격

용기 또는 포장용량	규격
500l 이상	450cm^2($a \times b$) 이상 0.25$b \leq a \leq 4b$, 0.1($a \times b$)$\leq c \times d$
200l 이상 500l 미만	300cm^2($a \times b$) 이상 0.25$b \leq a \leq 4b$, 0.1($a \times b$)$\leq c \times d$
50l 이상 200l 미만	180cm^2($a \times b$) 이상 0.25$b \leq a \leq 4b$, 0.1($a \times b$)$\leq c \times d$
5l 이상 50l 미만	90cm^2($a \times b$) 이상 0.25$b \leq a \leq 4b$, 0.1($a \times b$)$\leq c \times d$
5l 미만	용기 또는 포장의 상하면적을 제외한 전체 표면적의 5% 이상 0.25$b \leq a \leq 4b$, 0.1($a \times b$)$\leq c \times d$

2. 색상

① 전체 표시의 바탕은 흰색이나 용기·포장 자체의 표면색, 테두리 및 문자는 검은색으로 한다. 다만, 용기·포장 자체의 표면색이 검은색에 가까운 용기 또는 포장인 경우에는 문자와 테두리를 바탕색과 대비색상으로 한다.

② 유해그림의 바탕은 노란색 또는 주황색(오렌지색), 테두리 및 그림은 검은색으로 한다.

3. 세부 표시사항

① 유독물명 또는 제품명 : 법규에 규정한 대상화학물질에 대하여 단일물질인 경우 화학물질명을 표시하고, 혼합물질인 경우 관용명 또는 제품명을 표시한다.

② 유해그림 : 유해화학물질관리법 제2조 제3호의 규정에 의한 유독물 중 해당 유독물의 유해그림을 표시한다.

③ 내용량, 성분 및 함유량 : 기재

④ 관리부서에서 요구하는 사항 : 산업안전보건법 및 소방법에 해당되는 경우에는 다음 사항을 표시한다.

   ㉠ 산업안전보건법에 해당되는 경우
     • 제조금지물질 : "제조금지"
     • 허가대상화학물질, 유기용제 : "유해물질"

   ㉡ 소방법에 해당되는 경우 : 소방법의 위험물에 해당하는 경우 법규에서 규정한 소방법의 종류별, 품목 및 다음의 종류별 구분에 따른 주의사항을 표시한다.
     • 제1류 위험물 : 무기과산화물 및 삼산화크롬은 "화기·충격주의, 물기 엄금 및 가연물

접촉주의", 그 밖의 것은 "화기·충격주의 및 가연물 접촉주의"

- 제2류 위험물 : 철분·금속분 또는 마그네슘은 "화기주의", "물기 엄금", 그 밖의 것은 "화기주의"
- 제3류 위험물 : 자연발화성 물품은 "화기 엄금 및 공기 노출 엄금", 금수성 물품은 "금수성"(물기 엄금)
- 제4류 위험물 : "화기 엄금"
- 제5류 위험물 : "화기 엄금 및 충격 주의"
- 제6류 위험물 : 과염소산, 과산화수소, 질산은 "가연물 접촉 주의", 황산은 "물기 주의"

⑤ 유해성 : 유해화학물질관리법 제2조 제3항의 규정에 의한 유독물 중 해당 유독물의 유해성을 표시한다.

⑥ 취급 시 주의사항 : 유해화학물질관리법 제2조 제3항의 규정에 의한 유독물 중 해당 유독물의 취급 시 주의사항을 표시한다.

⑦ 공급자의 주소·성명 : 기재

Section 182 인화성 물질을 저장·취급하는 고정식 지붕탱크 또는 용기에 통기설비를 산업안전보건기준에 관한 규칙에 의한 통기량과 통기설비의 정상운전과 비정상운전

1. 정상운전

① 통기관은 다음과 같이 설치하여야 한다.

㉠ 직경은 32mm 이상이어야 한다.

㉡ 빗물 등이 저장탱크 내로 들어가지 않도록 한다.

㉢ 출구는 가스·증기의 흐름을 방해하지 않도록 설치하고, 조류 등에 의해 막히는 것을 예방할 수 있도록 2~4메시의 철망을 붙인다.

② 다음과 같은 인화성 물질 등을 저장·취급하고 있는 탱크의 통기관에는 통기밸브를 설치하여야 한다. 다만, 저장·취급하는 물질이 응축, 부식, 결정, 중합 또는 결빙되는 성질이 있어 통기밸브가 막힐 우려가 있을 경우에는 설치를 생략할 수 있다.

㉠ 인화점 38℃ 미만인 물질   ㉡ 인화점 이상으로 운전되는 물질

③ 정상운전 시에 통기관, 통기밸브 등을 통하여 탱크 내·외부로 흡입·배기되어야 하는 통기량은 탱크에서 저장·취급하는 유체의 이동에 의한 통기량에 온도변화로 인한 통기량을 가산하여 통기량 이상이어야 한다.

2. 비정상운전

정상운전 시의 통기설비로서는 외부화재로 인해 탱크에서 발생되는 비상배기량을 방출시킬 수 없는 경우에는 다음과 같은 비상통기설비를 설치하여야 하며, 비상통기설비의 배기량은 비상배기량 이상이어야 한다. 다만, 이상압력 상승 시 탱크의 지붕이 분리되도록 제작한 경우에는 비상통기설비를 설치한 것으로 본다.

① 비상압력방출 맨홀뚜껑
② 비상압력방출 계기뚜껑
③ 기타 이와 동등 이상의 성능을 갖는 것

Section 183 보우타이(Bow-Tie) 리스크 평가기법의 특징 및 분석방법

1. 개요

보우타이선도(Bow-Tie Diagram)는 [그림 3-77]과 같은 형태로 나타내며, 보우타이선도에는 유해위험요인, 사상의 원인, 사상의 결과, 사상의 발생을 예방하기 위한 대책, 사상의 결과를 감소시키기 위한 대책, 예방대책 및 감소대책의 역할과 기능을 약화 또는 무효화시키는 악화요소와 이것을 방지하는 악화요소 방지대책이 표시된다. 보우타이선도는 사상의 원인과 결과를 하나의 그림으로 보여주기 때문에 이해관계자에게 설명할 때 유용하게 사용할 수 있다.

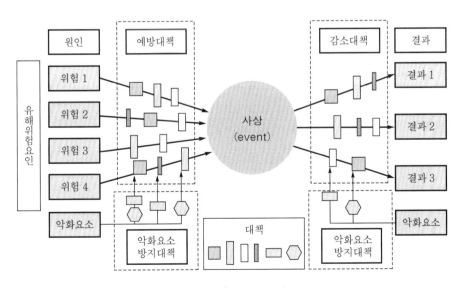

[그림 3-77] 보우타이선도

2. 보우타이 리스크 평가추진절차 및 단계별 수행방법

① 리스크 평가대상공정(또는 작업) 선정

② 공정(또는 작업)설명

③ 대상공정(또는 작업)에 대한 서류 검토 및 현장 확인

④ 보우타이 리스크 평가 실시

　　㉠ 보우타이 리스크 평가는 [그림 3-78]에 표시된 순서에 따라 수행한다.

　　㉡ 리스크 평가 시에는 [표 3-49]에서 제시된 단계별 질문을 사용할 수 있다.

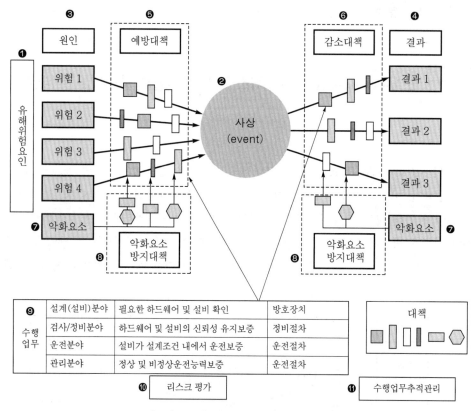

[그림 3-78] 보우타이 리스크 평가순서

[표 3-49] 보우타이 리스크 평가기법 진행단계별 질문 예

단계	단계별 추진사항	구체적인 추진을 위해 단계별 필요한 질문
1	유해위험요인 파악	어떤 유해위험요인이 있는가?
2	사상 파악	유해위험요인이 통제되지 않을 때 무엇이 일어나는가?
3	위협(원인) 파악	유해위험요인이 통제되지 않도록 하는 원인은 무엇인가?
4	결과 파악	사상의 잠재적인 결과는 무엇인가?
5	예방대책 파악	어떻게 위협(원인)을 통제할 수 있는가?
6	감소대책 파악	어떻게 결과의 크기를 제한하거나 감소시킬 수 있는가?
7	악화요소 파악	어떻게 해서 예방(감소)대책이 실패하거나 효과가 저하될 수 있는가? 예방(감소)대책의 기능을 약화 또는 무효화시키는 요인은 무엇인가?
8	악화요소 방지대책 파악	어떻게 예방(감소)대책이 실패되지 않음을 보증하는가?
9	수행업무(Task) 파악	예방대책(감소대책)이 계속 유효함을 보증하기 위한 수행 업무는 무엇인가?(설계분야, 정비/검사분야, 운전분야, 관리분야)
10	리스크 평가	대책이 적절한가?(허용수준을 만족하는가?) 만약 허용수준을 만족하지 못하면 대책을 추가하여 5~10단계를 반복한다.
11	수행업무추적관리	누가 언제 어떻게 이 업무를 수행하는가? 절차서, 체크리스트, 작업지시서 등이 있는가? 완료 여부를 어떻게 확인하는가?

Section 184   Hexane의 LEL(A) 및 혼합가스(Mixed Gas)의 LEL(B) 계산

$$\frac{100}{LEL} = \frac{V_1}{X_1} + \frac{V_2}{X_2} + \frac{V_3}{X_3}$$

여기서, LEL : 폭발하한값(vol%), V : 각 성분의 기체체적(%)

       X : 각 기체의 단독 폭발한계치(하한계)

예제 1

조성이 메탄 50%, 에탄 30%, 프로판 20%인 혼합가스의 폭발범위로 가장 적절한 것은? (단, 메탄 폭발범위 : 5~15%, 에탄 폭발범위 : 3~12.5%, 프로판 폭발범위 : 2.1~9.5%, 르샤틀리에의 식 이용)

풀이 1

$$\frac{100}{LEL} = \frac{50}{5} + \frac{30}{3} + \frac{20}{2.1}$$

$$\therefore LEL = 3.387$$

Section 185 화학공장 등에서 설비 증설 또는 변경 등 변경요소관리에 있어서 변경관리원칙, 변경관리등급, 변경관리수행절차와 변경관리 시의 필요한 검토절차

1. 목적

산업안전보건법 제4조의2(공정안전보고서의 제출 등), 같은 법 시행령 제33조의7(공정안전보고서의 내용) 및 같은 법 시행규칙 제130조의2(공정안전보고서의 세부내용 등)에서 정한 공정안전보고서에 포함된 내용 중 변경요소관리의 작성 및 시행을 위한 사항을 정하는 데 목적이 있다.

2. 변경관리원칙

① 변경을 수행함으로서 추가되는 위험이 없도록 제안된 변경내용을 충분히 검토하여야 한다.
② 변경의 결과로서 요구되는 새로운 절차와 자료 등을 검토하여 개정하여야 한다.
③ 변경에 관련된 안전운전절차서, 공정안전자료, 공정운전, 정비교육교재 및 설비·정비대장 등의 서류를 수정 또는 보완하여야 한다.

3. 변경관리등급

제안된 변경관리대상에 대해서는 등급(MOC Classes : Management of change classes)을 구분한다.

(1) 변경관리대상

① 단위공정, 공정설비 또는 시설
② 안전운전절차, 운전원, 운전제어시스템, 원료 또는 생산품 변경 등

(2) 변경관리등급

1) 등급 1(Class 1)

체계적인 위험성 평가를 수행하여야 할 필요가 있는 공정설비의 증설, 원료변경 또는 물질수지와 같은 복합적인 변경인 경우로, 반드시 변경관리위원회의 심의 및 승인이 필요한 변경과 변경관리위원회의 심의 및 승인이 필요한 변경

2) 등급 2(Class 2)

단일공정 내 설비의 변경 또는 일부 생산품질에 영향을 주는 변경인 경우로, 변경관리위

원회의 심의 및 승인이 필요한 변경

3) 등급 3(Class 3)

다음과 같은 공정, 설비 또는 안전에 영향을 주지 않은 변경인 경우로, 변경발의부서 또는 기술부서의 장이 자체적으로 수행이 가능한 변경

① 공정용기, 저장용기 또는 기기

② 소방설비

③ 공정 내 취급물질량의 증가나 감소

④ 안전장치 추가 또는 감소

(3) 변경관리등급의 구분

① 변경관리등급은 사업장별 자체 점검표(Check list) 등 변경관리등급기준을 정하여 이에 따라 구분한다.

② 등급의 분류는 최소한 2명의 검토자가 검토한 후 변경발의부서의 장 또는 변경관리위원회에 의해 승인되도록 한다.

③ 체계적인 위험성평가가 생략된 경우에도 최소한 검토 및 승인과정에 대한 목록을 작성하여 관리하여야 한다.

④ 변경관리의 등급분류에 대한 적정 여부는 자체 감사 시에 다시 확인·평가되도록 한다.

4. 변경관리수행절차

(1) 변경관리의 분류

① 변경발의자는 변경관리내용을 "변경" 또는 "단순 교체"로 분류하되, 확실한 판단이 서지 않을 경우에는 변경발의부서의 장 또는 변경관리위원회의 판정에 따른다.

② 변경대상으로 분류된 경우 "정상변경", "비상변경" 또는 "임시변경"으로 구분하여 해당 절차에 따라 실시한다.

③ 단순 교체인 경우에는 "정비작업일지"에 기재하고 시행한다.

④ 긴급한 상황으로 우선 처리가 필요한 경우에는 비상변경절차에 따른다.

(2) 정상변경관리절차

① 변경발의자는 사업장 자체 고유양식의 변경관리요구서를 작성하여 변경관리위원회에 문서로 제출한다.

② 변경관리요구서에는 발의자의 이름, 요구일자, 설비명, 변경요구가 비상인지의 여부, 변경의 개요와 발의자의 의견 등이 포함된다.

③ 변경요구서에는 다음과 같은 변경요구의 기술적 근거 및 발의자의 기술적 소견이 포함되어 있어야 한다.

    ㉠ 변경계획에 대한 공정 및 설계의 기술근거

    ㉡ 변경의 개요와 의견(도면 또는 스케치, 기타 첨부서류)

    ㉢ 공정안전 확보를 위한 대책

    ㉣ 안전운전에 필요한 사항 및 신뢰성 향상효과

④ 변경등급구분에 따라 등급 3의 경우에는 위험성 평가를 생략할 수 있으며, 등급 1과 2는 위험성 평가를 실시하되, 등급 2의 경우에는 평가자구성범위를 축소 또는 조정할 수 있다.

⑤ 변경관리위원회는 변경요구서를 접수한 후 요구사항을 검토하기 위하여 검토책임부서와 전문가를 지정한다.

⑥ 검토자는 할당받은 사항에 대한 기술 및 안전성 검토를 하여 그 결과를 위원회에 제출한다.

⑦ 변경관리위원회는 최종 검토 후 승인 여부를 결정하고, 변경의 필요성 조사, 변경의 승인 여부 결정 및 승인 여부의 논리적 근거를 기록하여 발의자에게 서면통보하여 시행을 지시한다.

⑧ 변경 여부를 통보한 후 변경완료사항을 검사·확인하고, 변경에 관련된 제반서류 및 도서에 변경내용을 기록하여 보관한다.

(3) 비상변경관리절차

① 긴급을 요할 경우에는 정상변경절차에 따르지 않고, 변경을 우선 지시하고 사후에 완료를 요구할 수 있다. 또한 일과 후, 주말 또는 휴일 등에 발생하는 긴급한 변경은 별도의 절차를 마련하여 시행한다.

② 인명피해, 설비손상, 환경파괴 또는 심각한 경제적 손실을 피하기 위하여 즉시 변경이 요구되는 경우에는 담당자가 비상변경발의를 할 수 있다.

③ 비상변경발의자는 운전부서의 장 및 사업주의 승인을 받는다. 다만, 필요시 유선으로 보고하고 추후 승인을 받는다.

④ 비상변경발의자는 변경시행 후 즉시 ②항의 정상변경관리절차에 따라 변경관리요구서를 작성하여 변경관리위원회에 제출한다. 다만, 신속한 처리를 요청하기 위하여 변경관리요구서에 "비상"표시를 한다.

⑤ 변경관리위원회는 변경관리요구서를 검토하여 변경 시행된 사항을 계속 유지하여 운전할 것인가를 결정한다. 만약 위원회가 변경내용을 승인하면 그 변경내용은 정상변경관리절차에 따라 결정된 것으로 보며, 이후 절차는 정상변경관리절차에 따른다.

(4) 임시변경관리절차

① 임시변경도 변경관리에 포함하여야 한다.

② 임시변경은 단시간 내에 실시되어야 한다.

③ 임시변경을 실시한 설비는 변경이 완료되면 원상복구하여야 한다.

5. 변경발의 전 검토내용

변경발의부서의 장은 변경관리요구서를 변경관리위원회에 제출하기 전에 다음 사항을 검토하여야 한다.

① 변경설비의 기본 및 상세설계

② 변경설비의 안전·보건·환경에 관한 사항

③ 공정안전자료 보완에 필요한 사항

④ 공정위험성평가수행 필요 여부

⑤ 안전운전절차서에 신설 또는 보완이 필요한 사항

⑥ 화기작업, 밀폐공간출입작업 등 안전작업허가절차

⑦ 운전원 및 정비보수원(도급업체 포함) 교육

⑧ 가동 전 안전점검표에 포함될 사항

⑨ 변경완료 후 검사에 필요한 사항

⑩ 정비 및 검사기록 보완에 필요한 사항

⑪ 점검·정비절차의 신설 또는 보완이 필요한 사항

⑫ 예비품 확보에 필요한 사항

⑬ 감독 및 판정에 필요한 사항 등

Section 186 연소소각(RTO)에 의한 휘발성 유기화합물처리설비의 안전대책

1. 소각설비(RTO) 공정위험성

① 공정지역 및 생산설비 대비 상대적으로 안전하다는 잘못된 사고(思考) : 생산공정설비에 못 미치는 설비관리, 보전활동수준 등 관리소홀과 운전실수, 설비보수 중 내부 체류 인화성 가스에 대한 화재·폭발

② 기액분리기 등 정비·보수작업 시 폭발위험성 : 기상의 고농도 가연성 물질이 존재하는 기

액분리장치 정비·보수작업 시에 폭발·화재위험성이 존재한다.

③ 고농도의 폐가스로 인한 폭발위험성 : 배출되는 고농도의 위험물이 갑자기 소각설비에 유입되어 폭발하한을 초과하는 경우 소각설비 내 폭발위험성이 존재한다.

④ 폐가스 응축으로 발생한 침적물의 발화위험성 : 소각설비의 온도 상승으로 인한 유증기 발생으로 소각설비 내부에 폭발분위기가 형성된다.

2. 안전조치

VOC배출배관, 배기팬 등 안전조치는 다음과 같다.

(1) VOC배출배관

① 배출물질의 상호 반응성을 고려하여 소각설비에 연결한다.
② 낮은 지점은 내부 체류물질 배출을 위한 드레인밸브를, 높은 지점은 벤트밸브를 설치한다.
③ 대기배출배관은 배기가스가 건물 내부로 유입되지 않도록 설계한다.

(2) 배기팬(Exhaust fan)

① 충분한 용량 선정, 상시 가동 시 예비팬 설치, 팬 가동 정지 시 경보장치를 설치한다.
② 소각물질의 위험성(부식성, 화재성 등)에 따른 배기팬 설치위치를 고려한다.

(3) 비상배출장치(Emergency vent/damper)

① 소각설비의 이상 발생 시를 대비한 비상배출장치를 설치한다.
② 비상배출장치로 배출되는 유해·위험물질의 안전한 처리를 한다.

(4) 안전 및 방호장치 설치

① 소각설비 및 배관의 폭발을 대비한 압력방출장치 설치 : VOC인입배관, 비상배출배관과 배기처리장치 사이 등에 설치한다.
② 폭발방산구(Explosion-relief vent) 설치 : 인화성 액체의 증기, 인화성 가스를 포함하는 소각설비의 연소실에 설치한다.
③ 화염방지기(Flame arrester) 설치 : VOC공급배관(또는 덕트)에 화염이 역화되지 않도록 설치한다.
④ 인화성 가스농도감지장치 설치 : 소각설비 입구에 인화성 물질의 농도를 감시하기 위한 감지장치를 설치한다.
⑤ 화염감지기(Flame detector) 설치 : 버너의 불꽃은 화염감지기에 의해 감시되고 불꽃감지와 버너가 정지되도록 연동한다.

(5) 연료공급배관에 비상시를 대비한 긴급차단밸브 설치

① 연료로 가스를 사용하는 경우 공급배관에는 2개의 긴급차단밸브를 최단거리로 설치한다.

② 2개의 긴급차단밸브 사이에는 비상배출밸브를 설치한다.

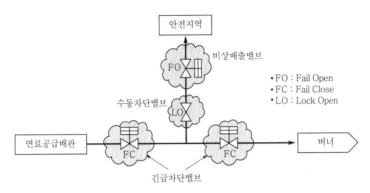

[그림 3-79] 긴급차단밸브와 비상배출밸브의 설치 예

유해물질 중 유기화합물 6개의 종류를 제시하고 각각의 유해·위험성에 대하여 설명

1. 물질의 정의

유기화합물이라 함은 탄소를 함유하고 있는 화합물로 상온·상압에서 휘발성이 있으며 다른 물질을 녹이는 성질의 액체를 말하는데, 유기화합물은 호흡기를 통한 흡입이 쉽고 피부로 흡수되기 쉬우며 흡수된 후 중추신경 등 중요기관에 영향을 준다. 유기화합물의 종류는 지방족, 방향족, 할로겐화 탄화수소류, 알코올류, 에스테르류, 알데히드류, 케톤류, 글리콜류 등이 있다.

2. 유해·위험성

(1) 유기화합물의 중독증상

화합물의 구조, 노출 정도와 기간, 다른 용제와의 복합노출, 작업의 강도 및 개인의 감수성에 따라 다르며, 할로겐화 탄화수소를 제외한 대부분의 유기화합물에 대하여는 건강장해와 함께 화재·폭발사고의 위험성도 대비하여야 한다.

(2) 유기화합물의 비특이적 증상

① 대표적 증상은 중추신경계에 의한 마취작용

② 조기증상은 현기증, 오심, 두통, 가벼운 협동장애, 발한증대, 심계항진 등

③ 반복노출은 두통, 피로감, 권태감, 현기증, 불안감, 식욕감퇴, 술에 대한 내성감퇴와 비특이적 위장장애, 수면장애, 성욕감퇴 등의 지속적 증상

④ 마취작용외 신경행동학적 장애 등

⑤ 유기화합물의 종류에 따른 증상

    ㉠ 벤젠 : 조혈장애   ㉡ DMF : 간독성

    ㉢ 노말헥산 : 말초신경장애   ㉣ 메틸알콜 : 시신경장애

    ㉤ 염화탄화수소 : 간장애   ㉥ 이황화탄소 : 중추 및 말초신경장애

(3) 화학물질의 인체 침입경로

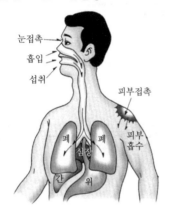

[그림 3-80] 침입경로(호흡기, 소화기, 피부)

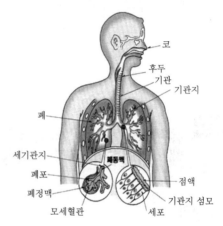

[그림 3-81] 호흡기 침입경로

(4) 피부 침입경로

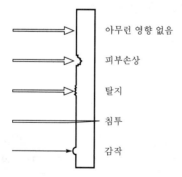

[그림 3-82] 화학물질에 대한 피부반응

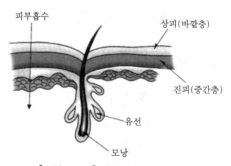

[그림 3-83] 피부의 구조

Section 188 비파괴검사 적용 대상, 비파괴검사방법 및 배관의 후열처리 기준, 열처리방법에 대해 설명

1. 비파괴검사 적용 대상

맞대기(Butt)용접 또는 홈(Groove)용접한 부위는 다음과 같이 방사선투과시험 또는 초음파탐상시험과 같은 비파괴검사를 하여야 한다. 다만, 초음파탐상시험은 방사선투과시험이 곤란한 경우에 한하여 실시하여야 하며, 구조적으로 방사선 투과시험 또는 초음파탐상시험이 불가능한 경우에는 자분탐상시험 또는 침투탐상시험을 실시할 수 있다.

① 다음의 경우에는 모든 용접부에 대하여 100% 비파괴검사를 하여야 한다.

    ㉠ 산업안전보건기준에 관한 규칙 [별표 1](위험물질의 종류)의 제7호에서 규정하는 독성물질을 취급하는 배관

    ㉡ 같은 지침 제6항에 의하여 용접 후 열처리를 하여야 하는 배관

    ㉢ 영하 3℃ 이하 또는 300℃ 이상의 위험물질을 취급하는 배관

② ①항 이외의 배관 중 위험물질을 취급하는 배관의 두께가 10mm 이하인 경우에는 1% 이상, 10mm를 초과하는 경우에는 20% 이상의 비파괴검사를 실시하여야 한다.

2. 비파괴검사

(1) 방사선투과시험

강재의 용접부에 대한 방사선투과시험은 KS B 0845(강 용접이음부의 방사선투과시험방법)에 따르고 투과사진은 상질이 A급 이상, 계조계의 값이 A급 이상으로서 다음과 같이 적합하여야 한다.

① 루트의 용입불량 : 엇갈림이 없는 부분의 용입불량은 1개의 길이가 20mm 이하이고, 연속된 용접선 300mm당의 합계길이가 25mm 이하이어야 한다.

② 엇갈림에 의한 용입불량 : 루트의 한쪽의 각이 노출되어 있을 때 용입불량 1개의 길이가 4mm 이하이고, 연속된 용접길이 300mm당의 합계길이가 7mm 이하이어야 한다.

③ 내면결함 : 결함의 사진농도가 결함과 접하는 모재부의 사진농도를 넘지 않는 경우에는 결함길이에 관계없이 적합한 것으로 취급한다. 그러나 결함의 사진농도가 결함과 접하는 모재부의 사진농도를 넘는 경우에는 용락과 같이 판정한다.

④ 융합불량 : 모재와 용접금속 사이의 융합불량은 융합불량 1개의 길이가 2mm 이하이고, 연속된 용접길이 300mm당의 융합불량합계길이가 25mm 이하이어야 한다. 용접패스 사이의 융합불량은 융합불량 1개의 길이가 2mm 이하이고, 연속된 용접길이 300mm

당의 합계길이가 3mm 이하이어야 한다.

⑤ 용락 : 용락은 어떤 방향을 측정한 치수도 1개당 길이가 6mm 또는 관의 살두께 중 작은 쪽의 치수보다 작아야 하며 연속된 용접길이 300mm당의 합계길이가 12mm 이하이어야 한다.

⑥ 가늘고 긴 슬래그의 혼입 : 가늘고 긴 슬래그의 혼입은 슬래그 1개의 길이가 2mm 이하이고 폭이 1.5mm 이하이어야 하며, 연속된 용접길이 300mm당의 합계길이가 3mm 이하이어야 한다. 평행으로 늘어선 슬래그혼입 간의 간격이 1mm 이상이면 각각 독립된 슬래그혼입으로 간주한다.

⑦ 독립된 슬래그혼입 : 독립된 슬래그혼입은 1개의 길이가 6mm 이하이고 폭이 3mm 이하이며, 연속된 용접길이 300mm당의 길이가 12mm 이하이어야 한다.

⑧ 텅스텐혼입 : 텅스텐혼입은 KS B 0845 부속서 4, 제4종 결함분류 중 1류, 2류, 3류 중의 하나이어야 한다.

⑨ 기포 및 이것과 유사한 원형결함 : 기포 및 이와 유사한 원형결함은 KS B 0845 부속서 4, 제1종 결함분류 중 1류, 2류, 3류 중의 어느 하나이어야 한다.

⑩ 파이프결함 : 파이프결함은 KS B 0845 부속서 4, 제2종 결함분류 중 1류, 2류, 3류 중의 어느 하나이어야 한다.

⑪ 중공비드 : 중공비드는 1개의 길이가 1mm 이하이고, 연속된 용접길이 300mm당의 합계길이가 5mm 이하이어야 하며, 길이가 6mm를 넘는 것은 인접한 중공비드와 5mm 이상 떨어져 있어야 한다.

⑫ 터짐 : 터짐은 모두 불합격으로 한다.

⑬ 결함의 집적 : 지금까지 언급한 결함이 혼재하는 경우 결함길이의 합이 배관의 원둘레길이의 8%이하이어야 하며, 연속된 용접길이 300mm당의 50mm 이하이어야 한다. 다만, 엇갈림에 의한 용입불량에 해당하는 결함은 예외로 한다.

⑭ 언더컷 : 내면의 언더컷은 1개의 길이가 5mm 이하이고, 합계길이가 배관의 원둘레길이의 15% 이하이어야 한다.

■ **결함의 사진농도**

① 투과사진상의 크기에서 합격하는 결함이라도 사진농도가 모재부의 사진농도보다 뚜렷하게 높은 경우에는 불합격으로 한다.

② 내면의 비드의 사진농도가 뚜렷하게 낮은 경우에는 불합격으로 한다.

③ 알루미늄 및 그 합금용접부에 대한 방사선투과시험은 KS D 0242(알루미늄용접부의 방사선투과시험방법 및 투과사진의 등급분류방법)에 따르며 등급분류 2급 이상이어야 한다.

④ 스테인리스강재의 용접부에 대한 방사선투과시험은 KS D 0237(스테인리스강용접부의 방사선투과시험방법 및 투과사진의 등급분류방법)에 따르며 상질 및 농도차가 보통급 이상으로 등급분류 2급 이상이어야 한다.

⑤ 티탄의 용접부에 대한 방사선투과시험은 KS D 0239(티탄용접부의 방사선투과시험방법)에 따르며 결함분류에 의한 3류 이상이어야 한다.

(2) 초음파탐상시험

초음파탐상시험은 KS B 0896(페라이트계 강 용접이음부에 대한 초음파탐상검사)에 따르며 다음과 같이 적합하여야 한다.

① 결함의 평가점수는 [표 3-50]과 [표 3-51]에 따라 산출하며, 결함 1개의 점수가 3점 이하로서 연속된 용접길이 300mm당의 합계점수가 5점 이하이어야 한다.

② 동일하다고 간주되는 깊이에서 검출된 결함 사이의 간격이 큰 쪽 결함의 지시길이와 같거나 또는 짧은 경우는 동일결함군으로 간주하고 결함 간격을 포함하여 연속된 결함으로 간주한다.

③ 2방향 이상에서 탐상하여 얻은 결함의 지시길이가 서로 다른 경우에는 큰 쪽의 값을 결함의 지시길이로 한다.

[표 3-50] 초음파탐상시험에서 결함의 지시길이 구분 (단위 : mm)

관의 살두께(t)	결함의 지시길이 구분		
	A	B	C
6 이상 18 이하	6	9	18
18 초과	$t/3$	$t/2$	t

[표 3-51] 초음파탐상시험에서 결함의 평가점수 (단위 : mm)

결함의 에코높이(t)	결함의 지시길이 구분			
	A 이하	A 초과 B 이하	B 초과 C 이하	C 초과
영역 Ⅲ	1점	2점	3점	4점
영역 Ⅳ	2점	3점	4점	4점

(3) 자분탐상시험

① 끼워넣기(Socket) 용접 또는 필릿(Fillet)용접 등은 규정한 비율에 따라 자분탐상시험 또는 침투탐상시험을 실시하여야 한다. 다만, 침투탐상시험은 자분탐상시험이 곤란한 경우에 한한다.

② 자분탐상시험은 KS D 0213(철강재료의 자분탐상시험방법 및 결함자분모양의 등급분류)
에 따르며 다음과 같이 한다.

㉠ 터짐에 의한 자분모양이 없어야 한다.

㉡ 독립자분모양 및 연속자분모양은 1개의 길이가 8mm 이하이어야 한다.

㉢ 분산자분모양의 평가는 [표 3-52]에 따르며 연속된 용접길이 300mm당의 합계점수
가 1점 이하이어야 한다. 다만, 원형자분모양이 있을 때는 [표 3-52]에 따라 평가한다.

[표 3-52] 자분탐상시험에서의 결함평가

분류	자분모양의 길이		
	1mm 초과 2mm 이하	2mm 초과 4mm 이하	4mm 초과 8mm 이하
선형자분모양 및 연속자분모양	1점	2점	4점
원형자분모양	침투탐상시험에 따른다.		

(4) 침투탐상시험

침투탐상시험은 KS B 0816(침투탐상시험방법 및 지시모양의 분류)에 따라 염색침투탐상시
험 또는 형광침투탐상시험으로 하며 다음과 같아야 한다.

① 터짐에 의한 침투지시모양이 없어야 한다.

② 독립침투지시모양 및 연속침투지시모양은 1개의 길이가 8mm 이하이어야 한다.

③ 분산침투지시모양의 평가는 [표 3-53]에 따르며 연속된 용접길이 300mm당의 합계점
수가 1점 이하이어야 한다.

④ 원형침투지시모양과 선형자분모양 및 연속자분모양이 혼재할 때에는 [표 3-53]에 따라
각각 평가점수를 구하고 합계점수가 연속된 용접길이 300mm당 1점 이하이어야 한다.

[표 3-53] 침투탐상시험에서의 결함평가

분류	침투지시모양의 길이		
	1mm 초과 2mm 이하	2mm 초과 4mm 이하	4mm 초과 8mm 이하
선형침투지시모양 및 연속침투지시모양	1점	2점	4점
원형침투지시모양	－	1점	4점

3. 용접부의 후열처리

① 배관용접부의 후열처리는 [표 3-55]의 기준에 따른다.

② 산업안전보건기준에 관한 규칙에서 규정하는 독성물질을 취급하는 배관은 관의 두께와 무관하게 후열처리하여야 한다. 다만, 후열처리하지 않는 재질은 그러하지 아니하다.

③ [표 3-54]에서 정한 P-3, P-4 및 P-5모재에 대하여는 후열처리한 후에 규정에 따라 비파괴시험을 하여야 한다.

④ 후열처리 후 실시한 비파괴검사 시 부적합한 것으로 판정된 경우에는 불합격 부위를 수정하고 후열처리를 한 후 재시험하여 적합해야 한다.

4. 열처리 시 고려사항

① 열처리 시 용접 전 예열, 용접 중 층간온도, 후열처리, 가열 및 냉각속도, 배관공칭두께 등이 충분히 고려되어야만 만족스러운 열처리효과를 기대할 수 있다.

② 배관공칭두께 및 용접부 형상 등을 검토하여 가장 적합한 열처리방법을 적용하여야 하며, 급격한 가열 및 냉각은 용접부의 균열이나 비틀림을 야기할 수 있으니 주의하여야 한다.

③ 예열과 층간온도는 온도지시크레용(Crayon), 비접촉적외선고온계(Infrared noncon tact pyrometer), 접촉식 고온계 등의 공인된 기구로 측정되어야 하며, 오스테나이트 스테인리스강에 사용되는 온도지시크레용이나 팰릿(Pallets)은 부식을 초래하거나 기타 유해한 영향을 주지 말아야 한다.

④ 열처리과정 동안 시간, 온도 선도 및 도표가 작성되어야 하며 보고서에는 가열율, 유지온도 및 시간, 냉각율과 열처리되는 부분이 확실하게 기술, [표 3-55]에서 정한 P-3, P-4 및 P-5모재에 대하여는 후열처리한 후에 규정에 따른 비파괴시험을 하여야 한다.

⑤ 후열처리 후 실시한 비파괴검사 시 부적합한 것으로 판정된 경우에는 불합격 부위를 수정하고 후열처리를 한 후 재시험하여 적합해야 한다.

5. 열처리방법

탄소강, 저합금강, 고합금강 재질의 열처리온도 및 시간은 [표 3-54]와 [표 3-55]의 권장 규정에 따른다. 다만, 비철금속의 경우 배관의 가공 또는 용접 후 열처리는 적용하지 않는다. 그러나 특별히 시효경화처리되거나 특정 환경에 노출되어 있는 경우에는 예외로 한다. 배관열처리방법으로는 다음과 같다.

[표 3-54] 배관의 용접 전 열처리기준

모재의 구분	모재의 종류	판의 두께 (mm)	최소규격인장강도 (kgf/mm²)	가열온도 (℃)	권장 가열온도 (℃)
P-1, 2	탄소강	≤25 >25 전체	≤49 전체 >49	- - -	10 80 80
P-3	저합금강 Cr≤0.5%	≤13 >13 전체	≤49 전체 >49	- - -	10 80 80
P-4	저합금강 0.5%<Cr<2%	전체	전체	150	-
P-5	저합금강 2.5%<Cr<10%	전체	전체	180	-
P-6	고합금강 (마르텐사이트계)	전체	전체	-	150
P-7	고합금강 (페라이트계)	전체	전체	-	10
P-8	고합금강 (오스테나이트계)	전체	전체	-	10
P-9A, 9B	저온용 합금강	전체	전체	-	90
〃	Cr-Cu강	전체	전체	150~200	-
〃	Mn-V강	전체	전체	-	80
〃	27Cr강	전체	전체	150	-
〃	8Ni, 9Ni강	전체	전체	-	10
〃	5Ni강	전체	전체	10	-

[표 3-55] 배관의 후열처리기준

모재의 구분	모재의 종류	판의 두께 (mm)	최소규격 인장강도 (kgf/mm²)	후열처리 여부	후열처리 온도범위 (℃)	열처리요구시간		
						판두께 25mm 당 요구시간(hr)	최소요구 시간(hr)	브리넬 최대 경도치[6]
P-1, 2	탄소강	≤20 >20	전체 전체	미실시 실시	- 600~650	- 1	- 1	- -
P-3	저합금강 Cr≤0.5%	≤20 >20 전체	≤49 전체 >49	미실시 실시 실시	- 600~720 600~720	- 1 1	- 1 1	- 225 225
P-4	저합금강 0.5%<Cr≤2%	≤13 >13 전체	≤49 전체 >49	미실시 실시 실시	- 700~750 700~750	- 1 1	- 2 2	- 225 225
P-5	저합금강 2.5%<Cr≤10%	≤13 >13	전체 전체	미실시 실시	- 700~750	- 1	- 2	- 241
P-6	고합금강 (마르텐 사이드계)	전체	전체	실시	730~ 800[1]	1	2	241

모재의 구분	모재의 종류	판의 두께 (mm)	최소규격 인장강도 (kgf/mm²)	후열처리 여부	후열처리 온도범위 (℃)	열처리요구시간		
						판두께 25mm 당 요구시간(hr)	최소요구 시간(hr)	브리넬 최대 경도치[6]
P-7	고합금강 (페라이트계)	전체	전체	미실시	–	–	–	–
P-8	고합금강 (오스테 나이트계)	전체	전체	미실시	–	–	–	–
P-9A, 9B	저온용 합금강	≤20	전체	미실시	–	–	–	–
		>20	전체	실시	600~640	1/2	1	–
	Cr-Cu강	전체	전체	실시	760~ 820[2]	1/2	1/2	–
	Mn-V강	≤20	≤49	미실시	–	–	–	–
		>20	전체	실시	600~700	1	1	225
		전체	>49	실시	600~700	1	1	225
	27Cr강	전체	전체	실시	660~ 700[3]	1	1	–
	5nl, 8Ni, 9Ni강	≤50	전체	미실시	–	–	–	–
		>50	전체	실시	550~ 600[4]	1	1	–
	Zr R60705	전체	전체	실시	540~ 600[5]	1/2	1	–
	Cr-Ni-Mo강	전체	전체	선택사양	1,000~ 1,040	1/2	1/2	–

주) 1. ASTM A 24, Gr. 429에 상응하는 재질은 621~663℃의 온도범위에서 후열처리하여야 한다.
  2. 후열처리 후에 가능한 한 신속히 냉각하여야 한다.
  3. 후열처리 후 65℃까지는 시간당 6℃ 이하로 냉각하여야 하며, 65℃ 이하에서는 취성(Embrittlement)을 방지하기 위하여 빠른 속도로 냉각하여야 한다.
  4. 후열처리 후 32℃까지는 시간당 17℃ 이상으로 냉각하여야 한다.
  5. 용접 후 14일 이내에 후열처리하여야 한다. 후열처리 후 43℃까지는 시간당 28℃ 이하로 냉각하고, 43℃부터는 대기 중에서 냉각하여야 한다.
  6. 열처리로에서 후열처리한 경우에는 용접부의 1%에 대해 브리넬경도를 측정하고, 현장에서 국부적으로 열처리한 경우에는 용접부 전체에 대하여 경도측정하여야 한다.

(1) 노내 열처리법(Furnace heat treatment)

열처리대상물인 배관 및 용기 등을 대형 화로에 넣고 가열하는 것으로 공장제작배관 또는 용접배관의 후열처리에 있어서 가장 효과적인 열처리효과를 기대할 수 있다.

(2) 전자유도가열법(Induction heating treatment)

절연된 동소재의 전도체(전자유도가열코일)를 가열될 용접부 주위에 감고 저주파인 25Hz, 60Hz, 400Hz를 사용하여 가열하며 주로 6Hz가 가장 널리 사용된다.

(3) 토치가열법(Torching heating treatment)

열처리될 용접부에 단일버너 또는 링버너를 사용하여 직접 용접부를 가열하는 방법으로, 열은 배관 외부에서 내부로 전달된다.

(4) 전기저항가열법(Electric resistance heating treatment)

니크롬전선을 배관용접부에 감싸 고열처리온도까지 승온될 수 있게 전류를 인가하는 것으로, 전류는 직류가 사용되며 특별전력공급장치나 용접기로부터 얻어진다.

(5) 발열반응에 의한 가열(Exothermal heating treatment)

원통모양의 형태로 발열반응물(알루미늄분말, 금속산화물, 내화화합물, 고착제의 복합물)을 예열처리되어야 할 배관용접부 주변에 부착하고, 산소아세틸렌이나 프로판토치를 이용하여 점화연소시켜 이때 발생되는 반응열에 의해 용접부가 가열된다.

Section 189 표백, 살균, 탈색 등에 사용되는 아염소산나트륨($NaClO_2$)의 위험성 및 유독성을 제시하고 저장·취급방법 설명

1. 개요

아염소산이온(ClO_2^-)은 이온화합물로 무색, 꺾은 선모양이고 중성·염기성용액 속에서는 안정되나, 빛에는 민감하다. 알칼리금속염, 알칼리토금속염, 암모늄염 그밖의 염류가 있지만, Ag, Pb, Hg 염 외에는 물에 녹는다. 하이포아염소산염보다는 안정되나, 염소산염보다는 불안정하여 급속히 가열하거나 산을 가하면 위험한 ClO_2를 발생하고 폭발하는 것이 있으며 표백제로 쓰인다.

2. 종류 및 성상

(1) 아염소산나트륨(sodium chlorite, $NaClO_2$)

① 무색의 결정으로 물에 잘 녹는다.

② 용해도는 46g/100g 물(30℃)이다.

③ 38℃ 이하에서는 삼수화물이고, 그 이상에서는 무수염이다.

④ 산화력은 표백분의 4~5배, 고도 표백분의 2~3배이다.

⑤ 산을 가하면 분해되어 ClO_2를 발생한다.

⑥ 목탄, 유황, 인, 금속물과 혼합하면 약간의 충격에 의해서도 폭발한다.

⑦ 섬유의 표백, 펄프, 인화지, 유지, 설탕의 탈색, 수돗물의 살균 등에 쓰인다.

(2) 아염소산칼륨(potasium chlorite, $KClO_2$)

① 백색의 침상결정 또는 결정성 분말이다.

② 조해성이 있다.

③ 열, 햇빛, 충격에 의해 폭발위험이 있다.

④ 부식성이 있다.

⑤ 높은 온도에서 분해하면 ClO_2를 발생한다.

(3) 아염소산칼슘(calcium chlorite, $Ca(ClO_2)_2$)

① 염소냄새가 나는 백색 고체이다.

② 물에 용해된다.

③ 황산과 심하게 반응한다.

3. 기타 사항

(1) 취급 시 주의사항

아염소산소다는 취급이 용이한 강산화제이므로 주의하여야 한다.

(2) 사용 시 주의사항

① 유기물, 먼지, 쓰레기, 유황 등이 존재하면 충격으로 폭발하므로 이물질이 혼입되지 않도록 충분한 주의를 하여야 한다.

② 표백작업 중 발생하는 가스는 유해하므로 환기에도 주의하여야 한다.

③ 사용장소에서 함부로 화기를 사용하지 말아야 한다.

(3) 저장 시 주의사항

① 직사광선을 피해 적당한 냉암소에 보관하여야 한다.

② 철, 중금속 등의 혼입은 분해를 일으키므로 피해야 한다.

③ 액 자체는 불연성이지만 의류, 나무 조각, 짚, 종이, 프라스틱 등 가연성의 유기물에 묻어 건조되면 충격, 마찰, 가열 등에 의하여 발화될 위험이 있으니 액이 묻은 즉시 물로 씻어주어야 한다.

④ 유황 및 가황물, 기타 유기물과의 접촉을 피해야 한다.

⑤ 저장 중의 액에는 산이나 산성액을 절대 혼입하지 말고 산에 의하여 발생하는 이산화염소가스는 유해하며, 농도가 높은 환경에서는 폭발 가능성이 있다.

Section 190 독성가스의 확산 방지 및 제독조치방법

1. 개요

제독이란 독성가스가 누출된 현장에서 진입팀이 안전하게 보호의를 벗을 수 있는 수준으로 만드는 것이다. 제독시설은 경계구역(Warm zone) 혹은 오염저감구역에 설치한다. 설치 시에는 풍향, 누출지점과의 인접성, 지표면경사 등을 고려해야 한다. 제독장소는 가능한 위험구역에 가까이 설치해야 진입팀이 보호구에 갇힌 시간을 줄일 수 있다.

2. 독성가스의 확산 방지 및 제독조치법

제독의 방법은 물리적 제독과 화학적 제독으로 구분한다.

(1) 물리적 제독

1) 솔질과 긁음(Brushing and Scraping)

먼지나 흙과 같이 육안으로 보이는 다소 큰 오염물질의 제거절차이다. 예를 들어, 부츠나 장갑에 있는 오염된 먼지나 흙을 오염제거 샤워에 들어가기 전에 떼어내거나 제거하는 것과 같은 것을 말한다.

2) 흡수(Absorption)

오염면적의 확대를 막기 위해서 유해물질(액체)을 빨아들이는 것으로 흡수제 안에 있는 오염물질의 화학적 성질은 바뀌지 않은 채로 그대로 남아있다. 이것은 주로 장비와 재산을 닦아 내기 위해 사용되는 오염 제거방법이다. 수건이나 천으로 방호복이나 보호장비를 닦는 것 이외에, 이것은 분해 제거작업을 하는 사람에게 제한적으로 사용된다. 가장 많이 사용하는 흡수제는 흙, 질석(풍화된 흑운모), 건조된 여과제, 모래이다. 사용 가능한 다른 재료는 무수필러와 상업용 제품(예:패드, 베개)이다. 흡수제는 불활성이거나 또는 반응성을 갖지 않아야 한다.

3) 흡착(Adsorption)

오염물질이 다른 물질의 표면에 부착되는 공정이다. 흡수는 오염물질과 흡수제 사이에 있는 아주 미세한 분자층에서 발생한다. 이것은 주로 장비와 오염지역의 청소작업 시 사용되고, 사용 예로는 활성탄, 실리카와 Ca형 벤토나이트가 있다. 원유 유출 시 물은 배척하고 원유의 흡착을 위해 사용되는 상업용 누출패드(spill pad)는 또 다른 예이다. 어떤 경우에는 흡착공정에 의해 열이 발생되고 일시적인 발화가 발생하기도 한다. 이 두 방법의 차이를 기억하는 쉬운 방법은 흡수는 오염물질을 흡수함으로써 효력을 발생하게 되고, 반면 흡착은 스스로 추가되거나 오염물질에 부착됨으로써 효력을 나타낸다.

4) 희석/세척

방호복이나 보호장비로부터 위험물을 씻어내기 위해서 물과 비누와 수용액을 사용하는 것이다. 세제와 비누는 계면활성제의 효과로 인해 기름, 지방, 극성용매, 먼지, 때와 가루 등의 제거에 효과가 있다. 세제를 사용한 희석과 세척작업은 많은 양의 물을 거의 항상 사용할 수 있기 때문에 사람의 오염 제거에 가장 일반적으로 사용되는 방법이다. 안전세척기(safety shower), 엔진회사 물탱크, 소화전이 일반적인 용수원이 된다.

5) 냉각

비상대응자에게는 제한적으로 사용되지만, 청소용역업체는 흐르거나 끈끈한 액체를 고체상태로 응고시켜서 이를 제한된 시간에 고체상태에서 잘게 썰고, 긁어모으고, 박편으로 만들기 위해 사용된다. 냉각공정은 얼음, 드라이아이스를 사용하거나 외부온도가 위험물의 빙점 이하가 될 경우 지면에서 얼리고 냉각시킴으로써 얻어진다(예 : 뜨거운 밀랍이나 타르).

6) 가열

보통 고압의 워터제트와 함께 고온증기를 사용하여 오염물질을 가열하고 발파하여 제거하는 것을 포함한다. 주로 오염 제거차량, 구조물과 장비에 사용된다. 세제와 용매가 첨가될 때, 이 방법은 자동차 기름이나 고점도의 수용액과 같은 석유제품에 효과적이다. 또한 가열은 단순히 오염물질을 증발할 때 사용된다. 가열기술은 화학약품보호복이나 사람의 오염 제거작업에는 사용하지 않는다.

7) 격리와 폐기

"건식 오염 제거"의 형태는 두 단계의 공정으로서 물이나 오염 제거용액을 사용하지 않는다. 먼저 오염된 물질은 제거하고 지정된 곳에 격리시킨다. 충분한 양의 오염물질이 모아졌을 때(예 : 폐기 가능한 방화복), 그 물질은 부대에 넣어 꼬리표를 붙인다. 마지막 과정은 오염물질을 적당한 용기에 포장을 하여 인증된 위험물 폐기장소로 옮기고, 그곳에서 소각 또는 매립한다.

8) 압축공기

장비와 구조물의 도달하기 어려운 부분(예 : 틈이나 금 사이)의 먼지와 액체를 불어서 제거하는 데 사용된다. 그러나 압축공기가 인간의 피부에 심각한 색전을 유발할 수 있으므로 오염 제거대원에게 사용하지 않아야 한다. 압축공기로 인한 문제는 오염물질이 주변의 대기로 에어로졸이 형성되면서 2차적인 문제가 발생될 수 있는 것이다. 예를 들면, Brentwood의 Maryland우체국(2001)은 압축공기호스를 사용하여 컨베이어와 편지분리장비를 청소할 때 건물 주위에 발생된 탄저균포자에 대한 책임을 져야 했다.

9) 진공흡입

진공기를 사용하여 오염물질을 수집하는 것을 포함한다. 이 방법은 주로 오염 제거건물과 장비에 사용되고, 가연성 인화성 액체, 수은, 납, 석면과 다른 위험먼지와 미세입자와 같은 광범위한 범위의 오염물질에 사용된다. 진공은 반드시 이것의 사용과 적용에 대한 등급을 표시해야 한다(예 : 방폭, 방진).

10) 고성능 미립자(HEPA)

필터는 오염물질이 위험먼지, 입자 또는 섬유일 때 사용된다. HEPA필터는 공기는 통과시키고 공기 중에 떠 있는 큰 입자를 포집하면서 물리적으로 오염물질을 포집하고, 0.1μ 되는 입자까지도 포착할 수 있다.

11) 증발

단순히 오염물질을 증발시키거나 기체상태로 날려보내는 것으로, 특별히 증기에 유해물질이 존재하지 않을 때 사용된다. 이것은 오염 제거장비, 차량과 구조물에 높은 증기압을 가진 액체와 기체의 오염물질에 오염됐을 때 사용된다. 다공성의 표면과 많은 양의 물질을 처리할 때 효과는 떨어지게 된다.

(2) 화학적 제독

1) 화학적 분해

2차 화학물질 또는 다른 물질을 사용하여 오염물질의 화학구조를 변경하는 공정이다. 보통 사용되는 분해제는 하이포아염소산칼슘표백제, 하이포아염소산나트륨표백제, 포화용액으로서 수산화나트륨(가정용 하수세척제), 탄산나트륨슬러리(세척용 나트륨), 산화칼륨슬러리(석회석), 가정용 세탁제와 이소프로필알코올이 포함된다. 화학적 분해는 주로 오염제거건물, 차량과 장비에 사용되고 내화학복에 사용하면 안 된다. 분해용 화학약품을 피부에 직접 사용하면 안 된다.

화학적 분해공정에 대한 기술적인 충고를 제품전문가에게 구하여 사용되는 용액이 오염물질과 반응성이 없는지를 확인한다. 잠재적인 문제점은 과도한 농도의 혼합물(즉 소방대원 규칙 : 만약 0.5%가 적당하면 5%는 매우 좋다)과 분해용 화학약품으로부터 CPC(보호복)와 장비에 대한 피해가 포함된다. 오염 제거용액의 물리적, 화학적 호환성은 반드시 사용 전에 결정해야 한다. 궁극적으로 장비의 격리와 폐기에 대한 계획이 있는 경우를 제외하고, PPE의 안전기능을 침범, 분해, 피해 및 손상을 주는 오염 제거방법은 사용해서는 안 된다.

2) 중화

부식제에 사용되는 공정으로 최종용액의 pH를 pH5에서 pH9 사이의 범위로 조정하는 것이다. 산을 중화하기 위해 알칼리용액을 사용하고, 알칼리를 중화하기 위해 산용액을 사용한다. 가급적 덜 유해한 부산물은 중성이거나 생분해되는 염의 형태를 가진다. EPA에 의하면 비상상황에서 부식제의 중화를 위해 사용되는 이상적인 물질은 구연산(25파운드의 백에 있는 분말)으로 알칼리를 중화할 때 사용되고, 탄산소다(50파운드의 백에 있는 분말)로 산을 중화할 때 사용한다. 두 가지 모두 중성염을 형성하고, 중성화하는 성분에 따라 생분해되는 염으로 되기도 한다. 중화는 주로 부식성 물질에 의해 오염된 오염 제거 장비, 차량과 구조물에서 사용된다.

3) 응고

오염물질을 물리적으로 또는 화학적으로 다른 물질과 결합시키거나 캡슐에 넣는 공정이다. 이 방법은 주로 오염 제거장비와 차량에 사용된다. 상업적으로 이용되는 응고제품은 유출물의 청소 시 사용될 수 있다. 대형 기기들을 시멘트와 같은 물질로 덮었을 경우 결과적으로 오염물은 영구적으로 그 기기와 결합되게 된다. 그 다음 오염물질은 유해물질매립지에 매립할 수 있다. 체르노빌사고 후 많은 오염물질을 시멘트로 덮은 다음 매립하였다.

4) 소독

화학적이고 생물학적인 전쟁의 무기가 위협이 되고 있기 때문에 점점 더 중요해지고 있다. 소독은 모든 인식된 병원균 미생물을 실제로 비활성화하는 데 사용되는 공정이다. 적절한 소독은 생존 가능한 미생물을 허용된 값 이하로 감소시킨다. 이는 제거하고자 했던 모든 미생물을 완전히 없애는 것은 아니다.

결과적으로 비상대응자는 사용 전 소독기술에 대한 조언을 얻는 것이 중요하다. 마찬가지로 어떤 소독제는 다른 것보다 어떤 병원유발물질에 더 효과가 있다. 상업적인 소독제는 보통 제품의 성능과 한계를 보여주는 세부정보를 포함하고 있다. 만약 지역에 있는 실험실, 병원과 대학에 반응할 경우 위험평가작업을 수행하고 존재하는 특별한 종류의 생물학적 위험과 나타날 수 있는 위험에 대한 최상의 소독제를 잘 알고 있어야 한다.

Section 191
유해화학물질의 시료를 취급할 때 요구되는 일반적인 사항과 폭발성 물질(유기과산화물 포함), 인화성 가스 및 액체, 산화성 물질의 시료채취 시의 안전조치

1. 시료채취 및 탐지

사고현장에서의 주위 오염기준을 판단하고 통제구역범위를 판단하여 지역조사와 제독지원을 하기 위해서 시료채취를 하는 것이다. 만약 감시장치로 물질의 정보를 얻지 못한다면 대응자는 샘플을 채취해서 좀 더 세부적인 분석을 위해서 연구소로 보내거나 필드테스트를 수행한다. 만약 범죄나 테러와 관련 있는 사고였을 경우 샘플은 증거로서 수집되어야 한다. 고체, 액체 샘플이 대부분이지만 가스와 생물학적 물질의 샘플이 수집도 가능하다.

2. 시료채취 시 고려사항

(1) 현장정보 수집

① 사고 및 물질유형   ② 현장대응인력
③ 현장기록(포장문구 : Label)   ④ 현장지도

(2) 현장에서의 고려사항

① 물질의 상태(고체, 액체, 증기)   ② 날씨상태
③ 누출의 유형 및 상태

(3) 시료정보 확인

① PID 또는 소형 탐지장비를 통해서 시료채취대상물질 선별
② 물질을 발견한 최초대응팀의 설명을 통해서 시료정보 확인
③ pH용지를 이용해서 물질의 반응 확인
④ 탐지장비에 나타난 표시로 시료와 관련된 잠재적 위험에 대한 추가정보 확인

(4) 시료양

① 고농도 또는 순도 100% 공업 액체화합물, 액체화학물질, 미확인 액체인 경우는 $1\mu l$~$1ml$ 정도가 적당하다.
② 환경농도의 액체시료(environmental concentrations of liquid samples)인 경우는 60ml 정도가 적당하다.

③ 고체시료(토양, 슬러지 등)인 경우는 시료용기를 가득 채운 양이 적당하다.

④ 기타 고체시료(목재, 페인트 벗겨진 것)는 1g 정도가 적당하다.

> ※ **주의사항**
> ① 자기오염을 최소화하기 위해서 용기를 엎지르지 않도록 주의한다.
> ② 방사능시료의 봉투당 방사능검지기(radiological swipes)가 하나씩 들어있다.
> ③ 닦아서 시료를 채취한 경우 용기 하나당 한 번씩만 닦아 담아야 한다.

(5) 오염 방지

수집된 샘플은 잠재적인 교차오염을 방지하기 위해서 아직 사용하지 않은 기구와 장비, 다른 화학물질로부터 떨어진 곳에 보관하거나 이동해야 한다. 교차오염은 수집 중에서 가장 주의해야 하는 사항이다. 시료채취 중 교차오염이 발생된 경우에는 수집된 시료는 효용성을 떨어뜨리고, 시료채취절차는 신뢰를 잃게 된다. 시료의 교차오염을 최소화하기 위해서는 몇 가지 주의사항이 필요하다.

① 밀봉(봉인)한 용기를 필요시까지 절대 열지 않도록 한다.

② 샘플기구와 샘플채취 시 착용한 장갑은 각각의 샘플당 하나씩 사용한다. 샘플기구를 재사용하지 않는다. 생물샘플은 살균한 용기에 수집하고, 일반 화학샘플은 깨끗한 용기에 수집해야 한다.

③ 각 시료를 채취하는 중간에 장갑의 오염을 제거하거나 팀을 교체(레벨 A보호복을 입지 않고 있는 경우)하도록 한다.

(6) 시료의 취급(handling) 및 이송

① 채취된 시료는 직사광선과 열로부터 보호하고 가능한 차갑게 유지시킨다.

② 만약에 시료가 차갑다면 차갑게 유지시키지만 냉동하지 않는다.

③ 만약에 시료가 따뜻하다면 차갑게 유지시키지만 냉동하지 않는다.

④ 어느 시료라도 보존처리(preservation)를 하지 않는다.

⑤ 채취된 시료는 빠른 시간 내에 안전한 방법으로 분석기관에 인계한다.

⑥ 채취된 시료는 미리 정해진 방법으로 표시를 하고 상세한 시료채취보고서를 작성한다.

3. 시료채취장소

시료는 오염물질의 독성을 대표할 수 있는 곳에서 채취한다. 시료대상화합물의 성질을 잘 알고 있다면 시료채취장소를 적절히 판단할 수 있고, 따라서 그 장소에서 다양한 정보를 얻을 수 있다. 또한 수집하고자 하는 시료를 생산·보관하기 위해서 사용한 제품 또는 장비는 그 잔여물을 포함하고 있을 수 있다.

① 화학물질이 방출 또는 사용된 장소

② 방출 또는 사용이 이루어진 장소

③ 물질과 그 주변 환경 사이에서 누출 혹은 반응의 징후가 있는 장소

④ 잔여물 채취가 가능한 용기의 뚜껑과 같은 구멍(용기를 타고 흘러 밑에 쌓인 누출물도 잔여물 가능성이 있다)

Section 192 증기밀도와 증기압

1. 증기밀도(vapor density)

가스의 공기에 대비한 무게비로서 1보다 크면 공기보다 무겁고, 1보다 작으면 공기보다 가볍다. 증기밀도에 따라 누출 시에 증기의 상하확산형태가 결정된다. 가스나 증기의 경우 해당되는 온도와 압력에서의 해당 물질밀도의 건조공기에 대한 밀도의 비를 나타낸다. 이것은 매우 중요한 정보를 제공하는데, 증기밀도가 1.0보다 적다는 말은 누출 시에 해당 물질이 공기보다 가벼워 위로 상승하는 경향을 가지며, 반대로 1.0보다 크면 공기보다 무거워 아래로 가라앉게 된다. 예를 들어, 염소의 경우 증기밀도가 2.5로서 공기의 두 배 반 이상 무겁다. 증기밀도는 대략 해당 물질의 분자량/29(공기평균분자량)를 하면 구할 수 있다. 예를 들면, 염소의 경우 분자량이 35.45이므로 35.45×2/29=2.44가 구해진다.

2. 증기압(vapor pressure)

어떤 물질이 증기화되려는 경향의 척도를 압력으로 나타낸 것으로서, 공기 중에 노출된 어떤 물질은 해당 온도에서의 증기압만큼 증발될 수 있다. 온도가 증가함에 따라 증기압이 증가하며, 증기압이 대기압과 같아지면 그 물질이 끓게 된다. 예를 들면, 어떤 온도에서 벤젠의 증기압이 76mmHg라면 공기 중에서 부피로 1/10까지 벤젠증기로서 채워질 수 있다. 즉 공기 중에 최고로 10% 정도까지 벤젠증기로 채워진다.

Section 193 극인화성 물질

1. 정의

극화인성 물질(Extremely flammable material)은 인화점이 0℃ 미만이고 끓는점이 35℃ 이하인 액체물질 또는 상온·상압하에서 공기와 접촉하면 인화성을 갖는 기체물질을 의미한다.

Section 194 트레이 범람과 트레이 건조

1. 트레이 범람(Flooding trays)과 트레이 건조(Dry trays)

범람된 트레이는 액체가 흘러 넘쳐흐르며 건조한 트레이는 액체가 없는 현상이다. 각각의 트레이 위에서의 액위는 보통 위의 트레이에서 아래 트레이로 들어가는 액체 또는 환류에 의해 유지된다. 탑측 제품으로서 인출되는 액체의 양은 해당 트레이의 액위에 영향을 미친다.

인출트레이에서 모든 액체가 제거되면 이 트레이는 밑의 트레이를 냉각시키는 데 필요한 환류를 공급할 수 없게 된다. 건조트레이는 과잉으로 인출된 트레이의 밑에서 발생할 가능성이 많다. 또한 원료나 리보일러의 온도가 너무 높을 때에도 건조트레이가 생길 수 있다. 원료가 너무 뜨거우면 과열증기가 생성된다. 이러한 과열증기는 원료트레이 윗부분의 모든 트레이의 액체를 증발시킬 수 있다.

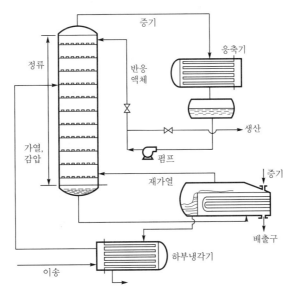

[그림 3-84] 정류와 스트리핑을 위한 연속형 분류탑

만약 리보일러의 온도가 너무 높으면 과열증기가 탑의 바닥에서 트레이 위 액체를 증발시킬 것이며, 건조트레이는 환류가 제대로 이루어지지 않을 때 생길 수도 있다.

2. 적용 예

환류의 감손은 탑의 꼭대기 부분에서 트레이로 가는 액체가 없음을 의미한다. 건조트레이가 있는 탑을 알아내는 몇 가지 방법이 있다.

트레이에 액체가 없으므로 분류가 이루어지지 않는다. 일련의 건조트레이들의 온도는 동일하다. 건조트레이들은 크게 감소된 온도차이를 지닌다. 건조트레이에는 액체가 없으므로 증기가 올라가는 데에 저항을 덜 받는다. 일련의 건조트레이가 있는 탑에서는 압력차이가 작게 나타날 것이다. 범람트레이 및 건조트레이 모두가 적은 온도차이를 나타내고 탑의 효율을 떨어뜨린다.

그러나 범람트레이는 커다란 압력차이를 나타내고 건조트레이는 적은 압력차이를 나타낸다. 인출지점 바로 아래에서 건조트레이가 생긴다면 인출제품의 양을 감소시키거나 환류비를 증가시킴으로써 이를 시정할 수 있다. 과열증기로 인해 생기는 건조트레이는 리보일러 혹은 원료온도를 감소시킴으로써 시정할 수 있다. 환류공급의 장애는 동력이 끊어지거나 펌프고장과 같은 기계적인 문제에 그 원인이 있다. 환류가 없음으로써 생기는 건조트레이는 탑의 장치들을 조절하여 시정할 수 있다.

Section 195 위험물 옥외탱크저장소의 형태에 따른 화재 발생 시 소화방법

1. 위험물의 정의

위험물이라 함은 대통령령이 정하는 인화성 또는 발화성 등의 물품을 말하며(위험물관리법 제2조 제4호), 지정수량 미만의 위험물이나 그 밖의 대통령령이 정하는 물품의 저장 또는 취급의 기준 및 시설기준은 시·도의 조례로 정한다.

2. 위험물의 지정

위험물의 지정은 소방법 시행령 [별표 3]에서 제1류에서 제6류까지 구별하고 각 종류별로 품명 및 품목과 지정수량을 정하였다. 동일류의 위험물은 공통적인 화재위험성을 가지고 있어서 예방 또는 진압상 동일한 대처방법을 가지게 되며 예외적으로 특수한 물품도 있다.

위험물의 지정에 있어서 품명 및 품목에 따라 대별할 수 있는데, 분류방법에 따라 특수한 위험물에 대한 지정, 화학적 조성에 의한 지정, 형태에 의한 지정, 농도에 의한 지정, 사용상태에 의한 지정, 지정에서의 제외와 편입 및 경합하는 경우의 지정 등 여러 가지 분류절차에 따라 지정된다.

3. 소화방법

① 다량의 물로 냉각소화
② 무기과산화물의 경우는 마른 모래, 건조분말로 질식소화
③ 화재 초기 또는 소량 화재 시에는 포, 분말, CO_2, Halon에 의한 질식소화 가능
④ 주변의 가연성 물질 제거

Section 196 리포밍(Reforming)공정과 크래킹(Cracking)공정

1. Reforming

석유를 증류하여 얻어지는 나프타를 직류가솔린(straight-run gasoline)이라고 하며, 이는 옥탄가가 낮다. 최근 가솔린엔진이 발달함에 따라 가솔린엔진의 효율상 옥탄가가 높은 가솔린이 중요시되어 옥탄가가 낮은 가솔린으로부터 옥탄가가 높은 가솔린을 제조하는 분해법이 이용된다. 이를 리포밍이라고 하며, 이렇게 얻어진 가솔린을 개질가솔린이라고 한다.

2. Cracking

자동차, 항공기 등이 발달함에 따라 가솔린의 수요가 급격히 증가하며 원유의 증류에 의한 직류가솔린이나 천연가스로부터 얻어지는 천연가솔린만으로는 부족하여 중질유를 열분해하여 가솔린을 만드는 것을 크래킹이라고 한다.

크래킹에는 원료유를 고온·고압하에서 분해하는 열분해(thermal cracking)와 촉매를 사용하여 분해하는 접촉분해(catalytic cracking)가 있다. 촉매 중에 수소기류를 사용하여 원료유를 고온·고압하에서 분해하여 나프타나 중간 유분을 제조하는 수소화분해(catalytic hydro cracking)는 분해와 동시에 탈황·탈질소수소화도 행할 수 있으므로 매우 유용한 공법이나 건설비와 운전비가 높은 단점이 있다.

Section 197   연소의 4요소에서 연쇄반응과정과 연쇄반응 억제메커니즘

1. 정의

불꽃연소에서 연소의 3요소 이외의 연쇄반응이 4번째 요소로 작용하는데, 이를 연소의 4요소(Fire tetrahedron)라 한다.

2. 연소의 4요소에서 연쇄반응과정과 연쇄반응 억제메커니즘

연소의 4요소에서 화학적 반응은 지속적으로 활성라디칼(O^+, OH^+, H^+)이 발생되는 과정으로, 즉 활성라디칼이 원인계 → 생성계 → 원인계로 이동하면서 반응이 지속되는 과정이다. 연쇄반응이 지속되기 위해서는 물질의 전파반응, 분기반응을 통해 연쇄전달체(Chain carrier)가 지속되어야 한다. 화학적 소화, 즉 연쇄반응 억제는 이러한 연쇄전달체의 발생을 억제하여 연쇄반응을 차단함으로써 소화하게 된다.

Section 198   무기과산화물류(Inorganic peroxide)의 성질

1. 개요

O_2^-의 이온의 화합물로 분자구조 내 O-O결합을 가지고 있다. M_2O_2(여기서 M은 무기물이다. M이 유기물일 경우 제5류 위험물의 유기과산화물에 속한다)형 화합물은 알칼리금속염에서는 원자번호가 증가함에 따라 백색에서 황색, 황갈색으로 된다. MO_2형 화합물은 2A, 2B족 원소의 화합물로서 대부분 백색이다. 물과 산에 접촉하면 분해하고 수산화물과 과산화수소를 생성한다. 강력한 산화제로 산화나 표백을 하는 데 쓰인다.

2. 종류 및 성상

(1) 과산화나트륨(sodium peroxide, Na_2O_2)

① 연한 황색의 육방결정계 결정으로 강력한 산화제이다.
② 흡입하면 독성이 있다.
③ 물과 반응하여 산소를 발생하면서 수산화나트륨이 되고, 묽은 산은 과산화수소를 생성한다.
④ 유황과 접촉하면 발화하고 유기물에 접촉하면 폭발하는 경우가 있다.

⑤ 표백제, 이산화탄소의 흡수제 등으로 사용된다.

(2) 과산화칼슘(potassium peroxide, K_2O_2)

① 오랜지색 분말로서 물에 쉽게 분해된다.

② 가연물과 접촉하면 발화할 수 있고 마찰, 충격, 열에 의해 폭발할 수 있다.

③ 산과 폭발적으로 반응하고 알칼리성을 나타낸다.

④ 산화제, 표백제 산소 발생제로 사용한다.

(3) 과산화마그네슘(magnesium peroxide, MgO_2)

① 백색 분말로 물에 약간 녹는다.

② 가연성 물질과 혼합하여 발화되면 격렬히 반응한다.

(4) 과산화바륨(barium peroxide, BaO_2)

① 무색의 정방결정계 결정이다.

② 알칼리 토금속류의 과산화물 중에서 가장 안정적이다.

③ 고온에서는 분해하여 산소를 발생한다.

④ 차가운 물에 약간 녹고, 뜨거운 물에는 분해하여 $Ba(OH)_2$와 산소로 된다.

⑤ 흡입하면 독성이 있고, 유기물과 접촉하면 발화한다.

(5) 과산화칼슘(calcium peroxide, CaO_2)

① 백색 또는 담황색 분말이며 수화물은 무색결정이다.

② 물에 녹기 힘들고, 에탄올, 에테르에 녹지 않는다.

③ 가열하면 100℃에서 녹아 결정수를 잃고 275℃에서 폭발적으로 산소를 방출한다.

④ 더운 물에 녹아 과산화수소를 만든다.

(6) 기타 무기과산화물

① 과산화아연(zinc peroxide, ZnO_2)

② 과산화루비듐(rubidium peroxide, Rb_2O_2)

③ 과산화세슘(cesium peroxide, Cs_2O_2)

④ 과산화스트론튬(strontium peroxide, SrO_2)

⑤ 과산화은(silver peroxide, Ag_2O_2)

⑥ 과산화리튬(lithium peroxide, Li_2O_2)

Section 199 수소취성의 원인 및 방지대책

1. 개요

수소취성(Hydrogen embrittlement)은 전위를 고정시켜 소성변형을 곤란하게 하는 원자상 수소에 의해 생기는 금속의 취성이다. 재료 내부에 공동(空洞, cavity)이 있으면 그 표면에서 접촉반응에 의해 분자상 수소를 발생시켜 고압의 기포를 형성하게 된다. 이와 같은 브리스터(blister)는 스테인리스강 칼에서 종종 볼 수 있다.

수소에 의해 취화된 강에 어느 임계값 이상의 인장응력이 가해지면 수소균열이 발생한다. 이러한 임계응력은 수소함유량이 증가함에 따라 저하하며, 때로는 필요한 인장응력이 수소 자체에 의해 생기고 수소균열은 외부부하에 관계없이 생긴다.

2. 원인

원자상 수소는 금속 자체의 부식 또는 보다 반응하기 쉬운 금속과의 접촉에 의해 생긴다. 또한 수소는 산세(酸洗), 음극청정(cathode cleaning), 전기도금과 같은 공업적 공정에서 금속 중으로 녹아들어 간다. 강의 수소취성은 Bi, Pb, S, Te, Se, As와 같은 원소가 존재할수록 더 잘 일어나게 된다. 그 이유는 이들 원소들이 $H+H=H_2$의 반응을 방해하여 강 표면에 원자상 수소농도를 높게 해 주기 때문이다.

황화수소(H_2S)는 석유공업에서 부식균열의 원인으로 된다. 수소균열은 탄소강에서 생기며, 특히 고장력 저합금강, 마르텐사이트계 및 페라이트계 스테인리스강 및 수소화물(hydride)을 만드는 금속에서 현저히 발생한다. 마르텐사이트구조인 고장력 저합금강의 경우 약간 높은 온도, 즉 250℃ 대신에 400℃에서 템퍼링하면 수소취성 감수성을 저하시킬 수 있다. 비교적 고온에서 템퍼링하면 $Fe_{24}C$와 같은 조성을 갖으며 수소를 간단히 흡수하는 특수한 템퍼링 탄화물인 작은 탄화물로부터 일반적인 시멘타이트가 생성된다.

3. 방지대책

수소취성은 다음과 같은 방법에 의해서 방지될 수 있다.

① 수소가 발생되는 환경을 바꾼다. 수소취성에 매우 민감한 재료에 음극전류를 공급하는 음극방식방법들을 바꾸거나 발생된 수소에 분자상태로 쉽게 변환되지 못하고 금속격자 내부로 들어가는 것을 촉진하는 이온들을 제거한다. 예를 들어, 매우 유해한 황화합물을 50ppm 이하가 되도록 한다든지, 시안화물을 제거하는 방법들을 택한다.

② 부식 억제제를 사용한다. 일반적으로 부식속도를 감소시키는 부식 억제제를 첨가함으로

써 수소 발생속도를 감소시키는 방법이다.

③ 합금을 바꾼다. 일반적으로 인장강도가 큰 재료일수록 수소취성이 잘 일어나므로 강도가 낮은 합금으로 대체한다. 황화합물이 없는 환경에서 인장강도가 690MPa 이하인 강에서는 수소취성이 잘 일어나지 않는다. 또한 수소 trap site를 증가시키기 위해서 Ti 등의 합금원소를 첨가시킨다(TiC 등 형성).

④ 적절한 열처리로 내부에 존재하는 수소를 제거한다. 200℃ 정도에서 4시간 가령 베이킹(baking)을 시킨다. 이 베이킹은 금속의 종류, 피막상태, 도금의 종류, 소재의 두께 등에 따라서 다르다. 예를 들어, 아연도금층은 수소가 통과하기 힘들고, 같은 아연이라도 광택도금이, 또 두께가 두꺼운 도금이면 수소의 방출이 힘들므로 베이킹시간이 길어야 한다.

⑤ 전해탈지에서는 철강의 경우 양극탈지를 택하도록 한다.

⑥ 고탄소강 등 수소취성이 많이 생기는 물건은 산처리 대신 블라스팅 등 기계적 녹 제거나 특수 알칼리탈청방법을 선택한다.

⑦ 아연도금에서는 산성아연도금이나 특히 메커니컬(mechanical)도금을 하도록 한다.

⑧ 구리도금에서는 시안화구리보다 피로인산구리도금이 가볍게 생긴다.

⑨ 부식 후 가열된 알칼리용액에 넣어서 침입한 수소를 도금하기 전에 제거한다.

Section 200 화학물질 및 물리적 인자의 노출기준(시간가중평균노출기준(TWA), 단시간노출기준(STEL) 또는 최고노출기준(C))의 정의, 적용 범위, 사용상 유의사항

1. 노출기준의 정의

근로자가 유해인자에 노출되는 경우 노출기준 이하 수준에서는 거의 모든 근로자에게 건강상 나쁜 영향을 미치지 아니하는 기준을 말하며, 1일 작업시간 동안의 시간가중평균노출기준(TWA : Time Weighted Average), 단시간노출기준(STEL : Short Term Exposure Limit) 또는 최고노출기준(C : Ceiling)으로 표시한다.

2. 화학물질 및 물리적 인자의 노출기준 적용 범위, 사용상 유의사항

(1) 시간가중평균노출기준(TWA)

1일 8시간 작업을 기준으로 하여 유해인자의 측정치에 발생시간을 곱하여 8시간으로 나눈 값을 말하며, 다음 식에 따라 산출한다.

$$\text{TWA 환산값} = \frac{C_1T_1 + C_2T_2 + \cdots + C_nT_n}{8}$$

여기서, C : 유해인자의 측정치(ppm, mg/m³, 개/cm³)

T : 유해인자의 발생시간(시간)

(2) 단시간노출기준(STEL)

15분간의 시간가중평균노출값으로서 노출농도가 시간가중평균노출기준(TWA)을 초과하고 단시간노출기준(STEL) 이하인 경우에는 1회 노출지속시간이 15분 미만이어야 하고, 이러한 상태가 1일 4회 이하로 발생하여야 하며 각 노출의 간격은 60분 이상이어야 한다.

(3) 최고노출기준(C)

근로자가 1일 작업시간 동안 잠시라도 노출되어서는 아니 되는 기준을 말하며 노출기준 앞에 "C"를 붙여 표시한다.

3. 노출기준 사용상의 유의사항(화학물질 및 물리적 인자의 노출기준 제3조, [시행 2020.1.16.])

① 각 유해인자의 노출기준은 해당 유해인자가 단독으로 존재하는 경우의 노출기준을 말하며, 2종 또는 그 이상의 유해인자가 혼재하는 경우에는 각 유해인자의 상가작용으로 유해성이 증가할 수 있으므로 제6조에 따라 산출하는 노출기준을 사용하여야 한다.

② 노출기준은 1일 8시간 작업을 기준으로 하여 제정된 것이므로, 이를 이용할 경우에는 근로시간, 작업의 강도, 온열조건, 이상기압 등이 노출기준 적용에 영향을 미칠 수 있으므로 이와 같은 제반요인을 특별히 고려하여야 한다.

③ 유해인자에 대한 감수성은 개인에 따라 차이가 있고, 노출기준 이하의 작업환경에서도 직업성 질병에 이환되는 경우가 있으므로 노출기준은 직업병 진단에 사용하거나 노출기준 이하의 작업환경이라는 이유만으로 직업성 질병의 이환을 부정하는 근거 또는 반증 자료로 사용하여서는 아니 된다.

④ 노출기준은 대기오염의 평가 또는 관리상의 지표로 사용하여서는 아니 된다.

Section 201 아크롤레인의 일반 성질, 용도, 위험성, 화재 및 누출 시 대응 방법

1. 정의

아크롤레인(Acrolein)은 자극성의 지방이 타는 듯한 역한 냄새를 지닌 가장 간단한 불포화 알데히드화합물이다. 반응성이 매우 강력해서 자연계에서 생성되는 즉시 다른 물질과 반응할 수 있다. 점막에 자극성을 지니고 있어 노출에 유의하여야 한다. 상온에서 중합하는 성질을 지니고 있어 약간 끈적한 노란색 물질로 변한다. 제1차 세계대전에서 화학무기로 사용된 적도 있지만 화학무기금지협약에 들어가 있지는 않다.

2. 용도

① 미생물 제거제   ② 의약품 생산에 사용
③ 금속, 플라스틱 공업에 사용   ④ 제초제

3. 위험성

공기 중에 2ppm 정도만 존재해도 독성 반응을 일으킬 수 있다. 항암제 중 하나인 사이클로 포스파마이드의 대사산물로 생성되기도 한다. 아크롤레인은 호흡기계 자극 및 심혈관계 이상을 유발할 수 있으며, 담배 중의 아크롤레인이 폐암과 관련되어 있다는 주장도 있다. 이로 인해 아크롤레인은 캐나다, 호주 등 선진국의 담배로 인한 독성 물질순위 1위로 평가되며, 세계 보건기구에서는 담배함유 유해 9대 물질 중 하나로 지정하고 있다.

4. 화재 시 대처방법

화재 시 대처방법(소화약제, 물과의 반응성, 화재 시 이격거리)은 다음과 같다.

소화약제	물과의 반응	화재 시 이격거리
이산화탄소, 물, 건조모래 또는 흙	−	반경 800m
소형 화재 시	• 분말, 이산화탄소, 물 또는 내알코올포소화약제를 사용한다.	
대형 화재 시	• 물분무, 안개모양형태로 물분무, 내알코올포소화기를 사용한다. • 아크롤레인용기를 화재지역으로부터 이동한다.	
탱크용기 화재 시	• 최대한 먼 곳에서 무인호스지지대 또는 방수포를 사용하여 진압한다. • 소화 후에도 다량의 물로 용기를 냉각시킨다.	

5. 누출 시 대처방법

누출 시 대처방법(방제약품, 방제요령)은 다음과 같다.

방제약품	방제요령
마른 흙, 모래, 기타 불연성 물질	• 화재를 동반하지 않은 유출 또는 누출사고 시에는 완전밀폐형 증기보호의를 착용한다. • 누출을 차단한다. • 대량 누출 시 물분무가 증기를 감소시킬 수 있으나 밀폐된 장소에서 발화는 막을 수 없다. • 소규모 누출 시 초기격리 150m, 방호거리 낮 1.4km, 밤 4.0km • 대규모 누출 시 초기격리 800m, 방호거리 낮 9.3km, 밤 11.0km

---

Section 202
유증기가 점화원에 의해 발생된 폭발사고의 위험요인과 안전대책

1. 발생원인

유증기는 연료유, 윤활유, 유압기유 등이 고압으로 미세한 틈으로 분사되어 생성되거나, 기기 혹은 배관 등으로부터 유출되어 액체상태로 존재하다가 고열의 장비에 접촉함으로써 기화된 후 보다 낮은 온도의 공기와 만나서 생성되는 것이다. 이보다 작은 크기의 기름방울은 상당히 큰 열을 가하고 유지하여야 존재할 수 있기 때문에 일반 상황에서는 발생할 가능성이 매우 적으며, 이보다 큰 크기의 유증기방울인 경우에는 스프레이형태로 존재하게 되는데 그 자체로서는 발화점이 높고 중력에 의해 쉽게 가라앉게 되어 직접화재의 위험은 적다.

2. 위험성과 안전대책

유증기의 농도가 폭발하한점(LEL : Low Explosive Level)에 이르게 되면 발화점보다 높은 열원이나 정전기에 의한 불꽃(spark)에 접촉하여 화재나 폭발을 일으키게 된다. 이는 밀폐된 공간 내에 존재하게 된 유증기의 농도가 점점 높아지면 최저폭발농도에 이르게 되고, 이때에 동일공간 내에 발화점보다 높은 열원이 있게 되면 점화되어 화재나 폭발의 참사를 불러오는 것이다. 이를 방지하기 위해 유증기의 최저폭발농도(LEL)를 50mg/l로 정의하고 있으며, 엔진 실린더의 직경이 300mm 이상이거나 엔진출력이 2,250kW인 경우 반드시 베어링온도감시장비 혹은 유증기감지기를 설치하는 것을 강제조항으로 하고 있다.

3. 관련 사고

① 이천 냉동창고 화재사고 : 경기도 이천시 호법면에 위치한 (주)코리아2000의 냉동물류창고에서 발생한 화재사고

② 두라 3호 침몰사고 : 인천 옹진군 자월도 북쪽 5.5km 해상에서 발생한 유증기폭발사고

③ 유조부선 Y호(721t) 유증기폭발화재 : 부산 동구 부산항 5부두에 정박 중인 석유제품운반선에서 발생한 유증기폭발과 화재 발생사건

④ 2010 Puebla oil pipeline explosion : The 2010 Puebla oil pipeline explosion was a large oil pipeline explosion, Mexico

⑤ Cruise Ship Safety - Ship Fires : Cruise Ship Safety - Ship Fires

Section 203 석유화학공장의 위험성과 폭발사고의 방지대책

1. 개요

정유플랜트를 포함한 석유화학플랜트는 대규모의 복잡 다양한 장치산업으로서 다른 플랜트에 비하여 화재·폭발·누출사고를 유발시킬 수 있는 위험요소(Hazard)를 상당수 보유하고 있으며, 사고가 발생하게 되면 해당 플랜트는 물론이고 석유화학단지 내의 다른 화학플랜트 및 인근의 거주지역까지 피해를 줄 수 있다. 따라서 석유화학공장의 위험성과 폭발사고의 방지대책을 철저히 하여 안전사고로 인한 인명과 재산피해가 발생하지 않도록 해야 한다.

2. 위험요소(Hazard)

석유화학플랜트의 화재·폭발·누출사고를 야기시키는 위험요소는 점화원, 과압, 부식, 열복사, 피로, 누설, 마모, 반응폭주, 독극물, 기기고장, 질식, 불순물 등 무수히 상존한다. 이는 주기적인 HAZOP을 수행하고 이것의 개선권고사항을 반영하여 잠재적인 위험요소를 줄일 수 있다. 또한 해당 플랜트에서 사용하는 화학물질의 MSDS(Material Safety Data Sheet)를 철저히 관리하고 작성 비치하여 운전요원이 이를 숙지토록 하여야 한다.

3. 폭발사고의 방지대책

(1) PSM(Process Safety Management)

공정위험성평가를 포함하는 PSM 시행은 이제 석유화학플랜트의 기본적이고도 필수적인

업무로 자리 잡아야 한다. KISCO Code에서 제공한 바와 같이 PSM의 각 구성요소에 대하여 이를 철저히 준수하고 대책을 마련하는 진지한 자세가 요구된다. HAZOP은 이제 중남미 및 아프리카를 포함하여 전 세계에서 수행하고 있으며, 특히 신규플랜트에 대하여는 더욱 철저히 시행함으로써 개선권고사항을 설계에 반영하고 있다. 공정위험성평가 못지않게 중요한 PSM구성요소는 비상조치계획으로서 실질적인 상황을 고려한 시나리오에 대비하여 이를 마련하고 준수하여야 한다.

(2) 공정위험관리전략

석유화학플랜트의 공정위험관리전략은 근원적(Inherent)인 방법, 수동적(Passive)인 방법, 능동적(Active)인 방법 및 절차적(Procedural)인 방법을 통하여 사고의 빈도를 줄이고 그 피해결과를 최소화하여야 한다.

(3) 근원적 공정안전설계

다음과 같이 설계단계부터 근원적으로 안전설계를 채택한다.
① 효율화(Intensification) : 유해·위험성이 있는 물질의 양을 줄인다.
② 대체(Substitution) : 유해·위험성이 작은 물질로 바꾼다.
③ 완화(Attenuation) : 유해·위험성이 작은 조건 또는 형태로 변경한다.
④ 영향의 제한(Limitation of Effects) : 유해·위험한 물질 또는 에너지의 누출에 의한 결과가 최소화되도록 설비를 설계한다.
⑤ 단순화/실수허용도(Simplification/Error Tolerance) : 운전상의 실수 또는 오류가 최소화될 수 있도록 설비를 설계한다.

Section 204 알킬알루미늄의 일반 성질, 위험성, 저장 및 취급방법, 소화방법, 운반 시 안전수칙

1. 개요

알킬기(R, C_nH_{2n+1})와 알루미늄(Al)의 화합물을 알킬알루미늄(Alkyl aluminium, R-Al)이라 하며, 할로겐원소가 들어간 경우(R-AlX)가 있다. 일종의 유기금속화합물이지만 위험성이 크기 때문에 별도의 품명으로 분류하고 있다.

2. 종류 및 성상

(1) 트리메틸알루미늄(Tri methyl aluminium, $(CH_3)_3Al$)

① 무색의 가연성 액체이다.

② 물과 접촉 시 심하게 반응하고 폭발한다.

③ 공기 중에 노출하면 자연발화한다.

④ 200℃ 이상의 열에서도 분해한다.

⑤ 산, 할로겐, 알코올, 아민과 접촉하면 심하게 반응한다.

(2) 트리에틸알루미늄(Tri ethyl aluminium, $(C_2H_5)_3Al$)

① 무색 투명한 액체이다.

② 물과 접촉하면 폭발적으로 반응하여 에탄을 발생하고 발열, 폭발한다.

③ 공기와 접촉하면 자연발화한다.

④ 산, 할로겐, 알코올, 아민과 접촉하면 심하게 반응한다.

(3) 트리이소부틸알루미늄(Tri isobutyl aluminium, $(C_4H_9)_3Al$)

① 무색 투명한 가연성 액체이다.

② 공기 또는 물과 격렬하게 반응하며 산화제, 강산, 알코올류와 반응한다.

③ 공기 중에 노출시키면 자연발화하고, 저장용기를 가열하면 심하게 파열한다.

(4) 디메틸알루미늄클로라이드(Dimethyl aluminium chloride, $(CH_3)_2AlCl$)

① 무색 투명한 가연성 액체이다.

② 공기 중에서 자연발화하고 물과 반응한다.

(5) 디에틸알루미늄클로라이드(Diethyl aluminium chloride, $(C_2H_5)_2AlCl$)

① 무색 투명한 가연성 액체이다.

② 부식성이 있으며, 공기 중에 누출되면 어떤 온도에서도 자연발화한다.

3. 공통성질

① 공기 중에 노출되거나 물(수분)과 접촉하는 경우 직접적인 발화위험이 있다.

② 황린과 같이 자연발화성(공기 중 발화위험성)만을 가지고 있는 물품, 알칼리금속과 같이 금수성(물과 접촉 시 발화하거나 가연성 또는 유독성의 가스를 발생하는 위험성)만을 가진 물품도 있지만 자연발화성과 금수성의 위험성을 모두 갖는 물질이 많다.

4. 저장 및 취급방법

① 저장용기는 완전 밀폐하여 공기와의 접촉을 방지하고 물과 수분의 침투 및 접촉을 금하여야 한다.

② 산화성 물질과 강산류와의 혼합을 방지한다.

③ K, Na 및 알칼리금속은 석유 등의 산소가 함유되지 않은 석유류에 저장한다.

④ 알킬알루미늄, 알킬리튬 및 유기금속화합물류는 화기를 엄금하고 용기의 내압이 상승되지 않도록 한다.

⑤ 자연발화성 물질의 경우는 불티, 불꽃 또는 고온체에의 접근을 방지한다.

5. 진압대책

① 절대 주수를 엄금하고 어떤 경우든 물에 의한 냉각소화는 불가능하며 황린의 경우 초기화재 시 물로 소화가 가능하다.

② 상황에 따라 건조분말, 건조사, 팽창질석, 건조석회를 조심스럽게 사용한다.

③ K, Na은 격렬히 연소하기 때문에 특별한 소화수단이 없으므로 연소확대 방지에 주력하여야 한다.

④ 알킬알루미늄, 알킬리튬 및 유기금속화합물은 금속화재와 같은 양상이 되므로 진압 시 각별히 주의를 하여야 한다.

Section 205 폐수 집수조의 화재·폭발 등 위험성에 대한 안전작업방법을 설비적 측면과 관리적 측면에서 각각 설명

1. 개요

공정지역 및 생산설비 대비 상대적으로 안전하다는 잘못된 사고(思考)로 인한 관리소홀과 환경측면의 유기휘발성 물질규제 강화로 설계, 구조, 시공, 운영상의 안전성 검토 없이 밀폐구조(Roof 등)로 변경되는 추세이다. 집수조 등 밀폐구조의 내부는 폭발분위기를 형성할 수 있으며 제조공정 발생폐수, 생활폐수, 기름기 있는 하수를 통해 유입되는 우수(雨水)를 단순 저장한 다음 폐수처리공정으로 이송하는 목적의 집수설비가 특히 안전에 취약한데, 대기환경보전법에서도 상압저장탱크 및 공정에서 발생하는 휘발성 유기화합물을 대기로 배출할 경우에는 반드시 VOC처리설비를 거친 후 대기로 배출하도록 규제하고 있다.

2. 설비적 측면과 관리적 측면

(1) 설비적 측면

1) 폐수집수조(저장조) 내부 인화성 가스배출방법 개선

탄화수소계 유분 등 집수조 내 VOC폐가스처리 등 후처리를 위한 배기구 위치가 상부에 위치할 경우 공기보다 큰 비중의 가스는 효율적으로 배출이 어려워서 상부 구조물 또는 지붕(Roof)에 연결된 배출배관을 집수조 내 최대액면 가까이 연장하거나 구멍가공된 배관을 이용하여 공기보다 무거운 비중의 인화성 유증기 등 집수조 내부에 포집된 휘발성 유기가스를 최대한 배출한다.

2) 인화성 가스검지 및 경보설비 설치

공정용 폐수 집수조 밀폐구조 내부에는 인화성 가스검지기 설치로 내부 위험분위기 상시 모니터링 및 제어를 통해 폭발하한농도(LEL)의 25% 이하로 유지하고, 집수조 외부에 가스감지경보용 경광등 및 사이렌 등 경보설비 설치와 가스검지기 연동을 통해 설정농도 초과 시 신속한 경보를 통해 내부 및 인근 작업자 대피를 유도한다.

3) 충분한 용량의 인화성 증기이송환풍기 설치 및 운영 철저

집수조 내부 인화성 가스농도 증가 시 RTO 등 VOCS처리설비 이송을 위한 환풍기 풍량 증가, 공정 발생 VOCS 등 유입관로 차단 등 내부 농도 체류 완화를 위한 조치를 실시하며, 이러한 인화성 가스의 대량 유입 등 비상시 내부 환기량 확대를 위한 환풍기 등의 풍량 증가 농도기준 및 명확한 비상대응절차를 마련하거나 기존 절차를 보완하고 인화성 가스의 대량 유입 등 내부 인화성 가스농도의 급격한 증가 등 비상시를 대비한 풍량 증가 등 가변운전이 가능토록 충분한 용량의 환풍기를 확보하고 고장 시를 대비한 여유설비가 필요하다.

4) 집수조 유입관로의 정전기 제거조치

집수조 유입배관은 집수조 내 액위가 최저상태에서도 말단부가 액위 아래에 있도록 침액배관(Dip pipe)으로 가급적 설치하고, 집수조 유입배관에는 가급적 유체이동 중 발생할 수 있는 정전기 제거용 본딩을 권장한다.

5) 방폭지역 구분 및 방폭설비 설치

공정용 폐수 집수조 밀폐 내부와 인화성 물질의 유출과 체류위험이 있는 지하설비 등 폭발위험분위기를 형성할 수 있는 장소는 폭발위험장소로 구분하고 폭발등급에 적합한 전기 및 계장설비를 설치한다.

(2) 관리적 측면

1) 폐수처리공정 비정상작업에 대한 "운전작업표준" 제정 또는 보완

환기팬 가동 정지, 급격한 공정위험물질의 대량 유입 등 비정상상태 시를 대비한 폐수처리시설에 대한 "운전작업표준"을 신규 제정하거나 기존 작업표준의 보완·개정을 운영한다.

2) 공정지역 외 화기작업 등에 대한 "위험작업허가" 강화

공정지역에 비해 상대적으로 위험이 적은 폐수처리시설 등 Off-site의 부대설비 등에서의 화기작업 등 위험작업허가 시 작업현장의 위험물 제거, 주변 청소, 점화원 유입경로 밀폐 등의 사전안전조치를 현장에서 반드시 확인하고, 작업장소를 포함한 인접 위험장소에 대한 최종 인화성 물질 농도측정을 통해 안전한 상태를 확인 후 작업허가를 하는 등 현장확인 강화를 위해 작업현장에 배치된 작업감시자는 당일 공사가 이루어지는 전체 작업시간에 대해 불안전한 상태 및 행동을 감독하며, 위험 발견 시 작업 중지 및 조치 등 명확한 역할 및 책임을 부여한다.

3) 폐수처리설비 등 공정 외 부대설비에 대한 설비보전활동 강화

여러 공정의 폐수를 동시 처리하는 경우 생산공정별 상이한 정비기간 등으로 정기적인 정비·보수가 이루어지지 않아 운전 중 파손 등으로 인한 사고위험이 높은 점을 감안하여 폐수펌프, 환기팬(Blower) 등에 대한 설비보존활동수준의 상향이 필요하다.

Section 206 금속부식성 물질의 정의와 구분기준

1. 정의

화학적인 작용으로 금속에 손상 또는 부식을 일으키는 물질 또는 그 혼합물을 말한다.

2. 구분기준

강철 및 알루미늄 모두에서 시험된 경우 두 재질 중 어느 하나의 표면부식속도가 55℃에서 1년간 6.25mm를 넘는 물질 또는 혼합물이며, 강철 또는 알루미늄에 대한 초기시험에서 시험된 물질 또는 혼합물이 부식성으로 나타나면 다른 금속에 대한 추가적인 시험 없이 부식성 물질로 분류한다.

Section 207 지진으로부터 가스설비를 보호하기 위하여 내진설계를 적용하여야 하는 시설 중 압력용기(탑류) 또는 저장탱크시설 3가지

1. 적용 대상

지진으로부터 가스설비를 보호하기 위하여 다음에 해당하는 가스설비를 시공하는 때에는 내진설계를 한다. 다만, 건축법령에 따라 내진설계를 하여야 하는 시설물은 건축법령에 따른다.

2. 고압가스안전관리법 적용 대상시설

고압가스안전관리법의 적용을 받는 5톤(비가연성 가스나 비독성가스의 경우에는 10톤) 또는 500m³(비가연성 가스나 비독성가스의 경우에는 1,000m³) 이상의 저장탱크(지하에 매설하는 것은 제외한다) 및 압력용기(반응·분리·정제·증류 등을 행하는 탑류로서 동체부의 높이가 5m 이상인 것만 적용한다. 이하 "탑류"라 한다), 지지구조물 및 기초와 이들의 연결부

Section 208 연료가스로 도시가스를 사용할 경우 저압의 기준

1. 저압의 기준

보통 게이지압력으로 kgf/cm², mmH₂O, MPa로 표시한다. 도시가스사업법에서는 10kgf/cm²(1MPa) 이상의 압력을 고압, 1kgf/cm² 이상 10kgf/cm² 미만의 압력을 중압, 1kgf/cm²(0.1MPa) 미만의 압력을 저압이라고 말한다(중압 : 3~10kgf/cm², 저압 : 1~3kgf/cm²).

Section 209 화재하중의 개념과 산출공식

1. 개요

화재실의 단위면적당 등가가연물의 중량(kg/m²)으로 화재하중(fire load)은 방호공간 내에서 화재의 강도를 예측하여 방화구획 등의 설계 시 어느 정도의 내화도를 유지시킬 것인지 등을 결정하기 위한 기초자료로 활용한다.

2. 산출공식

$$Q = \frac{H_t \sum G_t}{H_o A} = \frac{Q_t}{4,500A}$$

여기서, Q : 화재하중(kg/m²), G_t : 가연물의 양(kg)

H_t : 가연물의 단위중량당 발열량(kcal/kg)

H_o : 목재의 단위중량당 발열량(4,500kcal/kg)

A : 화재실의 바닥면적(m²)

Q_t : 화재실 내 가연물의 전체 발열량(kcal)

3. 내화설계의 수순

① 화재하중과 개구조건을 참조하여 시간온도곡선상의 강도(지속시간과 최고온도)를 파악한다.

② 이를 근거로 부재의 열응력을 계산하고, 주요 구조부의 내화도를 결정한다(강재 : 피복결정 등).

4. 화재규모 판단방법

① 화재하중 : 화재의 크기(대, 소)를 판단하는 기준(주수시간 결정)

② 화재강도 : 화재의 가혹도를 판단하는 기준(주수율 결정, l/m²·min)

Section 210 대형 유류저장탱크 화재의 소화작업 시 발생하는 윤화현상

1. 개요

윤화(Ring fire)현상이란 유류저장탱크 등에서 화재로 포소화약제를 방사하여 화재진압 시 탱크 액면의 중앙부 쪽은 소화가 되더라도 탱크의 가장자리 부분은 탱크 벽면의 고열로 인해 유류가 가열되어 있으므로 포소화약제의 거품이 신속하게 소멸되어 소화가 되지 않으므로 탱크의 가장자리 부분에만 화염이 지속되는 현상을 말한다.

2. 발생원인

① 유류저장탱크 화재의 소화 시 내열성이 약한 포소화약제(수성막포, 합성계면활성제포)를 사용하는 경우

② 저장물이 발화점이 낮은 경질유이고, 저장탱크의 벽면이 금속성 재질인 상태에서 액면 화재(Pool Fire)가 발생한 경우

3. 예방대책

포소화설비의 포소화약제에 있어서 내열성이 우수한 단백포 또는 불화단백포를 채용한다.

Section 211 수소, 아세틸렌 및 액화석유가스의 각 고압가스용기 외면의 도색색상과 문자색상

1. 수소, 아세틸렌 및 액화석유가스의 각 고압가스용기 외면의 도색색상과 문자색상

① 가연성 가스(액화석유가스는 제외한다) 및 독성 가스는 각각 다음과 같이 표시한다.

가스의 종류	도색의 구분	가스의 종류	도색의 구분
액화석유가스	밝은 회색	액화암모니아	백색
수소	주황색	액화염소	갈색
아세틸렌	황색	그 밖의 가스	회색

[그림 3-85] 가연성 가스   [그림 3-86] 독성가스

② 내용적 2L 미만의 용기는 제조자가 정하는 바에 의한다.
③ 액화석유가스용기 중 부탄가스를 충전하는 용기는 부탄가스임을 표시하여야 한다.
④ 선박용 액화석유가스용기의 표시방법
　㉠ 용기의 상단부에 폭 2cm의 백색 띠를 두 줄로 표시한다.
　㉡ 백색 띠의 하단과 가스명칭 사이에 백색글자로 가로·세로 5cm의 크기로 "선박용"이라고 표시한다.
⑤ 자동차의 연료장치용 용기의 외면에는 그 용도를 "자동차용"으로 표시한다.
⑥ 그 밖의 가스에는 가스명칭 하단에 가로·세로 5cm의 크기의 백색글자로 용도(절단용)를 표시한다.

⑦ 용기의 도색색상은 산업표준화법에 따른 한국산업표준을 기준으로 산업통상자원부장관이 정하는 바에 따른다.

Section 212 녹아웃드럼에서 발생하는 버닝레인현상

1. 정의

버닝레인(Burning rain)이라 함은 액체상태의 탄화수소화합물이 불완전연소되어 플레어스택 상부에서 지표면 등으로 떨어지는 현상을 말한다.

Section 213 플레어시스템에서 중간 녹아웃드럼 설치가 필요한 경우와 설치 시 고려사항

1. 정의

이 지침에서 사용되는 용어의 정의는 다음과 같다.

① 플레어시스템(Flare System) : 안전밸브 등에서 방출되는 물질을 모아 플레어스택에서 소각시켜 대기 중으로 방출하는 데 필요한 일체의 설비를 말하며 플레어헤더, 녹아웃드럼, 액체밀봉드럼 및 플레어스택 등과 같은 설비를 포함한다.

② 안전밸브(Safety valve) : 밸브 입구 쪽의 압력이 설정압력에 도달하면 자동적으로 스프링이 작동하면서 유체가 분출되고 일정압력 이하가 되면 정상상태로 복원되는 밸브를 말한다.

③ 플레어헤더(Flare header) : 안전밸브 등에서 방출된 가스 및 액체를 그룹별로 모아서 플레어스택으로 보내기 위하여 설치되는 주배관을 말한다.

④ 녹아웃드럼(Knock-out drum) : 안전밸브 등의 방출물에 포함되어 있는 액체가 플레어스택으로 가스와 함께 흘러들어가지 않도록 액체를 분리·포집하는 설비를 말한다.

⑤ 버닝레인(Burning rain) : 액체상태의 탄화수소화합물이 불완전연소되어 플레어스택 상부에서 지표면 등으로 떨어지는 현상을 말한다.

2. 녹아웃드럼의 설치 시 고려사항

(1) 일반사항

① 녹아웃드럼에서 회수된 액체는 공정으로 되돌려 보내지거나 증발 또는 기화시킨 후 플레어스택으로 보내진다.

2. Frank–Kammenetskii이론

반응속도가 단순한 Arrhenius식으로 표현될 수 있으며 반응물의 소모가 없다. Biot No.가 충분히 커서 반응체적 내에서의 전도에 의해 열손실률이 결정될 수 있으며, 시스템의 열특성 치들이 온도에 따라 변하지 않고 일정하다.

Section 216 이종금속부식

1. 개요

양극 및 음극은 다른 종류의 금속들이 서로 전기적으로 연결되어서 전해질 속에 들어있을 때 상대적으로 저전위 금속은 부식하고, 고전위 금속은 방식된다. [그림 3-87]은 철과 동의 이종금속접속부식의 예이다. 철은 동보다 저전위 금속이므로 철의 양이온은 전해질로 들어가고, 철의 전자는 연결부를 통하여 동으로 들어간다. 따라서 철은 부식하게 된다. 이 환경에서 저전위 금속인 철은 양극이 되고, 귀금속인 동은 음극이 된다.

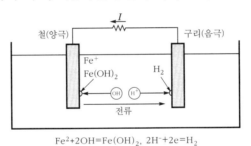

$$Fe^2+2OH=Fe(OH)_2, \quad 2H^-+2e=H_2$$

[그림 3-87] 이종금속의 접촉부식

2. 이종금속부식

(1) 양극반응

$$Fe \rightarrow Fe^{++}+2e \tag{1}$$
$$H_2O \rightarrow H^++OH^- \tag{2}$$
$$Fe^{++}+2OH^- \rightarrow Fe(OH)_2 \tag{3}$$
$$4Fe(OH)_2+O_2+2H_2O \rightarrow 4Fe(OH)_3 \tag{4}$$

철의 결정은 자유전자로 포위된 철이온으로 되어 있다. 철이 좀 더 귀금속인 동에 전기적으로 연결되면 철이온과 자유전자는 분리된다. 이 관계를 나타낸 식이 (1)이다. 물의 일부는 항상 전기적으로 해리되어 있다. 이 관계는 식 (2)로 표시된다. 철의 자유전자는 좀 더 귀금속인 동에 의해 끌려가고(전류는 전자의 흐름과 반대로 흐름), 철의 양이온은 용액 속으로 들어가서 수산화이온(OH⁻)과 반응하여 식 (3)에 표시된 것과 같이 청색의 수산화 제1철 $Fe(OH)_2$가 된다.

물속에 산소가 용해되어 있으면 식 (4)에 표시된 반응이 일어나고, 빨간색의 쇳녹인 수산화 제2철 $Fe(OH)_3$가 된다. 이 쇳녹은 철표면에 단단히 밀착되지 못하는 관계상 부식을 억제하는 힘이 없다. 그러나 양극 부근의 전해질 속의 수소이온농도는 점차 커지게 된다.

※ OH⁻가 Fe⁺⁺와 반응하여 소비되므로 아노드 주위는 H⁺가 집결되어 자연상태보다 산성이 된다.

(2) 음극반응

$$2H^+ + 2e \rightarrow 2H \rightarrow H_2 \tag{5}$$

$$2H + \frac{1}{2}O_2 \rightarrow H_2O \tag{6}$$

$$\frac{1}{2}O_2 + H_2O + 2e \rightarrow 2OH^- \tag{7}$$

물이 산성이 되면 식 (5)와 같은 반응이 주로 일어나고 음극표면에 수소가 발생한다. 그러나 산소가 물속에 용해되어 있으면 식 (6)과 같은 반응이 일어나서 음극표면에는 수소가스가 발생하지 않는다. 중성 또는 알칼리성에서는 식 (7)과 같은 반응이 주로 일어나고 수산화이온이 생성된다. 음극에 가까운 전해질은 반응결과 알칼리성이 된다.

(3) 분극(Polarization)

전류가 양극과 음극 사이에 흐르게 되면 평형전위가 변화하게 된다. 이 경우를 분극되었다고 하며, [그림 3-88]은 분극의 다이어그램이다.

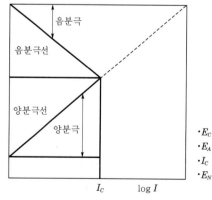

- E_C : 음극 개로전위
- E_A : 양극 개로전위
- I_C : 부식전류
- E_N : 자연전위

[그림 3-88] EVANS 분극다이어그램

E_A는 양극 평형전위(개로전위)이고, E_c는 음극 평형전위이다. E_A는 전류가 증가함에 따라 증가하며(즉 좀 더 귀금속 측으로 이동한다), 양분극선과 음분극선은 어떤 전류치 I_c에서 교번한다. 이 점이 부식전류이다. 교번점의 전위 E_N가 부식전위(단일금속일 경우 자연전위가 된다)를 나타내게 되며 E_A와 E_c 두 분극선의 기울기에 의하여 영향을 받게 되고, 여기서 음극반응이 식 (5)에 의하여 결정될 경우 음분극선의 기울기는 크게 되며, 부식전류는 적어진다. 만약음극반응이 식 (6) 또는 식 (7)에 의하여 결정되면(산소가 용해질 속에 녹아있는 경우) 분극선의 기울기는 적어지며, 부식전류는 커진다. 산소 또는 음분극을 일으키는 이물질들은 필요인자 중의 하나가 된다.

분극선의 기울기는 여러 인자에 의하여, 즉 전극의 표면상태, 전해질의 pH, 산소 또는 다른 기체의 이온농도, 전해질의 온도속도 등에 영향을 받는다. 금속의 자연전위는 표준 전위와 아주 다르며, 그 부식은 그 금속의 자연전위에 따른다. [표 3-56]에 몇 가지 물질 및 금속의 자연전위를 표시하였다.

[표 3-56] 해수 속에서의 금속의 자연전위

Metal	Potential(V)	Metal	Potential(V)
Magnesium	-1.6	Hydreogen	-0.24
Zinc	-1.07	Brass	-0.20
Aluminum	-0.78	Copper	-0.17
Cadmium	-0.78	Bronze	0.14
Still, Iron	-0.65	Stainless still	-0.08
Lead	-0.50	Silver	-0.05
Tin	-0.46	Gold	+0.18
Nickel	-0.24	Platinum	+0.33

※ 기준전극 S.C.E(포화칼로멜전극)기준

Section 217 단일금속의 부식과 Pourbaix Diagram(전위-pH도)

1. 단일금속의 부식

(1) 국부부식

단일금속이 전해질 속에 있을 경우도 부식은 일어난다. 단일금속부식의 주된 원인은 금속 표면의 미시적 및 거시적 불균일성 때문이다. 구성성분, 불순물, 결정구조, 내부 응력, 표면상태 등에 있어 질의 불균일성이 존재하며, 한편 전해질 속에도 많은 불균일성, 즉 이온의 농도, 산소, 함유된 다른 기체의 농도, 온도 등의 요소가 존재하게 된다. 따라서 금속이 전해질 속에 있을 경우 많은 미립의 이종금속접촉과 같은 현상이 되어 접촉부식전지가 형성되며, 부식

원리는 이종접촉부식과 같게 되어 금속표면에 서로 연속되어 있는 무수한 양극과 음극이 구성되는 것이다.

(2) 통기차 전지 및 농담전지

대기 중에는 산소가 존재하므로 대부분의 용액들과 토양은 다소간의 산소를 함유하고 있어 계층을 이루게 되며, 따라서 산소의 농도가 다소라도 있는 곳이면 이러한 부식이 일어나게 된다. 통기차 전지는 국부부식을 일으키는 중요한 인자 중의 하나이며 금속표면에 이온농도가 존재하는 곳이면 농담전지가 구성되고 국부부식의 원인이 되는 것이다.

2. Pourbaix Diagram(전위-pH도)

최근에 가장 현저한 발전의 하나가 금속부식에 영향을 미치는 화학평형과 pH 사이의 Diagram의 작성이다. 이 Diagram의 특성은 영역을 "안정태역", "부식역", "부동태역"으로 구분하고 있다. 이 Diagram은 M. Pourbaix가 연구 발명한 것으로 철의 성질에 대한 Pourbaix Diagram을 표시한다. [그림 3-89]와 같이 중성용액 중의 철편의 전위와 그 용액의 pH가 0점으로 표시되면 그 철편에는 산소 소모형 부식이 일어난다.

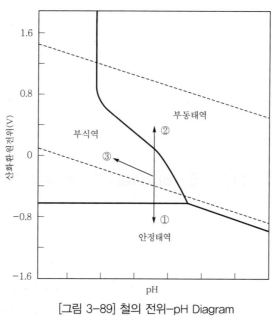

[그림 3-89] 철의 전위-pH Diagram

철편의 전위와 용액의 pH가 [그림 3-89]에서 0의 위치에 있을 때 그 철편의 방식법으로는 전위를 낮춰서 안정태역으로 가져가는 ①의 방법, 전위를 높여서 부동태역으로 가져가는 ②

의 방법 및 그 용액의 pH를 높여서 부식역으로 가져가는 ③의 방법 등 세 가지를 들 수 있다. 이들의 방식법은 모두 실제 방식법으로서 많이 활용되고 있으며, ①은 피방식체를 음극으로 해서 방식이 이루어지는 음극방식법, ②는 피방식체를 양극으로 해서 방식이 이루어지는 양극방식법, 그리고 ③은 용액 중에 부동태화제를 첨가함으로써 이루어지므로 부동태화제법이라 한다.

만일 Stray Current가 금속으로 들어가서 어떤 점에서 유출된다면 유출지점은 부식하게 되며, 부식률은 금속에 유출되는 전류의 양에 비례하게 될 것이다.

Section 218 독성물질의 관리와 확산 방지대책

1. 독극물의 저장방법

① 차광시켜서 저장하는 독극물은 4메틸납, 4에틸납, 질산은, 과산화수소, 로테논, 요오드, 산화 제2수은, 암모니아수가 있다.

② 조해성이 있는 것은 밀폐하여 저장한다. 조해는 고형의 물질이 상온에서 공기 중의 증기를 흡수하여 자기 스스로 용해 또는 액상, 또는 기상이 되는 현상(수산화나트륨, 수산화칼슘)이며, 독극물은 시안화나트륨, 시안화칼륨, 극물은 수산화나트륨, 염화아연, 염소산칼륨 등이 있다

③ 석유 중에 넣어서 기밀용기에 저장하는 것은 칼륨, 금속나트륨, 금속칼륨이 있다.

④ 폭발성이 있는 것은 나무상자에 저장한다(피크린산). 과산화수소액은 급격히 가열하면 폭발하며, 이황화탄소처럼 인화성, 휘발성이 있는 것은 밀폐하여 어둡고 찬 곳에 저장한다.

⑤ 햇빛이 비치면 변화하는 것은 밀폐하여 어둡고 찬 곳에 저장한다. 질산은은 햇빛을 받으며 변색하여 흑색이 되고, 이황화탄소는 밀폐하여 냉암소에 저장한다.

⑥ 부식성이 강한 것은 밀폐하여 저장하며 요오드, 브롬, 질산, 수산화나트륨 등이 있다.

⑦ 인화성, 휘발성이 있는 것은 밀전하여 어둡고 찬 곳에 저장하며 이황화탄소, 4에틸납, 4메틸납 등이 있다.

⑧ 화기를 피하고 기밀용기에 저장하는 것(4에틸납, 클로로에틸)의 독극물은 황린, 황화인, 시안화수소, 극물은 이황화탄소, 메탄올, 피크린산, 아크롤레인 등이 있다.

⑨ 밀전하여 어둡고 찬 곳에 저장하는 것(포름알데히드, 플루오르화수소산, 암모니아수, 포르말린, 시안화칼륨)의 독극물은 황화인, 황린, 브롬, 과산화수소, 클로로포름, 이산화탄소, 피크린산 등이 있다.

[표 3-57] 독극물의 작용 및 증세

이름	소재	작용	증세
시안화합물 및 이를 함유한 제조	훈증가스와 화합물	모든 세포의 티토크롬 산화 효소계통의 파괴	급성 의식상실, 경련, 5분 이내 사망, 시안화알칼리는 현기증, 졸음, 호흡수 증가, 의식불명
수은화합물		세포침강성, 술프히드릴과 결합	창백한 피부, 습진, 발한, 축농증, 위염, 구토와 설사, 자극과민성, 불면증, 기억상실, 조울증, 언어장애, 혈관장애, 현기증, 간염
플루오린화수소산, 플루오린화 수소산염	시각용 화합물, 쥐약	산은 조직을 부식, 산염은 산소 억제 및 칼슘의 신진대사 방해	발열, 기침, 가슴의 압박감, 구토, 설사, 복통, 호흡마비, 간과 신장의 장애
비소와 그 화합물	농업용 독물, 표본보존용 약물	술프히드릴효소와 결합하여 세포의 신진대사 저해, 점막을 자극하여 간, 신장의 조직을 죽임	금속성의 미각, 음성장해, 구토, 설사, 최초 치사량은 120mg
비화수소	비소합금상, 산의 작용. 비소화합물상의 미생물의 작용	세포독 및 자극성 용혈성	얼굴이 쑤심, 가슴이 답답, 청동색의 얼굴색, 간이나 코의 비대와 압박과 통증, 허용농도 0.5ppm
바륨화합물	시약, 쥐약, 탈모제	신경분포에 관계없이 근육의 격심한 자극성과 경련성	구토, 설사, 진통, 불안, 안면과 근육의 경화, 근육쇠약, 혈압 상승, 호흡곤란
벤젠화합물	도료, 청정용액, 니스, 래커	피부나 점막에 자극성, 전신마비성	구토, 두통, 불규칙한 맥박, 현기증, 흥분, 불안, 호흡장애, 심장장애
베릴륨화합물	전기합금, 전구용 형광물질	피부와 점막에 자극성, 알레르기성	기침, 발열, 심한 호흡곤란, 급성폐렴, 간조직의 중심성 파괴, 식욕부진, 체중 감소, 담석, 사망률 30%
브롬		심한 자극성과 회전성	눈의 점막과 호흡기에 심한 자극, 기침, 숨막힘, 구토와 폐수종, 호흡곤란, 질식, 심장장애
카드뮴화합물	도금, 합금, 색소	세포독, 술프히드릴효소를 억제	심한 위장자극, 구토, 설사, 구통, 금속성 미각, 근육통, 복통, 체중 감소, 심한 맥박
크롬화합물	탄닌무두질, 크롬과 광석의 분진	세포독성과 전신자극성	급성 피부염, 궤양, 갈증, 복통, 경련, 혼수

⑩ 산과 거리를 두고 저장하는 것의 독극물은 시안화칼륨, 시안화나트륨, 과산화나트륨, 시안화나트륨, 수산화칼륨 등이 있다.

⑪ 에보나이트용기에 저장하는 것의 독극물은 플루오르수소산이다.

⑫ 물을 넣은 병, 모래를 넣은 병에 저장하는 것의 독극물은 황린이다.

⑬ 풍해성이 있는 것의 풍해는 결정수를 함유하는 물질이 공기 중에 결정수를 잃고 결정형

이 무너지는 것은 황화아연이다.

⑭ 풍화성이 있는 것의 풍화는 결정수를 가지고 있는 화합물을 대기 중에 방치했을 때 결정수가 증발하여 무수물이 되는 현상으로 황산구리, 황산아연이 있다.

⑮ 물을 가하면 발열 또는 폭발하는 것의 발열은 황산, 수산화나트륨, 수산화칼륨, 폭발은 칼륨, 나트륨이 있다.

2. 독극물 취급작업장의 안전수칙

① 정리 정돈
② 최소한도의 독극물
③ 라벨을 붙이거나 그 밖에 내용물을 분명히 표시
④ 마개를 단단히 닫고 빈 용기와의 구별
⑤ 깨지기 쉬운 용기는 다시 나무상자, 바구니, 나무테 등에 넣어둘 것
⑥ 희석하는 경우 물을 조금씩
⑦ 샤워, 세안

3. 보호구의 작용

① 독극물이 얼굴에 튀어 오를 염려가 있을 경우 보호안경, 보호마스크, 보호면을 착용한다.
② 독극물에 의해 손과 발 등에 해가 있을 경우 장갑, 에어프런, 각반, 신발을 착용한다.
③ 보호구, 작업복은 한국공업규격과 사용 전에 충분히 점검한다.

4. 독극물의 취급과 운반

① 내용물을 잘 알 수 없는 독극물은 감별하고 충분히 확인한 다음 취급한다.
② 취급, 운반에는 안전한 용기, 도구, 운반구 및 운반차를 이용한다.
③ 취급과 운반 시 누설되거나 넘쳐흐르지 않도록 한다.
④ 보호구를 휴대한다.
⑤ 부수장비, 응급처치용구를 휴대한다.
⑥ 운반 시에는 포장을 한다.

Section 219 산업안전보건법상 밀폐공간 유해공기의 산소, 탄산가스, 일산화탄소, 황화수소 농도기준과 밀폐공간에서 내부구조법으로 사고자를 구조하는 경우

1. 산업안전보건법상 밀폐공간 유해공기의 산소, 탄산가스, 일산화탄소, 황화수소 농도기준

유해가스는 밀폐공간에서 탄산가스, 황화수소 등의 유해물질이 가스상태로 공기 중에 발생되는 것이다. 이때 밀폐공간 내 유해한 상태란 다음의 상태를 말한다.

① 산소농도가 18% 미만, 23.5% 이상

② 탄산가스의 농도 1.5% 이상

③ 황화수소의 농도 10ppm 이상

④ 기타 유해가스는 작업환경측정노출기준 적용(예 : 일산화탄소 30ppm(TWA))

2. 밀폐공간에서의 구조방법

(1) 외부구조법

① 구조팀원은 밀폐공간 외부에 위치하여 안전대에 연결된 구명로프를 이용하여 사고자를 구조한다.

② 외부구조법에 의한 구조활동 중에도 다른 구조팀원은 내부구조법에 의한 구조를 준비한다.

③ 외부구조법은 밀폐공간의 상단이나 측면상에 돌출부로 인해 더 많은 상해를 일으킬 수 있으므로 구조작업 전 작업장 주변을 점검·정리한다.

(2) 내부구조법

① 한 명 또는 한 명 이상의 구조팀원이 밀폐공간에 들어가 구조하는 방법으로, 밀폐공간 외부에 배치된 구조팀원과 협력하여 사고자를 구조한다.

② 밀폐공간 출입이 필요한 구조상황이 발생했을 때 내부구조법에 의한 구조를 결정·시행한다.

③ 다음과 같은 경우에는 내부구조법으로 사고자를 구조한다.

　㉠ 밀폐공간으로부터 구명밧줄을 방해하는 장애물이 있는 경우

　㉡ 사고자가 공기호흡기를 사용하는 경우

　㉢ 기타 출입감독자가 내부구조법 시행을 결정하는 경우

Section 220   화학공정장치 안전운전을 위한 CSO와 CSC 및 LO/LC

1. 개요

P & ID를 보다 보면 Manual Valve에 LO(Locked Open)이나 LC(Locked Close), PSV In/Out Block Valve에 CSO(Car Sealed Open), CSC(Car Sealed Close)와 같이 Valve 아래에 표기된 경우가 있다. 이러한 표기는 모두 기본적으로 중요 Manual valve의 경우로 특히 Safety상 항상 Open 또는 Close되어 있어야 하는 경우는 운전자(Operator)가 실수로 해당 밸브들을 Open/Close로 임의로 바꾸지 못하도록 하기 위한 것이다.

2. 화학공정장치 안전운전을 위한 CSO와 CSC 및 LO/LC

(1) CSO(Car Sealed Open)/CSC(Car Sealed Close)

Valve Handle을 Chain으로 고정시켜 특별한 지시가 없이는 조작할 수 없도록 하며 주로 PSV의 전후단 Block valve의 경우에 사용하고, 운전 중 여닫힘을 명확히 해둘 필요가 있지만 긴급한 상황 발생 시 운전자의 판단으로 밀봉을 쉽게 풀어내고 조작할 수 있도록 하는 밸브이다.

(2) LO(Lock Open)/LC(Lock Close)

Valve Stem을 열쇠로 Locking시켜 특별한 지시가 없이는 조작할 수 없도록 하며 CSC/CSO보다 Valve 오동작으로 인한 피해가 훨씬 클 경우에 사용하며, 공장운전의 책임을 위임받은 자의 허락 없이는 여닫을 수 없는 밸브이다.

Section 221   열팽창용 안전밸브를 설치하여야 하는 경우

1. 설치대상

열팽창용 안전밸브는 인화성 물질, 가연성 가스, 독성물질 및 물 등을 액체상태로 취급하는 배관계가 2개의 밸브로 차단되어 다음과 같은 열원에 의해 가열되는 경우에 설치한다. 다만, 물을 취급하는 경우에는 열교환기의 냉각용 배관계에 한하여 열팽창용 안전밸브를 설치한다.

① 가열로 또는 열교환기와 같은 공정열
② 수증기, 열매유 또는 전기에 의한 배관 가열

③ 태양의 복사열

④ 대기온도 상승

2. 설치대상 제외

다음과 같은 안전상의 조치를 하는 경우에는 열팽창용 안전밸브의 설치를 생략할 수 있다.

① 차단된 배관계에 열팽창을 흡수할 수 있는 용기를 설치하는 경우

② 액체의 흐름이 완전히 차단되지 않도록 밸브 자체에 기계적 조치 등을 한 경우

③ 전기 등을 이용하여 배관계를 가열할 때 배관 내의 액체가 운전온도 이상으로 과열되지 않도록 온도조절장치 또는 전원차단장치를 설치한 경우

④ 태양의 복사열 또는 대기온도 상승에 의한 열원이 배관계 내로 유입되는 것을 방지할 수 있도록 배관을 지하에 매설한 경우

3. 설치위치

열팽창용 안전밸브는 배관계가 밸브 등에 의하여 차단될 수 있는 위치에 설치하여야 한다.

Section 222 증기운폭발해석모델인 TNT equivalency method, TNO multienergy method, Baker-Strehlow-Tang method의 주요 차이점

1. 개요

탱크와 배관이 파손하여 대량의 가연성 가스가 대기 중에 방출되면 공기와 혼합하여 가연성 증기운을 형성하고, 착화되면 대규모 폭발을 일으킬 수 있다. 그동안 국내에서는 저장탱크, 플랜트 등에서 누출된 인화성 가스 및 액체에 의한 화재폭발사고가 반복적으로 발생하고 있다. 이러한 재해로 인해 야기되는 폭발압력의 피해를 예측하기 위한 모델이 국제적으로 제시되어 사용되어 오고 있다. 폭발압력의 영향을 산정하기 위한 방법으로는 TNT등가모델(TNT Equivalent method), TNO모델(TNO Multi-Energy method), Baker-Strehlow method 등이 있으나 일반적으로 사용되고 있는 것은 TNT등가모델이다.

2. 증기운폭발해석모델인 TNT equivalency method, TNO multienergy method, Baker-Strehlow-Tang method의 주요 차이점

TNT등가모델은 계산방법이 비교적 간단하기 때문에 재해조사나 위험성 평가 등에 많이 사용되고 있다. 그러나 TNT등가모델에 의한 계산값을 실측값과 비교해보면 폭굉(Detonation)을 일으키는 폭발사고의 경우에는 거의 일치하고 있지만, 폭연(Deflagraion)에 의한 폭발사고의 경우에는 과대평가의 결과를 제시하는 문제점을 가지고 있다.

또한 TNT등가법은 개방공간에서의 폭굉을 전제로 하고 있으므로 현실적으로는 대부분 일어날 수 없는 현상이라는 지적도 많다. 인화성 가스나 폭발에 의한 대부분의 폭발사고가 폭연이라는 점을 고려하면 폭발피해예측모델의 유효 적절한 사용이 요구된다.

TNO Multi-Energy model은 폭연을 기초로 한 Blast Modeling으로서 증기운폭발의 평가를 위한 계산방법이다. 증기운폭발은 주로 폭굉보다는 폭연의 형태로 발생하며, 이 모델링 이론은 폭발이 한 곳에서 시작되어 연쇄폭발하는 것이 아닌 증기운 중에서 일부분에서 폭발하는 단일 폭발개념을 갖는다. 또한 폭발에 의한 에너지가 Point Source TNT Equivalency model과 같이 증기운에 있는 가연성 물질의 질량분율이 폭발에 많은 영향을 미치는 것이 아니라, 발생지역의 고립 정도가 폭발에너지에 더 많은 영향을 미친다고 가정하고 있다. 부분적으로 제한된 지역에서 가연성 증기운의 일부분을 통해 증기운폭발이 발생한다는 것을 기본적인 전제로 계산한다. 따라서 증기운폭발 중에서 발생하는 에너지의 양은 제한된 지역에서 가연성 증기운의 크기가 부분적으로 제한된 영역보다 큰 경우나 증기운의 크기가 제한된 공간의 크기보다 작은 경우로 나누어 구분된다.

Section 223 물질안전보건자료의 작업공정별로 관리요령에 포함되어야 할 사항

1. 개요

작업공정별 관리요령 게시는 다음과 같다.
① 화학물질 사용사업주는 화학물질취급작업공정별로 관리요령 게시
② 작업공정별 관리요령 작성 시에는 MSDS를 참고하여 작성
③ 유해성·위험성이 유사한 화학물질의 그룹별로 작성·게시 가능

2. 작업공정별 관리요령에 포함되어야 할 사항

① 대상화학물질의 명칭   ② 유해성·위험성

③ 취급상의 주의사항   ④ 적절한 보호구

⑤ 응급조치요령 및 사고 시 대처방법

Section 224 **화학반응기에 있어서 이상반응을 대비하여 설치해야 할 설비 및 장치**

1. 개요

화합물을 물리적 또는 화학적으로 처리하는 반응 또는 혼합, 분리, 저장, 계량, 열교환, 성형 또는 가공, 분체취급, 이송 또는 압축 등에 필요한 장치, 기계·기구 및 이에 부속하는(배관, 계장, 제어, 안전장치 등) 설비를 화학설비라 한다. 화학설비는 대부분 구조가 복잡하고 정밀하며 고도의 자동제어시스템으로 구성되어 있어서 설계 및 운영에 고도의 기술을 요하며, 이 설비는 각종 유해위험물 및 대량의 에너지를 사용·보유하고 있어서 일단 이상이 발생하여 사고가 일어나면 그 영향이 커서 피해가 엄청나고 환경을 오염시킬 수도 있다. 따라서 화학설비는 그 위험을 정확히 평가하여 신뢰성이 확보된 후에 운전되어야 한다.

2. 화학반응기에 있어서 이상반응을 대비하여 설치해야 할 설비 및 장치

화학반응기에 있어서 이상반응을 대비하여 설치해야 할 설비 및 장치는 다음과 같다.

(1) 안전밸브

설비나 배관의 압력이 설정압력을 초과하는 경우 자동적으로 스프링이 작동하면서 내부압력을 분출하고 일정압력 이하가 되면 정상상태로 복원되는 장치이다.

1) 안전밸브 설치기준

① 압력 상승의 우려가 있는 경우

② 반응생성물에 따라 안전밸브 설치가 적절한 경우

③ 열팽창 우려가 있을 때 압력 상승을 방지할 경우

2) 안전밸브 설치대상

① 압력용기(안지름이 150mm 이하인 압력용기는 제외하며, 압력용기 중 관형 열교환기의 경우에는 관의 파열로 인하여 상승한 압력이 압력용기의 최고사용압력을 초과할 우려가 있는 경우만 해당한다)

② 정변위 압축기

③ 정변위 펌프(토출측에 차단밸브가 설치된 것만 해당한다)

④ 배관(2개 이상의 밸브에 의하여 차단되어 대기온도에서 액체의 열팽창에 의하여 파열될 우려가 있는 것으로 한정한다)

⑤ 그 밖의 화학설비 및 그 부속설비로서 해당 설비의 최고사용압력을 초과할 우려가 있는 것

(2) 파열판

밀폐된 압력용기나 화학설비 등이 설정압력 이상으로 급격하게 압력이 상승하면 파단되면서 압력을 토출하는 장치이며, 짧은 시간 내에 급격히 압력이 변하는 경우 적합하다. 파열판의 설치기준은 다음과 같다.

① 반응폭주 등 급격한 압력 상승의 우려가 있는 경우

② 급성 독성물질 누출로 인하여 주위의 작업환경을 오염시킬 우려가 있는 경우

③ 운전 중 안전밸브에 이상물질이 누적되어 안전밸브가 작동이 안 될 우려가 있는 경우

(3) 통기설비

인화성 액체를 저장·취급하는 대기압 탱크에는 통기관(Vent) 또는 통기밸브(Breather Valve)를 설치하여 정상운전 시에 탱크 내부가 진공 또는 가압되지 않도록 외기를 흡입 또는 증기를 방출할 수 있는 충분한 용량의 통기설비를 사용하며, 인화성 액체를 저장하는 용기의 통기관 및 통기밸브에는 외부의 화염이 탱크로 유입하지 못하도록 끝단에 화염방지기를 설치한다. 휘발성이 높아 증발손실이 많고 위험성이 높은 인화성 액체 저장탱크에는 통기밸브를 설치한다.

(4) 폭발방산구

폭발방산구는 건물, 건조로 또는 분체의 저장설비 등에 설치하는 압력방출장치로서 폭발로부터 건물, 설비 등을 보호하는 기능을 갖는다. 다른 압력방출장치에 비해 구조가 간단하고 방출면적이 넓어 방출량이 많고, 방출에 따른 2차적인 피해를 예방하기 위해 방출방향을 안전한 장소로 향하게 하는 것이 중요하다. 폭발방산구의 설치기준은 다음과 같다.

① 패널, 출입문, 개구부 등을 이용 1:15법칙 준수

② 방출구 주위에 가이드레일 설치와 경고표지

③ 가능한 연소장치 가까이 설치

④ 판넬이 비산되지 않도록 끈으로 묶어 설치

⑤ 판넬은 0.5psig의 서지 내 압력 이상의 재질

⑥ 지붕판넬을 단위면적당 최대 24.4kg/m² 설치

⑦ 길이가 긴 건조설비는 최소내경의 5배 초과 금지

⑧ 초기 증기폭발압력을 조기에 배출시켜 배출시간을 길게 설치

(5) 화염방지기

가연성 가스 또는 인화성 액체를 저장하거나 수송하는 설비 내·외부에서 화재가 발생 시 폭연 및 폭굉화염이 인접 설비로 전파되지 않도록 차단하는 장치로 비교적 저압 또는 상압에서 가연성 증기를 발생하는 인화성 물질 등을 저장하는 탱크에 설치하며, 일반적으로 40mesh 이상의 가는 눈금의 철망을 여러 겹 겹친 소염소자식 화염방지기와 밀봉액체를 사용하는 액봉식 화염방지기가 있다. 설치위치 및 방법은 다음과 같다.

① 화염방지기는 가능한 보호대상화학설비의 통기관 끝단에 설치하는 것을 권장

② 화염방지기의 유지·보수 등을 위하여 배관 중간에 설치할 경우에는 인화성 가스나 증기의 특성 등을 고려하여 관내 폭연방지기 또는 관내 폭굉방지기 설치

③ 상온에서 저장·취급하는 액체의 인화점이 38℃ 이상이고, 60℃ 이하인 경우에는 화염방지기의 설치를 생략하고 인화방지망 설치 가능

④ 인화점이 100℃ 이하이고 저장온도가 인화점을 초과하는 경우에는 화염방지기 설치

Section 225 **폭주반응예방을 위한 위험 감소대책**

1. 폭주반응을 제거하는 조치

① 희석에 의해서 단열온도 상승을 감소시킨다. 반회분식 반응기(Semi-batch reactor)의 경우에 전환된 반응물의 축적량의 제한으로 폭주퍼텐셜을 감소시킬 수 있도록 해야 한다.

② 다음에서와 같은 안전한 공정의 설계원리에 따라 반응에 의해서 방출되는 절대적인 에너지량을 줄인다.

㉠ 위험물질의 사용이나 불안정한 중간 물질 혹은 높은 활성 화합물을 피하는 적당한 합성경로 선택으로 이루어진 치환(Substitution)방법을 고려해야 한다. 이것은 공정 안전측면에서 공정개발의 초기단계에 이루어져야 하며, 안전이나 환경측면에서 공정

개발 시작에서부터 통합적인 공정개발원리에 따라 고려되어야 한다.

ⓒ 위험물질의 양을 제한하는 등 잠재적으로 방출되는 절대에너지를 감소시키는 것으로 공정의 보강(Intensification)방법을 고려해야 한다. 일반적으로 더 작은 반응기는 높은 고압에 견딜 수 있도록 설계해야 한다.

ⓒ 안전한 형태의 위험물질을 사용하는 대치(Attenuation)방법을 고려해야 한다.

2. 기술적인 예방조치

(1) 반회분식이나 연속운전에서 원료공급속도를 다음과 같은 방법으로 제어

① 축적량을 제한하는 부분(Portion) 공급(첨가)을 한다. 이 방법은 단지 반회분식과 같이 비연속식 공정에 적용할 수 있다. 반응기 내에 존재하는 반응물량, 즉 축적량을 감소시키도록 한다.

② 컨트롤밸브 등으로 원료를 공급한다. 원하는 흐름속도는 밸브의 적당한 개방에 의해서 이루어진다.

③ 원심펌프를 이용하여 원료를 공급한다. 원심펌프는 용량(volumetric)이 아니므로 흐름속도를 제한하는 추가적인 제어밸브가 필요하다.

④ 공급탱크와 계량펌프를 이용하여 원료를 공급한다. 흐름속도는 스트로크에 의해 제어되고, 제어는 고정된 조정이나 유량계를 통하여 수행된다.

(2) 비상시 냉각

① 비상시 냉각은 실패의 경우 정상적인 냉각시스템으로 대체한다. 이것은 일반적으로 반응기 자켓으로 통하거나 냉각코일을 통하여 흐르는 냉각수로 냉각매체원과 독립적이어야 한다.

② 유틸리티실패(특히 냉각실패의 원인전력)의 경우에도 냉각매체가 흐를 수 있어야 한다.

③ 비상시 냉각을 위해 온도를 반응물질의 응고점(solidification point) 아래로 떨어지지 않도록 해야 한다.

(3) 급랭과 범람

① 촉매반응의 경우는 촉매킬러(Catalyst killer)의 첨가에 의해서 멈출 수 있다. 반응의 특성에 따라 적당한 성분의 추가로 반응을 멈출 수 있다.

② pH에 민감한 반응의 경우에 pH의 변경으로 반응을 멈추거나 늦출 수 있다. 이러한 경우에 적은 양의 한 성분의 추가로 가능하다.

③ 빠르고 균일한 분산을 행하기 위하여 억제제를 포함하는 용기를 가압한다.

④ 범람은 농도를 낮추거나 반응을 늦추거나 멈추기 위해 온도를 내리는 희석과 냉각의 두 가지 효과를 가질 수 있도록 압력완화시스템을 설계한다.

⑤ 범람의 경우 주요 설계인자는 양과 첨가속도, 그리고 급랭물질의 온도를 고려한다.

(4) 덤핑(Dumping)

① 덤핑은 반응물질이 반응기 내에 보유하지 않는 것을 제외하고는 급랭과 유사하다. 탱크는 공정 중에 어떠한 경우라도 반응물질을 받을 준비가 되도록 하여야 한다.

② 폭주에 대응하는 예방조치로서 덤핑의 적합성 평가는 급랭의 경우와 같다. 덤핑의 이점은 반응물질이 안전한 장소로 이송되고, 반응기가 위치하는 곳의 플랜트를 보호하도록 한다.

③ 만일 유틸리티가 고장이 있다 하여도 비상시 수송이 되도록 설계해야 한다. 리시버탱크에 희석제나 급랭유체의 유무를 확인해야 한다.

(5) 감압화(Depersonalization)

온도 상승속도와 열방출속도가 느린 경우에 폭주의 초기단계에 작동할 수 있도록 한다. 스크러버와 환류응축기는 독립적인 유틸리티로 작동되도록 설계하여야 한다.

(6) 경보시스템

발열반응의 경우 열방출속도가 크게 되기 전에 그 초기에 제어하도록 설계한다.

Section 226 연구 실험용 파일럿플랜트의 위험성 및 설계 시 안전사항

1. 개요

파일럿플랜트(Pilot plant)라 함은 상업용 공장건설이나 제품생산을 목적으로 공정안전성 확보, 잠재적 위험성 발견 등 상업화에 필요한 데이터의 획득으로 소규모의 연구·실험용 설비로 이루어진 시제품생산공장을 말한다.

2. 연구 실험용 파일럿플랜트(Pilot plant)의 위험성 및 설계 시 안전사항

(1) 파일럿플랜트의 위험성

① 상업용 생산설비보다 단위시간당 사용하는 위험물질의 양은 상대적으로 적으나, 고온 고압하에서는 적은 양의 화학물질이라도 위험성이 높다.

② 사용되는 압력용기의 경우 관련 법규 등에서 정하는 기준에 적합하지 않게 제작될 경우가 있어서 고장과 화재폭발에 취약하다.

③ 연구 실험시설의 특성상 좁은 공간에 많은 설비를 설치하기 때문에 높은 설비 집약도에 의한 위험성이 높다.

④ 검증되지 않은 공정과 기술을 적용하고 그 위험의 확인이나 크기를 정확히 알 수 없기 때문에 사고 발생위험이 높다.

⑤ 원부재료, 중간제품(생성물), 제품과 관련된 위험성이 파악되지 않을 수 있으므로 비상상황에 대한 조치가 어렵다.

⑥ 새로운 설비 및 공정 도입에 따른 공정의 변경이 발생될 수 있어 검정된 상업공정보다 위험성이 높다.

⑦ 취급물질의 변경으로 인한 배관 및 반응기 등 공정설비의 부식 유발, 이상반응, 공정압력의 변화 및 안전밸브 등 안전설비의 기능제한이나 저하를 유발시킬 수 있다.

⑧ 사용되는 설비가 연구개발대상이 될 수 있으므로 비규격화된 설비의 사용에 의한 잠재위험성이 높다.

(2) 파일럿플랜트의 설계 시 안전사항

① 플랜트의 주요 설비에 대한 운전과 유지보수를 위한 데이터시트를 작성해야 한다.

② 생산된 모든 제품과 중간생산물을 보관하고 유지하기 위한 방법을 수립해야 한다.

③ 스케일 업(Scale up)을 실시하기 전에 해당 공정을 정확하고 안정적으로 결정한다.

④ 공장에 신규 공정이 건설되는 경우에는 성분의 안정성, 반응열, 분해반응 및 폭주반응성에 대한 열량계적 분석결과를 미리 확보해야 한다.

⑤ 파일럿플랜트에서 수행한 각 Batch에 대해서는 향후 이상 여부 및 문제해결을 위하여 로그북을 작성하고, 주요한 기록은 책임자에 의해서 검토하거나 승인하여야 한다.

⑥ 파일럿테스트를 위해서 준비된 중간생성물이나 원료물질을 사용한 Bench test를 수행한다.

⑦ 각 Batch에서 가능한 많은 양의 샘플을 제조/보관하고 최종적으로 물질수지, 열수지 및 분석방법 등을 확인하여야 한다.

⑧ 고도로 특화된 장비가 요구되거나, 위험성이 알려지거나, 특별한 안전설비를 요구하는 반응은 가능한 피해야 한다.

⑨ 모든 물질은 한 번에 투입하고 가열하는 방식을 피하여야 한다.

⑩ 국부적으로 Hot-spot이 발생하는 경우 교반 없이 반응기를 가열하지 말아야 한다.

⑪ 반응기의 운전온도와 분해 또는 폭주반응의 개시온도의 차를 50℃ 이상이 되도록 운전해야 한다.

⑫ 반응혼합물의 내부온도가 고온이거나 환류(Reflux)상태인 경우에는 분진폭발위험성이 증가하기 때문에 고체(분체)를 투입하는 것을 가급적 피해야 한다.

⑬ 최소운전용량을 고려하여 건조나 체적 감소를 위해서 증발에만 의존하는 공정을 개발하는 것을 피해야 한다.

⑭ 만일 고려하는 공정이 커지게 되면 분리과정에 소요되는 시간이 24시간 이상으로 소요될 가능성이 높기 때문에 이성질체처럼 즉각적인 분리가 요구되는 반응을 피해야 한다.

⑮ 환경적 위험성을 고려해서 할로겐이 포함된 용제를 사용하는 것을 지양해야 한다.

⑯ 포화용액의 고온 여과는 배관의 막힘을 유발하여 공정 중 의도하지 않은 고압 발생에 의한 누출사고 발생가능성이 높아질 수 있기 때문에 가능한 피해야 한다.

⑰ 역상(Reverse phase)의 상분리공정은 추가적인 용기의 설치에 따른 고정 및 운전비용의 상승을 유발하기 때문에 피해야 한다.

⑱ 불순물의 영향 등을 고려하여 파일럿플랜트를 운전할 때에는 상업공정에서 사용하는 순도의 원료를 사용함으로써 추가 공정개발에 도움이 되도록 해야 한다.

⑲ 스케일 업 대상공정이 신규 공정일수록 실패의 확률이 높기 때문에 하나의 Batch로 모든 원료 및 중간산물에 대한 위험을 감수하는 설계나 운전을 피할 수 있도록 해야 한다.

Section 227 공정안전성분석기법의 정의와 공정안전성평가결과보고서에 포함되어야 할 내용

1. 공정안전성분석기법의 정의

공정안전성분석기법(K-PSR : KOSHA Process safety review)이라 함은 설치·가동 중인 기존 화학공장의 공정안전성(Process safety)을 재검토하여 사고위험성을 분석(Review)하는 기법이다.

2. 공정안전성평가결과보고서에 포함되어야 할 내용

① 평가결과보고서에는 다음과 같은 사항이 포함되어야 한다.
  ㉠ 공정 및 설비개요   ㉡ 공정의 위험특성
  ㉢ 검토범위와 목적   ㉣ 팀 리더 및 구성원의 인적사항
  ㉤ 검토결과   ㉥ 우선순위 및 일정이 포함된 조치계획

② 평가팀에 의해 사용되었던 모든 타당성 있는 자료를 모아 위험성평가 서류철을 작성한다.

③ 공정흐름도 및 운전절차 등 검토회의 시에 사용하였던 공정안전자료의 사본과 사용했던

주요 기기가 표시된 공정배관계장도 등은 위험성평가서류에 철하여 보관한다.

④ 평가회의에서 논의된 내용은 작업일자별로 서류화하여야 한다. 또한 서기는 검토과정에서 논의된 내용과 회의결과를 기록하여야 한다.

⑤ 회의결과 사본은 검토를 위하여 팀 구성원에 배포되어야 한다.

Section 228 화학설비의 점검 · 정비 시 화재 · 폭발을 예방하기 위해 실시하는 불활성 가스치환

1. 개요

치환(Purging)이라 함은 가연성 가스 또는 증기에 불활성 가스를 주입하여 산소의 농도를 최소산소농도(MOC) 이하로 낮게 하는 작업을 통하여 제한된 공간에서 화염이 전파되지 않도록 유지된 상태를 말하며, 불활성 가스로는 질소, 이산화탄소 및 수증기 등이 있다.

2. 화학설비의 점검·정비 시 화재·폭발을 예방하기 위해 실시하는 불활성 가스치환

① 화학설비의 치환작업은 다음에 적합하여야 한다.

ㄱ 일반적으로 치환작업의 제어점은 산소농도를 최소산소농도보다 4% 이상 낮게 한다, 즉 최소산소농도가 10%인 경우 치환작업으로 산소농도가 6% 이하로 되게 한다.

ㄴ 비어 있는 용기는 가연성 물질을 충전할 경우 미리 용기 내부를 불활성 가스로 치환하여야 하며, 액체 위의 증기공간에 불활성 분위기를 유지할 수 있어야 한다.

ㄷ 공기가 용기 속으로 들어가는 것을 차단하기 위하여 증기공간 내에 일정한 불활성 가스 압력을 유지하도록 불활성화시스템에 압력조정기를 설치하여야 한다.

ㄹ 불활성화제어시스템은 산소분석기가 연속적으로 산소농도를 감시하여 최소산소농도 이상인 경우 자동으로 불활성 가스를 주입하여 산소농도가 최소산소농도 이하가 되도록 하여야 한다. 다만, 설비를 보수나 정비 시에는 수동으로 할 수 있다.

② 용기 내의 초기 산소농도를 최소산소농도 이하로 감소시키도록 하는 데 이용되는 치환(Purging)방법에는 진공, 압력, 스위프, 사이펀치환이 있으며 용기의 상태, 주위 환경조건 등에 따라 적절한 방법을 선택하여야 한다.

Section 229 석유화학공장에서 발생 가능한 탈성분 부식

1. 탈성분 부식(Selective Leaching)

부식에 의해 금속의 합금성분 중 한 가지 성분이 제거되는 현상으로 다음과 같다.

(1) Layer type

high brass(Zn함량이 많은 것)에서 일어나는 일이 많으며 산성용액에서만 발생한다. 식수관에서 수년 내에 두께의 50% 부식이 바로 이 때문에 발생하게 되는 것이다.

(2) Plug type

low brass(Zn함량이 적은 것)에서 일어나는 일이 많으며 약산성, 중성, 알칼리용액에서 발생한다.

(3) 흑연화현상

회주철에서 흑연과 철의 접촉에 의해 철이 선택적으로 녹고 흑연, void 및 녹이 주위에 남아 있는 상태로 가단주철, 구상흑연주철, 백주철에는 일어나지 않는다. 크기는 변하지 않고 강도와 금속성 성질을 잃는다.

Section 230 평균고장간격과 평균고장시간

1. 평균수명(Mean Life)

확률적으로 관찰된 평균고장시간으로 수리 불가능계는 MTTF(평균고장시간)로 고장 나기까지의 시간들의 평균이며, 수리 가능계는 MTBF(평균고장간격)로 고장들 사이 가동시간들의 평균이다.

2. 수리 가능계(MTBF : Mean Time Between Failures, 평균고장간격)

고장들 사이간격시간들의 평균으로 고장복구부터 다음 고장시점까지 평균연속가동시간(무고장동작시간, 평균작동시간)이다.

$$MTBF = \frac{\text{전 개소의 사용시간총합}}{\text{총고장개수}} = \frac{T}{r}$$

3. 수리 불가능계(MTTR : Mean Time to Repair, 평균수리시간)

보전성의 척도로 시스템을 정상 운용상태로 돌려놓기 위해(수리복구 등) 시스템의 자동복구 또는 유지보수요원이 소비하게 되는 평균시간으로 출장에 소요되는 시간, 진단시간, 수리 및 교체시간, 재시동시간을 모두 포함한다.

4. 수리 가능계 가용도 산출공식

$$\text{가용도} = \frac{\text{실질가동시간}}{\text{총운용시간}} = \frac{MTBF}{MTBF+MTTR} = \frac{\text{평균고장간격}}{\text{평균고장간격}+\text{평균수리시간}}$$

예제 1

고도의 안정성을 필요로 하는 PSTN교환기의 가용도는 일명 five-nines라고 하는 99.999%인데, 이는 1년에 약 5초 정도의 고장시간을 의미하며 다음과 같다.

$$\text{가용도} = \frac{\text{실질가동시간}}{\text{총운용시간}} = \frac{\text{1년}-\text{5초}}{\text{1년}+\text{5초}}\times100 = \frac{31,536,000-5}{31,536,000+5}\times100 ≒ 99.999\%$$

Section 231 | 비금속개스킷의 인장강도 저하에 따른 누설원인 3가지

1. 비금속개스킷(Gasket)의 인장강도 저하에 따른 누설원인 3가지

비금속개스킷은 인장강도의 저하로 누설의 원인이 되며 다음과 같다.

① 과도한 조임력에 의한 압축파괴, 압축변형을 일으켜 재질이 파손되어 강도가 크게 저하되고, 편체현상과 플랜지의 접촉면에 윤활매체가 묻어 있으면 압축파괴현상이 쉽게 일어난다.

② 배관의 열변형(팽창, 수축)에 따라 플랜지의 비틀림, 배관의 신축에 따라 플랜지에 굽힘 모멘트가 작용하면 편체현상과 동일한 사항이 된다.

③ 화학적인 침식에 의한 개스킷의 파손으로 일반적인 오일, 가솔린, 유기용제(톨루엔, 아세톤, 메틸에틸케톤), 산, 열매유 등은 다소의 차이는 있지만 인강강도를 감소시킨다. 개스킷의 인장강도의 저하로 누설의 원인이 된다.

④ 취급 부주의 등으로 개스킷의 내·외경 부위가 훼손된 경우에도 인장강도가 저하된다.

Section 232　이상위험도분석(FMECA)의 개요 및 특성

1. 개요

FMECA(Failure Modes Effect & Criticality Analysis)는 다음 항목과 같은 내용들을 인식하고 분석하기 위한 방법론이다.

① 다양한 시스템 부분의 모든 가능성 있는 고장유형

② 이런 고장이 시스템에 미치는 영향성

③ 고장을 피하는 방법, 시스템에서 고장영향성을 줄이는 방법

2. 특성

FMECA의 목적은 초기 설계단계에서 고신뢰성 및 안정성을 가진 대안설계를 하도록 도와주며, 모든 내재되어 있는 고장유형과 영향성이 시스템의 성공적인 동작에 미치는 것을 알도록 한다. 가능성 있는 고장유형리스트를 만들 수 있으며, 그 영향성의 정도를 알 수 있다. 시험계획이나 시험장비요구도를 위한 초기기준을 확정하도록 해 준다. 설계변경 시 고장유형을 분석하는 데 도움을 주기 위해 미래에 참고하기 위한 기록문서를 제공한다. 유지계획을 위한 기본데이터를 제공한다. 수치적 신뢰성 및 유용성 분석을 위한 기본데이터를 제공하며, FMECA는 다음과 같은 2가지 접근방법이 존재한다.

(1) Bottom-up방법

시스템개념을 결정할 때 사용한다. 가장 낮은 레벨에서 각 컴포넌트별로 한 개씩 연구한다. 이 방법은 하드웨어접근방법이라고도 불린다. 분석의 끝은 모든 컴포넌트를 수행하게 되는 때이다.

(2) Top-down방법

전체 시스템구조가 결정되기 전에 초기설계단계에서 주로 사용하며, 분석은 주로 기능에 초점을 맞추고, 분석 시작은 메인시스템함수를 가지고 하는데, 이것이 어떻게 고장을 일으키는지 연구한다. 심각한 영향을 미치는 기능고장이 보통 분석단계에서 먼저 일어나며, 이 분석은 충분하게 끝나지 않는다. 이 방법이 주로 사용되는 것은 존재하고 있는 시스템에서 문제영역에 초점을 맞춘다.

Section 233 장외영향평가서 구성항목

1. 개요

장외란 유해화학물질취급시설을 설치·운영하는 사업장 부지의 경계를 벗어난 바깥을 말하며, 장외영향평가란 화학사고로 인해 미치는 영향범위가 사업장 외부의 사람이나 환경에 미치는 영향의 정도를 분석하여 수준을 결정하는 것을 말한다.

2. 장외영향평가서 작성(장외영향평가서 작성 등에 관한 규정 제5조, [시행 2020.10.7.])

① 유해화학물질취급시설 운영자는 법 제23조 제1항의 규정에 따라 다음 각 호의 내용을 포함한 장외영향평가서를 안전원장에게 작성·제출하여야 한다.
   1. 기본평가정보
      가. 취급유해화학물질의 목록, 취급량 및 유해성 정보
      나. 취급시설의 목록, 명세, 공정정보, 운전절차 및 유의사항
      다. 취급시설 및 주변 지역의 입지정보
         1) 취급시설 입지정보
         2) 주변 지역 입지정보
      라. 기상정보
   2. 장외평가정보
      가. 공정위험성분석
      나. 사고시나리오, 사고시나리오의 가능성 및 위험도분석
      다. 사업장 주변 지역 영향평가
      라. 안전성 확보방안
   3. 다른 법률과의 관계정보

Section 234 공정위험성평가기법 중 방호계측분석을 수행하는 데 활용되는 독립방호계층으로 인정받기 위한 중요한 특성 4가지

1. 독립방호계층(IPL: Independent Protection Layer)

방호계층을 독립방호계층으로서 인정하기 위한 기준은 다음과 같다.
① 방호계층은 확인된 위험을 최소 100배 이상 감소할 수 있어야 한다.

② 방호기능은 0.9 이상의 유용성(Availability)을 제공할 수 있어야 한다.

③ 다음과 같은 중요한 특성을 지녀야 한다.

   ㉠ 구체성 : 하나의 독립방호계층은 하나의 잠재된 위험한 사고의 결과를 유일하게 예방하거나 완화할 수 있도록 설계되어야 한다(예를 들면 반응폭주, 독성물질 누출, 내용물 손실, 화재 등). 다중원인이 같은 위험한 사고를 유도할 수 있다. 따라서 다중사고 시나리오는 하나의 독립방호계층작동을 개시할 수 있다.

   ㉡ 독립성 : 하나의 독립방호계층은 확인된 위험과 관련된 다른 방호계층으로부터 독립적이다.

   ㉢ 신뢰성 : 독립방호계층은 무엇을 위해 설계되었느냐에 따라 달라지므로 우발(Random)고장이나 시스템고장형태 양쪽 다 설계에서 간주되어야 한다.

   ㉣ 확인 가능성 : 방호기능의 정기적인 정상작동을 입증하기 위해 설계하며 입증시험과 안전시스템의 정비가 필요하다.

Section 235 화학설비에서 발생하는 응력부식균열(SCC)과 부식피로균열 (CFC)

1. 개요

응력부식은 지속적인 또는 주기적인 응력과 특정 부식성 분위기나 물질의 공전으로 인한 재료의 피로, 균열, 취성 및 전기화학적 부식의 가속 등을 말한다. 요즈음 공장시설의 복잡화에 따라서 부식성 분위기의 다양성과 고속, 고온, 고압하에서의 장치운용은 사용하는 재료의 응력부식을 복잡하게 하고 있다.

심한 우계 중 황동탄피가 갈라지는 현상을 시기균열(Season Cracking)이라고 하며, 고압 보일러의 용접부나 리벳부의 균열에 의한 사고의 원인은 가성취성(Caustic Embrittlement)에서 찾아내고 있다. 또한 산세, 도금 등의 작업 때 발생한 수소에 의해서 생기는 취성도 문제가 되고 있다.

현재 응력부식은 부식균열과 부식피로로 나누며, 부식균열은 내부응력이나 외부에서 가해진 일정한 응력에 의하여 부식성 분위기에서 균열이 생기는 것이다. 부식피로는 외부에서 주기적으로 가해지는 응력(Cyclic Stress)에 의하여 발생하는 기계적 피로현상이다. 부식피로가 일반적인 피로현상과 다른 점은 균열된 부분이 부식피로의 경우에는 부식생성물로 덮여 있고, 일반피로의 경우에는 생생한 금속택을 그대로 지니고 있다는 것이다.

응력부식은 그 형태에 따라 입계에 따라서 전개하여 나가는 입계균열과 결정입자를 횡단하여 퍼져나가는 입내균열의 두 가지로 나눌 수 있다. 그러나 부식피로는 대부분 입내균열의 형태를 갖는다. 대체로 순금속은 응력부식균열이 잘 생기지 않으나 이종금속이 결정입계에 편석하게 되면 이것에 따라서 균열이 진행된다.

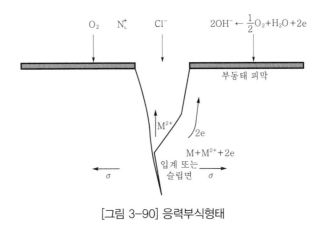

[그림 3-90] 응력부식형태

2. 화학설비에서 발생하는 응력부식균열과 부식피로균열

(1) 응력부식균열(Stress Corrosion Cracking)

이 현상은 정적인 인장응력과 부식환경의 결합작용에 기인하는 조급한 파괴이다. 보호산화물층을 만들 수 있는 저항성 합금들이 이러한 부식에서 일반적으로 가장 많이 일어난다. SCC 후의 표면파괴현상은 물론 취성파괴 후의 현상과 유사하지만 부식작용이 원인이 된다. 균열은 입계나 입내균열, 가지나 복합가지균열이 될 수 있다.

어느 재료나 어느 환경에 적용되는 일반적인 규칙은 없으며, 동일재료가 상이한 환경하에서 아주 다른 파괴형태를 나타낼 수 있다. 그러나 대부분의 금속은 염화물용액에서의 스테인리스강, 질산염과 탄산염에서의 연강 또는 암모니아용액에서의 황동 예처럼 특수한 환경하에서 응력을 받을 때 SCC를 나타낼 것이다.

파괴 전에 시간길이를 결정하는 변수들은 응력, 환경, 온도, 금속조성과 금속조직 등이다. SCC의 시작은 표면공식이나 표면노치에서 일어난다는 것이 일반적이다. 많은 합금에서 SCC를 설명하는 입내균열의 한 이론은 균열신단에서 소성변형이 일어난나는 것을 암시한다.

(2) 피로부식균열(Corrosion Fatigue Cracking)

부식과 반복응력의 동시존재상태하에서 피로저항의 감소를 의미한다. 즉 빠르게 반복되는 인장응력과 압축응력의 상호 복합작용에 의해 생긴다. 피로한계(Fatigue Limit)라고 부르는 주기적 응력의 특정한 임계치 이상에서만 일어나는 순수한 기계적 피로에 비해서, 부식피로는 [그림 3-91]과 같이 매우 적은 응력하에서도 일어난다.

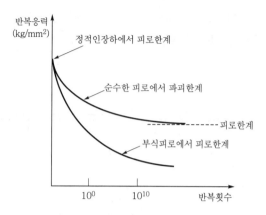

[그림 3-91] 반복횟수와 반복응력의 관계

이 현상 역시 완전히 이해되지는 않았으나 일반적으로 거의 가지를 갖지 않는 입내균열에 의해 일어나며 공식을 일으키는 환경이 거의 일반적이다. 부식피로상태하에서 철재료에 대한 $S-N$곡선은 이미 피로한계를 나타내지 않으나 비철재료의 $S-N$곡선과 공통점이 있다. 그러나 최후 파괴표면은 정상적인 피로파괴와 어떤 유사성을 가진다. 즉 부식산물의 큰 영역과 거칠은 작은 영역은 최종, 취성 파괴부를 나타낸다.

Section 236 공정안전보고서 이행상태평가 체크리스트 중 안전경영수준을 평가할 때 공장장 면담항목

1. 안전보건정책

① 회사의 경영목표 중 안전보건이 강조되고 있는가?
② 안전보건 관련 전담부서 또는 인원의 확보, 유지는 적절한가?
③ 안전투자를 위한 예산은 적절히 운용되고 있는가?

2. 안전보건기준 및 규정

① 안전보건에 관한 규정은 필요에 따라 개정, 강화되고 안전관리이행실태에 대한 상벌규정이 명확하게 운영되고 있는가?
② 안전보건기술 향상을 위한 정보교류 및 정보관리체계가 구축되어 있고 정기적인 사내발표회 등을 통하여 근로자의 안전의식을 제고시키고 있는가?

3. 안전보건활동 및 사고예방대책 수립

① 공장의 재해 감소목표는 구체적으로 설정하였는가?
② 사고사례에 대한 원인분석을 철저히 행하고, 동종사고예방을 위한 대책이 수립되어 집행되고 있는가?

4. 안전보건교육계획

직원의 안전기술 향상을 위한 대내외교육계획이 수립되고, 교육결과에 대한 평가절차는 적절히 이루어지고 있는가?

5. 중간관리자 및 현장작업자의 PSM활동 참여

① Up-date된 공정안전자료를 접할 수 있도록 하는가?
② PSM활동에 적극적으로 참여하도록 되어 있는가?

6. 공정안전관리제도에 대한 자체 평가

① 자체 감사결과를 확인하고 개선대책은 집행되고 있는가?
② 심사, 확인검사 시의 개선요구사항에 대한 개선절차는 이행되었는가?

Section 237 비등액체 팽창증기폭발(BLEVE)의 발생조건과 메커니즘, BLEVE 발생 시 피해를 일으키는 가장 큰 요인

1. 비등액체 팽창증기폭발의 발생조건과 메커니즘

비등액체 팽창증기폭발(BLEVE : Boiling Liquid Expanding Vapor Explosion)의 발생단계는 다음과 같다.

① 1단계 : 가연성 액체탱크 주위에서 화재가 발생한다.
② 2단계 : 화재에 의한 외부열로 탱크벽이 가열된다.
③ 3단계 : 액위 이하의 탱크벽은 액에 의해 냉각되나, 액의 온도는 상승되어 탱크 내 압력이 급격히 상승한다.
④ 4단계 : 외부화염이 증기만 존재하는 액위 이상의 탱크벽과 천장에 도달하면 화염이 접촉되는 금속의 온도가 상승되어 구조적 강도 손실이 발생한다.

⑤ 5단계 : 탱크는 파열되고 내용물은 폭발적으로 증발한다.

2. 비등액체 팽창증기폭발의 BLEVE 발생 시 피해를 일으키는 가장 큰 요인

특징은 다음과 같다.

① BLEVE가 화재에 기인된 경우 거대한 Fire ball이 발생한다.

② BLEVE가 화재에 기인된 경우가 아닐 때는 증기운이 생성된 후 VCE로 발전한다.

③ Fire ball에 의한 피해는 폭풍압피해와 복사열피해(이것이 피해의 주종)가 있다.

Section 238 플레어시스템의 역화방지설비 중 액체밀봉드럼 설계 시 고려하여야 할 사항

1. 개요

액체밀봉드럼(Liquid seal drum)이라 함은 플레어스택의 화염이 플레어시스템으로 거꾸로 전파되는 것을 방지하거나 또는 플레어헤더에 약간의 진공이 형성되는 경우 플레어스택으로부터 공기가 빨려 들어가는 것을 방지하기 위하여 설치한 설비를 말한다.

2. 플레어시스템의 역화방지설비 중 액체밀봉드럼 설계 시 고려하여야 할 사항

액체밀봉드럼(Liquid seal drum)은 다음을 고려한다.

① 액체밀봉드럼은 플레어헤더의 토출배관, 드럼, 폐수처리설비, 액체공급배관 등으로 구성되어 있다.

② 액체밀봉드럼은 형태에 따라 수직밀봉드럼과 수평밀봉드럼으로 구분할 수 있다.

③ 밀봉액은 주로 물을 사용하지만 다른 유체도 사용 가능하며, 이때에는 액체의 동결, 액체의 인화성과 반응성을 고려하여 설계하여야 한다.

④ 밀봉액의 비말동반을 방지하기 위하여 드럼 내에 충분한 공간을 유지하여야 한다.

⑤ 플레어헤더 내에서 형성되는 진공으로 밀봉상태가 파괴되지 않도록 액체밀봉드럼의 부피와 밀봉배관의 밀봉높이는 충분히 커야 한다.

⑥ 매우 낮은 온도의 유체가 안전밸브 등으로부터 방출되어 액체밀봉드럼으로 유입되는 경우에는 밀봉액체동결 등을 고려하여야 한다.

⑦ 동결로 관이 막힐 위험이 있는 경우에는 글리콜-물혼합물과 같은 빙점이 낮은 물질을 밀봉액으로 사용하거나 온도를 감지하여 밀봉액체를 가열 또는 배출시키는 방법 등의 동

결 방지조치를 하여야 한다.

화학공장에서 취급하는 포스핀의 자연발화성 및 가연성 성질과 화재 시 대응방법

1. 개요

포스핀(Phosphine, PH_3)은 독성(PEL 500ppb, LC_{50} 20ppm)이 매우 강하고 액화가스이며 주로 TFT-LCD산업에서 인성분 이물질(Phosphorus Dopant, N-type Dopant)로 사용된다. 이 물질은 순수보다는 수소와 혼합된 형태의 가스로 사용된다. 순수 PH_3은 무색, 무취의 가스이나 불순물로 존재하는 치환된 PH_3 또는 디스포핀(Diphosphine, P_2H_4)로 인한 마늘 또는 썩은 생선 냄새가 나기도 한다.

2. 화학공장에서 취급하는 포스핀의 자연발화성 및 가연성 성질

PH_3은 0℃ 이하의 낮은 자연발화온도성질을 가지고 있어 공기와의 접촉 시 즉시 점화가 될 수 있다. 대기로 누출되는 포스핀 역시 실란과 같이 온도, 습도 및 유량에 따라 자연발화에 영향을 준다. 1.6~95%라는 아주 넓은 연소범위를 가지고 있으며, [그림 3-92]와 같이 노란색의 불꽃을 내며, 부산물로서 심각하게 호흡기 자극물질인 [그림 3-93]과 같이 Phosphorus Pentoxide를 발생시킨다.

[그림 3-92] 하얀 Phosphorus Pentoxide 분말 및 노란색 연소

[그림 3-93] 붉은색의 Phosphorus 분말

포스핀에 대한 노출은 주로 심장혈관을 공격하는 호흡기계통의 염증 및 폐울혈 등의 원인이 된다. 포스핀 노출에 대한 특별한 해독제는 없는 것으로 알려져 있다. 포스핀은 맹독성 물질로서 운송 시 순수 포스핀은 50L로 제한하고 있다. 포스핀은 TFT-LCD공정에서 정확한 확산비율을 조절하기 위하여 수소 등과 같은 물질을 혼합한 형태로 공급된다.

3. 화학공장에서 취급하는 포스핀의 화재 시 대응방법

① 폭발·화재 시 대처방법으로 적절한(및 부적절한) 소화제는 분말소화약제, 물분무를 사용하며, 대형화재 시 일반적인 소화약제를 사용하거나 미세한 물분무로 살수한다.

② 화학물질로부터 생기는 특정 유해성은 분해 시 인, 수소가 발생된다.

③ 화재진압 시 착용할 보호구 및 예방조치는 다음과 같다.

　　㉠ 공기호흡기(SCBA)를 착용한다.

　　㉡ 모든 사람들을 대피시킨다.

　　㉢ 위험하지 않다면 실린더를 화재지역으로부터 옮긴다.

　　㉣ 화재진압은 가스누출이 멈추었을 경우에만 실시한다.

　　㉤ 화재가 진압될 때까지 안전거리에서 물분사로 실린더를 냉각시킨다.

　　㉥ 소방수가 하수구 또는 수로로 유입되지 않도록 주의한다.

　　㉦ 탱크의 양 끝에는 접근하지 않도록 한다.

　　㉧ 화재로 인해 안전배기장치에서 소리가 나거나 탱크가 변색되면 즉시 대피한다.

　　㉨ 열로 인해 실린더가 폭발할 수 있으므로 주의한다.

　　㉩ 탱크, 탱크트럭, 화물열차가 화재와 관련되면 반경 1,600m 구역 내의 접근을 차단하고, 또한 반경 1,600m 외곽으로의 초기대피를 고려한다.

Section 240 | 스테인리스스틸의 종류 중 304와 304L, 316과 316L의 차이점과 구분하여 제작하는 이유

1. 개요

탄소강에 Ni과 Cr을 다량으로 첨가하여 내식성을 향상시킨 스테인리스강(Stainless Steel)은 STS로 표기하며, SUS304와 STS304는 같은 재질로 SUS는 일본규격(JIS)이며, STS는 한국규격(KS)으로 화학성분은 다음과 같다.

[표 3-58] 화학성분 비교(%)

구분	C	Si	Mn	P	S	Ni	Cr	Mo
STS304	0.08 이하	1.00 이하	2.00 이하	0.045 이하	0.030 이하	8.0~10.5	18.0~20.0	–
STS304L	0.03 이하	1.00 이하	2.00 이하	0.045 이하	0.030 이하	9.0~13.0	18.0~20.0	–
STS316	0.08 이하	1.00 이하	2.00 이하	0.045 이하	0.030 이하	10.0~14.0	16.0~18.0	2.00~3.00
STS316L	0.03 이하	1.00 이하	2.00 이하	0.045 이하	0.030 이하	12.0~15.0	16.0~18.0	2.00~3.00

※ 위의 화학성분의 나머지 부분은 철(Fe)이며, STS304L, STS316L과 같이 숫자 뒤에 붙는 "L"의 의미는 저탄소(Low Carbon), 즉 탄소량이 0.03% 이하라는 것이다.

[표 3-59] 기계적 성질 비교

종류와 기호	내력(N/mm²)	인장강도(N/mm²)	신장(%)	단면수축(%)	경도(HB)
STS304	205 이상	520 이상	40 이상	60 이상	187 이하
STS304L	175 이상	480 이상	40 이상	60 이상	187 이하
STS316	205 이상	520 이상	40 이상	60 이상	187 이하
STS316L	175 이상	480 이상	40 이상	60 이상	187 이하

2. 특성과 용도

① STS304, STS304L은 화학공업설비, 건축재료, 식품제조설비, 제지공업, 차량공업, 주방기구 등에 사용하며, STS304는 탄소량이 적어서 내식성, 용접성이 좋고 고급 스테인리스강으로 광범위하게 사용한다. STS304는 일반 공기부식이나 수중에서의 내식성은 매우 우수하나 염소이온(Cl^-)에 취약하고, STS304L은 극저탄소강으로 입계부식을 방지하며 용접상태에서 내입계부식성이 필요한 곳에 사용한다.

② STS316, STS316L은 석유화학공업, 염색공업, 섬유공업, 식품공업에 사용하며 Mo(몰리브덴)을 첨가하여 내식성, 내산성이 양호하고 고온강도가 크다. 일반 환경뿐만 아니라 해수부식에 특히 강하고, STS316L은 극저탄소강으로 입계부식을 방지하며 용접상태에서 내입계부식성이 필요한 곳에 사용한다.

Section 241 플레어스택의 버너에 스팀을 공급하는데, 이 스팀의 역할

1. 개요

석유화학공장 굴뚝의 플레어스택(Flare Stack)은 석유화학공정운전 중 다시 쓸 수 없는 폐

가스나 액체성분을 완전히 연소시켜 매연 발생을 방지하는 철골시설물이다.

석유유분을 실생활에 필요한 석유제품으로 가공하기 위해서는 원유 및 석유화학 반제품을 뜨겁게 가열하고 응축시키는 과정을 반복해야 한다. 이때 응축되지 않고 남아 있는 일부의 가스성분을 따로 배출해야 하는데, 이를 플레어스택에서 안전하게 처리하는 것이다.

2. 플레어스택의 버너에 스팀을 공급하는데, 이 스팀의 역할

만약 응축되지 않은 이 가스성분을 처리하지 않고 그대로 배출한다면 대기오염은 물론, 대기 중에 가스층이 형성되어 화재 및 폭발로 이어질 수 있다. 이 때문에 석유화학공장에서는 플레어스택을 설치해 지상 100여m 위에 위치한 버너에서 가스를 태운다. 또한 매연이 발생하지 않도록 완전 연소시키기 위해 뜨거운 스팀을 계속 주입·분사하는 과정을 거치고 있다.

Section 242

LNG를 저장 · 취급하는 설비에 일반 강을 사용하지 못하는 이유, 적용 가능한 4가지 재료, 새로 개발된 재료

1. 개요

액화천연가스(LNG : Liquefied Natural Gas)는 천연가스의 주성분인 에탄의 저장과 운송을 위해 액화시킨 것이다. 액화천연가스는 가스상태에서의 천연가스의 1/600가량의 부피를 가진다. 이것은 무색, 무취, 무독성이며 비부식성이다. 위험요인으로는 가스상태로 증발하였을 때의 가연성, 냉동, 질식 등을 들 수 있다. 액화공정과정에서는 먼지, 산성가스, 헬륨, 물, 중탄화수소 등의 성분들은 제거한다.

2. LNG를 저장·취급하는 설비에 일반 강을 사용하지 못하는 이유, 적용 가능한 4가지 재료, 새로 개발된 재료

(1) 일반 강을 사용하지 못하는 이유

초저온(-162℃)액체로 설비의 단열, 사용재료, 팽창, 신축 등에 대한 기술적 대책이 요구된다.

(2) 적용 가능한 4가지 재료

9% 니켈강, 오스테나이트계 스테인리스강, 알루미늄합금강 등 저온 취성 파괴에 강한 재료가 요구되며 적당한 강도, 저온 열전도율, 흡수율, 난연성, 내연성 등이 우수한 단열재가 요구된다.

(3) 새로 개발된 재료

KS규격재료로 등재된 고망간강재료가 액화천연가스용 저장탱크의 재료로 적합한지 실증연구를 통해 안전성 검증을 완료했으며, 이에 따라 냉동기·특정 설비분야 코드인 AC115에서는 고망간강을 향후 제작되는 액화천연가스용 저장탱크재료로 사용할 수 있도록 세부기준을 마련했다. 용기·용기부속품분야 코드인 AC311에서는 이동식 부탄연소기용 용기노즐부의 재료로 아연 및 아연합금을 사용 가능하도록 기준을 마련했다.

Section 243 플레어시스템의 규모가 크고 복잡한 경우 주배관은 dry flare와 wet flare로 구분하는데, 구분기준과 각각 고려하여야 할 사항 설명

1. 개요

Flare계통은 수분이 없고 온도가 낮은 가연성 가스를 처리하는 Dry Flare계, 수분이 있고 온도가 높은 가연성 가스를 처리하는 Wet Flare계, 과열된 가스로써 Flare헤더를 통과해도 거의 응축되지 않는 가스를 처리하는 Hot Flare계, H_2S 등의 산성가스를 처리하는 산성가스 Flare계 및 가성소다를 처리하는 가성소다Flare계로 구분되며, 각 압력배출밸브에서 배출되는 Flare가스를 Flare Stack으로 보내어 태운다. 또한 수분은 없고 휘발성인 액체를 처리하는 Liquid Drain계가 있어 액체를 증발시켜 Flare헤더로 보낸다.

2. 구분기준과 각각 고려사항

(1) Dry Flare계

Dry Flare계는 주배관(Header line)과 종속배관 및 Dry Flare드럼으로 구성되어 있다. 주배관은 첫째 디프로파나이저계통과 연결된 라인, 둘째 프로필렌냉동압축기 흡입드럼 및 메탄냉동압축기계통과 연결된 라인, 셋째는 에틸렌냉동압축기 흡입드럼계통과 연결된 라인, 넷째는 C_3^-계통과 연결된 라인, 마지막 다섯째는 Chilling계통 및 C_2^-계통이 연결된 라인으로 구성되며, 라인재질은 온도가 낮으므로 전부 STS로 되어 있다. Dry Flare헤더에서 응축된 액체는 Dry Flare드럼에서 분리되며 LD계와 함께 Liquid Drain증발기에서 저압스팀에 의해 증발시킨다.

(2) Wet Flare계

Wet Flare계는 각 부분별로 구분되는 주배관과 종속배관 및 Wet Flare드럼으로 구성되어

있다. 재질은 모두 탄소강이며, Wet Flare헤더에서 응축된 액체는 Wet Flare드럼에서 분리되어 드럼 하부에 있는 펌프에 의해 액위가 증가하면 자동스타트하여 급냉탑으로 보내고, 액위가 Low Level로 떨어지면 자동 정지된다.

Section 244 콘루프, 돔루프와 같은 상압(대기압)저장탱크는 인화성 액체를 저장할 경우 탱크의 파손과 파손 시 2차 재해를 예방하기 위한 3단계의 안전조치와 목적

1. 개요

위험물을 가압하는 설비 또는 그 취급에 따라 위험물의 압력이 상승할 우려가 있는 설비에는 압력계 및 다음 기준에 의한 안전장치를 설치하여야 하며, 파열판은 위험물의 성질에 따라 안전밸브의 작동이 곤란한 가압설비에 한한다.
① 자동적으로 압력의 상승을 정지시키는 장치
② 감압측에 안전밸브를 부착한 감압밸브
③ 안전밸브를 병용하는 경보장치
④ 파열판

2. 3단계의 안전조치와 목적

콘루프, 돔루프와 같은 상압(대기압)저장탱크는 인화성 액체를 저장할 경우 탱크의 파손과 파손 시 2차 재해를 예방하기 위하여 3단계의 안전조치를 설계에 반영하고 설계내용에 따라 제작하게 된다.

Section 245 플레어시스템의 그을음 억제를 위하여 스팀 주입 시 사용되는 제어장치 또는 시스템 중 4가지

1. 개요

플레어시스템(Flare system)이라 함은 안전밸브 등에서 배출되는 물질을 모아 플레어스택에서 소각시켜 대기 중으로 방출하는 데 필요한 일체의 설비를 말하며 플레어헤더, 녹아웃드럼, 액체밀봉드럼 및 플레어스택 등과 같은 설비를 포함한다.

2. 플레어시스템의 그을음 억제를 위하여 스팀 주입 시 사용되는 제어장치 또는 시스템 중 4가지

그을음 억제를 위한 유체 주입 시 제어장치는 다음이 사용된다.

① 지정된 운전원이 플레어를 쉽게 볼 수 있는 장소에서의 수동밸브

② 스팀유량을 효과적으로 감시 및 제어하는 비디오감시시스템

③ 유입되는 가스의 압력, 질량유량, 속도를 확인하여 스팀 등의 유량을 변화시킬 수 있는 선행제어(Feedforward)시스템

④ 연기 생성을 검출한 후 스팀밸브를 자동으로 조절하는 적외선센서

⑤ 스팀 공급 및 스팀 낭비 방지를 위하여 미세한 변동을 감지하는 계장시스템

Section 246 압력용기에 설치된 안전밸브가 작동할 때 안전밸브 후단에 형성될 수 있는 중첩배압과 누적배압의 뜻

1. 개요

안전밸브는 배관압력용기, 각종 압력기기 등 압력을 사용하는 설비에 있어서 유체의 압력의 규정의 최고사용압력 이상에 도달하였을 때 유체를 자동으로 방출하여 규정 이상의 압력이 되어 폭발되는 위험을 방지하는 자동밸브이다. 안전밸브의 종류는 다음과 같다.

① 안전밸브 : 주로 증기 또는 가스의 발생장치에 안전 확보를 위하여 사용하고 유체의 압력이 기준치를 넘었을 때 순간적으로 자동 작동하는 기능을 가진 밸브이다.

② 릴리프밸브 : 주로 액체에 사용하고 액체의 압력이 기준치에 도달하면 그 압력의 상승에 따라서 자동적으로 열리는 기능을 가진 밸브이다.

③ 안전릴리프밸브 : 주로 배관계통에 설치하며 용도에 따라 기체 또는 액체에서도 사용할 수 있는 밸브이다.

2. 중첩배압과 누적배압의 뜻

중첩배압과 누적배압의 의미는 다음과 같다.

① 중첩배압(Superimposed back pressure) : 안전밸브가 작동하기 직전에 토출측에 걸리는 정압(Static pressure)을 말한다.

② 누적배압(Built-up back pressure) : 안전밸브가 작동한 후에 유체 방출로 인하여 발생하는 토출측에서의 압력 증가량을 말한다.

Section 247 | 인화성 물질을 용기에 저장하거나 취급할 경우 폭발분위기 형성을 억제하기 위한 불활성화방법

1. 개요

불활성화방법은 인화성 물질을 용기에 저장하거나 취급할 경우 폭발분위기 형성을 억제하기 위해 방호구역 내를 불활성화하는 방법에는 회분식(Batch) 방법과 연속식(Continuous) 방법이 있다.

2. 불활성화방법

인화성 물질을 용기에 저장하거나 취급할 경우 폭발분위기 형성을 억제하기 위한 불활성화방법은 다음과 같다.

(1) 회분식 퍼지법

1) 사이펀퍼지(Siphon Purging)

이 방법은 보호장치로부터 배수되는 액체를 불활성 가스로 대체하기 위하여 액체를 채운 후 배수함으로써 그 공간에 불활성 가스가 공급되도록 하는 것이다. 필요한 퍼지가스체적은 용기의 체적과 같고, 적용 비율은 배수비율과 같다.

2) 진공퍼지(Vacuum Purging)

저장용기나 반응기 등에 일반적으로 많이 사용되는 방법으로서, 먼저 보호하려는 장치의 압력을 감소시킨 상태에서 불활성 가스의 주입으로 진공을 파괴하여 퍼지시키는 방법이다. 통상 진공하에서 운전되는 장치는 운전 정지(Shutdown) 시 이러한 방법으로 불활성화한다. 만일 원하는 산소농도에 도달시키지 못할 경우 이런 방법을 반복 실시하여 원하는 산소농도에 도달하게 한다.

3) 압력퍼지(Pressure Purging)

역으로 불활성 가스를 가압하에서 장치 내로 주입하고 불활성 가스가 공간에 채워진 후에 압력을 대기로 방출함으로써 정상압력으로 환원하는 방법이다. 산소농도를 원하는 농도까지 충분히 감소시키기 위해서는 이러한 방법을 반복할 필요가 있다. 진공퍼지와 비교해 볼 때 압력퍼지는 퍼지시간이 많이 감소되나 퍼지가스량이 더 많이 소요된다.

4) 일소퍼지(Sweep-Through Purging)

이 공정은 한쪽 개구부를 통하여 퍼지가스를 장치 안으로 주입하고 다른 쪽 개구부를 통하여 가스를 배출함으로써 잔여증기를 일소하는 방법이다. 이 경우 퍼지가스는 1부피보다 약간 더 많은 양으로 효과적인 퍼지를 할 수 있다. 만일 순환에 방해가 되는 측면분기가 있는 장치와 같이 복잡한 구조이면 이 방법은 비실용적이며 압력퍼지나 진공퍼지방식이 더 효과적일 수 있다. 이 방법에 의한 필요한 퍼지가스 전체량은 압력퍼지에 의한 퍼지가스량보다 적을 수 있으며, 완전 혼합을 가정할 경우 4 내지 5의 퍼지가스체적량이면 처음의 가스를 거의 치환할 수 있다.

(2) 연속식 퍼지법

1) 고정비율퍼지(Fixed Rate Purging)

이 방법은 장치 내로 일정량의 퍼지가스를 피크치에 충분하도록 연속적으로 공급하는 방법으로, 피크치는 여름철의 폭우 등과 같은 갑작스런 냉각과 장치 내 수용물질의 최대감소량을 감안하여 결정하여야 한다([그림 3-94] 참조).

장점으로는 간단하고 압력조정기 같은 장치가 필요 없으며 유지관리가 쉽다. 단점으로는 제품이 휘발성 액체일 경우 퍼지가스에 의한 증기공간의 일소(Sweeping)효과로 인한 제품손실, 필요성에 관계없이 다량의 퍼지가스공급으로 인한 퍼지가스손실, 연속적으로 방출되는 혼합물에 대한 처리문제(독성 등의 문제)가 있다.

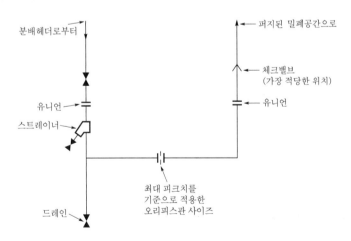

[그림 3-94] 고정비율퍼지방식을 사용하고 있는 유량제어방법

2) 변동비율퍼지(Variable Rate or Demand Purging)

이 방법은 통상 장치 내를 기본적으로 주위 대기압보다 약간 높은 압력으로 유지하면서 필요에 따라 가변적으로 퍼지가스를 공급한다. [그림 3-95]에서 블리드(Bleed)는 장치

내의 미세한 압력변화에 따라 연속적으로 퍼지한다. 또한 펌프모터스위치에 의해 동작되는 솔레노이드밸브는 장치 내용물이 감소될 때 필요한 불활성 가스유량을 즉시 공급하게 되며, 이 방법은 불활성 가스요구량의 변동이 큰 장치에서 권장된다.

장점은 퍼지가스를 실제로 필요할 때에만 공급하고 공기유입을 완벽하게 방지할 수 있는 것이다. 단점은 압력제어밸브가 아주 낮은 압력차에 의해 수시로 동작하기 때문에 유지관리가 어렵다는 것이다.

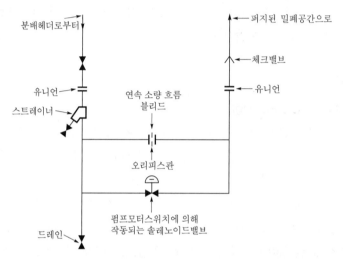

[그림 3-95] 변동비율퍼지방식을 사용하고 있는 유량제어방법

3) 산소농도측정법 적용(Oxygen-based Application)

산소농도체크를 기본으로 하는 이 방법은 불활성 가스량을 최적 수준으로 유지하면서 필요할 때에만 불활성 가스를 첨가하여 산소농도를 연소범위 이하로 제어하는 설비이다.

장점은 산소농도가 안전수준에 이른 후에는 최소한의 필요한 양 이외에는 더 이상의 불활성 가스가 소모되지 않는 경제적인 방법이며, 연속적인 산소농도 표시와 경보가 가능하다는 것이다.

Section 248 수소의 물리·화학적 특성 및 안정성

1. 개요

수소는 공기보다 가벼운 가연성 기체로 1766년에 세상에 알려졌으며, 그 후 21년이 지난 1787년에 "Hydrogen"이라는 고유의 이름을 부여받았다. 기본직으로 일빈 수소가스는 무색, 무취로 대기조건에서 인간의 감각으로 어떤 농도로도 감지할 수 없다. 정상조건에서 기체상태의 수소는 공기보다 약 14배 정도 가볍기 때문에 누출 시 빠르게 상승하여 발화위험을 줄인다. 그렇지만 액체수소(LH$_2$)는 누설 시 차갑고 밀도가 높기 때문에 초기에는 바닥에 내려앉는 특성이 있다.

2. 수소의 물리·화학적 특성 및 안정성

(1) 물리적 특성

수소원자는 지구상의 모든 물질 중 가장 가벼운 원소로, 원자번호는 1이고, 원자량은 1.00797이다. 수소는 우주 및 지구에 가장 많이 존재하는 원자이지만, 지구에는 순수 수소(H$_2$)가 아닌 혼합수소(예 : H$_2$O, CH$_4$, NH$_3$ 등)로 존재한다. 우리는 혼합물질 속에 존재하며 다른 극저온유체인 헬륨은 다른 원소와 혼합되기를 싫어한다. 수소는 평형상태에 있는 오르토(ortho)수소와 파라(para)수소로 구분하며, 우리가 일반적으로 수소라고 부른 것은 그 혼합물로 75%인 오르토수소와 25%인 파라수소를 포함된 경수소를 말한다. 이는 분자 내 개별 원자의 핵스핀의 회전방향으로 구별한다. 같은 방향(병렬)으로 회전하는 분자를 오르토수소라고 하며, 반대방향의 분자는 파라수소라고 한다. 이 두 분자형태는 물리적 특성이 약간 다르지만 화학적 특성은 동일하다. 기체수소를 액화시키기 위해서는 반드시 오르토수소를 파라수소로 변환시키는 공정을 거쳐야 한다. 공기보다 약 14배 가볍고 누설속도가 다른 어떤 가스보다 3배 정도 빠르게 확산되는 특성이 있기 때문에 누설 시 통제하기가 어렵다.

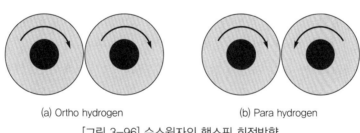

(a) Ortho hydrogen　　　　　　　(b) Para hydrogen

[그림 3-96] 수소원자의 핵스핀 회전방향

(2) 화학적 특성

수소의 화학적 특성은 다음과 같다.

① 확산(Diffusion) : 수소는 다른 기체연료보다 훨씬 더 빠르게 공기 중으로 확산된다. 61cm^2/s의 공기 중 확산계수를 가진 수소의 빠른 분산속도는 가장 역설적으로 큰 안전자산이다.

② 부력(Buoyancy) : 수소는 메탄(표준 상태에서의 밀도 1.32kg/m^3), 프로판(4.23kg/m^3) 또는 가솔린증기(5.82kg/m^3)보다 더 빠르게 상승한다.

③ 색, 냄새, 맛, 독성(Color, odor, taste, and toxicity) : 수소는 무색, 무취, 무미, 무독성

이다. 메탄과 비슷하다.

④ 가연성(Flammability) : 수소의 가연성은 농도수준의 함수이며 메탄이나 다른 연료보다 훨씬 크다. 수소는 낮은 가시성 수준으로 연소된다. 주변 조건에서 공기 중 수소의 난연성 한계는 4~75vol%, 공기 중의 메탄은 4.3~15vol%, 공기 중의 가솔린은 1.4~7.6vol% 이다.

⑤ 점화에너지(Ignition energy) : 농도가 인화성 범위에 있을 때 수소는 화학양론에서 가솔린 57.32kcal, 메탄 66.88kcal에 비해 4.78kcal의 낮은 점화에너지로 인해 매우 적은 양의 에너지로 점화될 수 있다.

⑥ 폭파수준(Detonation level) : 수소는 가연성 기체로 밀폐된 공간에서 광범위한 농도에서 폭발할 수 있다. 그러나 다른 재래식 연료와 유사하게 공간이 밀폐되어 있지 않으면 폭발하기가 어렵다.

⑦ 화염속도(Flame velocity) : 수소는 다른 연료(가솔린증기 0.42m/s, 메탄 0.38m/s)보다 화염속도(1.85m/s)가 더 빠르다.

⑧ 화염온도(Flame temperature) : 수소-공기불꽃은 화학양론적 조건에서 메탄-공기불꽃보다 뜨겁고 가솔린보다 100℃ 정도 낮다(메탄 1,917℃, 가솔린 2,307℃에 비해 수소는 2,207℃이다).

(3) 안전과 주의사항

수소는 공기와 혼합되었을 때 폭발과 함께 화재를 동반할 수 있다. 하지만 수소는 원자번호 1, 즉 공기보다 14배 가벼운 기체이기 때문에 공기 중에 누출 시에 매우 급속도로 확산되며, 점화온도(약 500℃)가 높아 자연적 발화 자체가 극히 낮다. 액체수소(-253℃ 이하에서 액체화)는 극저온유체로써 기체수소에 비해 부피기준 1/800수준이기 때문에 약 10배 이상의 수소효율성이 예상된다. 액체상태의 수소를 직접 피부와 접촉하면 동상에 걸릴 수 있으나 일반인이 직접 접촉하게 되는 경우는 매우 드물다. 수소는 또한 금속재료에 흡수되어 수취화(Hydrogen Embrittlement)하는 특성이 있기 때문에 수소가 누출되면 수소취성이 일어나거나, 균열이 가거나, 심할 경우에는 폭발할 가능성도 있다. 외부 공기와 접촉하게 된 수소기체는 그 즉시 발화하게 되는데, 이때 일어난 화재의 경우 매우 뜨겁고 거의 보이지도 않아 우연치 않게 화상을 입을 수도 있다.

인화성 액체를 용기에 주입 시 스플래시 필링에 의해 발생할 수 있는 정전기 대전에 의한 화재폭발의 위험성과 대책

1. 개요

스플래시 필링(Splash Filling)은 인화성 액체를 용기에 채울 때 액체가 튀기는 현상이 발생할 수 있는 충전방식을 말한다. 여기에는 정전기 대전원인 중 유동대전과 분출대전이 포함된다. 정전기 방전(Electrostatic discharge)은 인화성 액체를 점화시킬 수 있는 불꽃방전, 코로나방전, 브러시방전 등의 형태로 정전기가 방출되는 것을 말한다.

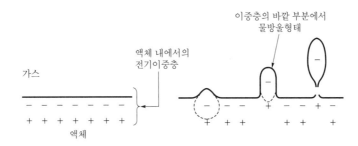

[그림 3-97] 원자화로 인한 정전기 발생메커니즘

2. 스플래시 필링에 의해 발생할 수 있는 정전기 대전에 의한 화재폭발의 위험성과 대책

(1) 위험성

정전기는 가연성 물질을 취급하는 사업장에서 화재 및 폭발을 유발할 수 있는 점화원으로 작용한다. 특히 비도전성 인화성 액체를 취급하는 사업장에서 스플래시 필링과 같은 부적절한 취급으로 인해 발생된 정전기가 점화원이 되는 화재가 지속적으로 발생하고 있다. 스플래시 필링과정에서 화재·폭발위험이 커지는 이유는 다음과 같다.

① 유체의 도전율이 50pS/m 이하(예 : 톨루엔은 1.0pS/m)일 경우 스플래시 필링으로 인한 정전기 발생이 증대된다.

② 스플래시 필링과정에서 대전된 증기가 발생되고, 이렇게 대전된 증기는 인화점 이하의 온도에서도 화재 및 폭발을 일으킬 수 있다.

③ 스플래시 필링과정에서 발생되는 거품으로 공기와의 표면적이 증가되고 거품이 공기 중의 질소보다 산소를 쉽게 흡착함으로 일시적이고 국부적으로 폭발범위에 들어갈 수 있다.

④ 스플래시 필링과정에서 형성되는 전하밀도는 배관이 액체에 잠긴 상태로 주입할 때보다 2배 이상 높다.

(2) 사람을 통한 방전에 의한 사고예방대책

① 대전의 원인이 되는 스플래시 필링이 이루어지지 않도록 비도전성 액체의 충전방법을 다음과 같이 변경한다.

　㉠ 물방울이 튀기는 충전방식과 상향분사를 억제하고, [그림 3-98]의 (a)와 같이 충전배관은 탱크 바닥까지 연장하여 설치한다.

　㉡ [그림 3-98]의 (b)와 같이 배관의 끝단은 45° 컷팁(Cut Tip) 또는 티를 적용하여 액체의 흐름을 수평으로 전환한다.

　㉢ 충전 초기단계에서의 와류를 줄이기 위해 유속을 제한하되, 그 유속은 액위가 인입 파이프직경의 2배로 될 때까지 1m/s를 넘지 않도록 한다.

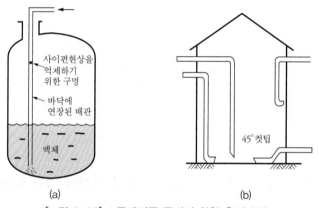

[그림 3-98] 스플래시를 줄이기 위한 충전방법

② 생성된 전하가 축적되는 위험을 줄이기 위하여 [그림 3-99]와 같이 접지하고, 전하가 축적되더라도 전위차가 발생하지 않도록 [그림 3-100]과 같이 본딩하여 전체적으로 설비를 [그림 3-101]과 같이 접지하고 본딩하여야 한다.

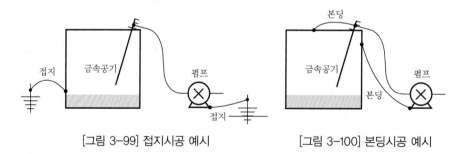

[그림 3-99] 접지시공 예시　　　　　[그림 3-100] 본딩시공 예시

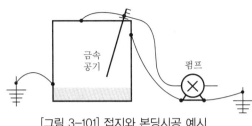

[그림 3-101] 접지와 본딩시공 예시

③ 인화성 물질이 공기 중에 노출되지 않도록 용기의 맨홀이 개방되지 않도록 관리하고, 뚜껑 등 개방된 부분이 있다면 덮개를 설치하여 인화성 물질이 공기 중에 노출되지 않도록 한다.

(3) 비도전성 공정용기에서 방전에 의한 사고예방대책

① 비도전성 인화성 액체를 취급하면서 비도전성 공정용기를 사용할 때 용기표면에 대전된 전하가 방전되어 화재위험이 있음으로 비도전성 인화성 액체를 취급할 때는 비도전성 공정용기를 사용해서는 안 된다.

② 비도전성 용기가 사용되고 용기 주위의 대기에 점화할 위험이 있다면 전하가 축적되고 방전되는 것을 방지하기 위해 다음 기준을 만족하여야 한다.

　㉠ 모든 도전성 부품(예 : 금속테두리, 해치커버)은 본딩하고 접지를 한다.

　㉡ 비도전성 액체를 저장하는 용기는 외부로부터의 방전을 막기 위해서 용기벽 속에 접지된 와이어메시를 매설하거나 도전성 실드로 용기 외부 표면을 둘러싼다. 그리고 탱크단위체적(m^3)당 500m^2 이상의 금속판을 탱크 바닥에 설치하고, 이를 접지도체와 본딩시킨다.

　㉢ 도전성 액체를 저장하는 용기에는 공급배관(Fill Line)을 탱크 바닥까지 연장하거나 (Dip Piping) 용기 내부의 상부에서 바닥까지 접지케이블을 연결한다.

Section 250 화학물질관리법령상 제출하는 위해관리계획서의 안전밸브 및 파열판 명세의 작성방법

1. 개요

위해관리계획은 사고대비물질을 지정수량 이상 취급하는 사업장에서 취급물질·시설의 잠재적인 위험성을 평가하고 화학사고 발생 시 활용 가능한 비상대응체계를 마련하여 화학사고

피해를 최소화하도록 하는 제도이다. 사고대비물질을 환경부령으로 정하는 수량 이상으로 취급하는 자는 화학물질관리법 제41조 및 동법 시행규칙 제46조에 따라 위해관리계획서를 작성하여 매 5년마다 환경부장관에게 제출해야 한다.

2. 화학물질관리법령상 제출하는 위해관리계획서의 안전밸브 및 파열판 명세의 작성 방법(위해관리계획서 작성 등에 관한 규정, [서식 11])

위해관리계획서의 안전밸브 및 파열판 명세의 작성방법은 다음과 같다.

연번	구분번호	보호기기	취급물질	상태	노즐크기		배출용량		압력			안전밸브재질		정밀도(오차범위)	배출연결부위	비고
					입구(mm)	출구(mm)	소요배출용량(kg/h)	정격배출용량(kg/h)	보호기기운전압력(MPa)	보호기기설계압력(MPa)	안전밸브설정압력(MPa)	몸체	취급물질접촉부			
1	PSV-803EA	803-EA	벤젠 및 톨루엔	증기	4	6	400	56,712	1.84	2.84	2.84	탄소강	316SS	±3%	플레어스택	외부화재

① 구분번호란에는 공정배관·계장도(P&ID : Piping & Instrument Diagram) 등에 표기된 안전밸브 및 파열판의 고유번호(Item Number)를 작성한다.

② 보호기기란에는 안전밸브 및 파열판이 설치된 장치 및 설비명 등을 작성한다.

③ 취급물질란에는 보호기기에서 취급하는 화학물질명을 작성한다.

④ 상태란에는 취급물질이 안전밸브에서 토출될 때의 상태를 가스, 증기, 액체상태로 구분하여 작성한다.

⑤ 노즐크기란에는 안전밸브의 입구 및 출구의 크기를 작성한다.

⑥ 배출용량란의 소요배출용량란에는 과압 발생으로 보호기기에서 배출되는 최대용량을 기재하고, 정격배출용량란에는 해당 안전밸브의 설계용량을 각각 작성한다.

⑦ 압력란의 보호기기 운전압력 및 설계압력은 과압으로부터 보호하고자 하는 기기의 운전압력 및 설계압력을 작성하고, 안전밸브 설정압력은 보호기기에 설치된 안전밸브의 설정압력을 각각 작성한다.

⑧ 안전밸브재질란에는 안전밸브 몸체(Body)의 재질과 취급물질이 직접 접촉하는 접촉부(Trim)의 재질을 구분하여 작성한다.

⑨ 정밀도란에는 안전밸브 및 파열판의 압력범위에 대한 정밀도를 작성한다.

⑩ 배출연결 부위란에는 안전밸브 토출부가 연결된 용기 또는 설비(플레어스택 또는 스크러버 등)명을 작성한다.

⑪ 비고란에는 안전밸브 등의 작동원인(냉각수 차단, 전기공급 중단, 화재, 열팽창 등)과 안전밸브의 형식(일반형, 벨로즈형, 파일럿조작형) 등 기타 사항을 작성한다.

Section 251 공정안전보고서의 장치 및 설비명세양식 중 기재하는 비파괴검사율 (방사선투과시험기준)이 용접효율에 미치는 영향과 용접효율이 반응기 등 압력용기의 계산두께에 미치는 영향 및 사용두께를 선택하는 방법

1. 개요

공정안전보고서의 장치 및 설비명세서양식과 기재방법은 다음과 같다.

장치 번호	장치명	내용물	용량	압력 (MPa)		온도 (℃)		사용재질			용접 효율	계산 두께 (mm)	부식 여유 (mm)	사용 두께 (mm)	후열 처리 여부	비파 괴율 검사 (%)	비고
				운전	설계	운전	설계	본체	부속품	개스킷							

① 압력용기, 증류탑, 반응기, 열교환기, 탱크류 등 고정기계에 해당한다.

② 부속물은 증류탑의 충진물, 데미스터(Demister), 내부의 지지물 등을 말한다.

③ 용량에는 장치 및 설비의 직경 및 높이 등을 기재한다.

④ 열교환기류는 동체측과 튜브측을 구별하여 기재한다.

⑤ 재킷이 있는 압력용기류는 동체측과 재킷측을 구별하여 기재한다.

2. 비파괴검사율(방사선투과시험기준)이 용접효율에 미치는 영향과 용접효율이 반응기 등 압력용기의 계산두께에 미치는 영향 및 사용두께를 선택하는 방법

(1) 이음효율(Joint efficiency)

방사선투과시험의 정도에 따른 용접이음의 효율은 [표 3-60]과 같다.

[표 3-60] 용접이음효율

분류 번호	용접이음의 종류	이음효율(%)		
		온길이 방사선투과 시험을 하는 것	부분 방사선투과 시험을 하는 것	방사선투과시험을 하지 않는 것
1	맞대기 양쪽용집 또는 이와 동능 이상이라 할 수 있는 맞대기 한쪽 용접이음	100	85	70
2	받침쇠를 사용한 맞대기 한쪽 용접이음으로 받침쇠를 남기는 경우	90	80	65
3	1, 2 이외의 한쪽 맞대기 용접이음			60
4	양쪽 온두께 필릿겹치기 용접이음			55
5	플러그용접을 하는 한쪽 온두께 필릿겹치기 용접이음			50
6	플러그용접을 하지 않는 한쪽 온두께 필릿겹치기 용접이음			45

(2) 용접열영향을 피하기 위한 필요 최소거리

① 노즐보강판과 같은 필릿용접이음은 맞대기 접합부로부터 판두께의 2배 이상 거리를 떼어 용접하는 것이 원칙이다.

② 부재에 굽힘가공이 수반되는 경우에는 굽힘가공부의 반경 부분을 피하고 직선부를 기점으로 하여 접합위치까지의 거리를 산정한다.

(3) 용접이음의 열영향

① 부재의 접합부나 용융금속부를 중심으로 그 주변부에서는 용융열에 의하여 기계적 성질이 현저히 변화한다. 따라서 설계단계에서 용접 후 용도에 맞는 열처리방법을 선정해야 한다.

② 용접이음부 부근은 모재보다 인장강도가 향상되고 경도값이 높아진다. 탄소강부재의 경우에는 경도와 인장강도가 거의 비례관계에 있으므로 경도값이 커지는 만큼 인장강도가 향상된다.

(4) 모재두께가 다른 접합부의 용접

모재의 두께가 다른 부분의 접합이 필요한 경우에는 하중에 의해 응력이 집중되고 열영향으로 인한 기계적 성질이 저하되는 것을 방지하기 위해서 다음과 같이 설계하여야 한다.

① 접합 부분에서 테이퍼링을 하여 두꺼운 쪽의 부재치수를 얇은 쪽의 부재치수에 맞춘다.

② 접합부의 부재치수가 다를 경우라도 두꺼운 쪽의 부재치수와 얇은 쪽의 부재치수차가 10mm 이내이거나 두께가 2배 이내일 때에는 두께를 맞추지 않고 용접금속덧살부에 직접 경사를 주어 접합하여도 좋다

Section 252 회분식 공정에서 위험과 운전분석(HAZOP)기법으로 공정위험성평가 시 시간과 관련된 이탈 및 시퀀스와 관련된 이탈

1. 개요

위험과 운전분석(HAZOP)은 공정에 존재하는 위험요인과 공정의 효율을 떨어뜨릴 수 있는 운전상의 문제점을 찾아내어 그 원인을 제거하는 방법을 말한다.

2. 회분식 공정에서 위험과 운전분석(HAZOP)기법으로 공정위험성평가 시 시간과 관련된 이탈 및 시퀀스와 관련된 이탈

회분식 공정에 사용되는 공정변수는 연속식 공정에서 사용되는 유량, 액위, 온도, 압력 등 이외에 단계별로 운전되는 특성에 따라 시간(Time)과 시퀀스(Sequence)를 추가하여 다음과 같이 가이드 워드와 조합된 이탈을 찾아야 한다.

[표 3-61] 시간에 관련한 이탈

이탈	정의
시간생략(No time)	사건 또는 조치가 이루어지지 않음
시간지연(More time)	조작 또는 행위가 예상보다 오래 지속됨
시간단축(Less time	조작 또는 행위가 예상보다 짧게 지속됨

[표 3-62] 시퀀스에 관련한 이탈

이탈	정의
조작지연(Action too late)	허용범위(시간, 조건)보다 늦게 시작함
조기조작(Action too early)	허용범위(시간, 조건)보다 일찍 시작함
조작생략(Action left out)	조작을 생략함
역행조작(Action backwards)	전 단계 단위공정으로 역행함
부분조작(Part of action missed)	한 단계 조작 내에서 하나의 부수조치가 생략됨
다른 조작(Extraction included)	한 단계 조작 중 불필요한 다른 단계의 조작을 행함
기타 오조작(Wrong action taken	예측 불가능한 기타 오조작

Section 253 안전계장설비에서 발생할 수 있는 공통원인고장(CCF)의 정의, CCF의 전형적인 발생원인과 잠재적인 고장 감소방법

1. 개요

안전 관련 시스템(Safety-related system)은 운전설비의 안전상태를 유지하도록 안전기능을 수행하는 전기/전자/프로그램 가능형 시스템, 기타 다른 기술로 구성된 시스템 또는 외부의 리스크 감소설비 등을 말한다. 이 지침에서는 안전계장기능 또는 안전계장설비를 말한다.

2. 안전계장설비에서 발생할 수 있는 공통원인고장(CCF)의 정의, CCF의 전형적인 발생원인과 잠재적인 고장 감소방법

(1) 공통원인고장(CCF : Common cause failure)

안전계장설비(Safety Instrumented System)에 전원공급 중단과 같이 한 가지의 고장원인이 설비 전체의 고장으로 이어지는 원인고장이나 하부시스템의 채널 모두에 공통의 영향을 미치는 원인고장을 말한다. 이 지침에서는 채널에 공통의 영향을 미치는 원인고장에 한한다.

(2) 전형적인 공통원인고장의 주요 원인

① 안전 관련 시스템의 하부 시스템요소들의 불충분한 설계 및 시방(예 : 신뢰도 등이 과소평가된 부품들)

② 하부 시스템요소(부품)의 생산제조과정에서의 불량

③ 안전 관련 시스템 작동에 필요한 지원설비의 부족이나 고장요인(예 : 공통전원, 계장공기 등)

④ 안전 관련 시스템이 설치되어 있는 장소의 열악한 운전조건(예 : 공정온도, 습도, 진동 등)

⑤ 기타 안전 관련 시스템이 설치되어 있는 장소의 외부 요인(예 : 화재, 지진, 날씨 등)

(3) 잠재적 공통원인고장의 감소방법

① 랜덤하드웨어 고장과 시스템적 고장의 수를 전체적으로 감소시킨다. [그림 3-102]와 같이 2개의 타원형 부분을 감소시키면 궁극적으로 중복되는 부분의 감소를 가져올 수 있다.

② 채널의 독립성을 최대화하고 각 채널의 연결을 분리하거나 다양성을 준다. [그림 3-102]의 2개 타원형의 중복 부분을 최소화한다.

③ 두 번째 채널에서 공통의 원인에 의한 고장에 발생하기 전에 첫 번째 채널 고장을 발견할 수 있도록 자가진단시험기능을 갖춘다.

④ 제조자 매뉴얼에 따른 주기적인 보증시험을 실시하여 채널 1의 고장을 찾아내어 채널 2까지 영향을 주기 전에 보수한다.

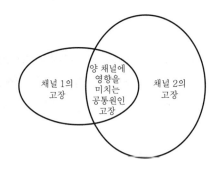

[그림 3-102] 개별채널에서의 고장과 공통원인고장과의 관계

Section 254 | 경질폴리우레탄폼 시공(작업) 시 화재 발생위험, 우레탄폼원료의 위험성, 시공 시 화재예방대책

1. 개요

우레탄폼은 한국산업규격 KS M 3809(경질폴리우레탄폼 단열재)에서 정한 100℃ 이하의 보온 및 보냉에 사용하는 경질폴리우레탄폼 단열재 등 미리 성형한 우레탄폼 단열판과 현장에서 시공하는 스프레이우레탄폼을 말한다.

2. 경질폴리우레탄폼 시공(작업) 시 화재 발생위험, 우레탄폼원료의 위험성, 시공 시 화재예방대책

발포작업 중 주의사항은 다음과 같다.

① 시공자는 우레탄폼 취급장소에서의 화재를 예방할 수 있도록 6단계 화재예방안전수칙을 준수하여야 한다.

② 시공자는 설계자가 제시한 시방서, 설계도서 및 건축코드 등에 따라 우레탄폼을 엄격하게 시공하여야 한다.

③ 우레탄폼 발포 시에는 우레탄폼원료 제조자 및 공급자가 제공하는 안전보건정보를 준수하여야 하며 발포작업이 이루어지는 대상물의 온도가 5℃ 이하인 경우와 32℃ 이상인 경우에는 가급적 시공을 피하여야 한다.

④ 인화성 물질의 증기 또는 가연성 가스가 체류할 수 있는 지하공간 또는 냉동창고 등 발포작업이 이루어지는 건축물 내부에는 인화성 물질의 증기 또는 가연성 가스농도측정 및 경보장치를 이용하여 다음과 같은 경우 가스농도를 측정하도록 하여야 한다. 가스의 농도가 폭발하한계값의 25% 이상인 때에는 즉시 근로자를 안전한 장소에 대피시키고 화기 기타 점화원이 될 우려가 있는 기계·기구 등의 사용을 중지하며 통풍, 환기 등을 하여야 한다.

    ㉠ 매일 작업을 시작하기 전

    ㉡ 인화성 물질의 증기 또는 가연성 가스에 대한 이상을 발견한 때

    ㉢ 인화성 물질의 증기 또는 가연성 가스가 발생하거나 정체할 위험이 있을 때

    ㉣ 장시간 작업을 계속하는 때

⑤ 발포 시에는 흡연 또는 용접 등과 같은 화기작업을 금지하고 지속적으로 화재감시원이 감시하여야 한다.

스티렌모노머저장탱크에서의 폭주중합반응 발생환경과 이를 예방하기 위한 중합 방지제의 사용조건

1. 개요

스티렌모노머(Styrene Monomer)는 자극성 냄새가 나는 무색 또는 황색을 띠는 인화성 액체로 폴리스티렌(PS)수지, ABS수지, 불포화 폴리에스테르수지, 합성고무(SBR)의 원료 등 특정 고분자 화합물의 중합반응을 위한 모노머(Monomer, 단량체)로 사용된다. 스티렌모노머의 경우 자유라디칼, 양이온, 음이온, 배위기구 등의 다양한 개시제를 이용하여 중합될 수 있으며 불순물이 없을 경우 열에 의해서도 중합이 일어날 수 있다.

2. 스티렌모노머저장탱크에서의 폭주중합반응(Runaway Polymerization) 발생환경과 이를 예방하기 위한 중합 방지제의 사용조건

(1) 불안정성 위험성(Instability Hazards)

스티렌모노머는 중합 방지제가 적정 비율 이하일 경우 자기중합이 가능하며, 중합반응으로 인한 발열로 인해 해당 설비의 온도와 압력을 상승시킬 수 있다. 스티렌모노머 저장 시 가장 일반적으로 사용되는 중합 방지제는 TBC(4-tert-Butylcatechol)이다. 스티렌모노머의 저장 온도는 21℃(70℉) 이하로 유지하고 용존산소함량을 15~20ppm으로 유지하면 중합화를 억제하는 데 도움이 된다.

(2) 반응위험성(Reactivity Hazards)

스티렌모노머는 산화제, 과산화물, 강산 등과 반응하며, 구리나 구리합금은 피해야 하고, 녹(rust)은 중합을 촉진시킬 수 있다. 또한 스티렌모노머는 열 중합 시 매캐한 증기를 내뿜으며, 불완전연소 시 일산화탄소가 발생하는 특징을 가지고 있다.

(3) 자기중합(Self-Polymerization)

스티렌모노머는 중합 방지제(TBC) 등을 사용하여 중합을 감소시키고 제어한다. 스티렌모노머는 주변 온도에서 서서히 중합화를 하며, 높은 온도에서는 중합 방지제와 용존산소가 고갈될 경우 급속하게 중합이 이루어질 수 있다. 스티렌모노머의 중합은 290btu/lb(16.7kcal/mol)의 발열반응을 가지는 물질이다. 중합물이 발생할 때의 온도는 스티렌모노머의 비등점을 빠르게 초과하여 증기는 탱크 통풍구에서 격렬하게 분출되거나, 통풍구가 폴리머로 막히면 밀폐된 용기를 파열시킬 수 있는 과도한 압력이 발생할 수도 있다. 스티렌모노머 내에 있는 중합 방지제의 함량은 정기적으로 관리되어져야 한다. 스티렌모노머에서 중합방지제를 혼합하기 위해서는 탱크 내용물을 순환시키는 방법 등을 사용한다.

중합화로 인한 반응폭주가 계속될 경우에는 중합 방지제를 0.5wt% 농도까지 추가한다. 또한 톨루엔, 자일렌 또는 에틸벤젠을 희석하면 중합화가 느려지며, 탱크는 냉각, 물분사 등에 의해 냉각시켜 온도를 낮추면 중합성도 느려진다. 열에 노출될 경우 라디칼을 생성하면서, 이로 인한 자기중합반응이 가능하며, 특히 고온(40~50℃ 이상)에서는 중합 방지제의 효과가 떨어져 과산화물의 생성으로 인한 반응속도를 증가시켜 폭주중합반응(Runaway polymerization)으로 이어질 수도 있다.

Section 256 표면화재와 표면연소의 차이점

1. 개요

연소란 가연성의 물질과 산소와의 혼합계에 있어서의 산화반응에 따른 발열량이 그 계로부터 방출되는 열량을 능가함으로써 그 계의 온도가 상승하여 그 결과로써 발생되는 열 방사선의 파장의 강도가 빛으로서 육안에 감지하게 된 것이며 화염 수반이 보통이다. 일반적으로는 열과 빛을 수반하는 산화반응으로 정의하고 있으나 물질이 단순히 산화하였다고 연소라고는 하지 않는다.

2. 표면화재와 표면연소의 차이점

표면화재와 표면연소의 차이점은 [표 3-63]과 같다.

[표 3-63] 표면화재와 표면연소의 차이점

구분	불꽃연소(표면화재)	작열연소(표면연소)
연소특성	• 고체의 열분해, 액체의 증발에 따른 기체의 확산 등 연소양상이 매우 복잡	• 고비점 액체생성물과 타르가 응축되어 공기 중에서 무상의 연기 형성
불꽃 여부	• 연료의 표면에서 불꽃을 발생하며 연소	• 연료의 표면에서 불꽃을 발생하지 않고 작열하면서 연소
화재구분	• 표면화재	• 심부화재
연소속도	• 연소속도가 매우 빠름	• 연소속도가 느림
방출열량	• 시간당 방출열량이 많음	• 시간당 방출열량이 적음
연쇄반응	• 연쇄반응이 일어남	• 연쇄반응이 일어나지 않음
적응화재	• B, C급 화재 적응	• A급 화재 적응

구분	불꽃연소(표면화재)	작열연소(표면연소)
에너지	• 고에너지화재	• 화재
연소물질	• 열가소성 합성수지류 • 가솔린, 석유류의 인화성 액체 • 메탄, 프로판, 수소, 아세틸렌 등의 가연성 가스	• 열경화성 합성수지류 • 종이, 목재, 섬유류, 연탄, 전분, 짚 • 코크스, 목탄(숯) 및 금속분(Al, Mg, Na)
소화대책	• 연소 3요소 이론의 냉각, 질식, 제거 외에 연쇄반응의 억제에 의한 소화대책	• 연쇄반응이 없으므로 연소 3요소 이론의 냉각, 질식, 제거의 소화대책
소화	• 34% 질식소화 • 방사시간 1분 이내	• 34% 질식소화 및 냉각소화 • 방사시간 7분 이내

Section 257 박막폭굉

1. 정의

Film Detonation(박막폭굉)은 고압의 공기배관이나 산소배관 중에 윤활유가 박막상태로 존재할 때 박막의 온도가 인화점 이하이더라도 어떤 원인으로 여기에 높은 에너지를 가지는 충격파를 보내면 관 벽에 부착되어 있던 윤활유가 무화되어 폭굉으로 변하는 현상이다.

2. 특징

압력유나 윤활유는 가연성이긴 하나 인화점이 상당히 높아 보통상태에서는 연소가 어려우나, 이것이 공기 중에 분무시킨 경우 미스트(mist)폭발을 일으킬 수 있다. 박막폭굉도 분무폭발과 유사한 현상이라 할 수 있다.

Section 258 분진폭발위험장소를 구분하는 절차

1. 개요

분진폭발위험장소(Hazardous area(dust))라 함은 장비의 구조상 또는 사용상에서 분진과 공기의 폭발성 혼합물의 점화를 방지하기 위하여 특별한 조치를 취하여야 할 정도의 구름형태의 가연성 분진(분진운)이 존재하거나 존재할 수 있는 장소를 말한다.

2. 분진폭발위험장소의 구분절차

분진폭발위험장소의 구분절차는 다음과 같다.

① 장소구분은 점화원의 수량을 기초로 하여 작성하되, 위험장소결정은 분진의 가연성 여부에 따라 결정한다. 분진의 가연성은 시험에 의하여 결정되고, 필요한 공정에서 사용되는 물질의 특성은 공정기술자로부터 얻을 수 있다. 이때 공장설비의 운전•정비제도와 청소 등을 모두 고려하여 결정한다. 또한 공장설비의 특정 분야의 누출특성에 대한 정보를 확보하기 위하여 전문가의 지식뿐만 아니라, 안전 및 설비전문가의 밀접한 상호 협력이 필요하다. 위험장소를 정의하고자 할 때에는 분진운 및 분진운을 발생시킬 수 있는 분진층을 고려한다.

② 위험장소를 구분하기 위한 절차는 다음과 같다.

　㉠ 첫째 단계는 물질특성의 확인이다. 즉 가연성 여부, 입자크기, 수분함량, 분진운과 분진층의 최소발화온도와 전기저항률, 적절한 분진그룹(가연성 부유물은 그룹 III_A, 비도전성 분진은 그룹 III_B, 도전성 분진은 그룹 III_C) 등

　㉡ 둘째 단계는 분진격납용기 또는 분진 누출원이 존재하는지를 확인하는 것이다. 이를 위해서는 공정배관도와 공장배치도가 필요하다. 이 단계에서는 분진층 형성의 가능성을 확인하는 것을 포함한다.

　㉢ 셋째 단계는 이들 누출원으로부터 누출될 가능성과 설비의 다양한 부분에서 분진폭발혼합물의 발생 가능성 여부를 결정하는 것이다.

③ 이러한 단계를 거친 후에만이 장소구분과 그 범위를 명확히 정할 수 있다. 장소구분도에는 위험장소의 종류, 그 범위와 분진층의 존재를 표시하여야 한다(이 도면은 차후의 장비 선정의 기초자료로 활용된다).

④ 향후의 장소구분검토 시에 활용하기 위하여 장소구분을 결정하게 된 이유를 구분도에 주석(Note)으로 기입하도록 한다. 공정 또는 공정물질의 변경 시, 또는 설비의 열화로 인하여 누출이 보다 일반화된다면 장소구분을 정기적으로 재검토한다.

⑤ 이 지침에서는 넓은 범위의 주위 환경을 감안하기 때문에 개개의 사례에 필요한 조치는 별도로 고려하지 않는다. 따라서 장소구분원칙, 사용되는 공정물질, 포함된 설비 및 그 기능 등에 관한 지식을 보유한 전문가가 위의 절차에 따라 장소구분을 하는 것이 아주 중요하다.

수소유기균열이 발생하기 쉬운 환경, 발생메커니즘, 특징, 방지대책

1. 개요

원유 및 천연가스를 수송하는 라인파이프와 구조물들은 사용환경조건이 점차 가혹해진다. 경제성측면에서 수송효율 및 안정성 증대를 위하여 내부식특성, 충격인성 및 저항복형 등이 요구된다. 양질의 석유 및 천연가스자원이 급속히 고갈됨에 따라 유전깊이가 점차 깊어지며 원료의 순도가 낮아진다. 황화수소 및 부식성이 강한 물질이 다량 함유된 자원까지도 채굴하며 황화수소가스가 일정량 이상(NACE 58ppm 이상) 함유된 부식분위기에 강관이 노출되면 수소유기균열(HIC) 및 황화수소응력부식균열(SCC) 등이 발생할 위험성이 높아진다.

2. 수소유기균열이 발생하기 쉬운 환경, 발생메커니즘, 특징, 방지대책

(1) 수소유기균열(HIC : Hydrogen Induced Cracking)의 발생메커니즘, 특징

사워가스(Sour gas)는 다음과 같은 반응에 의해 H^+을 발생한다.

$$H_2S \rightarrow H^+ + HS^-$$
$$HS^2 \rightarrow H^+ + S^2$$

이러한 분위기에 강재가 노출되면 다음과 같은 반응에 의해 수소가 발생한다.

양극반응 : $Fe \rightarrow Fe^{2+} + 2e^-$
음극반응 : $2H^+ + 2e^- \rightarrow 2H$

수소원자는 강재표면에 흡착되고, 확산에 의해 강재 내부로 유입한다. 에너지적으로 가장 안정한 장소(Trap site)로 이동하며, 모든 결함은 Trap site역할을 한다. 예를 들면 전위(Dislocation)의 Binding에너지는 26kJ/mol이다.

산화물이나 황화물과 같은 비금속 개재물의 표면은 수소와의 결합력이 매우 높아서 에너지적으로 수소가 가장 선호하는 장소이다. 이러한 장소에 수소원자들이 모이면 다음과 같이 수소분자로 결합하게 되는데, 여기서 발생하는 에너지는 결국 내부압력으로 작용하게 된다.

$$H + H \rightarrow H_2 + Q$$

즉 강재 내부로 원자상태의 수소가 침입하면 침입된 수소는 비금속 개재물의 계면에 우선적으로 집중되고, 집적된 수소원자들은 재결합하여 수소분자가 만들어지면서 강재에는 커다란 내부압력이 작용하게 된다. 수소는 응력이 집중하는 부분으로 확산되고 시간이 경과함에 따라 확산된 수소가 집적되어 임계함량을 초과하게 되면 균열로 발전하며, 수소유기균열은 1단계는 수소침투, 2단계는 균열 발생, 3단계는 균열전파로 진전되어 부식이 발생한다.

(2) HIC의 대한 방지법(Prevention)

① 재료선택은 림드강보다 킬드강을 사용하고 페라이트를 쓰지 않는 것이 좋다(BCC).
② 피복은 무기, 유기피복 및 라이닝 처리(Ni-Cladding)를 한다.
③ 부식 억제제 첨가는 주로 밀폐계에서 사용한다.
④ 유해촉매성분 제거는 황화합물, 비소화합물, 청화물 등이다.

Section 260 화학공정설비에 적용하는 윈터라이제이션의 목적, 방법과 적용 시 고려사항

1. 화학공정설비에 적용하는 윈터라이제이션(Winterization)의 목적

매우 추운 기후에서도 공정설비의 작동을 효과적으로 수행할 수 있도록 내한 장비, 가열 또는 보온장치의 추가, 윤활유의 변경 및 용적조절 등의 방법을 말한다. 화학공정설비는 화학반응에 따른 물질이 다르고 압력과 온도에 민감하므로 온도강하로 따른 주변 환경에 변화가 없도록 유지하는 것이 필요하다.

2. 화학공정설비에 적용하는 윈터라이제이션의 방법, 적용 시 고려사항

겨울 날씨는 공정플랜트에 여러 가지 문제를 일으킬 수 있으며 화학공정설비에 적용하는 윈터라이제이션의 방법, 적용 시 고려사항, 윈터라이제이션 적용이 필요 없는 경우는 다음과 같다.

① 물배관의 동결은 화재 방지시스템이나 중요한 냉각수의 손실을 일으킬 수 있다.
② 스팀트랩의 응축수배관은 동결될 수 있고 트랩의 기능을 마비시킬 수도 있다.
③ 어떤 공정물질은 겨울철 낮은 온도에 동결될 수 있고 공정용액에서 고형물이 침전되어 유동이 제한될 수 있으며 배관과 장치물이 막히면 청소를 위한 정비작업이 필요하다.
④ 도입원료가 얼거나 이송컨테이너(드럼, 트럭, 철도차량, ISO컨테이너)의 바닥에 용액의 고형물이 침전되어 도착하기도 한다. 플랜트가 낮은 기온의 겨울이 없는 지역에 있다고 하더라도 배송 시 낮은 기온지역을 통과하면서 결빙되었다가 해빙이 되지 않은 채 반입될 수 있다.

⑤ 얼음과 눈으로 말미암은 미끄러짐과 추락 등의 물리적 위험이 있으므로 스팀벤트, 냉각탑 또는 화재보호시스템의 물분무시설 근처와 같이 고드름이나 대규모 결빙이 생기는 곳을 파악하여 조치를 한다.

⑥ 물은 동결 시 팽창을 하므로 결빙으로 말미암은 압력이 파이프 파열 또는 손상으로 공정의 설비를 충분히 손상할 수 있으므로 보온을 철저히 한다.

⑦ 온화한 겨울지역이라도 짧은 기간의 추운 날씨가 존재할 수 있으며, 이러한 가능성에 대비해야 한다.

⑧ 결빙된 배관과 설비, 그리고 추운 날씨에 얼 수 있는 도입원료들을 해빙하는 절차를 검토하고 이를 숙지한다. 따뜻한 지역이라도 이송 도중 결빙될 수 있는 원료가 존재하는지 검토를 한다.

⑨ 비일상적인 작업에 미치는 추운 날씨의 영향을 고려한다.

⑩ 바닥에 떨어진 물방울 흔적을 따라 배관이나 구조물에 쌓였든 얼음이 밑으로 추락할 수 있으므로 해빙에 유의한다.

기타 화공안전에
관한 사항

— 화공안전기술사 —

Section 1 내화구조

1. 개요

① 주요 구조부라 함은 벽, 기둥, 바닥, 보, 지붕 및 주계단을 말한다. 다만, 샛벽, 사이기둥, 최하층 바닥, 작은 보, 차양, 옥외계단, 기타 이와 유사한 건축물의 구조상 중요하지 아니한 부분을 제외한다.

② "내화구조"라 함은 철근콘크리트구조, 연와조, 기타 이와 유사한 구조로서 대통령령이 정하는 내화성능을 가진 것을 말한다.

2. 내화기준(산업안전보건기준에 관한 규칙 제270조, [시행 2021.1.16.])

① 사업주는 제230조 제1항에 따른 가스폭발위험장소 또는 분진폭발위험장소에 설치되는 건축물 등에 대해서는 다음 각 호에 해당하는 부분을 내화구조로 하여야 하며, 그 성능이 항상 유지될 수 있도록 점검·보수 등 적절한 조치를 하여야 한다. 다만, 건축물 등의 주변에 화재에 대비하여 물분무시설 또는 폼헤드(foam head)설비 등의 자동소화설비를 설치하여 건축물 등이 화재 시에 2시간 이상 그 안전성을 유지할 수 있도록 한 경우에는 내화구조로 하지 아니할 수 있다.

1. 건축물의 기둥 및 보 : 지상 1층(지상 1층의 높이가 6m를 초과하는 경우에는 6m)까지

2. 위험물저장·취급용기의 지지대(높이가 30cm 이하인 것은 제외한다) : 지상으로부터 지지대의 끝부분까지

3. 배관·전선관 등의 지지대 : 지상으로부터 1단(1단의 높이가 6m를 초과하는 경우에는 6m)까지

② 내화재료는 산업표준화법에 따른 한국산업표준으로 정하는 기준에 적합하거나 그 이상의 성능을 가지는 것이어야 한다.

Section 2 방폭지역의 종별 구분 중 1종 장소

1. 개요

석유화학, 가스, 정유 관련 공장 및 저장소 등에서는 수많은 위험물질을 여러 공장에서 고온, 고압으로 취급함으로서 폭발로 인한 화재나 가스중독 등의 위험을 내포하고 있다. 또한 이

러한 공장의 폭발은 공장 및 저유시설에만 그치는 것이 아닌 주위의 공장이나 주택가로 번져 대형사고로 이어지는 바 이러한 지역에서 방폭의 정확한 개념을 가지고 설계, 시공 및 운전이 이루어져야만 폭발의 위험성을 미연에 방지할 수 있다.

2. 방폭지역의 종별 구분

방폭지역 종별 구분은 다음과 같다.

구분		위험의 강도		
방폭 지역 구분	한국, 일본	0종 장소 • 계속해서 위험분위기 상태	1종 장소 • 정상상태에서 위험분위기상태	2종 장소 • 이상상태에서 위험분위기 상태
	NFPA, API	Division Ⅰ • 정상상태에서 가연성 가스, 증기 발생장소		Division Ⅱ • 비정상상태에서 가연성 가스, 증기 발생장소
		Class Ⅰ • 가연성 가스, 증기 존재장소	Class Ⅱ • 연소성 먼지 존재장소	Class Ⅲ • 발화성 섬유물질이 부유 하는 장소
방폭제품 선정		본질안전방폭구조 • 증기에 점화되지 않는 것이 확인된 구조 • 계측기, 신호기	• 내압방폭구조 : 틈새를 통해서 외부의 폭발성 증기에 인화할 우려가 없는 구조 • 압력방폭구조 : 폭발성 가스가 용기 내부로 유입되지 않는 구조 • 유입방폭구조 : 점화원을 오일 속에 넣어 폭발성 가스에 인화되지 못하도록 한 구조 • 변압기, 모터 등	안전증방폭구조 • 온도 상승에 대해 안전도를 증가시킨 구조 • 단자, 접속함
선정요건 1		• 최소점화전류 : 점화가 발생하는 전류의 최소값	• 내압방폭구조의 경우 최대안전틈새(안전간극) • 화염일주가 일어나지 않는 최대틈새	• 압력·유입·안전증방폭구조의 경우 최고표면온도
선정요건 2		• 방폭지역의 등급 • 가스 등의 발화온도 • 공기보다 경중 가스인가의 여부 • 설치지역의 습도, 먼지, 부식성 가스 및 통풍의 정도 등 환경조건		

Section 3 비상조치계획에 포함해야 할 사항

1. 개요

비상조치계획이란 주어진 인적·물적자원을 효과적으로 활용하여 비상사태 시 피해를 최소화할 수 있도록 체계화하는 것이다. 비상조치계획의 목적은 인적·물적피해를 최소화하며 종업원 안전 확보, 설비손실 최소화, 생산기회손실 최소화, 공중협력 체계화, 인근 주민안전 확보 등이다.

2. 비상조치계획의 작성(공정안전보고서의 제출·심사·확인 및 이행상태평가 등에 관한 규정 제40조)

규칙 제50조 제1항 제4호의 비상조치계획은 다음 각 호의 사항을 포함하여야 한다.

1. 목적
2. 비상사태의 구분
3. 위험성 및 재해의 파악분석
4. 유해·위험물질의 성상조사
5. 비상조치계획의 수립(최악 및 대안의 사고시나리오의 피해예측결과를 구체적으로 반영한 대응계획을 포함한다)
6. 비상조치계획의 검토
7. 비상대피계획
8. 비상사태의 발령(중대산업사고의 보고를 포함한다)
9. 비상경보의 사업장 내·외부사고대응기관 및 피해범위 내 주민 등에 대한 비상경보의 전파
10. 비상사태의 종결
11. 사고조사
12. 비상조치위원회의 구성
13. 비상통제조직의 기능 및 책무
14. 장비보유현황 및 비상통제소의 설치
15. 운전정지절차
16. 비상훈련의 실시 및 조정
17. 주민홍보계획 등

용접 후 열처리

1. 개요

용접 후 열처리란 용접부의 성능을 개선하고 잔류응력의 유해한 영향을 제거하기 위해서 금속의 변태점 이하의 적절한 온도에서 용접부 또는 기타 부분을 균일하게 가열하고, 일정시간 유지한 다음 균일하게 냉각하는 것을 말한다. 이때 일반적으로 주의할 사항은 다음과 같다.

① 조질처리(Quenching-Tempering)강에서 가열온도는 원칙적으로 뜨임(Tempering)온도 이하로 한다.

② 일반적으로 균일한 가열과 냉각이 요구되는 범위는 400℃ 이상이다.

③ 유지시간은 용접부 두께에 따라 변한다.

2. 용접 후 열처리

넓은 의미에서의 용접 후 열처리는 다음과 같은 열처리가 포함된다.

① 응력 제거(Stress relief treatment)

② 완전소둔(Full Annealing, 완전풀림)

③ 용체화 열처리(Solution heat treatment)

④ 소준(Normalizing, 불림)

⑤ 소려(Tempering, 뜨임)

⑥ 저온응력 제거

⑦ 석출 열처리

이외에도 용접부의 냉각을 피하고 수소를 제거하는 방법으로 용접 직후의 후열(Port Heating)이 있다. 또한 보통 열처리로 불리지는 않지만 용접에 의한 변형을 수정하는 방법으로 소위 점가열(Spot Shrinking)과 선가열(Straight line treatment) 등이 있다. 초후판에 대해서는 제품에 요구되는 최종 PWHT 외에 공정 도중에 특정 용접부의 비파괴검사를 상온에서 확실하게 실시하기 위한 목적으로 중간 PWHT가 행해지기도 한다.

Section 5 | 정전기의 여러 현상과 정전기 방전의 종류 4가지 이상

1. 정전기의 여러 현상

(1) 정전기의 의미

정전기는 일반적으로 서로 다른 물질이 상호 운동을 할 때에 그 접촉면에서 발생하게 된다. 이 정전기는 고체 상호 간에서 뿐만 아니라 고체와 액체 간, 액체 상호 간, 액체와 기체 간에서도 발생하는데, 고분자물질을 많이 취급하는 우리 생활 주변에서 번번히 발생될 뿐만 아니라 자연현상에서도 많이 볼 수 있으며 대표적인 예가 뇌구름에 의한 번개, 낙뢰현상이다.

(2) 정전기 발생

① 마찰에 의한 대전(摩擦帶電) : 두 물체 사이의 마찰이나 접촉위치의 이동으로 전하의 분리 및 재배열이 일어나서 발생하는 현상

② 박리에 의한 대전(剝離帶電) : 서로 밀착되어 있는 물체가 떨어질 때 전하의 분리가 일어나 정전기가 발생하는 현상

③ 유동에 의한 대전(流動帶電) : 액체류가 파이프 등 내부에서 유동할 때 액체와 관벽 사이에 정전기가 발생하는 현상

④ 기타 대전 : 액체류·기체류·고체류 등이 작은 분출구를 통해 공기 중으로 분출될 때 발생하는 분출대전, 이들의 충돌에 의한 충돌대전, 액체류가 이송이나 교반될 때 발생하는 진동(교반)대전, 유도대전 등

(3) 정전기 대전

정전기의 대전이란 발생된 정전기가 물체상에 축적되는 것을 말하며, 실제로는 대전한 전하량(대전량)이 정전기에 의한 트러블을 좌우한다.

[표 4-1] 물체의 저항률과 대전성의 기준

체적저항률($\Omega\cdot m$)	10^8		10^{10}		10^{12}		10^{14}
도전율(S/m)	10^{-8}		10^{-10}		10^{-12}		10^{-14}
표면저항률(Ω)	10^{10}		10^{12}		10^{14}		10^{16}
누설저항(Ω)	10^6		10^8		10^{10}		10^{12}
대전 용이성	없다	적다		보통		높다	매우 높다
감쇄의 속도	순간	수초		수분		수십분	감쇄하지 않음

(4) 역학현상

정전기는 전기적 작용인 쿨롱(Coulomb)력에 대전물체 가까이 있는 물체를 흡인하거나 반발하게 하는 성질을 정전기의 역학현상이라 한다. 대전물체의 표면저하에 의해 작용하기 때문에 무게에 비해 표면적이 큰 종이, 필름, 섬유, 분체, 미세입자 등에 많이 발생하며 각종 생산장해의 원인이 된다. 2개의 전하 간에 작용하는 정전력은 각각의 전하량에 비례하고 양전하 간의 거리의 제곱에 반비례하며, 이 힘은 같은 부호끼리는 반발력이, 다른 부호끼리는 흡인력이 작용한다.

$$F = \frac{Q_1 Q_2}{4 \pi \varepsilon r^2} = 9 \times 10^9 \times \frac{Q_1 Q_2}{r^2} [N]$$

여기서, ε : 유전율

[표 4-2] 저항률과 비유전율의 참고값

품질명	체적저항률($\Omega \cdot m$)	비유전율
공기	거의 무한대	1.000586
수돗물	10^3 정도	80.7
아세톤	2×10^3	20.7
메탄올	7×10^6	32.7
벤젠	3×10^{11}	2.28
핵산	1×10^{16}	1.89
등유	$10^{11} \sim 10^{13}$	2.1
가황천연고무	$10^{13} \sim 10^{15}$	2.5~4.6
나일론	$10^{10} \sim 10^{13}$	3.9~5.0
폴리에틸렌	$10^{13} \sim 10^{14}$	2.25~2.35
테프론	10^{16}	2.0

주) 도전율의 단위 : S(지멘스)/m

(5) 정전유도현상

대전물체 부근에 절연된 도체가 있을 경우에는 정전계에 의해 대전물체에 가까운 쪽의 도체표면에는 대전물체와 반대극성의 전하(電荷)가, 반대쪽에는 같은 극성의 전하가 대전되는 현상을 정전유도현상이라고 한다. 정전유도의 크기는 전계에 비례하고 대전체로부터의 거리에 반비례하며 도체의 형상에 의해서도 영향을 받는데, 이는 유도대전을 일으켜 각종 장해와 재해의 원인이 되거나 대전전위, 전하량 등을 측정하기도 한다.

2. 방전현상의 종류

정전기의 대전물체 주위에는 정전계가 형성되며 정전계의 강도는 물체의 대전량에 비례하지만, 이것이 점점 커지게 되어 결국 공기의 절연파괴강도(약 30kV/cm)에 도달하게 되면 공기의 절연파괴현상, 즉 방전이 일어나게 된다.

① 불꽃방전:가스기구의 점화불꽃에서 볼 수 있듯이 강한 발광과 파괴음을 수반하는 방전이다.

② 뇌상불꽃방전:불꽃방전의 일종으로 번개와 같은 수지상(樹枝狀)의 발광을 수반하기 때문에 이렇게 불린다. 이 방전은 강력하게 대전한 입자군이 대규모(지름 수m 이상)의 구름모양으로 확산되어(대전운이라 부른다) 일어나는 특수한 방전이라 할 수 있다.

③ 코로나방전:그 가까이에서만 절연파괴를 일으키는 부분방전으로서 약간의 발광과 소음을 수반한다.

④ 연면방전:절연물의 표면에 따라 강한 발광을 수반하여 일어나는 방전이다.

Section 6 BS 8800규격기준

1. 정의

BS 8800은 영국 직업보건안전관리 표준화정책위원회(Occupational Health and Safety Management Standards Policy Committee)에서 제정한 것으로 산업안전보건체제가 산업안전보건정책과 목적에 부합할 수 있도록 도와주고 직업보건안전관리조직의 전체적인 관리체제에 부합할 수 있도록 하는 지침이다.

2. 특징

조직의 크기와 활동에 구애받지 않고 적용이 가능하며, 기존의 환경경영시스템(ISO 14001)이나 품질경영시스템(ISO 9000)과 유사한 구조로서 기업 내의 경영시스템으로서 효율적인 통합을 할 수 있다. 이러한 통합경영시스템 구축이 용이한 것은 그 구조가 PDCA(Plan, Do, Check, Action)사이클에 바탕을 두고 있기 때문이다.

Section 7 NFPA지수

1. 개요

NFPA지수는 미국화재예방협회에서 화재로 인해 발생하는 인명이나 재산상의 손실을 막기 위하여 정한 안전지수로 건강위험, 화재위험, 반응성에 대하여 각각 4단계 지수로 구분하여 관리하는 지수이다.

2. NFPA지수

NFPA(National Fire Protection Association)지수는 공장에 불이 났을 때 소방관들이 화재 진압을 할 경우 독성물질에 의해 소방관들의 건강피해가 발생하지 않도록 [표 4-3]처럼 만들어 놓은 것이다. 파란색이 보건, 빨간색이 인화성, 노랑색이 반응성 정도를 나타내고 있다.

[표 4-3] NFPA지수

지수	화재위험			기타 기호	의미
	건강위험(파랑)	인화성(빨강)	반응성(노랑)		
4	치명적임	22.8℃	폭발 가능	W	물과 반응
3	매우 유해	22.8~37.8℃	충격이나 열에 폭발 가능	OX 혹은 OXY	산화제
2	유해	37.8~93.3℃	화학물질과 격렬반응	COR	부식성
1	약간 유해	93.3℃	열에 불안정	BIO	생물학적 위험
0	유해하지 않음	잘 타지 않음	안정	POI	독성

※ 비고
① W(W̶) : 물과 반응할 수 있으며 반응 시 심각한 위험을 수반할 수 있음(예 : 세슘, 나트륨)
② OX 혹은 OXY : 산화제(예 : 질산암모늄)
③ COR : 부식성. 강한 산성/염기성을 띔(예 : 수산화나트륨). 구체적으로 ACID(산성) 혹은 ALK(염기성)로 표기할 수 있음
④ BIO : 생물학적 위험(예 : 천연두 바이러스)
⑤ POI : 독성(예 : 뱀독)
⑥ 방사능 표시(Radiation warning symbol 2. svg) : 방사능 물질(예 : 우라늄, 플루토늄)
⑦ CRY 혹은 CRYO : 극저온물질
※ 참고 : NFPA 704규격에서는 백색 구역에 표기할 수 있는 기호로 W와 OX/OXY만 인정했으나, 위의 경우와 같이 기타 자의적인 기호도 관계당국으로부터 허가를 받거나 혹은 요구될 경우에는 사용할 수 있다.

Section 8   화학제품의 제조물책임법(PL)상의 결함 3가지

1. 개요

현재 제조물책임에 따른 가해자와 피해자 간 다툼은 일반적으로 민법상의 과실책임원리를 적용하여 이해관계를 조정한다. 그 결과 피해자로서는 가해자의 고의 또는 과실을 입증하여야 하므로 손쉽고 충분한 피해구제를 받기에는 현실적인 한계가 존재하였다. 제조물책임법

(PL : Product Liability Law)은 이러한 배경하에서 국제적 조류에 맞추어 소비자보호를 한층 강화하는 취지로 제정된 법률이다.

2. 결함의 분류

제조물책임법 중 대표적으로 거론되는 결함으로는 설계결함, 제조결함, 경고결함의 3가지로 크게 구분된다.

(1) 설계결함

설계상의 문제로 인해 발생되는 결함을 의미한다. 예를 들면, 요즘 냉온수기의 경우 뜨거운 물이 나오는 곳에 안전팁이 추가로 부착되어 있는 것을 볼 수 있는데, 너무 쉽게 뜨거운 물이 나오므로 소비자가 뜨거운 물로 인한 화상을 입을 우려가 있기 때문이다. 이러한 소비자의 사용실태를 미리 분석하지 않고 설계하여 발생되는 결함을 설계결함이라고 한다.

(2) 제조결함

설계는 충분히 안전하게 되어 있는데, 제조공정상의 문제로 인해 소비자가 상해를 받은 것을 의미한다.

(3) 경고결함

현재 취급하는 화학물질의 유해 여부로 소송을 내는 국내외의 사례에서 보듯이 화학물질을 제조하는 회사의 경우 화학물질의 위험성에 대하여 충분히 사용자에게 주지하지 않으면 문제가 되는 것이다. 이렇듯 소비자가 피해를 볼 수 있는 경고를 정확하게 하지 않아 소비자가 피해를 입은 경우 이를 경고결함이라 한다.

Section 9 화학장치산업에서 열분석기술의 필요성과 열분석기법

1. 열분석의 필요성

열분석이란 물질의 불연속적인 변화를 이용하여 상변화를 일으키는 온도를 결정하는 실험 방법이다. 이를 분석하기 위해 온도를 변화시키면서 물질의 변화를 온도나 시간의 함수로 표현한다. ICTAC(International Confederation of Thermal Analysis and Calorimetry)에서 정의한 바에 의하면 온도의 함수로써 재료의 물리적·화학적 특성을 측정하는 데 사용되는 일련의 분석기법을 말한다.

즉 열을 가하여 어떤 단일 물질이나 혼합물, 반응성 화합물의 물리·화학적 특성을 측정하는 실험방법을 일컫는다. 아울러 온도 외에도 시간, 주파수, 하중 등의 함수로써 재료의 물리·화학적 특성과 기계적 물성을 측정하게 된다.

2. 화학장치산업에서 열분석기술의 필요성과 열분석기법

(1) 열분석에 의해 측정되는 주요 재료특성

열분석에 의해 측정되는 주요 재료특성은 시료의 전이온도, 질량, 크기, 엔탈피, 점탄성변화이며 물질의 광학적 거동이다.

(2) 물리적 특성(physical properties)

물리적 특성이란 비열, 에너지 교환에 의한 전이, 질량변화, 크기변화 및 변형률, 저장탄성률, 손실탄성률과 같은 기계적 특성, 광투과나 열을 발산하지 않는 발광과 같은 광학적 특성을 말한다. 또한 시료로부터 방출되는 기체의 특성은 재료에 관한 특성을 정성적으로 분석하는 데 도움을 줄 수 있다.

(3) 열분석에 사용되는 온도프로그램

보통 온도프로그램은 시료를 어떤 온도로 일정하게 유지시키거나 일정한 승온속도로 가열, 냉각시키는 하나 이상의 온도세그먼트로 구성된다. 물질의 열물성특성은 용융점/용융범위, 유리전이 및 유리전이온도, 팽창계수, 열안정성, 결정화 거동, 분해온도와 반응속도, 산화유도기 및 온도, 순도(purity), 점탄성특성 등이다.

(4) 실험 예

1) 열분석(DSC 이용)

DSC는 Differential Scanning Calorimeter(시차주사열분석기)의 약어이며, 원리는 thermobalance 위에 있는 sample pan과 reference pan을 동시에 가열하여 동일온도로 유지하기에 필요한 열량차를 측정한다. sample pan은 용융점에서는 +열량, 결정화온도에서는 −열량이 필요하므로 peak로 나타난다. 유리전이온도에서는 비열의 변화가 발생하여 base line이 변화된다.

2) 원리 및 배경

묽은 고분자 용액의 점도는 순수 용매의 점도보다 크며 고분자의 분자량 및 특성, 온도, 용매의 종류에 의존한다. 따라서 용액의 점도로부터 평균분자량을 추산할 수 있다. 특히 점도측정법은 선상고분자(linear polymer)나 촉쇄가 비교적 적은 고분자의 분자량측정에 적합한 방법으로서 일반적으로 모세관을 흐르는 고분자 용액과 순수한 용매의 흐름 시간을 측정하여 비교하는 것이다.

고분자 용액의 점도측정에는 Ostwald-Fenske 또는 Ubbelohde점도계가 이용되며, Ubbelohde점도계는 점도의 측정값이 용액의 양과 관계가 없으므로 편리하다. 정확한 점도측정을 위해서는 항온에서 실험을 실시해야만 한다. 고분자 분자량과 직접 관계가 있는 고유 점도는 농도가 다른 고분자 용액에 대하여 $\frac{\eta_{ep}}{C}$와 $\frac{\ln\eta_{ep}}{C}$를 측정하여 농도와 각 점도값을 플롯한 다음 외삽하여 얻을 수 있으며, 이때의 농도는 보통 g/dL로 나타낸다. 또한 고분자 용액의 고유 점도는 사용한 용매의 종류에 따라 변하므로 항상 사용한 용매를 명시해 주어야 하며, 고분자 용액의 점도를 나타내는 여러 가지 용액점도의 정의는 [표 4-4]와 같다.

[표 4-4] 점도의 정의

점도의 종류	정의
상대점도(relative viscosity)	$\eta_r=\eta/\eta_o\cong t/t_o$
비점도(specific viscosity)	$\eta_{sp}=\eta_r-1=(\eta-\eta_o)/\eta_o\cong(t-t_o)/t_o$
감소점도(reduced viscosity)	$\eta_{red}=\eta_{sp}/C$
내재점도(inherent viscosity)	$\eta_{inh}=(\ln\eta_r)/C$
고유 점도(intrinsic viscosity)	$\eta=(\eta_{sp}/C)_{C=0}=[(\ln\eta_{sp})/C]_{C=0}$

고분자의 분자량과 고유 점도의 관계는 다음의 Mark-Houwkin-Sakurada식을 따르며, 이 식에서 K와 a는 고분자와 용매의 종류에 따라 결정되는 상수이다. 여기서 얻어진 고분자의 분자량은 점도평균분자량이라 하며 M_n보다는 M_w에 가까운 값을 나타낸다.
① Mark-Houwkin-Sakurada의 식 : $\eta=KM_v$
② Huggins의 식 : $\frac{\eta_{ep}}{C}=\eta+k\eta^2C$

Section 10 저장탱크 화재의 특징과 예방대책 및 저장탱크 진화시설

1. 저장탱크 화재의 특징

(1) CRT(Cone Roof Tank)

CRT에 화재가 발생하면 대부분 초기에 폭발이 동반하게 되는데, 이때 탱크 벽면과 지붕 사이의 연결 부위가 다른 곳보다 약하게 설치되어 있으므로 폭발력에 의하여 지붕이 날라가게 된다. 폭발 후 화재는 액표면 전체에서 진행되며 화재 발생 후 10분 정도가 경과하면 화재열에 의하여 액체 상부의 탱크 벽면이 내부로 우글어 들기 시작한다. 원유와 같은 많은 비점제품의 화재가 장시간 방치되면 제품 중의 가벼운 성분이 먼저 증발하여 연소하고 무거운 성분은 액 표면에 남아 화재열에 의하여 온도가 상승하면서 열류층(Heat Layer)을 형성하게 되는데, 이 열류층이 연차 하강하여 탱크 저부에 있는 물층에 접근하게 되면 열류층의 온도에 의하여 물 이 폭발적으로 증발, 부피가 팽창하면서 기름이 탱크 외부로 흘러넘치게 되는 Boil Over현상 이 발생하게 된다. 또 열류층 위로 소방용수나 폼이 주입되면 역시 열류층의 온도에 의하여 급 격히 물이 증발되어 부피가 팽창되면서 기름이 탱크 외부로 흘러넘치는 Slop Over현상이 발 생하게 되는데, Slop Over현상은 많은 비점제품뿐만 아니라 인화점이 200℉ 이상인 중질제 품(고점도 연료유, 윤활유, 아스팔트 등)에도 나타나게 된다.

(2) FRT(Floating Roof Tank)

FRT는 액표면 위의 증기공간을 없앤 것이므로 화재는 증기가 대기로 방출될 수 있는 지붕 과 벽면 사이의 환상 Seal지역에서만 발생하게 된다. 또한 화재가 상당기간 지속되더라도 지붕 이나 벽면에 큰 변형이 초래되지 않는다. 그러나 진화작업 중 너무 많은 냉각수나 포말이 지 붕에 살포되면 중력에 의하여 지붕이 가라앉으면서 화재가 전체 액체표면으로 확산되는 경우 도 있으므로 유의해야 한다.

(3) IFRT(Inter Flaating Roof Tank)

IFRT는 액표면 위에 부유지붕을 설치하여 증기공간을 없애고 부유지붕과 탱크 지붕 사이 의 공간은 환기를 충분히 시켜 인화범위 내의 증기가 존재하지 않도록 한 것이므로 FRT와 같 이 초기화재는 부유지붕과 탱크 벽면 사이의 환상 Seal지역에서만 발생하게 된다. 그러나 부 유지붕의 Sealing상태가 좋지 않을 경우 부유지붕과 탱크 지붕 사이의 공간에 인화범위 내의 증기가 존재하게 되어 화재 시 폭발을 동반할 가능성도 가지고 있다.

IFRT의 화재가 방치될 경우 부유지붕이 알루미늄, 플라스틱 등 열에 잘 견디지 못하는 물 질로 만들어져 있으면 화재열에 의하여 부유지붕이 변형되면서 액체 내부로 가라앉아 CRT와 동일한 양상으로 화재가 진행하게 된다.

2. 저장탱크 화재예방대책

저장탱크 화재의 원인에 대하여 미국 API에서 조사한 자료에 의하면 정전기로 인한 화재가 전 체 화재의 19%로 으뜸을 차지하고 있고, 다음으로 낙뢰가 16%, 그 다음으로 나화(아크불꽃과 같이 외부에 노출된 화원, 13%), 전기설비(13%), 트럭엔진(9%), 용접 및 용단(8%), 기타의 순으 로 나타나 있다. 따라서 저장탱크 화재 방지를 위해서는 위 화재원인별로 적절한 대책을 강구 해야 하는데, 여기서는 주화재원인인 정전기 및 낙뢰에 대한 화재예방대책을 알아보기로 한다.

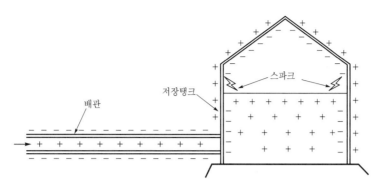

[그림 4-1] 정전기로 인한 화재예방대책

(1) 정전기로 인한 화재예방대책

정전기(Static Electricity)란 말 그대로 흐르지 않고 모여 있는 전기를 말한다. 정전기가 생성되는 원인으로는 마찰, 화학적 변화, 압력 및 자기 등이 있는데, 이 중 석유류 취급과 관련이 있는 원인은 마찰이다. 석유류 제품이 배관 등을 통하여 이송될 경우 석유류 제품과 배관 등과의 사이에 마찰이 발생하고, 또한 석유류 제품 상호 간에도 마찰이 발생하여 정전기가 생성하게 된다. 정전기로 인한 화재는 정전기적인 스파크(Spark)가 점화원이 되어 발생한다. 저장탱크에서의 석유류 취급의 경우 다음과 같은 대책을 취하고 있다.

1) Tank Blending 시

인화성 제품을 혼합장치 등을 사용하여 Blending할 경우는 FRT에서 실시하거나 가스 빼기(Blenketing)를 한 다음 CRT에서 실시하여야 한다.

2) Splash Filling의 방지(CRT)

인화성 제품 입고 시는 Splash Filling을 방지하기 위하여 입고배관 주입구를 저장탱크 비닥까지 내려야 한다.

3) 입고속도의 제한(CRT)

① 초기속도 : 인화성 제품 입고 시는 입고배관의 주입구가 완전히 잠길 때까지 입고속도를 3ft/sec 이하로 유지하여야 한다.

② 잠긴 후 속도 : 탱크의 크기가 10,000Gal 이하인 경우 인화성 제품은 입고배관의 주입구가 완전히 잠긴 후에도 입고속도를 15ft/sec 이하로 유지하여야 한다.

4) 필터 통과 시(CRT)

인화성 제품이 필터를 통과하여 탱크에 입고될 때에는 탱크 입고배관 주입구까지 다음 중 하나의 방법에 의하여 제품이 입고배관 내에서 30초 이상의 Relaxation Time을 가지도록 해야 한다.

① 배관의 확장 또는 연장

② Relaxation Chamber의 설치

③ 저속입고 실시

5) 스파크 촉진물질의 제거(CRT)

인화성 제품의 입고 시는 입고 시작 전에 탱크 내의 접지되지 않는 전달성 물질을 제거
하여야 하며 탱크 벽면에 스파크를 촉진시키는 돌출부 등이 존재하지 않도록 해야 한다.

6) Sampling 및 Gauging 시(CRT)

① 인화성 제품 입고 시 금속성, 전도성의 게이지테이프, 시료재취기, 온도계 등이 기기를
입고 도중이나 입고 완료 후 30분 이내에는 탱크 내부로 유입하지 말아야 한다. 단,
비전도성 기기를 사용할 경우나 또는 탱크 몸체와 전기적으로 연결된 Gauge Well이
나 Sounding Pipe에서의 계측 시는 그러하지 아니한다.

② 인화성 제품 입고 시 비전도성 기기에 사용하는 로프는 나일론 등 합성섬유로 만든
것을 사용할 수 없으며 탱크 몸체와 전기적으로 연결된 전도성 로프나 또는 면과 같
이 마찰 시 정전기 생성이 적은 물질로 만든 것을 사용해야 한다.

③ 인화성 제품 입고 시 금속성, 전도성인 자동계측장치의 Float는 탱크 몸체와 전기적으
로 연결되어야 한다.

7) 물, 공기 등의 유입 방지(CRT)

인화성 제품 입고 시 입고배관을 통하여 물, 공기 등이 유입되지 않도록 해야 한다.

8) Service Change 시(CRT)

인화성 제품을 저장하던 탱크에 인화점이 100°F 이상인 제품으로 Service Change할 경
우에는 세척 및 환기를 충분히 실시하여 탱크 내부에 인화성 제품의 잔가스가 존재하지
않도록 하거나, 또는 탱크 내부에 Gas Blenketing을 한 후 입고해야 한다.

9) FRT 및 IFRT

액표면 위에 설치된 부유지붕은 탱크 벽면과 전기적으로 연결되어야 하며, 지붕이 떠 있
지 않을 경우(즉 액위가 지붕의 Leg보다 낮을 경우)에는 위 CRT와 동일한 보호대책을
취해야 한다.

(2) 낙뢰로 인한 화재예방대책

저장탱크가 뇌부(雷擊 : 뇌격)를 받으면 열과 기계적 힘을 받을 뿐만 아니라 가연성 가스가

존재하게 되면 그것에 점화되어 화재 또는 폭발이 발생하게 된다. 일반적으로 낙뢰는 피할 수가 없으므로 그 피해를 극소화하기 위한 보호대책을 강구하는 것이 필요한데, 이 대책을 피뢰대책이라 한다. 피뢰대책은 뇌격전류를 도전통로를 통하여 안전하게 대지로 유입시키는 것을 말하며, 그 대표적인 수단이 피뢰설비를 설치하는 것이다.

3. 저장탱크 진화시설

억제(Control)하여 소화(Extinguishment)를 실시하고 인접된 저장탱크에 화재가 전파되지 않도록 예방(Prevention)하는 것이며, 이를 위하여 저장탱크에는 다음과 같은 진화시설을 설치하고 있다.

(1) 탱크 벽면 냉각을 위한 시설

화재탱크의 온도를 내려 화세를 억제하고 탱크 벽면이 변형되는 것을 방지함은 물론, 화재탱크에 인접한 탱크의 복사열에 의한 온도 상승을 방지하기 위하여 냉각시설을 설치한다.

탱크 벽면 냉각을 위한 일반적인 시설로는 소화전(Hydrant)이 사용되고 있으나, 다음과 같은 경우에는 고정식 물분무시설을 탱크 벽면에 설치토록 하고 있다.

① 탱크와 탱크, 탱크와 다른 화재위험시설 간의 거리가 충분하지 않을 때

② 격리되어 있거나 사람이 근무하지 않는 지역에 설치된 탱크

③ 소화전을 이용하여 냉각수를 살포하기가 어렵거나 위험한 경우

④ 저장용량이 300,000Bbl 이상인 대형 저장탱크

탱크 벽면 냉각을 위한 최소한의 냉각수의 양은 탱크의 종류 및 크기에 따라 [표 4-5]와 같다.

[표 4-5] 탱크직경과 냉각수량의 관계

탱크직경(ft)	냉각수량(GPM)		
	화재탱크		인접 탱크(1개)
	CRT 및 IFRT	FRT	
65 이하	750	375	250
65~90	1,000	500	375
90~125	1,500	750	500
125~150	2,000	1,000	500
150 이상	2,250	1,125	500

주) • 인접탱크라 함은 화재탱크로부터 화재탱크직경의 1.5배 이내에 있는 모든 탱크를 말함
　　• 인화점이 140°F 이상인 제품을 저장할 경우 화재탱크냉각수량은 위 양의 50%로 함
　　• 인접탱크가 보온되어 있을 경우 인접 탱크냉각수량은 위 양의 50%로 함

(2) 탱크 소화를 위한 시설

인화점이 높은 중질석유류 제품은 물분무로도 소화가 가능하기는 하나, 석유류 제품 저장 탱크 소화시설로 가장 일반적으로 사용되고 있는 것은 포말소화시설이다.

포말소화시설에서 포소화약제의 종류로는 포(거품)의 내부에 공기가 존재하는 공기포소화 약제와 2개 물질의 화학반응에 의하여 생성되는 불연성 가스가 존재하는 화학포소화약제가 있는데, 이 중 화학포소화약제는 사용상의 불편으로 인하여 현재 거의 사용되고 있지 않다.

공기포소화약제의 포(거품) 생성원리로서 석유류 제품 저장탱크 화재를 소화하기 위하여 필요한 최소한의 포수용액의 양은 CRT 및 IFRT의 경우 저장탱크 액표면적 ft²당 0.1GPM, FRT의 경우 폼댐(Foam Dam)과 탱크 벽면 사이 환상면적 ft²당 0.3GPM이다. 포방출방법으로는 저장탱크 윗부분에서 포를 방출하는 Top-side Application Method와 저장탱크 액면 아래 에서 포를 방출하는 Sub-Surface Injection Method가 있다. 이 중 Sub-Surface Injection Method는 비교적 최근에 개발된 것인데, 말 그대로 포(거품)가 탱크 액표면 아래에서 방출되어 부력에 의하여 포가 액체 내부를 부상, 화재가 나고 있는 액표면에 확산되어 소화하는 방법으로 다음과 같은 장단점을 가지고 있다.

1) 장점

① 탱크 폭발 시나 벽면이 우글어들 때 포소화시설의 파손위험이 적다.

② 포가 사방으로 확산되므로 확산속도가 빠르다.

③ 대형탱크(직경 200ft 이상)의 소화도 가능하다.

④ 탱크 아래에 있는 차가운 액체의 순환으로 소화효과가 좋다.

⑤ 별도의 포 주입배관 없이 입고배관으로도 포 주입이 가능하다.

2) 단점

① FRT 및 IFRT에는 적합하지 않다.

② 포소화약제는 불화단백포 및 수성막 포로만 사용 가능하다.

③ 수용성 제품이나 점성이 큰 제품에는 사용할 수 없다.

④ 포 제조기 입구측에서의 포 수용액의 압력이 높아야 한다(포 제조기 출입측 Back Pressure의 4배 이상).

(3) 지면화재 소화를 위한 시설

저장탱크 화재 시는 지면화재가 동반될 가능성이 매우 크다. 지면화재를 방치하면 인접 탱크로 화재가 전파될 뿐만 아니라 화재탱크 진화작업에도 지장을 초래하므로 즉시 소화해야 한다. 이를 위한 시설로는 소화전과 포 호스노즐이 사용되는데, 포 호스노즐(50GPM 이상의 포 수용액을 방출할 수 있어야 함)의 필요개수는 탱크의 직경에 따라 [표 4-6]과 같다.

[표 4-6] 탱크의 직경과 포 호스노즐의 수

최대탱크의 직경(ft)	포 호스노즐의 수
65 미만	1개 이상
65~120	2개 이상
120 이상	31개 이상

4. 저장탱크 화재 시 행동요령

(1) CRT 및 IFRT화재

① 가능하다면 화재탱크의 제품을 즉시 다른 탱크 등으로 이송한다.

② 화재탱크에 포를 주입하여 소화한다.

③ 지면에 화재가 발생되어 있으면 소규모인 경우 소화기로, 대규모인 경우 포 호스노즐로 소화한다.

④ 화재탱크 벽면에 냉각수를 살포한다.

⑤ 인접 탱크가 직화에 노출되어 있거나 가열되어 있으면 냉각수를 살포한다. 인접 탱크가 가열되어 있지 않는 상태에서 냉각수를 불필요하게 살포하면 다음과 같은 문제가 초래되므로 유의하여야 한다.

　㉠ 소방용수의 압력이 감소한다.

　㉡ 다량의 물이 방유제 내부에 고여 저장탱크가 부력에 의하여 떠오를 수도 있다.

　㉢ 누출된 기름이 물 위에 뜨게 되어 화재를 확대시킬 가능성이 있다.

　㉣ 인접 탱크의 가열상태 여부는 인접 탱크의 냉각수를 살포하였을 때 수증기가 생성되는 여부로 파악할 수 있다.

⑥ 저장탱크 저부 벽면이나 배관이 파손되어 기름이 새고 있을 때는 다음과 같은 조치를 취한다.

　㉠ 휘발유와 같이 인화점이 낮은 제품의 경우 즉시 포를 살포하여 증발을 억제할 것

　㉡ 가능하다면 물을 탱크의 누설 부위보다 높게 충전시켜 기름 대신 물이 누설될 수 있도록 할 것

⑦ 열류층이 형성되는 제품의 화재가 방치되어 열류층이 형성되어 있으면 포를 주입하기 전에 다음의 조치를 취한다.

    ㉠ 가능할 경우 제품을 고속으로 순환시키거나, 또는 공기 등으로 Agitation을 실시하여 열류층을 분산, 와해시킨다.

    ㉡ 폼을 간헐적으로 주입시키거나 물분무시켜 미소한 Slop Over를 발생시키면서 열류층을 냉각시킨다.

(2) FRT화재

① 화재 초기에는 탱크 부유지붕과 벽면 사이의 환상 Seal지역 일부에서만 국소적으로 화재가 발생하므로 소화기로 소화한다.

② 소화기로 소화가 되지 않고 화재가 확대되면 주입하여 수화한다.

③ 지면에 화재가 발생되어 있으면 소규모인 경우 소화기로, 대규모인 경우 포 호스노즐로 소화한다.

④ 화재탱크가 직화에 노출되어 있거나 가열되어 있으면 냉각수를 살포한다.

Section 11 정전기 발생의 방지대책

1. 개요

정전기는 두 종류의 유전체의 마찰에 의해 발생한다. 유전체를 서로 마찰할 때 발생하는 정전기의 부호는 물체의 조합에 의해 결정된다. 조합하여 양전하를 띠는 물체는 오른쪽에, 음전하를 띠는 물체는 왼쪽에 가도록 나열하면 유전체를 일직선상에 나란히 나열할 수 있으며, 이 배열을 대전열이라고 한다. 대전의 극성은 대전열에서 서로 멀리 떨어진 물체와 조합될수록 높아진다.

2. 정전기 발생의 방지대책

정전기 발생을 방지, 억제하는 것은 재료의 특성 성능 및 공정상의 제약 등에서 곤란한 경우가 많지만 다음 사항을 고려하여 설비의 설계나 물질을 취급하여야 한다.

① 접촉면적, 접촉압력을 적게 한다.

② 접촉횟수를 줄인다.

③ 접촉분리속도를 작게 하여 속도는 서서히 변화시킨다.

④ 접촉상태에 있는 것을 급격히 박리시키지는 않는다.

⑤ 표면의 상태를 깨끗이 유지한다.

⑥ 불순물 등의 이물질 혼입을 피한다.

⑦ 정전기 발생이 적은 재료를 선정한다.

Section 12 도체의 대전 방지대책

1. 개요

정전기로 인한 재해의 대부분은 도체가 대전된 결과로 인한 불꽃방전에 의해 발생되므로 도체의 대전 방지를 위해서는 도체와 대지와의 사이를 전기적으로 접속해서 대지와 등전위화함으로써 정전기 축적을 방지하는 방법이다.

2. 도체의 대전 방지대책

도체는 다음에 의해 대전을 방지한다.

① 누설저항이 1,000Ω을 초과하는 제조설비, 장치 등은 접지한다.

② 부도체의 대전물체로 설치하지만 그 근방에 있어서 정전유도 등에 의한 대전을 고려하여 금속물체 등은 접지한다.

③ 고전압 부근에 있는 설비, 장치 등을 접지한다.

④ 이동물체 또는 기반물체에 도전성 재료를 이용하여 그 누설저항을 108Ω 이상으로 저하시킨다.

Section 13 부도체의 대전 방지대책

1. 개요

일반적으로 부도체에 대해서는 접지에 의한 정전기를 대지로 누설시키는 직접적인 대책이 실시될 수 없으므로 간접적인 대책이 필요하다. 이 대전 방지대책에 대해서는 효과를 지켜보는 것이 중요하며 사전의 검토와 사후의 확인이 필요하다.

2. 부도체의 대전 방지대책

부도체는 다음과 같은 방법으로 대전을 방지한다.

① 설비, 장치 등을 도전성 재료로 대체하거나 대전 방지처리, 가공 등을 실시한 대전 방지 용품을 사용한다.

② 유체, 분체 등에 대전 방지제를 첨가하거나 표면을 도포하고 물질 전체 또는 표면에 대전성을 저하시킨다. 단, 대전 방지제의 사용에 타당한 것은 유해성, 혼합위험성 등에 대해 검토와 확인을 행하고 대전 방지효과의 지속성을 확인한다.

③ 금속분, 카본분, 도전성 섬유 등 도전성 물질을 혼입 또는 혼방한다.

④ 가습, 가수, 취급물질의 수중조작 등에 의해 대전 방지를 한다. 단, 이들 대책의 실시 가능성 및 유효성은 취급하는 부도체 물질의 특성, 제조, 가공방법 등에 의존하므로 사전 검토와 사후 확인을 행한다.

⑤ 취급물질의 유속 등을 저하하여 정전기의 발생량을 저하시키고, 정지해 있는 시간을 길게 하여 전하를 완화시키는 등 조작조건을 완만하게 하여 대전을 방지한다.

⑥ 제전기를 사용하여 대전전하를 제거한다. 단, 작업자의 환경에 있어서 가연성 가스증기, 분진의 혼합농도가 폭발하한계농도의 1/4~1/3 이상으로 되는 장소에서 제전기를 사용하는 경우는 작업장의 실태에 맞추어 사용하고, 폭발구조의 제전기를 사용하려면 안전이 확보되도록 한다.

Section 14 작업자의 대전 방지대책

1. 개요

인체는 정전기적으로는 도체로 볼 수 있으므로 접지하면 대전 방지하는 것으로 된다. 그러나 일반적으로 작업자는 일정장소에서 보행, 작업동작 등에 의해 계속적으로 대전하며 정전유도에 의해, 또는 대전한 입자의 부착 등에 의해 대전하므로 접지는 할 수 없다.

2. 작업자의 대전 방지대책

작업자의 대전 방지대책은 다음과 같다.

① 대전 방지작업화(정전화)를 착용하여 인체의 누설저항을 저하시켜 대전 방지를 한다.

② 작업자가 거의 일정한 위치에서 작업하는 경우 리스트스트랩 등을 이용하여 직접 접지한다. 이 경우는 만약 배전선 등에 닿았을 때 감전위험 방지에 대해 고려할 필요가 있다.

③ 작업복 등 의복의 대전이 문제되는 경우는 대전 방지처리, 가공을 실시한 대전 방지작업복 등을 착용한다.

Section 15 · SI단위의 특징과 기본단위, 조립단위 기호

1. 개요

유체역학에서는 유체의 특성들을 다양하게 다루게 되는데, 이들 특성들을 정성적인 측면뿐만 아니라 정량적인 측면으로도 표현할 수 있는 방법이 필요하다. 정성적인 측면에서의 표현은 그 특성(길이, 시간, 응력과 속도 등)의 본질을 밝히는 반면, 정량적인 측면에서의 표현은 그 특성의 수치적인 계량이 가능하다. 정량적인 표현에서는 숫자뿐만 아니라 여러 가지 양들이 비교될 수 있는 기준이 함께 필요하다.

2. SI단위의 특징과 기본단위, 조립단위 기호

길이의 기준은 meter 또는 feet, 시간은 second, 질량은 slug 또는 kilogram이 될 수 있다. 유체성질을 정성적으로 표현하는 데는 길이 L, 시간 T, 질량 M, 그리고 온도 ℃와 같은 1차적인 양(primary quantity)들이 사용된다.

이들 1차적인 양들은 면적=L^2, 속도=LT^{-1} 등 2차적인 양(secondary quantity)들의 표현에 사용된다. 여기에서 =기호는 2차적인 양들의 차원(dimension)을 1차적인 양들의 항으로 표시하기 위해 사용되었다. 따라서 속도 V를 정성적으로 표현할 때 $V=LT^{-1}$로 표기하고 "속도의 차원은 길이를 시간으로 나눈 것과 같다"라고 말하며, 이러한 1차적인 양들을 기본차원이라고 부른다.

유체역학에서 L과 T, M의 단지 세 가지의 기본차원들만이 필요한 문제들은 매우 다양하고 많다. 때로는 L과 T, F를 기본차원으로 취하는 경우도 있으며, 여기에서 F는 힘을 나타내는 기본차원이다. Newton의 제2법칙에서 힘은 질량 곱하기 가속도와 같으므로 $F=MLT^{-2}$ 또는 $M=FL^{-1}T^2$이 된다.

따라서 M의 항을 포함하는 2차적인 양들은 위의 관계식을 이용하여 F를 포함하는 형태로 표현될 수 있다. 예를 들어, 단위면적당의 힘인 응력 σ는 그 차원이 $\sigma=FL^{-2}$이지만 $\sigma=ML^{-1}$로도 표현될 수 있다. [표 4-7]은 여러 가지 대표적인 물리적 양들의 차원을 보여준다.

[표 4-7] SI단위계와 차원해석

물리량	기호	MLT	단위
길이	l	L	m
시간	t	T	s(sec)
질량	m	M	k
힘	F	MLT^{-2}	N
속도	v	LT^{-1}	m/s
가속도	a	LT^{-2}	m/s²
면적	A	L^2	m²
체적	V	L^3	m³
압력	p	$ML^{-1}T^{-2}$	Pa
밀도	ρ	ML^{-3}	kg/m³
점성계수	μ	$M^{-1}T^{-1}$	kgf·s/m²
동점성계수	ν	L^2T^{-1}	m²/s
표면장력	σ	MT^{-2}	m/s²
일에너지	W	ML^2T^{-2}	J

Section 16 EU REACH제도

1. 개요

REACH(Registration, Evaluation, Authorization of Chemicals)제도는 기존 물질의 양과 타입에 따라 등록, 평가, 허가 등의 절차를 도입하고 시험자료를 포함한 유해성자료와 위해성평가서 등의 제출을 기업에게 요구하고 있다. 즉 신규물질유해성평가에 필요한 시험자료 등을 기업에게 요구하는 현재의 시스템을 기존 물질에 확대 적용하는 것으로, 일부 소비자용 공산품에도 확대되어 국내 화학기업뿐 아니라 화학물질을 함유한 공산품을 EU로 수출하는 국내 기업에도 큰 영향을 미치게 될 것이다. 현재 EU의 화학물질 관련 기본법령은 "The Dangerous Substances Directive 67/548/EEC(DSD)"이며, 기존 화학물질과 신규화학물질 관리체제가 이원화되어 있다.

REACH제도에 따르면 EU 내 화학물질 및 이를 함유한 공산품의 제조자 또는 수입자는

① 기존 화학물질의 양이나 위해성 정도에 따라 등록(Registration), 평가(Evaluation), 허가(Authorization)의무를 준수하여야 하며

② 해당 물질의 위해성평가에 필요한 자료의 수집 및 시험에 대한 비용을 부담하게 되며

③ 행정절차에 따른 시간소요와 정부행정비용까지 부담하게 된다.

또한 이 규정안은 EU 내 수입자에게 제조자와 동일한 의무를 부여함에 따라 EU와의 교역에 관련된 전 세계 화학기업에 2차적인 영향을 미치게 된다.

2. REACH제도의 주요 내용

등록의무는 화학물질의 양과 인체환경 노출 가능성의 정도에 따라 다르다. 양이 많은 물질에 대해서는 더 많은 자료를 요구하고, 등록시점이 더 빠르다. 반면에 양이 적은 물질은 더 적은 양의 자료를 제출하고, 등록시점이 더 늦다. 위해의 정도가 큰 물질, 즉 발암물질 변이원성 생식독성물질(CMRs), 잔류성 생물농축성 독성물질(persistent, bioaccumulative and toxic substances(PBTs))과 고잔류성 고농축성 물질(very persistent and very bioaccumulative substances(vPvBs)) 허가대상이다. 내분비 장애물질과 같은 기타 우려가 높은 물질은 사안별로 허가시스템에 포함될 것이다. 허가 대상물질은 위해성 평가와 사회경제학적 평가에 근거하여 특정 용도에 대해 허가될 수 있으며, 핵심내용은 다음과 같다.

(1) 신규물질 및 기존 물질의 통합관리

1톤 이상의 모든 화학물질에 대한 정보제공, 시험 및 등록의무를 부여하고, 유해물질 및 100톤 이상 화학물질에 대해서는 특별관리한다. 등록은 11년에 걸쳐 시행된다.

(2) 기업에 위해성평가 및 관리책임 부여

산업체는 화학물질 사용으로 인한 위해성을 평가해야 하고, 그 위해성을 적정 관리하여야 한다.

(3) 유해물질에 대한 우선 관리체제

등록대상물질 중 위험물질에 대한 등록은 시행 3년 이내에 우선 실시하는 등 물질의 제조 수입량과 위해성에 따라 등록시점을 달리한다.

(4) 화학물질유통과정상의 정보제공 강화

최초 제조수입단계로부터 최종 소비자까지 취급업자의 정보제공의무를 강화하고 있다. 또 하부 사용자가 제조자 또는 수입자가 등록하지 않는 새로운 용도로 사용할 경우 해당 용도에 대해 별도 등록을 하여야 한다.

(5) 화학물질정보의 공유(동물시험 축소)

등록된 정보는 database로 집적하고, 기업 간 정보공유를 적극 권장한다. 시험자료 중 동물시험자료는 동물보호 및 시험비용 중복을 방지하기 위하여 반드시 공유하도록 하고, 시험자료의 소유권을 적정 비용 지불 등으로 보상하도록 한다.

(6) 특정 물질 사전사용허가제도

극히 위해성이 높은 물질에 대해서는 사용용도에 대한 허가의무를 부과하고 있다. POPS, PBTs, vPvB, 내분비계 장애물질(환경호르몬)이 주대상이다.

(7) 미확인 화학물질 함유제품의 수입규제

EU 내 미등록물질이 함유된 수입품은 미등록물질에 대한 정보제공의무를 부과하고 있다.

(8) 유해화학물질의 대체 유도

하부 사용자의 정보제공의무 및 일반 대중에 대한 정보전달 강화를 통하여 유해물질에 대한 대체물질 개발 및 사용을 유도하고 있다.

(9) EU 이외 지역의 시험결과 인정

OECD 등 국제기구 및 다른 국가에서 수행한 시험결과를 인정한다.

Section 17 ERPG농도

1. 개요

미국산업위생학회인 AIHA에서 정한 화학물질 누출로 인한 지역사회의 사고대응에 대한 가이드라인으로 ERPG1, ERPG2, ERPG3으로 구분된다.

2. ERPG농도

ERPG(Emergency Response Planning Guideline)농도는 다음과 같이 3단계로 분류한다.
① ERPG1 : 거의 모든 사람이 한 시간 동안 노출되어도 오염물질의 냄새를 인지하지 못하거나 건강상 영향이 나타나지 않는 공기 중 최대농도
② ERPG2 : 거의 모든 사람이 한 시간까지 노출되어도 보호조치 불능의 증상을 유발하거나

회복 불가능 또는 심각한 건강상 영향이 나타나지 않는 공기 중 최대농도

③ ERPG3 : 거의 모든 사람이 한 시간까지 노출되어도 생명의 위험을 느끼지 않는 공기 중 최대농도

[표 4-8] ERPG값 예

구분	ERPG1	ERPG2	ERPG3
염소	1	3	20
이황화탄소	1	5	500

Section 18 방폭지역의 구분과 설비별 방폭지역 구분 예

1. 개요

석유화학, 가스, 정유 관련 공장 및 저장소 등에서는 수많은 위험물질을 여러 공정에서 고온, 고압으로 취급함으로서 폭발로 인한 화재나 가스중독 등의 위험을 내포하고 있다. 또한 이러한 공장의 폭발은 공장 및 저유시설에만 그치는 것이 아니고 주위의 공장이나 주택가로 번져 대형사고로 이어지는 바, 이러한 지역에서 방폭의 정확한 개념을 가지고 설계, 시공 및 운전이 이루어져야만 폭발의 위험성을 미연에 방지할 수 있다.

2. 방폭지역의 구분(JIS, IEC기준)

(1) 0종 장소(Zone 0)

위험분위기가 보통상태에서 계속해서 발생하거나, 또는 발생할 염려가 있는 장소로서 폭발성 농도가 연속적 또는 장시간 계속해서 폭발하한계 이상이 되는 인화성 액체의 용기 또는 tank 내 액면 상부공간, 가연성 가스용기 내부, 가연성 액체가 모여있는 Pit Trench 등이 이에 속한다.

(2) 1종 장소(Zone 1)

보통장소에서 위험분위기가 발생할 우려가 있는 장소로서 폭발성 가스가 보통상태에서 집적해서 위험한 농도가 될 우려가 있는 장소 및 수선보수 또는 폭발성 가스가 모여서 위험한 농도로 될 우려가 있는 장소, 0종 장소의 근접 주변, 송급 특구의 근접 주변, 운전상 열게 되는 연결부의 근접 주변, 배기관의 유출구 근접 주변 등이 이에 속한다.

(3) 2종 장소(Zone 2)

이상상태에서 위험분위기가 단시간 존재할 수 있는 장소로서 이상상태는 지진 등 예상을 초월하는 극히 빈도가 낮은 재난상태가 아닌 통상적인 운전상태, 통상적인 유지보수 및 관리상태를 벗어난 상태로 일부 기기의 고장, 기능상실, 오동작 등, 0종 1종 장소의 주변 용기나 장치의 연결부 주변, Pump의 Sealing 주변 등이 이에 속한다.

3. API, NFPA기준(미국기준)

(1) Class에 의한 분류

① Class Ⅰ Location : 가연성 증기 또는 가스가 폭발이나 연소할 수 있는 충분한 양이 공기 중에 존재하거나 존재 가능성이 있는 장소

② Class Ⅱ Location : 연소성 먼지가 존재하는 장소

③ Class Ⅲ Location : 쉽게 발화할 수 있는 섬유질 또는 솜털 부스러기가 존재하나, 이러한 섬유질이나 부유물질은 발화될 수 있는 만큼 충분한 양이 공기 중에 존재하지 않는 장소

(2) Division에 의한 분류

1) Division Ⅰ

정상상태에서도 가연성 증기나 가스가 존재하는 장소로 이 장소에서 설치하는 설비는 정상운전 시는 물론, 전기시스템 고장 시에 설비 내부의 연소가 주위 대기를 연소시킬 수 있는 불꽃이나 고온가스를 방출시키지 않도록 설계된 방폭구조기기를 사용하고, 본질적으로 안전하다고 승인된 기기나 배선은 방폭구조 없이도 사용할 수 있다.

2) Division Ⅱ

비정상상태의 경우로 기기 파열, 고장의 경우 가연성 증기나 가스가 나타날 수 있는 장소이며, Arcing이나 이와 유사한 경우가 정상상태에서도 점화원을 발생하지 않도록 만들어진 기기를 사용한다. 이 경우 사고는 매우 희귀하게 일어나고, 보통사고 시에는 각 설비가 전원으로부터 차단되기 때문에 완벽한 보호는 요구되지 않는다.

4. 설비별 방폭지역 구분 예

(1) 옥외 지상에 설치된 산업용 펌프

1) 설비조건

구분		조건	
설비명 및 위치		산업용 펌프(옥외 지상 설치, 용량 50㎥/h)	
취급물질	종류	인화성 물질	
	인화점	운전온도 및 대기온도 이하	
	증기비중	공기보다 무거움	
누출원	누출 부위	펌프의 기밀 부위	
	누출등급	1차 및 2차	
환기	구분	자연환기	강제환기
	등급	중	고
	유효성	미흡	양호

2) 방폭지역 구분도

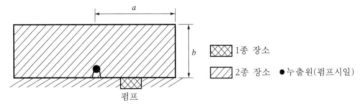

a=3m(누출원에서 수평), b=1m(지면 및 누출원 상부)

주) 높은(강제) 환기로 인해 1종 장소는 무시

[그림 4-2] 옥외 지상에 설치된 산업용 펌프

(2) 옥내 바닥에 설치된 산업용 펌프

1) 설비조건

구분		조건	
설비명 및 위치		산업용 펌프(옥외 지상 설치, 용량 50㎥/h)	
취급물질	종류	인화성 물질(액체)	
	인화점	운전온도 및 주위 온도 이하	
	증기비중	공기보다 무거움	
누출원	누출 부위	펌프의 기밀부(글랜드패킹) 및 바닥 웅덩이	
	누출등급	1차 및 2차	
환기	구분	자연환기	강제환기
	등급	–	중
	유효성	–	양호

2) 방폭지역 구분도

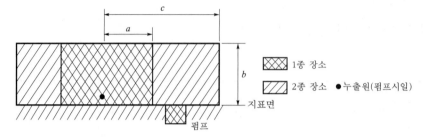

a=1.5m(누출원에서 수평), b=1m(누출원 상부), c=3m(누출원에서 수평)

[그림 4-3] 옥내 바닥에 설치된 산업용 펌프

(3) 압력방출밸브

1) 설비조건

구분		조건	
설비명 및 위치	압력방출밸브(출구직경 25mm, 개방압력 약 0.15mPa)		
취급물질	종류	가솔린	
	인화점	운전온도 및 주위 온도 이하	
	증기비중	공기보다 무거움	
누출원	누출 부위	밸브 출구	
	누출등급	1차	
환기	구분	자연환기	강제환기
	등급	중	–
	유효성	적정 환기	–

2) 방폭지역 구분도

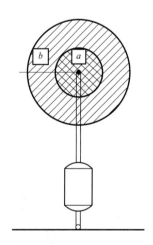

a=3m(누출원에서 모든 방향), b=5m(누출원에서 모든 방향)

[그림 4-4] 압력방출밸브

(4) 조절밸브

1) 설비조건

구분		조건	
설비명 및 위치		조절밸브(옥외, 가연성 가스 이송용 패쇄배관계통)	
취급물질	종류	프로판	
	인화점	해당 무(가스)	
	증기비중	공기보다 무거움	
누출원	누출 부위	밸브측의 기밀 부위	
	누출등급	2차	
환기	구분	자연환기	강제환기
	등급	중	–
	유효성	양호	–

2) 방폭지역 구분도

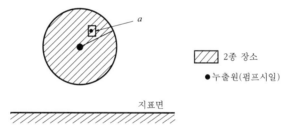

a=1m(누출원에서 모든 방향)

[그림 4-5] 조절밸브

(5) 옥내에 고정 설치된 혼합용기

1) 설비조건

구분		조건		
설비명 및 위치		옥내에 고정 설치된 혼합용기(운전 중 규칙적으로 개방, 액체는 용기에 잘 용접된 파이프를 통해 충전 및 배출)		
취급물질	종류	인화성 물질(액체)		
	인화점	운전온도 및 주위 온도 미만		
누출원	증기비중	공기보다 무거움		
	누출 부위	설비 내 액체표면	설비의 개구부	설비 주위의 누출
	누출등급	2연속	1차	2차
환기	구분	자연환기	강제환기	
	등급	–	장치 내부	미흡
			장치 외부	중
	유효성	–	양호	

2) 방폭지역 구분도

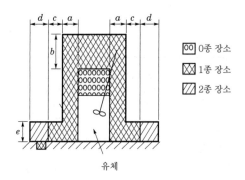

a=1m(수평), b=1m(누출원 상부), c=1m(수평), d=2m(수평), e=1m(지상)

[그림 4-6] 옥내에 고정 설치된 혼합용기

(6) 유수분리기

1) 설비조건

구분		조건	
설비명 및 위치		유수분리기(정유소 내에 옥외 노출)	
취급물질	종류	인화성 물질(액체)	
	인화점	운전온도 및 주위 온도 이하	
	증기비중	공기보다 무거움	
누출원	누출 부위	액체표면	공정 불안
	누출등급	연속	2차
환기	구분	자연환기	강제환기
	등급	중	–
	유효성	미흡	–

2) 방폭지역 구분도

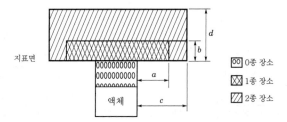

a=3m(수평), b=1m(상부), c=7.5m(수평), d=3m(상부)

[그림 4-7] 유수분리기

(7) 건물 내의 수소압축기

1) 설비조건

구분		조건	
설비명 및 위치		건물 내의 수소압축기(개방된 지표면)	
취급물질	종류	수소	
	인화점	해당 무(가스)	
	증기비중	공기보다 무거움	
누출원	누출 부위	압축기의 기밀부, 인접 밸브 및 플랜지	
	누출등급	2차	
환기	구분	자연환기	강제환기
	등급	중	–
	유효성	우수	–

2) 방폭지역 구분도

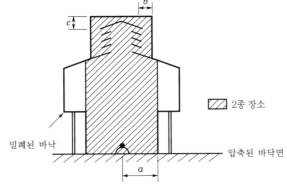

a=3m(수평), b=1m(환기개구부에서 수평), c=1m(환기개구부 상부)

[그림 4-8] 건물 내의 수소압축기

(8) 인화성 액체저장탱크

1) 설비조건

구분		조건		
설비명 및 위치		인화성 물질 저장탱크(옥외 설치, 고정 지붕형)		
취급물질	종류	인화성 물질(액체)		
	인화점	운전온도 및 주위 온도 이하		
	증기비중	공기보다 무거움		
누출원	누출 부위	액체표면	지붕 위 벤트 등, 개구부	탱크의 넘침, 플랜지 등
	누출등급	연속	1차	2차
환기	구분	자연환기		강제환기
	등급	중(탱크 및 펌프는 저)		–
	유효성	우수		–

2) 방폭지역 구분도

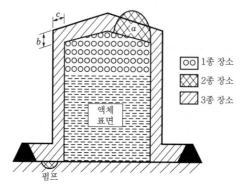

a=3m(벤트 개구부), b=3m(지붕 상부), c=3m(저장탱크 수평)

[그림 4-9] 인화성 액체저장탱크

(9) 상부 주입식 탱크로리 주입설비

1) 설비조건

구분		조건	
설비명 및 위치		상부 주입식 탱크로리 주입설비(옥외)	
취급물질	종류	가솔린	
	인화점	운전온도 및 주위 온도 이하	
	증기비중	공기보다 무거움	
누출원	누출 부위	탱크지붕의 개구부	바닥에 유출
	누출등급	1차	2차
환기	구분	자연환기	강제환기
	등급	중	-
	유효성	미흡	-

2) 방폭지역 구분도

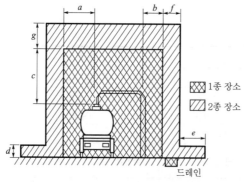

a=1.5m(누출원에서 수평), b=1m(격리된 경계에서 수평), c=1.5m(누출원 상부), d=1m(지면 상부),
e=1.5m(지면에서 수평), f=0.8m(1종 장소에서 수평), g=1.0m(1종 장소 상부)
주) 증기회수용 폐쇄계통의 경우 1종 장소는 무시, 2종 장소는 크게 축소 가능

[그림 4-10] 상부 주입식 탱크로리 주입설비

(10) 옥내의 누출원 다수

1) 설비조건

1실에 페인트 혼합조 4대, 펌프 3대를 설치하며 잘 용접된 파이프·플랜지·밸브 등에 의해 접속된 용기 및 이들 부품이 서로 인근에 위치한다. 용기들이 서로 근접되어 있을 경우 지역을 각각 작은 범위로 구분하지 않고 통상 박스형태로 확대하며, 실내에 개방된 용기 등이 있을 수 있으나 고려하지 않는다. 실내가 좁을 경우 2종 장소는 실내만을 고려한다.

2) 방폭지역 구분도

평면도는 [그림 4-11]을 참조한다.

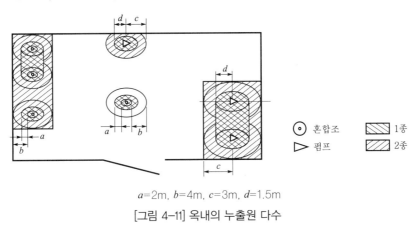

a=2m, b=4m, c=3m, d=1.5m

[그림 4-11] 옥내의 누출원 다수

(11) 가솔린 및 기름탱크 등의 지역

1) 설비조건

3조의 휘발유탱크(설비 3) 및 5대의 펌프(설비 1), 탱크로리충전설비(설비 4), 2조의 기름탱크(설비 5), 유수분리기(설비 2) 등을 상호 인접하여 설치하며, 탱크지역 내에 타 누출원이 있을 수 있으나 간편성을 감안하여 고려하지 않는다.

2) 방폭지역 구분도

평면도는 [그림 4-12]를 참조하며 탱크와 분리기 내부(0종) 및 탱크벤트(1종)의 적절한 구분을 위해 입면도를 참조한다.

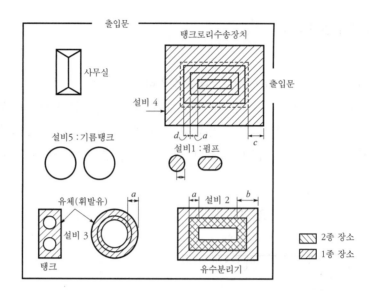

a=3m, b=7.5m, c=4.5m, d=1.5m

[그림 4-12] 가솔린 및 기름탱크 등의 지역

Section 19 화학공장에서의 폭발진압 및 보호시스템 5가지

1. 개요

폭발의 예방대책으로는 폭발의 발생과정에 이르기 어렵게 또는 못하게 하는 방법을 생각하면 될 것이다. 즉 어떤 공간에 있어서 폭발조건이 발생되어 어떤 발화원에 의해 발생한다. 따라서 폭발의 기본적인 예방책으로 항상 어떤 공간의 폭발조건을 배제하는 방법이 중요한 대책이 될 수 있다.

2. 폭발진압 및 보호시스템

(1) 폭발범위 밖에서 운전하는 방법

폭발범위 밖에서 운전하는 방법은 [그림 4-13]을 보면 연소물질의 농도를 변화시키어 운전조건을 폭발범위 밖으로 끌어내리는 방법으로 연소물질, 연소조연제 또는 불활성 가스를 추가로 투입하여 운전조건이 폭발범위 밖에 있도록 하거나, 공기 또는 불활성 가스의 양을 조절하여 폭발범위 밖에 있도록 하는 것이다. 산화반응에서 이 방법을 주로 사용하며, 이 경우에 정상운전 중뿐만 아니라 시운전(Start-Up), 비정상운전, 운전 정지(Shut-Down) 및 비상조치 운전 중에도 폭발범위 내에 들어가지 않도록 조치하여야 한다.

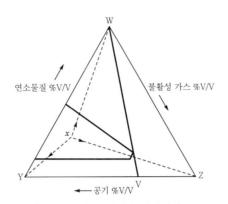

[그림 4-13] 폭발범위 회피방법도

(2) 용기 내부에 폭발압을 봉쇄(containment)시키는 방법

용기에 폭발을 봉쇄시킬 수 있는지 여부를 검토하기 위하여 설비에서 이상상태가 발생되었을 경우 최악의 경우에 있어서의 최대폭발압력을 산정하여야 한다. 봉쇄(containment)는 연소물질의 혼합물이 폭연을 일으키는 경우에 한하여 사용할 수 있으며, 폭굉을 일으키는 경우에는 사용할 수 없다.

(3) 폭발압력을 방출설비를 통하여 배출시키는 방법

폭발압력을 방출설비를 통하여 방출시키는 방법을 선정 시에는 그 경제성과 공정상의 적정성을 검토해야 한다. 독성물질을 취급하는 경우에는 대기 중으로 그 물질을 배출시키는 것은 좋지 않으므로 봉쇄 또는 폭발억제장치를 사용하는 것이 좋다. 대기벤트를 시키는 경우에는 벤트관을 화염 또는 그 압력으로부터 근로자, 지역주민 및 설비에 영향을 주지 않도록 안전한 곳에 설치해야 한다.

(4) 점화원을 제거시키는 방법

점화원을 제거시키는 방법은 화재의 3요소 중 하나인 다음과 같은 점화원을 설비로부터 차단시키는 방법이다.

① 나화, 뜨거운 표면, 담배불, 성냥불 및 용접불꽃 등의 직접열원
② 자연발화 및 열분해 등의 화학적 열원
③ 충격, 마찰 및 단열압축 등의 기계적 열원
④ 전기스파크 및 정전기 등의 전기적 열원
⑤ 폭발억제장치(explosion suppression system)를 사용하는 방법

폭발억제장치는 화학적인 폭발억제제를 폭발화염의 진행속도보다 빠른 속도로 설비 내부에 분사시키어 폭발을 방지하는 방법으로써 여러 방법 중 마지막으로 검토하는 것이 좋다. 이 방법도 폭발압력 상승속도가 아주 빠른 경우 및 억제제의 적절한 확산속도를 얻기 어려운 경우에는 사용하지 않는다.

Section 20 **방폭형 전기기기의 구조는 발화도 및 최대표면온도에 따른 분류와 폭발성 가스위험등급으로 분류되는데 국내와 IEC의 분류기준**

1. 방폭구조의 종류

(1) 내압방폭구조(d)

전기기구의 용기 내에 외부의 폭발성 가스가 침입하여 내부에서 점화·폭발해도 외부에 영향을 미치지 않도록 하기 위해서 용기가 내부의 폭발압력에 충분히 견디고 용기의 틈새는 화염일주한계 이하가 되도록 설계한 것으로, 설치대상은 아크가 생길 수 있는 모든 전기기기, 접점, 개폐기류, 스위치 등이 있다.

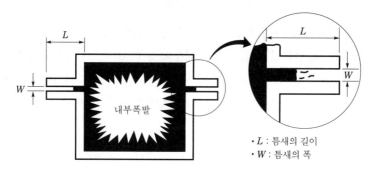

· L : 틈새의 길이
· W : 틈새의 폭

[그림 4-14] 내압방폭구조

(2) 압력방폭구조(p)

전기기구의 용기 내에 신선한 공기 또는 불활성 가스를 주입하여 외부의 폭발성 가스가 용기 내로 침입하지 못하도록 함으로써 용기 내의 점화원과 용기 밖의 폭발성 가스를 실질적으로 격리시키는 구조로, 설치대상은 모든 전기기기, 접점, 개폐기, 스위치, 전동기류, MCB 등이 있다.

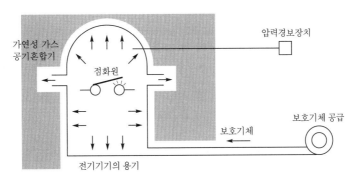

[그림 4-15] 압력방폭구조

(3) 유입방폭구조(o)

점화원이 될 우려가 있는 부분을 절연유 중에 담가서 주위의 폭발성 가스로부터 격리시키는 구조로 절연유의 노화, 누설 등 보수상 단점이 있다(현재 거의 사용하고 있지 않다).

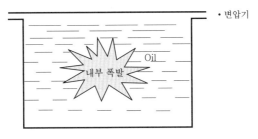

[그림 4-16] 유입방폭구조

(4) 안전증방폭구조(e)

정상상태에서 폭발성 분위기의 점화원이 되는 전기불꽃 및 고온부 등이 발생할 염려가 없도록 전기기기에 대하여 전기적, 기계적 또는 구조적으로 안전도를 증강시킨 구조이다. 특히 온도 상승에 대하여 안전도를 증강시킨 구조로, 설치대상은 단자 및 접속함, 농형 유도전동기, 변압기, 조명기구 등이 있다.

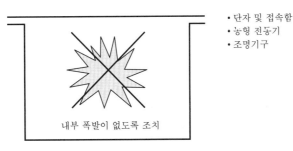

[그림 4-17] 안전증방폭구조

(5) 본질안전방폭구조(i)

정상운전 및 사고 시 발생하는 전기불꽃 및 고온부에 의해서 폭발성 가스와 점화될 우려가 없는 것이 시험, 기타의 방법에 의해 충분히 입증된 것으로 설치대상은 계측기기, 전화기, 신호기 등이 있다.

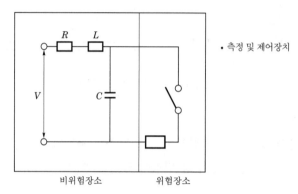

[그림 4-18] 본질안전방폭구조(ia, ib)

(6) 특수방폭구조(s)

위 외의 방폭구조로서 폭발성 가스의 인화를 방지할 수 있는 것이 시험, 기타의 방법에 의하여 확인된 구조이다.

2. 폭발성 가스의 분류

(1) 폭발등급

KS	등급	1급	2급	3급
	틈새간격	0.6mm 이상	0.4mm 초과 0.6mm 미만	0.4mm 이하
IEC	등급	II_A	II_B	II_C
	틈새간격	0.9mm 이상	0.5mm 초과 0.9mm 미만	0.5mm 이하
해당 가스		일산화탄소, 벤젠, 아세톤, 암모니아, 메탄올, 에탄올, 프로판	에틸렌, 도시가스	수소, 아세틸렌

(2) 온도등급(발화도)

KS	등급	G1	G2	G3	G4	G5	
	온도	450℃ 이상	300~450℃	200~300℃	135~200℃	100~135℃	
IEC	등급	T1	T2	T3	T4	T5	T6
	온도	450℃ 이상	300~450℃	200~300℃	135~200℃	100~135℃	80~100℃

(3) 방폭전기기기의 기호

방폭구조	내압	유입	압력	안전증	본질안전	특수
KS	d	o	p	e	ia, ib	s
IEC	Ex d	Ex o	Ex p	Ex d	Ex i	Ex s

3. 위험장소 구분 및 방폭구조 적용

구분	개요	해당 장소	방폭구조
0종 장소	정상상태에서 위험분위기가 지속적으로 또는 장기간 존재하는 것	용기 내부, 장치 및 배관의 내부 등	본질안전
1종 장소	정상상태에서 위험분위기가 존재하기 쉬운 장소	0종 장소 주변, 급유구 주변, 운전상 열게 되는 연결부 주변	내압, 압력, 유입
2종 장소	이상상태에서 위험분위기가 단기간에 존재할 수 있는 장소	1종 장소 주변, 설비의 연결부 주변, 펌프의 Seal 주변	안전증

4. 외국기준과 비교

KS(한국), JS(일본)	IEC(유럽)	NEC, NFPA(미국)
0종 장소	ZONE 0	DIVISION 1
1종 장소	ZONE 1	DIVISION 1
2종 장소	ZONE 2	DIVISION 2

Section 21 국내 및 해외에서의 수소 · 연료전지 안전연구현황 및 향후 국내의 안전연구방향

1. 개요

현재 대표적인 에너지원인 화석연료는 대기환경오염과 자원의 고갈이라는 문제점 등이 있어, 이를 해결하고 대체하기 위한 수소에너지 활용의 친환경적 에너지시스템인 수소·연료전지에 대한 기술개발이 추구되었으며, 지금은 상당히 가시적인 성과를 보여주고 있다. 이러한 차세대 수소에너지시스템인 수소·연료전지의 실용화를 실현하기 위해서는 무엇보다도 기술개발과 연계된 안전성 확보가 반드시 필요하며, 우리나라에서도 수소·연료전지사업단의 신규과제로 수소·연료전지에 대한 안전연구가 본격적으로 추진되고 있다.

2. 해외의 안전연구현황

(1) 미국

DOE에서 실시하고 있는 수소·연료전지 관련 기술개발사업과 안전성 연구를 통합한 것이 DOE 수소프로그램이며, HFCIT(Hydrogen, Fuel Cells and Infrastructure Technologies Program)이 핵심 프로그램이다. 구체적 연구분야는 수소의 제조, 수송, 저장, 연료전지, 기술 실증, 교육, 규격·기준, 안전, 시스템 통합·분석의 9개 분야이다.

이 중 기준, 안전, 교육 부분에서는 수소연료전지자동차의 세계적 기술규격 도입을 완료하고, 안전에 관한 핸드북을 출판하며, 수소경제와 연료전지기술에 관한 포괄적 교육을 실시한다는 것이다. 이를 위해 PNNL(Pacific Northwest National Laboratory)의 Hydrogen Safety Program을 통해 Emergency Response Training and Education을 수행하고 있다.

또한 수소안전교육 인프라 구축과 수소안전교육과 교육을 위한 사이트를 운영하고 있으며 Hydrogen Safety Center 구축을 위한 프로그램을 진행하고 있다.

안전을 위한 핸드북으로는 Guidance for Safety Aspects of Proposed Hydrogen Projects를 출간하여 안전지침으로 사용하고 있으며 현재도 수정·보완 중에 있다.

(2) 일본

일본은 NEDO(New Energy and Technology Development Organization) 주관으로 '수소안전이용 등 기술개발사업'을 통해 수소연료전지에 관한 안전연구를 수행 중에 있다. 세부적으로는 고압수소용기 및 연료전지자동차의 안전, 수소 인프라(수소충전소 등)의 안전, 고정식 연료전지의 안전성 연구로 나뉘어 연구되고 있으며, 그 외 수소기초물성, 수소용 재료 기초물성연구, 수소용 알루미늄재료 기초연구 및 열전대식 수소센서연구개발 등이 기업과 연구조합 등에서 위탁연구로 수행되고 있다.

[그림 4-19] 수소배관에서의 화재위험

(3) 유럽

유럽의 대표적인 안전성연구는 HySafe-The European Network of Expertise for Hydrogen Safety프로젝트로 유럽 12개국(독일, 프랑스, 노르웨이, 영국, 네덜란드, 스페인, 덴마크, 그리스, 이탈리아, 폴란드, 포르투갈, 스웨덴)과 캐나다가 참여 중이다.

IPHE(International Partnership for the Hydrogen Economy)에서는 HyApproval, HyLights, HyWays 3개의 협력프로젝트를 통해 실증연구와 안전성연구를 수행하고 있다. HyApproval은 수소충전소의 안전성 확보를 위해 적용하는 지침서 작성을 위한 프로젝트이며, HyLights는 수송용 수소 이용에 대한 실증프로젝트이다. HyLights의 일환으로는 HYFLEET : CUTE-Hydrogen bus project, HYCHAIN-Hydrogen vehicles project, ZeroRegio-Hydrogen cars project 등의 세부 프로젝트가 진행 중에 있다. 또한 수소 생산과 이용을 위한 인프라를 구축하고 로드맵을 작성하기 위한 것으로 Roads2Hycom, HyWays 등의 프로젝트가 수행되고 있다.

3. 국내의 안전연구현황

(1) 해결하여야 할 과제

현대자동차에서는 수소연료전지자동차를 국산화하여 생산하고 있으며, 정부에서도 수소인프라(충전소)를 위해 적극적으로 관여하고 있다. 또한 관련 법령도 수소자동차의 실용화에 따라 검토를 진행하고 있다.

수소연료전지자동차에 부착하는 초고압 기체저장용기에 대한 인증기준이 없어 외국제품을 연구용으로 국내 인증 없이 사용 중에 있다. 퓨얼셀파워, GS퓨얼셀, 삼성종합기술원 등에서는 가정용 연료전지시스템을 개발하였으며, 발전용의 경우 한국전력공사에서 보령화력에 국내기술로 개발한 제품을 추진 중에 있으나 안전 관련 법령이 부재하여 어려움을 겪고 있으며, 포스코에서는 해외제품을 도입하여 설치 중에 있다.

[그림 4-20] 국내에서 개발된 가정용 연료전지

국내의 경우 기술개발 및 국외 도입을 통해 실증단계에 있으나 이들 수소 인프라 및 연료전지시스템의 설계, 성능인증, 설치검사, 유지관리 등에 대한 국가규격이나 단체규격이 미비한 상태로, 국내 기술개발 및 적용에 걸림돌로 작용할 가능성이 높다. 따라서 이들 관련 규격을 조기에 개발·보급하여 수소활용시스템의 생산·보급 및 설치단계에서 차질이 발생하지 않도록 업계를 지원하여야 할 것이다. 이들 수소연료전지시스템에 대한 인증 및 검사시스템 구축과 관련해서는 선진 외국의 인증기관인 CSA Int.(미국)과 UL(미국), Gastec Certification BV(네덜란드), JIA(일본) 등과의 기술교류협력을 통해 적용 규격, 대상품목, 인증 및 비용, 시험장비 및 소프트웨어, 전문인력현황 등에 대한 세부적인 검토를 실시하고, 향후 해외수출의 확대 및 외국으로부터의 수입 등을 감안하여 상호 인증 및 협력협정 등 제도적인 시스템의 구축이 필요할 것으로 판단된다.

(2) 안전연구 추진방향

현재 국내에서 애로사항으로 나타난 선결과제들을 바탕으로 수소연료전지 안전성연구가 추진되며, 주요 핵심적인 사항을 소개하면 연료전지시스템의 인증 및 설치기준, 수소연료전지차량 연료시스템의 인증 및 설치기준, 수소충전소의 안전성평가 및 설치기준 등의 시설 및 기술기준과 이와 관련된 수소 공통분야에 대한 안전분야 등이 있다. 현재 관련 분야 전문가협의체 구성과 산업체와의 긴밀한 협조체제를 구축하여 상호 정보를 교환하고 실제 산업현장의 의견을 수렴하여 실용적인 연구결과를 도출하며 현장에 적용하고자 한다.

4. 결론

수소에너지 이용과 실용화를 위해서는 관련 기기 및 설비에 대한 기술개발과 아울러 국가차원에서 안전기준을 개발·제공하여 안전한 제품을 제조하고 보급하기 위한 안전관리기반 조성이 필요하다. 안전연구분야로는 크게 연료전지안전분야, 수소연료전지자동차안전분야, 수소충전소안전 및 수소 공통안전분야 등으로 나눌 수 있다. 따라서 이들 분야에서의 선결과제를 대상으로 역량을 집중하여 중점적으로 추진해야 한다.

이와 같은 수소연료전지 안전분야에 대한 연구가 체계적으로 이루어지면 연료전지시스템, 수소충전소, 연료전지자동차의 연료공급시스템 등에 대한 국가차원의 종합적 안전관리가 가능하게 될 것이다. 특히 이러한 연구를 통하여 우리는 수소활용의 기기와 시설의 안전성 향상 및 안전사고예방, 수소안전기준 제공 및 관련 부품의 공용화기반 구축, 수소활용기기 및 시설에 대한 평가기술력 확보로 국가경쟁력 제고, 수소안전관리분야의 국제적인 종합적 안전관리체계의 조기 구축 등의 효과를 얻을 수 있을 뿐만 아니라 중·장기적으로는 수소경제를 앞당기는 데 크게 기여할 수 있을 것으로 기대한다.

[그림 4-21] 현대자동차가 개발한 수소연료전지자동차

국내 및 해외의 태양광산업시장 현황 및 향후 전망

1. 개요

태양광산업은 소재, 태양전지 등 연관산업으로 가치사슬(Value Chain)을 형성하고 있는 종합산업인데, 비교적 높은 전후방 연관효과로 인해 높은 고용창출효과가 있으며 1MW급 PV시스템 보급 시 고용창출인원은 35.5명(미국 REEP 추정)으로 추정한다.

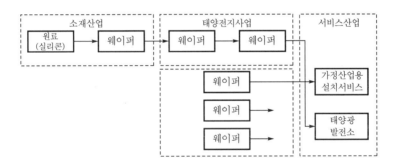

[그림 4-22] 태양광산업의 가치사슬구조

높은 발전원가로 경제성은 낮으나 설치 용이성 등으로 미래 그린에너지시장의 주력산업으로 부각되는 산업인데 Grid Parity 달성시점을 전후로 폭발적인 시장성장이 전망되며, 여기서 Grid Parity는 태양광발전원가와 화석연료의 발전원가가 균형을 이루는 시점을 의미한다.

우리나라는 태양전지산업과 밀접한 반도체, 디스플레이분야에 있어서 세계 최고의 인프라를 보유하여 유리한 입지를 확보하고, 특히 결정질 실리콘형 태양전지의 경우 단기간 동안 선진국 대비 85~90% 수준의 근접 기술을 확보한다.

2. 세계 태양광산업시장 현황 및 동향

최근 태양광시장의 수요 폭증에 따른 신규 진입업체 증가·증설과 세계경기침체로 인한 공급과잉현상의 지속 가능성으로 태양광산업계는 Chicken-Game의 전개가 예상되며, 태양광발전은 낮은 경제성으로 인해 정부 주도의 보급사업 또는 의무화정책(RPS 등)을 기반으로 시장이 형성된다.

독일은 10만호 태양지붕프로그램(300MW), 발전차액지원제도 등이 있으며, 미국(캘리포니아)은 100만호 태양지붕프로그램(3GW), RPS제도 등이 있다. 지역별 태양전지 생산(MW)은 유럽(1,772), 중국(1,720), 일본(1,208) 순이다.

당초 태양광시장 확대전망에 따라 경쟁적인 설비 증설이 이루어졌으나, 최근 금융위기 여파로 인한 시장 축소(정체) 가능성으로 공급이 수요를 초과하는 Buyer's Market이 형성될 전망이다. 공급과잉현상 지속 시 반도체업계의 Chicken-Game이 태양광업계에서 재현될 가능성이 있다.

3. 우리나라 태양광산업시장 현황

신재생에너지 중 태양광의 비중은 1% 수준(62천TOE/5,944천TOE)이나 전체 에너지공급량 중(62천TOE/238,700천TOE) 0.026%에 불과하며, 전 세계 태양광 보급의 총 2.6% 수준(357/13,363MW)이다.

기술수준은 선진국 대비 약 85% 수준이며, 결정질 실리콘형(現 주력상품) 89%, 박막형(향후 주력상품) 66%이다. 설비는 최근 발전차액지원제도 등을 기반으로 국내 태양광생산 가능용량 증가(2008년 기준 505MW로 전년대비 3.7배 수준으로 증가)하고 있으나, 생산량 생산수율은 21.2%에 불과하고 국내 모듈생산능력은 증가할 것으로 전망된다.

Value Chain은 기초 핵심소재(폴리실리콘)부터 모듈생산 및 최종 시스템사업(발전사업)까지 일괄생산체제를 구축하며, Value Chain은 폴리실리콘 → 잉곳→ 웨이퍼 → 셀 → 모듈 → 시스템 순이다.

[표 4-9] 주요 업체현황

단계	주요 업체
폴리실리콘	동양제철화학, 한국실리콘, KCC, 웅진에너지
잉곳	실트론, 렉서, 네오세미테크, 스마트에이스, 웅진에너지, 넥솔론, 글로실 등
웨이퍼	
셀	KPE, 미리넷솔라, 현대중공업, 신성홀딩스, 한화석유화학, STX솔라, 한국철강
모듈	에스에너지, 현대중공업, LS산전, 동양크레디텍, 심포니에너지, 경동솔라, 유니슨, 솔라테크, 솔라월드코리아

화학물질분류 및 경고표지에 대한 세계조화시스템(GHS)제도의 우리나라 도입의 필요성과 GHS가 미치는 영향 및 파급효과

1. 개요

화학물질은 화학제품에 의하여 생활을 향상시키고 개선하기 위해 전 세계적으로 널리 이용되고 있으며, 현재 국내에는 38,000여종의 화학물질이 유통되고 있다.

그러나 화학물질은 그 이점에도 불구하고 사람이나 환경에 유해영향을 가져올 가능성이 있어 위험물안전관리법에서는 3,000여종을 위험물로 분류하여 규제하고 있다. 현재의 화학물질을 규제하는 기존 법률 또는 규정은 여러 부분에서 서로 유사하지만, 그 상이점 때문에 동일제품에 대해서 국내 및 국외에서 다른 분류, 표지 또는 안전보건자료(SDS : Safety Data Sheet)를 작성하게 된다. 따라서 세계조화시스템의 목표는 개발된 분류기준에 근거한 표지, SDS, 심벌을 포함한 표준화된 유해성정보전달시스템을 확립하는 데 있다.

[표 4-10] GHS의 유해성 표지방법(Pictogram)

구분	현재(국내)	GHS
유해위험그림	(유해·위험 그림)	(유해·위험 그림)
기타	물질명, 유해·위험에 따른 조치사항	물질명, 신호어, 위험문구, 안전문구, 응급조치내용, 생산자/공급자정보 등

※우리나라는 7개의 그림을 사용하고 있으나, GHS는 위험물을 9개의 그림으로 분류하여 표시

2. GHS

GHS(Globally harmonized System of Classification and Labelling of Chemicals)란 화학물질의 분류 및 표지에 관한 세계조화시스템을 말한다. 이는 화학물질의 분류, 표지 및 안전보건자료의 통일화된 세계조화시스템을 개발하기 위해서 기존 시스템을 세계적으로 표준화하기 위한 목적으로 출발하였다. 화학물질의 국제교역이 폭넓게 이루어지고 있는 데 반하여 사용, 운송, 폐기에 따른 안전은 각 국가별로 이루어지고 있어 원활한 국제교역을 위하여 세계적으로 통일된 기준이 필요하게 되었다.

(1) GHS 추진목적

GHS는 많은 국가들이 기존 시스템에서 화학물질에 대하여 일정한 요건을 두고 있었지만, 미국 및 캐나다 작업장의 소비자·살충제시스템과 물질 및 제재의 분류·표지에 관한 유럽연합 지침, 위험물 운송에 관한 유엔권고 등 기존의 주요 시스템이 중심이 되어 검토와 작업범위를 정하였다. 이런 작업진행과정에서 GHS대상은 화학물질 및 혼합물을 건강, 환경 및 물리화학적 유해성에 따라 분류하기 위한 조화된 판정기준 및 표지와 안전보건자료에 관한 요건을 포함한 조화된 유해위험성 정보전달에 관한 사항을 정하였다.

(2) GHS의 적용 범위

GHS는 모든 유해위험성화학물질에 적용되는데, 유해성 정보전달요소(예 : 표지, SDS)의 적용 방법은 제품의 구분이나 제품주기의 단계에 따라 다를 수 있으며, 유해성 정보전달대상자는 소비자, 근로자, 운송근로자, 긴급대응자 등에서 이용한다. 단, 의약품은 세계보건기구(WHO)의 기준에 따른 시험 및 데이터를 인정하고 있다. 운송 부분에서는 현재의 운송과 관련된 요건과 유사하다고 예상된다. 위험물용기에는 급성 독성, 물리화학적 위험성, 환경유해성을 나타내는 그림문자가 기재될 것이다.

다른 부분의 근로자와 같이 운송 부분의 근로자훈련도 필요하다. 신호어나 유해위험문구 등의 GHS요소는 운송 부분에는 채용되지 않을 것으로 기대한다. 작업장에서는 GHS에서 조화된 핵심정보를 나타내는 표지 및 안전보건자료를 포함한 모든 GHS요소가 채용될 것으로 기대된다. 또 유효한 정보전달을 확실히 하기 위해 근로자교육이 추가될 것으로 예상된다. 소비자 부문에서는 표지가 GHS 적용의 주요 중심이 될 것이다. 이들 표지는 부문 특이적인 특성도 고려하여 GHS의 필수적인 요소를 포함한다. 그러나 GHS의 도입은 각국 판단에 맡기고 있으며 자국 사정에 따라 GHS를 부분적으로 선택하고 적용하는 것이 가능하고, 그 적용 범위에서는 분류와 표지제도에 일관성을 유지하는 벽돌쌓기 접근방식(Building block approach)을 도입하고 있다.

3. 우리나라의 GHS 추진동향

일반적으로 위험물(Dangerous Goods)이라 함은 물리화학적 위험성(Physical Hazards), 환경위험성(Environment Hazards), 건강유해성(Health Hazards) 등에 의해 인명과 재산상에 피해를 줄 수 있는 물질 또는 제품을 말하며, 현재 국내에는 화학물질에 대한 분류, 표지와 시험방법이 위험물안전관리법, 유해화학물질관리법, 산업안전보건법 등을 비롯한 여러 법령에서 독자적으로 운영되고 있다. 따라서 화학물질의 분류 및 표지에 관한 세계조화시스템(GHS) 도입은 범국가적 사안으로 공동대응에 의한 국가차원의 관계기관 업무협조가 필요하였다.

위험물안전관리법상 위험물은 GHS의 물리적 위험분야에 해당하는데, 화학물질과 화학물질제품의 제조, 저장 및 운반과정에서 화재와 폭발사고가 끊임없이 발생하고 있으며, 사고원인을 조사하여 보면 연소성, 폭발성이 높은 제품에서도 적절히 취급하면 사고를 피할 수 있으나, 연소성 및 폭발성이 낮은 제품에서도 위험성을 숙지하지 못하고 부적절한 취급을 할 경우 사고 발생이 더 쉬운 것으로 파악되었다. 따라서 GHS의 국내도입은 국내여건에 적합한 위험물안전관리법 및 위험물안전관리에 관한 세부기준 등 행정체계를 GHS 일반적 기준에 적용하는 과제를 해결해야 한다.

위험물질에 관한 국제연합수송규제(TDG), GHS와 위험물안전관리법상 물질분류에서의 차이, 그리고 GHS와 위험물 유별에 대한 판정시험방법(예 : 인화성 액체의 위험물 분류 GHS -93℃ 이하, 위험물안전관리법 -250℃ 이하)에서의 차이점이다.

4. 결론

GHS제도 도입이 국제적인 추세이면 우리나라도 예외일 수는 없을 것이다. 위험물안전관리법에서 관리하는 위험물은 인화성 또는 발화성 등의 성질을 가지는 것으로서 세계조화시스템(GHS)의 물리적 위험성분야에 속해 있다. 소방청에서는 위험물안전관리법이 GHS체제의 조화를 이룰 수 있도록 도입을 추진하고 있다. 우선 세계조화시스템 도입은 국제적 동향에 따라 추진속도가 조절되기 때문에 GHS도입 추진 주요 국가의 국제동향을 조사하고, 기존 위험물안전관리법과 세계조화시스템을 비교·분석작업을 통한 문제점과 해결책을 도출하여 기존 법령의 개선방향에 대한 기반 제공을 추진하고 있으며, 정보관리시스템 구축을 통한 시범적 운영사업을 추진하고 있다.

현행 국내법상 화학물질분류 및 표지체계가 GHS제도와 상이함으로 도입에 따른 혼란을 최소화하기 위하여 홍보 및 교육을 적극 실시할 예정이며, 분류와 표지제도에 일관성을 유지하는 벽돌쌓기 접근방식(Building block approach)에 의한 적용 범위에 대한 부처 간 이견을 조정할 예정이다.

Section 24 화학공장의 피뢰설비의 조건과 설치방법

1. 개요

자연현상인 뇌에 기인한 직격뢰에 의하여 골프장 또는 야외 개방지역에서의 인명사상사고, 건축물 등의 파손, 화재 및 간접적인 사상자사고, 에너지플랜트에서의 정전사고 및 2차적 재해, 그리고 화학플랜트 또는 위험물 취급, 저장지역에서의 화재, 폭발 및 2차적 사상자사고 등이 유발된다.

특히 고지대, 해변 또는 옥외 개방된 지역의 시설물은 높이가 낮더라도 낙뢰의 위험이 매우 크므로 완전한 피뢰보호가 요구된다. 이러한 직격뢰에 대한 보호방식에는 피뢰침설비가 널리 설치되어 있으나 완전한 피뢰보호공간이 확보되지 않으므로 실제적인 뇌격사고에 대비하여 더욱 완벽한 피뢰침설비가 요구되는 실정이다.

최근에는 기존의 수동형 및 협소보호범위의 피뢰침설비에서 벗어나 광역보호범위의 능동형 및 뇌격흡인방식의 피뢰침설비가 개발, 설치되어 보다 완벽한 피뢰보호를 수행하여 완전한 피뢰보호공간을 확보하고 있으며 다양한 장소에 많이 설치되고 있다.

2. 피뢰설비의 조건

피뢰설비란 수뢰부, 피뢰도선, 접지극으로 이루어진 피뢰용 설비를 말한다. 건축물 등 대상물에 접근하는 뇌격을 막아내고 뇌격전류를 대지로 방류하는 동시에 낙뢰에 의하여 생기는 화재, 파괴 또는 사람과 동식물의 보호를 목적으로 하는 설비를 말하며, 피뢰설비는 가능한 한 다음 조건을 만족하여야 한다.

① 보호대상물에 접근한 뇌격은 반드시 피뢰설비로 막을 것
② 피뢰설비에 뇌격전류가 흘렀을 때 피뢰설비와 보호대상물 사이에 불꽃플래시오버를 발생시키지 않을 것
③ 피뢰설비로의 낙뢰 시에 접지점 근방에 있는 사람 및 동물에 장애를 미치지 않을 것
④ 낙뢰 시 건축물 안의 전위를 균등하게 유지할 것
⑤ 건축물 내의 전기, 전자, 통신용 전기회로 및 기기를 낙뢰에 기인하는 2차 재해로부터 보호할 것

3. 피뢰설비의 설치방법

(1) 피뢰설비(건축물의 설비기준 등에 관한 규칙 제20조, [시행 2020.10.10.])

영 제87조 제2항에 따라 낙뢰의 우려가 있는 건축물, 높이 20m 이상의 건축물 또는 영 제

118조 제1항에 따른 공작물로서 높이 20m 이상의 공작물(건축물에 영 제118조 제1항에 따른 공작물을 설치하여 그 전체 높이가 20m 이상인 것을 포함한다)에는 다음 각 호의 기준에 적합하게 피뢰설비를 설치하여야 한다.

1. 피뢰설비는 한국산업표준이 정하는 피뢰레벨등급에 적합한 피뢰설비일 것. 다만, 위험물 저장 및 처리시설에 설치하는 피뢰설비는 한국산업표준이 정하는 피뢰시스템레벨 Ⅱ 이상이어야 한다.

2. 돌침은 건축물의 맨 윗부분으로부터 25cm 이상 돌출시켜 설치하되 건축물의 구조기준 등에 관한 규칙 제9조에 따른 설계하중에 견딜 수 있는 구조일 것

3. 피뢰설비의 재료는 최소단면적이 피복이 없는 동선을 기준으로 수뢰부, 인하도선 및 접지극은 50mm² 이상이거나 이와 동등 이상의 성능을 갖출 것

4. 피뢰설비의 인하도선을 대신하여 철골조의 철골구조물과 철근콘크리트조의 철근구조체 등을 사용하는 경우에는 전기적 연속성이 보장될 것. 이 경우 전기적 연속성이 있다고 판단되기 위하여는 건축물 금속구조체의 최상단부와 지표레벨 사이의 전기저항이 0.2Ω 이하이어야 한다.

5. 측면 낙뢰를 방지하기 위하여 높이가 60m를 초과하는 건축물 등에는 지면에서 건축물 높이의 5분의 4가 되는 지점부터 최상단 부분까지의 측면에 수뢰부를 설치하여야 하며, 지표레벨에서 최상단부의 높이가 150m를 초과하는 건축물은 120m 지점부터 최상단 부분까지의 측면에 수뢰부를 설치할 것. 다만, 건축물의 외벽이 금속부재(部材)로 마감되고, 금속부재 상호 간에 제4호 후단에 적합한 전기적 연속성이 보장되며 피뢰시스템레벨등급에 적합하게 설치하여 인하도선에 연결한 경우에는 측면 수뢰부가 설치된 것으로 본다.

6. 접지(接地)는 환경오염을 일으킬 수 있는 시공방법이나 화학첨가물 등을 사용하지 아니할 것

7. 급수·급탕·난방·가스 등을 공급하기 위하여 건축물에 설치하는 금속배관 및 금속재설비는 전위(電位)가 균등하게 이루어지도록 전기적으로 접속할 것

8. 전기설비의 접지계통과 건축물의 피뢰설비 및 통신설비 등의 접지극을 공용하는 통합접지공사를 하는 경우에는 낙뢰 등으로 인한 과전압으로부터 전기설비 등을 보호하기 위하여 한국산업표준에 적합한 서지보호장치(SPD)를 설치할 것

9. 그 밖에 피뢰설비와 관련된 사항은 한국산업표준에 적합하게 설치할 것

(2) 피뢰설비의 설치(산업안전보건기준에 관한 규칙 제326조, [시행 2021.1.16.])

① 사업주는 화약류 또는 위험물을 저장하거나 취급하는 시설물에 낙뢰에 의한 산업재해를 예방하기 위하여 피뢰설비를 설치하여야 한다.

② 사업주는 제1항에 따라 피뢰설비를 설치하는 경우에는 산업표준화법에 따른 한국산업

표준에 적합한 피뢰설비를 사용하여야 한다.

(3) 피뢰설비(위험물안전관리법 시행규칙 [별표 4], [시행 2021.7.1.])

지정수량의 10배 이상의 위험물을 취급하는 제조소(제6류 위험물을 취급하는 위험물제조소를 제외한다)에는 피뢰침(산업표준화법 제12조에 따른 한국산업표준 중 피뢰설비표준에 적합한 것을 말한다. 이하 같다)을 설치하여야 한다. 다만, 제조소의 주위의 상황에 따라 안전상 지장이 없는 경우에는 피뢰침을 설치하지 아니할 수 있다.

Section 25 탄소시장의 개념과 국내·외 탄소시장동향

1. 탄소시장에 대한 이해

탄소시장이란 기본적으로 온실가스 배출권을 거래하는 시장을 의미하며, 관련 사업 전반을 포괄하는 광의의 개념으로도 총칭된다. 온실가스 배출권 거래의 기반을 제공한 것은 1997년 교토의정서 체결 당시 도입된 교토유연성체제(Kyoto Flexible Mechanism)로, 시장기능의 도입을 통해서 신축적으로 배출가스를 감축하는 배출권 거래(ET : Emission Trading), 청정개발체제(CDM : Clean Development Mechanism), 공동이행(JI : Joint Implementation)이 핵심이다.

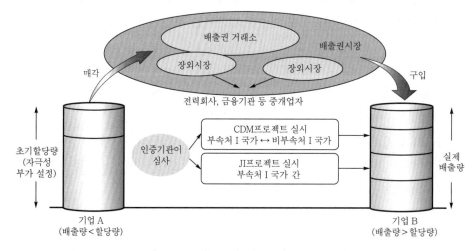

[그림 4-23] 탄소시장의 운영메커니즘

배출권 거래란 비용 효율적인 온실가스 감축을 위해 국가나 기업이 시장에서 배출권을 사고 팔 수 있도록 한 것이며, 청정개발체제(CDM)와 공동이행(JI)은 감축비용이 싼 다른 나라

에서 온실가스를 줄이고, 이를 자국의 감축실적으로 인정받도록 한 제도이다. 이 중 CDM은 온실가스 감축의무가 있는 국가와 감축의무가 없는 국가 간에 이루어지고, JI는 감축의무가 있는 국가 간에 이루어진다는 것이 주요 차이점이다.

탄소시장은 크게 할당베이스(Allowance-based)시장과 프로젝트베이스시장으로 대별된다. 할당베이스시장은 기업별로 온실가스 배출허용량이 할당되면 할당량 대비 잉여분 및 부족분을 거래하는 개념이며, 프로젝트베이스시장이란 배출량 감축프로젝트를 실시해 거둔 성과에 따라 획득한 크레딧(Credit)을 배출권 형태로 거래하는 개념이다.

배출권은 배출권거래소나 장외시장을 통해 거래되고 있는데 유럽 배출권 거래의 경우 ECX(European Climate Exchange)가 46%를 점유하고 있으며, 48%는 장외시장, 6%는 여타 거래소를 통해 거래되고 있다.

2. 탄소시장 부상의 3대 요인

탄소시장의 부상은 온실가스 규제의 본격화, EU배출권시장의 활성화, CDM(청정개발체제) 프로젝트의 본격 가동 등에 기인한다.

(1) 온실가스 규제의 본격화

1992년 기후변화협약 체결을 기점으로 시작됐던 온실가스 규제논의가 2005년 2월 교토의정서 발효를 계기로 본격화되고 있다. 2005년 이후 EU는 포스트 교토의정서 협상을 통해 온실가스 규제를 주도하고 있는 반면에, 2007년에 미국은 기술협력을 통한 온실가스 감축을 제안하고 있다. 2007년 IPCC 4차 평가보고서는 지구온난화를 명백한 인재로 규정함으로써 온실가스 감축논의가 국제사회의 핵심 아젠다로 부상하고 있다.

(2) EU 배출권시장(EU-ETS)의 활성화

EU-ETS의 거래현황은 EU거래로그(EUTL : EU Transaction Log)를 통해 파악이 가능하다. EUTL은 유럽위원회(EC : European Commission)가 EU-ETS에서 이루어지는 세 가지 배출권에 대한 모든 거래내역을 기록한 전자데이터베이스이다. EUTL에는 특정 거래에 참여한 계좌보유자에 대한 정보가 포함되어 있으며, 이를 통해 시장참여자특성별 거래규모 및 행태 등의 파악이 가능하다. 기본적으로 해외의 시장들은 시장참가자특성에 대한 어떠한 식의 집계도 수행하지 않거나, 만에 하나 해당 내용을 파악하고 있더라도 발표하지 않는 관행을 유지한다. 그러나 배출권 자체가 규제의 산물이고, 그의 거래와 제출 등을 관리해야 할 필요성으로 인해 EUTL의 경우에는 예외적으로 이러한 내용들이 수집하여 축적되고 있다.

(3) CDM(청정개발체제)프로젝트의 본격 가동

2008년 교토의정서 실시를 앞두고 CDM프로젝트가 본격 가동되고 있다. 국내 감축비용이 높은 서유럽국가나 일본 등은 배출권 획득을 위해, 개도국은 환경오염 개선과 선진국 기술 및 자본유치 등의 목적으로 CDM프로젝트를 적극 활용하기 시작했다.

3. 탄소시장의 비즈니스모델

탄소시장과 관련된 비즈니스모델은 비용 절감형, 수익 창출형, 서비스 제공형으로 대별될 수 있다.

(1) 비용 절감형:배출권 구입 및 획득

비용 절감형은 감축비용을 줄이기 위해 탄소시장에서 배출권을 구입하거나 획득하는 유형으로, 주로 배출량을 이미 할당받았거나 향후 할당받을 것으로 예상되는 에너지 다소비기업이 이에 해당한다. 특히 서유럽 및 일본의 전력, 철강 등 에너지 다소비기업들은 감축비용이 너무 높아 탄소시장 활용이 불가피한 실정이다. 이들 기업들은 주로 탄소시장을 통해 배출권을 구입하거나 CDM/JI프로젝트에 직접 진출해 크레딧을 획득하고 있다.

(2) 수익 창출형:배출권프로젝트 및 금융상품 개발

CDM/JI프로젝트를 개발해 배출권이 필요한 에너지 다소비기업에게 매각하는 등 수익 창출을 목표로 하는 유형으로 종합상사, 신재생에너지, 엔지니어링, 플랜트기업 등이 대표적이다. 프레온가스 파괴, 메탄가스 회수, 신재생에너지 도입 등 투자 대비 많은 크레딧을 획득할 수 있는 프로젝트가 전체의 80%를 차지하고 있다.

(3) 서비스 제공형:시장전망 및 컨설팅

배출권시장 전망, 거래중개, 기업의 배출권전략 수립 등에 관한 서비스를 제공하는 기업들이 이에 해당한다. 포인트카본, 에코시큐리티즈, 낫소스 등은 탄소시장에 특화된 대표적인 전문 컨설팅업체이며 컨설팅 수입, 거래중개수수료, 유료정보 제공 등이 주요 수익원이다. 이 중 포인트카본은 오슬로에 본사를 둔 세계 최대의 탄소시장정보 및 컨설팅제공업체로 탄소시장 뉴스, 거래소매매분석, 연구보고서 등의 자료를 제공하고 있다. 150여 개 국가에서 수입을 거두고 있다.

Section 26
석유화학공장 설계 시 내진설계의 필요성과 가스시설의 기초에 대한 얕은 기초의 내진설계와 깊은 기초(말뚝기초)의 내진설계

1. 내진설계의 필요성

지진 발생으로 오는 피해를 최소화하기 위해 내진설계를 하게 된다. 지진으로 인한 피해는 재산피해(경제적 손실), 인명피해로 나눌 수 있을 것이다. 물론 가장 중요한 것은 인명피해를 어떻게 하면 줄일 수 있느냐는 것이다. 따라서 내진설계는 몇 가지 원칙을 가지고 이루어지고 있다.

첫째로는 자주 발생할 수 있는 작은 지진에 대해서는 아무런 피해를 입지 않아야 하며, 둘째로는 가끔 발생하는 중간 정도 규모의 지진에 대해서는 약간의 건축적인 피해는 입더라도 구조적인 피해는 없어야 한다는 것이다. 마지막으로 아주 드물게 발생하는 큰 규모의 지진에 대해서는 구조적인 피해가 발생하여 건축물을 다시 사용할 수 없게 되더라도 붕괴는 되지 않도록 한다는 것이다. 특히 마지막 원칙은 재산은 포기하더라도 사람의 생명은 꼭 지켜져야 한다는 원칙을 강하게 보이고 있다.

이러한 원칙을 바탕으로 하여 일본과 미국 등지에서부터 내진설계를 의무화하게 되었다. 우리나라에서는 주로 외국의 내진설계기준을 사용해 오다가 최근 들어 지진학과 지진공학이 발달하면서 국내 실정에 맞는 내진설계기준을 마련하고 있다.

2. 내진설계의 방법

내진설계의 원리는 크게 두 가지로 구분될 수 있다. 지진파가 전달되었을 때 구조물(건물, 교량 등)과 기초 지반이 서로 떨어지지 않도록 견고하게 설계하는 방법이 그 중 한 가지이며, 다른 한 가지는 구조물과 기초 지반을 서로 분리시켜 지진파가 구조물에 영향을 주지 않도록 하는 것이다. 지진하중을 견뎌낼 수 있도록 견고하게 설계하기 위해서는 구조물의 특성을 수학적으로 해석해야 한다.

지진파는 일정한 시간 동안 구조물에 작용하기 때문에 원칙적으로는 동적 해석(Dynamic analysis)을 하여 구조물의 특성을 파악해야 하지만, 이것은 상당히 복잡한 수학계산을 필요로 한다. 이것을 단순화하여 보다 쉽고 간단한 설계법을 개발한 것이 정역학적 등가설계법이다. 이러한 방법은 시간에 관계없이 일정한 지진하중이 작용한다는 가정에서 출발한다. 비교적 단순하고 규칙성이 있는 구조물의 경우에는 동적 해석 없이 이와 같은 단순화된 방법이 많이 사용된다.

보통 완충제로는 탄성이 높은 고무를 사용하며 최근 다양한 완충제가 고안되어 사용되고 있다. 그리고 기초 지반의 분리공사가 실시되어 현재 지진이 발생한다 해도 견뎌낼 수 있는 내진보강이 이루어졌다. 하지만 여러 장점에도 불구하고 이러한 방법을 사용한 내진설계방법은 아직까지 비용이 많이 든다는 이유로 실제 많이 적용되지 못하고 있다.

3. 건축물 내진설계의 한계

중요한 구조물(원자력발전소, 항만, 병원, 교량, 박물관 등)과 실생활에 없어서는 안 되는 선형 구조물(도시가스관, 상수도관, 송유관, 전선 등)에 대한 적당한 내진설계를 통해 피해를 줄일 수도 있다. 이러한 사회적으로 중요한 건물의 내진설계를 바탕으로 지진으로부터의 인명피해는 물론, 사회적 재산들을 보호할 수 있는 기능을 수행할 수 있게 된다. 하지만 건물의 내진설계는 어떤 면에서는 한계가 있다고 본다.

우리가 터전으로 삼고 있는 사회의 모든 건축물이 내진설계를 포함하고 있지는 않다는 것이다. 특히 오래된 가옥과 이러한 오래된 가옥이 밀집하고 있는 지역에서는 아무리 내진기술이 발달된다고 하더라도 피해를 입기는 마찬가지이다. 따라서 내진기법의 연구와 함께 지진 등의 자연재해로부터의 피해를 최소화할 수 있는 사회간접시스템의 확충이 무엇보다도 필요하다고 할 수 있다.

4. 얕은 기초의 내진설계와 깊은 기초(말뚝기초)의 내진설계

(1) 기초 구조물의 내진설계

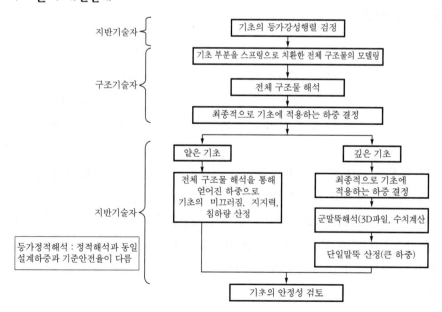

(2) 얕은 기초의 내진설계

1) 얕은 기초의 등가정적설계절차

① 내진설계 상위개념/지진응답해석 수행

② 상부구조물의 구조계산 또는 상부 구조물의 중량에 적절한 지진하중계수를 곱하여 산정

③ 액상화 가능성이 없다고 판단되면 등가정적해석 수행, 그렇지 않으면 동적해석 등 상세 내진성능평가 수행

④ 등가정적해석 : 수평력은 수직력과 함께 경사하중영향 고려, 모멘트는 편심거리를 구한 후 유효면적법 적용

⑤ 설계요구사항을 만족하는지 평가

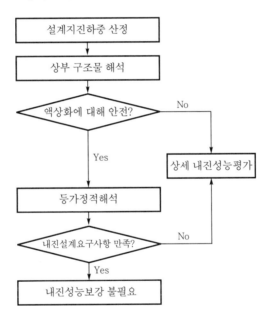

[그림 4-24] 얕은 기초의 등가정적설계절차

2) 얕은 기초의 설계요구사항

① 정적설계기준을 만족해야 한다.

② 액상화에 대해 안전해야 한다.

(3) 깊은 기초의 내진설계

1) 깊은 기초의 설계 시 고려사항

① 지반액상화 : 지반의 횡방향/연직지지력을 감소시킨다.

② 연직말뚝과 경사말뚝 : 경사말뚝은 지진 시 과도한 축력 발생 등으로 말뚝 두부의 파괴

가 많이 발생하였으며, 연직말뚝은 동적 횡방향력을 저항하기에 적합한 유연성과 질긴 성질을 갖고 있어서 내진설계에 주로 이용된다.

③ 지반-말뚝구조체 상호 작용(Soil Structure Interaction)

④ 말뚝 주면과 주위 지반 사이의 역학적 거동

⑤ 깊이에 따른 지층 및 지반물성변화

⑥ 말뚝간격, 상부 구조물의 특성 등 영향

2) 깊은 기초의 설계 시 고려사항

① 말뚝과 해저사면의 상호 작용

② 잔교식 안벽 하부 말뚝기초 등 해저에 설치된 말뚝은 지진 시 활동 가능성이 높은 해저사면 등에 설치될 가능성이 높다.

③ 동적 군말뚝효과

④ 군말뚝의 횡방향 지반반력이 단말뚝보다 감소하는 것으로서 동적 군말뚝효과는 말뚝 중심 간 간격이 말뚝직경의 6배 이상인 경우에는 발생하지 않는 것으로 알려져 있다.

⑤ 말뚝-지반 분리현상

⑥ 횡방향 지진하중이 반복작용할 때 말뚝과 지반 사이에 빈 공간 또는 틈이 생길 수 있다. 이와 같은 말뚝-지반분리 때문에 기초의 하중지지 내지 저항능력이 감소하게 된다.

3) 깊은 기초의 등가정적설계절차

① 설계지진하중 선정

② 상부 구조물 해석

③ 액상화에 대한 검토

④ 기초의 제원과 지반물성값 파악

⑤ 군말뚝 해석을 수행:군말뚝 해석은 3D PILE이나 GROUP PILE과 같은 상용 프로그램을 이용하거나 도로교시방서방법을 따른다.

⑥ 군말뚝 해석에서 가장 큰 하중을 받는 단일 말뚝 선정

⑦ 선정된 단일 말뚝에 대하여 등가정적해석을 수행:말뚝-지반 상호 작

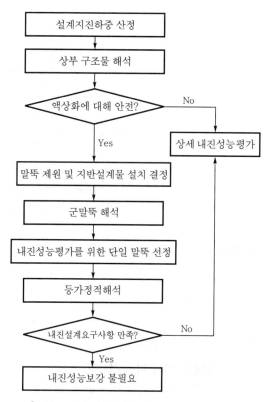

[그림 4-25] 깊은 기초의 등가정적설계절차

용을 해석하는 방법에는 지반의 비선형거동을 고려할 수 있는 p-y곡선법과 탄성해석법인 Chang방법(도로교시방서방법)이 주로 이용된다.

⑧ 말뚝의 변위량, 말뚝의 모멘트, 말뚝체의 응력 검토

4) 깊은 기초의 설계요구사항

① 정적설계기준, 상부 구조물 변위조건을 만족해야 한다.

② 기능수행수준 설계 : 허용변위량은 말뚝 지름의 1%로 하며, 지름이 1,500mm 이하인 말뚝은 이제까지의 실적을 고려하여 1.5cm로 한다.

5) 붕괴방지수준설계

해석결과에서 얻어진 모멘트를 [표 4-11]의 연성계수로 나누어 감소시킨 값이 최대모멘트허용기준을 만족해야 하며 상부 구조물 붕괴를 방지하기 위한 허용변위기준을 만족해야 한다.

[표 4-11] 말뚝의 종류와 허용변위연성계수

항만 구조물	말뚝의 종류	허용변위연성계수				
		콘크리트 말뚝			강말뚝	
		지반 내 말뚝모멘트	말뚝 두부	경사말뚝 두부	수직말뚝	수직말뚝과 경사말뚝
잔교	PS콘크리트	1.5	3.0	1.5	-	-
	강재 또는 강재와 콘크리트 합성	-	-	-	5.0	3.0
안벽	PS콘크리트	2.0	5.0	2.5	-	-
	강재 또는 강재와 콘크리트 합성	-	-	-	5.0	3.0

Section 27 사업연속성계획(Business Continuity Plan) 도입의 필요성, 절차 및 선진기업의 추진사례

1. BCP의 개념

21세기 기업에 있어서 사업연속성(Business Continuity)에 대한 대응전략과 구체적인 방안의 사전수립과 비용의 효율적인 솔루션의 도입은 기본요소로 인정된다. 여기에는 기업의 연속성 보장을 위한 모든 요소(IT, People, Facilities, Media & Communication)가 그 대상이 되

어야 한다. 원격지로의 데이터 이중화로 이해되는 DRS의 범위를 전사수준의 전략, 업무수준의 연속성 보장을 위한 Plan, 그리고 Backend/Frontend로 확장하고, Workplace에 대한 고려까지를 포함하는 Business Continuity가 최근의 흐름이다.

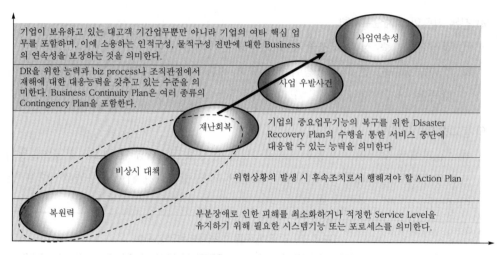

[그림 4-26] BCP의 개념도

2. BCP의 목표 및 기본전략

(1) 고객의 재해복구시스템 구축의 최종목표

① IT 지원

② 인적자원

③ 물적자원 등을 각종 재해로부터 보호함으로써 사업의 연속성 유지

④ 고객보호

⑤ 고객만족 실현

⑥ 경쟁력 향상

⑦ 대외 신인도 향상

⑧ 서비스수준 향상

⑨ 주주 보호

⑩ 고객 이탈 방지 및 초일류기업 실현 등

(2) BCP의 기본방향

① 투자 대비 효율을 최대화할 수 있는 구성

② 기본시스템에 미치는 영향을 최소화할 수 있는 구성

③ 유연한 구조 DR(Disater Reco)

④ 향후 확장성을 고려한 Architecture

⑤ 복구 및 복귀절차가 간편한 구성

3. BCP 접근방법

(1) 전략적 접근방식(3영역별 접근)

성공적 BCP를 위해 수행되어야 하며, 개선되어야 할 사항은 크게 프로세스, 인력 및 조직 관리체계, 인프라영역으로 각 영역의 체계적 개선을 통해 전 업무의 지속성을 보장할 수 있다. 업무에 대한 지속성 보장계획(BCP)은 단순한 하나의 시스템 구성에서 벗어나 프로세스 및 체계를 개선하는 하나의 Life Cycle로써 운영되어야 한다.

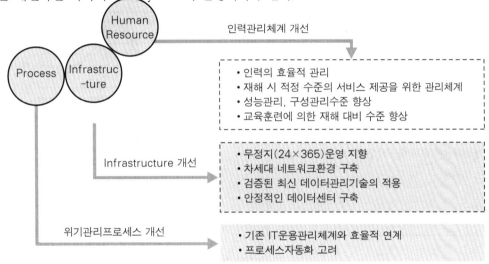

4. DR과 BCP의 정의

(1) DR(Disaster Recovery)

고객의 중요한 사업기능(Critical business Funtions)에 대하여 재해에 대응하기 위하여 사전에 정의된 시간과 손해를 최소화하고, 손상된 부분을 빠르게 회복(Repair)·복구(Replace)하기 위한 조직준비나 진보된 배치(Arrangement)와 절차(Procedure)를 개발하는 방법이다.

(2) BC(Business Continuity)

고객의 중요한 사업기능(Critical business Funtions)을 중단이나 변형 없이 관리하기 위한 조직의 준비나 진보된 배치(Arrangement)와 절차(Porcedure)를 개발하는 방법이다.

5. 사례

(1) BCM 동향

대기업을 중심으로 최선의 실천모델(Best Practice)에 대한 합의점이 도출되고 있으며, 점점 더 많은 기업들 간에 BCM을 통해 비즈니스상의 긍정적 효과를 가져올 수 있다는 인식이 확산되고 있다. BCM이 조직의 총체적 위험관리(Risk Management)프로파일의 한 영역으로 인식되고 BCM을 통해 사업중단상황을 줄일 수 있다는 인식이 제고되었다.

(2) 일화 : Big lessons from Small Disruptions

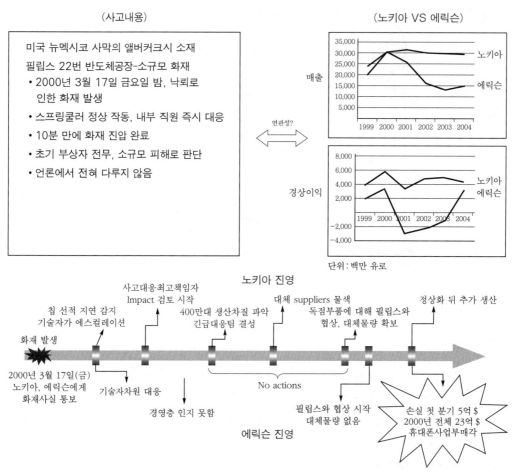

Section 28

공정안전관리제도(PSM)의 12가지 요소 중 변경요소관리에서 변경발의부서의 장이 변경관리요구서를 제출하기 전 검토해야 할 사항을 설명하고, 1974년 영국의 Flixborohgh에서 발생한 사이클로헥산공장 폭발사고원인을 변경관리요소 측면에서 설명

1. 개요

변경관리(Management of Change)는 1960년 초에 원자력산업에서 처음으로 활용되기 시작하여 방위산업을 비롯한 항공분야에서 널리 이용되기 시작하였다. 최근에 들어서는 화학공장을 비롯한 장치산업 분야에서 변경관리에 대한 중요성이 크게 부각되고 있으며 급격하게 확산되고 있다.

화학공장의 경우 각종 장치 및 설비가 상호 간의 상관관계를 갖고 운영되기 때문에 공정변경은 해당 설비 및 공정 전반에 걸쳐 안전상의 심각한 문제를 가져올 수 있다. 이러한 설비의 변경상황이 발생할 경우 변경으로 인하여 주변 설비와 공정 전반에 대한 안전성 및 생산성에 미치는 영향을 정확하게 판단할 수 있는 변경관리시스템은 매우 중요하다.

2. 공정안전보고서 12대 요소

(1) 공정안전자료

제조공정기술, 화학공정, 사용설비 및 장비 등에 대한 기술자료, 각종 공정 및 시설 등에 대한 도면, 건물배치도 등 공정위험성평가(Process Hazard Analysis)를 수행하는 데 필요한 제반 정보

(2) 공정위험성평가

공정위험성평가는 유해·위험물질을 취급하는 과정에서 화재·폭발 및 독성물질 누출 등의 사고를 유발할 수 있는 잠재요소를 확인하고 평가하는 제도

(3) 안전운전지침

공정을 안전하게 운전하기 위한 절차로 공정안전자료와 일치된 상태로 공정을 운전할 수 있도록 함으로써 중대산업사고를 예방하기 위한 것으로, 각 운전절차에는 운전단계, 안전운전한계, 운전과 관련된 안전보건에 관한 사항, 안전시스템과 그 기능을 체계화하기 위한 사항이 포함되어 있음

(4) 설비의 점검·검사 및 보수계획, 유지계획 및 지침서

공정 또는 유해·위험물질을 저장·취급하는 설비 등의 기계적 결함에 의한 유해·위험물질의 누출사고를 최소화하기 위하여 설비를 체계적으로 관리할 수 있도록 작성된 절차서

(5) 안전작업허가

공정 또는 유해·위험요인이 잠재되어 있는 사업장 내에서 시운전 또는 운전 중 점검·정비·교체·배관연결·전기·기계 등에 대하여 작업을 수행할 경우 작업개시 전에 근로자 및 설비를 보호하기 위하여 안전조치를 하였는지 여부를 확인 후 작업을 수행하도록 하기 위한 절차

(6) 도급업체 안전관리계획

생산공정·설비의 보수, 설비의 개선, 가동 정지 후 일제정비 등과 같이 공정과 설비의 안전에 관련된 업무를 도급업체로 하여금 수행토록 할 경우 해당 도급업체에서 취해야 할 안전보건상의 조치는 물론, 원청(모기업)에서 취해야 할 제반 모든 사항을 체계적으로 관리하기 위한 절차

(7) 근로자 등 교육계획

근로자들이 공정·시설을 운전하는 중에 발생할 수 있는 문제의 본질을 파악하여 사고위험요인을 찾아내는 데 도움을 주고, 각 공정의 위험성을 근로자에게 인식시키기 위하여 교육을 체계적으로 실시하기 위한 절차

(8) 가동 전 점검지침

공정·설비 등의 신설 또는 설비변경을 완료한 후 위해·위험물질을 공정에 도입하기 전에 안전과 관련한 중요한 제반 사항에 대하여 검토하기 위한 절차

(9) 변경요소 관리

공정·설비 등에 대한 변경 이전에 변경으로 인한 위험성을 최소화하기 위하여 공정·설비변경 시 해야 하는 공정의 위험성에 대한 검토 등 필요한 절차를 체계적으로 규정한 지침

(10) 자체 감사

사업주가 사업장에서 수행하고 있는 공정안전보고서 이행에 대한 문제점을 규명하고 철저한 대처방안을 마련하는 등 공정안전보고서제도를 실효성 있게 운영하고 있는지에 대하여 자체적으로 평가하는 제도

(11) 공정사고조사

동종사고의 재발을 방지하기 위해 중대산업사고가 발생하거나 중대산업사고를 일으킬 요인을 제공할 수 있는 공정사고가 발생한 경우 적절한 방법으로 사고조사를 실시할 수 있도록 절차를 규정한 지침

(12) 비상조치계획

공정운전 중에 예상하지 못한 유해·위험물질의 누출과 같은 비상사태가 발생하였을 경우 근로자가 대처해야 하는 방법을 체계적으로 규정한 절차

3. 1974년 영국의 Flixborohgh에서 발생한 사이클로헥산공장 폭발사고원인을 변경관리요소측면에서 설명

화학공장의 특성상 안전성이 검토되지 않은 공정의 변경은 중대산업사고를 유발할 수 있는 매우 위험한 행위라고 할 수 있는데, 28명의 사망자와 35억 달러의 경제적 손실을 유발한 영국 Flixborough의 사이클로헥산(Cyclohexane) 폭발사고는 대표적인 변경관리오류에 의한 사고라고 할 수 있다.

이러한 이유로 국외에서는 OSHA의 1910.119, EPA의 40 CFR 68, RC(Responsible Care) 등의 각종 안전 관련 코드에서 뿐만 아니라 ISO 9000, ISO 14000, OHSAS 18000 등의 인증시스템에서도 변경관리에 대한 중요성을 강조하고 있으며, 각종 가이드라인 및 샘플을 제공하여 변경관리업무를 지원하고 있다.

국내의 경우에도 PSM, SMS제도에서 변경관리의 중요성을 강조하고 있고, 특히 KOSHA Code P-26-2000에서 변경관리운영에 필요한 절차 및 행동양식에 대한 사항이 제시되어있다. 그러나 변경관리를 추진하면서 파생되는 업무분담의 가중으로 인하여 몇몇 대규모 사업장을 제외한 실제 사업장 활용 및 운영은 매우 저조한 실정이다.

Section 29 | 아세틸렌용접장치를 사용하여 금속을 용접·용단 또는 가열작업 시 준수사항

1. 아세틸렌용접장치의 관리 등(산업안전보건기준에 관한 규칙 제290조, [시행 2021.1.16.])

사업주는 아세틸렌용접장치를 사용하여 금속의 용접·용단(溶斷) 또는 가열작업을 하는 경우에 다음 각 호의 사항을 준수하여야 한다.

① 발생기(이동식 아세틸렌용접장치의 발생기는 제외한다)의 종류, 형식, 제작업체명, 매 시 평균가스 발생량 및 1회 카바이드공급량을 발생기실 내의 보기 쉬운 장소에 게시할 것

② 발생기실에는 관계근로자가 아닌 사람이 출입하는 것을 금지할 것

③ 발생기에서 5m 이내 또는 발생기실에서 3m 이내의 장소에서는 흡연, 화기의 사용 또는 불꽃이 발생할 위험한 행위를 금지시킬 것

④ 도관에는 산소용과 아세틸렌용의 혼동을 방지하기 위한 조치를 할 것

⑤ 아세틸렌용접장치의 설치장소에는 적당한 소화설비를 갖출 것

⑥ 이동식 아세틸렌용접장치의 발생기는 고온의 장소, 통풍이나 환기가 불충분한 장소 또는 진동이 많은 장소 등에 설치하지 않도록 할 것

Section 30 화학플랜트에서 발생하는 정전기 방출과 관계된 전하축적

1. 정전기와 정전기력

① 정전기 : 대전에 의하여 얻어진 전하가 절연체 위에서 더 이상 이동하지 않고 정지하고 있는 것이다.

② 대전 : 어떤 물질이 양(+)전기나 음(-)전기를 띠는 현상이다.

③ 정전기력 : 두 전하 사이에 작용하는 힘으로 전기력, 정전력이라고도 한다. 같은 전하는 반발력, 다른 전하는 흡인력이 작용한다.

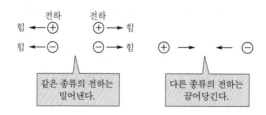

[그림 4-27] 정전력의 성질

2. 정전유도

① 정전유도 : 대전체 A에 대전되지 않은 도체 B를 가까이 하면 A에 가까운 쪽에는 다른 종류의 전하가, 먼 쪽에는 같은 종류의 전하가 나타나는 현상이다.

② 충전 : 전기적으로 중성인 대전체가 전하를 가지게 되는 것이다.

③ 접지 : 대지에 도체를 연결시키는 것이다.

④ 방전 : 대전체가 가지고 있던 전하를 잃어버리는 것이다.

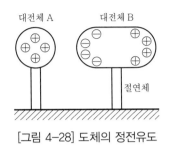

[그림 4-28] 도체의 정전유도

3. 커패시턴스(정전용량, Capacitance)

① 커패시턴스 : 전극이 전하를 축적하는 능력의 정도를 나타내는 상수로서 전극의 형상 및 전극 사이를 채운 유전체의 종류에 따라 결정되는 값으로 $C=Q/V$[F]이다.

② 1F : 두 도체 사이에 1V의 전압을 가하여 1C의 전하가 축적된 경우의 정전용량이다.

③ 단위 : 패럿(farad, [F])

$1\mu F=10^{-6}F$, $1nF=10^{-9}F$, $1pF=10^{-12}F$

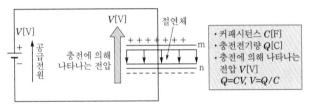

[그림 4-29] 정전용량

Section 31 **화염방지기의 형식, 구조 및 설치방법**

1. 개요

화염방지기는 가연성 가스의 유통 부분에 금속망 혹은 좁은 간격을 가진 연소 차단용 금속판을 사용하여 고온의 화염이 좁은 간격의 벽면에 집촉, 열선노에 의해서 급속히 열을 빼앗겨 그 온도가 발화온도 이하로 낮아지게 함으로써 소염되도록 하는 장치이다.

소염만을 고려하면 금속망의 mesh간격이나 금속판의 간격은 작을수록 좋다고 하겠으나, 간격이 너무 좁으면 먼지 등의 이물에 의해서 막히거나 겨울철에는 결빙하여 막혀버리는 경우가 많으므로 mesh의 경우 보통 40mesh 정도가 사용된다. 화염방지기 중에서 금속망형으로 된 것은 인화방지망이라고도 한다.

2. 화염방지기의 구조

화염방지기는 폭발성 혼합가스로 충만된 배관 등의 내부에서 연소가 개시될 때 연소가스의 유통 부분에 금속망 혹은 연소 차단용 금속판을 사용하여 고온의 화염이 좁은 간격의 벽면에 접촉하게 함으로써 열전도에 의하여 급속히 열이 제거되도록 하는 장치이다.

또한 간격을 미세하게 하여 화염과 미연소가스의 충돌면에서 흐름을 교란시켜 연소 중지와 동일한 효과가 발생하여 화염전파가 방지되도록 하는 경우도 있다. 그러나 미세한 간격 때문에 유체저항이 크게 되고, 또 정전기의 발생이 크게 증가하기 때문에 많은 양의 기체를 수송하는 부분에는 화염방지기를 설치하는 것이 곤란한 경우도 있다. 화염방지기의 구조는 [그림 4-30]과 같다.

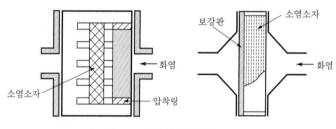

[그림 4-30] 화염방지기의 구조

3. 화염방지기의 종류

① 화염방지기의 종류는 금속망형, 평판형 및 수냉형이 있으며, 일반적으로 산업시설에서는 금속망형과 평판형이 많이 쓰이고 있다. 금속망형은 열흡수율이 좋고 공기흐름에 대한 저항을 최소한으로 줄일 수 있다는 장점이 있으며, 평판형은 튼튼하고 분해 및 청소가 쉬운 장점이 있으나 유체저항이 크다는 단점이 있다. 수냉형은 통기관이 순환하는 물 속을 통과하게 함으로써 냉각효과를 증대시키고 가연성 증기를 액화시켜 다시 탱크로 돌려보내는 장치로서, 인화 방지의 효과뿐만 아니라 내용물의 증발손실을 막는 데도 효과적이다.

② 화염방지기의 재질은 보통 알루미늄, 주철, 모넬(Ni+Cu 내산성), 스테인리스강 등이 쓰인다. 이 중 알루미늄은 값이 싸고 가볍기 때문에 널리 쓰이나, 화학공장에서는 장기 사용 시 부식의 우려가 있으므로 제한적으로 사용해야 한다. 산이나 염기가 포함되어 있는 공기는 화염방지기에 손상을 입히기 쉬우므로 부식성 가스가 체류할 가능성이 있는 지역이나 부식성 위험물을 저장할 때는 내부식성 금속을 사용한 것으로 선택해야 한다. 또한 탱크의 경우에는 탱크 내용물과 화염방지기의 금속이 화학반응이나 촉매작용을 일으킬 가능성도 검토해서 선정해야 한다.

4. 화염방지기의 설치기준

화염방지기 또는 인화방지망의 설치에 관한 우리나라의 기준은 산업안전보건법과 소방법으로 2원화되어 있는데, 그 내용은 다음과 같다.

(1) 산업안전보건법

고용노동부령인 "산업안전기준에 관한 규칙"에 인화성 액체 및 가연성 가스를 저장 취급하는 화학설비로부터 증기 또는 가스를 대기로 방출하는 때에는 외부로부터의 화염을 방지하기 위하여 화염방지기를 그 설비 상단에 설치하도록 하고 있다.

(2) 소방법

행안부령인 "소방시설의 설치, 유지 및 위험물제조소시설의 기준 등에 관한 규칙"에 옥내, 옥외탱크저장소, 지하탱크저장소 및 간이탱크저장소에 설치되는 무변통기관과 대기밸브 부착 통기관의 선단에 인화방지망을 설치하도록 규정하고 있다.

(3) 무변통기관 및 대기밸브 부착 통기관

무변통기관은 통상 open vent라고 하며 실제 저장탱크의 구조, 용량, 위험물의 출입속도, 위험물의 양 등에 따라 그 직경이나 필요개수가 결정되는데, 최소직경은 30mm 이상이어야 하고, 또한 그 탱크에 설치된 위험물 유출·유입관의 직경보다 작아서는 안 된다. 무변통기관의 구조는 우수의 침입을 막기 위해 선단을 하향으로 45도 이상 구부리고 가는 눈의 동망 또는 flame arrester 등으로 인화 방지조치를 해야 한다. 대기밸브 부착 통기관은 통상 atmos valve 라고 하며, 저장하는 위험물의 휘발성이 비교적 높은 경우에 사용되고 $0.1kgf/cm^2$ 이하의 압력에서 작동이 가능해야 한다.

5. 화염방지기가 사용되는 장소

① 가연성 액체저장탱크의 통기관
② 예혼합가스를 연료로 사용하는 버너(burner)
③ 탄광의 메탄가스방출시스템
④ 전자부품을 제조하는 공장 등에서의 용제회수시스템
⑤ 화학공장의 폐가스를 처리하는 플레어스택(flare stack)
⑥ 하나의 프로세스를 다른 프로세스로부터 격리하는 장치
⑦ 버너 또는 노 등에 가연가스를 이송하는 배관설비

⑧ 가연성 증기 또는 가스를 배출시키기 위해 사용되는 환기장치의 배기덕트

⑨ 내연기관의 흡기, 배기 및 크랭크케이스(crank case)의 환기장치

⑩ 인화성 분위기 내에서 작동하는 디젤엔진 등의 배기

Section 32 SIL #3

1. SIL의 정의

IEC 61508 PART 4의 용어정의 부분을 참고하면 SIL은 Safety Integrity Level(안전무결수준)의 약자로서, 안전무결(Safety Integrity)값의 범위를 4개의 불연속적인 수준으로 나타낸 것으로 4개의 수준 중 SIL 4가 가장 높은 수준이고, SIL 1이 가장 낮은 수준으로 정의되어 있다.

안전무결이란 "전기/전자/프로그램 가능한 전자(E/E/PE) 안전 관련 시스템(Safety-related system)이 정해진 시간에 모든 조건하에서 특정 안전기능을 만족스럽게 수행하는 확률"이라고 IEC 61508 PART 4에 정의되어 있다. 결국 SIL이란 "전기/전자/프로그램 가능한 전자로 이루어진 안전 관련 시스템이 정해진 시간에 모든 조건하에서 특정 안전기능을 만족스럽게 수행하는 확률의 범위를 4개의 불연속적인 수준으로 나타낸 것"을 말한다.

(1) 저수요모드에서의 E/E/PE 안전 관련 시스템 운영

Safety Integrity Level(SIL)	Low demand 동작모드 필요한 설계기능을 수행하는 것이 실패할 평균확률
4	$\geq 10^{-5}$ 에서 $< 10^{-4}$
3	$\geq 10^{-4}$ 에서 $< 10^{-3}$
2	$\geq 10^{-3}$ 에서 $< 10^{-2}$
1	$\geq 10^{-2}$ 에서 $< 10^{-1}$

(2) 고수요 또는 연속모드에서의 E/E/PE 안전 관련 시스템 운영

Safety Integrity Level(SIL)	High demand 연속동작모드 (시간당 dangerous failure확률)
4	$\geq 10^{-9}$ 에서 $< 10^{-8}$
3	$\geq 10^{-8}$ 에서 $< 10^{-7}$
2	$\geq 10^{-7}$ 에서 $< 10^{-6}$
1	$\geq 10^{-6}$ 에서 $< 10^{-5}$

2. SIL의 종류와 Safety Life Cycle(SLC)

SIL은 Safety Lifecycle 중 Analysis단계에서 리스크 분석을 통해 결정되는 Target SIL(또는 Required SIL)과 Realization단계에서 SIL verification을 통해 결정되는 Result SIL 2개로 나눌 수 있다.

Analysis단계에서 세 번째에 해당하는 Hazard & Risk Analysis는 Hazard Analysis와 Risk Analysis로 분리할 수 있는데, Hazard Analysis(위험분석)의 경우 정성적(Qualitative) 분석방법으로, 구체적 예로는 HAZOP(Hazard and Operability Study)이 가장 대표적인 분석방법이라 할 수 있고, Risk Analysis(리스크 분석)의 경우는 정량적(Quantitative) 분석방법으로 Hazard Analysis에서 위험하다고 판단된 SIF(Safety Instrumented Function, 안전계장기능)에 대해 정량적 분석을 실시하여 Target SIL을 결정한다. Target SIL은 방호계층분석기법(LOPA : Layer Of Protection Analysis), Risk Graph, Risk Matrix, ALARP(As Low as reasonably practicable) 등을 통해 결정되는데 LOPA가 현재 가장 대표적인 분석방법이라 할 수 있다.

Result SIL은 하드웨어고장허용치(HFT : Hardware Fault Tolerance), 안전고장비율(SFF : Safety Failure Fraction), 평균작동요구 시 위험고장확률(PFD-avg : Average Probability of dangerous Failure on Demand)을 모두 계산해서 결정한다. Result SIL은 Target SIL보다 반드시 같거나 높은 결과가 나와야 안전하다고 말할 수 있다.

Section 33 인화성 물질이 유입되거나 발생할 수 있는 화학공장의 공정용 폐수 집수조의 위험성과 폐수 집수조의 안전조치 및 작업방법에 대해서 설비적 측면과 관리적 측면으로 구분하여 설명

1. 개요

제조공정 발생폐수, 생활폐수, Oily Sewer를 통해 유입되는 우수(雨水)를 단순 저장한 다음 폐수처리공정으로 이송하는 복적의 집수설비가 안전에 취약하다.

2. 공정위험성

(1) 폭발분위기 형성이 쉬운 밀폐구조

공정폐수는 미반응 인화성 액체, 생활폐수는 집수조 하부에 축적된 슬러지층의 혐기조건에서 발생되는 바이오가스, 공정우수는 유분이 유입되고 축적되어 폭발분위기를 형성한다.

(2) 집수조 내 VOCs 등 위험물처리설비 미가동 시 위험성 증가

휘발성 유기과산화물 등 기체상태의 위험물 처리를 위한 후속설비가 가동되지 않아 집수조 내 지속적인 배풍 등 환기가 중단될 경우에는 집수조 내부에 고농도의 위험물질로 인해 폭발 분위기를 형성한다.

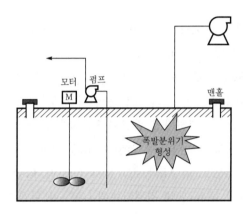

[그림 4-31] 폐수집수조의 유입형태

(3) 폐수 유입펌프 및 관로 유입형태에 따른 내부 점화원 존재 가능성

집수조 폐수 이송펌프의 형태, 폐수관로의 집수조 유입형태에 따라 전기적, 기계적 점화원이 집수조 내부에 존재하여 집수조 내부에 고농도의 위험물질로 인해 폭발분위기를 형성한다.

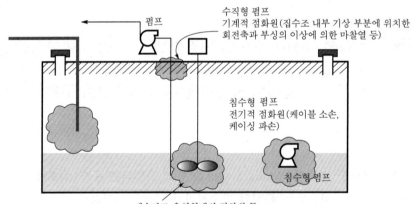

[그림 4-32] 집수조의 유입형태

3. 안전조치

(1) 폐수 집수조(저장조) 내부 인화성 물질(증기상) 배출방법 개선

폐가스(탄화수소계 유분) 등 집수조 내 폐가스 처리 등 후처리를 위한 배기구 위치를 검토하고 폐가스의 비중을 고려하여 포집하도록 구성한다.

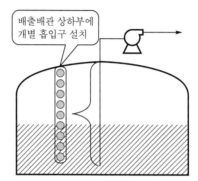

※ 공기보다 가벼운 물질과 무거운 물질 모두 포집

[그림 4-33] 집수조의 배출방법

(2) 인화성 가스검지 및 경보설비 설치

집수조 내 인화성 가스검지기 설치로 상시 모니터링 및 제어를 통해 폭발하한의 25%로 유지하여 설정농도 초과 시 경보를 통해 위험상황조치 및 작업자의 대피를 유도한다.

(3) 충분한 용량의 인화성 증기이송 송풍기 설치·운영

집수조 내부 인화성 가스농도 증가 시 내부농도 완화조치를 실시하여 RTO 등 VOCs처리설비 이송용 송풍기 풍량를 증가시키고 공정에서 발생하는 VOCs 유입관로를 차단한다.

(4) 집수조 유입관로의 정전기 제거조치

침액배관(dip pipe)은 최저액위에서도 잠기도록 설치하고, 집수조 유입배관은 정전기 제거용 본딩(bonding)을 권장한다.

(5) 방폭지역 구분 및 방폭설비 설치

폭발위험장소로 구분하고 방폭등급에 적합한 전기기계기구를 공정용 폐수 집수조의 밀폐된 내부, 인화성 물질의 유출·체류위험이 있는 지하설비에 설치한다.

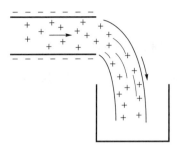 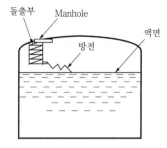

(a) 폐수 유입관로 말단부 정전기 발생   (b) 집수조 내부 축적 정전기의 방전

[그림 4-34] 공정폐수 유입관로의 정전기 발생 및 집수조 내부 방전개념도

Section 34   **엘니뇨현상과 라니냐현상**

1. 개요

엘니뇨와 라니냐는 열대 중부지방의 태평양 해수면온도가 평소에 비해 섭씨 +0.5도 이상의 차이가 나는 상태로 6개월 이내의 기간 동안 지속되는 현상을 가리킨다. 이러한 상태가 6개월 이상 지속된다면 엘니뇨 혹은 라니냐에피소드라고 분류한다. 엘니뇨와 라니냐라는 남자아이, 여자아이를 지칭하는 스페인어에서 유래하였다. 남아메리카해안에서 크리스마스 즈음이면 해양에서 발생하는 현상으로 아기 예수라 지어졌다. 라니냐는 엘니뇨보다 늦게 발견된 현상으로, 엘니뇨에 대한 반대급부적인 이름으로 라니냐라는 명칭이 붙게 되었다. 보통은 2~7년의 불규칙한 간격으로 발생하며 대개 1~2년 지속된다.

2. 엘니뇨(El Nino)현상과 라니냐(La Nina)현상

(1) 발생원인

열대 태평양 적도 부근에서 남미해안으로부터 중태평양에 이르는 넓은 범위에서 해수면온도가 지속적으로 높아지는 현상인데, 원인은 태평양 적도 부근의 따뜻한 표층수는 보통의 경우 편동 무역풍에 의해서 서쪽으로 이동하게 되므로 상대적으로 해수온도는 동태평양 쪽이 낮게 된다. 그러나 무역풍에 약해지면 따뜻한 표층수의 이동이 약해져 서태평양의 해수온도는 평상시보다 낮게 되고 중앙 태평양 또는 동태평양의 해수온도가 올라 발생하며, 주로 9월에서 다음 해 3월 사이에 발생하고 3~4년마다 한 번씩 불규칙하게 발생한다. 영향은 해수면의 온도가 평년보다 2~3℃ 높아지므로 대기의 흐름에 영향을 주어 이상기상을 초래하며 세계 여러 곳에 가뭄, 홍수, 한파 등의 기상이변을 일으킨다.

(2) 세계적 영향

엘니뇨 현상이 강화되면 태평양상의 무역풍이 크게 약화되면서 높은 해수면상태에 있는 서부 태평양상의 따뜻한 바닷물이 낮은 동부 태평양으로 흐르게 되며, 해수면온도가 평년보다 상승하여 중고위도지역에서 대기 대순환에 영향을 주게 된다. 이 결과 호주, 인도네시아에서는 대규모 가뭄, 인도에서는 여름 몬순 악화로 가뭄과 태풍활동이 강화되며 지역적인 집중호우가 빈번하게 발생한다. 미국 서부와 남부에서는 호우경향이 있으나 그 영향의 강도와 대상 지역의 변화가 매우 크다.

(3) 한반도에 미치는 영향

아직 뚜렷하게 나타나지 않았으나 강수량, 특히 여름철 강수량이 증가하고 겨울철 기온이 평년보다 다소 높은 경향으로 분석되고 있다. 최근에 발생하는 엘니뇨는 미국 서해안의 폭풍과 홍수, 페루·칠레 일부 지역의 폭우와 어획고 감소, 인도·인도네시아·아프리카 일부 지역의 가뭄과 그로 인한 산불 등 큰 피해를 일으켜 농수산물의 가격폭등을 초래하기도 한다. 엘니뇨현상이 나타날 때 우리나라는 대체로 여름 저온, 겨울 고온현상이 나타난다.

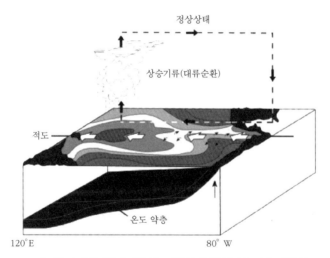

[그림 4-35] 엘니뇨(El Nino)현상과 라니냐(La Nina)현상

사업장에서 새로운 설비의 설치, 공정·설비의 변경 또는 정비 및 보수 후 공장의 안전성 확보를 위하여 설비가동 전 점검을 할 때 실시하는 가동 전 안전점검

1. 가동 전 안전점검(공정안전보고서의 제출·심사·확인 및 이행상태평가 등에 관한 규정 제 49조, [시행 2020.1.16.])

사업장에서 새로운 설비를 설치하거나 공정 또는 설비의 변경 시 시운전 전에 안전점검을 실시하고 있는지를 심사하여야 한다. 시운전 전의 안전점검은 최소한 다음 각 호의 사항이 확인되어야 하며 점검결과를 기록·보존하여야 한다.

1. 추가 또는 변경된 설비가 설계기준에 맞게 설계되었는지의 확인 여부
2. 추가 또는 변경된 설비가 제작기준대로 제작되었는지와 규정된 검사에 의한 합격판정의 확인 여부
3. 설비의 설치공사가 설치기준 또는 사양에 따라 설치되었는지의 확인 여부
4. 안전운전절차 및 지침, 정비기준 및 비상시 운전절차가 준비되어 있는지와 그 내용이 적절한지의 확인 여부
5. 신설되는 설비에 대하여 위험성평가의 시행과 평가 시 제시된 개선사항이 이행되었는지의 확인 여부
6. 변경된 설비의 경우 규정된 변경관리절차에 따라 변경되었는지의 확인 여부
7. 신설 또는 변경된 공정이나 설비의 운전절차에 대한 운전원의 교육·훈련과 이를 숙지하고 있는지의 확인 여부

가스용접·용단작업 시 폭발이 일어나는 주요 발생원인 3가 지와 각각의 방지대책

1. 용접·용단작업 시 발생되는 비산불티의 특성

① 용접·용단작업 시 수천개의 불티가 발생하고 비산된다.
② 비산불티는 풍향, 풍속에 따라 비산거리가 달라진다.
③ 비산불티는 1,600℃ 이상의 고온체이다.
④ 발화원이 될 수 있는 비산불티의 크기는 직경이 0.3~3mm 정도이다.
⑤ 가스용접 시의 산소의 압력, 절단속도 및 절단방향에 따라 비산불티의 양과 크기가 달

라질 수 있다.

⑥ 비산된 후 상당 시간경과 후에도 축열에 의하여 화재를 일으키는 경향이 있다.

2. 주요 발생원인 3가지와 각각의 방지대책

[표 4-12] 용접·용단작업자의 주요 재해 발생원인 및 대책

구분	주요 발생원인	대책
화재	불꽃비산	• 불꽃받이나 방염시트를 사용한다. • 불꽃비산구역 내 가연물을 제거하고 정리, 정돈한다.
	열을 받은 용접 부분의 뒷면에 있는 가연물	• 용접부 뒷면을 점검한다. • 작업종료 후 점검한다.
폭발	토치나 호스에서 가스 누설	• 가스 누설이 없는 토치나 호스를 사용한다. • 좁은 구역에서 작업할 때는 휴게시간에 토치를 공기의 유통이 좋은 장소에 둔다. • 호스 접속 시 실수가 없도록 호스에 명찰을 부착한다.
	드럼통이나 탱크를 용접, 절단 시 잔류 가연성 가스증기의 폭발	• 내부에 가스나 증기가 없는 것을 확인한다.
	역화	• 정비된 토치와 호스를 사용한다. • 역화방지기를 설치한다.
화상	토치나 호스에서 산소 누설	• 산소 누설이 없는 호스를 사용한다.
	산소를 공기 대신으로 환기나 압력 시험용으로 사용	• 산소의 위험성교육을 실시한다. • 소화기를 비치한다.

Section 37 줄-톰슨효과

1. 개요

기체가 가는 구멍에서 일을 하지 않고 비가역적으로 유출될 때 온도변화가 일어나는 현상으로, 실제 기체의 부피 V가 절대온도 T에 비례하지 않기 때문에 일어나는 효과이다. 톰슨과 줄이 1852~1862년에 반복 실험을 통해 발견했다.

2. 줄-톰슨효과(Joule-Thomson effect)

외계와의 열의 출입을 무시할 수 있는 관의 중간에 솜 등의 다공성(多孔性) 물질을 채우고, 그 한쪽에서 다른 쪽으로 기체를 보내면 기체의 압력은 ΔP만큼 내려가며, 동시에 ΔT의 온

도변화가 일어난다.

ΔT와 Δp는 비례하고, 정압열용량(定壓熱容量)을 C_p라 하면 $\Delta T = \Delta p \left\{ T \left(\dfrac{\partial V}{\partial T} \right)_p - V \right\} / C_p$의 관계가 있다. 비례계수 $\Delta T / \Delta p$를 줄-톰슨계수라고 하고, 그것이 0이 되는 온도를 그 기체의 역전(逆轉)온도라고 한다. 역전온도 이하에서는 온도강하가 일어나고, 그 이상의 온도에서는 온도 상승이 일어난다. 공기, 이산화탄소 등의 상압(常壓)에서의 역전온도는 상온보다 높다. 이 효과는 기체의 액화에 이용된다.

Section 38 │ 미국방화협회(NFPA)의 규정에 따른 인화성 액체와 가연성 액체의 구분기준

1. 개요

NFPA 30 인화성 및 가연성 액체코드에서는 인화점을 기준으로 인화성 액체와 가연성 액체로 분류하는데, 인화성 액체는 밀폐식 인화점이 100°F 미만인 액체로 Class Ⅰ등급으로 분류하고, 가연성 액체는 밀폐식 인화점이 100°F 이상인 액체로 Class Ⅱ~Ⅲ등급으로 분류한다.

2. 인화성 액체(Flammable Liquid)

(1) 특성

① 밀폐식 인화점이 100°F 미만이며, 증기압이 100°F에서 40PS 이하인 액체로 Class Ⅰ등급으로 분류한다.
② 인화성 액체는 인화점이 실온보다 낮다(100°F는 대부분 지역의 연중 최고실내온도).
③ Class Ⅰ 액체는 자신의 휘발성에 의존한 비율로 기화한다.
④ Class Ⅰ 액체의 증기는 주위 온도에서 공기와 다소 쉽게 발화성 혼합기를 형성한다.

(2) 분류

① Class Ⅰ$_A$: 인화점 73°F 미만이고 비점 100°F 미만
② Class Ⅰ$_B$: 인화점 73°F 미만이고 비점 100°F 이상
③ Class Ⅰ$_C$: 인화점 73°F 이상 100°F 미만

3. 가연성 액체(Combustible Liquid)

(1) 특성

① 밀폐식 인화점이 100℉ 이상인 액체로 Class Ⅱ~Ⅲ등급으로 분류한다.

② 가연성 액체는 인화점이 실온보다 높다.

③ Class Ⅱ 액체는 조금의 가열로도 인화점에 도달한다.

④ Class Ⅲ 액체는 인화점에 도달하려면 상당한 가열을 필요로 한다.

(2) 분류

① Class Ⅱ : 인화점 100℉ 이상 140℉ 미만

② Class Ⅲ$_A$: 인화점 140℉ 이상 200℉ 미만

③ Class Ⅲ$_B$: 인화점 200℉ 이상

4. 인화성과 가연성 액체의 비교

① 인화성 액체는 인화점이 실온보다 낮은 액체이며, Class I 액체의 인화점기준인 100℉는 대부분 지역의 연중 최고실내온도이다.

② 가연성 액체는 인화점이 실온보다 높은 액체로

　㉠ Class Ⅱ 액체는 조금의 가열로도 인화점에 도달할 수 있는 액체이고,

　㉡ Class Ⅲ 액체는 인화점에 도달하려면 상당한 가열을 필요로 하는 액체이다.

③ 이와 같이 NFPA의 인화성 액체의 분류는 현실적인 발화 가능성에 근거한다.

5. 국내 인화성 액체(제4류 위험물)의 분류

국내에서는 인화성 액체인 제4류 위험물은 인화점을 기준으로 특수인화물, 제1석유류, 제2석유류, 제3석유류, 제4석유류, 동식물유류로 분류한다(알코올류는 인화점기준이 아님).

① 특수인화물(디에틸에테르, 이황화탄소) : 발화점 100℃ 이하 또는 인회점 -20℃ 이하이고 비점 40℃ 이하인 것

② 제1석유류(아세톤, 휘발유) : 인화점 21℃ 미만

③ 제2석유류(등유, 경유) : 인화점 21℃ 이상 70℃ 미만

④ 제3석유류(중유, 클레오소트유) : 인화점 70℃ 이상 200℃ 미만

⑤ 제4석유류(기어유, 실린더유) : 인화점 200℃ 이상 250℃ 미만

⑥ 동식물유류(건성유, 반건성유, 불건성유) : 인화점이 250℃ 미만

Section 39

산업현장에서 용접 · 용단용으로 프로판(C_3H_8)가스와 아세틸렌(C_2H_2)가스를 사용 시 위험도측면을 고려할 때 어느 물질이 더 위험한지에 대하여 설명

1. 프로판(C_3H_8)가스와 아세틸렌(C_2H_2)가스

아세틸렌과 C_3-LPG(프로판)의 연소반응은 다음과 같다.

① 아세틸렌

$$C_2H_2 + \frac{5}{2}O_2 \rightarrow 2CO_2 + H_2O + 11{,}526kcal/kg - C_2H_2 (= 13{,}388kcal/N \cdot m^3 - C_2H_2)$$

② C_3-LPG

$$C_3H_3 + \frac{5}{2}O_2 \rightarrow 3CO_2 + 4H_2O + 11{,}079kcal/kg - C_3 - LPG(= 21{,}794kcal/N \cdot m^3 - C_3 - LPG)$$

위 두 식에서 같은 질량을 기준으로 하면 아세틸렌의 발열량이 크고, 부피를 기준으로 하면 C_3-LPG가 크다.

2. 연소에 소요되는 산소의 양

연소에 소요되는 산소의 양은 부피를 기준으로 하면 두 경우 동일하지만, 연소 후 생성되는 가스(표준 상태의 부피를 기준으로 했을 때)는 아세틸렌연소 시 생성되는 이산화탄소와 수증기는 3이지만, 프로판 연소 시 생성되는 이산화탄소와 수증기는 7이 된다.

즉 아세틸렌의 경우 생성되는 혼합가스부피당 발열량은 4,462kcal/N · m³-연소가스, 프로판의 경우에는 3,113kcal/N · m³-연소가스가 되어 아세틸렌의 경우가 43% 정도 높다. 대략 계산으로 봐도 아세틸렌의 경우가 프로판의 경우보다 불꽃온도가 43% 정도 높을 것이며 고온이 필요하다면 아세틸렌이 필요하다.

3. 상승온도 비교

불꽃온도(위의 발열량을 연소생성물의 평균비열과 생성된 가스량으로 나누어 상승온도를 대략 구할 수 있다)가 C_3-LPG를 사용해도 문제가 없다면, C_2H_2-LPG의 경우에는 액체로 취급할 수 있어서 많은 양을 LPG통에 담을 수 있으므로 편리할 것이다. 가격도 C_2H_2보다 LPG가 저렴하고 취급하는 붐베의 수요도 적으므로 불꽃온도만의 문제라면 LPG 사용이 유리하다.

4. LPG의 장점

① 액화하기 쉬우며, 액화된 것은 용기에 넣어서 수송하기가 쉽다.
② 액화된 것은 쉽게 가스상태로 기화되며 발열량도 높다.
③ 폭발한계가 좁으므로 안전도가 높으며 관리도 용이하다.
④ 열효율이 높은 연소기구의 제작도 용이하다.

Section 40 비상대응계획을 작성할 때 활용하는 내용 중 단시간 비상폭로한계(TEEL)와 즉시건강위험농도(IDLH)를 설명하고, 독성물질의 ERPG2 및 AEGL2값이 없는 경우 끝점농도 적용 기준

1. 비상대응계획수립지침(ERPG : Emergency Response Planning Guideline)

이것은 미국산업위생학회(AIHA)에서 발표하는 기준이며 관심의 우선순위, 취급·저장평가, 누출 시 확산지역의 파악 및 지역사회의 비상대응계획을 수립하는 데 사용되는 지침을 말하며, 이 지침에서 사용되는 농도는 공기 중의 농도에 따라 ERPG1, ERPG2 및 ERPG3 등으로 구분하며 다음과 같이 정의된다.

구분	개념
ERPG1	거의 모든 사람이 한 시간 동안 노출되어도 오염물질의 냄새를 인지하지 못하거나 건강상 영향이 나타나지 않는 공기 중 최대농도
ERPG2	거의 모든 사람이 한 시간까지 노출되어도 보호조치불능의 증상을 유발하거나 회복불가능 또는 심각한 건강상 영향이 나타나지 않는 공기 중 최대농도
ERPG3	거의 모든 사람이 한 시간까지 노출되어도 생명의 위험을 느끼지 않는 공기 중 최대농도

2. 급성폭로기준레벨(AEGL : Acute Exposure Guideline Level)

이것은 미국환경보호청(EPA)에서 발표하는 기준으로 사고로 인한 화학물질 누출 시 이를 다루는 비상대응요원에 의해 사용되는 기준이며 일반인의 급성 노출을 방지하기 위한 기준으로 사용된다. 이 기준은 폭로시간 10분, 30분, 1시간, 4시간, 8시간에 따라 구분되며, 일평생 중 한 번 또는 드물게 공기 중으로 폭로되는 화학물질에 대한 인체의 영향을 나타내는 기준이다. 이 지침에서 사용되는 농도는 공기 중의 농도에 따라 AEGL1, AEGL2, AEGL3 등으로 구분하며 다음과 같이 정의된다.

구분	개념
AEGL1	대부분 사람들이 인식 가능한 불편, 재채기 등을 경험할 수 있는 농도
AEGL2	대부분 사람들이 대피능력 상실 또는 비가역적 또는 장기적인 건강영향을 입을 농도
AEGL3	대부분 사람들이 생명의 위협영향 또는 사망을 경험할 수 있는 농도

3. 단시간 비상폭로한계(TEEL : Temporary Emergency Exposure Limits)

이것은 미국에너지부(DOE)에서 발표하는 기준으로 대부분의 사람들이 주어진 시간 동안 공기 중의 화학물질에 폭로될 때 건강영향을 경험하기 시작하는 농도를 의미하며 60분 노출 시의 AEGL 및 ERPG와 유사한 개념으로 사용되는 기준이다. 이 지침에서 사용되는 농도는 공기 중의 농도에 따라 TEEL1, TEEL2, TEEL3 등으로 구분하며 다음과 같이 정의된다.

구분	개념
TEEL1	1시간 이상 폭로될 때 대부분의 사람들(취약계층 포함)이 인식 가능한 불편, 재채기 또는 무증상 등을 경험할 것으로 예측되는 공기 중의 농도
TEEL2	1시간 이상 폭로될 때 대부분의 사람들(취약계층 포함)이 대피능력 상실 또는 비가역적 또는 장기적인 건강영향을 입을 것으로 예측되는 공기 중의 농도
TEEL3	1시간 이상 폭로될 때 대부분의 사람들(취약계층 포함)이 생명의 위협영향 또는 사망을 경험할 것으로 예측되는 공기 중의 농도

4. 화학물질 기본정보 작성

① 사고시나리오에 해당되는 물질에 대해 [표 4-13]과 같은 기본적인 정보를 작성한다.
② ERPG2농도가 없는 경우에는 AEGL2 또는 TEEL2 등의 관심농도를 기입하거나 빈 칸으로 둘 수 있다.
③ 상세한 정보가 필요한 경우에는 물질안전보건자료를 첨부한다.

[표 4-13] 화학물질 기본정보의 예

물질명	아크릴로니트릴		분자식	C_3H_3N
인화점(℃)	−1.1		발화점(℃)	481
폭발범위(vol/%)	3~17		증기비중	1.8
ERPG2(ppm)	35		IDLH(ppm)	85
NFPA지수	화재위험성	건강위험성	반응위험성	특수위험성
(0, 1, 2, 3, 4)	3	4	2	없음

물과의 반응성		없음
적용 소화제		Foam을 다량 분무할 것
보호구		방독마스크, 공기호흡기
인체영향	흡입	호흡기자극, 기침, 호흡 곤란, 폐렴, 폐부종 등
	피부접촉	통증, 홍반, 화상, 수포, 건조, 표백
	눈영향	자극, 통증, 출혈, 화상, 각막, 궤양, 시력 상실
	경구	구강/위장관, 화상, 수포, 인후 및 위 내출혈
기타 참고사항		

Section 41 오존파괴지수(ODP)와 지구온난화지수(GWP)의 개념

1. 오존파괴지수(ODP : Ozone Depletion Potential)

이 지수는 어떤 화합물질의 오존파괴 정도를 숫자로 표현한 것으로서 숫자가 클수록 오존 파괴 정도가 크다. 삼염화불화탄소($CFCl_3$)의 오존파괴능력을 1로 보았을 때 상대적인 파괴능력을 나타내는 지수로서 몬트리올의정서에서 규정한 모든 오존층파괴물질에 대해 오존층파괴지수가 산정되어 있다.

CFC계통은 오존파괴지수가 0.6~1.0이고, 할론계통은 3~10으로 매우 높으며, CFC 중간대체물질로 사용되고 있는 수소염화불화탄소(HCFCs)계통은 0.001~0.52로 낮다.

2. 지구온난화지수(GWP : Global Warming Potential)

이 지수는 이산화탄소가 지구온난화에 미치는 영향을 기준으로 각각의 온실가스가 지구온난화에 기여하는 정도를 수치로 표현한 것이다. 즉 단위질량당 온난화효과를 지수화한 것이다.

이산화탄소(CO_2)를 1로 볼 때 메탄(CH_4)은 21, 아산화질소(N_2O)는 310, 수소불화탄소(HFCs)는 1,300, 과불화탄소(PFCs)는 7,000, 그리고 육불화황(SF_6)은 23,900이다.

Section 42

우리나라 원자력안전위원회에서 제시한 "사건등급평가지침상의 등급"을 구분하고 설명

1. 개요

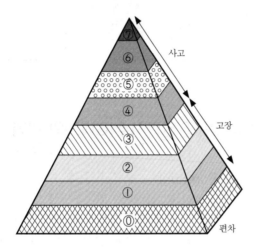

⑦ 심각한 사고
⑥ 대형 사고
⑤ 시설 밖의 위험이 있는 사고
④ 시설 밖의 위험이 없는 사고
③ 중대한 이상
② 사고
① 이상징후
⓪ 정상고장(안전성 영향 없음)

[그림 4-36] 사건등급의 분류

[표 4-14] 사건등급의 관련 내용

구분			내용
등급	사고	7등급	한 국가 이외의 광범위한 지역으로 방사능피해를 주는 대량의 방사성물질 방출사고
		6등급	방사선비상계획의 전면적인 시행이 요구되는 정도의 방사능피해를 주는 다량의 방사성물질 방출사고
		5등급	방사선비상계획의 부분적인 시행이 요구되는 정도의 방사선피해를 주는 제한된 양의 방사성물질 방출사고
		4등급	연간 허용제한치 정도로 일반인이 피폭받을 수 있는 비교적 소량의 방사성물질 방출사고로서 음식물의 섭취제한이 요구되는 사고
	고장	3등급	사고를 일으키거나 확대시킬 가능성이 있는 안전계통의 심각한 기능상실
		2등급	사고를 일으키거나 확대시킬 가능성은 없지만 안전계통의 심각한 기능상실
		1등급	기기고장, 종사자의 실수, 절차의 결함으로 인하여 운전요건을 벗어난 비정상적인 상태
등급 이하	경미한 고장	0등급	정상운전의 일부로 간주되며 안전성에 영향이 없는 고장

IAEA 및 OECD/NEA는 원자력시설에서 발생한 사건의 규모를 일반 국민이나 언론이 일관성 있고 쉽게 이해할 수 있도록 국제적인 공용의 사건등급(Event Scale)을 도입하였는데, 이것이 바로 '국제원자력사고·고장등급(INES : International Nuclear Event Scale)'이다. INES는 1990년에 개발되어 시범 적용을 마친 후 1992년부터 본격적으로 사용되고 있으며, 현재 전 세계적으로 약 60여 개국이 원자력사건등급평가에 이 체계를 사용하고 있다. 우리나라는 1993년부터 이 체계를 도입하여 사건등급평가를 수행하고 있다.

2. 우리나라 원자력안전위원회에서 제시한 "사건등급평가지침상의 등급"을 구분하고 설명

INES는 원자력 관계시설에서 발생한 사건의 안전성 중요도에 따라 1등급에서 7등급까지 등급을 분류하고 있으며 1~3등급 사건을 고장(Incident), 4등급 이상의 사건을 사고(Accident)로 정의하고 있다. 일반적으로 원자력 관계시설에서 발생하는 사고와 고장의 분류기준은 사건의 발생이 결과적으로 종사자 및 주변 주민에게 방사선영향을 미치는지의 여부이며, 영향을 미치지 않는 사건을 고장으로 분류한다. INES는 또한 안전에 중요하지 않은 사건에 대해서는 등급 이하(0등급/below scale)라 하여 경미한 고장(Deviation)으로 분류하고 있으며, 안전과 무관한 사건은 등급 외 사건(out of scale)으로 규정하고 있다.

Section 43 용접·용단작업 시 발생되는 비산불티의 특성, 화재감시인의 배치대상과 임무

1. 용접·용단작업 시 발생되는 비산불티의 특성

① 용접·용단작업 시 수천개의 불티가 발생하고 비산된다.
② 비산불티는 풍향, 풍속에 따라 비산거리가 달라진다.
③ 비산불티는 1,600℃ 이상의 고온체이다.
④ 발화원이 될 수 있는 비산불티의 크기는 직경이 0.3~3mm 정도이다.
⑤ 가스용접 시의 산소의 압력, 절단속도 및 절단방향에 따라 비산불티의 양과 크기가 달라질 수 있다.
⑥ 비산된 후 상당 시간 경과 후에도 축열에 의하여 화재를 일으키는 경향이 있다.

2. 화재감시인의 배치대상과 임무

(1) 화재감시인의 배치

다음과 같은 화재를 발생시킬 수 있는 장소에서 용접·용단작업을 실시할 경우에는 화재감시인을 배치하여야 한다.

① 작업현장에서 반경 11m 이내에 다량의 가연성 물질이 있을 때
② 가연성 물질이 작업현장에서 반경 11m 이상 떨어져 있지만 불티에 의해 쉽게 발화될 수 있을 때
③ 작업현장에서 반경 11m 이내에 위치한 벽 또는 바닥개구부를 통하여 인접 지역의 가연성 물질에 발화될 수 있을 때
④ 가연성 물질이 금속칸막이, 벽, 천정 또는 지붕의 반대쪽 면에 인접하여 열전도 또는 열복사에 의해 발화될 수 있을 때
⑤ 밀폐된 공간에서 작업할 때
⑥ 기타 화재 발생의 우려가 있는 장소에서 작업할 때

(2) 화재감시인의 임무

① 화재감시인은 즉시 사용할 수 있는 소화설비를 갖추고 그 사용법을 숙지하여 화재를 진화할 수 있어야 하며 주위 인근 소화설비의 위치를 확인하여야 한다.
② 화재감시인은 비상경보설비를 작동할 수 있어야 한다.
③ 화재감시인은 용접·용단작업이 끝난 후 30분 이상 계속하여 화재가 발생하지 않음을 확인하여야 한다

Section 44 폭염, 호우, 강풍, 오존, 미세먼지(PM10), 초미세먼지(PM 2.5)의 주의보 발령기준

1. 폭염, 호우, 강풍의 주의보 발령기준

① 폭염 : 일 최고기온이 33℃ 이상인 상태가 2일 이상 지속될 것으로 예상될 때이다.
② 호우 : 3시간 강우량이 60mm 이상 예상되거나 12시간 강우량이 110mm 이상 예상될 때이다.
③ 강풍 : 육상에서 풍속 50.4km/h(14m/s) 이상 또는 순간풍속 72.0km/h(20m/s) 이상이 예상될 때이다. 다만, 산지는 풍속 61.2km/h(17m/s) 이상 또는 순간풍속 90.0km/

h(25m/s) 이상이 예상될 때이다.

2. 오존, 미세먼지(PM10), 초미세먼지(PM2.5)의 주의보 발령기준

(1) 오존

오존 예보등급이 나쁨 이상인 경우 혹은 고농도 오존(나쁨 이상)이 발생하거나, 실제로 해당 광역자치단체에서 주의보·경보가 발령되어 국가·광역자치단체가 관리해야 하는 경우로, 요건은 [표 4-15]와 같다.

[표 4-15] 대응단계별 요건

구분	요건
고농도 발생(나쁨)	오존농도 0.09ppm 이상
주의보 또는 매우 나쁨	오존농도 0.12ppm 이상
경보(중대경보)	오존농도 0.3ppm 이상(중대경보 : 0.5ppm 이상)

(2) 미세먼지(PM10), 초미세먼지(PM2.5)

대기 중에 떠다니거나 흩날려 내려오는 10μm 이하의 입자상 물질로 미세먼지(PM10)와 초미세먼지(PM2.5) 등 먼지직경에 따라 구분한다. PM10은 1,000분의 10mm보다 작은 먼지이며, PM2.5는 1,000분의 2.5mm보다 작은 먼지로, 머리카락직경(약 60μm)의 1/20~1/30크기보다 작은 입자이다.

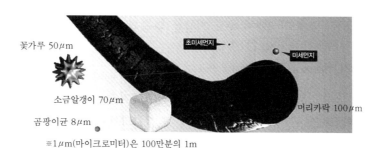

[그림 4-37] 미세먼지(PM10)와 초미세먼지(PM2.5)의 크기

(3) 미세먼지 예보제

목적은 대기질모델링 및 예보관의 판단을 통해 고농도 미세먼지 발생상황을 예측하고, 이를 사전에 알려 국민들이 미리 대비할 수 있도록 미세먼지예보제를 시행(2014년 2월부터)하며, 예보횟수는 1일 4회(오전·오후 5시, 11시), 예보권역은 전국 19개 권역으로 예보등급은 4단계(좋음-보통-나쁨-매우 나쁨)로 [표 4-16]과 같다.

[표 4-16] 예보등급

구분		등급(µg/m³)			
		좋음	보통	나쁨	매우 나쁨
예보물질	미세먼지 (PM10)	0~30	31~80	81~150	151 이상
	초미세먼지 (PM2.5)	0~15	16~35	36~75	76 이상

미세먼지예보등급은 PM10과 PM2.5 중 더 나쁜 등급을 기준으로 발표되며, 예보내용은 발생할 것으로 예상되는 대기오염도 등급과 등급별 인체위해도를 고려한 대국민 행동요령이다.

Section 45 스마트공장의 3가지 주요 기능

1. 개요

스마트팩토리기술은 기존 제조기술에 IT를 접목하여 센서, 정밀제어, 네트워크, 데이터 수집 및 분석 등 다양한 기술이 융합되어 서비스를 구성하며 생산과 관련된 환경정보를 감지하고 감지된 정보에 의한 판단, 판단된 결과가 생산현장에 반영되어 실행된다.

2. 스마트공장의 3가지 주요 기능

스마트공장(Smart Factory)의 3가지 주요 기능은 다음과 같다.

(1) 생산조건변화 감지, Sensor(감지)

① Big Data 실시간 수집과 축적으로 IoT 등의 최신 ICT기술을 활용하여 생산조건변화, 실적 발생, 재고위치변경 등 생산과 연관된 사항이 감지되어 유의미한 정보로 관리되는 기능이다.
② 고객요구사항, 제품수명, 시장환경과 생산조건, 실적정보, 재고현황, 제품환경과 생산장비, 인력운용 등 생산환경과 관련된 다양한 정보들을 수집하는 기능을 수행한다.
③ 스마트팩토리의 생산환경변화, 제품 및 재고현황 등 제조·생산과 관련된 정보를 감지하고 애플리케이션에 전달하여 분석·판단결과를 제조현장에 반영하여 수행한다.

(2) 제어 관련 기능, Control(판단, 결정)

① 인공지능System으로 자율적 해석, 판단, 시스템제어로 정확한 의사를 결정하고 생산환

경정보와 생산전략의 변화를 바탕으로 사전에 분석, 정의된 기준에 따라 생산환경 및 전략을 수정하는 것을 결정하는 기능이다.

② 감지된 생산현황정보에 의거한 의사결정(작업지시, 실행 등) 감지정보와 의사결정 간에 매핑정보가 업무기준으로 사전에 정의되어 있어야 한다.

(3) 생산공정을 변화시킬 수 있는 기능이 유기적 연결, Actuator(수행, 제어)

Networking으로 CPS, 새로운 가치 창출을 하며 판단결과가 실시간으로 생산현장에 적용되기 위하여 네트워크를 통한 제어 및 생산전략변경을 수행하는 기능이다.

Section 46
KS C IEC 60079-10-1(2015)의 부속서 C 환기지침에서 정한 환기속도평가방법, 옥외에서 지표면 고도에 따른 유추환기속도(m/s)를 장애물이 없는 영역과 장애물이 있는 영역으로 구분하여 설명

1. 개요

가스폭발위험장소(Hazardous area)는 전기기계·기구(이하 "전기기기"라 한다)를 설치·사용함에 있어 특별한 주의를 요하는 가스폭발분위기(이하 "위험분위기"라 한다)가 조성되거나 조성될 우려가 있는 장소를 말한다. 이 가스폭발위험장소(이하 "위험장소"라 한다)는 위험분위기의 생성빈도와 지속시간에 따라 0종, 1종, 2종 또는 비위험장소로 구분한다.

환기(Ventilation)는 바람, 공기의 온도차에 의한 영향 또는 인위적인 수단(팬, 배출기 등)을 이용하여 공기를 이동시켜 신선한 공기로 대체시키는 것을 말한다.

2. KS C IEC 60079-10-1(2015)의 부속서 C 환기지침에서 정한 환기속도평가방법, 옥외에서 지표면 고도에 따른 유추환기속도(m/s)를 장애물이 없는 영역과 장애물이 있는 영역으로 구분

① 가스가 누출되면 이동하면서 확산 또는 축적되며, 가스는 누출의 관성력, 부력, 자연 또는 강제환기로 인한 흐름, 바람 등을 통해 이동된다.

  ㉠ 누출 자체의 관성에 의한 흐름이 충돌이나 기하학적 구조에 의하여 그 관성이 차단된다는 것이 명확하다면 이를 고려하지 않는다.

  ㉡ 가스를 이동시키는 흐름은 옥내환기에 의한 평가를 근거로 하거나 옥외 바람에 의해 발생하는 흐름을 통해 평가한다.

② 옥내에서 공기흐름 또는 환기속도는 환기에 의한 평균풍속을 바탕으로 하며, 이는 공기/가스혼합물의 부피유량(Volumetric flow)을 흐름방향에 수직인 단면적으로 나누어 계산할 수 있다

   ㉠ 이 공기속도는 환기의 비효율성 또는 다른 물체에 흐름이 막히는 요소에 의하여 감소될 수 있다.

   ㉡ 대상룸의 여러 위치에서 특별히 자세하거나 정확한 값의 환기속도를 추정하기 위해서는 전산유체역학(CFD) 시뮬레이션을 하는 것이 바람직하다.

③ 자연환기되고 있는 구내(Enclosure) 환기시간의 95%가 개방공간의 환기속도를 넘는 것으로 평가된다면, 이때 환기의 이용도는 '양호(Fair)'로 한다.

④ 개방공간의 환기속도는 기후통계에서 기준높이를 고려한 저감계수(Reduction factor)를 사용하는 풍속통계를 활용할 수도 있다.

   ㉠ 일반적으로 공개된 값은 공정설비 이상의 높이에서도 사용할 수 있으며, 지형·건물·초목 및 기타 장애물과 같은 현장 여건에 따라 축소할 수도 있다.

   ㉡ 많은 구조물, 배관, 공정설비가 있는 공정지역의 경우 유효환기속도는 일반적으로 공장 위의 방해 없는 풍속의 1/10 정도로 낮게 할 필요가 있다.

   ㉢ 평가는 공장 주변의 일부 장소에서 풍속을 측정하고, 이를 공표된 값과 비교할 수도 있다. 또한 현장 공기유동에 영향을 미칠 수 있는 많은 장치들이 있는 복잡한 공장에서는 CFD를 적용할 것을 권고한다.

⑤ 통상 환기가 양호할 경우 공기보다 가벼운 가스는 위로 이동되는 경향이 있고 부력으로 가스가 이동될 수도 있다.

   ㉠ 이러한 누출에서는 유효환기속도를 증가시키는 것을 고려한다.

   ㉡ 옥외에서 상대밀도가 0.8 이하 누출의 경우 일반적으로 유효환기속도가 최소한 0.5m/s라고 하면 안전하다고 간주할 수 있다. 이러한 최소환기의 이 용도는 '우수(Good)'한 것으로 본다.

⑥ 통상 환기가 불량한 경우 공기보다 무거운 가스는 아래로 이동되는 경향으로 인하여 지표면에 축적된다.

   ㉠ 이러한 경우에는 유효환기속도를 낮추는 것을 고려한다.

   ㉡ 가스는 분자량 또는 저온 때문에 무거울 수 있고, 저온은 고압력의 누출로 인해 발생할 수 있다. 비중(상대밀도)이 1.0 이상인 가스의 경우 유효환기속도는 약 2의 인자에 의하여 축소시킨다. 통계데이터를 사용할 수 없을 경우 [표 4-17]의 옥외환기속도값을 정의할 수 있는 실제 접근방법의 예를 활용한다.

[표 4-17] 옥외환기속도(u_w)

옥외위치의 형태	장애물 없는 지역(m/s)			장애물 있는 지역(m/s)		
지표면에서부터의 높이	≤2m	>2~5m	>5m	≤2m	>2~5m	>5m
공기보다 가벼운 가스/증기의 누출을 추정하기 위한 환기속도	0.5	1.0	2.0	0.5	0.5	1.0
공기보다 무거운 가스/증기의 누출을 추정하기 위한 환기속도	0.3	0.6	1.0	0.15	0.3	1.0
모든 고도에서 액체 풀(pool) 증발률을 추정하기 위한 환기속도	0.25			0.1		

※ 일반적으로 위 표의 값은 양호한 환기로 간주한다.

※ 옥내의 경우 일반적으로 평가는 최소공기속도 0.05m/s를 가정을 근거로 하며, 이는 실제로 어디서나 해당된다.

※ 특정 상황에서는 다양한 값을 가정할 수 있다(예 : 공기 인입구/배출구 입구에 가까운 곳).

※ 환기배치를 제어할 수 있는 경우 최소환기속도를 환산할 수 있다.

부록 과년도 출제문제

화공안전기술사 제63회 (2001년 시행)

제1교시 (시험시간:100분)

※ 다음 13문제 중 10문제를 선택하여 설명하시오. (각 10점)

1. 영구 전 노동 불능
2. 최소발화에너지 정의 및 영향인자
3. 이상모드 영향위험도분석(Failure Modes Effects &Criticality Analysis)
4. 인화점과 발화점 차이
5. 안전성 재검토(Safety Review)
6. Fail-Safe와 Fool Proof 정의 차이점
7. FT기호 중 ▽ △의 차이점
8. 제1종 위험장소
9. 공정흐름도(Process Flow Diagram)
10. 박막폭굉(Film Detonation)
11. 한계
12. 공동현상(Caritation)
13. 증기위험도지수(Vapor Hazard Index)

제2교시 (시험시간:100분)

※ 다음 6문제 중 4문제를 선택하여 설명하시오. (각 25점)

1. 저유소의 유류저장탱크(10,000m³)화재가 발생하였다. 유류탱크 화재 시 나타나는 현상과 방지안전대책에 관하여 논하시오.
2. 증기운폭발난계의 증기운에 영향을 주는 인자를 들고, 이에 대한 안전대책방안을 기술하시오.
3. 화학설비 내부의 기체압력이 대기압을 초과할 우려가 있는 경우 화학설비에는 안전밸브 또는 이에 대처할 수 있는 방호장치를 설치하여야 한다. 화학설비의 안전밸브 설치대상, 설치방법 및 안전밸브 배출물 처리방법에 관한 기술기준을 기술하시오.
4. 산업현장에서 사고의 재발을 방지하고 안전대책을 구체적으로 세워 안전활동을 추진하기 위한 재해사례연구진행방법을 구체적으로 기술하시오.
5. 연소의 종류를 5가지 이상 제시하고 공통적인 안전대책을 논하시오.
6. 안전 및 위생 보호구는 여러 가지 제약조건이 있다. 보호구가 갖추어야 할 공통적인 구비요건 및 보호구 사용의 효율 증대방안에 관하여 상세히 기술하시오.

제3교시 (시험시간:100분)

※ 다음 5문제 중 4문제를 선택하여 설명하시오. (각 25점)

1. 공정 설계 중 가장 중요한 안전상 조치는 운전 및 설계조건 결정시의 안전기준이다. 이 조건을 만족시키는 주요 사항을 요약하여 기술하시오.

2. 메틸알콜과 에틸에테르의 1:3혼합증기의 폭발한계를 구하려 한다. n_a=0.25, n_b=0.75, x_a=0.73, x_b=1.9%, x_a'=36%, x_b'=48%일 때 x_m, x_m'을 구하시오.

3. Acetic Acid Unloading & Storage Tank System에 대한 P&ID를 작성하고 위험물 하역 및 저장공정 설계 시 고려사항 및 운전 시 안전대책을 논하시오.

4. 분체를 다량 취급하는 공장이 있다. 귀하가 안전엔지니어로서 분체취급공정의 분진폭발을 방지하기 위한 대책에 주안점을 두어 구체적인 예방대책을 기술해 보시오.

5. 산업안전보건법에서 정하고 있는 관리감독자의 안전업무내용에 관하여 기술하시오.

제4교시 (시험시간:100분)

※ 다음 5문제 중 4문제를 선택하여 설명하시오. (각 25점)

1. 액화프로판저장탱크 바닥이 파열되어 가연성 증기의 증기운이 형성된 후 일정기간이 경과하면서 점화원에 의하여 증기운폭발이 발생되었다. 이 사고에 대하여 Consequence Analysis (C.A) Modeling을 이용한 정량적 위험성평가방법을 기술하시오.

2. 불안전행동요인은 심신기능에 좌우된다. 심신기능의 장애요인을 분류하고 이에 따른 안전대책, 특히 교육훈련방법을 상세히 기술하시오.

3. 한 시간에 코크스 200lb를 태울 수 있는 노를 설계하려 한다. 탄소 89.1%, 회분 10.9%의 코크스조성을 90% 연소시킬 수 있는 노가 있다. 공기는 완전 연소에 필요한 양보다 30% 과잉으로 공급하고 연소된 탄소 중 97%는 CO_2로 산화되고, 나머지는 CO로 산화한다.
   1) 노를 나오는 연소가스의 용적조성을 계산하시오.
   2) 만일 550°F, 743mmHg에서 연소가스가 노를 나온다면 연통설계에 필요한 연소가스유속(ft/min)을 계산하시오.

4. 액체암모니아가 24℃, 15×10⁶Pa 압력으로 탱크 내에 저장되어 있다. 탱크에 0.0845m의 누출공이 생성되어 이를 통해 플래시암모니아가 빠져나간다. 이 온도에서 액체암모니아의 포화증기압은 0.868×10⁶Pa이며, 밀도는 603kg/m³이다. 누출되는 암모니아질량유속을 구하라. 평형플래시상태로 가정한다(단, 배출계수는 0.61로 가정한다).

5. 화학공정의 폭발사고예방을 위하여 위험공정의 폭발 발생제어방식의 기본개념과 폭발진압 및 방호시스템에 관하여 논하시오.

화공안전기술사 제65회 (2001년 시행)

제1교시 (시험시간:100분)

※ 다음 13문제 중 10문제를 선택하여 설명하십시오. (각 10점)

1. 위험기반검사(Risk Based Inspection)
2. 화학설비의 내화기준
3. 화학설비의 안전거리
4. 용접 후 열처리
5. 최악의 누출시나리오에서 끝점(End Point)
6. 결함수분석(FTA)와 사건수분석(ETA)의 차이
7. 시간가중평균농도(TLV-TWA)
8. 프로비트(Probit)
9. 내압(耐壓)방폭구조
10. 트라우즐연통시험(Trauzl Lead Block Test)
11. 화염검출기(Flame Eye)
12. 비파괴검사방법(4가지 이상)
13. 서징현상(Surging)

제2교시 (시험시간:100분)

※ 다음 6문제 중 4문제를 선택하여 설명하십시오. (각 25점)

1. 현장에서 행하여지는 정비방법 4가지를 열거하고 설명하시오.
2. 결함수분석(FTA)결과 산출된 최소컷세트를 활용하는 방법에 대하여 설명하시오.
3. 액면화재(Pool Fire)의 TNO모델식과 가정 및 제한사항은?
4. 플랜트에서 반응폭주가 일어나는 원인 6가지를 들고, 그 원인 각각에 대하여 설명하시오.
5. 파열판과 스프링식 안전밸브를 직렬로 함께 실치하여야 하는 경우와 그 이유를 설명하시오.
6. 안선보건관리책임자의 역할과 주요 업무에 대하여 설명하시오.

제3교시 (시험시간:100분)

※ 다음 6문제 중 4문제를 선택하여 설명하십시오. (각 25점)

1. 산업재해의 경영적 판단은 사고의 발생빈도와 치명도를 고려하여야 한다. 이를 도시하고 상

응하는 4가지 위험관리전략을 설명하시오.

2. 화학공장에서 단열팽창으로 인한 공정사고 발생 예를 3가지 이상 열거하고 설명하시오.

3. 위험물저장탱크 누출사고에 대비한 방유제 설치기준에 대하여 설명하시오.

4. 화학공장에서 누출사고에 대비하여 확산모델을 이용하여 피해범위와 피해강도를 추정하는데, 그 추정과정과 이때 사용되는 모델에 대하여 설명하시오.

5. 방폭지역의 종별 구분 중 1종 장소로 구분되는 조건과 그 예를 5가지만 열거하시오.

6. 안전진단의 시기와 진단내용에 대하여 설명하시오.

제4교시 (시험시간:100분)

※ 다음 6문제 중 4문제를 선택하여 설명하십시오. (각 25점)

1. 화학공장설계 시 본질적 안전설계의 5가지 방법을 열거하고 설명하시오.

2. 액체침투탐상의 원리와 특징에 대하여 실명하시오.

3. 다단식 왕복동형 압축기를 설계하고자 한다. 압축단수는 4단이며, 각 단의 압축비는 2.5배이다. 최초 인입측 조건은 상압, 30℃일 때 배출측(최종) 온도 및 압력은? (℃, kg/cm² G), 단, η(비열비)$=\dfrac{C_p}{C_v}=1.4$

4. 일반적인 물질안전보건자료(MSDS)에 포함되어야 하는 내용 중 10가지를 열거하시오.

5. 압력용기의 설계압력을 100으로 하였을 때 통상적인 최대운전압력, 블로우다운, 최대허용 설정압력을 그림으로 그려 표시하고 각각의 용어에 대하여 설명하시오.

6. 작업 중인 인간에게서 나타나는 행동특성 중 대표적인 불합리한 행동특성의 예를 4가지만 들어 설명하시오.

화공안전기술사 제66회 (2002년 시행)

제1교시 (시험시간:100분)

※ 다음 13문제 중 10문제를 선택하여 설명하십시오. (각 10점)

1. 불활성화(INERTING)
2. 방폭구조의 3종류
3. MAN-MACHINE SYSTEM에서 직렬연결 시 신뢰도.
4. 산업안전보건법상 중대재해로 간주되는 3가지 조건
5. VARIABLE SPRING HANGER
6. 분해폭발(EXPLOSIVE DECOMPOSITION)
7. 폭연과 폭굉의 차이
8. FLASH OVER
9. SWITCH LOADING
10. TLV(THRESHOLD LIMIT VALUES)
11. 환상RING
12. 희생양극(SACRIFICLAL ANODE)
13. 발화온도(AIT)

제2교시 (시험시간:100분)

※ 다음 6문제 중 4문제를 선택하여 설명하십시오. (각 25점)

1. 산업안전보건법상 위험물의 종류를 나열하고 해당 물질 3가지 이상을 기술하시오.
2. GAS용접작업을 수행코자 한다. 안전작업을 위하여 조치하여야 할 사항을 7가지 이상 기술하시오.
3. 위험물을 연료로 사용하는 건조실(직화건조)을 신규로 설치하고자 한다. 귀하가 책임자로서 설계 시 고려해야 할 사항과 건조설비의 단면도를 도시하고, GAS의 흐름방향을 표시하시오.
4. 화학공장에서 발생한 배관계통 폭발사고사례를 들고 원인과 대책을 기술하시오.
5. 분진폭발 방지를 위한 기술지침에 포함되어야 할 내용을 쓰고 설명하시오.
6. LPG충전소에서 LPG가 충전된 탱크로리차가 도착하여 지하탱크저장소에 하역작업을 하던 중 화재폭발이 발생되었다. 사고원인 가능요소 중 가스누출 형성원인을 추정하여 기술하시오.

제3교시 (시험시간:100분)

※ 다음 6문제 중 4문제를 선택하여 설명하십시오. (각 25점)

1. 화학장치시설에 설치한 긴급차단VALVE의 설치목적, 설치범위 및 구조에 대하여 설명하시오.

2. 화학공장에서 방출되는 방출물 처리방법을 설명하고 VCM(Vinyl Chloride Monorner)를 FLARE STACK에서 연소처리할 경우 발생되는 문제점을 기술하시오.

3. 다음 부식의 원인과 특징 및 대책을 기술하시오.

   1) Chloride에 의한 부식

   2) 용존산소와 산소에 의한 부식

   3) 대기 중에서의 부식

4. 석유화학공장의 방폭지역 내에 중앙Control Room을 설치코자 한다. 안전시설을 기술하시오.

5. 사고비율(Accident Rate) 중에서 버드(Buird)의 이론을 도식화하고, 각 단계별 내용을 기술하고, 사고예방을 위하여 무엇을 통제(Control)하는 것이 바람직한지를 기술하시오.

6. 다음 그림을 반응기의 안전시스템도면이다. 이 반응기는 반응기 내 압력이 어느 한계점을 넘으면 반응기 원료주입기에 원료주입이 자동적으로 차단되는 차단시스템이 작동하도록 되어 있다. 이 차단시스템은 압력측정장치, 압력제어기, 차단밸브로 구성되어 있다. 아래 Data를 이용하여 이 차단시스템의 전체 신뢰도, 전체 고장확률, 전체 고장률을 구하시오. 단, 운전기간은 1년으로 한다.

[필요Data]

구성요소	고장률(μ)
제어기	0.29
압력계	1.41
솔레노이드밸브	0.42

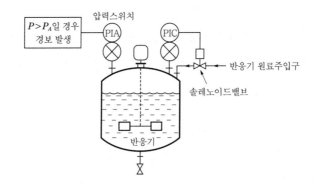

제4교시 (시험시간:100분)

※ 다음 6문제 중 4문제를 선택하여 설명하십시오. (각 25점)

1. 산업안전보건법상 근로자 정기안전보건교육대상, 교육시간, 교육내용을 쓰시오.

2. 산업안전보건법 제20조에 의거 사업주는 사업장의 안전·보건을 유지하기 위하여 안전· 보건관리규정을 작성 하고 계시 또는 비치하고 이를 근로자들에게 알려야 한다. 그 내용 을 쓰시오.

3. 유독물질의 분산모델(DISPERSION MODELS)은 유속물질이 사고지점에서 공장이나 다른 인근 지역으로 대기 분산되는데, 이때 영향을 주게 되는 (1) 매개변수를 나열하고, (2) 물질 의 연속적인 누출 시 형성되는 특정 플럼(PLUME)을 도식화하시오.

4. 비등액체 팽창증기폭발(BLEVE)은 다량의 물질이 발생되는 특별한 형태의 재해이다. BLEVE 발생단계를 순서대로 쓰시오.

5. 화학공장에서 저장·취급하는 황산(H_2SO_4)저장탱크(CARBON STEEL재질)에서 화재·폭 발사고가 자주 발생하고 있다. 사고 발생원이과 대책을 쓰시오.

6. 산업안전보건법에서 정하는 안전색채를 쓰시오.

화공안전기술사 제68회 (2002년 시행)

제1교시 (시험시간:100분)

※ 다음 13문제 중 10문제를 선택하여 설명하십시오. (각 10점)

1. 분진폭연지수 및 분진폭발위험등급
2. TNT당량
3. 고장률(μ), 신뢰도[$R(t)$], 고장확률[$P(t)$], 평균고장간격($MTBF$) 간의 관계
4. Pool Fire와 Jet Fire
5. 간결성의 원리
6. Choked Pressure
7. 릴리프(Relief) 시나리오
8. 폭발과압(Over Pressure)과 임펄스(Impulse)
9. 수격작용(Water Hammer)
10. 폭발효율(Explosion Efficiency)
11. TWA(Time Weighted Arerage Concentration)
12. 강도율(Severity Rate of Injury)
13. UVCE와 BLEVE

제2교시 (시험시간:100분)

※ 다음 6문제 중 4문제를 선택하여 설명하십시오. (각 25점)

1. 인간 동기부여에 관한 Douglas McGregor의 X, Y이론과 Abraham Maslow의 욕구의 수직구조론을 설명하고 동기부여관리를 위한 실제 원칙(6가지)에 대하여 쓰시오.
2. 화학공장의 위험성평가절차를 쓰고 간단히 설명하시오.
3. 분진폭발의 특징 및 분진폭발의 거동에 영향을 주는 요인(factor)에 대하여 쓰시오.
4. 안전진단의 대상에 대하여 기술하시오.
5. 화학공장 공정설계(Process Design) 시 고려해야 할 안전과 관련된 사항에 대해 설명하시오.
6. 비상조치계획에 포함되어야 할 최소한의 내용들을 열거하시오.

제3교시 (시험시간:100분)

※ 다음 6문제 중 4문제를 선택하여 설명하십시오. (각 25점)

1. 위험물질의 양을 줄이거나 위험하지 않은 물질 또는 공정조건을 사용하여 위험성을 없애는 방법 등으로 설계된 플랜트(Plant)를 본질적으로 안전한 플랜트(Inherently safer Plant)라 한다. 본질적으로 안전한 플랜트를 설계하는 방법에 대하여 간단히 예를 들어 설명하시오.
2. 위험성평가기법 중 HAZOP Study에 대해서 논하시오.
3. 화학플랜트에서 자주 일어나는 반응폭주의 원인을 쓰고 설명하시오.
4. 최근 정전기에 대한 사고 발생이 많이 보고되고 있다. 정전기의 발생원인 및 사고 방지대책에 대해 기술하시오.
5. 내화구조에 대해 설명하시오.
6. 발열공정의 연속식 반응기 운전에서 공정안전상 필요한 일반적인 형식의 계장(Instrumentation), 제어(control), 인터록, 기타 공정설비에 관해 설명하시오.

제4교시 (시험시간:100분)

※ 다음 6문제 중 4문제를 선택하여 설명하십시오. (각 25점)

1. 인간의 불안전한 행동의 배후요인을 인적 요인과 환경적 요인으로 나누어 설명하시오.
2. 새로 취급하려는 화학물질의 위험성 유무는 먼저 문헌조사를 하는 것이 상식적이다. 문헌조사 시 찾아 확인해야 될 DATA를 열거하시오.
3. 화학설비의 점검 시 필요한 도면 또는 자료를 열거하시오.
4. 방폭구조의 종류에 대하여 설명하시오.
5. 다음은 API(American Petroleum Institude)에서 제시한 액체설비에 장착할 스프링식 안전밸브의 방출면적을 구하는 식이다. 이 식에서 사용된 기호의 의미와 단위를 쓰시오.

$$A = \left(\frac{\text{in}^2 \psi^{1/2}}{38.0 gpm} \right) \frac{Q_v}{C_o K_v K_p K_b} \sqrt{\frac{\rho/\rho_{ret}}{1.25\rho_s - \rho_b}}$$

6. 내용적이 238L이고 압력이 100atm(gauge)인 질소로 충전된 용기가 대기 중에서 파열될 때 내는 에너지를 구하고, 이를 TNT당량으로 환산하시오. 단, 대기압은 1atm(abs)이고 질소의 즉 γ=1.4이다.

화공안전기술사 제69회 (2003년 시행)

제1교시 (시험시간 : 100분)

※ 다음 13문제 중 10문제를 선택하여 설명하십시오. (각 10점)

1. 릴리프시스템(Relief system)
2. 설계압력(Design Pressure)
3. 풀-프루프(Fool-Proof)
4. 사고(Accident)와 재해(Injury)의 차이점
5. 가이드 워드(Guide Word)
6. 과압(Over Pressure)
7. 최소산소농도(Minimum Oxygen Concentration)
8. 최소컷세트(Minimal Cut Sets)
9. 양론농도(Stoichiometric Concentration)
10. 화염방지기(Frame Arrestor)
11. 화학설비 자체 검사항목
12. 단열압축
13. 위험기반검사(Risk Based Inspection)

제2교시 (시험시간 : 100분)

※ 다음 6문제 중 4문제를 선택하여 설명하십시오. (각 25점)

1. 산업안전보건법 제2조에서 정하는 산업재해의 정의와 국제노동기구(ILO)에서 정하는 산업
   재해의 정의를 요약 기술하시오.
2. 사업장에서 화재폭발 등 중대산업사고 발생 시 피해를 최소화하기 위하여 비상조치계획을
   수립하여 시행하고자 한다. 비상조치계획에 포함되어야 할 내용을 기술하시오.
3. 설비의 본질안전화를 위하여 Fail Safe개념을 도입한다. Fail Safe는 기능면에서 Fail Passive,
   Fail Active, Fail Operational의 3단계로 분류한다. 각 단계를 설명하시오
4. 액화가스저장설비에 있어서 증기운폭발(VCE)위험성을 최소화하기 위하여 만족되어야 할
   설계조건을 기술하시오.
5. 가연성 혼합가스에 불활성 가스를 주입하여 산소의 농도를 연소를 위한 최소산소농도 이
   하로 낮게 하여 폭발을 방지하는 방법을 불활성화(Inerting)라 한다. 용기 내의 초기 산소
   농도를 설정치 이하로 감소시키도록 하는데 이용되는 파징(parging)방법에 대하여 4가지

로 나누어 상세히 설명하시오.

6. 휴먼에러(Haman Error)원인은 개인특성, 개인능력, 환경조건으로 구분하고 있다. 상기 원인 중 개인능력에 영향을 미치는 관련 요소를 나열하고 예를 들어 보시오.

제3교시 (시험시간 : 100분)

※ 다음 6문제 중 4문제를 선택하여 설명하십시오. (각 25점)

1. 상압탱크에 있어서의 압력에 의한 위험성을 과압과 진공에 대한 위험성이 있는데 과압의 원인을 기술하고 필요한 방지장치를 나열하시오.
2. 제조물책임(PL)법에서 결함을 크게 3가지로 구분하고 있다. 결함의 종류를 나열하고 각각에 대하여 기술하시오.
3. 화학설비를 근원적으로 안전하게 설계하는 방법을 5가지로 나누어 열거하고 구체적으로 그 예를 들어 설명하시오.
4. 물질안전보건자료(MSDS) 작성 시 포함되어야 할 항목(10개 이상)을 순서대로 나열하시오.
5. 사고비율연구(Accident Ratio)에서 버드(Frank. E. Bird)의 이론을 도시하고, 이 이론이 함축하고 있는 의미를 설명하시오.
6. 산업안전보건법에서 정하는 특수화학설비의 종류를 5가지 이상 열거하고 설명하시오.

제4교시 (시험시간 : 100분)

※ 다음 6문제 중 4문제를 선택하여 설명하십시오. (각 25점)

1. 회분식(Batch) 공정에서 HAZOP수행절차을 열거하고 설명하시오.
2. 산업안전보건법에서 요구하는 화학설비의 내화기준을 설명하시오.
3. 공식(Pitting)의 특성과 공식에 미치는 영향을 예를 들어 설명하시오.
4. 액면화재(Pool Fire)모델의 가정과 제한사항을 5가지 이상 열거하고 대기투과율에 대하여 설명하시오.
5. 가스누출감지경보기의 성능기준에 대하여 가연성 및 독성가스를 중심으로 설명하시오.
6. 욕조곡선(Bath-tub curve)과 Burn-in기간에 대한 의미를 설명하시오.

화공안전기술사 제71회 (2003년 시행)

제1교시 (시험시간:100분)

※ 다음 문제 중 10문제를 선택하여 설명하십시오. (각 10점)

1. 위험요인확인(Hazard identification)
2. 화염일주한계
3. 본질안전방폭구조
4. 제1종 위험물
5. 가연성 가스
6. 도수강도치
7. 일시적 노동불능
8. 기호 중 각 명칭과 차이를 설명하시오.

 9. 3성분계
10. 예비위험분석기법(preliminary hazard analysis)
11. 안전코드(safety code)와 안전표준(safety standard)용어 차이점
12. 화학공장의 표류전류
13. 연소형식의 분류 및 정의

제2교시 (시험시간:100분)

※ 다음 문제 중 4문제를 선택하여 설명하십시오. (각 25점)

1. 석유화학공정의 방폭지역구분에 대하여 구체적으로 논하고 안전대책을 기술하시오.
2. 위험물의 일반적 특성 및 위험분석에 필요한 물리화학적 특성 및 안전대책을 쓰시오.
3. 연소위험성을 종합적으로 판정하는 데 연소 발생과 확대특성지표에 대하여 기술하시오.
4. 화학공장의 정전기 발생에 영향을 주는 인자를 들어 설명하고, 이에 따른 방지대책을 기술하시오.
5. 화학공정의 위험확인 및 위험평각화정을 플로시트(Flowsheet)를 그림으로 그리고 중요 부분은 구체적으로 기술하시오.
6. 기상폭발에 의한 요인, 피해종류, 피해예측에 대해 기술하고 안전대책을 쓰시오.

7. 산재예방을 위한 휴먼에러와 근골격계 예방질환과 연계된 휴먼에러방지안전대책을 법적 공학적 측면에서 논하라.

제3교시 (시험시간:100분)

※ 다음 문제 중 4문제를 선택하여 설명하시오. (각 25점)

1. 제조물책임법상의 결함요소를 분석하고 기업이 대응해야 할 산업안전대책을 기술하시오.

2. 안전성평가에 필요한 정성적 해석기법과 정량적 해석기법을 각각 3가지씩 들고 개요, 적정 시기, 필요정보, 결과형태 등을 각각 기술하시오.

3. 고압가스는 고압상태하에서 3가지로 구분한다. 각각 용어정의와 관련 가스종류 안전취급 대책을 기술하시오.

4. 폐쇄된 장소(탱크, 사이로, 맨홀, 피트 등)에서 작업을 시키려 한다. 안전책임전문가로서 취해야 할 안전대책을 안전지침, 안전순서 조치사항 순으로 기술하시오.

5. 내용적이 40m³, 게이지압력 55kg/cm²로 압축된 질소의 압력용기가 파열했을 때 에너지 TNT당량을 구하라. 대기압을 1kg/cm²로 하면 P_2=56kg/cm², 공기, 질소 모두 γ=1.4, 온도는 13℃이다. Baker formula식을 이용하라(TNT 환산계수=0.0269659).

6. KOSHA 18000 인증을 신규 신청하려는 기업에서 안전전문가의 도움을 얻고자 한다. 안전문전문가가 자문해야 할 자체 평가내용을 기술하시오.

제4교시 (시험시간:100분)

※ 다음 6문제 중 4문제를 선택하여 설명하십시오. (각 25점)

1. 다음과 같은 간단한 탱크공정의 흐름도(PFD)가 있다(단, ‖ ‖ ‖제어루프 F=유량, C=제어기, S=sensor계기, L=유량레이블). 원천적인 사고원인(Root Cause)들을 5가지 나열하시오.

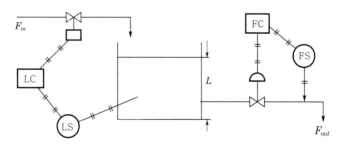

2. LPG저장탱크에 가연성 물질이 저장되어 있으며, 만약 점화원이 존재한다면 BLEVE를 유발

할 가능성이 충분히 존재한다. 만약 즉시 점화되지 않는다면 증기운이 주거지역 쪽으로 충분히 이동한 후 VCE를 유발하거나 Flash Fire를 유발할 수 있다. 바람 부는 방향 쪽으로의 점화 가능성은 매우 적으며, 이와 관련된 데이터는 다음과 같다.

> ① 가압상태의 LPG의 대량 누출빈도 : 1.0×10^{-5}
> ② 탱크에서의 즉시 점화 가능성 : 0.2
> ③ 주거지역으로의 풍향가능성 : 0.3
> ④ 주거지역 또는 비주거지역에서의 자연점화 가능성 : 0.8
> ⑤ Flash Fire보다 VCE가 발생할 가능성 : 0.4

이 데이터를 사용하여 이벤트트리(event tree)를 작성하고 각각의 사건에 대한 빈도를 계산하고, 각 빈도의 합이 초기 사건빈도인 1.0×10^{-5}와 일치함을 보여라.

3. 공정안전관리체계(PSM)에서 사고조사는 매우 중요하다. 다시 말하면 사고조사는 신속하면서도 정확하여야 한다. 또한 명백한 증거 중심의 객관성도 유지하여야 한다. 사고조사절차를 5단계로 분류하고 각 단계별로 유의할 점을 명시하여 설명하여라.

4. 이상트리분석(FTA : Fault Tree Analysis)기법은 화학공정의 정량적 위험분석을 위한 주요한 기법 중에 하나이다. 간단한 공정의 예를 들어서 기법을 설명하고, 특히 확률계산기법을 예시하여 보여주시오. 또한 이상트리(FT)모델의 구성요소와 특징을 설명하시오.

5. 선진국(구미 및 일본 등은 이미 공정안전관리체계(PSM)를 1980년대 확립을 기초로 통합위기관리체계(IRMS 또는 RMPP) 및 SHE체계(안전, 보건 및 환경체계)로 확장 내지 확대하여 가고 있다. PSM과 비교하여 IRMS 및 SHE 무엇이 추가 내지 확장되었는지를 명시하고 IRMS와 SHE를 설명하시오.

6. 화학공장조업제어체계는 아날로그(analog)로부터 디지털(digital) 중안분산제어체계(DCS)로 국내·외에서 변화하고 있다. 소위 C3(제어 : control, 컴퓨터 : computer, 통신 : communication) 등 IT(information technology)기술이 미래 안전관리에 미칠 변화와 영향을 논하여 보시오.

화공안전기술사 제72회 (2004년 시행)

제1교시 (시험시간:100분)

※ 다음 13문제 중 10문제를 선택하여 설명하시오. (각 10점)

1. 사고결과 영향(consequence analysis)에 관해 기술하시오.

2. Roll over현상에 대하여 설명하시오.

3. 안전진단대상에 대하여 기술하시오.

4. 공간속도와 공간시간에 대하여 설명하시오

5. FMEA 실시목적, 특징, 기본종류 및 활용형태를 설명하시오.

6. 화학공장설비의 위험수준(hazard level)을 명시하고, 신호문구(signal word)의 종류를 3가지 쓰고, 간략히 설명하시오.

7. 위험요인(hazard)와 위험성(risk)에 대해 BS 8800규격기준으로 정의하고, 사례를 간략히 설명하시오.

8. 화학공장의 제어기술형태에 대하여 열거하시오.

9. 자연발화에 대해 설명하고, 발화온도에 영향을 주는 인자들을 열거하시오.

10. 불안전 행동의 인적요인 가운데 심리적 요인을 열거하시오.

11. VCE(Vapor Cloud Explosion) 거동에 영향을 주는 인자를 설명하시오.

12. Butane gas 완전연소 Jones식을 이용하여 LFL(LEL)과 MOC를 예측하시오.

13. 화학설비재료의 피로현상(fatigue)에 대해 설명하시오.

제2교시 (시험시간:100분)

※ 다음 6문제 중 4문제를 선택하여 설명하시오. (각 25점)

1. 폭발재해 발생의 형태와 방지대책에 대해 기술하시오.

2. 위험과 손해의 관계에 대해 설명하시오.

3. 산업안전보건법상 화학제품 관련 제조물책임(PL:Product Liability)규정에 대해 기술하시오.

4. 공정 설계(Process Design)단계에서 고려해야 할 안전과 관련된 사항을 기술하시오.

5. 화학설비의 가동은 많은 계측기기 등이 설비되어 가동되므로 주의가 필요하다. 계측기기의 미확인 및 착오의 메커니즘에 대해 기술하시오.

6. 열교환기 운전에 있어 냉각수를 이용하는 열교환기의 구체적 취급방법에 대해 기술하시오.

제3교시 (시험시간:100분)

※ 다음 6문제 중 4문제를 선택하여 설명하시오. (각 25점)

1. 시스템 위험성분석(SHA : System hazard Analysis)의 개요 및 분석내용을 기술하시오.
2. 산업안전보건법상 특수화학설비에 대한 범위를 기술하시오.
3. 고정 지붕형 탱크의 저비점 원료저장 시 Breathing loss와 Working loss가 문제가 된다. 이에 대해 설명하시오.
4. 화학공장의 반응기 설계에 관계되는 주요 인자를 열거하고 설명하시오.
5. 환기방법 중 자연환기법(Natural Ventilation)과 강제환기법(Forced Ventilation)에 대해 설명하시오.
6. 안전밸브의 전후에는 원칙적으로 차단밸브를 설치할 수 없다. 예외적으로 차단밸브를 설치할 수 있는 경우를 그림을 그려 언급하시오.

제4교시 (시험시간:100분)

※ 다음 6문제 중 4문제를 선택하여 설명하시오. (각 25점)

1. 인간 과오(Human Error)의 심리적 요인(내적 요인) 및 물리적 요인(외적 요인)에 대해 기술하시오.
2. 화학공장의 위험성평가방법 중 하나인 HAZOP에서 고려해야 할 위험의 형태와 검토에 필요한 자료 및 도면목록을 열거하시오.
3. 연소소음(Combustion Noise)에 대해 설명하시오.
4. Ncc Plant(납사분해공장)의 안전진단 시 반드시 확인해야 할 항목을 분야별(공정, 전기기계)로 나누어 기술하시오.
5. 화학설비와 화학설비의 배관 또는 그 부속설비를 사용하여 작업할 때 화재 및 폭발을 방지하기 위한 작업요령을 작성하고 설명하시오.
6. 후드(Hood)의 누출안전계수에 대해 기술하시오.

화공안전기술사 제75회 (2005년 시행)

제1교시 (시험시간:100분)

※ 다음 문제 중 10문제를 선택하여 설명하시오. (각 10점)

1. 가열로의 일상점검항목(5가지)과 정기검사항목(5가지)

2. 전지부식(Galvanic Corrosion)

3. 압력용기의 설계압력과 최대허용사용압력(MAWP)

4. 파열판을 사용하여야 하는 경우 5가지 이상 설명

5. 고무라이닝에서 겹수(Plies)와 층수(Layers)

6. FAR(Fatal Accident Rate : 사망재해율)

7. 성공적인 안전프로그램의 구성요소 5가지

8. 용기두께측정에 의한 잔존수명계산방법

9. 공장의 근원적(Inherent) 안전설계방법 5가지

10. Control Valve의 "Fail close" 및 "Fail open" 적용 예

11. S.I.S(Safety Instrumented System)

12. 단열압축(Adiabatic Compression)

13. 사업장 방폭구조 관련 고시 중 "환기가 충분한 장소"라 함은?

제2교시 (시험시간:100분)

※ 다음 문제 중 4문제를 선택하여 설명하시오. (각 25점)

1. 산업재해조사 및 재해 발생구조에 대하여 논하시오.

2. 화학공정위험분석에 사용되는 고장률(μ), 신뢰도[$R(t)$], 고장확률[$P(t)$], 평균고장간격($MTBF$) 등을 설명하고, 이들 간의 상호 관계를 식으로 표시하시오.

3. 기계식 화염방지기의 KOSHA Code기준, 구조, 종류, 설치기준, 사용장소에 대하여 상세히 설명하시오.

4. 위험물의 NFPA 위험도평가방법의 개요, 표시 예, NFPA 위험물분류에 대하여 상세히 설명하시오.

5. 석유화학공장설비에 대한 수소손상의 종류 및 대책에 대하여 상세히 설명하시오.

6. 공정안전보고서 주요 관계법령 중에서 ① 주요 구조의 변경, ② 고온, 고압의 공정운전조건으로 인하여 화재, 폭발위험이 있는 상태, ③ 위험성평가실시 심사기준에 대하여 상세히 설명하시오.

제3교시 (시험시간:100분)

※ 다음 문제 중 4문제를 선택하여 설명하시오. (각 25점)

1. 재해코스트계산방식 중 하인리히(H. W. Heinrich)방식과 시몬즈(R. H. Simonds & J. V. Grimaldi)방식을 비교 설명하시오.

2. 사건수분석(ETA)에서 대응단계(조치)를 일반적 대응순서대로 열거하고 설명하시오.

3. 화학공장의 Flare stack의 설계 고려사항에 대하여 상세히 기술하시오.

4. 위험물질저장탱크의 방유제 설치대상과 유효용량기준 및 설치 시 고려하여야 할 주요 사항에 대하여 설명하시오.

5. 공장에서 행하여지는 4가지 정비방법에 대하여 특징과 적용 사례를 들어 설명하시오.

6. 헥산(C_6H_{14}), 메탄(CH_4), 에틸렌(C_2H_4)의 폭발하한계를 구하고, 이 값을 이용하여 헥산 0.8vol%, 메탄 2.0vol%, 에틸렌 0.5vol%와 나머지는 공기로 구성된 혼합가스의 폭발하한계를 계산하시오.

제4교시 (시험시간:100분)

※ 다음 문제 중 4문제를 선택하여 설명하시오. (각 25점)

1. 화학공장의 Utility failure의 종류 및 Utility failure 시에 영향을 받는 기기 및 설비에 대하여 상세히 설명하시오.

2. 화학공장에서 RBI를 수행하려 한다. RBI기법의 내용, RBI 구축 시 장점, RBI의 투자비와 경비절감에 대한 상관관계를 상세히 설명하시오.

3. 암모니아실린더가 저장창고에 보관되어 있다. 암모니아는 실린더에서 고정식 배관(Fixed Pipe)을 통해 기화기를 거쳐 공정으로 공급된다. 암모니아저장창고에서 발생할 수 있는 잠재위험요소를 찾아 나열하고, 이 설비에 대한 사고결과 피해규모를 예측하기 위해 사용하는 모델 및 적용 절차를 설명하시오.

4. 화학공장의 비파괴검사방법을 열거하고 설명하시오.

5. 회분식 공정에 대한 HAZOP 검토 시 시간(time)으로 인하여 발생할 수 있는 이탈의 종류와 내용을 설명하시오.

6. 계장설비(온도, 압력, 유량, 액면, 농도계)에서 발생하는 주요 고장원인을 열거하고 설명하시오.

화공안전기술사 제78회 (2006년 시행)

제1교시 (시험시간 : 100분)

※ 다음 문제 중 10문제를 선택하여 설명하시오. (각 10점)

1. MIE(최소착화에너지)에 영향을 주는 요소란?
2. AIT(자연발화온도)는 무엇의 함수인가?
3. 폭발보호방법 6가지는 무엇인가?
4. 점화지연(Ignition delay)이란?
5. 기체의 시료채취에서 호흡반경이란?
6. HAZOP에서 공정단계와 관련한 가이드 워드를 언급하고 설명하시오.
7. 화염일주한계란?
8. 공정특수위험인자(Special Process Hazard Factor)란?
9. 열간균열이란?
10. 틈부식이란?
11. NFPA(National Fire Protection Association)지수란?
12. 화학제품의 제조물책임법(PL)상의 결함 3가지를 열거하시오.
13. 산업안전보건법상 중대재해란?

제2교시 (시험시간 : 100분)

※ 다음 문제 중 4문제를 선택하여 설명하시오. (각 25점)

1. 화학공장 설계 및 운전 시에 온도, 압력, 유속 결정을 위한 중요사항을 설명하시오
2. 화학공장 사고 시 반응폭주로 일어나는 경우가 많은데 그 발생원인과 대책에 대해 설명하시오.
3. 화학공장의 위험요인과 화재폭발원인을 설명하시오
4. 화학설비의 안전성 확보를 위한 사전안전성평가방법을 5단계로 나누어 설명하시오.
5. 화학공장 설비관리에 대한 검토를 할 경우에 물질, 배치, 예방국소화 및 설비보전항목내용에 대해 설명하시오.
6. 산업안전보건법에서 정하는 위험물의 저장, 취급 시의 화학설비 및 부속설비의 안전거리를 설명하시오.

제3교시 (시험시간:100분)

※ 다음 문제 중 4문제를 선택하여 설명하시오. (각 25점)

1. 부식 발생에 영향을 주는 인자를 설명하고, 전기방식법을 희생양극법과 외부전원법으로 분류하여 설명하시오.

2. 산업안전보건법에서 규정하는 위험물질의 종류와 특성을 설명하고, 위험물안전관리법과의 관련성에 대하여 설명하시오.

3. 산업안전보건법 관련 규정에서 정하는 방폭지역의 구분기준을 설명하고 방폭구조의 종류에 대하여 설명하시오.

4. 폭발한계에 미치는 환경적인 효과(온도, 압력, 산소 및 기타 산화물 등)를 설명하시오.

5. 제전기의 원리를 설명하고 제전기의 종류별로 제전특성을 설명하시오.

6. 화학장치산업에서 열분석기술의 필요성을 설명하고 열분석기법에 대하여 설명하시오.

제4교시 (시험시간:100분)

※ 다음 문제 중 4문제를 선택하여 설명하시오. (각 25점)

1. DCS(Distributed Control System)와 PLC(Programmable Logic Controller) 기능 및 차이점을 설명하시오.

2. 산업안전보건법에 의하면 화학물질을 수입, 양도, 취급하는 자는 MSDS(물질안전보건자료)를 확보하여 유통하도록 하고 있다. 이 제도의 실시배경, 목적, 그리고 적용 대상물질을 설명하시오.

3. 화학설비의 신뢰성을 결정하는 고장 발생의 유형과 욕조곡선(bathtub curve)을 상세하게 설명하시오.

4. 화학공장의 유류저장탱크배관의 용단작업을 하려고 한다. 이때 발생할 수 있는 제반 위험요소 등을 예측하고 필요한 안전대책을 작업 전·후 및 작업 중으로 구분하여 설명하시오.

5. 저유조의 유류저장탱크(30,000m³)에서 화재가 발생했는데 유류화재 시 나타나는 현상과 화재예방대책에 대해서 설명하시오.

6. 산업안전보건법에 의한 가스누출감지경보기를 설치하여야 할 장소를 나열하시오.

화공안전기술사 제81회 (2007년 시행)

제1교시 (시험시간: 100분)

※ 다음 문제 중 10문제를 선택하여 설명하시오. (각 10점)

1. 위험성평가기법 중 위험과 운전분석기법(HAZOP)의 장·단점을 설명하시오.
2. Process Safety Management(PSM)의 기본적 취지에 대해서 설명하시오.
3. 산업안전보건법에 의한 안전보건관리책임자의 직무에 대해서 설명하시오.
4. 공정안전관리에 의한 위험성평가 중에 부식재해사고를 분류하고 설명하시오.
5. 심리활동에 있어서 간결성의 원리를 설명하시오.
6. TNT당량(Equivalent amount of TNT)에 대해서 설명하시오.
7. 공정위험평가(Process Risk Assessment)의 목적에 대해서 설명하시오.
8. 폭발효율(Explosion Efficiency)에 대해서 설명하시오.
9. 부동태(Passivity)에 대해서 설명하시오.
10. 근골격계 질환의 유해요인 중에서 접촉스트레스에 대해서 설명하시오.
11. 피드백(Feedback)제어와 시퀀스(Sequence)제어의 차이를 설명하시오.
12. 오조작방지장치(Fail safe)에 대해서 설명하시오.
13. Gaussian Model에 대하여 설명하고 Model에 적용되는 전제조건을 쓰시오.

제2교시 (시험시간: 100분)

※ 다음 문제 중 4문제를 선택하여 설명하시오. (각 25점)

1. 산업안전보건법에서 사업주가 행하여야 할 유해·위험예방조치사항에 대하여 설명하시오.
2. 분진제거장치를 분류하고 안전과 관련하여 설명하시오.
3. 안전진단의 대상에 대해서 설명하시오.
4. 화학설비 및 건축물의 내화(Fire Proofing)구조목적을 기술하고 산업안전기준에서 설명하는 내화재료는 시험체 강재표면의 평균온도가 538℃ 이하, 최고온도는 649℃ 이하로 하는 이유를 설명하시오.
5. 화학공장에서 취급되는 조작 중에 정전기적 유도현상에 의하여 비전도성 물체가 전도성 물체주위에서 전하를 띄게 되는 현상을 5가지 설명하시오.
6. 작업위험분석에 대하여 설명하시오.

제3교시 (시험시간:100분)

※ 다음 문제 중 4문제를 선택하여 설명하시오. (각 25점)

1. 산업재해의 직접원인을 인적원인(불안전한 행동)과 물적원인(불완전한 상태)으로 구분하여 설명하시오.

2. 공정안전보고서의 세부내용에 포함되어야 할 내용을 설명하시오.

3. 유해물질 중 액상유기화합물의 처리법에 대해서 설명하시오.

4. 저장탱크 및 가스시설을 지하에 설치할 때 유의할 사항을 설명하시오.

5. 가연성 물질의 화학적 폭발 방지대책을 제시하고 설명하시오.

6. 화학공장의 안전작업허가서(Safety Work Permit) 종류와 그 관리방법에 대해서 설명하시오.

제4교시 (시험시간:100분)

※ 다음 문제 중 4문제를 선택하여 설명하시오. (각 25점)

1. 산업안전보건법상 산소결핍의 정의 및 안전담당자의 직무에 대해 설명하시오.

2. 화학공장 설비의 안전대책 중 증류탑의 점검사항에 대해서 일상점검항목(운전 중 점검)과 개방 시 점검해야 할 항목(운전 정지 시 점검)을 설명하시오.

3. 특정 화학물질에 대한 장해예방대책에 대하여 설명하시오.

4. 화학공장의 공정설계단계에서 고려되어야 할 안전과 관련된 사항을 설명하시오.

5. MSDS의 활용범위와 효과에 대해 설명하시오.

6. 유해화학물질관리법의 독성기준에 따른
   ① 독성물질의 생체 내 투입경로
   ② 독성물질의 측정단위
   ③ 산업안전보건법상의 기준
   ④ 독극물의 응급처치에 대해서 설명하시오.

화공안전기술사 제84회 (2008년 시행)

제1교시 (시험시간:100분)

※ 다음 문제 중 10문제를 선택하여 설명하시오. (각 10점)

1. 안전막(Safety Barrier)에 대해 설명하시오.

2. 안전계수(Safety Factor)에 대해 설명하시오

3. 증류시스템에서 위험물질정체량을 감소시킬 수 있는 방법을 설명하시오.

4. 화학설비 중 특수화학설비에 대해 설명하시오.

5. 서징(Surging)의 의미 및 방지책에 대해 설명하시오.

6. 폭발의 Scaling법칙에 대해 설명하시오.

7. 산소수지(oxygen balance)란 무엇인지 정의를 중심으로 설명하시오.

8. 인너팅(inerting)과 치환(purging)이 무엇인지 설명하시오.

9. 금수성 물질 중 수분과 반응하여 수소가스를 발생시키는 물질 두 가지만 예를 들고, 그 물질의 반응식을 쓰시오.

10. 사업주가 안전밸브를 설치해야 하는 화학설비 및 그 부속설비에 대하여 쓰시오.

11. SI단위의 특징과 기본단위, 조립단위기호를 표시하시오.

12. 공정기기의 운전 시 위험성에 대해 설명하시오.

13. 단독고장원(Single Failure Point)에 대해 설명하시오.

제2교시 (시험시간:100분)

※ 다음 문제 중 4문제를 선택하여 설명하시오. (각 25점)

1. 화학물질 및 화학반응의 위험성을 설명하고, 이의 판정에 필요한 인자는 무엇인지 설명하시오.

2. 염소저장 및 공급시설의 안전대책을 기술하시오.

3. 석유화학공장과 중소규모 화학공장과의 안전관리특성을 비교 설명하시오.

4. 반응기 점검사항을 설명하시오.

5. PFD/P&ID의 기술자료 상세검토방법에 대해 설명하시오.

6. EU REACH제도와 국내의 MSDS제도를 비교 설명하시오.

제3교시 (시험시간 : 100분)

※ 다음 문제 중 4문제를 선택하여 설명하시오. (각 25점)

1. 공정안전성분석(PHR : Process Hazard Review)을 정의하고 회분식 공정에서 PHR평가 시 가이드 워드를 설명하시오.

2. 공정설계 시 저장시설, 반응시설, 증류시설, 혼합시설, 이송시설 등과 같은 설비에서 혼합금 지 물질이 존재할 경우 필요한 안전상의 조치를 설명하시오.

3. 화학공정의 연동설비(Inter-Lock)의 By-Pass절차 작성요령을 설명하시오.

4. 폭발보호(Explosion Protection)의 대책을 제시하고 설명하시오.

5. 화학공정에서의 사업장 내 안전과 사업장의 환경과의 연관성을 단계별로 설명하시오.

6. 독성물질의 피해예측 및 누출 확산 시의 ERPG(Emergency Response Planning Guideline) 농도에 대해 설명하시오.

제4교시 (시험시간 : 100분)

※ 다음 문제 중 4문제를 선택하여 설명하시오. (각 25점)

1. 실내화재에서 환기지배화재(Ventilation Control Fire)란 무엇이며, 실내화재의 연소속도(R) 가 개구면의 면적(A)과 개구면의 높이(H)와의 어떤 관계인지 설명하시오.

2. 플레어스택에서 Molecular Seal의 역할과 원리를 설명하시오.

3. 반응기의 원리와 단위반응 종류, 인자 및 반응의 분류에 대하여 기술하시오.

4. 분자식이 $C_mH_nO_xF_k$인 가연성 가스가 산소(O_2)와 연소될 때 연소반응식과 함께 이론혼합 비(C_{st})를 제시하시오(단, 단위는 부피퍼센트(Vol%)로 나타내시오).

5. 화학물질의 반응공정에서 이상반응의 발생요인을 열거하고, 이상반응에 대응하기 위해 고 려해야 할 위험방지설비를 제시하시오.

6. 방폭지역의 1종 장소의 예를 5가지 이상 열거하시오.

화공안전기술사 제87회 (2009년 시행)

제1교시 (시험시간:100분)

※ 다음 문제 중 10문제를 선택하여 설명하시오. (각 10점)

1. 바이오에탄올의 개념 및 활용도에 대하여 설명하시오.

2. 활동도(activity)와 활동도계수(activity coefficient)에 대하여 설명하시오.

3. 화학공장에 적용하는 위험성평가 중 인적오류분석(Human Error Analysis)기법에 대하여 설명하시오.

4. 공정안전보고서 관계법령에서 규정하는 가연성 가스와 인화성 물질의 규정수량(kg) 및 정의에 대하여 설명하시오.

5. 화학공장의 사고 발생분석 시 인적 측면에서 본 공통적인 배경을 설명하시오.

6. 릴리프시스템(relief system)을 설계하기 위한 순서를 기술하고 설계 시 유의해야 할 사항을 설명하시오.

7. 중질유저장탱크 화재 시의 slop over와 froth over현상에 대하여 설명하시오.

8. 산업안전보건법에서 규정한 가스누출감지경보기 설치장소 5개소를 쓰시오.

9. 화학공장에서의 폭발진압 및 보호시스템 5가지에 대하여 설명하시오.

10. 화공안전분야 산업안전지도사의 PSM 확인에 대한 규정을 포함한 산업안전보건법 제49조의 2 동 시행규칙 제130조의6(확인 등)에 대하여 설명하시오.

11. RfC(Reference Concentration)과 RfD(Reference Dose)에 대하여 설명하시오.

12. 화학공장에 설치되어 있는 방폭형 전기기기의 구조는 발화도 및 최대표면온도에 따른 분류와 폭발성 가스위험등급으로 분류되는데, 국내와 IEC의 분류기준을 설명하시오.

13. 화학공장의 안전관리상 부적응의 유형 5가지에 대하여 설명하시오.

제2교시 (시험시간:100분)

※ 다음 문제 중 4문제를 선택하여 설명하시오. (각 25점)

1. 화학공장에서 발생할 수 있는 증기운폭발(Vapor Cloud Explosion)의 개념, 영향인자 및 예방대책에 대하여 설명하시오.

2. 정유·석유화학공장에서의 염화물응력부식균열의 발생요인, 손상에 취약한 설비, 방지대책에 대하여 설명하시오.

3. 신뢰도 중심의 유지보수(RCM : Reliability Centred Maintenance)개념 및 각 적용 단계에 따른 세부사항을 설명하시오.

4. 인화성 물질 저장탱크에서 펌프를 이용하여 위험물질을 이송하고자 할 때 발생할 수 있는 위험상태와 대책을 설명하시오.

5. 화학공장의 정량적 위험성평가 중 QRA(Quantitative Risk Assessment)를 수행하고자 한다. QRA의 개요, 구성요소 및 특징에 대하여 설명하시오.

6. 화학공장에서 사고를 유발할 수 있는 운전원의 불안전한 행동의 종류에 따른 세부사항을 설명하시오.

제3교시 (시험시간:100분)

※ 다음 문제 중 4문제를 선택하여 설명하시오. (각 25점)

1. 특정 화학물질에 대한 장해예방대책을 설비, 환경 및 근로자의 안전화관점에서 설명하시오.

2. 산업안전보건법상 산소결핍의 정의, 예상위험작업의 종류 및 사고 방지방법에 대하여 설명하시오.

3. 화학공장의 화재·폭발위험성을 평가하고자 사고결과 영향분석(Consequence Analysis)을 수행하기 위한 화재모델링(Pool fire, Jet fire, Flash fire) 및 폭발모델링(용기폭발모델링, BLEVE모델링)에 대하여 설명하시오.

4. 화학공장의 방폭대책을 폭발 억제 및 확대 방지의 관점에서 설명하시오.

5. PSM대상시설 혹은 공정에서 변경 및 시운전단계에서의 공정안전보고서 확인 시 사업장에서 준비하여야 하는 서류를 25가지 쓰시오.

6. 국내 및 해외에서의 수소·연료전지 안전연구현황 및 향후 국내의 안전연구방향에 대하여 설명하시오.

제4교시 (시험시간:100분)

※ 다음 문제 중 4문제를 선택하여 설명하시오. (각 25점)

1. 유해물질 노출 시의 허용농도인 TLV(Threshold Limit Value) 3가지에 대하여 설명하시오.

2. 화학공장의 반응기에서 발생할 수 있는 Runaway(반응폭주)의 개요, 발생요인, 방지대책에 대하여 설명하시오.

3. SIS(Safety Instrumented System) 및 SIL(Safety Integrity Level)에 대하여 설명하시오.

4. 국내 및 해외의 태양광산업시장현황 및 향후 전망에 대하여 설명하시오.

5. 화학공장의 작업위험분석(Job Safety Analysis)에 대하여 설명하시오.

6. Risk assessment관점에서 bath tube형태의 고장률(μ)을 시간(t)의 함수로 도식하고, 고장률(μ), 신뢰도(R), 고장확률(P)에 대하여 설명하시오.

화공안전기술사 제90회 (2010년 시행)

제1교시 (시험시간 : 100분)

※ 다음 문제 중 10문제를 선택하여 설명하시오. (각 10점)

1. 산업안전보건법에서 정하는 화학물질의 물리적 위험성 분류기준에 따라 다음 용어를 설명하시오
   ① 인화성 액체 ② 인화성 에어로졸 ③ 고압가스 ④ 유기과산화물

2. 평균고장간격(MTBF)과 평균고장수명(MTTF)을 설명하시오.

3. 한계산소농도(LOC)와 불활성화(Inerting)에 대하여 설명하시오.

4. 박막폭굉(Film detonation)에 대하여 설명하시오.

5. 화재와 폭발의 차이점에 대하여 설명하시오.

6. Fire ball의 형성메커니즘에 대하여 설명하시오.

7. 중복설비(Redundancy)의 개념에 대하여 설명하시오.

8. 분출화재(Jet fire)와 액면화재(Pool fire)에 대하여 설명하시오.

9. 화학설비 등의 공정설계기준에 의한 다음 용어에 대하여 설명하시오.
   ① 유효양정(Net Positive Suction Head) ② 슬러그흐름(Slug flow)

10. 화학물질 또는 화학물질함유 제제를 담은 용기의 경고표지에 포함되어야 할 사항을 5가지 이상 쓰고 설명하시오.

11. 분진방폭구조의 종류 3가지에 대하여 설명하시오.

12. 위험성(Hazard)과 위험도(Risk)의 차이점을 설명하시오.

13. 화학반응의 열적위험성평가를 위한 안전에 관련된 변수(Parameters)와 특성(Properties)을 4단계로 구분하여 쓰시오.

제2교시 (시험시간 : 100분)

※ 다음 문제 중 4문제를 선택하여 설명하시오. (각 25점)

1. 화학물질이 들어있는 반응기 및 탱크 내부 등의 밀폐공간에서 작업 중 중대재해 발생빈도가 매년 증가추세에 있다. 밀폐공간 내 작업 시 사전안전조치사항 및 재해예방대책을 설명하시오.

2. 화학물질분류 및 경고표지에 대한 세계조화시스템(GHS)제도의 우리나라 도입의 필요성과 GHS가 미치는 영향 및 파급효과에 대하여 설명하시오.

3. 화학공장에서 정전기에 의한 화재폭발사고가 종종 발생되고 있다. 정전기 생성원리와 위험

성을 분석하고, 정전기 방지대책을 설명하시오.

4. 화염전파방지장치의 종류 및 용도에 대하여 설명하시오.

5. 화학설비의 근원적 안전성 확보를 위해서는 설계단계에서부터 접근해야 하는데, 산업안전 기준에 관한 규칙에 의거한 공정안전관리를 위한 설계방법, 개선사례, 효과에 대하여 설명 하시오.

6. 정유플랜트에서의 수소공격(Hydrogen attack) 발생원인과 방지대책에 대하여 설명하시오.

제3교시 (시험시간:100분)

※ 다음 문제 중 4문제를 선택하여 설명하시오. (각 25점)

1. 산업안전보건법에서 규정하고 있는 위험물질 및 관리대상유해물질의 흐름을 차단하는 긴 급차단밸브의 구조 및 설치범위에 대하여 설명하시오.

2. 화학공장에서 많이 접할 수 있는 단위조작공정 중 저장설비, 반응장치, 압력용기, 증류장 치 및 건조설비에 대한 안전대책을 설명하시오.

3. 낙뢰로 인한 서지 발생으로 화학공장의 화재 및 폭발사고예방을 위하여 피뢰설비를 설치하 여야 하는데 화학공장의 피뢰설비설치방법에 대하여 설명하시오.

4. 화학공장의 건설 혹은 유지보수 시 안전작업허가절차(Safety permit to work procedure) 의 목적과 관리감독자가 안전작업허가서의 확인·서명 전에 점검 확인해야 될 항목을 설 명하시오.

5. 2007년 6월부터 EU(유럽연합)는 신화학물질관리(REACH)제도를 시행하였으며, 이에 대한 국내 산업계에서 다양한 대응활동을 전개하고 있다. 이와 관련하여 REACH제도는 무엇이 며, 화학제품을 생산하고 있는 기업에서 어떠한 대응전략을 수립해야 하는지를 설명하시오.

6. 화학공장에서 예상되는 산업재해 발생요인을 발굴하고 사고 가능성을 최소화하기 위하여 위험성평가(Risk assessment)를 실시하는데, 위험성평가의 목적과 기법 및 단계별 수행방 법을 설명하시오.

제4교시 (시험시간:100분)

※ 다음 문제 중 4문제를 선택하여 설명하시오. (각 25점)

1. 하인리히(Heinrich)의 사고예방대책 기본원리와 단계별(5단계) 조치사항을 설명하시오.

2. 화학공업에서 폭주반응(runaway reaction)의 의미와 원인이 무엇이며, 폭주반응에 의한 이상상태 발생 시 방지대책을 설명하시오.

3. 공정안전보고서 제출 시 안전운전지침과 절차서에 포함되어야 할 사항을 설명하시오.

4. 탄소시장의 개념과 국내·외 탄소시장 동향에 대하여 설명하시오.

5. 석유화학공장 설계 시 내진설계의 필요성과 가스시설의 기초에 대한 얕은 기초의 내진설계와 깊은 기초(말뚝기초)의 내진설계에 대하여 설명하시오.

6. 화학공장에서 화재·폭발 발생 시 임직원, 고객, 주주 등에게 막대한 피해를 줄 수 있다. 생산 등 조업 중단이 계속되면 기업 및 국가에 큰 영향을 미칠 수 있어 사업연속성관리(Business Continuity Management)에 대한 중요성이 절실히 요구되고 있는데, 이에 대한 도입의 필요성, 절차 및 선진기업의 추진사례를 설명하시오.

화공안전기술사 제93회 (2011년 시행)

제1교시 (시험시간: 100분)

※ 다음 문제 중 10문제를 선택하여 설명하시오. (각 10점)

1. 폭발효율(Explosion Efficiency)에 대하여 설명하시오.
2. 재해율 중 강도율(Severity Rate of Injury)에 대하여 설명하시오.
3. 작업위험분석에 대하여 설명하시오.
4. 공정설비 중 안정성이 완벽하게 유지되어야 하는 위험설비 7가지를 쓰시오.
5. 화염전파(Flame Propagation)속도에 대하여 설명하시오.
6. 가연성 분진의 착화폭발순서에 대하여 설명하시오.
7. 재해예방의 안전대책 중 3E원칙과 작업기준에 대하여 설명하시오.
8. 폭발위험에 대한 안전장치의 성격, 설계순서와 압력방출장치의 종류를 설명하시오.
9. 공정안전관리(PSM : Process Safety Management)의 공정안전자료를 열거하시오.
10. 탱크화재를 예방하고 화재 시 초기 진압할 수 있는 대책을 설명하시오.
11. Fool Proof에 대하여 설명하시오.
12. 비상조치계획에 포함되어야 할 최소한의 내용들을 열거하시오.
13. 산업안전보건법상 화학물질취급자에 대한 MSDS(물질안전보건자료)교육을 실시하도록 하고 있다. 그에 대한 교육내용을 쓰시오.

제2교시 (시험시간: 100분)

※ 다음 문제 중 4문제를 선택하여 설명하시오. (각 25점)

1. 방호계층분석(LOPA : Layer Of Protection Analysis)과 독립방호계층(IPL : Independent Protection Layer)에 대하여 설명하시오.
2. 프로젝트에 대한 위험도분류(Projet Hazard Identification)에 대해 설명하시오.
3. 화학공장의 중대재해조사 시 조사순서와 참고자료를 기술하시오.
4. 화학공장에서 가스폭발재해예방의 기본은 어떠한 위험성이 있는가를 조사하여 그 위험성이 재해원인으로 되지 않도록 대책을 세워야 하는데, 이 경우 정적인 위험성과 동적인 위험성에 대하여 설명하시오.
5. 발열공정의 연속식 반응운전에서 공정안정상 필요한 일반적인 형식의 계장(Instrument), 제어(Control), 인터록(Interlock)설비에 대하여 설명하시오.
6. 화학공장에서의 대형 사고예방을 위한 장·단기 안전대책에 대하여 설명하시오.

제3교시 (시험시간:100분)

※ 다음 문제 중 4문제를 선택하여 설명하시오. (각 25점)

1. 인화성 액체를 저장하는 탱크(원추형 지붕 및 유동형 지붕)에서의 정전기 완화조치에 대하여 설명하시오.

2. 화학공장에서 사용되는 반응기의 압력, 온도, 이상반응에 대한 설계 시 고려해야 할 사항을 설명하시오.

3. 신규 공장건설을 위해 취급하려는 화학물질의 유해성 유무는 먼저 문헌조사를 하는 것이 우선이다. 문헌조사 시 확인해야 할 자료를 열거하시오.

4. 충격감도(Impact Sensitivity)와 증기위험도지수(Vapor Hazard Index)에 대하여 설명하시오.

5. 공정안전의 다중보호기능(Redundent Protetion)의 핵심사항에 대하여 설명하시오.

6. RBI(Risk Based Inspection)의 적용 분야와 설비를 나열하고 직접효과와 간접효과에 대하여 설명하시오.

제4교시 (시험시간:100분)

※ 다음 문제 중 4문제를 선택하여 설명하시오. (각 25점)

1. 화학반응공정의 위험확인에 있어 주반응에서 안전에 관련된 특성과 변수에 대하여 설명하시오.

2. 열매체의 요건과 열매체 선정 시 고려해야 할 사항에 대하여 설명하시오.

3. 공정설계단계에서부터 정상조업 및 일상적인 보수에 있어 화재, 폭발, 누출사고예방을 위한 방안과 실행관리항목을 설명하시오.

4. 산업안전보건법에서 정의하고 있는 '산업재해'와 '중대재해'에 대한 의미와 법에서 규정하고 있는 '산업재해보고'에 대한 내용을 쓰시오.

5. 폭주반응예방을 위한 기술적인 예방조치에 대하여 설명하시오.

6. 인화성 액체의 저장탱크에서 펌프를 이용하여 액체를 이송할 때 발생될 수 있는 위험의 종류를 7가지 이상 기술하고 대책을 설명하시오.

화공안전기술사 제96회 (2012년 시행)

제1교시 (시험시간 : 100분)

※ 다음 문제 중 10문제를 선택하여 설명하시오. (각 10점)

1. 공정안전보고서 제출대상 7개 업종을 나열하고 유해·위험물질로 제출대상이 될 경우 인화성가스와 인화성 액체의 규정량(kg)을 각각 기술하시오.

2. 산업재해통계에서 활용되는 재해율, 사망만인율, 도수율, 강도율의 산출식을 기술하시오.

3. 산업안전보건법상 공정안전보고서 제출의무가 있는 "주요 구조 부분의 변경"에 해당하는 3가지 경우를 기술하시오.

4. 산업안전보건법상 위험 방지가 특히 필요한 작업을 10가지만 기술하시오.

5. 긴급차단밸브의 설치가 필요한 곳에 대하여 설명하시오.

6. 폭발성 물질의 화학구조와 위력의 관계를 나타내는 산소수지(Oxygen Index or Oxygen Balance)에 대하여 계산방법과 함께 설명하시오.

7. 폭연(Deflagration)과 폭굉(Detonation)에 대하여 설명하시오.

8. 안전밸브 대신에 파열판(Rupture disk)를 사용하는 목적과 특성에 대하여 설명하시오.

9. 안전밸브를 Lift(밸브 본체가 밀폐된 위치에서 분출량 결정압력의 위치까지 상승했을 때의 수직방향치수)에 따라 분류하고 각각 설명하시오.

10. 화학장치의 제작 및 정비를 할 때 내부결함 방지를 위하여 실시하는 주요한 비파괴검사방법 4가지의 특성을 설명하시오.

11. *F-N*(Frequency Number) Curve에 대하여 설명하시오.

12. 재해발생빈도(하인리히, 버드, 콘패스)이론에 대하여 설명하시오.

13. 열교환기의 용도를 사용목적과 상태에 따라 분류하고 설명하시오.

제2교시 (시험시간 : 100분)

※ 다음 문제 중 4문제를 선택하여 설명하시오. (각 25점)

1. 화학공장의 다중방호대책(LOPA)의 의미와 적용 방법에 대하여 설명하시오.

2. 산업안전보건법에 명시된 안전교육의 종류와 시간에 대하여 설명하시오.

3. 회분식 반응식에 맨홀을 통해 고체연료를 투입한 후 인화성 물질인 용제를 배관을 통해 투입하면서 철제 맨홀 덮개를 닫는 순간 반응기 내부에 비산되는 과정에서 생성된 용제증기가 점화원에 의해 폭발하였다. 이때 맨홀 덮개가 작업자를 가격한 사고가 발생했다고 가정한다면 예상되는 점화원 및 사고재발 방지대책에 대하여 설명하시오.

4. 공정안전관리제도(PSM)의 12가지 요소 중 변경요소관리에서 변경발의부서의 장이 변경관리요구서를 제출하기 전 검토해야 할 사항을 설명하고, 1974년 영국의 Flixborough에서 발생한 사이클로헥산공장 폭발사고원인을 변경관리요소측면에서 설명하시오.

5. 화학플랜트에서 반응폭주의 위험성을 예측하여 문제점을 발굴하고, 대책에 대하여 설명하시오.

6. 반응기의 조작방법과 구조에 따라 분류하고 각각에 대하여 설명하시오.

제3교시 (시험시간:100분)

※ 다음 문제 중 4문제를 선택하여 설명하시오. (각 25점)

1. 공정안전보고서 이행상태평가의 종류별 실시시기 및 등급부여기준을 설명하시오.

2. 화학설비의 기능상실 정도를 나타내는 고장심각도를 3가지로 구분하고 설명하시오.

3. 반응폭주위험의 한계에 있어 Semenove이론에 대하여 설명하시오.

4. 증류탑(포종탑) 내의 액량 최소허용한계 및 증기량의 최소효용한계선의 용어를 정의하고, 적정 운전부하를 유지하지 못하였을 경우 생길 수 있는 현상에 대하여 설명하시오.

5. 안전대책의 기본이 되는 Fail Safe System과 Fool Proof System의 차이점과 특징을 설명하시오.

6. 화학공정에서 폭발이 일어나는 위험성 때문에 산업안전보건기준에 관한 규칙으로 폭발억제장치에 관해서 필요한 사항을 정하고 있는데, 폭발억제장치의 구조와 원리를 나열하고 설계 및 설치 시 고려사항을 설명하시오.

제4교시 (시험시간:100분)

※ 다음 문제 중 4문제를 선택하여 설명하시오. (각 25점)

1. 최근 저탄소사회 구축을 위해 환경성과 향상을 넘어서 혁신적인 탄소제로(zero)혁신활동을 전개하고 있는데, 이에 따른 온실가스목표관리제와 기업의 대응방향에 대하여 설명하시오.

2. 가연성 또는 독성물질의 가스나 증기의 누출을 감지하기 위한 가스누출감지경보기 설치에 필요한 사항을 산업안전보건기준에 관한 규칙에 정하고 있는데, 가스누출감지경보기의 설치장소, 구조 및 성능에 대하여 설명하시오.

3. 화학공장(나프타분해공정 등)에 설치되는 Fired Heater의 설계 시 안전측면에서 확인하여야 할 사항을 구체적으로 설명하시오.

4. 분진폭발의 방출에너지 및 발화에 필요한 발화에너지가 가스폭발보다 큰 이유와 함께 분진이 폭발하는 과정(mechanism)을 설명하시오.

5. 고분자화합물의 연소 시 훈소(Smoldering)의 원리와 생성물에 대하여 설명하시오.

6. 가연성 가스의 폭발로 인한 피해를 최소화하는 데 필요한 폭연방출구의 종류와 설치방법에 대해서 산업안전보건기준에 관한 규칙에 의거하여 설명하시오.

화공안전기술사 제99회 (2013년 시행)

제1교시 (시험시간:100분)

※ 다음 문제 중 10문제를 선택하여 설명하시오. (각 10점)

1. 염산을 저장하는 시설물의 재료에 대하여 설명하시오.

2. LNG탱크에서 발생할 수 있는 Roll Over현상에 대하여 설명하시오.

3. 아세틸렌용접장치를 사용하여 금속을 용접·용단 또는 가열작업 시 준수하여야 할 사항에 대하여 설명하시오.

4. 스폴링(Spalling)현상에 대하여 설명하시오.

5. 화학공장 건설 시 체크리스트를 이용하여 공정위험성평가를 실시할 경우 정상운전(Normal operation)과 비정상운전(Abnormal operation)에 대하여 설명하시오.

6. 재해 발생원인 중에서 불안전한 상태에서 물적요인과 불안전 행동의 인적요인에 대하여 설명하시오.

7. 산업안전보건법상 위험성평가의 절차에 대하여 설명하시오.

8. 블랙스완(Black Swan)에 대하여 설명하시오.

9. 인간 과오율예측법(THERP : Technique for Human Error Rate Prediction)에 관한 내용과 장·단점을 설명하시오.

10. 산업안전보건법상 산소결핍위험작업의 종류와 방지대책에 대하여 설명하시오.

11. 앨더퍼(Alderfer)의 ERG욕구이론에 대하여 설명하시오.

12. 가연성 물질의 폭발 방지대책에 대하여 설명하시오.

13. 산업안전보건법상 화학설비 및 부속설비의 종류에 대하여 설명하시오.

제2교시 (시험시간:100분)

※ 다음 문제 중 4문제를 선택하여 설명하시오. (각 25점)

1. 화학반응공정의 위험요인 확인 시 주반응에서의 안전과 관련된 특성과 변수에 대하여 설명하시오.

2. 충격감도(Impact Sensitivity)와 증기위험도지수(Vaper Hazard Index)에 대하여 설명하시오.

3. 화학플랜트에서 발생하는 정전기 방출과 관계된 전하축적에 대하여 설명하시오.

4. 산업심리에서 인간의 일반적 특성내용인 간결성의 원리, 군화의 법칙에 대하여 설명하시오.

5. 혼합위험성물질(混合危險性 物質)에 대하여 설명하시오.

6. 캐비테이션의 의미와 발생조건, 발생 시 일어나는 현상, 방지법에 대하여 설명하시오.

제3교시 (시험시간:100분)

※ 다음 문제 중 4문제를 선택하여 설명하시오. (각 25점)

1. 화학공정의 기기조작에 따른 사고예방을 위한 반응기 잔유물 제거방법에 대하여 설명하시오.

2. 화학설비에서 화재폭발 및 누출사고가 일어나지 않도록 공정안전상 요구되는 사항을 설명하시오.

3. 화학공장의 공정설계(Process Design)단계에서 고려해야 할 안전사항과 안전하게 운전할 수 있도록 운전 및 설계조건 결정 시 주요 안전기준을 설명하시오.

4. 반도체공정의 독성 및 인화성 가스실린더의 교체작업안전에 대하여 설명하시오.

5. 분진폭발의 특징 및 분진폭발에 영향을 주는 요인에 대하여 설명하시오.

6. 학습이론에서 S-R이론과 형태설(Gestalt Theory)에 대하여 설명하시오.

제4교시 (시험시간:100분)

※ 다음 문제 중 4문제를 선택하여 설명하시오. (각 25점)

1. 화학설비의 설비별 위험물 누출 부위와 원인에 대하여 설명하시오.

2. 인간의 의식수준을 5단계로 구분할 때 각 단계의 의식상태 및 생리적 상태에 대하여 설명하시오.

3. 가연성 가스의 폭발 방지를 위한 수단으로 사용되는 불활성화(Inerting)에 대하여 설명하시오.

4. 독성물질의 관리와 확산 방지대책에 대하여 설명하시오.

5. Batch Process(회분식) 제조공정위험성에 대한 예비조사의 경우 저장, 반응, 건조 등 각 공정에 대한 위험성과 항목을 설명하시오.

6. 산업안전보건법에서 정하는 안전인증 및 안전검사에 대하여 설명하시오.

화공안전기술사 제102회 (2014년 시행)

제1교시 (시험시간:100분)

※ 다음 문제 중 10문제를 선택하여 설명하시오. (각 10점)

1. 금수성 물질인 금속칼륨과 금속마그네슘의 화재, 폭발특성에 대하여 설명하시오.
2. 연소효율과 열효율의 차이점에 대하여 설명하시오.
3. 폭발위험장소 구분의 환기등급 평가에 있어 가상체적(V_z)에 대하여 설명하시오.
4. 변경요소관리의 분류에는 정상, 비상, 임시로 구분한다. 이 중 비상변경요소관리절차에 대하여 설명하시오.
5. 화학물질의 폭로영향지수(ERPG : Emergency Response Guideline)를 계산하기 위한 준비자료 및 계산절차에 대하여 설명하시오.
6. 산소농도 17% 이하인 지하맨홀작업장에서 전동송풍기식 호스마스크를 사용 시 주의사항에 대하여 설명하시오.
7. 산업안전보건법에서 규정한 방독마스크의 종류와 등급, 형태분류, 정화통의 제독능력에 대하여 설명하시오.
8. 제조업 등 유해위험방지계획서 심사확인제출대상 사업장으로 전기계약용량 300kW 이상인 업종 10가지를 쓰시오.
9. 화염방지기의 형식, 구조 및 설치방법에 대하여 설명하시오.
10. 연소속도(Burning rate)에 대하여 설명하시오.
11. 인화성 액체취급장소의 폭발위험장소 설정방법 3가지에 대하여 설명하시오.
12. 공기 중 프로판가스를 완전연소 시 화학적 양론비(vol%)와 최소산소농도(%)를 계산하시오.
13. 공기 중 산소의 질량비(Weigt %)를 계산하시오.

제2교시 (시험시간:100분)

※ 다음 문제 중 4문제를 선택하여 설명하시오. (각 25점)

1. 최근 화학물질사용량이 증가하고 있는 불화수소(HF)의 누출사고예방을 위한 불화수소(HF)의 물리화학적 특성, 인체에 미치는 영향, 응급대응, 취급자에 대한 응급대응교육에 대해서 설명하시오.
2. 벤트배관 내 인화성 증기 및 가스로 인한 폭연으로 배관이 손상되는 것을 최소화하기 위하여 관련 장치와 시스템의 폭연벤트기준에 대해서 설명하시오.
3. 화학공장에서 혼합공정의 원료를 투입할 때 화재 및 폭발위험요인을 나열하고 그에 따른

안전대책을 설명하시오.

4. 배관계통의 과압, 고온, 저온, 유량 과다, 역류 발생 시 대처방법에 대하여 본질적 방법, 적극적 방법, 그리고 절차적 방법으로 구분하여 설명하시오.

5. 연소 또는 폭발범위 내에 있는 가연성 가스증기의 연소폭발에 영향을 주는 인자에 대해서 설명하시오.

6. 반응의 온도의존성 및 충돌이론(Collision theory)에 대하여 설명하시오.

제3교시 (시험시간 : 100분)

※ 다음 문제 중 4문제를 선택하여 설명하시오. (각 25점)

1. 산업안전보건기준에 관한 규칙에 의하면 스프링식 안전밸브의 분출압력시험에 관한 사항을 정하고 있는데 안전밸브 분출압력시험의 필요성, 주기 및 안전밸브의 분출압력시험기준과 분출압력시험장치에 대해서 설명하시오.

2. 인화성 잔유물이 있는 탱크의 가스 제거 시 잠재된 화재폭발의 위험요인을 나열하고 탱크 가스 제거절차, 세척작업을 위한 사전준비사항, 가스 제거방법, 세척방법을 각각 구분하여 상세하게 설명하시오.

3. 유해, 위험물질누출사고가 발생했을 때 대응절차 및 평가절차에 대하여 설명하시오.

4. 화학설비고장률 산출을 위한 자료수집 및 분석방법에 대하여 설명하시오.

5. 연소의 3요소 중 산소결핍으로 인한 이상현상에 대하여 4가지 이상 설명하시오.

6. 폭발현상에서 균일반응과 전파반응의 차이를 설명하고 폭연에서 폭굉으로 전이되어 가는 과정, 메커니즘을 설명하시오.

제4교시 (시험시간 : 100분)

※ 다음 문제 중 4문제를 선택하여 설명하시오. (각 25점)

1. 위험물의 제조, 저장 및 취급소에 설치된 옥내외 저장탱크에 배관을 통하여 인화성 액체위험물 주입 시 과충전 방지를 위한 고려사항, 과충전 방지장치의 구성요소별 고려사항, 비상조치절차에 대하여 설명하시오.

2. 공정위험평가 시 화재, 누출과 같은 사고 시 피해 정도 및 피해범위 등을 정량적으로 산정하고 피해최소화대책을 수립하는 등의 공정위험평가서를 작성하는 데 있어서 가우시안 플룸(Gaussian Plume)모델과 가우시안 퍼프(Gaussian Puff)모델에 대해서 적용 대상, 전제조건, 농도예측순서를 설명하시오.

3. 배관의 부식, 마모 및 진동 방지를 위한 액체, 증기 및 가스, 증기와 액체혼합물의 유속제

한에 대하여 설명하시오.

4. 발열반응에서 반응기 내의 발열속도(Q)와 방열속도(q) 및 온도(T)와 관계를 Semenov이론을 이용하여 반응의 위험한계그래프를 그리고 설명하시오.

5. 인화성 액체취급공정에서의 위험성평가를 기반으로 하는 위험장소의 설정절차에 대하여 4단계로 구분하여 절차도를 그리고 단계별로 설명하시오.

6. Fire ball 정의, 특성, 크기, 지속시간, 높이계산, 발생단계, 형성에 영향을 미치는 인장에 대하여 설명하시오.

화공안전기술사 제105회 (2015년 시행)

제1교시 (시험시간:100분)

※ 다음 문제 중 10문제를 선택하여 설명하시오. (각 10점)

1. 화염방지기(Flame Arrester) 설치대상설비에 대하여 설명하시오.
2. 사고예방대책 5단계에 대하여 설명하시오.
3. SIL(Safety Integrity Level) #3에 대하여 설명하시오.
4. 안전 관련법에서 PSV(Process Safety Valve) 전·후 차단밸브(Block Valve) 설치에 대하여 설명하시오.
5. 위해관리계획서에 대하여 설명하시오.
6. 선행지표(Leading Indicator)와 후행지표(Lagging Indicator)를 설명하시오.
7. 인간적 측면에서 사고 발생의 공통적인 배경을 설명하시오.
8. 새로 취급하려는 화학물질의 위험성 유무는 먼저 문헌조사를 하여야 한다. 이 경우 문헌에서 확인해야 할 Data를 설명하시오.
9. 폭연방출구(Explosion Vent)를 설명하시오.
10. 화학공장의 제어기술 중 캐스케이드제어(Cascade Control)에 대하여 설명하시오.
11. 연소속도(燃燒速度 : Burning Velocity)를 설명하시오.
12. 인간 과오(Human Error)의 심리적 요인(내적 요인) 및 물리적 요인(외적 요인)에 대하여 설명하시오.
13. 사고예방을 위한 안전관리자의 역할에 대하여 설명하시오.

제2교시 (시험시간:100분)

※ 다음 문제 중 4문제를 선택하여 설명하시오. (각 25점)

1. 공정안전성분석(K-PSR or PHR)기법에서 평가에 필요한 자료목록과 위험형태(Guide Word)에 대하여 설명하시오.
2. 최근 OO공단 PS(Poly-Styrene)중합반응기의 냉각기(Condenser) 냉각수문제로 폭주반응이 발생하여 재해(3명 사망)가 발생하였다. 발생Mechanism과 재발 방지설계대책을 설명하시오.
3. 증류탑의 일상점검항목과 개방 시 점검항목을 설명하시오.
4. 탱크화재 시 Slop over와 Froth over현상에 대하여 설명하시오.
5. 특정 화학물질에 대한 재해예방대책에 대하여 설명하시오.

6. 증기운폭발(VCE : Vapor Cloud Explosion)을 최소화하기 위한 설계조건을 설명하시오.

제3교시 (시험시간 : 100분)

※ 다음 문제 중 4문제를 선택하여 설명하시오. (각 25점)

1. 화학물질관리법(화관법)에서는 장외영향평가서를 작성하여 제출하도록 정하고 있다. 이에 대하여 설명하시오.
2. Tank Oil Fire(Pool Fire)진압방법에 대하여 설명하시오.
3. 화학공정의 연동설비(Interlock) By-pass절차와 운영방법을 설명하시오.
4. 재해율 중 강도율(Severity Rate of Injury)에 대하여 설명하시오.
5. 폭발재해의 유형을 구분하여 설명하고, 각 형태에 맞는 폭발 방지대책을 설명하시오.
6. 인간의 의식수준에서 주의와 부주의에 대하여 설명하고, 부주의예방을 위한 대책을 설명하시오.

제4교시 (시험시간 : 100분)

※ 다음 문제 중 4문제를 선택하여 설명하시오. (각 25점)

1. 국내에서 적용되는 방폭기준(KS C IEC 60079-10)에서 환기등급과 환기유효성에 대하여 설명하시오.
2. 폭발안전조치(Explosion Safety Measures)방법에 대하여 설명하시오.
3. 탱크 내부에 폭발성 혼합가스가 형성되는 경우와 주의사항에 대하여 설명하시오.
4. 초저온 액화가스인 LNG(Liquified Natural Gas)저장탱크의 안전장치에 대하여 설명하시오.
5. 화학공장 사고가 발생하면 그 피해가 대형화하는 경우가 많다. 그 이유와 안전관리상의 문제점에 대하여 설명하시오.
6. Breather Valve, Rupture Disc의 용도와 그 기능에 대하여 설명하사오.

화공안전기술사 제108회 (2016년 시행)

제1교시 (시험시간:100분)

※ 다음 문제 중 10문제를 선택하여 설명하시오. (각 10점)

1. 유해위험방지계획서 제출대상 화학설비에 대하여 설명하시오.

2. 산업표준화법의 한국산업표준에 따른 0종, 1종, 2종 폭발위험장소에 해당하는 경우로서 방폭구조 전기·기계기구를 설치하였더라도 반드시 가스누설경보기를 설치하여야 할 지역에 대하여 설명하시오.

3. 염산 및 황산탱크 설계 시 재질 선정기준에 대해 설명하시오.

4. 산업안전보건법상 관리감독자의 유해·위험 방지업무 중 관리대상유해물질을 취급하는 작업 시에 수행해야 할 직무내용을 설명하시오

5. 사업주가 자율적으로 공정안전관리제도를 이행하기 위해 필요한 공정안전성과지표 작성과정을 6단계로 설명하시오.

6. 화학물질의 반응공정에서 이상반응이 발생되는 요인을 설명하시오.

7. 가연성 분진의 착화폭발메커니즘을 설명하시오.

8. 유해화학물질에 대한 폭로를 최소화하기 위한 방법을 설명하시오.

9. 벤젠, 톨루엔 등 유해물질과 특정 화학물질의 취급안전을 위하여 화학용기 등에 표시하여야 하는 사항을 설명하시오.

10. 인화성 물질을 저장·취급하는 고정식 지붕탱크 또는 용기에 통기설비를 산업안전보건기준에 관한 규칙에 의하여 설치하여야 한다. 이때 통기량과 통기설비에 대해서 정상운전과 비정상운전으로 구분하여 설명하시오.

11. 보우타이(BOW-TIE) 리스크평가기법의 특징 및 분석방법을 설명하시오.

12. 위험기반검사(Risk Based Inspection)기법에 의한 수행절차 4단계를 설명하시오.

13. Hexane의 LEL(A) 및 혼합가스(Mixed Gas)의 LEL(B)을 계산하시오.

가스명	부피(Vol.%)	LEL(Vol.%)	UEL(Vol.%)
Hexane	0.8	A	7.5
Methane	2.0	5.0	15.0
Ethylene	0.5	2.7	36.0
Air	96.7	–	–
Mixed Gas	100	B	–

제2교시 (시험시간:100분)

※ 다음 문제 중 4문제를 선택하여 설명하시오. (각 25점)

1. 사고예방대책 기본원리 5단계를 설명하시오.

2. 산업안전보건법상의 위험물질취급에 대한 안전조치 중 공통적인 조치사항, 호스를 사용한 인화성 물질의 주입, 가솔린이 남아 있는 설비에 등유의 주입 및 저장, 산화에틸렌의 취급에 대하여 각각 구분하여 설명하시오.

3. 화학공장 등에서 설비증설 또는 변경 등 변경요소관리에 있어서 변경관리원칙, 변경관리등급, 변경관리수행절차와 변경관리 시의 필요한 검토절차를 설명하시오.

4. 인화성 물질이 유입되거나 발생할 수 있는 화학공장의 공정용 폐수 집수조의 위험성과 폐수 집수조의 안전조치 및 작업방법에 대해서 설비적 측면과 관리적 측면으로 구분하여 설명하시오.

5. 연소소각(RTO)에 의한 휘발성 유기화합물처리설비의 안전대책을 설명하시오.

6. 인화성 물질을 사용하는 K사의 반응기(내용적 15m³) 내부 폭발 시 폭발영향을 추정하기 위해 TNT당량으로 환산하였더니 1,160kg의 TNT에 상당하였다. 아래의 참고자료를 활용하여 이 반응기가 폭발할 때 반응기와 42m 떨어져 있는 제어실(컨트롤룸)이 파괴될 가능성을 설명하시오.

[참고자료]
- 반응기 설치위치에서 컨트롤룸 사이에 존재하는 배관, 설비 등 폭발영향에 미치는 방해요소는 무시
- 폭풍피해의 영향은 Probio분석을 이용하여 추정
- 원인을 제공하는 인자가 원인변수 V로 나타낼 때 확률변수 $Y = k_1 + k_2 \ln V$

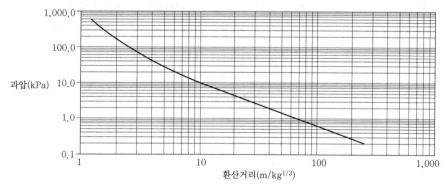

[그림 1] 과압과 환산거리 상관관계

[표 1] 부상 및 손상의 형태와 확률단위의 상관관계

부상 및 손상의 형태	원인변수(V)	확률단위 상수들	
		k_1	k_2
폐손상에 의한 사망	J	39.1	4.45
고막 손상	J	−27.1	4.26
컨트롤룸 파괴	P_0	−32.0	3.50

[표 2] 백분율로부터 확률단위로의 환산

%	0	1	2	3	4	5	6	7	8	9
0	–	2.67	2.95	3.12	3.25	3.36	3.45	3.52	3.59	3.66
10	3.72	3.77	3.82	3.87	3.92	3.96	4.01	4.05	4.08	4.12
20	4.16	4.19	4.23	4.26	4.29	4.33	4.36	4.39	4.42	4.45
30	4.48	4.50	4.53	4.56	4.59	4.61	4.64	4.67	4.69	4.72
40	4.75	4.77	4.80	4.82	4.85	4.87	4.90	4.92	4.95	4.97
50	5.00	5.03	5.05	5.08	5.10	5.13	5.15	5.18	5.20	5.23
60	5.25	5.28	5.31	5.33	5.36	5.39	5.41	5.44	5.47	5.50
70	5.52	5.55	5.58	5.61	5.64	5.67	5.71	5.74	5.77	5.81
80	5.84	5.88	5.92	5.95	5.99	6.04	6.08	6.13	6.18	6.23
90	6.28	6.34	6.41	6.48	6.55	6.64	6.75	6.88	7.05	7.33
%	0.0	0.1	0.2	0.3	0.4	0.5	0.6	0.7	0.8	0.9
99	7.33	7.37	7.41	7.46	7.51	7.58	7.65	7.65	7.88	8.09

제3교시 (시험시간 : 100분)

※ 다음 문제 중 4문제를 선택하여 설명하시오. (각 25점)

1. 유해물질 중 유기화합물 6개의 종류를 제시하고 각각의 유해·위험성에 대하여 설명하시오.
2. 가연성 물질의 화학적 폭발 방지대책을 설명하시오.
3. 화학설비배관의 내면 및 외면의 손상, 변형, 부식 등으로 인한 재해 방지를 위해서 배관 등의 비파괴검사 및 후열처리에 대해서 산업안전보건기준에 관한 규칙에서 정하고 있다. 이에 따른 비파괴검사 적용 대상, 비파괴검사방법 및 배관의 후열처리기준, 열처리방법에 대해서 설명하시오.
4. 최근 기상한파로 미국의 동부, 유럽과 동아시아에 기록적인 폭설과 맹추위가 기승을 부리고 있어 화학설비의 동파가 우려되는 상황이며, 이는 제트기류 기후변화의 영향이 주요 원인일 수 있다. 이와 관련하여 엘니뇨(El Nino)현상과 라니냐(La Nina)현상에 대해서 설명하시오.
5. 액면화재(Pool Fire) 및 증기운폭발(VCE)에 대한 피해예측절차를 설명하시오.
6. 방유제의 설치대상, 유효용량 및 설치 시 고려사항에 대하여 관통배관의 안전조치를 반드시 포함하여 설명하시오.

제4교시 (시험시간:100분)

※ 다음 문제 중 4문제를 선택하여 설명하시오. (각 25점)

1. 표백, 살균, 탈색 등에 사용되는 아염소산나트륨($NaClO_2$)의 위험성 및 유독성을 제시하고, 저장취급방법을 설명하시오.

2. 화학설비 또는 그 부속설비의 개조, 수리, 청소 등의 작업에 대해 실시하는 점검·정비방법을 설명하시오.

3. 사업장에서 새로운 설비의 설치, 공정·설비의 변경 또는 공정·설비의 정비보수 후 공장의 안전성 확보를 위하여 설비가동 전 점검을 할 때 실시하는 가동 전 안전점검과 산업안전보건기준에 관한 규칙에서 정하는 사용 전의 점검에 대하여 각각 구분하여 설명하시오.

4. 인화성 액체의 증기 또는 가스에 의한 폭발위험장소와 분진에 의한 폭발위험장소에 설치하는 건축물의 기둥 및 보, 위험물 저장·취급용기의 지지대, 배관·전선관 등의 지지대는 내화구조로 하여야 한다. 이때 산업안전보건기준에 관한 규칙에 근거하여 내화구조의 대상 및 범위, 내화성능에 대해서 설명하시오.

5. 독성가스의 확산 방지 및 제독조치방법에 대하여 설명하시오.

6. 유해화학물질의 시료를 취급할 때 요구되는 일반적인 사항과 폭발성 물질(유기과산화물 포함), 인화성 가스 및 액체, 산화성 물질의 시료채취 시의 안전조치에 대하여 설명하시오.

화공안전기술사 제111회 (2017년 시행)

제1교시 (시험시간 : 100분)

※ 다음 문제 중 10문제를 선택하여 설명하시오. (각 10점)

1. 증기밀도(Vapour density)와 증기압(Vapour pressure)
2. 극인화성 물질(Extremely flammable material)
3. 위험도등급(Dangerous grade)
4. 트레이범람(Flooding trays)과 트레이건조(Dry trays)
5. 위험물 옥외탱크저장소의 형태에 따른 화재 발생 시 소화방법
6. 작업환경요소의 복합지수 중 열스트레스지수(Heat stress index)
7. 리포밍(Reforming)공정과 크래킹(Cracking)공정의 개요와 원리
8. 재해 발생의 메커니즘(Mechanism)에 대한 발생과정을 도식화하고, 불안전한 상태와 불안전한 행동별 원인
9. 연소의 4요소에서 연쇄반응과정과 연쇄반응 억제메커니즘(Mechanism)
10. 무기과산화물류(Inorganic peroxide)의 성질
11. 화학물질의 등록 및 평가 등에 관한 법률 시행규칙에서 정한 화학물질의 안전 사용을 위한 자료 작성방법
12. 산업안전보건법상 중대재해에 해당하는 재해 3가지
13. 작업안전분석기법(JSA : Job Safety Analysis)

제2교시 (시험시간 : 100분)

※ 다음 문제 중 4문제를 선택하여 설명하시오. (각 25점)

1. 석유화학, 정유플랜트설비에서 발생될 수 있는 수소취성(Hydrogen embrittlement)의 원인 및 방지대책에 대하여 설명하시오.
2. 화학설비 등의 공정용기를 설계할 때 온도, 압력, 부식여유에 대한 설계조건을 설명하시오.
3. 화학물질 및 물리적 인자의 노출기준[시간가중평균노출기준(TWA : Time Weighted Average), 단시간 노출기준(STEL : Short Term Exposure Limit) 또는 최고노출기준(C : Ceiling)]의 정의, 적용 범위, 사용상 유의사항을 설명하시오.
4. 풀 프루프(fool proof)와 페일 세이프(fail safe)를 정의하고 각각의 예를 2가지씩 들어 설명하시오.
5. 석유제품 및 유지류 등이 연소할 때 생성되는 아크롤레인(Acrolein)의 일반 성질, 용도, 위

험성, 화재 및 누출 시 대응방법을 설명하시오.
6. 액체상태의 화학물질 하역 및 출하장에서 누출 방지설비의 종류와 설치기준을 설명하시오.

※ 다음 문제 중 4문제를 선택하여 설명하시오. (각 25점)

1. 방호계층분석(Layer of protection analysis)의 정의 및 단계별 수행절차에 대하여 설명하시오.
2. 최근 OO비축기지에서 직경 44inch, 길이 150m인 원유배관에 체류되어 있는 유증기가 점화원에 의해 발생된 폭발사고의 위험요인과 안전대책에 대하여 설명하시오.
3. 가스용접·용단작업 시 폭발이 일어나는 주요 발생원인 3가지와 각각의 방지대책을 설명하시오.
4. 고용노동부장관은 안전보건진단을 받아 안전보건개선계획을 수립·제출하도록 명할 수 있다. 이에 해당하는 대상사업장에 대하여 설명하시오.
5. 화학물질관리법에 있어서 장외영향평가서의 작성방법에 대하여 설명하시오.
6. 위험물질을 액체상태로 저장하는 저장탱크에서 위험물질 누출 시 외부로 확산되는 것을 방지하기 위한 방유제 설치에 대하여 설명하시오.

※ 다음 문제 중 4문제를 선택하여 설명하시오. (각 25점)

1. 신뢰도 중심의 유지보수(Reliability centred maintenance)원리 및 프로세스절차에 대하여 설명하시오.
2. 폐수 집수조의 화재·폭발 등 위험성에 대한 안전작업방법을 설비적 측면과 관리적 측면에서 각각 설명하시오.
3. 석유화학공장의 위험성과 폭발사고의 방지대책을 설명하시오.
4. 증류장치를 정기보수 후 가동을 위한 절차를 쓰고, 세부적인 점검사항 및 가동 시 주의사항을 설명하시오.
5. 알킬알루미늄(Alkyl aluminium)의 일반 성질, 위험성, 저장 및 취급방법, 소화방법, 운반 시 안전수칙에 대하여 설명하시오.
6. 위해관리계획서 작성항목에 대하여 설명하시오.

화공안전기술사 제114회 (2018년 시행)

제1교시 (시험시간:100분)

※ 다음 문제 중 10문제를 선택하여 설명하시오. (각 10점)

1. 줄-톰슨효과(Joule-Thomson effect)를 설명하시오.

2. 금속부식성 물질의 정의와 구분기준을 설명하시오.

3. 지진으로부터 가스설비를 보호하기 위하여 내진설계를 적용하여야 하는 시설 중 압력용기 (탑류) 또는 저장탱크시설을 3가지만 쓰시오.

4. 화학물질관리법령상 특수반응설비의 종류를 3가지만 쓰고, 특수반응설비에서 누출한 화학 물질이 체류하기 쉬운 경우 누출검지경보장치의 검출부 설치개수기준을 쓰시오.

5. 한국산업표준 폭발성 분위기 장소구분(KS C IEC 60079-10-1 : 2015)은 저압의 연료가스 가 취사, 물의 가열(Water heating)용도로 사용되는 산업용 기기(appliances) 등에는 적용 하지 않는다. 연료가스로 도시가스를 사용할 경우 저압의 기준을 설명하시오.

6. 미국방화협회(NFPA)의 규정에 따른 인화성 액체(Flammable Liquids)와 가연성 액체 (Com -bustible Liquids)의 구분기준을 설명하시오.

7. 화재하중(Fire Load)의 개념과 산출공식을 설명하시오.

8. 산업현장에서는 용접·용단용으로 프로판(C_3H_8)가스와 아세틸렌(C_2H_2)가스를 많이 사용한 다. 위험도측면을 고려할 때 어느 물질이 더 위험한지에 대하여 설명하시오.

9. 대형 유류저장탱크 화재의 소화작업 시 발생하는 윤화(Ring Fire)현상에 대하여 설명하시오.

10. 산업안전보건법령상 위험물질의 종류를 7가지로 구분하고 있다. 7가지를 모두 쓰시오.

11. 고압가스용기표면에는 제조자명칭, 내용적, 검사합격일 등을 직접 각인하거나 명판을 부 착하고 용기 외면에 도색하거나 가스명칭을 표시하도록 하고 있다. 수소, 아세틸렌 및 액화 석유가스의 각 고압가스용기 외면의 도색색상과 문자색상을 쓰시오.

12. 산업안전보건법령상 안전밸브 등의 작동요건에서 화재가 아닌 경우의 복수(Dual)의 안전 밸브를 설치·운영할 시 첫 번째와 두 번째(나머지) 안전밸브의 설정압력(%)과 축적압력 (%)을 쓰시오.

13. 녹아웃드럼에서 발생하는 버닝레인(burning rain)현상을 설명하시오.

제2교시 (시험시간 : 100분)

※ 다음 문제 중 4문제를 선택하여 설명하시오. (각 25점)

1. A사업장의 정보를 분석하여 이 사업장이 유해·위험설비를 보유하여 중대산업사고예방이 요구되는 사업장에 해당하는지를 판단하고, 그 이유를 설명하시오.

[A사업장의 화학물질취급, 저장량정보]

화학물질	조성 및 순도(중량기준)	저장 또는 취급량(kg)	비고
톨루엔	100%	• 하루 동안 최대취급량 : 1,000	주원료
유기용제	(메틸에틸케톤 50% +노르말헥산 10% +톨루엔 40%)	• 하루 동안 최대취급량 : 1,000	주원료
프로판	100%	• 하루 동안 최대취급량 : 1,000 • 저장 : 20,000	
도시가스	(메테인 86%+기타 14%)	• 하루 동안 최대취급량 : 1,000	보일러연료
황산	20%	• 하루 동안 최대취급량 : 1,250	
염산	10%	• 저장 : 1,250	
초산	100%	• 하루 동안 최대취급량 : 1,250	
암모니아수	5%	• 저장 : 1,250	
수산화나트륨	40%	• 하루 동안 최대취급량 : 1,000	

[A사업장의 사업 및 화학물질정보]

• A사업장의 사업은 한국표준산업분류에 따른 일반용 도료 및 관련 제품제조업에 해당한다.
• 프로판은 고압가스안전관리법을 적용받는 설비 내부에서만 취급된다.
• 도시가스는 사무실 및 기숙사 난방용 연료로 100% 사용된다.
• 황산은 물과 접촉 시 발열을 한다. A사업장에서는 배관을 통하여 폐수처리와 도료제조공정에 사용한다.
• 염산(중량 10% 이상)의 유해·위험설비 판단기준량은 20,000kg이다.
• 초산(acetic acid)은 피부와 점막에 닿으면 심한 염증을 일으킨다.

2. 플레어시스템(Flare System)에서 중간 녹아웃드럼 설치가 필요한 경우와 설치 시 고려할 사항을 각각 설명하시오.

3. 산업안전보건법령상 화학설비 및 부속설비의 안전거리와 위험물안전관리법령상 위험물제조소 등의 안전거리기준에 대하여 각각 설명하시오.

4. 석유화학의 기본물질인 파라핀계 탄화수소에 대하여 다음 물음에 답하시오.
   1) 파라핀계 탄화수소(Alkane)의 일반식을 쓰고, 탄소수 1~10번까지 명명하시오.
   2) 폭발하한계(LFL, vol%)와 연소열(ΔH_c, kcal/mole) 사이의 관계를 설명하시오.
   3) 폭발범위(LFL, UFL)와 이론혼합비(화학양론조성, C_{st}) 사이의 관계를 설명하시오.

5. 발열반응은 폭주반응의 위험이 있다. SEMENOV이론을 기초하여 열발화이론을 설명하시오.

6. 긴급차단밸브(ESV : Emergency Shutoff Valve)를 설치해야 할 대상에 대하여 설명하시오.

제3교시 (시험시간 : 100분)

※ 다음 문제 중 4문제를 선택하여 설명하시오. (각 25점)

1. 사업장에서 독성물질누출과 같은 사고시나리오에 대하여 피해를 최소화하기 위한 비상대응계획을 작성할 때 활용하는 내용 중 단시간비상폭로한계(TEEL : Temporary Emergency Exposure Limits)와 즉시건강위험농도(IDLH : Immediately Dangerous to Life or Health)를 설명하고, 독성물질의 ERPG2 및 AEGL2값이 없는 경우 끝점농도 적용 기준을 설명하시오.

2. 유해화학물질취급시설의 설치를 마친 자 및 유해화학물질취급시설을 설치·운영하는 자가 받아야 하는 검사 및 안전진단의 대상 및 시기(주기)를 설명하시오.

3. 위험물안전관리법령상 자체 소방대를 설치하여야 하는 사업소의 종류, 화학소방자동차수량 및 자체 소방대원의 수, 화학소방자동차가 갖추어야 하는 소화능력에 대하여 설명하시오.

4. 오존파괴지수(ODP : Ozone Depletion Potential)와 지구온난화지수(GWP : Global Warming Potential)에 대하여 개념을 각각 설명하시오.

5. 화학설비에 파열판과 안전밸브를 직렬로 설치할 때 안전밸브 전단에 파열판을 설치할 경우와 안전밸브 후단에 파열판을 설치할 경우의 요구조건을 각각 설명하시오.

6. 변경요소관리의 원칙을 쓰고, 정상변경관리절차 및 비상변경관리절차에 대하여 각각 설명하시오.

제4교시 (시험시간 : 100분)

※ 다음 문제 중 4문제를 선택하여 설명하시오. (각 25점)

1. 공정위험성평가 실시 후 일정기간이 경과함에 따라 기존에 실시한 공정위험성평가의 유효성을 재확인하였을 때 갱신이 필요한 이유를 3가지만 제시하고, 정기적 공정위험성평가 시 전면 재실시와 부분 재실시를 구분하여 평가방식을 설명하시오.

2. 석유화학공장에서 분진폭발의 위험이 있는 플라스틱분체저장설비를 설치하려고 한다. 이때 분진폭발 방지를 위하여 저장설비에 설치하여야 할 폭연방출구(폭발구)크기를 다음의 설계조건과 그림을 활용하여 구하시오.

[설계조건]

① 폭연의 최대압력($P_{\max}$)=10bar

② 분진폭연지수(K_{st} : bar · m/sec), $K_{st}=\left(\dfrac{dP}{dt}\right)_{\max}V^{\frac{1}{3}}$

③ 폭연방출구(폭발구) 개방압력(K_{stat})=0.5bar

④ 방출되는 설비의 최대압력(저감압력 P_{red})=0.75bar

⑤ 최고압력 상승률=85.5bar/sec

⑥ 저장설비체적(V)=15m³

⑦ 저장설비 길이/저장설비직경(L/D)=3.0

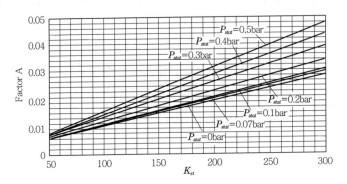

[그림 1] Factor A 결정

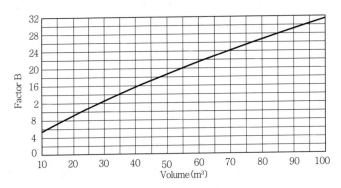

[그림 2] Factor B 결정

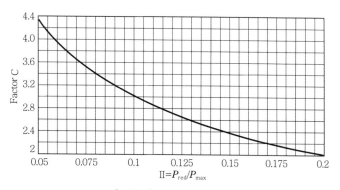

[그림 3] Factor C 결정

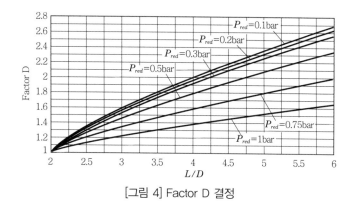

[그림 4] Factor D 결정

3. 화학공장의 혼합공정운전 중 혼촉 시 발화위험성이 있는 위험물질의 종류를 쓰고, 공정상 안전조치사항을 설명하시오.

4. 가스화재 및 가스폭발에 영향을 주는 인자에 대하여 설명하시오.

5. 산소밸런스(Oxygen Balance)에 대하여 설명하고 계산방법을 쓰시오.

6. 화학설비의 고장률 산출을 위한 자료수집 및 분석절차를 설명하시오.

화공안전기술사 제117회 (2019년 시행)

※ 다음 문제 중 10문제를 선택하여 설명하시오. (각 10점)

1. 산업안전보건법상 밀폐공간유해공기의 산소, 탄산가스, 일산화탄소, 황화수소농도기준과 밀폐공간에서 내부구조법으로 사고자를 구조하는 경우에 대하여 설명하시오.

2. 화학공정장치 안전운전을 위한 CSO(Car Sealed Open)와 CSC(Car Sealed Close)에 대하여 설명하시오.

3. 열팽창용 안전밸브를 설치하여야 하는 경우에 대하여 설명하시오.

4. 공정안전보고서의 비상조치계획에 포함되어야 할 최소한의 내용에 대하여 설명하시오.

5. 고압가스안전관리법상 단위공정별로 안전성 평가를 하고 안전성 향상계획을 작성하여 허가관청에 제출하여야 하는 '주요 구조 부분의 변경'에 해당하는 3가지 경우에 대하여 설명하시오.

6. 산업안전보건법상 산업재해, 중대재해, 중대산업사고에 대하여 설명하시오.

7. 화학물질관리법에 의한 화학사고영향조사 실시사항에 대하여 설명하시오.

8. 증기운폭발해석모델인 TNT equivalency method, TNO multienergy method, Baker-Stre-hlow-Tang method의 주요 차이점에 대하여 설명하시오.

9. 화학물질관리법에서 규정하고 있는 다음 유해화학물질에 대하여 설명하시오.
   a) 유독물질   b) 허가물질   c) 제한물질   d) 금지물질   e) 사고대비물질

10. 물질안전보건자료를 작성·비치하여야 할 물질은 취급하는 작업공정별로 관리요령을 게시하여야 한다. 여기에 포함되어야 할 사항에 대하여 설명하시오.

11. 하인리히는 '산업재해 방지론'에서 재해가 발생되기까지 5단계 요소가 상관적으로 그리고 연쇄적으로 작용하게 된다고 하였다. 5단계 요소에 대하여 설명하시오.

12. 화학반응기에 있어서 이상반응을 대비하여 설치해야 할 설비 및 장치에 대하여 설명하시오.

13. 비상대응계획수립지침(ERPG : Emergency Response Planning Guideline)에서 사용되는 농도를 공기 중의 농도에 따라 3가지로 구분하고 설명하시오.

제2교시 (시험시간:100분)

※ 다음 문제 중 4문제를 선택하여 설명하시오. (각 25점)

1. 폭주반응예방을 위한 위험 감소대책에 대하여 설명하시오.

2. 연구 실험용 파일럿플랜트(Pilot plant)의 위험성 및 설계 시 안전사항에 대하여 설명하시오.

3. 석유화학플랜트 내 폭발위험장소 종류의 구분을 누출등급 및 환기유효성 등에 따라 결정하는 절차에 대하여 설명하시오.

4. 2018년 1월 국내 석유화학플랜트에서 아래와 같은 3건의 공정 셧다운이 발생하였다. 화학공장에서 유사사고를 예방하기 위한 안전관리방안에 대하여 설명하시오.

> 〈사고사례〉
> 1) 2018년 1월 24일 A사 NCC공정 Shutdown
>   - Charge Gas Compressor 구동용 터빈스팀공급라인의 압력전송기 센싱라인 동결
> 2) 2018년 1월 24일 B사 NCC공정 Shutdown
>   - Deaerator액위계 동결로 인한 오작동으로 스팀생산 중단
> 3) 2018년 1월 24일 C사 NCC공정 Shutdown
>   - 기액분리기 액위계 및 밸브 동결

5. 화학설비 및 부속설비에서 정전기를 관리하는 방법 5가지를 제시하고 설명하시오.

6. 우리나라 원자력안전위원회에서 제시한 '사건등급평가지침'상의 등급을 구분하고 설명하시오.

제3교시 (시험시간:100분)

※ 다음 문제 중 4문제를 선택하여 설명하시오. (각 25점)

1. 화학공정장치에 설치한 긴급차단밸브의 구조 및 기능, 설치대상에 대하여 설명하시오.

2. 용접·용단작업 시 발생되는 비산불티의 특성, 화재감시인의 배치대상과 임무에 대하여 설명하시오.

3. 정유 및 석유화학공장에서 화재 시 과열 및 기타 2차 피해가 발생하지 않도록 고정식 물분무설비를 설치하여야 할 저장탱크 및 시설의 기준에 대하여 설명하시오.

4. 산업안전보건법에서 과압에 따른 폭발을 방지하기 위하여 폭발 방지성능과 규격을 갖춘 안전밸브 또는 파열판을 설치하여야 하는 설비 5가지에 대하여 설명하시오.

5. 안전밸브 또는 파열판으로부터 배출되는 위험물을 연소·흡수·세정·포집 또는 회수 등의 방법으로 처리하지 않고 안전한 장소로 유도하여 외부로 직접 배출할 수 있도록 산업안전보건법에서 규정하고 있는 5가지 경우에 대하여 설명하시오.

6. 급성 독성물질의 누출로 인한 위험을 방지하기 위하여 사업주가 취해야 할 산업안전보건법상의 조치에 대하여 설명하시오.

제4교시 (시험시간:100분)

※ 다음 문제 중 4문제를 선택하여 설명하시오. (각 25점)

1. 화학설비의 점검·정비 시 화재·폭발을 예방하기 위해 실시하는 불활성 가스치환에 대하여 설명하시오.
2. 석유화학공장에서 발생 가능한 탈성분 부식(Selective leaching)에 대하여 설명하시오.
3. 분진폭발의 발생조건과 발생메커니즘, 그리고 분진폭발에 영향을 주는 중요인자에 대하여 설명하시오.
4. 화학물질관리법에 따른 안전진단대상 및 시기, 안전진단의 항목 및 방법에 대하여 설명하시오.
5. 고용노동부장관의 인가를 받아 사업장 내 도급이 가능하였으나 2019년 1월 15일 공포(2020년 1월 16일 시행)된 산업안전보건법 전부 개정법률에 따라 도급이 금지되는 작업의 종류와 예외적으로 허용되는 경우에 대하여 설명하시오.
6. 공정안전성분석기법(K-PSR : KOSHA Process Safety Review)을 정의하고, 공정안전성평가결과보고서에 포함되어야 할 내용에 대하여 설명하시오.

화공안전기술사 제119회 (2019년 시행)

제1교시 (시험시간:100분)

※ 다음 문제 중 10문제를 선택하여 설명하시오. (각 10점)

1. 폭염, 호우, 강풍, 오존, 미세먼지(PM10), 초미세먼지(PM2.5) 중 3가지를 선택하여 주의보발령기준을 쓰시오.

2. 매슬로(A. H. Maslow)의 욕구단계이론(hierarchy of needs theory) 중 안전의 욕구를 설명하시오.

3. 블랙스완(Black Swan)효과를 안전측면에서 설명하시오.

4. 평균고장간격(Mean Time Between Failure)과 평균고장시간(Mean Time To Failure)을 설명하시오.

5. 비금속개스킷(Gasket)의 인장강도 저하에 따른 누설원인 3가지를 쓰시오.

6. 화염방지기(Flame Arrester)의 형식 및 구조와 설치위치에 대하여 설명하시오.

7. 이상위험도분석(FMECA:Failure Modes Effects and Criticality Analysis)의 개요 및 특성에 대하여 설명하시오.

8. 장외영향평가서 구성항목에 대하여 설명하시오.

9. 자기발화온도(AIT:Auto Ignition Temperature)의 정의 및 영향인자에 대하여 설명하시오.

10. 유해화학물질취급시설의 설치검사, 정기검사 및 수시검사결과 경미한 검사항목에 부적합한 경우에는 조건부 합격으로 처리할 수 있다. 이에 해당하는 경우 5가지를 쓰시오.

11. 산업안전보건법령상 화재감시자를 지정하여 화재위험작업장소에 배치하여야 할 작업장소와 화재감시자의 임무 및 화재감시자에게 지급해야 할 물품을 설명하시오.

12. 산업안전보건법령상 위험물질의 종류 중 인화성 가스를 정의하시오.

13. 공정위험성평가기법 중 방호계측분석을 수행하는 데 활용되는 독립방호계층으로 인정받기 위한 중요한 특성 4가지를 쓰시오.

제2교시 (시험시간:100분)

※ 다음 문제 중 4문제를 선택하여 설명하시오. (각 25점)

1. 반도체공정에서 사용하는 고순도 불화수소의 노출기준, GHS-MSDS기준상 유해성·위험성 분류(예:피부자극성:구분 1) 4가지 및 피부에 접촉하였을 때 응급조치요령을 설명하시오.

2. 안전밸브 등으로부터 배출되는 위험물의 처리방법을 5가지 설명하고, 위험물을 안전한 장소로 유도하여 대기로 직접 방출할 수 있는 경우를 4가지 쓰시오.

3. 화학설비에서 발생하는 응력부식균열(SCC：Stress Corrosion Crack)과 부식피로균열(CFC：Corrosion Fatigue Crack)을 비교하여 설명하시오.

4. 화학공장에서 발생되는 주요 화재의 형태와 예방법에 대하여 설명하시오.

5. 공정안전보고서 이행상태평가 체크리스트 중 안전경영수준을 평가할 때 공장장 면담항목 중 7가지를 설명하시오.

6. 산업안전보건법령상 사업장에서 발생한 화학사고 3가지(중대산업사고, 중대한 결함, 그 밖의 화학사고)에 대한 판단기준을 쓰시오.

제3교시 (시험시간：100분)

※ 다음 문제 중 4문제를 선택하여 설명하시오. (각 25점)

1. 최근 고온으로 운전하는 화학설비(열교환기 등)를 정비작업 후 재가동하다가 열팽창으로 인한 플랜지(Flange) 부분의 틈새로 인화성 물질이 누출되어 화재가 발생한 사고가 여러 건 발생하였다. 이러한 사고를 예방하기 위한 설비적 측면의 개선대책을 제시하고, 작업절차측면의 대책에 해당하는 볼트재조임을 설명하시오.

2. 폭발위험장소구분(KS C IEC 60079-10-1：2015)에 따라 희석등급과 환기이용도기준을 설명하시오.

3. 고압가스 특정 제조시설에서 내부반응감시장치를 설치하여야 할 특수반응기 종류 및 내부반응감시장치에 대하여 설명하시오.

4. 위험성 평가기법 중 결함수분석기법(FTA：Fault Tree Analysis)의 특징 및 분석에 필요한 자료와 분석절차에 대하여 설명하시오.

5. 비등액체팽창증기폭발(BLEVE)의 발생조건과 메커니즘에 대하여 설명하고, BLEVE 발생 시 피해를 일으키는 가장 큰 요인을 설명하시오.

6. 산업안전보건법상 위험물질의 종류 중 급성 독성물질의 정의를 기술하고, 근로자 건강을 보호하기 위하여 국소배기장치를 설치할 때 후드의 설치기준을 쓰시오.

제4교시 (시험시간：100분)

※ 다음 문제 중 4문제를 선택하여 설명하시오. (각 25점)

1. 안전보건경영시스템 국제기준(ISO 45001)이 공표·시행됨에 따라 기존의 안전보건경영시스템(KOSHA 18001)이 새로운 안전보건경영시스템(KOSHA-MS)으로 전환됐다(2019년 7월 1일 시행). 전환배경과 새롭게 바뀌는 내용을 쓰시오.

2. 수소경제(hydrogen economy)에 대하여 설명하고 수소취성을 예방하기 위하여 화학설비

의 배관재질 선정 시 킬드강(killed carbon steel) 또는 이와 동등 이상의 재질을 사용하여야 하는 경우를 3가지 쓰시오.

3. 플레어시스템의 역화방지설비 중 액체밀봉드럼 설계 시 고려하여야 할 사항에 대하여 설명하시오.

4. 화학공장에서 취급하는 포스핀(Phosphine)의 자연발화성 및 가연성 성질과 화재 시 대응방법에 대하여 설명하시오.

5. 산업안전보건법상 위험물질의 종류 중 인화성 액체와 위험물안전관리법에서 규정하는 인화성 액체(제4류) 중 제1, 제2, 제3 및 제4 석유류를 인화점을 기준으로 구분하여 설명하시오.

6. 과압 방지를 위하여 압력방출장치를 설치할 때 반드시 파열판을 설치해야 하는 경우를 쓰고 그 이유를 설명하시오.

화공안전기술사 제120회 (2020년 시행)

※ 다음 문제 중 10문제를 선택하여 설명하시오. (각 10점)

1. 산업안전보건법의 목적을 달성하기 위한 정부의 책무를 설명하시오.

2. 중대재해가 발생하였을 때 어느 해당 작업으로 인하여 해당 사업장에 산업재해가 다시 발생할 급박한 위험이 있다고 판단되는 경우에 해당하는 ① 해당 작업과 ② 고용노동부장관의 역할을 설명하시오.

3. 사업주가 사업장의 안전 및 보건을 유지하기 위하여 작성하여야 하는 안전관리보건규정에 대하여 설명하시오.

4. 화학물질 및 화학물질을 함유한 혼합물을 제조하거나 수입하려는 자는 물질안전보건자료(MSDS)를 작성하여야 한다. 물질안전보건자료에 포함되어야 할 내용을 기술하시오.

5. 스테인리스스틸의 종류 중 304와 304L, 316과 316L의 ① 차이점은 무엇이며, ② 구분하여 제작하는 이유에 대하여 설명하시오.

6. 플레어스택의 버너에 스팀을 공급하는데, 이 스팀의 역할에 대하여 설명하시오.

7. 도로가 아닌 옥외형 공장의 공정구역 지면을 아스팔트나 시멘트로 포장하고 포장하지 않는 부분은 자갈을 도포한다. 그 이유에 대하여 설명하시오.

8. 고체물질을 450μm 이하로 만들어 공기 중에 부유시켜 폭발분위기를 형성한 상태에서 충분한 점화원을 가하면 분진폭발이 일어난다. 다음 중 분진폭발의 조건을 갖추어도 ① 폭발하지 않는 물질은 무엇이며, ② 이유를 설명하시오.

> ㉮ Polyethylene ㉯ Polysilicon ㉰ PVC ㉱ 산화철 ㉲ 구리 ㉳ CaF$_2$ ㉴ 다이아몬드 ㉵ 유리
> ㉶ 304 스테인리스스틸

9. LNG를 저장·취급하는 설비에는 일반 강을 사용하지 못하고, 적용 가능한 재료가 4가지로 한정되어 사용되었다. 이 재료들은 높은 가격으로 인해 관련 설비를 설치하는 투자비용이 많이 소요되는 문제점이 있었다. 최근 국내 모 제철사에서 가격이 저렴하면서 성능을 만족시키는 재료를 개발하여 국제규격을 획득하고 산업시설에 적용 중이다.

   ① 일반 강을 사용하지 못하는 이유를 제시하시오.

   ② 적용 가능한 4가지 재료를 제시하시오.

   ③ 새로 개발된 재료를 제시하시오.

10. 산업안전보건법의 제조업 유해·위험방지계획서 제출·심사·확인에 관한 고시에서 유해 또는 위험한 작업 및 장소에서 사용하는 기계·기구 및 설비 중 주요 구조 부분 변경사항에

해당하는 5가지를 설명하시오.

11. 위해관리계획서 작성 등에 관한 규정에서 화학사고 발생 시 영향범위에 있는 주민이 유사시에 적절한 대응을 할 수 있도록 주민소산계획에 포함되어야 할 사항 4가지를 설명하시오.

12. 비등액체팽창증기폭발(BLEVE : Boiling liquid expanding vapor explosion)과 증기운폭발(VCE : Vapor cloud explosion)에 대하여 설명하시오.

13. 공정안전보고서의 제출·심사·확인 및 이행상태평가 등에 관한 규정 중 공정위험성평가서에 포함되어야 할 사항 6가지를 설명하시오.

제2교시 (시험시간 : 100분)

※ 다음 문제 중 4문제를 선택하여 설명하시오. (각 25점)

1. 안전보건관리책임자의 업무에 대하여 설명하시오.

2. 2018년 경기도 고양시 소재의 고양저유소에서 발생한 휘발유저장탱크 화재사고는 풍등에 의해 점화된 잔디가 타면서 점화원이 전파되었다. 잔디에 의해 전파된 불씨는 휘발유저장탱크로 유입되어 탱크 2기가 폭발하였으며, 그 중 1기는 장시간 화재로 이어졌다. 불씨가 저장탱크 내부로 유입된 경로와 문제점에 대하여 설명하시오(단, 저장탱크는 API standard 650을 기준으로 설계된 IFRT임).

3. 플레어시스템의 규모가 크고 복잡한 경우 주배관(Header line)은 dry flare와 wet flare로 구분하는데 ① 구분기준은 무엇이고, ② 각각 고려하여야 할 사항이 무엇인지 설명하시오.

4. 메탄올 등 인화성 물질을 포함한 위험물을 고무타이어가 있는 탱크로리, 탱크차에 주입하는 설비의 경우 "정전기 재해예방을 위한 기술상의 지침"에서 정한 정전기 완화조치에 대하여 설명하시오.

5. 화학물질관리법의 사고시나리오 선정에 관한 기술지침에서 영향범위 산정 시에 풍속 및 대기안정도, 대기온도 및 대기습도, 누출원의 높이, 누출물질의 온도에 대하여 최악의 사고시나리오와 대안의 사고시나리오를 나누어 각각 설명하시오.

6. 압력용기의 설계압력을 결정하는 기준을 제시하고, 다음의 간략한 도면을 참조하여 A, B증류탑의 설계압력을 결정하시오(단, 각 위치에 표시한 수치는 최대운전압력이며, 단위는 도면에서 제시한 단위를 사용하고, 계산값은 소수점 셋째 자리에서 반올림한다).

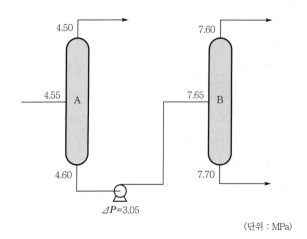

(단위 : MPa)

제3교시 (시험시간:100분)

※ 다음 문제 중 4문제를 선택하여 설명하시오. (각 25점)

1. 사업주가 사업을 할 때 위험으로 인한 산업재해를 예방하기 위하여 필요한 조치에 대하여 설명하시오.

2. 도급사업에 있어서 도급인은 관계수급인근로자가 도급인의 사업장에서 작업을 하는 경우 어떤 사항을 이행하여야 하는지 설명하시오.

3. 설정치가 1.5MPa인 안전밸브와 3.0MPa 안전밸브 후단을 플레어시스템에 연결한다면 ① 각각 어떤 형태의 안전밸브를 선정해야 하며, ② 그 이유를 설명하시오(단, Conventional형, bellow형 중 선택).

4. 콘루프, 돔루프와 같은 상압(대기압)저장탱크는 인화성 액체를 저장할 경우 탱크의 파손과 파손 시 2차 재해를 예방하기 위하여 3단계의 안전조치를 설계에 반영하고, 설계내용에 따라 제작하게 된다. 여기에서 말하는 3단계의 안전조치와 목적에 대하여 설명하시오.

5. 장외영향평가서를 제출한 사업장에서 변경된 장외영향평가서를 다시 제출하여야 하는 경우 5가지를 설명하시오.

6. 안전작업허가서에서 화기작업안전작업허가서 발급 시에 사전안전조치확인항목에 대하여 6가지를 설명하시오.

제4교시 (시험시간:100분)

※ 다음 문제 중 4문제를 선택하여 설명하시오. (각 25점)

1. 산업안전지도사 및 산업보건지도사가 수행하는 직무에 대하여 각각 설명하시오.

2. 제조공정 중 반응, 분리(증류, 추출 등), 이송시스템 및 전기계장시스템 등의 단위공정에 선

정하여야 할 공정위험성평가기법의 종류 8가지와 기법의 개요를 각각 설명하시오.

3. A기업은 제품생산과정에 용매로 톨루엔을 대량 사용한다. 옥외에는 톨루엔저장탱크 6기가 설치되어 있고, 환경관련법에 따라 저장탱크에서 발생하는 증기와 생산과정에서 발생하는 증기를 대기로 적절한 처리 없이 내보낼 수 없다. 소각처리를 하기 위하여 RTO나 RCO를 설치하는 것은 좋은 방법이나 중소규모의 업체에서는 쉽지 않은 방법이다. 경제성 등을 포함하여 검토한 결과 세정기(Scrubber)를 설치하고, 톨루엔증기를 세정기에서 흡수처리하기로 하였다. 톨루엔증기를 세정기에서 흡수처리가 가능한지에 대하여 설명하시오.

4. 정유사나 저유소출하장에서는 휘발유가 남아 있는 탱크로리, 드럼 등에 등유나 경유를 주입하지 못하도록 통제하고 있다. 그 이유를 설명하시오.

5. 다음의 간략한 도면을 대상으로 공정적인 측면의 위험성평가를 실시하고, 가장 중요한 문제점을 한 가지만 발췌하여 대책을 제시하시오.

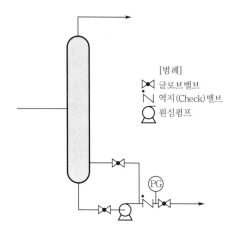

6. 폭발위험장소구분(KS C IEC 60079-10-1 : 2015) 산정 시에 고려해야 하는 중요한 인자 중 하나가 누출구멍의 면적이다. 2차 누출등급의 누출구멍단면적(mm²) 산정 시 구분, 항목, 누출고려사항이 있으며, 구분에는 고정부의 기밀 부위, 저속 구동부품류의 기밀 부위, 고속 구동부품류의 기밀 부위가 있다. 이 구분별 세부항목과 누출고려사항에 대하여 설명하시오.

화공안전기술사 제122회 (2020년 시행)

제1교시 (시험시간 : 100분)

※ 다음 문제 중 10문제를 선택하여 설명하시오. (각 10점)

1. 산업안전보건법령상 "산업재해"와 화학물질관리법령상 "화학사고"의 정의를 쓰시오.

2. 산업안전보건법령상 특수형태근로종사자의 뜻과 범위를 쓰시오.

3. 산업안전보건법령상 용접·용단작업을 하는 경우 사업주가 화재감시자를 지정하여 배치하여야 하는 장소 3가지를 쓰시오.

4. 산업안전보건법령에 따라 반응기·증류탑·배관 또는 저장탱크와 관련되는 작업을 도급하는 자는 수급인에게 해당 작업시작 전에 안전 및 보건에 관한 정보를 문서로 제공하여야 한다. 이에 해당하는 작업의 종류 3가지를 쓰시오.

5. 제품의 기획, 설계, 생산, 유통에서 판매까지 비즈니스프로세스의 정보화 및 생산시스템의 자동화를 실현하는 스마트공장(Smart Factory)의 3가지 주요 기능에 대하여 설명하시오.

6. 산업재해의 원인분석방법 중 통계적 원인분석방법 4가지를 쓰시오.

7. 안전보건경영시스템(KOSHA MS) 인증심사결과 내용 중 부적합(Nonconformity), 관찰사항(Observation), 권고사항(Recommendation)에 대하여 쓰시오.

8. 플레어시스템의 그을음 억제를 위하여 스팀 주입 시 사용되는 제어장치 또는 시스템 중 4가지를 쓰시오.

9. 압력용기에 설치된 안전밸브가 작동할 때 안전밸브 후단에 형성될 수 있는 중첩배압(Superimposed back pressure)과 누적배압(Built-up back pressure)의 뜻을 쓰시오.

10. 사업장 위험성평가 시에 위험수준을 결정할 경우 허용불가리스크영역(unacceptable risk region), 허용가능리스크영역(acceptable risk region) 및 조건부 허용리스크영역(tolerable risk region)으로 구분할 수 있다. 조건부 허용리스크영역에 대한 정의와 사업장에서 취하여야 할 리스크 감소대책을 쓰시오.

11. 화학공장에서 사용할 수 있는 공정안전성과지표 중 선행지표(Leading indicator)의 정의와 선행지표의 예를 쓰시오.

12. 인화성 물질을 용기에 저장하거나 취급할 경우 폭발분위기 형성을 억제하기 위해 불활성화방법을 활용한다. 이러한 불활성화방법 중 3가지를 쓰시오.

13. 인화성 가스인 수소(H_2)는 고온이나 고압에서 잘못 취급할 경우 높은 위험성이 있다. 수소의 물리·화학적 특성 및 안정성에 대하여 쓰시오.

제2교시 (시험시간:100분)

※ 다음 문제 중 4문제를 선택하여 설명하시오. (각 25점)

1. 국내 공정안전관리(PSM)제도 12대 요소와 미국 등 선진국에서 도입하고 있는 리스크기반 공정안전(Risk Based Process Safety)에서 요구하는 20개 요소를 비교하여 설명하시오.

2. 석유화학공장의 탑류나 배관 등에서 발생할 수 있는 수소손상(Hydrogen damage)의 종류 2가지와 수소부식의 발생환경 및 탑류 등의 부식 방지대책을 설명하시오.

3. 인화성 액체를 용기에 주입 시 스플래시필링(Splash filling)에 의해 발생할 수 있는 정전기 대전에 의한 화재폭발의 위험성과 대책을 쓰시오.

4. 산업재해 발생형태 4가지를 사람과 에너지(Energy)관계로 분류하여 쓰시오.

5. 아래 양식은 화학물질관리법령상 제출하는 위해관리계획서 내용 중 "안전밸브 및 파열판 명세"양식이다. 연번 1의 √ 표시된 항목의 작성요령을 쓰고, 연번 2에 기재된 내용 중 잘못 된 내용 5개를 찾아서 무엇이 잘못되었는지를 쓰시오.

연번	구분기호	보호기기	취급물질	상태	노즐크기 입구 (mm)	노즐크기 출구 (mm)	배출용량 소요배출용량 (kg/hr)	배출용량 정격배출용량 (kg/hr)	압력 보호기기운전압력 (MPa)	압력 보호기기설계압력 (MPa)	압력 안전밸브설정압력 (MPa)	안전밸브재질 몸체	안전밸브재질 취급물질접촉부	정밀도(오차범위)	배출연결부위	비고
1	√						√								√	√
2	PSV-1	반응기(R1)	불화수소	기상	50	25	3,500	3,000	0.9	1.0	0.9	A352-LCB	PTFE	3	대기배출	과압

6. K사업장의 정보를 종합적으로 분석하여 K사업장의 공정안전보고서 제출대상 여부를 판단 하고 그 이유를 쓰시오.

□ K사업장의 화학물질 취급·저장량정보

화학물질	조성 및 순도	취급·저장량(kg)	비고
아크릴로니트릴	100%	• 하루 동안 최대취급량 : 4,000 • 저장 : 5,000	주원료
1,3-부타디엔	100%	• 하루 동안 최대취급량 : 500	주원료
스티렌모노머혼합물	스티렌모노머 99% +에틸벤젠 1%	• 하루 동안 최대취급량 : 1,000 • 저장 : 30,000	주원료
수산화나트륨	NaOH 40%	• 하루 동안 최대취급량 : 100 • 저 : 100,000	부원료 및 수처리

□ K사업장의 사업 및 화학물질정보

- K사업장은 2020년 7월 1일 신설되었고, 사업은 한국표준산업분류에 따른 "합성수지 및 기타 플라스틱물질 제조업"에 해당하며, 현재 공장 내부에는 생산설비가 존재하지 않는다.
- plant)에서 취급 또는 저장될 예정이다.
- 아크릴로니트릴의 끓는점은 77℃, 인화점은 −1℃, 공정안전 보고서 제출대상을 판단하는 규정량은 10,000kg(제조·취급·저장)이다.
- 1,3-부타디엔은 산업안전보건법령상 인화성 가스에 해당한다.
- 스티렌모노머혼합물은 산업안전보건법령상 인화성 액체에 해당한다.
- 인화성 가스와 인화성 액체의 공정안전보고서 제출대상을 판단하는 규정량은 5,000kg(제조·취급) 및 200,000kg(저장)이다.
- 수산화나트륨(농도 40%)은 산업안전보건법령상 위험물질(부식성 물질)에 해당한다.

제3교시 (시험시간 : 100분)

※ 다음 문제 중 4문제를 선택하여 설명하시오. (각 25점)

1. 아래 양식은 산업안전보건법령상 제출하는 공정안전보고서 내용 중 "장치 및 설비 명세"양식이다. 아래 양식에 기재된 비파괴검사율(방사선투과시험기준)이 용접효율에 미치는 영향과 용접효율이 반응기 등 압력용기의 계산두께에 미치는 영향 및 사용두께를 선택하는 방법을 설명하시오.

장치 번호	장치명	내용물	용량	압력 (MPa)		온도 (℃)		사용재질			용접	계산 두께 (mm)	부여유 (mm)	사용 두께 (mm)	후열 처리 여부	비파괴 율검사 (%)	비고
				운전	설계	운전	설계	본체	부속품	개스킷							

2. 산업안전보건법령상의 위험물질의 종류 중 급성 독성물질기준을 쓰고, 산업안전보건법령상 급성 독성물질기준에는 해당하지 않으나 「화학물질의 분류 및 표지에 관한 세계조화시스템(GHS)」의 급성 독성물질의 분류에는 포함되는 "급성 독성물질구분 4"(단일물질에 한함)의 구분기준을 쓰시오.

3. 회분식 공정(Batch process)에서 위험과 운전분석(HAZOP)기법으로 공정위험성평가 시 "시간과 관련된 이탈" 및 "시퀀스와 관련된 이탈"에 대하여 쓰시오.

4. 석유화학공장에 설치하는 안전계장설비(Safety Instrumented System)에서 발생할 수 있는 공통원인고장(Common Cause Failure, CCF)의 정의를 쓰고, CCF의 전형적인 발생원인과 잠재적인 고장 감소방법을 쓰시오.

5. 건축물 단열재로 사용하는 경질폴리우레탄폼 시공(작업) 시 화재 발생위험, 우레탄폼원료

의 위험성, 시공 시 화재예방대책을 설명하시오.

6. 펌프에서의 공동현상(Cavitation) 정의, 발생조건, 발생 시의 문제점, 방지대책 및 IoT(Internet of Things) 등을 활용한 펌프의 이상 유무 확인방법을 설명하시오.

제4교시 (시험시간:100분)

※ 다음 문제 중 4문제를 선택하여 설명하시오. (각 25점)

1. 작업 중 발생되는 불안전한 행동특성을 "지식의 부족, 기능의 미숙, 태도의 불량, 인간에러"로 구분하여 설명하시오.

2. 석유화학공장이나 원자력발전소에서 사고 발생원인과 대책을 수립하기 위한 위험성평가기법으로 활용되고 있는 Bow-Tie분석기법에 대한 이론과 수행절차를 쓰시오.

3. KS C IEC 60079-10-1 (2015) '장소 구분-폭발성 가스분위기'에는 폭발위험장소의 범위를 정하는 방법이 규정되어 있다. 본 규격부속서 C '환기지침'에서 정한 환기속도평가방법에 대하여 쓰고, 옥외에서 지표면고도에 따른 유추환기속도(m/s)를 "장애물이 없는 영역"과 "장애물이 있는 영역"으로 구분하여 쓰시오.

4. 스티렌모노머(Styrene Monomer)저장탱크에서의 폭주중합반응(Runaway Polymerization) 발생환경과 이를 예방하기 위한 중합 방지제의 사용조건을 설명하시오.

5. 고형물의 축적에 의한 배관, 밸브 또는 화염방지기의 막힘으로 과압 발생 시 대처방법을 본질적 방법, 적극적 방법, 절차적인 방법으로 나누어 설명하시오.

6. 아래 표는 위험물안전관리법령상 "유별을 달리하는 위험물의 혼재기준"표의 혼재 가능 여부 표시란에 (1)~(3)의 번호를 적어 놓은 것이다. (1) ~(30) 중 혼재할 수 있는 번호를 10개 쓰시오. 또한 산업안전보건법령상 물반응성 물질 및 인화성 고체에 해당하는 물질 중 5개를 선택하여 물과의 반응식을 쓰시오.

□ 유별을 달리하는 위험물의 혼재기준

위험물의 구분	제1류 산화성 고체	제2류 가연성 고체	제3류 자연 발화성 및 금수성 물질	제4류 인화성 액체	제5류 자기반응성 물질	제6류 산화성 액체
제1류 산화성 고체		(1)	(2)	(3)	(4)	(5)
제2류 가연성 고체	(6)		(7)	(8)	(9)	(10)
제3류 자연발화성 및 금수성 물질	(11)	(12)		(13)	(14)	(15)
제4류 인화성 액체	(16)	(17)	(18)		(19)	(20)
제5류 자기반응성 물질	(21)	(22)	(23)	(24)		(25)
제6류 산화성 액체	(26)	(27)	(28)	(29)	(30)	

※ 비고 : 이 표는 지정수량의 1/10 이하의 위험물에 대하여는 적용하지 아니한다.

화공안전기술사 제123회 (2021년 시행)

제1교시 (시험시간 : 100분)

※ 다음 문제 중 10문제를 선택하여 설명하시오. (각 10점)

1. 고용노동부장관은 산업안전보건법령에 따라 산업안전 및 보건에 관한 의식을 북돋우기 위하여 어떤 시책을 마련해야 하는지 설명하시오.

2. 고용노동부장관은 산업안전보건법령에 따라 산업재해예방통합정보시스템을 구축·운영하는 경우에는 어떤 정보를 처리해야 하는지 설명하시오.

3. 산업안전보건법령에 따라 상시근로자 20명 이상 50명 미만인 사업장에 안전보건관리담당자를 1명 이상 선임해야 한다. 해당하는 사업의 업종에 대하여 설명하시오.

4. 산업안전보건법령상 고용노동부장관이 사업주에게 안전보건진단을 받아 안전보건개선계획을 수립하여 시행할 것을 명할 수 있는 사업장에 대하여 쓰시오.

5. 결함수분석법(fault tree analysis, FTA)에 의하여 다음 시스템의 신뢰도(R)와 고장확률(P)을 구하시오.

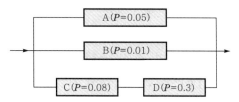

6. 정전기 방전현상의 종류 5가지에 대하여 각각 설명하시오.

7. 산업안전보건기준에 관한 규칙에 명시된 가스폭발위험장소 또는 분진폭발위험장소에 설치되는 건축물 등에 대해 적용하는 내화구조의 목적, 범위 및 예외사항에 대하여 설명하시오.

8. 하나의 안전밸브 설치 시와 여러 개의 안전밸브 설치 시의 안전밸브의 설정압력, 축적압력 및 초과압력을 설계압력 또는 최고허용압력의 퍼센트(%)로 각각 나타내시오.

9. 아세틸렌용접장치의 아세틸렌발생기실의 설치장소 및 발생기실을 설치하는 경우 준수해야 할 사항에 대하여 쓰시오.

10. 표면화재와 표면연소의 차이점에 대하여 설명하시오.

11. 새로운 설비의 설치, 공정·설비의 변경 또는 공정·설비의 정비·보수 후 공장의 안전운전을 위하여 설비가동 전 점검 시에 최소한의 점검내용을 6가지 쓰시오.

12. 인간공학적인 관점에서 근로자의 과오 방지를 위한 대책 수립 시 고려해야 하는 기본적 요소를 쓰시오.

13. 박막폭굉(Film detonation)에 대하여 설명하시오.

제2교시 (시험시간:100분)

※ 다음 문제 중 4문제를 선택하여 설명하시오. (각 25점)

1. 산업안전보건법령상 도급인의 산업재해 발생건수 등에 관계수급인의 산업재해 발생건수 등을 포함하여 공표하여야 하는 장소에 대하여 설명하시오.

2. Fire Ball의 형성Mechanism에 대하여 설명하시오.

3. 밀폐공간작업프로그램에 포함할 내용 및 추진절차에 대하여 설명하시오.

4. 변경관리수행절차에 대하여 설명하시오.

5. 안전밸브 등으로부터 배출되는 위험물을 처리하는 방법 5가지와 산업안전보건법령에서 규정하고 있는 위험물을 안전한 장소로 유도하여 외부로 직접 배출할 수 있는 경우 5가지를 쓰시오.

6. 그림의 화학반응기에는 위험한 반응압력에 도달되면 작업자에게 알리는 고압경보기가 설치되어 있으며, 이 경보기에는 경보지시계와 안전조치를 위해 위험압력보다 높을 경우 자동적으로 반응기의 작동을 중지시킬 수 있는 자동고압반응장치시스템이 설치되어 있다. 이 자동시스템은 위험한 압력이 발생했을 경우 반응물의 유입을 차단시키게 된다. 이 시스템이 고압의 상태에 도달할 경우에 대한 전체 고장률, 고장확률, 신뢰도 및 평균고장간격(MTBF)을 〈표〉의 자료를 이용하여 구하시오(단, 거동기간은 1년으로 가정, 경보기와 주입구 입구에 솔레노이드밸브가 설치되어 있으며, 경보시스템과 주입구차단시스템은 병렬로 연결되어 있고, 전체 고장확률은 $P=1-\prod_{i=1}^{n}(1-P_i)$을 이용하여 계산함).

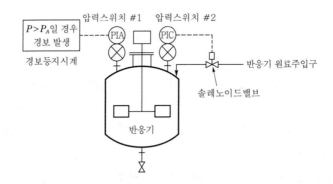

구성요소	고장률(고장횟수/년) μ	신뢰도 $R=e^{-\mu t}$	고장확률 $P=1-R$
1. 압력스위치 #1	0.14	0.87	0.13
2. 경보등지시계	0.044	0.96	0.04
3. 압력스위치 #2	0.14	0.87	0.13
4. 솔레노이드밸브	0.42	0.66	0.34

제3교시 (시험시간:100분)

※ 다음 문제 중 4문제를 선택하여 설명하시오. (각 25점)

1. 산업안전보건법령상 안전관리자의 업무는 무엇인지 설명하시오.

2. 안전대책의 기본이 되는 FAIL SAFE SYSTEM과 FOOL PROOF SYSTEM의 차이점과 특성을 설명하시오.

3. 분진폭발위험장소를 구분하는 절차에 대하여 설명하시오.

4. 화학공정설비에 적용하는 윈터라이제이션(Winterization)의 목적, 방법, 적용 시 고려사항, 윈터라이제이션(Winterization) 적용이 필요 없는 경우에 대하여 설명하시오.

5. 작업안전분석(Job Safety Analysis)기법 실행절차를 3단계로 구분하여 설명하시오.

6. 산업안전보건법령상 안전검사대상기계 등에서 "대통령령으로 정하는 것"이란 어느 것인지 쓰시오.

제4교시 (시험시간:100분)

※ 다음 문제 중 4문제를 선택하여 설명하시오. (각 25점)

1. Human Error에 관하여 정의하고 기본유형과 종류에 관하여 설명하시오.

2. 산업안전보건법령상 유해위험방지계획서 제출 등에서 "대통령령으로 정하는 사업의 종류 및 규모에 해당하는 사업"을 쓰시오(단, 해당하는 사업은 전기계약용량이 300킬로와트 이상인 경우를 말한다).

3. 산업재해 방지 5단계에 대하여 설명하시오.

4. 수소유기균열(HIC, Hydrogen Induced Cracking)이 발생하기 쉬운 환경, 발생메커니즘, 특징, 방지대책에 대하여 설명하시오.

5. 위험물질 및 관리대상유해물질의 흐름을 차단할 수 있는 긴급차단밸브의 구조 및 기능, 설치대상에 대하여 설명하시오.

6. 안전밸브 등의 전단, 후단에 차단밸브(block valve) 설치가 가능한 경우에 대하여 설명하시오.

[저자 약력]

김순채(공학박사·기술사)

- 2002년 공학박사
- 47회, 48회 기술사 합격
- 현) 엔지니어데이터넷(www.engineerdata.net) 대표
  엔지니어데이터넷기술사연구소 교수
  한국공학교육인증원 4년제 대학 평가위원
  한국생산성본부(KPC) 전문위원(대기업 강의)
- 전) 명지전문대학 기계공학과 및 교양과 겸임교수
  서울과학기술대학교 기계시스템디자인공학과 겸임교수

〈저서〉

- 《산업기계설비기술사》
- 《기계안전기술사》
- 《건설기계기술사》
- 《기계제작기술사》
- 《용접기술사》
- 《공조냉동기계기능사 [필기]》
- 《공조냉동기계기능사 기출문제집》
- 《공유압기능사 [필기]》
- 《공유압기능사 기출문제집》
- 《현장 실무자를 위한 공조냉동공학 기초》
- 《현장 실무자를 위한 유공압공학 기초》

〈동영상 강의〉

건설기계기술사, 산업기계설비기술사, 기계안전기술사, 용접기술사, 기계설계산업기사, 공조냉동기계기사, 공조냉동기계산업기사, 공조냉동기계기능사, 공조냉동기계기능사 기출문제집, 공유압기능사, 공유압기능사 기출문제집, 알기 쉽게 풀이한 도면 그리는 법·보는 법, 유공압공학 기초, 공조냉동공학 기초

화공안전기술사

2021. 7. 1. 초 판 1쇄 인쇄
2021. 7. 7. 초 판 1쇄 발행

지은이 | 김순채, END 연구소
펴낸이 | 이종춘
펴낸곳 | BM (주)도서출판 성안당

주소 | 04032 서울시 마포구 양화로 127 첨단빌딩 3층(출판기획 R&D 센터)
　　　 10881 경기도 파주시 문발로 112 파주 출판 문화도시(제작 및 물류)
전화 | 02) 3142-0036
　　　 031) 950-6300
팩스 | 031) 955-0510
등록 | 1973. 2. 1. 제406-2005-000046호
출판사 홈페이지 | www.cyber.co.kr
ISBN | 978-89-315-3306-4 (13570)
정가 | 70,000원

이 책을 만든 사람들

기획 | 최옥현
진행 | 이희영
교정·교열 | 이하림, 문 황
전산편집 | 김인환
표지 디자인 | 박현정
홍보 | 김계향, 유미나, 서세원
국제부 | 이선민, 조혜란, 김혜숙
마케팅 | 구본철, 차정욱, 나진호, 이동후, 강호묵
마케팅 지원 | 장상범, 박지연
제작 | 김유석

www.cyber.co.kr
성안당 Web 사이트